获奖作品集 2015年度

COLLECTION OF AWARD-WINNING URBAN-RURAL PLANS OF SHANGHAI

上海市城市规划行业协会 编

中国建筑工业出版社

图书在版编目（CIP）数据

上海优秀城乡规划设计获奖作品集2015年度 / 上海市城市规划行业协会编 . -- 北京：中国建筑工业出版社，2018.3

ISBN 978-7-112-21844-8

Ⅰ . ①上… Ⅱ . ①上… Ⅲ . ①城乡规划－设计－上海－2015－图集 Ⅳ . ① TU984.251-64

中国版本图书馆CIP数据核字（2018）第032267号

责任编辑：滕云飞
责任校对：张　颖
视觉总监：吉　瑜
创意设计：李　冰

上海优秀城乡规划设计获奖作品集2015年度
上海市城市规划行业协会　编
*
中国建筑工业出版社出版、发行（北京海淀三里河路9号）
各地新华书店、建筑书店经销
上海雅昌艺术印刷有限公司制版、印刷

*
开本：889x1194毫米　1/12　印张：32 1/6　字数：905千字
2018年1月第一版　2018年1月第一次印刷
定价：336.00元
ISBN 978-7-112-21844-8
（31665）

编委会

序一

十八届五中全会提出了创新、协调、绿色、开放、共享的“五大发展理念”，2015年12月，时隔37年召开的中央城市工作会议再次提出了“一个规律、五大统筹”的城市工作思路。在这个背景下，上海启动实施了新一轮城市总体规划编制工作，并于2017年12月获国务院批复。新一轮总规成为引领上海城市未来发展的行动纲领，同时作为住建部推动全国新一轮总规改革试点的样本，受到了全国乃至全球的广泛关注。上海在以规划转型推动城市发展转型的道路上迈出了新步伐。

回顾上海城市发展的每一个重要历史阶段，历版城乡规划都发挥了重要的战略引领作用。面对资源环境紧约束的新形势、经济发展转型升级的新要求，上海坚持以人民为中心，积极探索城乡规划和国土资源管理工作的新方法、新路径，为上海争当新时代“改革开放排头兵、创新发展先行者”，付出了不懈的努力。上海市城市规划行业协会每两年一届开展“上海市优秀城乡规划设计奖的评选活动”，并将获奖作品汇编成册作为系列丛书，为鼓励先进典型、展示规土形象、促进行业发展，提供了一个很好的平台。

本次作品集汇编了2015年度上海优秀城乡规划获奖的103项成果，充分关注生态环境保护、历史风貌传承、城乡统筹发展等一系列社会关注的热点问题，是一定阶段内上海城乡规划编制新理念、新技术和新实践的集中展现，也是上海城乡规划发展转型的一个记录和缩影。希望《作品集》的出版，能够进一步促进广大设计单位和规划工作者交流学习、互相借鉴，不仅要学习先进的方法理念，更要学习他们强烈的社会使命感、责任感和大胆创新、勇于实践的精神。

2018年是贯彻落实党的十九大精神的开局之年，也是全面落实上海新总规的开局之年。站在新的历史起点上，希望大家能够创作出更加优秀的规划设计成果，共同助力上海“五个中心”建设，为打造创新之城、人文之城、生态之城，卓越的全球城市和社会主义现代化国际大都市而努力奋斗！

上海市规划和国土资源管理局局长 徐毅松

2018年1月

Foreword

At the Fifth Plenary Session of the 18th CPC Central Committee in October, 2015, the "Five Major Development Concepts" of innovation, coordination, greenness, openness and sharing were put forward. In December 2015, the central government held a national urban work conference again after the elapse of 37 years, and raised the thinking of "One Regularity and Five Overall Plans" for urban work. In such background, Shanghai kicked off its new round of compilation of Shanghai Master Plan (2017-2035), and a written approval was obtained from the State Council of China in December, 2017. This new round of Shanghai Master Plan has become the action program to guide the city's future development, and at the same time acted as a specimen of China's Ministry of Housing & Urban-Rural Development for the promotion of a new round of master plan reform nation-wide, receiving extensive attention from the whole country and even the world. Nowadays, Shanghai has taken a new step on the road of the promotion of urban development transformation by the transformation of planning.

Recalling every important historical stage of Shanghai's urban growth, we can see the urban and rural planning of each edition has played an important role of strategic guidance. Facing the new situation of tight constraints on resources and environment, and coping with the new requirements posed by the transformation and upgrading of economic development, Shanghai planning professionals, by adhering to the principle of putting people first, have actively explored new methods and routes for urban-rural planning as well as management of land and resources; and made unremitting efforts to turn Shanghai into a "vanguard in reform and opening-up" and a "pioneer in innovation and development" in the new era. Shanghai Urban Planning Trade Association (SUPTA) holds, once every two years, an activity for selection of Shanghai excellent urban-rural planning and design, and compiles award-winning works into a series of collections, thus providing a good platform to encourage advanced models, display the image of planning workers, and promote the planning development.

This Collection of the 2015 issue assembles 103 items of works, all winning the "2015 Shanghai Excellent Urban and Rural Planning and Design Awards", and paying close attention to a series of social hot topics, such as ecological environment protection, historical style inheritance, and the coordinated development of urban and rural areas. So, it can be said that the book is not only a concentrated expression of new concepts, new technologies and new practices in urban-rural planning in Shanghai for a certain phase, but also a record and epitome of the planning transformation in Shanghai. It is hoped that the publication of this Collection can further facilitate exchanges and mutual reference among the design institutes and planning workers, and encourage them to learn not only the advanced methods and concepts, but even more the strong sense of social mission and responsibility, and the spirit of bold innovation and practice.

The year of 2018 is the starting year for carrying through the spirit of the 19th CPC National Congress and the first year for comprehensively implementing the new Shanghai Master Plan. Standing at a new historical starting point, we hope that even more excellent planning designs will come up through our joint efforts, to help Shanghai's construction of "Five Centers" (that is, international centers of economy, finance, trade, shipping and S&T innovation). In short, we should work hard to build Shanghai into a prominent global city of innovation, humanity and ecology, a socialist, modern and international metropolis.

Xu Yisong

Head of Shanghai Planning and Land Resources Administration Bureau

January, 2018

序二

城乡规划具有政府公共政策属性。近年来，随着中央城镇化工作会议、城市工作会议的先后召开，城市规划建设管理工作若干意见、城市设计管理办法等文件的陆续出台，城乡规划在落实国家战略、推进城乡统筹发展进程中，承担了更高的历史责任，在城镇和广大农村地区的发展和转型中，发挥着更为重要的战略引领和刚性控制的作用。

两年一届的全国优秀城乡规划设计奖，是我国城乡规划设计领域的最高奖项。回顾2015年度上海优秀城乡规划设计奖评优活动，在市规土局领导的重视和关心下，各规划设计单位积极参与，全市共收到46家规划设计单位的240个项目，经过上海专家组认真评选，其中有92个项目榜上有名。2016年，经中国城市规划协会组织评审，最终有24个项目在全国获奖。这些不同类型规划各具特色，法定规划类项目在注重技术准则和编制规范的基础上，突出了前瞻性和操作性相结合；城市设计、专项规划等非法定规划类项目，更加注重实际需求，突出了创新探索，获奖数量和质量较往届有所提升。《上海南外滩滨水区城市设计》、《上海市金山廊下镇郊野公园规划》、《武当山风景名胜区总体规划修编（2012-2025年）》等获得全国一等奖。这些优秀项目坚持先进理念与当地实践紧密结合，充分展现了新思路、新技术和新实践，更加注重区域统筹、社会经济协调发展、生态保护、历史文化传承等要求，集中反映了本市规划编制单位和规划工作者深入贯彻落实国家倡导的新发展理念，体现了上海规划行业阶段性的工作成果，是行业可持续发展的重要体现。

本次《作品集》有103个项目入编，涉及的规划类型多样、内容丰富，总结提炼了各类优秀规划设计作品的特色和亮点，并且延续了专家点评内容，为广大规划设计单位和规划工作者提供了一份学习借鉴和宣传交流资料，以利于进一步提高全市规划设计队伍的业务水平，不断推动行业技术进步。两年一本系列作品集的出版，已成为上海规划行业的品牌建设内容，经过广大会员单位的共同努力，也获得了较好的行业评价和社会反响。

2017年12月，国务院正式批复了上海新一轮城市总体规划。2018年1月，上海市委、市政府召开新一轮总规实施动员大会，强调要坚持以人民为中心，在迈向卓越的全球城市的进程中，把高质量发展和高品质生活作为规划实施的根本落脚点。进入新时代，上海市城市规划行业协会将一如既往，继续发挥好行业的桥梁和纽带作用，搭建好行业的交流和发展平台，更好地服务于各会员单位，不断提高广大规划师的积极性、创造性，努力为上海乃至全国城乡规划事业发展贡献一份力量。

上海市城市规划行业协会会长 毛佳樑

2018年1月

Foreword

Urban-rural planning has the attributes of government public policy. In recent years, as the central government of China successively convened Urbanization Work Conference and Urban Work Conference, and issued one relevant document after another, such as "Some Opinions Regarding Urban Planning, Construction and Administration", "Regulations Regarding Urban Design Management" and others, urban-rural planning has assumed a more important historical responsibility in the process of implementation of national strategy and promotion of coordinated development of urban and rural areas, and played a role of strategic guidance and rigid control in the growth and transformation of towns and vast rural areas.

The National Excellent Urban-Rural Planning and Design Award (biennial) is the highest level of prizes in the field of urban-rural planning and design in China. In the retrospect of 2015 selection and assessment for the Excellent Urban-Rural Planning and Design Award in Shanghai, due to the care of the leaders of the Shanghai Urban Planning and Land Resources Administration Bureau and to the active participation from many planning and design institutes, a total of 240 items were received from 46 planning and design units in the city, and 92 of them were listed as candidates for national prizes. After an evaluation and selection by China Association of City Planning (CACP), 24 items finally won the national awards. These different categories of planning works have their own characteristics. The statutory planning category of works highlights the combination of foresight and operability on the basis of emphasizing technical standards and compiling norms. Non-statutory planning category, including urban designs and special planning, pays more attention to actual needs and makes innovation and exploration prominent. And the number and level of the award-winning works in this category have improved over previous years. Among the national first prize winners are "Urban Design for the Waterfront Area of South Bund in Shanghai", "Planning of the Country Park in Langxia Town, Jinshan District, Shanghai" and "Revision of the Master Plan for Wudang Mountain Scenic and Historic Area (2012-2025)". These outstanding works adhere to the close combination of advanced concepts and local practices, give a full display to new ideas, new techniques and new practices, and focus even more on the requirements of regional coordination, harmony between social and economic development, protection of ecology, and historical and cultural heritage. In addition, they not only collectively reflect the implementation by Shanghai's planning units and workers of the new development concept advocated by the State, but also embody the milestones achieved by the city's planning sector, an important demonstration of the sustainable development for the industry.

This Collection contains 103 items in total, involving various types of planning works with abundant contents. It has extracted and summarized the features and highlights from these excellent planning and design works and retained the traditional column of Experts' Comments, thus providing a useful learning reference and promotional materials for the majority of planning units and workers, so as to further improve the professional level of the planning and design teams of the whole city and constantly promote their technological progress in the sector. The advent of this Collection, a biennial publication in series, has become a part of the brand construction of Shanghai's planning sector, and through the joint efforts of member units, has obtained good appraisal from the planning sector and positive social response.

In December, 2017, the State Council officially approved the new round of Shanghai Master Plan. In January, 2018, Shanghai Municipal Party Committee and Municipal Government jointly convened a mobilization meeting for the implementation of the new round of Master Plan, stressing that we must adhere to the principle of putting people first, and take high-quality development and high-quality life as the foothold for planning implementation in the process of marching forward toward a prominent global city. In the new era, Shanghai Urban Planning Trade Association (SUPTA) will as in the past continue to play the role of bridge and link in the planning sector, build and maintain a good platform for exchange and development, better serve all the member units, constantly boost the planners' enthusiasm and creativity, and work hard to contribute to the development of the urban and rural planning in Shanghai and even in the whole country.

Mao Jialiang

President of Shanghai Urban Planning Trade Association

January, 2018

目录
Contents

上海南外滩滨水区城市设计

2015年度全国市优秀城乡规划设计奖（城市规划类）一等奖、2015年度上海市优秀城乡规划设计奖二等奖

编制时间： 2011年12月—2013年6月

编制单位： 上海市城市规划设计研究院、上海市黄浦区规划和土地管理局

编制人员： 黄轶伦、奚文沁、张莉、沈晨翀、陈敏、陈鹏、周弦、应慧芳、郑迪、潘茂、訾海波、吴秋晴、张威、王梦亚、王蕾

一、规划背景

1. 编制背景

外滩是上海金融业的发源地，曾是世界公认的"远东金融中心"，有着深厚的金融历史文化底蕴和特有的综合服务氛围，但在过去10多年中,与隔江相望的陆家嘴国际金融城相比，发展相对缓慢，金融产业的特色、层级和集聚度不高。为重塑外滩金融中心的地位，加快推进上海金融中心的建设，2010年8月上海市政府批准了《外滩金融集聚带建设规划》（以下简称《建设规划》），将外滩金融功能向南外滩地区延伸，与陆家嘴金融城共同构成上海"一城一带"的总体金融格局，两者错位互补、协同发展。为更好地把握这一历史机

外滩金融集聚带整体效果图

遇，将《建设规划》的成果实施落地，指导南外滩滨水区的近期建设，实现滨水区历史文化传承、公共利益至上和金融功能集聚的总体目标，编制南外滩滨水区城市设计。

2. 项目意义

上海新一轮城市总体规划中明确提出：上海以卓越的全球城市为目标，逐步建成国际经济、金融、贸易、航运、科技创新中心和文化大都市，未来发展需弥补城市短板，注重“生态之城、人文之城、创新之城”的打造。上海的母亲河——黄浦江作为城市功能发展的“主动脉”和生态风貌的“风景线”，其绵长蜿蜒的滨水岸线和广阔的腹地将成为未来上海城市功能提升、公共活动承载、风貌魅力展示和生态格局完善的核心空间，将逐步建设成为宜居、宜业、宜游和展现独特魅力的世界级滨水区。跨入 21 世纪以来，随着两岸综合开发进程的加快以及世博会等全球盛会的举办，在市政府“还江于民”的理念指导下，黄浦江逐步由生产岸线释放为生活岸线，衰败的工业仓储向丰富活跃的公共功能空间转型，封闭的滨水区域增加了大量高品质的公共空间。在规划设计和管理上越来越重视对重点滨江地区的控制引导和实施监督，而对各区段的城市设计也随之成为对滨江地区规划管控的重要手段之一，其关注点也从传统单一的空间形象管控逐步向功能导入、公共利益管控以及注重行为视觉感受等方面的综合考量方向转变。南外滩滨水区城市设计正是立足在对上海已实施的滨江区设计经验借鉴、总结、提升的基础上，探索滨水区如何通过更多维度的城市设计管控和引导方法，从功能导入、景观塑造、文化传承、活力激发、生态引领等多重维度提升其整体品质和综合效应。

二、资源禀赋

南外滩滨水区位于老外滩的南侧，由东门路—中山南路—王家码头路—南仓街—东江阴街—南浦大桥—黄浦江所围合而成，总用地面积约 80hm^2，主要包括了东门路以南的滨水区和中山南路西侧的董家渡 13、15 街坊。从区位来看，其北邻老外滩地区，南接世博会地区，是黄浦江浦西沿线最核心的滨水区之一，绵长的滨水岸线和广阔的腹地使之拥有独特的资源禀赋。

1. 战略地位和产业基础

20世纪二三十年代上海已成为远东金融中心，从 1843 年开埠起，外滩历经数次更新改造，集聚了大量的国内外金融机构，银行建筑多达百余幢，以汇丰银行、中国银行为代表，是中国历史最为悠久、知名度和影响力最高的金融贸易区。 20 世纪 90 年代，为了适应全球经济发展，恢复上海亚洲经济中心城市的地位，在外滩对岸建起了陆家嘴金融贸易区，集聚金融机构上千家，形成了金融核心区跨江发展的态势。但这两个区域都面临着空间趋于饱和、服务设施配套不足、产业集聚度不高、交通条件恶化等问题，不能适应建设更高能级的世界金融中心的要求，这给紧邻外滩的南外滩地区的发展带来了契机。因此 2010 年 8 月上海市政府批准了《外滩金融集聚带建设规划》，在城市总体层面将南外滩作为上海国际金融中心建设的重要战略发展空间，明确将外滩金融功能向南外滩地区延伸，与陆家嘴金融城错位互补、协同发展，共同构成上海“一城一带”的总体金融格局。同时区域内已经建设完成的外滩金融服务中心、外滩SOHO 等综合性金融项目也进一步夯实了南外滩的金融产业基础，奠定了其在上海国际金融中心建设中的重要战略地位。

2. 历史遗存和文化积淀

南外滩不同于黄浦江其他区段，历史上或为单一的工业仓储空间或以传统民居为主，它融合了码头集市、工商贸易、手工业、会馆宗教、市井生活等多元业态，早在明清时期已经成为上海最繁盛的商业区，当时街巷纵横、店铺林立、人口稠密、舟车辐辏，形成“一城烟火半东南”的繁华局面，20 世纪上半叶达鼎盛时期。保留至今的街巷、商铺、船坞、仓库、车间、住宅、私邸、教堂和同乡会馆，中西合璧，华洋共处，展现了上海“海纳百川、兼容并蓄”的城市特色，也体现了

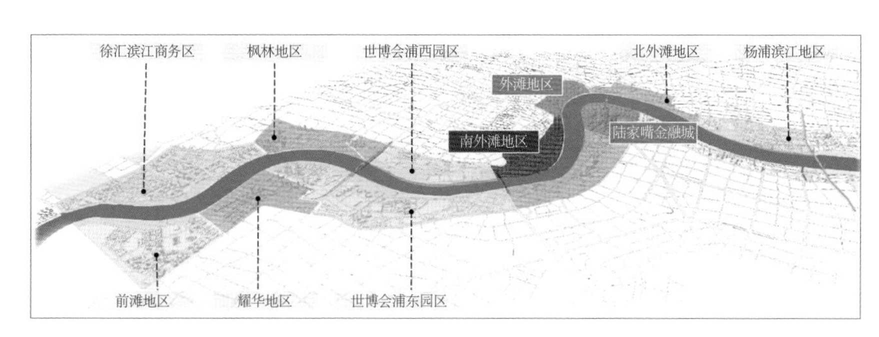

南外滩区位图

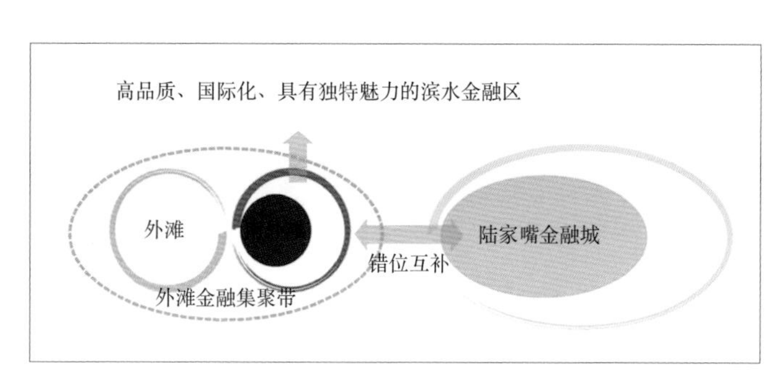

金融功能错位互补示意图

上海作为江南水乡富庶之地、通商口岸、繁华都会的独特地域特质。

3. 景观资源和腹地空间

南外滩 2.6km 长的滨水岸线位于黄浦江西岸，宽阔的水面为城市景观增添了生动灵秀的韵味，宽广的视野使周边区域各具风采的城市景观尽收眼底，北侧与外滩万国建筑群相互映衬；向东可隔江眺望以东方明珠、金茂大厦为代表的浦东现代城市建筑风貌；西侧可浏览以豫园为核心的具有中国传统风情的老城厢风貌区。南外滩地区开发空间较为充裕且地理位置优越，拥有可开发用地近 $40hm^2$，且大部分位于其他滨水区段所不具备的直接临水区域，可为整体功能提升和公共环境塑造提供有效的空间支撑。

三、目标定位

1. 规划目标

南外滩滨水区作为上海CBD的核心拓展区，是上海国际金融中心建设的重要战略发展空间，是黄浦区通过金融创新振兴城市发展的新增长极，是中心城区实现上海世界级城市发展目标的近期建设重点。规划在功能上强调金融创新与金融服务，注重城市多元功能的复合，与外滩共同形成充满活力和吸引力的国际金融集聚区，与陆家嘴金融城错位互补；在空间上强调高度开放与历史沿承，注重城市空间生活性塑造，将南外滩地区建设成为高品质、国际化、具有独特魅力的滨水金融区。

外滩金融服务中心效果图

外滩 SOHO 效果图

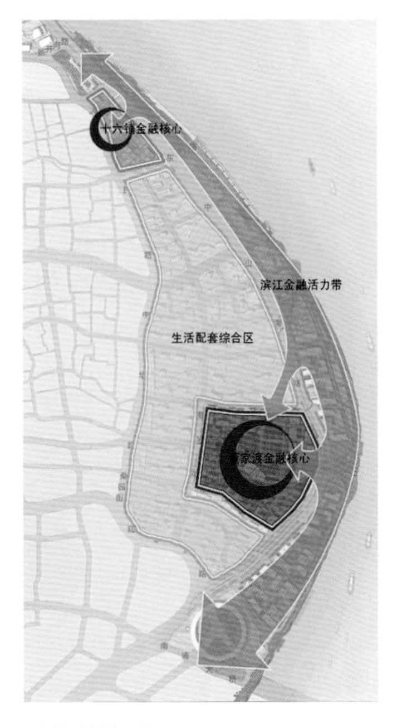

功能结构图

2. 规划思路

规划结合南外滩滨水区的功能发展需求和自身独特的资源禀赋，构筑地区“2+4”的功能体系，以金融办公、金融服务为核心，完善商业服务、文化创意、旅游休闲和居住生活等配套功能。

其中，金融办公功能主要依托老外滩曾作为远东金融中心的知名度和影响力，做好品牌经营策略，积极引入知名的创新型金融机构和上升型金融机构总部，与陆家嘴金融城的传统金融业态错位互补，重塑外滩金融中心的品牌效应；而金融服务功能则积极发展咨询、法律、会计等金融专业服务和面向世界的金融服务外包等功能。

3. 功能结构

规划南外滩滨水区形成“一带双核”的布局结构。其中“一带”即滨江金融活力带，规划充分利用中山南路和黄浦江之间滨江地区直接临水和丰富历史底蕴的优势，强调金融贸易、

外滩金融功能定位　　表 1

资产管理中心	证券、基金	私人银行、投行	财富管理、理财资讯
	银行、保险	风险投资、私募	钱庄、典当
资本运营中心	商业银行	投行、小额借贷	其他金融类控股
	证券、基金、保险	风险投资、私募	运营中介机构
金融服务中心	会计事务所	评级、评估	国际金融中心的办事机构
	律师事务所	房地产机构	其他中介机构
	审计事务所	培训机构	高端商务、会所娱乐类

服务人群及需求分析　　表 2

服务人群	人群需求
金融高管	顶层江景豪宅、高端私人会所、私人收藏博物馆、屋顶花园和运动场、奢侈品专卖、派对秀场、高级定制
企业中高层	江景住宅、高级酒店、文化演艺场馆、奢侈品购物、高级餐厅、聚会场所、高级定制、国际学校
行业精英	酒店式公寓、SOHO 办公、LOFT 工作室、江景咖啡吧、高档购物中心、特色酒吧、室内运动馆
商务白领	商务酒店、江景餐厅、咖啡店、酒吧、室外草地、健身房、综合购物中心、文化娱乐场所
周边居民	学校、医院、综合购物中心、餐厅、健身房、广场绿地
游客	旅游购物商店、江景咖啡吧、室外草地、休憩茶座、游船码头、特色博物馆

商业文娱、展示交流、旅游休闲等功能高度融合，并与滨水资源、历史特色有机结合，形成“开放、活跃、人文、独特”的滨江活力地带；董家渡金融核心则围绕董家渡 13、15 地块形成以金融办公功能为主的城市综合体，重点吸引创新型金融及金融相关行业的总部入驻，成为外滩金融集聚带的功能新载体；十六铺金融核心则依托正在建设的外滩国际金融服务中心，强化其金融服务和专业服务的优势，形成以金融服务为核心功能的商务楼宇群；同时规划在南外滩的腹地已有良好居住配套的基础上，形成品质高端、环境优美、设施完善的生活配套综合区。

四、规划特点

1. 功能维度：聚焦金融功能，满足多元的生活配套需求

南外滩作为黄浦江的核心区段之一，一方面要立足于全球视野选择合适的功能导入和业态更新，适应世界经济格局的新变化和产业变革的新趋势；另一方面也要与其他滨江地区在功能上形成错位互补，避免同质化。因此城市设计从主体功能导入和配套功能完善这两个层面提出控制和引导的策略：

（1）金融功能突出创新、集聚和延伸，与陆家嘴错位互补，南外滩和外滩共同组成外滩金融集聚带。从规划编制时的统计分析来看，拥有全国性金融要素市场 3 家，银行 38 家（部分为支行或营业所），证券机构 11 家，保险机构 15 家，其他金融机构 9 家。虽然在金融机构的类型广度、层次等级、集聚密度上均无法与陆家嘴金融城相比，但是在空间环境、文化积淀、金融品牌以及服务配套上却有着显著优势。因此规划提出主体功能引导上与陆家嘴金融城错位发展，规避规模较大的传统金融功能，鼓励发展具有资源互动、产业定制、人才专业特征的高附加值金融服务，充分利用区域内三家全国性金融要素市场的优势，建立以金融服务和创新金融为主体功能的产业集群，重点打造资产管理中心、资本运营中心、金融服务中心三大中心，其中资产管理中心和资本运营中心主要导入银行、保险、证券、基金、财富管理、投行、私募、运营中介等机构，尤其要吸引高端、高层次的金融及相关机构，通过多元化的金融机构、市场化的金融业务、多样化的融通资金、现代化的营运手段，提高金融集聚度和能级，增强区域对国际经济的辐射力；金融服务中心主要培育与金融业一起成长的相关配套服务产业，包括律师事务所、会计事务所、审计事务所、评级评估机构、房地产机构、培训机构、国际金融中心办事机构、财经传媒机构以及文化创意企业等。

（2）配套功能上突出人群需求导向。从未来发展来看，南外滩的服务人群主要包括金融高管、金融企业的中层管理人员和普通员工，以及金融相关产业的从业人员，此外也服务周边的居民和部分游客。因此，在配套功能引导上提出针对不同人群“量身定制”的策略，如：每片居住片区内配置一定比例的

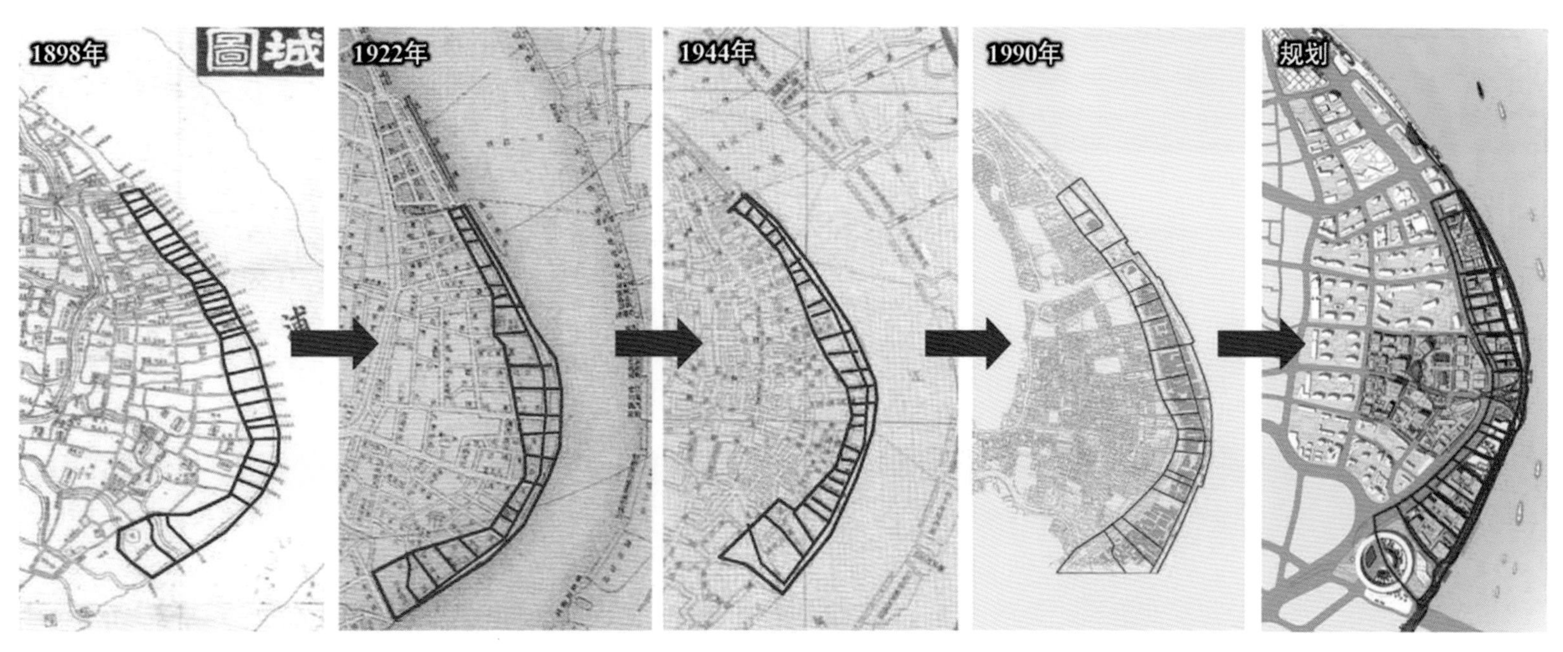

鱼骨状弄巷肌理图

酒店式公寓和服务式公寓；在部分商务楼的顶部设置高管公寓等来解决各类金融人士的居住需求；通过设置国际学校、国际医院、礼拜教堂、托管机构、康养机构以及顶级餐饮购物场所等来满足国际人士的生活需求，从而吸引高端企业和高端人才进驻。

2. 风貌维度：传承外滩文脉，彰显自身历史人文特色

南外滩紧邻外滩，一方面彰显其特有的码头、集市、会馆和市井生活历史风貌和人文特色，另一方面要注重与外滩历史文化风貌的过渡和协调。因此，城市设计从保护街巷格局、肌理尺度、传统建筑以及非物质文化等多方面进行，保护并传承这些风貌和特色。

（1）保护和恢复“鱼骨状”的街巷格局

历史上南外滩依托黄浦江襟江带海的优势，整合了对外海运和内河航运，成为当时远东最为繁忙的港口之一。由于仓储功能和交通方式的需要，逐步形成了许多垂直于滨江的街巷空间。随着城市变迁、产业变化以及交通方式的改变，部分街巷逐渐消逝，但垂直于滨江的整体呈鱼骨状的路网基本格局仍然存在。规划通过比对历史行号图等资料，利用城市道路、内部通道等设施，保留或恢复垂直于滨江的鱼骨状历史弄巷，复原南外滩近代码头商贸区域原有的空间特征。

（2）保护利用和重新诠释历史

南外滩地处华界和租界的交界处，北侧是租界，西侧靠近老城厢，即使历经沧桑、几经改造，在这个中西文化碰撞、生活商贸混合的典型历史街区中，仍然保留了大量的特色历史建筑，引人追溯时光、回想过往。其中最为著名的董家渡天主教堂建于 1847 年，为中国第一所能容纳两千人以上的大型天主教堂（1950 年以前是天主教上海教区的主教堂），经修缮后目前保存完好。建筑平面呈“十”字，立面为简洁的巴洛克风格，下段有4对爱奥尼柱，中段墙面正中嵌一只圆形大时钟，两边竖立着巴洛克式小钟塔和曲线漩涡状女儿墙，上段山墙是具有西班牙风格卷涡式样的三角形山花。建筑内部为罗马风格，绘有青绿藻井图案的天花和墙面装饰着中西合璧的精美浮雕，富有特色。对董家渡天主教堂的规划采用原址保留、保护性修缮的措施，重点保护建筑南侧主立

董家渡天主教堂周边改造更新效果图

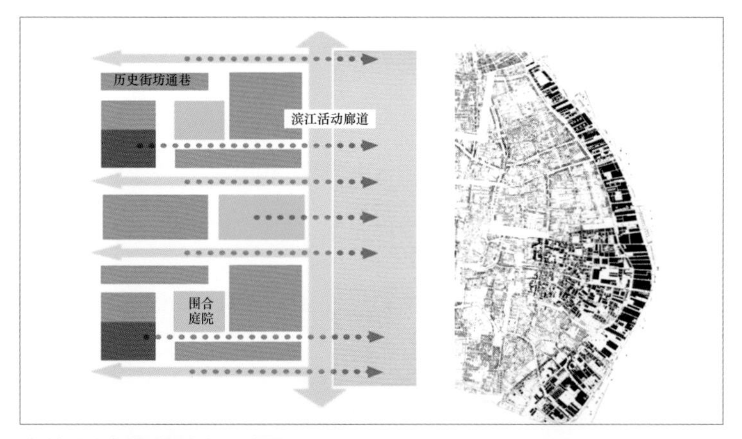

南外滩空间肌理特色示意图

药材仓库改造更新效果图

老码头地区更新改造效果图

面，恢复建筑侧立面，并在其周边布置大型开放空间，将其作为该地区重要的景观核心，周边的建筑高度和体量也与之协调，起到衬托效果。

此外复兴五库是建于 20 世纪 30 年代左右的轮船公司仓库，商船会馆是建于 1715 年的同业会馆，还有多处仓库建筑和老式里弄。对这些各有特色的历史建筑，规划通过原址保留、保护性修缮、位移和改造等方式，尽可能保护董家渡的历史遗存，保留会馆和码头仓库的历史风貌。同时依托老厂房、老仓库的改造进行金融创新功能的注入和文化创意功能的更新，不仅从外观上进行保留，更是重新激发历史建筑的活力和时代内涵。如将商船会馆作为会馆文化纪念馆，结合新老建筑设置金融类行业协会等功能，同时传承会馆的文化特色。

（3）传承和保留地区非物质文化遗存

规划沿用或恢复了南外滩地区一些旧时路名、街巷名称和地名，反映出历史上产业、功能或是设施的所有人信息，如竹行码头街、新码头街、王家码头路、公义码头街、会馆码头街、赖义码头街、丰记码头街等，从某种角度为后人描绘了当时码头运输业、商贸业、手工业繁荣昌盛，各司其职，人流穿梭的盛况。

（4）延续具有历史感的小尺度空间肌理

历史上南外滩的空间肌理以中山南路为界分为东西两片，东侧主要以条状的仓储建筑垂直于滨江，其间设有通向滨江地区的街巷通道，而西侧则是围绕董家渡天主教堂的高密度城市空间肌理。本次规划在东侧的新建建筑布局上也采用垂直滨江的行列式、局部块状建筑和围合式的组合布局模式，延续该地区小尺度空间的肌理特色。同时西侧地块通过对新建建筑的高度和体量的控制，形成舒适的历史街巷高宽比，并在建筑材质、立面划分、色彩等要素上都提炼、传承外滩建筑空间的元素，保留了南外滩的建筑风貌元素。

3. 空间维度：注重特色塑造，构筑立体复合城市空间

鉴于南外滩滨水区的重要功能地位和空间地位，规划在城市空间塑造上不仅要充分考虑能体现金融服务中心的标志性特征，也要能够和老外滩的万国建筑群协调，因此本次城市设计从空间评价着手，从勾画天际轮廓线和打造立体城市空间两个方面去塑造南外滩地区的特色。

（1）构建针对地区特色的空间形态评价体系

评价体系标准主要考虑三个方面：是否有利于地块与周边城市界面的协调，延续城市传统空间肌理，实现城市人文传承；是否有利于滨江景观价值的充分挖掘，为市民提供更多公共活动空间；是否有利于地块内核心建筑的展现，形成区域建筑新标识和门户形象。

首先，根据地块的功能需求和开发容量，确定塔楼和裙房的组合比例和方式。

其次，根据历史肌理和现代城市空间美学价值筛选最优的空间模式，如董家渡 13、15 地块采用“内圈塔楼与外围街区组合”的空间布局模式，而滨江地块则形成“条块结合，塔楼沿中山南路垂直于滨江”的空间布局模式。

最后，通过选取城市重要公共活动节点作为视点，包括浦东陆家嘴金茂大厦、浦东世博园区滨江和浦西董家渡路滨江、南浦大桥等8个视点，对南外滩地区的整体天际轮廓线进行系统分析，评价并优化天际线，优化塔楼的高度、建筑组群关系、建筑间距、标志性建筑位置和形式等。

（2）勾画一条错落有致的天际轮廓线

北侧外滩的万国建筑群形成了上海最具特色的天际轮廓线，而南外滩与外滩的建筑群相互接壤，未来会形成代表上海不同时期形象的天际线。因此本规划在南外滩地区延续外滩历史建筑高度的特征，以 30m 为基准控制线，滨江第一层面的建筑高度控制在24m～40m，少量高层建筑最高不超过80m，并后退沿中山路布局，形成第一层延续历史的天际轮廓线；而腹地董家渡地区的高层建筑基本控制在 100m～120m，核心区布置 3 栋180m～240m 的高层建筑群，形成较好的空间序列，其他建筑在外围围合而建，形成中间高、两侧低、起伏较大的第二层天际轮廓线，以凸显南外滩金融中心的形象标志。

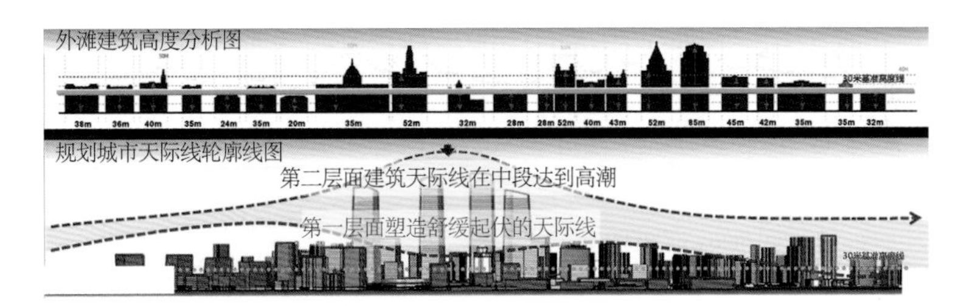

南外滩天际轮廓线分析图

斜向视线廊道效果图

在此基础上，规划还充分考虑地区的多视点观景，预留多条视线景观廊道，其中重点规划了联系陆家嘴地区3个标志性建筑和董家渡核心塔楼群之间的公共绿化廊道，最大程度地实现优美景观的视觉共享。

（3）打造地上、地面、地下多维联系的立体复合街区

南外滩地区交通复杂，流量较大的中山南路作为以过境功能为主的城市主干道，直接分割了南外滩地区的滨江与腹地，同时考虑到滨江尽端地区轨道交通的可达性较弱，规划提出了打通"地上"和"地下"空间的策略，在空间上多种功能高度混合，在平面和立体上有限的土地资源在不同时间段被多维度地布置和使用，容纳多元化用途，在南外滩形成一座直接联系滨江的立体城区，激发地区活力，提高使用便捷性和效率。释放中山南路道路下方空间形成两层地下空间，地下二层为车辆通道，快速疏解过境车流，地下一层为地下公共服务设施空间，通过它将腹地和滨江的地下空间连成一体，同时又能强化与轨交车站的步行联系，使整个南外滩地区的地下空间实现整体规划和开发。

同时在有限的空间中设置一处面积达到 1hm² 的公共空间，利用董家渡路上方空间形成一处自由生长的空中绿色大平台，一方面实现腹地建筑和滨江岸线之间有效的步行连通和功能联动；另一方面也将滨江的生态绿地通过平台延伸至腹地，形成一个空中的绿色开放花园，并将周边重要的建筑串联成一体，为地块内人们通行提供更为畅通的空间通道、宽广的观景视野和安全舒适的活动场所，满足金融人士、居民和游客的活动交往、休憩、观景等需求。

（4）活动维度：贯通滨江、联动腹地，构筑丰富畅达的公共活动网络

"还江于民"一直以来是黄浦江两岸改造的核心理念。现有的防汛墙平均高度为 2.15m，严重遮挡了滨江行人的视线和亲水感受，同时防汛墙外的浮码头也未能连续贯通，多处区域被轮渡站和市政设施所阻隔。因此本次城市设计的重点是连接断点，因地制宜地采用各种方法，对滨江岸线和步行路径进行更新改造，确保南外滩地区的公共空间全线贯通、高度开放，提供多样的亲水体验。由于滨江岸线与外马路的许多区段只有一墙之隔，几乎没有改造的余地，所以方案想到了向江面"借"空间，利用现有防汛墙外的高桩码头进行整体改造，设置 4.8m 和 5.7m 两级标高的、连贯的亲水平台，其中将 5.7m 标高平台的平面设计为连续的波浪形，4.8m 的平台利用波浪形平台所带来的凹凸变化，设计生态绿岛、人工沙滩、观景平台、连贯通道、台阶缓坡等趣味场所，既保证了活动空间的连续畅通，也在不到 20m 进深的有限空间内增强了公共活动和景观视觉的趣味性和变化感。平台在轮渡、市政设施等断点处采用上跨或外绕方式，确保空间的连续和贯通。

规划在确保防汛安全的同时，引入钢化玻璃防汛墙以增加视觉通透感，并在多处设置可开闭的防汛闸门，在低水位时段开放，汛期关闭，目前试验段已经竣工。

在滨江腹地则通过恢复、增加多条垂直于滨江的道路，加密路网，提高滨江地区作为交通尽端的可达性，依据不同功能和场所特征形成多元丰富的公共活动界面：以通透的滨江通廊形成开放的滨江界面；沿中山南路与东西向街道，则形成连续的街道界面；围绕董家渡周边绿地，营造出大体量的自由景观界面；沿外马路设置二层平台为主要活动观景场所；许多街区采用围合式布局，形成错落有致、丰富生动的内部半公共空间序列和广场界面。多样的城市界面，不仅构建出丰富多彩的城市形态，更为各类人群提供了缤纷雅致、富有趣味的现代生活体验，其中针对不同人群提供了具有多种体验的活动空间与

594、596 地块沿江立面图

通道：滨江活动休闲带为游人提供了开阔、连贯、自然的休憩空间；连廊平台将区域内的重要商业中心加以串联，为商业人群提供了更为便捷的购物通道；院落内部的公共空间成为商务人群休闲与交流的场所。

五、规划实施

传统滨水区城市设计主要对空间要素进行控制，本次城市设计提出了功能、风貌、空间和活动四个维度的管控体系，通过附加图则，对建筑形态、公共空间、交通空间和生态环境等方面提出具体的控制性要求，除了地下空间整体开发外，还对出让地块内的公共绿地、城市支路、公共通道等关键空间要素进行管控，确保在地块开发中对公共利益的维护，实现滨江资源的开放共享和公共活动的贯通。落实到具体实施层面，规划还探索和实践了“三带”土地出让机制，将附加图则的内容纳入地块出让合同，在“带规划设计方案、带功能使用要求、带基础设施条件”的基础上进行招标，将控规、城市设计和土地开发进行衔接，在开发中落实金融及服务功能，实现对公共空间、地下空间、基础设施的统一规划建设。如 594、596 地块出让时，为确保地块规划功能定位符合外滩金融集聚带的要求，提前对目标客户进行筛选，采取“三带”整体出让方式，最终中标的是准备入驻外滩的金融机构，实现了“最终使用者拿地”的目标。在地下空间开发方面，探索公共化、统一化的权属管理模式，以及“政府主导、整体规划、先行建设、统一管理”的实施机制。

六、经验总结

南外滩滨水区是上海建设国际金融中心的重要战略性空间和世界级滨水区的核心展示区段，拥有丰厚的历史文化、景观资源和产业基础，规划基于地区资源禀赋的挖掘和城市新亮点的塑造，从各类人群的使用需求出发，突出“传承创新、复合渗透、立体高效”等理念，注重业态与形态的匹配、历史与现代的融合、人文与生态的交相辉映、看与被看的景观组织，以期最大化地发挥其应有的价值，使之焕发新的活力和光彩，也为优势和限制并存的滨水区和风貌特色地段的城市设计提供一定的借鉴。

专家点评

苏功洲

上海市规划委员会专家
原上海市规划设计研究院总工程师，教授级高工

南外滩滨水区毗连老外滩，是上海商埠码头文化的发源地，在新一轮城市发展中将延续老外滩的功能，成为上海国际金融中心的核心功能承载区。南外滩滨水区城市设计以建设世界级滨水区为目标，在综合功能区构建、滨水区步行化、历史文化保护和传承、生态环境改善等方面提出了切实可行的更新对策。特别是城市设计以人的需求和活动感受作为设计的依据，突出了空间品质和活力的塑造。

在公共空间营造上：秉承黄浦江岸线“还江于民”的设想，构建了以大型绿地、城市广场、街坊内部活动场所组成的开放空间系统，可容纳多样性的公共活动；公共空间设置与城市功能紧密结合，突出场所感和空间品质，从而激发地区活力。

在历史文化保护和传承上：重视对城市历史格局的保护和延续，城市设计恢复和保护了垂直于江岸的历史街巷，并尽可能延续滨江街坊的历史肌理；在物质文化遗产保护的同时，同样注重非物质文化遗产的挖掘和传承，通过功能植入、氛围塑造、环境体验等手段进行传承和创新。

在步行系统组织上：注重滨水开放空间与腹地的联接，注重提供多样性的步行路径和活动体验，注重步行活动对城市空间景观的连续感受。城市设计提出的滨江贯通岸线设计、以及由地下、地面、二层构成的立体公共空间系统的构思和具体方法也值得借鉴。

上海市金山区廊下镇郊野公园规划

2015 年度全国优秀城乡规划设计奖（村镇规划类）一等奖、2015 年度上海市优秀城乡规划设计奖一等奖

编制时间： 2014 年 3 月 — 2014 年 9 月

编制单位： 上海广境规划设计有限公司

编制人员： 黄劲松、周伟、景丹丹、庄佳微、沈文、曹友强、俞惠锋、张艺涵、李志强、刘俊、张春美、王阳、毛倩、陈小飞

一、项目概要

在土地资源紧约束条件下，围绕农村产业转型发展和生态环境提升，2012 年，在市域生态网络规划基础上，上海全市选址确定了 21 个郊野公园，旨在通过综合整治与建设，提升农村地区生态环境品质和土地综合效益，既实现农村地区可持续发展，又为城市提供休闲娱乐的“生态后花园”，真正达到城乡互动发展之目标。

廊下镇位于上海西南，属金山区，是以农业为主导的远郊小城镇，廊下郊野公园是上海近期重点建设的六个郊野公园之一。

二、项目构思

本次规划基于廊下镇“郊野”的特点，以“农”为核心，重点关注以下三个方面：一是对田水路林村等农村基础生态要素的梳理、改善及提升；二是在空间上统筹以“农”为基础，一、二、三产融合发展的功能布局，实现“研发种植、加工物流、休闲体验于一体”的农业转型发展战略；三是非常强调留住原住民，完善和提升综合配套，通过镇、村集体及村民的自主式、参与式经营，成为公园的主人翁。

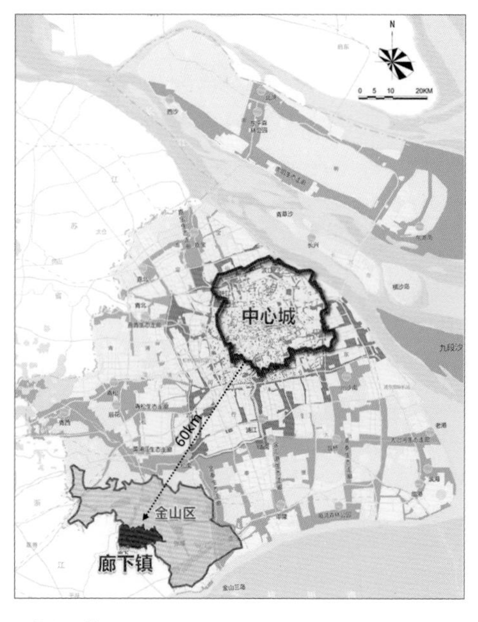

项目区位

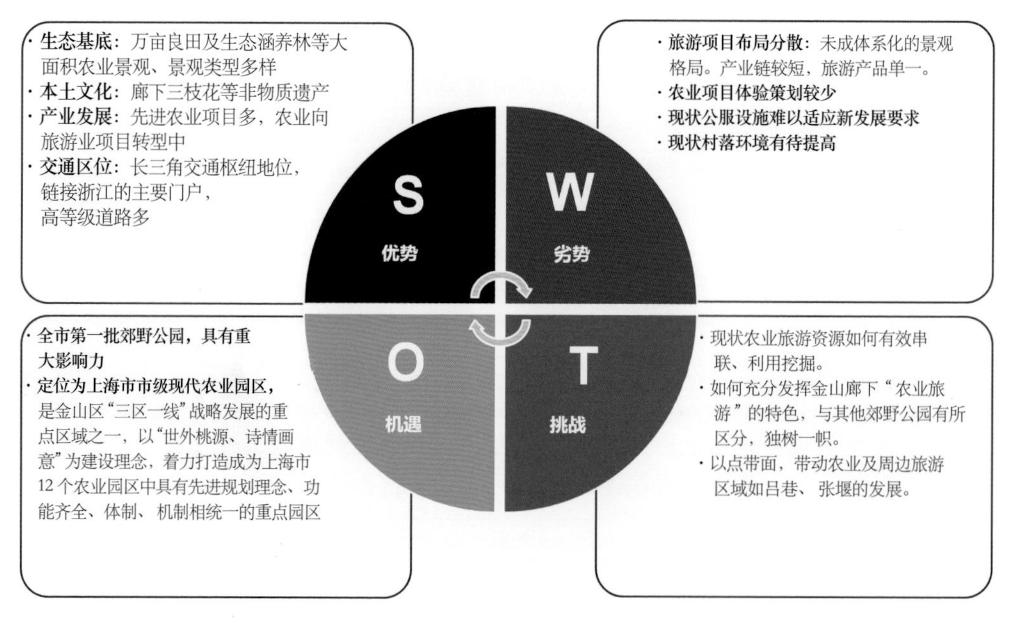

SWOT 分析

三、主要内容

1. 规划思路

（1）基础研究——细致梳理、多方统筹

细致梳理上位规划和相关规划（土规、城规、农业布局、设施农用地、水利等），加强多方统筹协调。通过现状踏勘、访谈的形式对现状资源进行摸底，并对现状民意进行了解。

（2）定位布局——区域联动、特色打造

根据基地所在的特定区位、与周边城镇发展的联动等，通过案例分析和比较等形式提出规划主题定位和发展目标。功能布局根据目标定位，研究提出功能分区，并对相应的功能开发项目、配套服务项目进行策划，创造多样化的生态游憩空间。

（3）要素设计——特色营造、合理布局

着重对“田、水、路、林、村、风、土、历、人、文”等要素提出设想，因地制宜地提出生态化、多元化、本土化的建设引导。

（4）专项规划——软硬结合、全盘考虑

根据总体方案构思，提出道路交通组织、市政和服务设施配套等专项规划设想。

（5）开发策略——近远结合、操作可行

提出分期实施构想及重点项目设想，进行经济指标测算，充分考虑开发项目对地区的带动和资金平衡作用，与郊野单元规划土地控制指标有效衔接。

2. 规划原则

（1）因地制宜

坚持因地制宜的原则，充分利用现有资源条件，整合串联公园各类旅游资源、景点，形成优势资源的最大化利用。

（2）成本控制

坚持成本控制原则，用最少的投入谋求最大的收益，充分利用公园现有建设基础，节约公园建设成本，实现低投入、高产出。

3. 规划内容

（1）规划范围

廊下郊野公园位于镇域西部，总用地为 $21km^2$，现状涵盖了万亩良田、水源涵养林、特色民居、农业研发机构等特色资源。

（2）功能定位

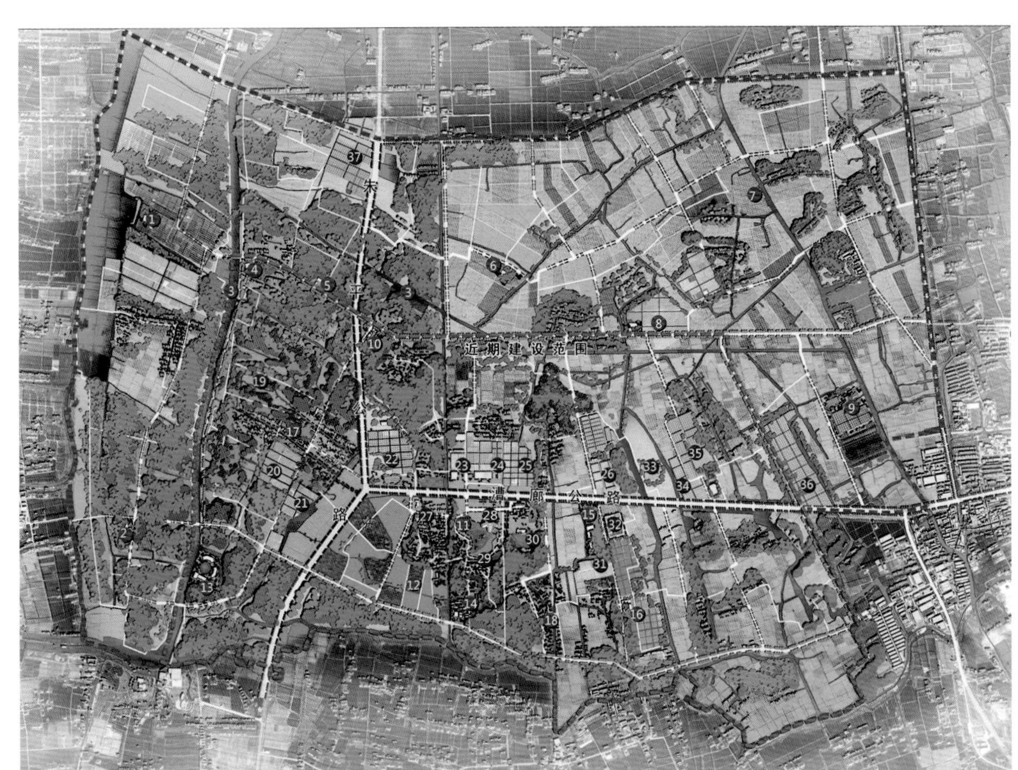

规划总平面图

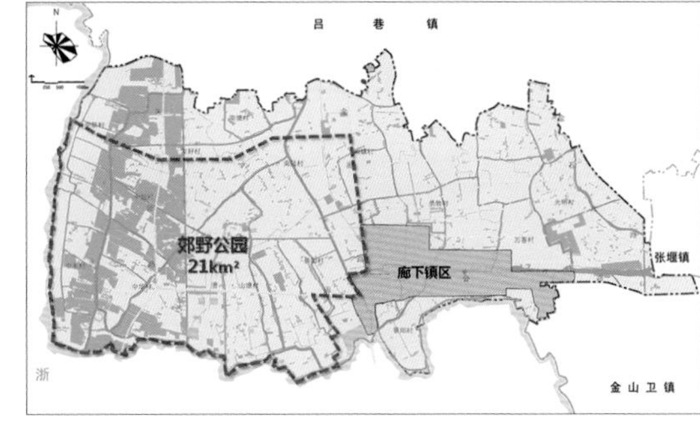

规划范围示意图

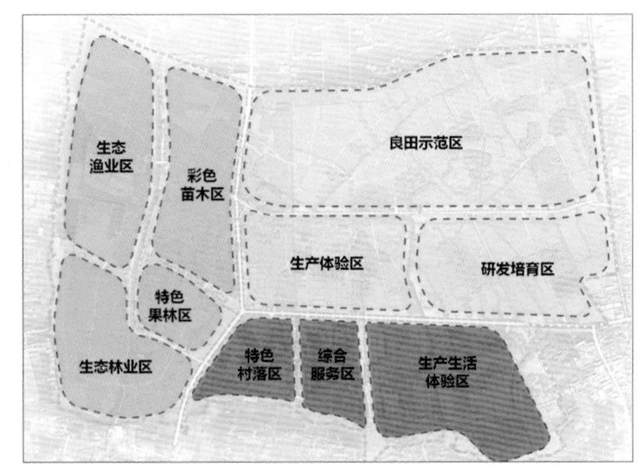

功能布局图

公园定位锁定“农”字，形成以“生态、生产、生活”为主题，以“农村、农业、农民”为核心，集现代农业科技、科普教育、文化体验、旅游休闲于一体的“主题农场”型郊野公园。

（3）功能布局

根据资源分布特征，公园形成“生态观光区、生产游憩区、生活体验区”三大功能片区。西片以生态观光为主，包含生态林业区、特色果林区、彩色苗木区、休闲林业区和生态渔业区；北片则为高科技生产教育基地，包括良田示范区、生产体验区和研发培育区。南片包括综合服务功能区，也是漫步村庄体验乡愁所在地。

（4）系统设计

规划将“花小钱、办大事”和“乡土化”的思路贯穿各系统设计上。

种植方面，尊重江南精耕细作的传统尺度，既有集中连片的高水平粮田，也有屋前屋后散布的有机菜田，对中部的现代化设施农业进行了生态化、现代化和规模化整治，共同构成多层次的田野风光。林地则总体上丰富林木种植结构、局部充实植物品种、提升林相品质，打造四季林景，同时通过农田林网和四旁林地，接连成网。不同区域林网搭配不同品种，形成不同景观风格，也使得区域内一年四季林网皆有景。

水系方面，现状河道不仅是农村生态廊道的载体，也涵盖了传统“塘浦圩田”的水利系统。规划保留现存所有河道，并对 15 条断头河进行疏通；河道岸线延续现状蜿蜒灵动、宽窄参差的自然形态，覆以乡土植被，维持水岸生境。尽量减少人为开河建河，保留原有河道自然肌理和景观风貌，河道水体增加整体生态设计，结合景观布置水上游览路线，设置游览码头以及数条亲水栈道。

道路交通上规划综合考虑村民生活、农业生产、休闲农业与乡村旅游大发展需求。除对外联系的区域性市政道路外，公园内部主要道路宽 4m～6m，全部利用现状既有的乡村道路；规划着重打通林荫小道、田埂路和机耕道，织起“毛细血管”般的慢行系统，并保留砂土、碎石、苔痕等原生态乡野特质。

村庄规划充分尊重居民在本地居住的意愿，保留了80%的原住民，也留住了乡愁之根本。同时结合现状农宅，规划设置

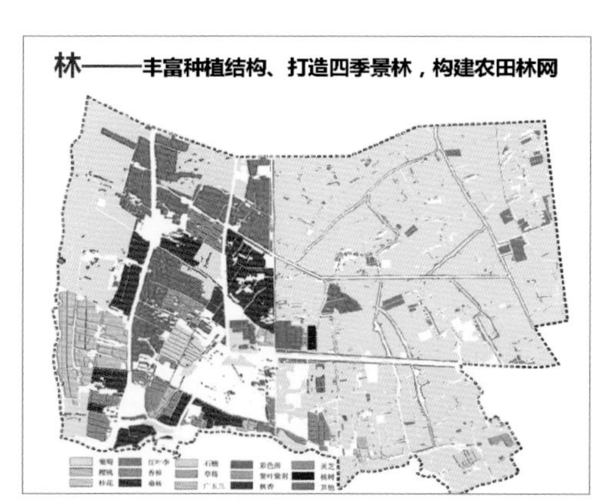

林地规划图

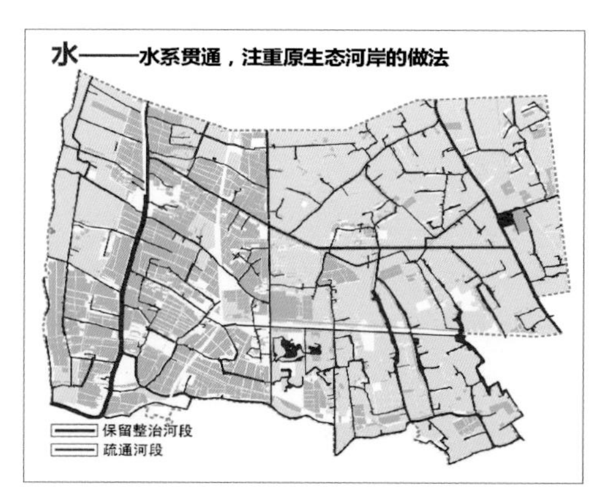

水系规划图

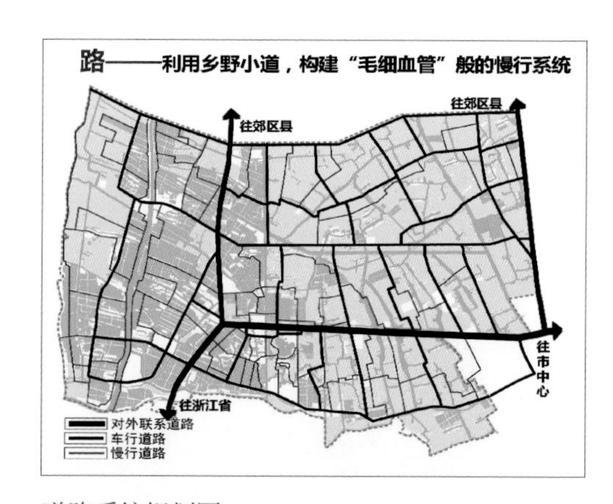

道路系统规划图

村庄布局图

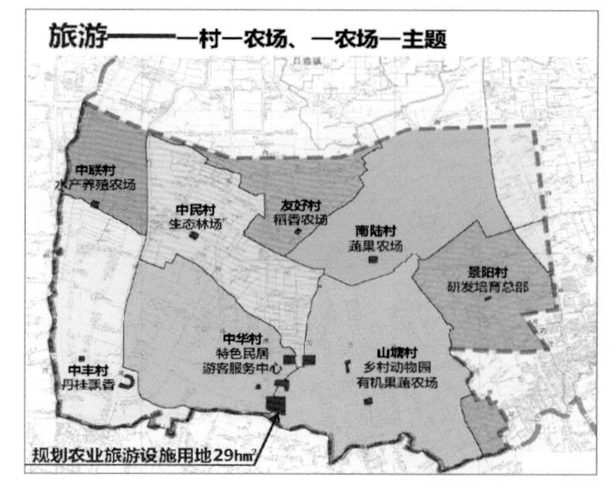

旅游规划图

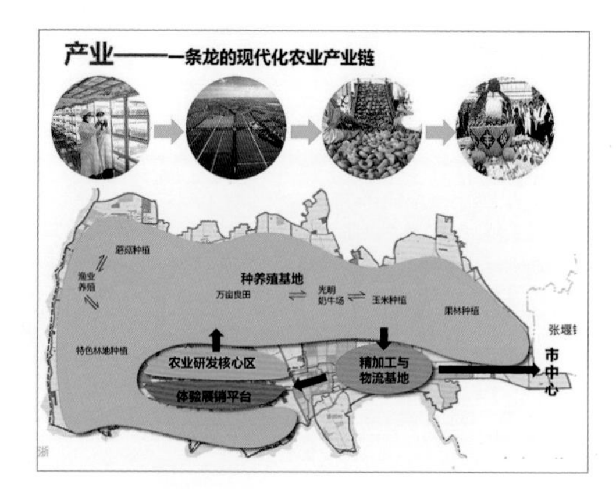

农业产业链规划图

了 19 处游客服务点、7 处农家乐和 6 处民宿聚集区，切实促进了农民增收。选取具有代表性的村组作为村容整治点，建筑方面尽可能利用本土绿色材料，延续白墙、黛瓦、观音兜、农民画的江南传统建筑符号。

（5）产业规划

在廊下，可以看到一条龙的现代化“农业”产业链、高标准的万亩良田、高水平设施农业集聚的研发核心区、现代化农产品精深加工与物流基地。而郊野公园既是这一切的基石，更是最好的体验平台与展示营销中心。同时撤除低效工业，减少产业污染。规划对全镇 121 家企业进行“一地一档”的详细摸底调查。公园范围共撤除 34 hm^2的工业用地，其中核心区域将实现零工业，为环境建设和旅游配套预留空间。

（6）旅游规划

郊野公园规划构思 5 大特色线路、25 组特色体验活动，让休闲农业与乡村旅游成为农村可持续发展的重要支撑。公园建设以本地农民为主力军，依托现状 9 个村，形成“一村一农场、一农场一主题”的方案，促使村集体收入来源由低效工业向绿色农业旅游转型。

（7）项目设置

公园包括 10 个集农业研发、生产、体验于一体的现代农业综合体项目，如灵芝园、凤梨组培、红掌组培等；29 个现代化农业种植项目，如万亩良田、彩色苗种植基地、葡萄种植基地等；16 个农业旅游配套项目，如中华村农家乐、廊下生态园、青少年学农基地、山塘民宿苑等。

（8）近期建设规划

公园近期建设围绕“一心两环”展开。“一心”指郊野公园综合服务区，是三生集中体验区，承担公园集散导游、展示销售、餐饮住宿等功能。“两环”是廊下农业资源和风貌展示的重要路径。其中“外环”是沪上首个乡村半程马拉松赛道，全长 21 km，是概览廊下的“第一风景线”。“内环”位于公园核心区，可体验漫步农村的乡野风情。

整体上，我们希望通过对廊下产业的功能调整和用地重

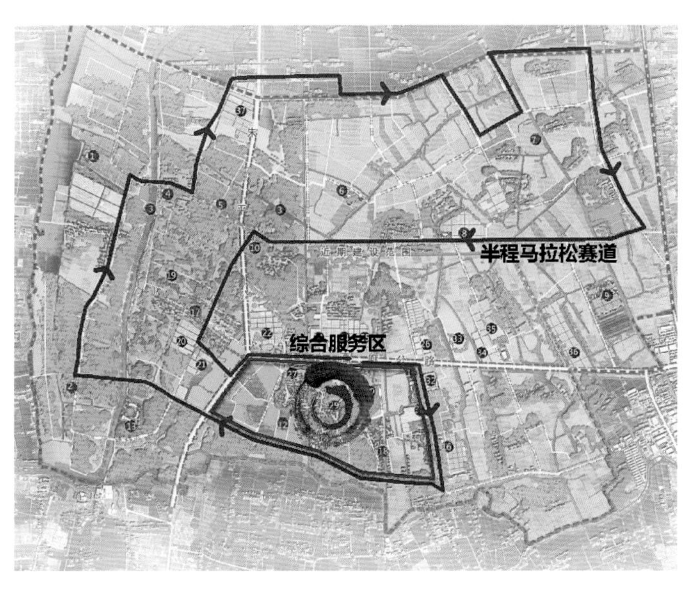

近期建设规划示意图

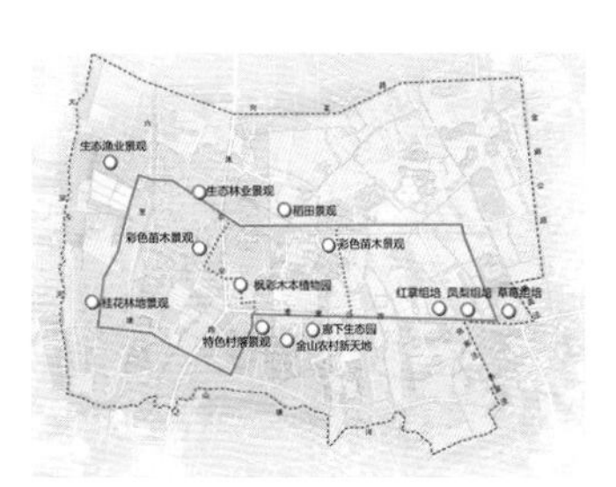
休闲观光游线图

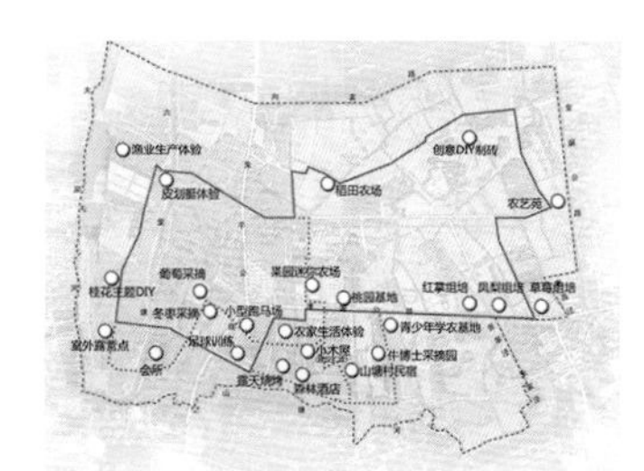
活动体验游线图

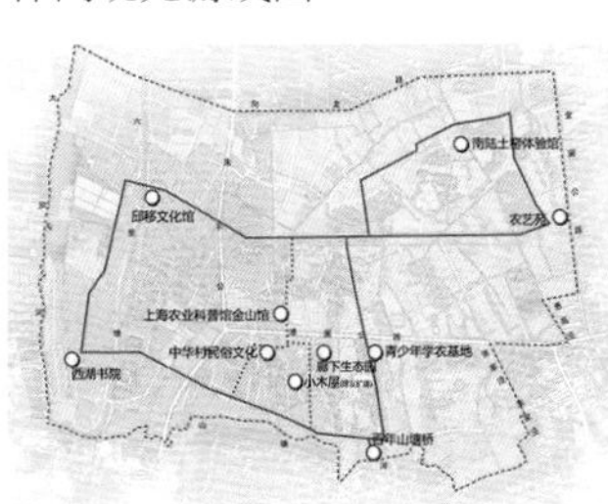
科普文化游线图

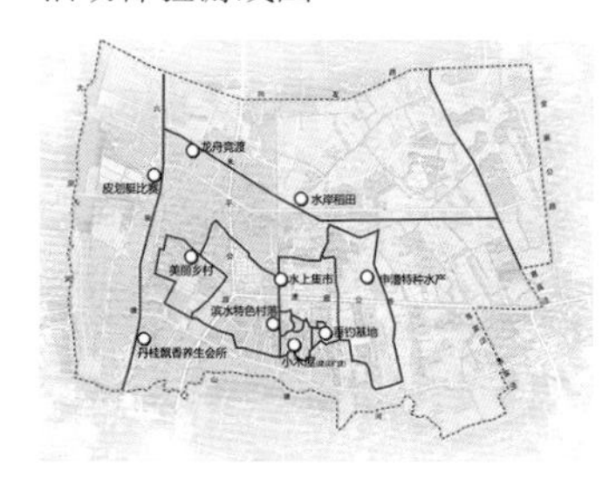
水上活动游线图

廊下枫叶岛

特色种植无土育苗基地

廊下中华村

组，着力打造“田园牧歌、自在廊下”的新型城镇化示范品牌。

4. 同步开展的规划

为把愿景化为现实，在郊野公园规划编制同时，启动了郊野单元规划、土地整治规划、旅游规划和景观设计等相关规划。公园规划提出发展愿景，包括对功能定位、总体布局和服务配套等的规划；郊野单元规划则注重落地，明确建设指标来源，提出资金平衡和具体实施措施；土地整治规划侧重土地、农业、基础设施的建设引导；旅游规划及景观设计则侧重构架公园整体旅游功能，提升对游客的吸引力和服务能力。

（1）郊野单元规划

为实现集中建设区以外地区建设用地负增长、破解土地资源紧约束，规划对集建区外用地实施减量，获得城镇自身建设指标支撑；释放外围已批未用及闲置用地，解决农业综合发展、配套服务设施用地需求。主要内容包括减量化规划、类集建区规划、宅基地安置方案、资金平衡、专项规划梳理、规划效益等。此外，对创新农民安置模式、面向实施的类集建区方案、造血机制等进行了研究。

（2）土地整治规划

关注“人与地”的关系，依据人口增长、经济发展、社会

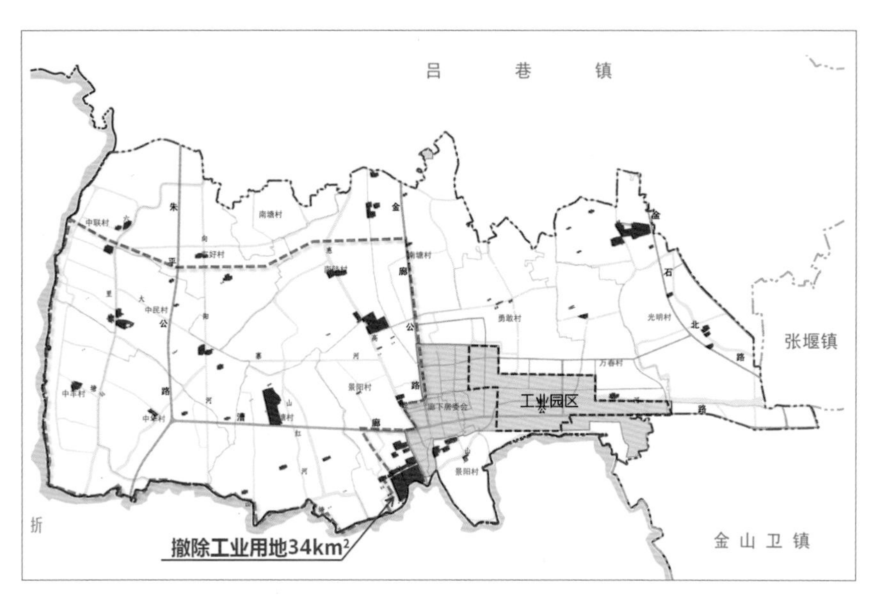

郊野单元规划工业用地减量分析图

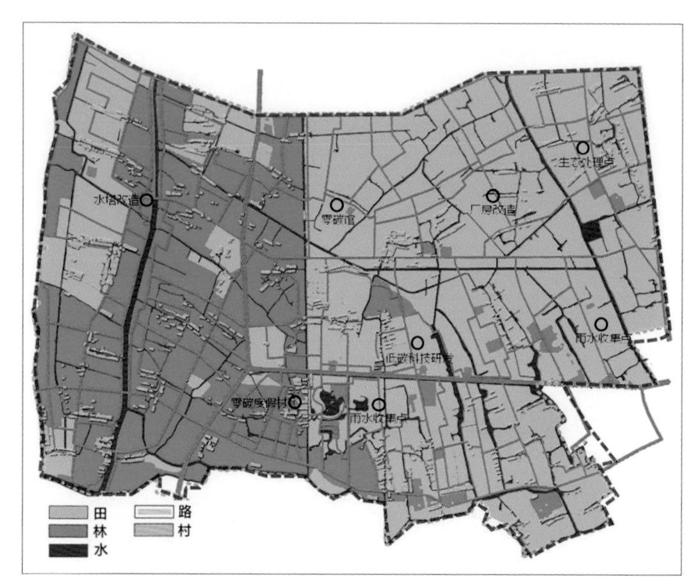

生态基地综合梳理分析图

航摄影像

现场照片

土地概况							
土地坐落	金山区廊下镇中联村1060号			图斑号	ZL_G_38_02		
宗地面积	13067M²	有审批	无审批	审批情况	土地审批文件	批准面积	批准时间	使用期限
		7637M²	0M²		批文编号	7637	2007年4月25日	
权属状况	权属性质	土地使用权取得方式	土地登记文件				
	集体	租赁	金字2007第003223				
	土地所有权人		土地使用权人				
	中联村		上海威屹塑料有限公司				
土地用途	二调用途	审批用途	实际用途	建设情况	是否涉及历史违法用地（填写编号）		
	工业	畜禽饲养地	工业	已建成	否		
备注							

房屋状况					
幢号	中联村1060号		房屋使用人	唐明火	
批准面积	批准层数	实际面积	实际层数	房屋占地面积	建造年份
1899.17M²		3637.2M²	2	3637.2M²	1988、2013
房地登记文件			房屋权利人		
金字2007第003223			唐明火		
备注					

企业情况							
企业名称	上海威屹塑料有限公司		注册地址	金山区廊下镇中联村1060号			
企业性质	私营	所属行业	塑料制品	土地租金	4万元/年	证明材料	租赁合同
职工人数	10	本地职工		外来职工		房屋租金	证明材料
		有用工手续	无用工手续	有用工手续	无用工手续		
		2	0	8	0	0万元/年	
年产值（万元）	净利润（万元）	上缴税收（万元）	用水量（吨/年）	用电量（度/年）	年污水排放量（吨）		污水处理情况
80	35	3.22	720	108108.11	60		自排
是否转制	转制批准文件			转制时间	租赁年限（年）		是否继续保留（意向）
是							否
备注							

拆旧企业基本概况

年收益——租金、土地流转

序号	分类	单价	费基	小计（万元/年）
1	经营性物业收益	1.5元/㎡/天	0.67万㎡	366.8
2	标准厂房持有收益	0.35元/㎡/天	6万㎡	766.5
3	新增耕地净收益	800元/亩	3435亩	274.8
合计				1408.1

固定资产——物业持有市值

序号	分类	单价	费基	小计（万元）
1	经营性物业收益	1万元/㎡	0.32万㎡	3200
		2万元/㎡	0.35万㎡	7000
2	标准厂房持有收益	1500元/㎡	6万㎡	9000
合计				19200

农民“造血机制”增收测算

进步的客观需求，综合区域内“田、水、路、林、村、厂、人文”等各种因素统筹布局和规划建设，形成数量多、质量高、生态好、景观美等多位一体的实际工程。项目建设内容包括5项：区域土地平整工程、农田灌溉与排水工程、区域内道路工程、农田防护与生态环境保持工程和其他工程（农业生产辅助设施建设、搬迁工程和村容整治）。其中，生态环境保持工程为本次项目的特色工程。

（3）旅游规划及景观设计

为配合整体郊野公园开园建设实际需求，编制旅游规划及景观设计。主要内容包括旅游资源评价、旅游客源分析、公共服务设施建设标准、近期行动计划和重要景观设计等。重点对旅游产品进行了系统构架，依托公园平台形成“多样化、精品化、智慧化”的旅游产品，对近期各级大型活动进行了策划，对智慧旅游系统提出了建设指引。

四、规划特色

廊下郊野公园规划始终高举“农”字头特色旗帜，是在快速城镇化背景下，大都市周边远郊农业小城镇围绕“三农”实践，集农业、土地、村庄和小城镇规划于一体的积极探索。

（1）农村建设秉承“生态化”原则

一是规划引导“减排增绿”的用地布局。撤除与产业链无关、高污染的工业。减量复垦用地以补充耕地、完善林网为主。二是规划用原生态的规划理念和乡土化的设计手段引导农村环境治理，少改动、多利用现有田水路林村的肌理和资源。提出乡土化的植被、建筑材料和建造方式的再运用，并倡导与自然合作，提高土地利用效率。

（2）农民生活提高“权益保障”

规划改善民生设施，完善给水、污水、环卫、燃气等必

	分类	项目名称	规划要求
1产 农	现代农田种植项目	嘉言草莓基地	1. 农业生产应向生态化和现代化转型，提升产品的生产效率和品牌优势 2. 配合园区活动策划，以果蔬采摘活动为特色，鼓励开展各类延伸的活动 3. 增加园区配套，如餐饮、购物、停车、公厕等
		综开产业化葡萄种植基地	
		廊下果蔬园	
		猕猴桃基地	
		联中食用菌专业合作社 ……	
2产 工	农产品精加工与物流基地	上海鑫博海农副产品加工有限公司	1. 与园区研发和生产基地对接，重点推广本地的粮副产品，创建廊下品牌 2. 加强食品加工环节对外展示，宣传绿色食品理念
		海亮有机农产品有限公司	
		农产品加工配送中心	
		亚太国际蔬菜基地 ……	
2.5产 研	农业综合体项目	申漕特种水产研发基地	1. 加强农业研发能力，作为廊下农业转型的技术推广和学习平台 2. 设置特色展示环节、融入科普游览环节 3. 利用公园平台加强产品推介和销售
		红掌组培基地	
		光明设施菜田	
		1500 万粒球茎花卉籽球组培扩建项目	
		彩叶树苗繁育基地 ……	
3产 娱	农业旅游配套项目	金山农村新天地（优质农产品展示中心）	1. 作为廊下农产品集中的宣传和展销平台 2. 完善公共服务配套设施，如住宿、餐饮、旅游集散等，满足游客多样化的服务需求
		锦江中华村农家乐	
		廊下生态园	
		生态小木屋休闲基地	
		上海农业科普馆金山分馆 ……	

产业项目引导图

备设施，优化交通出行条件，对保留宅基地环境进行美化整治，提高生活品质。就业方面，尊重农民自主权，提供可参与的旅游配套平台，使其成为土生土长的“农场主”、“管家”和“导游”。随着农场主的社会地位和个人价值的提高，他们可以更加安心地在农村就业、创新创业。资产方面，在工业撤除的同时，为保障村集体利益，规划通过安置房配套商业、产业园区标准厂房、郊野公园农旅等项目确保持续增收。

（3）农业生产发挥“高附加值”

规划首先推动“研—产—娱—购”的全产业链建设，充分发挥廊下现有科技和品牌优势，通过郊野公园平台进行规划整合，促进结构转型。

结合公园整体布局和发展要求，规划对现状农业产业进行分类引导，从提升产品研发能力、提高生产效率、展示平台、完善配套服务等角度对现状企业提出功能要求，让企业功能与公园发展紧密配合。其次，规划重视“产业活力塑造”，规划“一村一农场”，推动基于农村集体经济的“再小农化”创业。一个个农场规模不大，但被注入了生态、文化等内涵，能精准地满足都市人的多元需求，进而消费者和生产者都能获得高附加值的回报，最终实现廊下优化生态本底、提高农产效率、留住文脉乡愁的新型城镇化转型之路。

实施途径方面，在上海资源紧约束背景下，为把理想化为现实，同步启动了郊野单元规划这一实施性规划编制，实现了规土合一，同时对指标落地、资金平衡、农民利益保障等内容进行了深入研究。

五、规划实施

该规划已经通过沪规土资综 [2014] 617 号批复。

规划获批后，公园加快了工业搬迁和环境整治工作，并在2015年底前实现了园区零工业、回归青山绿水的纯净梦

鸟瞰效果图

想。公园建设工作也在如火如荼地推进中，形成了廊下生态园、果园、廊下中华村等一批农业示范项目。

规划实施影响深远，改变了公众对传统农村的认识，农村不再是贫困落后的代名词。廊下以"宜居宜业宜游"的美好环境，展现了磁极般的吸引力。更为欣喜的是，在近期民意调查中，九成以上的廊下老百姓表达了留在本地居住的意愿，他们当之无愧是全区最具归属感和幸福感的老百姓。

伴随着2015年10月乡村马拉松赛的发令枪声，廊下已成为上海"首个开园"的郊野公园，带我们一起领略那"看得见田水、记得住乡愁"的上海故里。

廊下马拉松实景照片

廊下中华村实景照片

廊下生态园实景照片

专家点评

孙珊

上海市规划和国土资源管理局村镇规划处处长
教授级高工

本规划以深入的调查研究、因地制宜的空间整理、面向实施的策略制定，为"郊野公园"这一特殊规划类型提供了创新性的案例样板。规划基于廊下镇"郊野"特点，紧扣"农"主题，在空间布局和景观营造上，突出"尊重基底、有限干预"，避免了大拆大建，在现状万亩良田、河流道路、自然村落及服务设施基础上，对田、水、路、林、村等农村基础生态要素的梳理、改善与提升；在产业策划和业态整合上，以"农"为基础，一、二、三产融合发展的功能布局，实现"研发种植、加工物流、休闲体验于一体"的农业转型发展战略；在运营管理和机制设计上，突出集体参与和农民增收，强调留住原住民，完善和提升综合配套，通过镇、村集体及村民的自主式、参与式经营，成为公园的主人翁。

本成果已转化为指导廊下郊野公园建设实施的有效指引，2015年10月，廊下成为上海首个开园的"无围墙"郊野公园，为市民提供了体验农事、体味乡愁的好去处，规划已取得了较好的实施效果。

武当山风景名胜区总体规划（修编）（2012–2025 年）

2015 年度全国优秀城乡规划设计奖（风景名胜区规划类）一等奖、2015 年度上海市优秀城乡规划设计奖一等奖

编制时间： 2004 年 3 月 — 2012 年 12 月

编制单位： 上海同济城市规划设计研究院

编制人员： 韩锋、姚昆遗、杨学军、韩波、林源祥、杨德源、李发平、吴先锋、李晓黎、陈朝霞、卞欣毅、马子嘉、吴晓晖

一、项目概要

五里一庵十里宫，丹墙翠瓦望玲珑。楼台隐映金银气，林曲回环画镜中。

武当山风景名胜区，位于湖北省境内，是我国著名道教圣地，史称“天下第一仙山”。明代，武当山被皇帝封为“大岳”、“治世玄岳”，被尊为至高无上的“皇室家庙”，以“四大名山皆拱揖，五方仙岳共朝宗”的“五岳之冠”显赫地位闻名于世。武当山现存中国最完整、规模最大、等级最高的明代道教建筑群，具有全球突出的普遍价值。武当山于1982 年被列为我国第一批国家重点风景名胜区，1994 年武当山古建筑群登录联合国教科文组织《世界文化遗产名录》。本规划对1986 年编制、1991 年国务院批复的《武当山风景名胜区总体规划》（下称“原规划”）进行修编，规划面积为 312 km^2。

二、规划背景

作为国家级风景名胜区与世界遗产的武当山，知名度高，国内国际影响广泛。项目接手时，正是武当山发展最困难之际。经济发展停滞，管理体制动荡，社会矛盾突出，自然环境退化严重。世界遗产古建筑遇真宫因火灾被毁，榔梅祠险存于山体滑坡处，城区大量古迹遗址被毁，文化遗产保护危在旦夕，是国内国际社会高度关注的焦点。在此背景下的总体规划难度大、挑战性强。国家主管部门要求抢救性保护国家风景遗产资源，保护世界遗产，履行中国政府对国际社会的承诺和职责，并且要求规划质量高、有探索、有创新，实现国际理论本土化，推动中国风景名胜区规划与保护管理理论和实践的创新发展。

武当山风景名胜区规划级别高，规划评审跨部门，评审严格，历时长久。自 2004 年始，经多次专家评审、部际联审、部务会审查等严格程序，修订成稿，于 2013 年 5 月获国务院批复，历经整整 10 年。10 年中，项目组本着对历史、对武当山及其人民高度负责的精神，克服经费短缺、基础资料薄弱等各种困难，在武当山区跋山涉水，走村访民，深入风景区的每一个角落，获取第一手资料；认真研究，积极参与国内国际专家讨论、探索。项目过程中，我国著名的风景园林专家林源祥教授不幸病逝。10 年中，武当山总体规划项目见证了老、中、青三代规划人对中国风景遗产保护事业前赴后继的智慧、热情、责任和无私奉献。

武当山古建筑群

三、项目构思

理论指导实践，理论的高度决定实践的深度和广度，纲举才有可能目张，才有可能系统地、有序地梳理问题和解决问题。修编规划认为武当山所代表的风景名胜区是深刻体现中华民族“天人合一”、“人与自然共同建构”哲学思想的完美典范和杰出作品，是典型的文化景观——“人与自然的共同作品”。武当山风景名胜区修编规划，首先需要的是符合中国风景名胜区遗产保护的环境哲学观、价值观和文化景观理论与方法的支撑和指导。

2003 年项目修编时，中国遗产保护界对文化景观理论及其遗产保护实践缺乏认识，在“人与自然共同建构的遗产”——“世界遗产文化景观”这个国际前沿舞台上始终保持着沉默。风景名胜区正受到世界遗产国际框架中西方人地分离价值体系的影响，被人为地申遗登录为“自然遗产”、“文化遗产”和“混合遗产”，对中国风景名胜区“天人合一”哲学价值和历史价值的认识造成了困扰，给风景遗产保护管理导向带来了偏差。1994 年，武当山风景名胜区只有古建筑群登录了世界遗产，这座杰出道教名山优越的自然环境、自然山水文化建构、建造这座名山的历史过程以及与武当山道教相关联的非物质文化价值，没有得到充分的认识和认可。因此，在登录后的 10 年中，由于片面强调古建筑保护，致使其周边环境及自然资源遭到很大破坏，生态环境急剧退化，古建筑保护与原住民文化及社会发展脱节，这是遗产保护认识、理论和方法上的滞后所带来的一些实际问题。

文化景观理论挖掘的是景观背后人与自然之间深刻的相互建构关系，与各民族、各文化族群的环境哲学观和自然观密切相关。国际前沿的文化景观遗产是“自然与人类的共同作品”，展示人类社会与聚落在自然环境的物质性制约或机会下以及在社会、经济、文化等因素的内在和外在持续作用下的演进，突出强调人和自然之间长期而深刻的相互作用关系。景观所具有的地域多样性反映了人类社会丰富而特殊的、确保生物多样性的土地使用技能，景观与社会信仰、艺术和文化的关联性体现了人类和自然之间独特的精神联系。文化景观遗产保护侧重通过保护“人与自然相互作用的方式和结果的记录”来保存和展示历史智慧，文化景观理论架构了自然和文化的桥梁；既关注物质性风景建造，也关注人类对自然的精神性建构；既关注精美宏大的风景营造，也关注日常对土地的生存智慧利用；既珍视历史遗存，也重视活态传承。

修编规划以文化景观视野下自然与文化相互建构以及自然和文化、物质和非物质、历史和现实的整体历史发展观，全面、系统地重新发掘和梳理武当山风景遗产价值，评估遗产保护状况，围绕遗产价值认知、价值载体识别、价值保护管理、价值解说传播、价值主体保护等要素，建立风景遗产价值保护管理与发展的规划逻辑和体系。汲取世界遗产以及相应的国际前沿国家公园和保护地规划与管理先进经验，立足中国历史与国情，致力于以中国自然观为核心价值的理论探索和示范实践。

在此指导思想下，修编规划严格执行以下科学规划程序：

（1）立足环境哲学高度，强调理论建构，以国际化视角建构中国风景名胜区的文化景观理论及其方法论，指导遗产资源的全面 调查、遗产价值的重新评估，整合武当山文化与自然相互建构的动态历史进程。

（2）建立国际化多学科的研究队伍，建立相关多学科强大的国内外专家库，在国际对话语境中全面研究武当山风景遗产和世界遗产，加强中国风景遗产突出价值的识别，以中国特

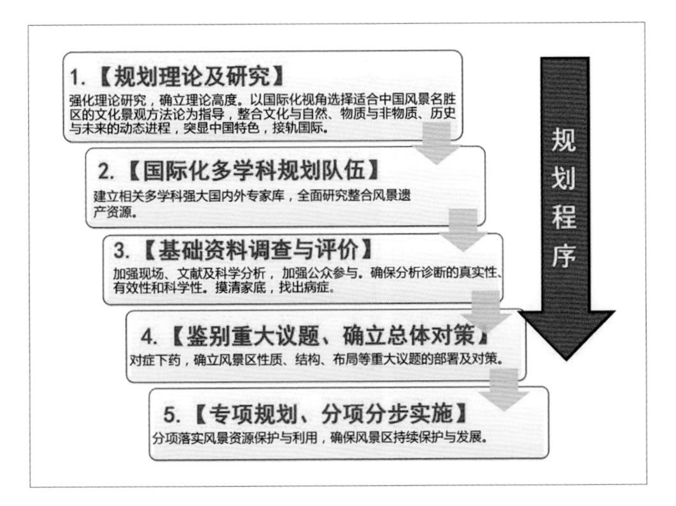

总体规划程序

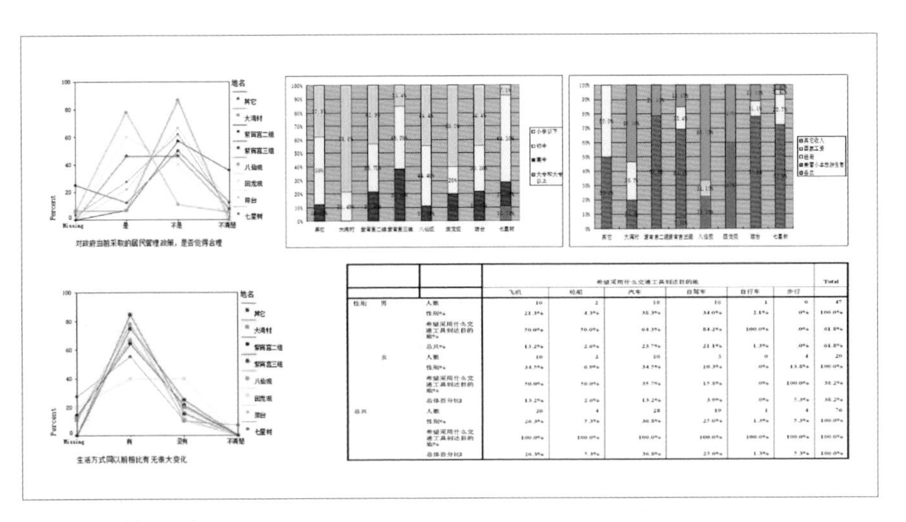

调查数据分析

色和价值贡献国际社会。

（3） 开展充分而扎实的基础资料调查与评析，加强历史文献、现场调研及其分析，加强公众参与，确保资源分析、诊断和评估的真实性、有效性和科学性，摸清家底，找出病症。在此基础上，鉴别武当山保护与发展的重大议题，确立总体对策，做到对症下药，确立风景名胜区的性质、结构、布局等重大议题的部署及对策。

（4） 制定多个专项规划、分项实施计划，全面落实风景遗产保护、利用与发展的保障措施，确保风景名胜区稳步、持续发展。

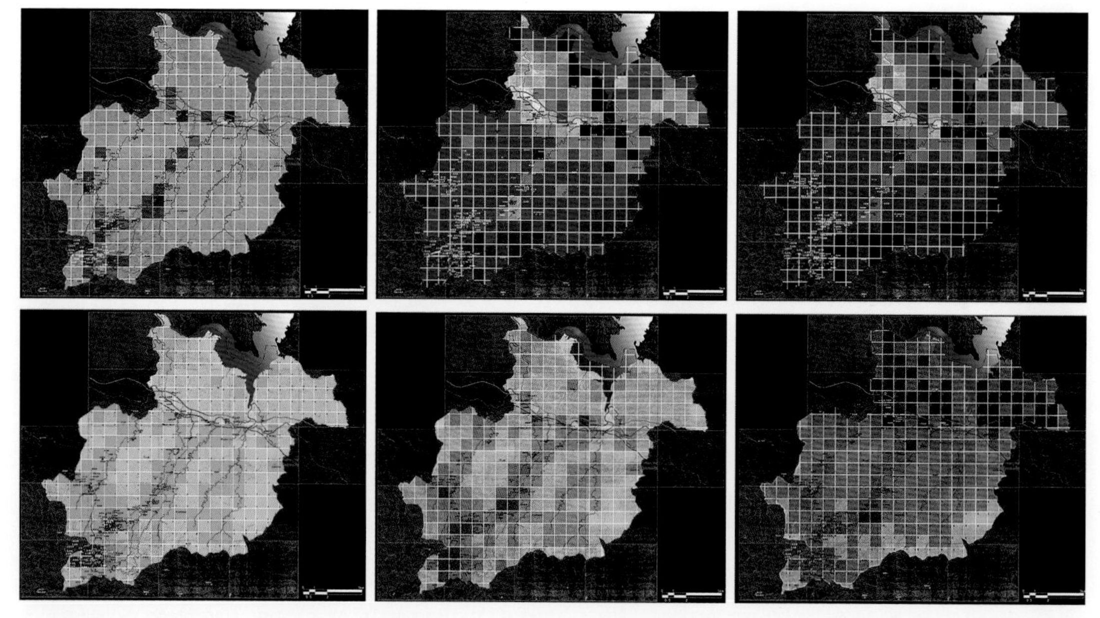

风景资源分类与评价

四、规划内容

1. 全面的现状及历史基础资料调查和研究

由于管理机构的调整，2003年封闭式管理的特区政府的成立使武当山风景区历史基础资料的获取非常困难。规划组依托多学科队伍，进行大量文献研究及现场调研工作，对武当山的自然环境、自然风景资源、历史人文资源、社会经济基础、生态环境基础、世界文化遗产保护和监测、工程设施基础、游憩利用状况八个方面进行全面田野调查研究，对现状矛盾突出的领域设立专题研究，对核心景区 111 户（近 1/4）农户及978名旅客游客等利益相关者进行细致访谈及问卷调查。

2. 基础资料及现状的科学分析与评估

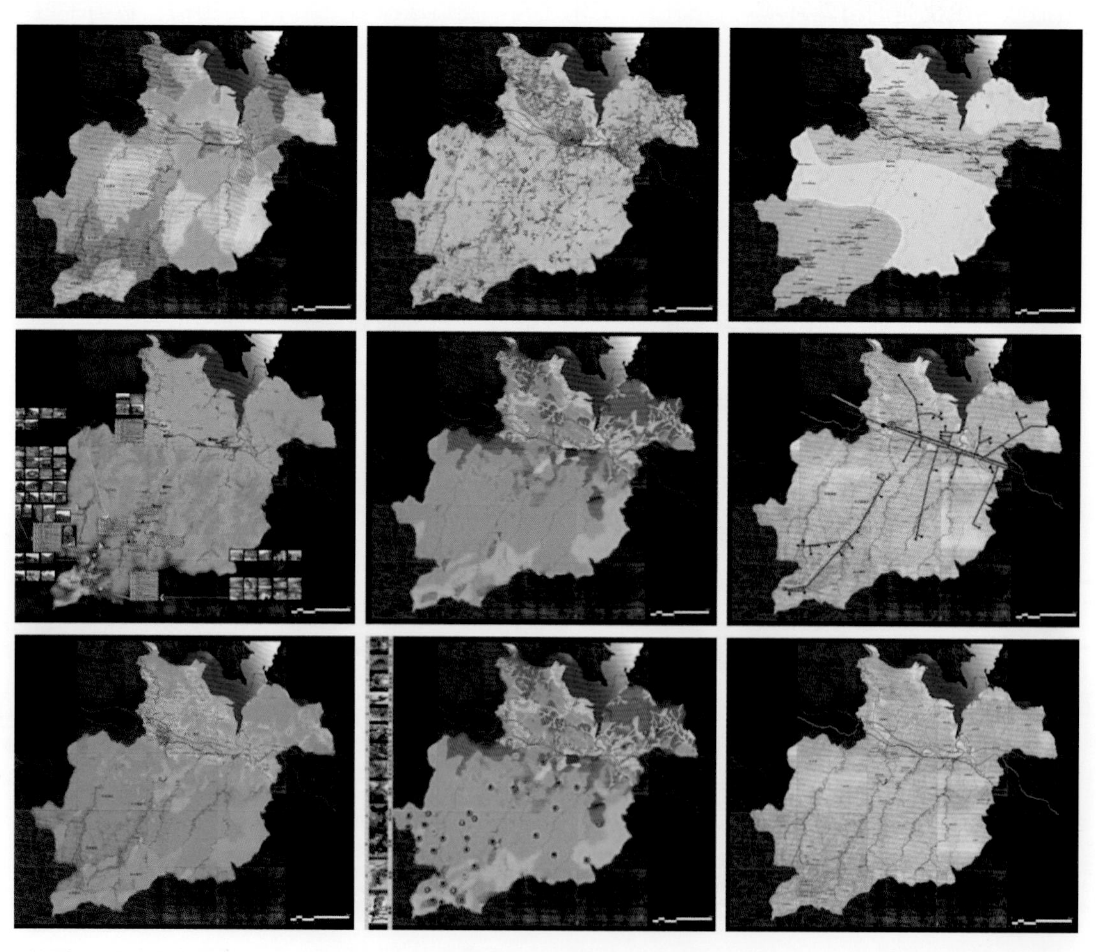

风景资源基础分类调查

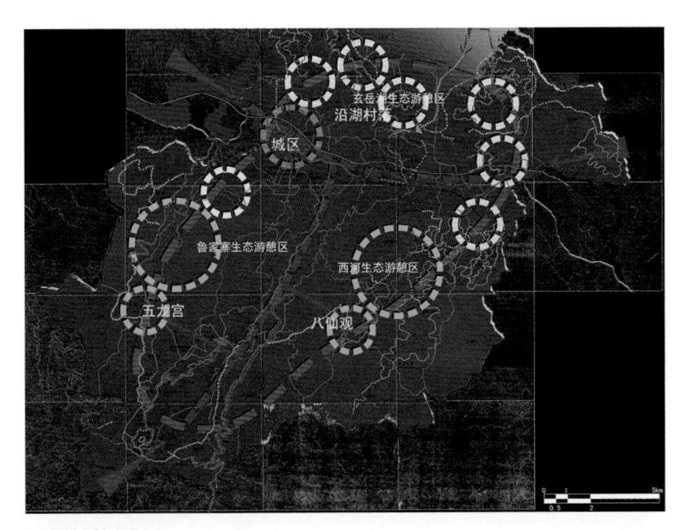

规划结构图

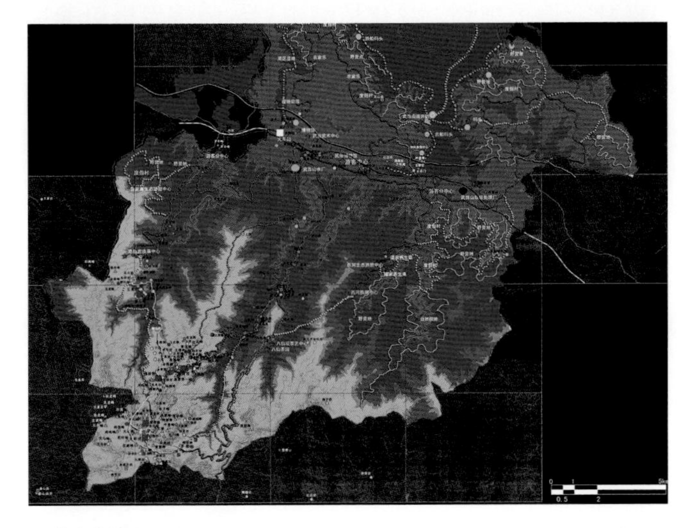
总体布局图

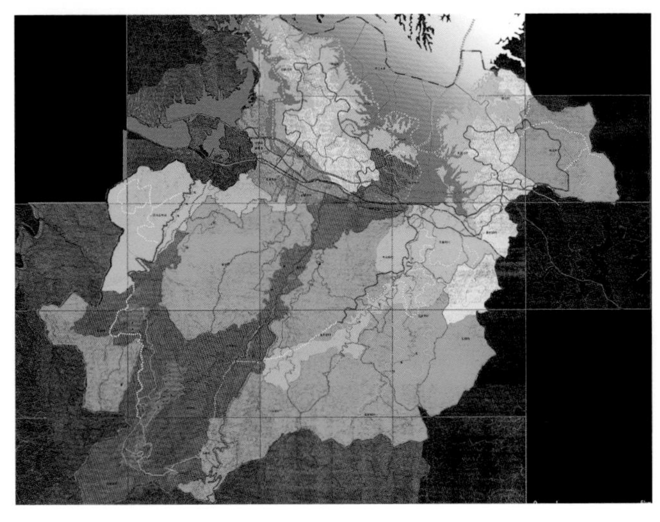
管理分区规划图

（1）基于现状调查和研究的原规划评估，规划对大量调研基础数据进行科学分析，形成专题报告，鉴别突出的社会矛盾、发展诉求、价值冲突及保护威胁，剖析重点问题。对原规划进行性质定位、规划结构、规划分区、设施建设、交通格局、实施现状6项重大评估，诊断资源保护片面、文化线路断裂、遗产环境破碎、原住民社会矛盾突出四大现状问题。根据文化景观理论，重点调查和评析被忽视的武当山非物质性遗产资源、民间与乡村文化资源、人文化的自然资源和已消失的联想性历史资源。

评估肯定了原规划的历史成绩，同时指出了原规划的历史局限性及规划局限性。原规划在性质定位中围绕物质性古建筑群道教名山文化价值载体，有失片面，没有涵盖武当山风景名胜区"天人合一"风景资源特征的独特性、完整性和多样性，尤其是古建筑群赖以生存的自然环境、人文化的自然资源以及活态的非物质的道教文化其他形态及民间文化价值没有得到体现和保护；在规划结构中存在重建筑、轻自然，重山岳、轻水域，重中部山岳、轻两翼山岳的结构性失衡；在分区中存在中国风景区规划的普遍问题：分区繁多，分区的界定和界线缺乏科学性，随意性较大，出现多重交叉、重叠和空缺，造成管理的多头和真空；设施建设和布局严重违背生态原则，设施基地建设在高海拔缺水地区；交通格局不合理，人为造成了景区发展格局的不平衡，诸多历史遗产被遗弃。原规划的实施状况尤其不容乐观：经过规划批复后的 15 年建设，风景区整体格局仍没有形成，且大量山下遗产资源随着城市化进程遭到很大破坏，地区遗产经济没有形成，遗产保护和发展迫在眉睫。对原规划评估所发现的重大问题成为本规划的重点突破目标。

（2）对武当山的风景资源和游憩利用多样性进行分类和评价。基于全面调查，规划对武当山的风景资源和游憩利用多样性进行创新分类和评价。风景资源和游憩多样性的分类及评价是修编规划分区的重要依据。以创新的单元分割法，以 1 km^2为空间单元，在武当山 316 km^2范围内落实点、线、面自然和人文风景资源及其评价数值，辅以"千层饼"叠合方法，分别得出自然资源、人文资源的景源分级数量以及风景资源地块质量，最后整合得出风景区地块综合风景资源质量评价，确立保护分级体系。单元分割法工作量巨大，但成效显著，点、线、面价值平衡性好。

3. 鉴别风景名胜区发展的重大议题

通过调查、评估，规划基于对风景资源保护及社会发展矛盾的认识，鉴别、确立武当山风景名胜区保护和发展的7项重大议题：准确阐述风景名胜区的性质和主题；加强风景名胜区的自然和文化遗产协同保护；确立风景名胜区的整体保护和发展格局；加强古建筑群世界遗产及其整体环境的保护；提供与遗产主题相关联的高品质旅游产品及游憩机会；加强风景名胜区遗产地的社会发展；解决风景名胜区的内外部交通瓶颈。

4. 确立风景名胜区的性质和解说主题

在全面调查、综合评估的基础上，规划确立了武当山作为中国风景名胜区文化景观典范的核心价值，将其性质表述为“以道教文化为核心，以高度人文化的自然、宏大严谨的古建筑群、蜚声中外的武当武术、活化的口头非物质文化为表征的世界级的文化遗产地；是中华民族‘天人合一’哲学思想的完美实践，是具有高度独特的民族性、文化性、自然性、宗教性和活化性等特点，集大型山水于一体的大型国家级风景名胜区；是世界人类景观文化多样性的典型代表和重要组成”。规划提出了包括武当山“古建筑群世界文化遗产”、“武当功夫”、“武当人文化的自然”、“武当民间口头文化”、“武当道教文化”、“汉江水域文化”的六大遗产价值解说主题。

5. 确立风景名胜区发展战略、结构布局及六大分区管理

规划针对现状“全面保护遗产资源不力”、“文化线路断裂”、“重建筑轻自然”、“重山岳轻水域”、“重物质轻非遗”、“重历史轻日常”、“重中线轻两翼”等重大价值观念造成的分区结构问题，调整战略布局和结构，确立“整治核心，重组山下，挖掘东西”的发展战略，实施“建设新区，改造老区，完善景区，发展湖区”的工作措施，布局“一横一纵带两翼，一城一环连数村”的总体结构，全面建设“名山胜水”的景观大格局。结构布局特征突出体现在“强化资源保护”、“重拾历史人文线路”、“文化遗产和自然遗产并重”、“物质性遗产与非物质性遗产并重”、“山上山下并举，山水交相辉映”、“挖掘东西部遗产旅游潜力”、“提供多样化游憩体验机会”，体现文化景观遗产保护的整体动态保护、发展、展示和教育理念。此外，规划创新性地提出保护与利用管理多线合一、多规合一的六大管理分区，通过设立六大管理分区的管理导则，全面整合6类游憩机会、8个游憩主题、12个景区分区和5级保护分区，建立围绕遗产价值保护、管理和展示的对应体系。

6. 风景名胜区专项规划

在明确的风景名胜区性质、发展战略、结构布局、分区管理、解说主题的指导下，规划完成了包括资源保护培育及分区、历史文化资源保育利用规划、生态环境保育利用规划、风景游赏规划、典型景观规划、游览设施规划、基础工程规划、居民社会调控规划、绿化植被规划、经济发展引导规划、土地利用规划、分期发展规划、规划管理实施措施与建议13项专项规划，全面落实、分步实现、层层细化风景名胜区遗产资源保护、高品质遗产展示和旅游体验以及遗产保护联动社会发展的三大目标。

7. 提出城区发展调整建议，景城一体统筹建设

规划明确武当山城区是武当山风景名胜区自然和文化遗产整体环境的有机组成部分。建议调整城区规划总体空间布局，优化用地结构功能，保护和恢复城区历史文脉，改善道路

管理分区、游憩机会、分区景区、保护分区与级别、核心景区对应表 表1

管理分区	人文史迹区	特殊自然区	特殊生态游憩区	一般自然区	一般乡村区	游憩发展区
游憩机会	历史人文	人文化的自然	半自然至乡村	自然	乡村	半现代至现代
分区景区	玄岳门景区 玉虚宫景区 五龙宫景区 磨针井景区 太子坡景区 琼台景区 南岩景区 金顶景区 八仙观景区	玄岳门景区 玉虚宫景区 五龙宫景区 磨针井景区 太子坡景区 琼台景区 南岩景区 金顶景区 八仙观景区	玄岳湖景区 鲁家寨景区 西河景区	一般自然地域	人文史迹区与特殊自然区之外的重点发展的乡村地带	城区 游客中心
保护分区与级别	特级保护区	一级保护区	二级保护区	三级保护区	四级保护区	
核心景区	核心景区					

形态和结构，改变带状发展，结合自然地形地貌特征，向山水城镇、景（区）城（区）一体统筹建设方向发展。

五、规划特色及创新

1. 理论创新：国际文化景观理论的首例中国实证和中国理论探索

本规划首次在中国风景名胜区规划中引进国际文化景观理论及其方法，高度结合中国本土实践，并反身对国际文化景观作出了重要的中国理论和实践性贡献。规划所采用的遗产资源调查、科学分析和保护发展方法，均呈现出文化景观理论指导下高度的系统性、层次性、逻辑性和整体性。文化景观理论指导了对武当山高度人文化自然遗产的创新认识，弥合了武当山因登录文化遗产而导致的自然遗产和文化遗产保护之间的裂痕，使武当山文化景观的整体保护站在了国际前列。规划期间以此为题发表的国际论文，在国际遗产界引起了高度关注，以至亚洲和中国风景名胜区的文化景观研究和实践成为了国际焦点之一。规划对风景区文化景观价值及其分类的探索目前已成为中国风景名胜区研究的前沿课题和住建部的重点研究课题。规划对于社区居民、原住民的保育，从保护遗产历史文脉、遗产地社区自我管理、环境公平以及联合国倡导的“遗产是发展的动力”各方面来看，都具有战略前瞻性，是一次积极的、扎根中国本土的、理论结合实践的系统探索。

2. 方法创新：多种现状调查方法与多元资源评价方法

规划对于风景名胜区自然、文化及社会资源有系统、严谨、深入、细致的调查和分析，在三方面有突出创新。

（1）专题调查与研究：对于游客专题和原住民专题的社会调查从问卷科学设计、统计到结果应用，采用了严格的社会学调查方法以及SPSS科学统计分析，得到了大量第一手的基础数据。调查问卷及访谈严格设计，始终围绕遗产主题，分析不主观臆断，严谨而具有创新特色。分析专题调查不仅为本规划提供了科学决策依据，如今也是地方管理部门不可多得的基础社会资料，是协商解决复杂社会矛盾的基础。

（2）资源创新评价：规划中的资源评价创新采用了“单元分割法”，点、线、面结合，人文和自然资源评价、地块综合评价、资源保护与游憩发展利用多重目标整合，最终得出复合的地块评价系统，为风景名胜区管理分区以及与其他现有分区体系的衔接提供了坚实的依据。通过此方法整合反映出来的资源状况、保护价值和利用潜能的真实性、可靠性，在实践中得到了证实。

（3）游憩利用多样性评价：规划分析评价创新引入了“游憩利用多样性评价”，首次架构了风景资源和游憩利用的桥梁，为游憩机会的多样性及管理措施的导入提供了依据。规划研究指出错误的认识和游憩利用往往导致遗产资源及其环境质量的退化。本规划基于对遗产资源本身特点以及遗产所处的整体生态及文化环境、社会条件和管理条件的深入分析，制订与资源环境和游憩体验相吻合的游憩机会管理措施，并引导管理分区，发展资源及游憩管理复合型导则。

3. 管理创新：创立了多规合一、功能明确的管理分区

创新建立两大管理分区系统：继承中国传统风景文化特色，对游客管理实行景区分区，共设12个景区，引导游览主题和游憩机会。资源管理引进国际先进理论和经验，实行管理分

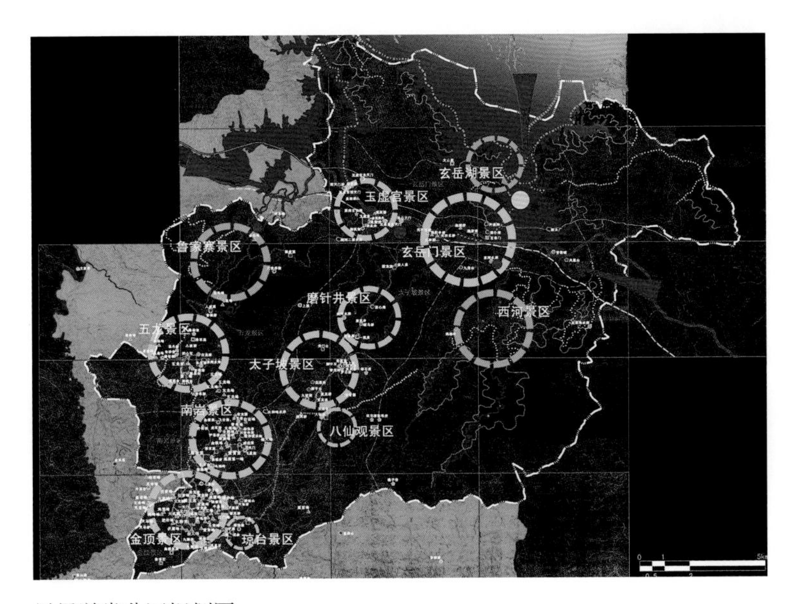

风景游赏分区规划图

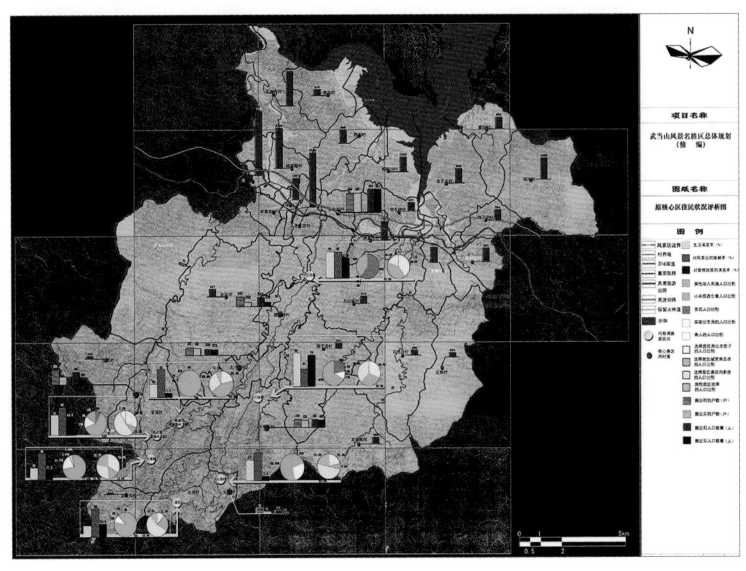

核心景区社会调查基础现状调查

区，整合资源管理与利用双重目标，设立 6 个管理分区，统筹多重分区界限，实现多规合一。

传统的风景名胜区规划有功能分区、景区分区、生态分区和保护区分区，价值导向不一致，分区界限不重合，管理导则不一致，同一地块上的管理政策、管理目标多样且相互矛盾，致使无法落地实施，分区保护形同虚设，最后导致资源保护和利用上的失控，这是风景名胜区总体规划始终没有解决的问题。本规划借鉴国际经验，引进“管理分区”的概念和模式。在资源评价阶段，就着手每个地块单元潜在的资源保护、利用和发展目标的整合。根据武当山风景区遗产资源价值特征及潜在利用，规划将武当山风景名胜区分为人文史迹区、特殊自然区、生态游憩区、一般乡村区、一般自然区和游憩发展区六大管理分区，各区依据区内资源特征的相对差异性细分为若干次区。管理分区覆盖全风景区，整合所有遗产价值，既整合了传统风景区分区的不同目标和措施，又做到了与现有规范的衔接，景区分区、管理分区、保护区分区及保护分级均有对应关系，为管理者提供了简单、清晰、有效的管理目标和措施，实现了保护和利用的多线合一、多规合一，并实现了与国际保护区规划体系分区的接轨。

4. 体系创新：建立了体系完整、逻辑紧密、操作性强的风景名胜区规划体系和遗产保护体系

由于有严格明晰的文化景观理论及方法论指导，规划在资源调查、科学分析和遗产保护发展方法上，均呈现出高度的

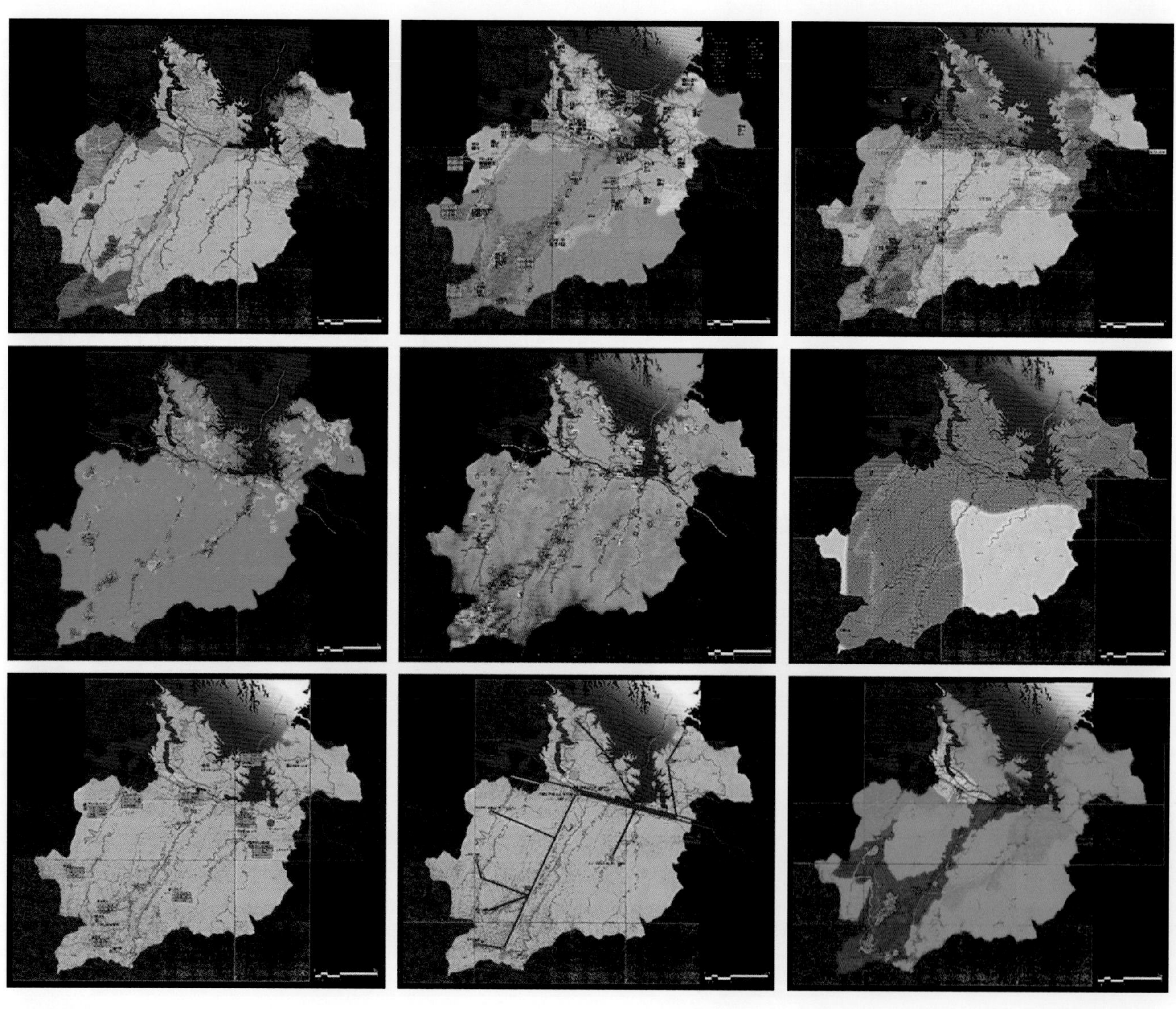

专项规划图

系统性、层次性、逻辑性和整体性，环环紧扣、主题清晰。从文化景观理论着重的物质和非物质性风景遗产、自然的文化性、历史的演进性、自然和文化高度统一的历史价值观，对武当山的风景遗产资源展开全面的调查和评估，建构了完整的风景遗产价值体系，具体落实遗产价值的承载对象，确立保护对象和管理目标。通过大量案例和现场对风景名胜区的“望、闻、问、切”，对遗产要素的真实性和完整性保护状况进行分析，切中风景遗产资源保护与发展矛盾的症结所在，针对问题，量身制定武当山风景名胜区发展战略。各项专项规划措施严格围绕武当山遗产资源的保护和发展，风景游憩和旅游发展紧密围绕遗产解说主题，依托遗产资源空间分布，强化遗产旅游高品质游憩体验，增强遗产知识，贡献遗产地社区经济。

5. 专家评审及地方政府评价

评审专家组高度评价本规划“调查翔实、分析细致、编制规范、内容全面、深度达标，民族特色与国际先进理念相结合，发展战略合理，具有前瞻性和操作性，专题研究有特色和创新”。

武当山特区政府高度评价本规划“为近 10 年来武当山风景区卓有成效的遗产保护、突飞猛进的社会经济发展作出了重大贡献，实现了保护和发展的持续双赢”，是“对武当山历史自然文化遗产保护高度负责，为武当社会持续发展、为武当人民谋福利的一项优秀的风景名胜区总体规划”。

六、实施状况

本规划可操作性、指导性强，实施社会效益显著。本规划的理念坚持认为，规划过程是一个弘扬武当文化、传播世界遗产理念、协调社会共识的过程，是转变保护和发展观念的有利契机。在此理念下，在 2004 年至 2012 年规划过程及其后的规划实施期间，武当山特区政府（武当山风景名胜区管理局）不断深入理解规划思想和遗产保护理念，与规划组一起探索发展思路，调整发展策略和方向。目前，武当山特区政府高度重视规划成果，修编规划所确立的发展战略和结构布局已成为特区发展的行动和发展纲领，有效指导了武当山风景名胜资源和世界遗产保护，稳步实现中国对世界遗产保护的国际承诺。

至2015年，全区联动发展，已按规划完成了结构性和功能性的调整，全区实现了突飞猛进的跳跃式发展，风景遗产保护与发展卓有成效，风景名胜区面貌焕然一新。全区财政收入较 2003 年增长 17 倍，招商引资 100 亿元，遗产保护和发展投入增长近 50 倍，人均收入增长 5 倍，旅游收入增长 15 倍，成绩显著。

专家点评

严国泰

同济大学建筑与城市规划学院教授、博士生导师

武当山是我国著名道教圣地，1982 年被列为第一批国家重点风景名胜区，1994 年其古建筑群登录联合国教科文组织《世界文化遗产名录》，是中国最完整、规模最大、等级最高的明代道教建筑群，具有突出的普遍价值。

作为国家重点风景区与世界文化遗产，武当山修编规划面临着保护与发展的双重挑战：修编规划，既要符合中国风景名胜区遗产保护的环境哲学观、价值观和文化观，又要能够支撑和引导武当山的社会经济发展。

修编规划以自然和文化、物质和非物质、历史和现时的整体发展观，全面、系统地重新发掘和梳理武当山风景遗产价值，评估遗产保护状况，围绕遗产价值认知、价值载体识别、价值保护、管理与发展的规划逻辑和体系，探索遗产保护与发展路径。

规划无论在理论上还是在实践方法上均走了一条创新之路。以人与自然和谐发展、共同创作的文化景观理论作为规划指导思想，科学地分析研究遗产保护与发展方法；规划突破了风景名胜区规划发展建设的框架，创立了既适合游客活动的游览管理景区，又设立了多规合一、功能明确的管理分区，建立了遗产保护逻辑清晰、社会经济发展明确、管理思路清楚的、系统的、完整的风景名胜区总体规划体系。

吉林省长白县城乡发展规划

2015 年度全国优秀城乡规划设计奖（村镇规划类）一等奖、2015 年度吉林省优秀城乡规划设计奖一等奖

编制时间： 2012 年 11 月一2014 年 5 月

编制单位： 上海同济城市规划设计研究院、长白朝鲜族自治县宏建勘测规划设计室

编制人员： 彭震伟、王云才、高璟、陆嘉、吕东、崔莹、李鹏、孔祥萍、邹琴、仇昕晔、石腾飞、邓潇潇、瞿奇、宋强、傅文

一、项目概要

位于长白山生态功能区的吉林省长白县是典型的东北高寒地带生态敏感地区。本规划所探讨的主题是如何在此类地区探索生态文明理念指导下的新型城镇化路径。规划构建了以人居环境生态适宜性为核心的全域、多尺度的生态网络分析框架，与人居空间发展的潜力与适应力评价模型，将规划对策从全域景观生态空间的刚性划定与分类管制，延伸到东北高寒山地生态建设方式与技术手段的弹性引导，并实现了人居、产业、旅游、设施等诸多系统的空间耦合与政策对接。

规划针对长白县边境城市的特殊区位，提出了中朝跨境区域在不同演化情景下的发展思路，针对长白县国家级边境重点开发开放试验区的构想提出了政策性的发展框架与实施建议，有效地指导了长白县发展思路的重新思考与实践。

二、规划背景

长白县是全国唯一的朝鲜族自治县，坐落于长白山下、鸭绿江畔，与朝鲜两江道首府惠山市隔江相望。作为国家主体功能区划中明确划定的“长白山生态功能区”的成员，多年来长白县的发展受制于多方面因素，社会经济发展水平落后于吉林省平均水平。

本规划的编制来自于2012年长白县申报国家级边境重点开发开放试验区的契机。当面临这一潜在的政策机遇时，长白县所考虑的不仅是简单地享受这项命名带来的政策福利，而是更多地希望通过这次机遇全面梳理和凝聚长白县的发展思路，破解长期以来生态保护约束与地方发展需求之间的矛盾，找到新型城镇化这一宏观政策转向在长白县扎根与实践的可行性。这也是此次规划工作始终围绕的核心命题。

三、规划重点问题

从要素禀赋而言，长白县拥有在整个长白山功能区内都独具特色的优势，体现在“边境、民族、生态、资源”四个方面。长白县与惠山市两个中心城区直接跨江而邻的空间关系，在整个中朝边境线上别无他例，是通常意义上边境城市实现跨国合作最有利的地缘优势。此外，全国唯一朝鲜族自治县的角色以及长白山脉带来的优越生态环境和丰富自然资源，共同为长白县带来了明显的比较优势和可期的发展前景。

从发展现状而言，长白县却面临四项结构性的发展矛盾，细分为：失衡的城乡人居结构、滞后的传统产业结构、闭锁的区域交通结构和阻滞的区域生态结构。传统的山地地理空间导致的城乡人居空间小、散、乱、弱的特征持续经年，更由

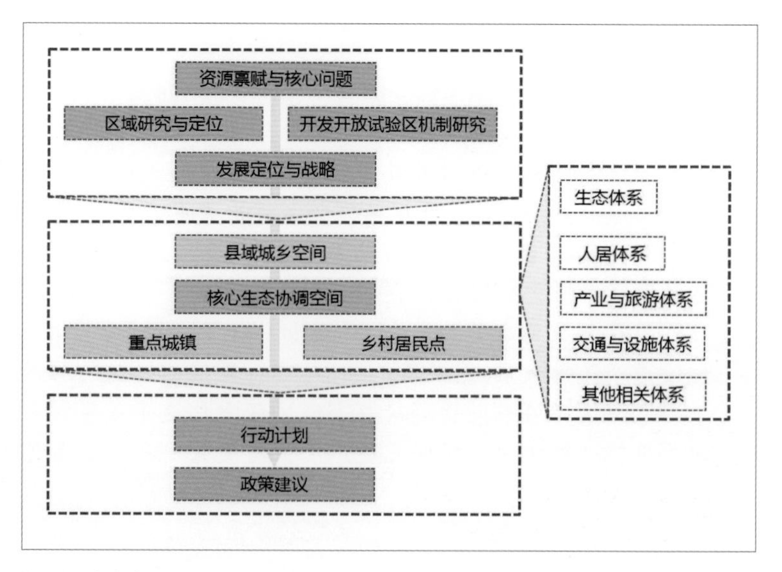

规划研究框架图

于小型生境质量下滑在近年来引发了一定的生态风险。生态保护的政策客观上使得地方对城乡空间发展方向略感茫然，而未明的区域发展格局使长白县潜在的跨国通道作用异化为边境尽端区位，迟滞了交通、产业、公共服务等各项设施的配套建设，更加抑制了潜力巨大的跨境贸易和商业合作。

因此，长白县发展的核心矛盾即在于丰富资源与滞后结构之间的矛盾，规划需要对此实现两项既定目标，一是将生态自约束转化为动力，实现生态引领下的转型发展；二是应对区域发展的不同情景，适时预备与及时谋划，提出渐进的发展对策与政策构想。

四、规划定位

规划从中国沿边开发开放的整体空间格局入手，放眼于长白县全域空间，提炼出“边境、民族、生态、资源”四大核心优势，反思了长白县的现实困境在于丰富资源与滞后结构之间的矛盾。规划因此将生态环境保护置于绝对优先地位，同时，在国家级开发开放试验区的政策激励下，将长白县的发展目标确定为“国家级边境地区山地生态文明示范区”。

五、规划创新点

1. 生态敏感地区主题下的研究创新

本次规划的核心工作以“生态敏感地区”为主题实现了一系列研究思路和技术方法的创新，主要集中在以下几个方面：

（1）构建以生态为核心的全尺度、全类项的规划体系

传统战略性规划的生态空间研究仅仅满足于宏观层面生态空间网络的生成，在大的结构性层面与人居空间实现空间边界上的协调，但在人居体系自身以及其他产业、交通等多类项的研究中则较少体现完整的生态逻辑，依然呈现出生态空间和建设空间分离的规划逻辑。

长白县乃至整个长白山生态功能区这类区域的生态敏感性不仅体现为对原生自然生态系统的危害，也体现在对人类活动的生态安全性的反噬。因此，此类地区的发展必须从生态系统和人类活动的全视角来着眼，才能实现生态的整体性保护。规划的编制必须全方位地体现生态的系统性思维，体现全尺度分解落实、多系统协调耦合的特征。

在空间尺度上，本次规划不仅在县域层面进行了整体的生态空间网络分析，对人居环境生态适宜性较好的一二类地区进行了更加细化的分析，并提炼出核心生态协调空间作为生态规划落实的重点，最终在城镇与乡村尺度上与周边生态空间的生态廊道与斑块做了整体分析，提出了绿色基础设施的建设方式，实现了全尺度的生态空间网络研究。在规划类项上，除了生态研究之外，规划在人居空间研究中完善了生态评价指标，在产业研究中以生态为标准提出了生态敏感地区的产业负面清单，在交通规划中提出了以现状道路为重点的改造升级方式，在用地规划中通过生态分析落实了可发展用地的具体边界，在能源利用中提出了适宜当地的水电发展措施，在各个类项中都落实了生态保护的主题。

（2）实现了生态空间网络与人居环境体系的空间耦合

将生态空间网络格局与城乡人居空间发展的空间需求整合在一个完整、严密的分析框架中，是科学规划与理性研究的

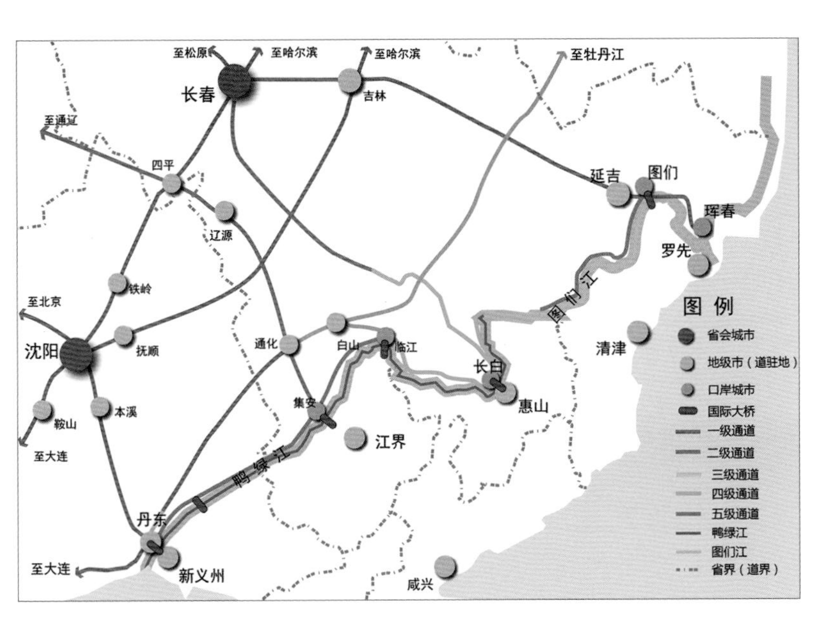

长白在中朝边境区位图

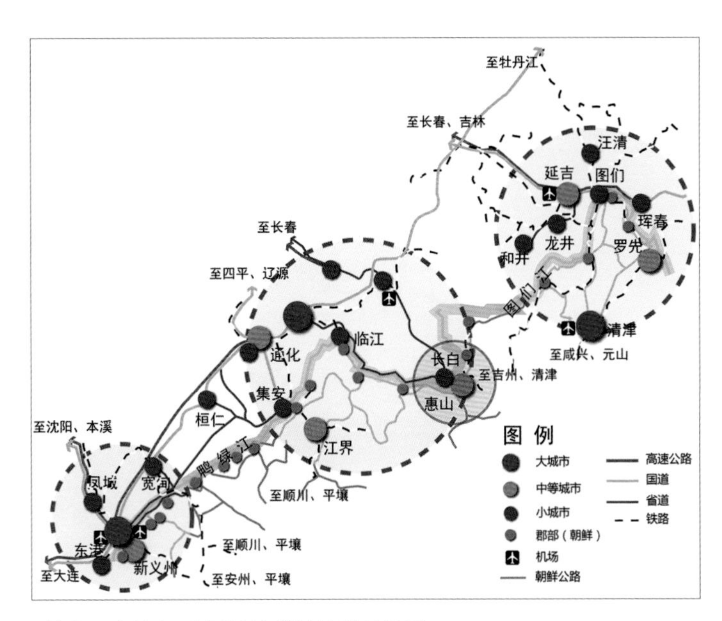

鸭绿江 - 图们江跨国城镇带城镇群结构图

工作基础。规划从生态空间网络分析入手，界定生态空间的保护边界；从人居空间发展需求入手，划定人居空间的发展边界，进而在两类边界的基础上进行校正和整合，形成全县域一体化的空间发展蓝图。

在生态空间网络分析中，规划首先构建了以人居环境生态适宜性分析为核心的全域、多尺度的生态网络分析框架。人居环境生态适宜性分析是以选择生态敏感地区适合人居环境布局的空间，区分并划定生态保护区域为目标的生态分析方法。

在实际分析中，本次规划以最优网络模式为构建目标，对县域城乡空间进行了全面的生态网络识别、修复、补充与完善，并对其中较为适宜人居空间发展的地区，作为区域生态功能修复和人居空间协调的重点，进行进一步的生态识别，最终形成了完整的生态安全格局。

在人居空间的发展研究中，无论是针对城镇发展的竞争力分析，还是对村庄居民点发展潜力的评价，都在既有的分析方法中补充与完善了人居空间生态适宜性的相关指标。以长白县全县域村庄的综合发展潜力评价模型为例，评价基准从传统的人口、经济、设施等扩展为生态适宜性水平、自然资源水平、人口与经济水平、交通与区位条件、空间与建设水平以及未来可预见的外部因素等6个方面。规划进一步依托村庄既有的自然地理条件，将现状村庄在地理特征上划分为沿江型、岗上型和沟谷型3类，在发展方向上划分为生态恢复型、控制改造型、中心服务型、产业配套型和融入城镇型5类。其中，规划对中心村的选择在村庄发展潜力的基础上，考虑了生态网络的重建，不仅提出对生态廊道和生态功能空间的避让，并优先布局在人居环境生态适宜性较好区域的中心地区，以便接纳区域的生态服务功能。

（3）提出将核心生态协调空间作为生态空间规划的重点

规划在全域生态分析的基础上引入了核心生态协调空间的概念。顾名思义，核心生态协调空间是对县域生态环境质量具有核心影响作用的区域，这是由于这些区域一方面是县域内人居活动较为集中，必须与周边生态空间进行整体协调的区域，同时这些区域也是对于居民直接感受区域生态环境质量，体验直接的生态感观的区域。因此，这些区域的生态环境的质量水平和治理面貌具有非常重要的生态和景观价值。

本次规划依据前述的人居环境生态适宜性分析，划定了8片核心生态协调空间，基本上涵盖了县域内的主要城镇，并与外围较大范围内的村庄和生态空间进行整合分析，可以视为中观层面上的“区域生态综合体”。这些“区域生态综合体”在整体生态研究体系中起到了承上启下的作用，严密了整体的研究逻辑，并使得生态分析在微观层面有了更加精准的研究基础。因此，规划以长白镇—马鹿沟镇区所在的核心生态协调空间为例，进一步对这些“区域生态综合体”的生态安全格局、村镇空间布局、人口经济发展和设施环境建设进行了综合分析。

（4）提炼并强化了景观生态空间管制的技术方法

县域景观生态空间管制是在前述人居空间生态适宜性分析的基础上，将区域景观生态格局及其过程特征按照不同类型的景观格局对号入座，以要素的空间分布为切入点获取区域景观生态格局的生态化印记特征。由于区域景观生态格局及过程特征分析的结果是对区域景观生态化印记的提取，因此以这一分析结果为依据的调整就使得生态化印记在区划成果中得以体现。以生态功能区划为基础，指导区域生态系统管理，增强各

县域空间发展战略结构图

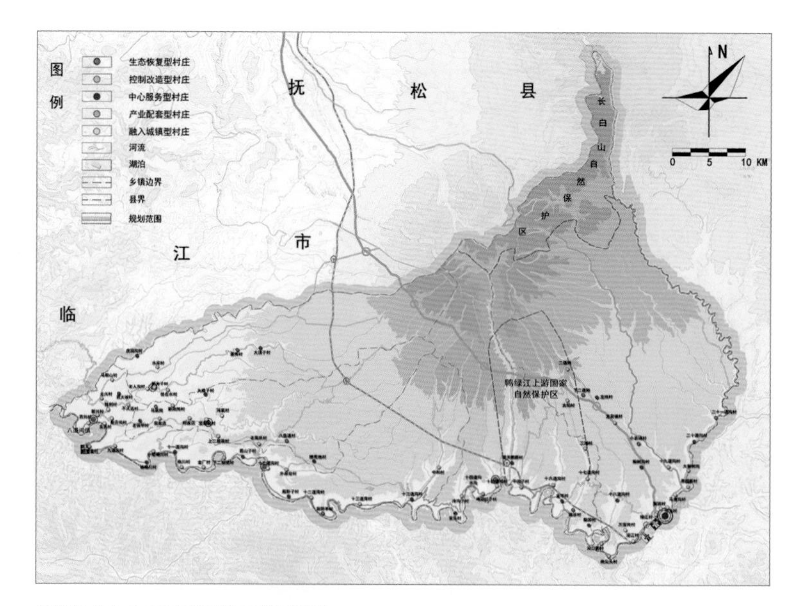

县域城乡人居空间发展策略图

功能分区生态系统的生态调节服务功能，为区域产业布局和资源利用的生态规划提供科学依据，促进社会经济发展和生态环境保护的协调，从而保证实现区域经济—社会—生态复合系统的良性循环和可持续发展。

这一景观生态空间管制方法的选取也反映了工作团队对于城市规划空间管制方法的反思，意图针对生态敏感地区的特质，将空间区划的思维从建设为本转向以生态为本，从封闭式管理思维转向开放式管理思维，从单一管制思维转向管制与引导协调思维。景观生态空间管制规划正是要将生态敏感地区的“受害生态系统”恢复为“平衡生态系统”，其核心是对遭到破坏的生态要素进行重点的生态恢复，在有需要时更可适当划定重点恢复区，对区域生态恢复过程加以有力引导。同时，对其他类型的管制空间，在传统城市规划管制方法的要求基础上，本次规划提出了用途管制、容量管制、设施引导和发展引导的综合性管制措施，以提升管制政策的有效性。

（5）提出将生态建设方式引导作为生态空间规划的必要补充

要实现“受害生态系统”的功能恢复，生态网络格局重建和工程技术应用两者不可偏废，后者主要体现为生态空间建设中具体生态技术的应用。两者相辅相成，是生态敏感地区的“受害生态系统”恢复的两项抓手。对于生态敏感地区而言，生态服务功能恢复的水平直接取决于生态建设方式是否得宜、有效和耐受。而在长白县，东北高寒山地地带的气候地理特征更增加了选取有效生态建设方式的难度。

划定主要的生态建设空间类型是此项工作的第一步骤。在前述人居环境生态适宜性分析的基础上，规划提炼出县域的绿色篱笆网络空间层面的绿色海绵网络。两者共同构成了县域绿色基础设施体系，通过有效的建设方式引导形成了不同尺度上的最优生态网络。本次规划由此建立了由县域三级生态廊道为主导架构的绿色篱笆网络，体现为县域尺度上的生态廊道网络和人居空间尺度上的线性绿化网络。绿篱为网，一方面依据长白县地理特征确定其连接性、空间尺度和物种多样性，并与不同生态建设技术相结合，可以有效地解决长白县生态空间的各类环境问题。

“绿色海绵”是利用绿地与坑塘滞留和净化雨水，回补地下水的绿色基础设施设计概念。在城乡居民点以及周边农田内部，利用自然存在的丰富的各种“连接器”和“储水器”（如河流、湿地、绿地等），收集、滞留和净化雨水，并补给地下水的半自然结构。构建“绿色海绵系统”就是利用现有坑塘、湿地和小型林地，设计道路生态沟、恢复河漫滩、建立雨洪收集绿地等措施，通过对自然要素的简单利用和改造，发挥调蓄水量、美化环境、简单处理污染物的多重功效。

长白县的绿色基础设施根据不同地区的环境现状配置不同类型的绿色篱笆和绿色海绵类型，分别为沟谷型、沿江型和岗上型绿色篱笆以及居民点型、沟谷型绿色海绵。以沟谷型绿色篱笆为例，其主要位于河流两侧坡地，阻隔坡向水土流失，防治农业生产污染；沟谷型绿色海绵与沟谷型绿色篱笆结合，实现雨洪调蓄、补给篱笆用水、连接绿色篱笆、创造小型生境以及控制河流污染的作用。两者集结成网，与沟谷边缘的生态廊道有机结合，构建山体、水系与居民点之间的生态缓冲空间，保障生态廊道的功能完善，进一步优化人居环境的生态安全。对于不同类型绿色篱笆和绿色海绵，规划对其植物树种

县域生态安全格局规划图

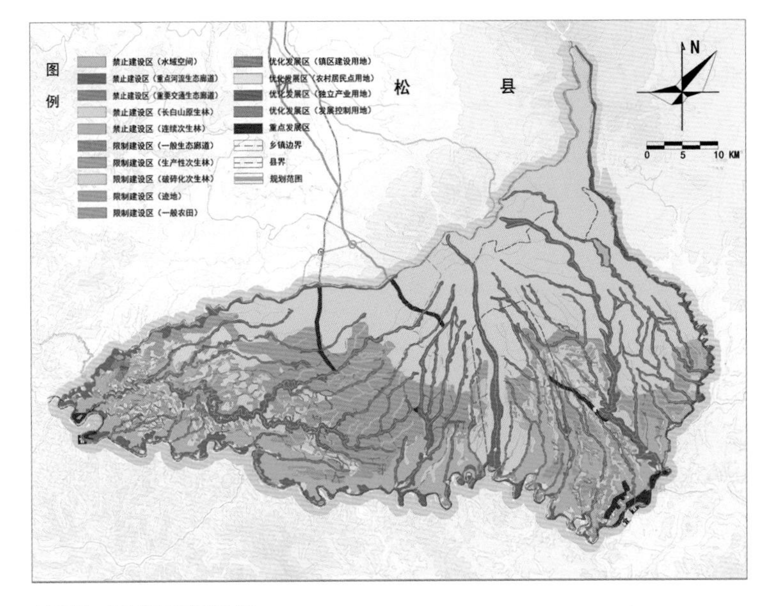

景观生态空间管制规划

的选择和植栽方式都提出了细化的要求。

2. 边境城市发展路径的研究创新

（1）跨境城镇群研究视角的拓展

受制于多变的外部环境，中朝边境线的社会经济发展和空间布局长期以来并未得到足够的重视。本次规划对中朝边境的沿线城镇进行了全面分析，梳理了鸭绿江和图们江对周边城镇的组织和串联功能，提出了鸭绿江—图们江三大跨国城镇群的空间组织结构。中朝边境城镇组织的特点是以大量中小型城镇为节点，组成了3个规模较为一致、发展程度不一的跨国城镇群。在南北两个城镇群日渐成形的背景下，中部城镇群的构建则尚显乏力。

规划认为中部城镇群的主体是中国的白山与通化两市以及朝鲜的两江与慈江两道。而长白县城与朝鲜两江道首府惠山市区隔江相望，是中朝边境空间距离最为密切的两个地区首府城市。因此长白县被列为国家级边境开发开放试验区，正是着眼于其特殊的地理区位，将可能成为未来中朝边境中部城镇群的桥头堡，与朝鲜惠山市形成无缝连接的跨国“双子城”，全面带动中朝边境中部城镇群的发展。

这一研判是基于长白县特殊的地理区位而定，但作为典型的边境城市，长白县的发展即使不考虑区域发展环境的桎梏，也无法一蹴而就地发挥出其地理区位的全部价值。边境城市的发展具有与一般城市不同的历史规律和特征。由于特殊的区域背景，长白县作为边境城市的功能始终停留在跨境物资的简单输入和输出这两方面，边境城市的角色并未对城市的产业升级和社会经济发展带来直接而明显的推动作用。本次规划认为长白县正处于边贸型城市——边境城市发展的普遍阶段，而未来是否能够从周边同质城市中突围，向综合性边境中心城市转型，将取决于长白县是否能够通过战略导向的宏观部署，有效地扬长避短，实践正确的发展战略。

（2）跨境经济合作发展的体制机制创新

国家级重点边境开发开放试验区的政策利好对长白县社会经济发展战略的调整提出了新的时代要求。这一政策是国家层面基于长白县战略区位，对其赋予的边境合作的政策试验田。其时，第一批三个国家级边境开发开放试验区的政策效果不明显，有借鉴意义的上海自贸区尚未正式成立（2013年9月29日正式成立）。

工作团队通过对国际上跨境自由贸易区的发展案例进行分析与解读，提出了在通常的区域发展背景下，长白县这一政策试验田的发展思路，并进一步构思了在限制性区域发展环境下的演进阶段。

规划提出了在当前环境下强化内拓、巩固外联、吸纳资本、共谋试验的方针，以纳入大长白山地区整体发展、内拓腹地交通物流网络和产业资本网络为近期目标，用足用好现有国家扶持政策，创新试验潜在利好政策，并确定了政策实施的重点。同时，对于试验区的空间布局，与前述的县域空间发展蓝图相匹配，结合跨境自由贸易区所需的空间组织模式，描绘了长白县作为边境城市的发展脉络和未来图景。

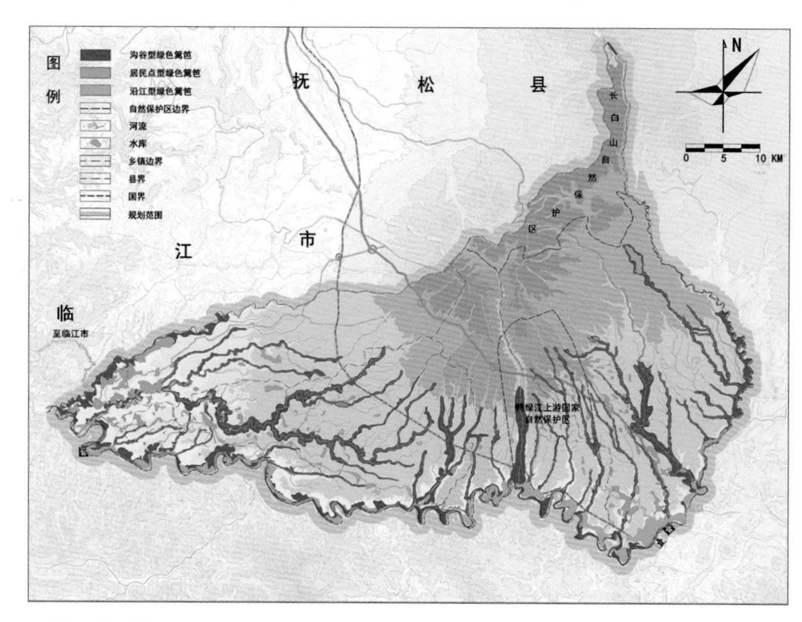

县域绿色篱笆空间体系规划图

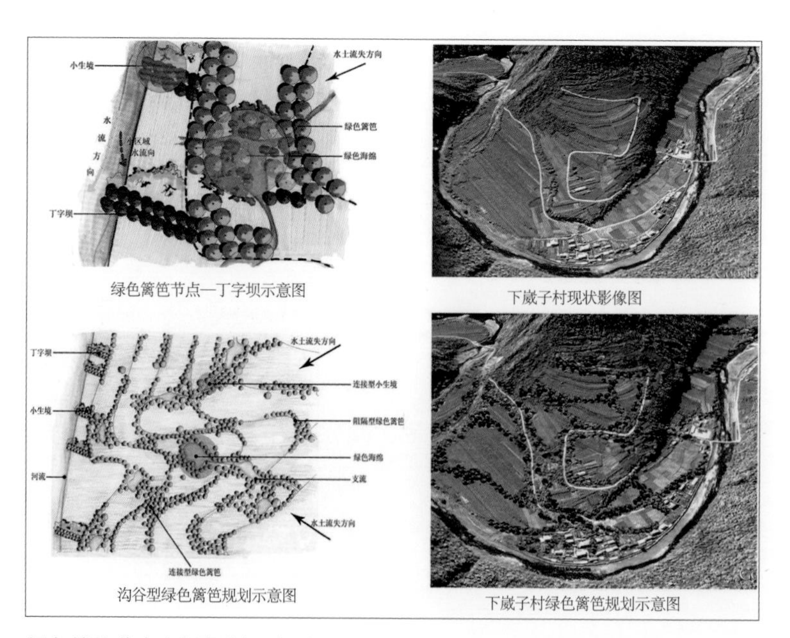

绿色篱笆节点空间规划示意图

六、规划实施

2013 年6 月，《长白县城乡发展规划》在长春市通过了由吉林省政策研究室主持的专家评审，并逐渐在以下两方面体现出积极的社会影响：

一方面，本次规划影响了多个同层面规划，有力推进了长白县的各项实际工作。最重要的一项就是协助编写《长白国家级边境重点开发开放试验区实施方案》，推动长白县最终于2013年12月得到国务院审批，正式成为中国第四个国家级边境重点开发开放试验区。

另一方面，本次规划引领了长白县城乡规划体系的建立。规划完成后，《长白县城市总体规划（2014—2030）》、各镇控规和重点村庄规划陆续编制，正在将规划思路贯彻到法定规划体系中。

七、结语

本规划从规划类型上或更多地属于战略性规划，但不同于通常的战略规划，本次规划更多地着眼于全域城乡空间和生态空间的发展。规划摒弃了传统聚焦建设空间的规划方法，提出了核心生态协调空间的概念并加以解读分析，并沿袭了县域尺度上的生态与人居空间规划的技术路线，实现了全域、多尺度、统一技术路线的规划框架。本次规划时刻紧扣生态敏感地区这一长白县特殊的自然地理特质，在各尺度空间研究、各子系统规划研究中，着意在传统分析方法中纳入生态评价指标或分析方法，体现了生态保护的核心主题。同时，基于长白县特殊的区域发展环境，规划提出了在国家级边境开发开放试验区框架下渐进的社会经济发展方略，以适应不同的发展情景。

本次规划编制于2012年后，其中创新点在于敏锐地感知到了生态体制的改革要求和城乡规划创新的时代脉搏，并以此为发端在生态敏感地区的新型城镇化路径的摸索中进行了初步的尝试。

专家点评

赵民

上海市规划委员会专家
同济大学建筑与城市规划学院原规划系主任，教授、博士生导师

我国的城乡发展已经进入到以五大文明为统领、以新型城镇化为核心理念的历史新阶段；而建立统一、完善和务实的城乡空间规划体系则是时代的必然。《长白县城乡发展规划》的编制创新实践可谓恰逢其时。这项规划以长白县这一典型的生态敏感地区为基点，以跨国视野提出了解决“丰富资源”和“滞后结构”之间矛盾的思路。规划秉持了生态文明思维，在全面而深入研究的基础上，构建了多目标、多层级的生态空间评价、分析和规划体系；以生态研究和规划的专业性、完整性和规范性为准则，建立了绿色篱笆和绿色海绵两套相辅相成的生态基础设施体系。

同时，《长白县城乡发展规划》还抓住了长白县最具自身特色与潜在价值的生态和边贸两大关键主题，进而以此来涵盖和衔接各个层面的规划安排，使最终的规划成果具有了厚实的结构层级和综合性的内涵。这种建立在问题导向、理论解析和技术探索基础之上，以及具有完善的内在结构体系和外在技术接口的规划成果，必将能有效地引导长白县的城乡发展。希望长白县的各项后续规划编制和规划实施能够认真贯彻《长白县城乡发展规划》的理念和各项安排，并致力于将长白县打造成为生态敏感地区的科学发展新型典范。

世界文化遗产平遥古城保护规划
——保护性详细规划、管理规划及导则

2015 年度全国优秀城乡规划设计奖（城市规划类）二等奖、2015 年度上海市优秀城乡规划设计奖一等奖

编制时间： 2006 年 10 月 — 2014 年 1 月

编制单位： 上海同济城市规划设计研究院

编制人员： 邵甬、阮仪三、胡力骏、冀太平、赵洁、陈欢、应薇华、张鹏、李雄、陈悦、苏项锟、范燕群、姚轶峰、辜元、邹图明

一、项目概要

《世界文化遗产平遥古城保护规划》工作包括平遥古城保护性详细规划、世界文化遗产平遥古城管理规划及导则。其中，法定规划《平遥古城保护性详细规划》于 2014 年 5 月获得省住建厅和省文物局的批复。

规划将平遥视为活的有机体进行研究，规划基础工作扎实，分析研究深入，研究视角开阔。按照真实性、完整性、生活性原则，规划以系统性的指导思想，强调物质与非物质的整体保护，提出了古城、街坊、地块院落、建筑单体4个层面的控制体系，将平遥古城定位为"以文化为核心、以旅游业为主导产业、以当地居民为主要社会支撑，集文化、旅游和居住为一体的综合性城市功能区"，这一定位符合平遥古城的资源特点与发展要求。规划在内容、方法、实施措施方面进行了一定的创新和探索，通过管理规划帮助平遥古城建立更好的保护机制，通过导则指导具体的保护措施，从而使规划对古城保护具有较强的指导性和操作性。

平遥古城鸟瞰图

二、规划背景

平遥古城是目前中国保存最完整的古代县级城池之一，是明清时期中国汉民族城市的杰出范例，对研究这一时期的社会形态、经济结构、军事防御、宗教信仰、传统思想、伦理道德和人类居住形式等具有重要的价值。1986年，平遥被公布为国家历史文化名城，1997年被列入《世界遗产名录》。

尽管平遥古城已经进行了大量的保护工作，但还是存在着重文物、轻城市，重物质、轻人文，重旅游、轻民生等问题。古城的真实性、完整性受到严重威胁，保护工作面临巨大挑战。本规划旨在为平遥古城的保护管理提供科学依据，落实保护措施，综合解决古城保护与发展的问题。

三、规划目标

法定的保护性详细规划以保护文化遗产、改善人居环境、促进社会经济发展为目标，解决平遥古城长期缺乏控规层面管理依据的问题。

（1）保护文化遗产—充分尊重和保护平遥古城的历史文化遗产特征，保护遗产的真实性和完整性，体现平遥古城的历史文化价值和内涵。

（2）改善人居环境—充分考虑平遥古城居民和游客实际需求，改善居民的生活条件，完善各项配套服务设施，为古城保护增加内部推动力。

（3）促进社会发展—充分理解平遥古城可持续发展的需求，促进社会、经济和文化的综合协调发展。

四、规划构思

根据世界文化遗产保护的要求，《世界文化遗产平遥古城保护规划》紧紧围绕平遥古城目前所面临的现实问题展开，主要包括以下3个方面：

（1）如何从文物保护走向城市保护

（2）如何体现世界遗产的突出普遍价值

（3）如何实现保护与发展的平衡

通过世界遗产平遥古城突出普遍价值研究、城市现状与发展研究、街区与建筑现状与活化研究，形成了两个规划和一系列社区行动计划，即法定规划：《平遥古城保护性详细规划》和《世界文化遗产平遥古城管理规划》，行动计划包括《平遥古城传统民居保护修缮及环境整治管理导则》和《实用导则》。

五、主要内容

基于平遥古城的历史和现实，结合《历史文化名城保护规划规范》和《全国重点文物保护单位保护规划编制办法》的要求，本规划借鉴国际经验，重点在价值特征、功能定位、保护体系、建设控制和保护监测等方面进行了探索。

规划经过对平遥古城历史文化的深入分析和研究，重新全面阐释了平遥古城的历史、艺术和科学价值，及其在国家和世界上的独特地位，即分别符合世界文化遗产的第Ⅱ、Ⅲ和Ⅳ条标准：

（1）标准（Ⅱ）：平遥古城的城镇布局集中展现了公元14至20世纪以来的中国汉民族城市一以贯之的建筑风格和城市规划发展脉络。同时在一定程度上展示了这座城市在社会、经济、文化、艺术、科学、技术和产业方面的发展状况。

（2）标准（Ⅲ）：公元19世纪至20世纪初，平遥古城是中国金融业的中心。平遥古城内的商业店铺、传统民居是平遥古城这一时期经济繁荣、发达的历史见证。

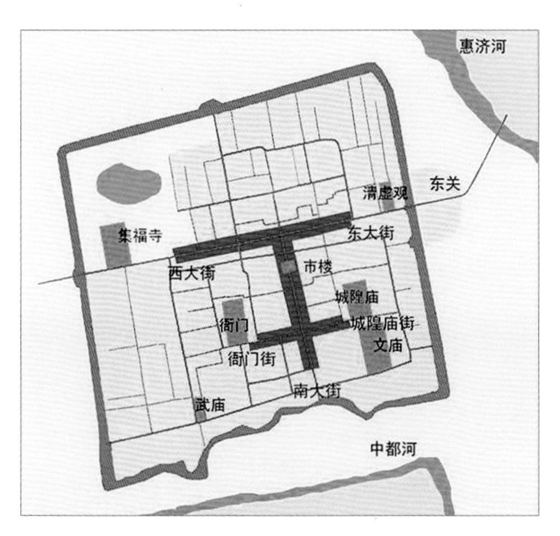

功能布局特色示意图

街巷格局特色示意图

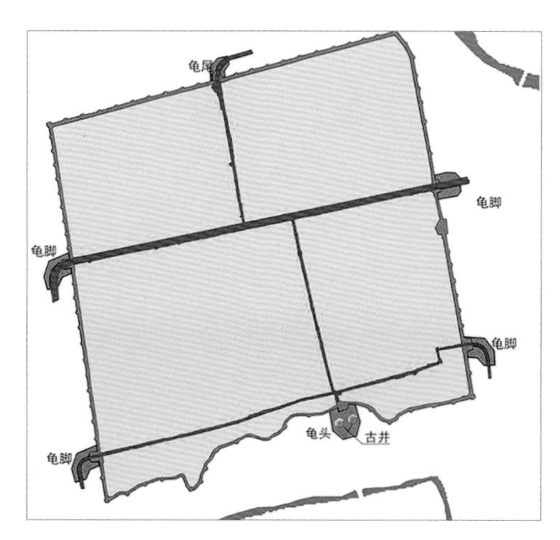

防御型制特色示意图

（3）标准（Ⅳ）：平遥古城是一个完整的古建筑群体，是罕见的完整保存其所有遗产特征的中国明清时代汉民族城市的杰出范例。

1. 确立合理的古城功能定位

规划从平遥古城的特征和价值两个方面出发，确定平遥古城的功能定位为：以文化为核心功能，以旅游为主导产业，以当地居民为主要社会支撑，集文化、旅游和居住为一体。在此基础上，确定三大功能的发展主题：

（1）文化——让文化绽放整个古城；

（2）旅游——让旅游成为一种生活；

（3）社区——让院落提升生活品质。

2. 建立全面保护框架

从平遥古城的价值体系和特征出发，规划建立了整体的保护框架。

（1）保护内容体系化

①保护“堡寨相错，龟城稳固”的防御型制特色

平遥古城具有独特的防御体系。现有保存完好的城墙、城门及方城格局。规划在城墙内侧疏通环城马道，在城墙外侧保护范围内，规划绿化带，改善城墙周边环境，以保护方城格局。

②保护“布局对称，县制完整”的功能布局特色

平遥古城以南大街为轴线，按左城隍（城隍庙）、右衙署（县衙）、左文右武（文庙、武庙）、东观（清虚观）、西寺（集福寺）、市楼居中的排列方式，形成对称式的布局结构，这是平遥古城的特色所在。规划保护对形成这一结构起重要作用的建筑群，恢复武庙地段的历史风貌，并在集福寺的位置上设置公共活动空间。

③保护“街巷有序，坊里井然”的街巷格局特色

道路街巷是城市重要的结构要素，保护平遥古城历史形成的“四大街、八小街、七十二条蚰蜒巷”的街巷格局；保护南大街、东大街、西大街、城隍庙街、衙门街（政府街）构成的“干”字形格局商业街，加强对传统风貌的引导和控制；保护八小街的走向和格局；保护并逐步恢复七十二巷；保护壁景堡等典型坊里格局。

④保护“合院严正，楼阁巍峨”的建筑空间特色

保护古城内公共建筑、商业建筑和居住建筑的合院模式空间布局及传统院落肌理。保护古城整体的建筑高度关系，强调市楼、城楼、文庙、城隍庙、武庙、清虚观建筑高度的主体地位，其他建筑水平向展开天际轮廓线。

⑤保护“砖瓦青灰，琉璃绚烂”的整体色彩特色

古城内民居建筑的色彩均为青砖、青瓦，营造出厚重、淳朴的古城风貌，庙宇等公建色彩较为绚丽。因此，为了能够很好地构成古城眺望景观中的整体背景色彩及街巷景观中的界面色彩，规划对古城的建筑色彩提出了控制要求。

⑥保护“商道彪炳，文化后藏”的非物质文化遗产

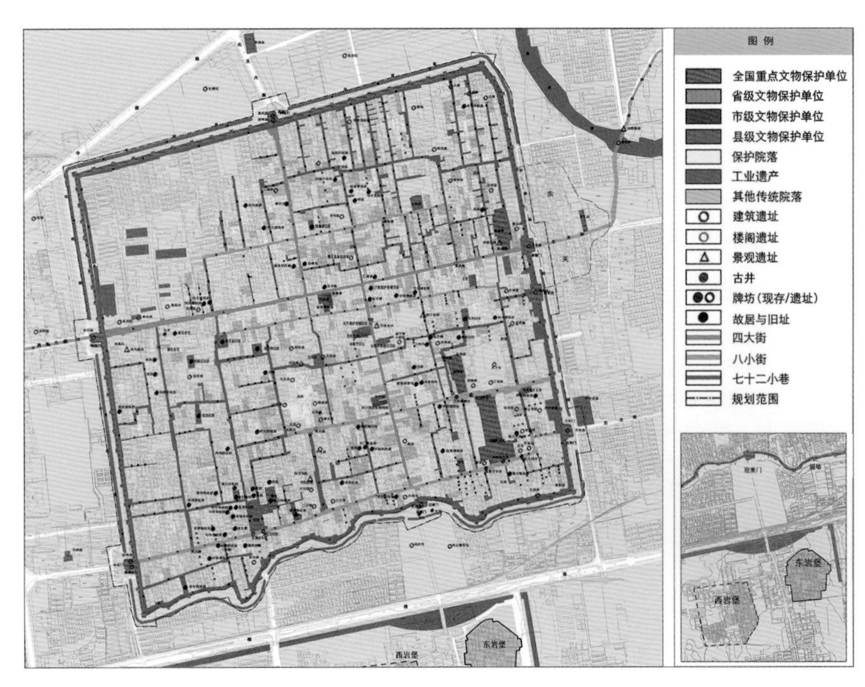

历史文化遗产分布图

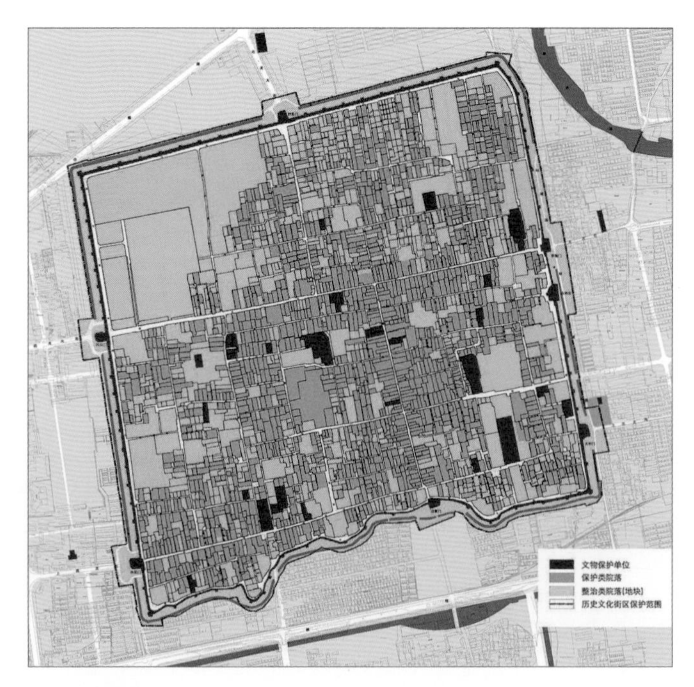

分类控制图

平遥古城包含的文化内涵极其丰富，包括晋商文化、宗教文化、民俗文化等，不仅独具特色，更与物质文化遗产相互共存。

（2）保护要素类型化

规划梳理了文物保护单位的保护范围和建设控制地带，使其更加科学实用；规划确定平遥古城的历史建筑，包括保护院落和工业遗产等，对平遥古城传统民居院落的规制、格局、空间、特色，内建筑的风貌、质量、年代等现状进行综合分析，将具有较好传统风貌的院落确定为保护院落，并根据遗产价值，分三级进行保护；将新中国成立后建设的一些特色厂房列为工业遗产；明确了平遥城墙、瓮城、护城河、古桥、古牌坊、古碑、古井、传统院落的门楼、照壁、石敢当等各类需要保护的历史环境要素。规划梳理了平遥非物质文化遗产及其与物质空间的关系。

（3）保护措施具体化

对各类保护对象分门别类地制定保护要求。

对于三级保护院落，应当保护院落的空间尺度和形式，保护传统的建筑布局、尺度和风貌，保护特色构筑物，拆除四合院内搭建的建筑，恢复传统院落形态。对于工业遗产，对现存建筑进行整修，整治其周边环境，根据具体使用情况，酌情开放以供参观，展示近代建筑的特色和文化价值。

对于古城内的牌坊、古井、照壁、古井等人工环境要素予以修缮和维护，并严格保护。建立古树名木的档案和标志，加强养护管理。对于石敢当等人文环境要素，应维持和积极延续这一体现平遥人社会生活和风俗习惯的传统做法。对非物质文化遗产提出“有形化、人本化、动态化”的保护建议。

3. 完善“文化旅游”产业布局

结构上，强化古城“干”字形商业街功能，并将旅游功能拓展至城南堡游客中心、东关郊野和柴油机厂文化创意中心。同时强化文庙、武庙的文化功能，加强与主要街道的肋向联系。增加古城旅游服务设施，科学引导民宿发展，设计多种主题的旅游线路。

4. 落实“以居民为核心”的规划理念

确定合理的居民容量，根据不同的产权和居住特点制定社区发展策略。

积极利用棕地调整和传统民居中的场院空间，增加文化设施、社区服务设施和各级开放空间，为居民提供就近活动的场所。

建立慢行为主的交通模式，通过小型化、公交化、外部接驳的机动交通服务满足出行需求。采取人车相对分离的组织方式，为核心区域营造舒适安全的步行环境。

5. 建立建设控制引导与保护监测体系

基于平遥保护基础信息严重欠缺的现状，规划建立了平遥古城遗产资源信息数据库，信息内容包括从整个平遥古城的地形地貌，到院落、建筑、环境要素的历史信息和现状社会信息等，为规划编制、遗产监测和日常管理奠定了扎实的基础。

分4个层次建立建设控制与评估监测体系。

（1）古城层面：侧重于格局控制。明确建筑布局、高度、色彩关系等，保护天际轮廓和重要视线通道，对总体景观

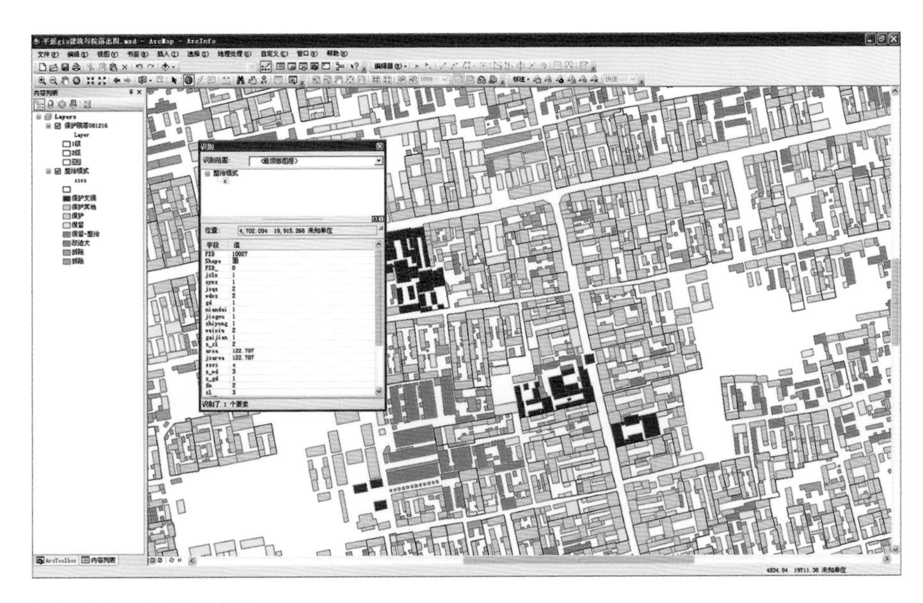

数据信息库局部示意图

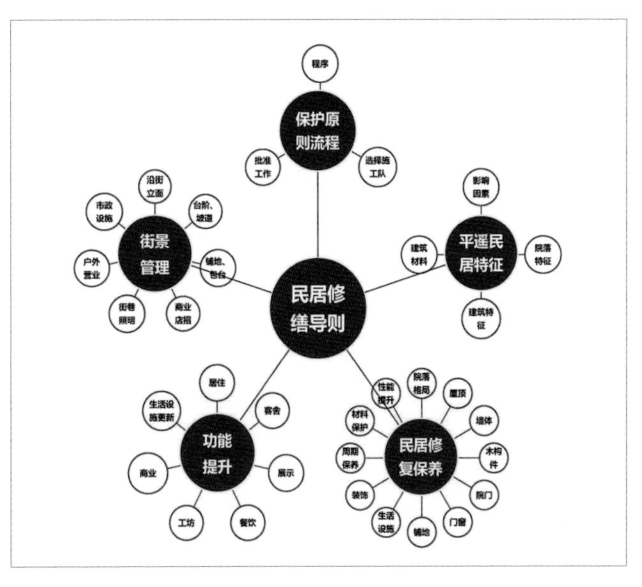

《导则》主要内容示意图

风貌提出控制。

（2）街坊层面：侧重于界面控制。对各街巷的界面提出控制要求，控制街坊开放空间。

（3）地块层面：侧重于尺度控制。特别强调对院落划分和院落形式进行控制和引导，以达到对传统肌理的保护。

（4）建筑层面：侧重于建筑与庭院控制。提出建筑保护与整治模式，并对单体建筑和庭院的形式、尺度、材料等进行引导。

规划通过《世界文化遗产平遥古城管理规划》，针对条块割裂的管理现状，提出了针对世界遗产地的创新型管理机制与优化管理手段，如动态报告制、前置审批制等，保障规划确定的保护和控制要求得以实施。

规划具体包括基本情况介绍、管理专项规划，管理实施计划3个部分。涉及管理机制设置、建设管理、可持续性旅游管理、资金的来源保障和合理分配、遗产目录、档案库建立与管理、灾害预防和危机处理、日常管理监控、人力资源管理、社会管理和文物保护单位管理、非物质遗产的保护与管理等多方面内容。

在保护底线明确的基础上，针对平遥古城由居民自发实施的“动态变化”，规划通过《平遥古城传统民居保护修缮及环境整治导则》（以下简称《导则》），针对平遥古城内构成世界遗产主要组成部分但未列为文物的传统民居缺乏资金和

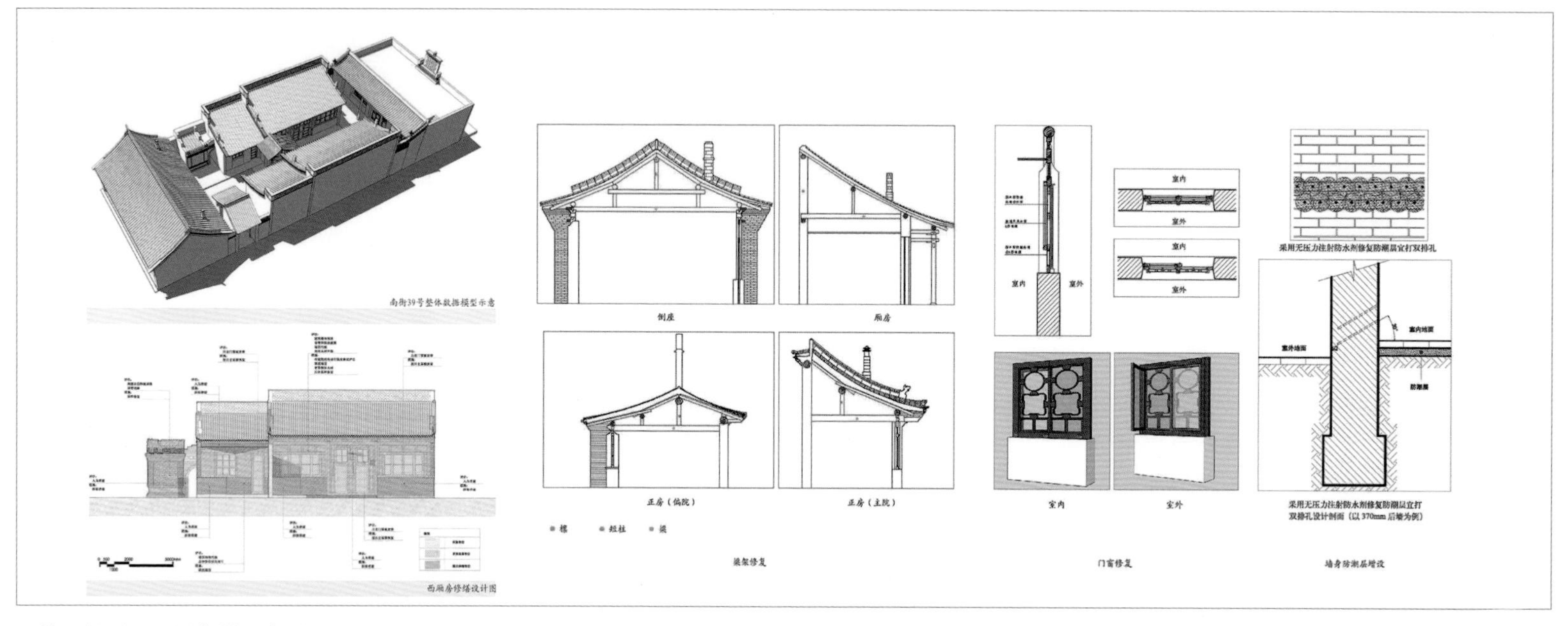

《管理导则》民居修缮示意图

整体色彩特色示意图

建筑空间特色示意图

技术支持、长期缺乏保养、居住条件恶劣的现状，在保护修缮、保养维护等日常行为方面进行引导，建立传统民居修缮和环境整治的申报、设计及施工的管理机制。《导则》的制定旨在保护遗产价值的同时，改善居民的生活环境，提高居民的生活品质，并让居民积极参与遗产保护，享受遗产保护带来的成果。

《导则》分为两册：《管理导则》提供管理部门和专业团队更加清晰、明确的传统民居保护、修复和维护方法；《实用导则》针对传统民居的所有者和使用者，采用图文并茂、浅显易懂的方式，提供传统民居保护修缮与功能提升的要求与标准及相关程序等内容。

《导则》将“国际规则”与“地方特色”相结合，“科学保护”与“传统工艺”相结合，通过传统民居修缮基金设置，让居民积极参与，享受遗产保护带来的成果。

六、规划特点

（1）贯彻国际领先的世界遗产城市保护与发展理念

规划以古城突出普遍价值为基础，贯彻人居型世界遗产和活态遗产的保护理念与方法，综合解决保护与发展问题。

（2）建立了国内首例人居型世界遗产科学保护管理机制和技术体系详细规划，为平遥古城建立了完备的物质环境与社会信息的基础数据库，为制定保护措施、发展量化控制和规划管理奠定了扎实的基础。同时，《管理规划》建立了针对该类型遗产地的管理机制，以保障保护工作的实施。

（3）公众全过程参与的规划编制和管理

规划从社会调查到试点院落修缮、导则编制、政策制定，实现公开、透明、居民全程参与的模式。通过导则确定的《修缮基金管理办法》，将居民自发的修缮行为纳入遗产保护的日常管理体系中。

这些特点对于该类型遗产地的保护具有推广意义。

七、规划实施

（1）《导则》由联合国教科文组织官方发布并实施，并成为该组织向国际上同类型遗产地推广的杰出范例。

（2）根据《详细规划》和《导则》修缮的首批 53 个传统院落，获得了 2015 年联合国教科文组织亚太地区遗产保护优秀奖，标志着规划实施获得国际社会的高度认可。

（3）根据《管理规划》成立的“世界文化遗产平遥古城管理局”，实现多种管理职能合一，建立了针对平遥古城、具有创新性的日常保护管理体系。

（4）2015 年成为 5A级景区的平遥古城，在被保护的同时，旅游环境和服务水平得到明显改善，文化旅游产业得到了长足的发展。

专家点评

阮仪三

上海市规划委员会专家
同济大学建筑与城市规划学院教授、博士生导师
同济大学国家历史文化名城研究中心主任

本规划的编制者经过 8 年多深入细致的工作，遵守《保护世界文化与自然遗产公约》和中国的《文物保护法》及《历史文化名城名镇名村保护条例》，根据中国的现实发展背景，全面阐述了世界文化遗产平遥古城的“突出普遍价值”，坚持真实性、完整性和生活性的原则，建立遗产保护、人居环境改善和促进社会经济发展的目标。本规划针对平遥古城的现状问题，编制了《平遥古城保护性详细规划》《世界文化遗产平遥古城管理规划》和《平遥古城传统民居保护修缮及环境整治导则》，与“平遥古城传统民居修缮补助资金”一起建立了平遥古城遗产保护与城市发展的管理机制，在规划内容、方法、实施等方面进行了卓越的创新，努力探索新时期具有中国特色的世界遗产城市保护与发展的路径，对中国历史文化名城乃至世界历史城市保护具有重要的借鉴意义。

转型背景下特大城市总体规划编制技术和方法研究

2015 年度全国优秀城乡规划设计奖（城市规划类）二等奖、2015 年度上海市优秀城乡规划设计奖一等奖

编制时间： 2011 年 1 月—2013 年 12 月

编制单位： 上海市城市规划设计研究院

编制人员： 金忠民、骆悰、陈琳、沈果毅、范宇、詹运洲、童志毅、周凌、薛原、欧胜兰、郭淳彬、陈圆圆、刘淼、彭晖

一、规划背景

经历了改革开放 30 多年来的快速成长，我国已逐渐步入经济社会发展的重要战略机遇期与社会、资源、环境矛盾凸显期。党的十八大报告、中央经济工作会议、城镇化工作会议和农村工作会议的召开，以及《国家新型城镇化规划（2014—2020年）》等一系列政策文件的发布，预示着经济社会发展模式、城市治理模式的全面转型。面对外部国际环境的复杂变化和激烈竞争，以及内部社会进步、产业升级、生态优化的发展诉求，以北京、上海、广州、深圳为代表的一批超大、特大城市亟待通过开展编制新一轮城市总体规划来明晰未来发展的目标导向，统一社会各方面的认识，制定推动城市转型的有效行动计划。

在此宏观背景下，本课题定位于适应社会经济发展新要求的前瞻性应用型课题，以学科建设为基础，将总体规划编制技术研究纳入当前特大城市转型时期的现实背景中，探索一套与之相适应的城市总体规划编制技术与方法，有利于城市规划学科理论的完善和丰富。课题研究内容将对完善城市总体规划的编制、实施和管理体系具有重要的应用价值。

二、主要内容与结论

本研究聚焦转型时期特大城市发展面临的内外部环境和突出问题，借鉴国际城市的经验，结合我国城市总体规划编制的要求，在上海实证研究的基础上，突破传统意义上对总体规划的认识，强调总体规划向战略指引、公共政策和过程控制转变的特征，明确城市总体规划的定位和作用应该是“战略纲领、法定蓝图、协调平台”，进而提出转型时期，总体规划编制应该将人口、居住、公共服务设施、生态、文化、综合交通和城市安全等作为核心内容，且需要在编制技术和组织方式上

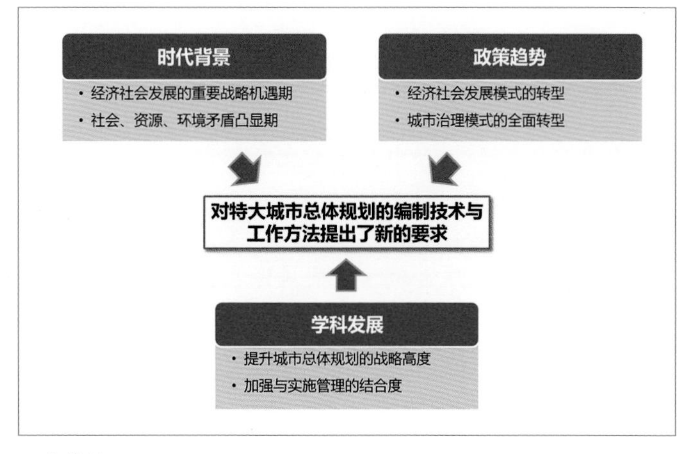

研究背景

研究目的

• 聚焦转型时期特大城市的总体规划编制，在明确我国城市总体规划的地位和作用的基础上，研究在转型时期总体规划编制的主要内容、技术手段，以及适应新时期社会、经济、政治发展的总体规划组织方式和保障体系。

研究意义

• 基于《城乡规划法》，《城市规划编制办法》探索适应转型时期特大城市总体规划编制技术方法。
• 为特大城市总体规划编制和实施提供科学合理和可操作的技术框架。
• 推进适应市场经济转型发展的城市规划学科自身建设。
• 通过上海的实证案例，论证率先转型的特大城市的总体规划编制技术方法的可行性。

研究目的与意义

进行创新的总体思路。研究最后从组织方式和保障机制两个方面，从公共政策程序完整的角度，提出特大城市总体规划编制管理和实施的建议。

1. 归纳转型时期特大城市发展特征和总体规划编制特点

通过概念辨析，明确了城市转型的基本内涵，包括产业经济转型、社会结构转型、生态环境转型和空间转型。特大城市在转型发展过程中，普遍进入了成熟发展期，城市基础设施逐渐老化，常住人口持续增加，用地规模偏大，城市不再以用地拓展的发展模式为主，开始重视环境品质、城市文化和城市安全，由此，总体规划编制必须适应其转变。

2. 明确转型时期对城市总体规划编制的新要求

总体规划要在价值导向、工作思路和技术方法上适应自下而上的市场化环境和自上而下的政策化需求，向建立与市场经济体制相适应的规划编制和实施管理体系转变。

研究归纳当前我国总体规划面临的内外部环境，主要提出3个方面的新要求：一是从社会和经济环境来看，总体规划须适应"公共服务型"政府职能的转变，面对市场环境下利益主体多元的情况，必须明确自身的角色定位，强调宏观的引导与刚性的约束相结合；二是从制度和政策环境来看，城市总体规划要侧重于体现公共政策属性，其政策性表达和公众参与性应该成为总体规划编制工作转型的重要方向之一；三是从总体规划自身发展的要求来看，随着物质性规划比重的降低和公共政策内容的强化，城市规划的属性将逐渐由"技术性规划"向"政策性规划"转变。

3. 总结国内外实证案例，提出总体规划编制创新和转型的思路

通过对伦敦、香港、北京、上海等国内外特大城市总体规划编制中创新改革措施的探索，总结出总体规划内容正在向3个方向发展：一是注重战略研究，其内容在总体规划编制的前期完成，且作为后续规划的重要指导，研究城市发展的长远性、战略性和框架性问题，以及重大项目和基础设施的布

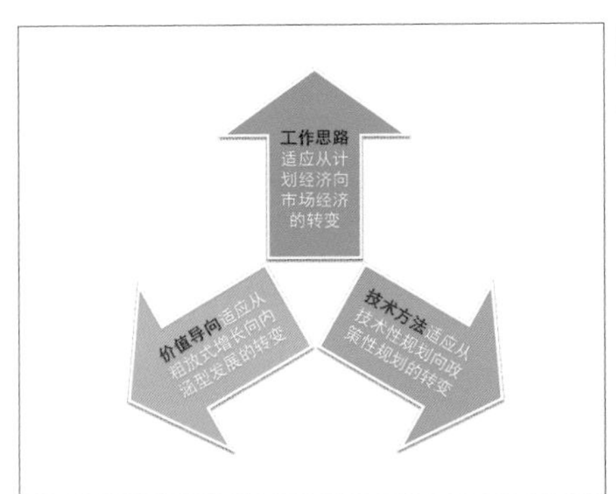

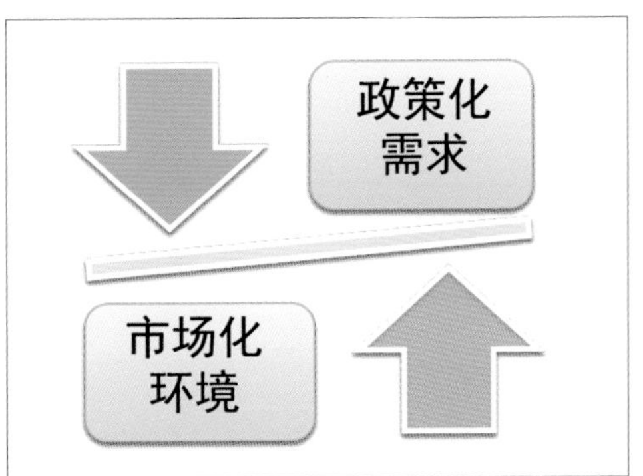

转型时期城市总体规划编制的新要求

城市转型、特大城市、总体规划概念内涵界定

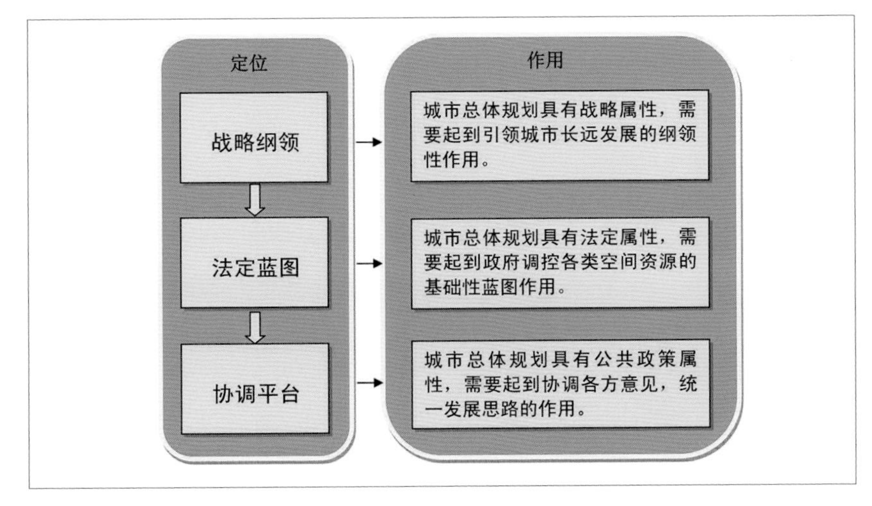

总体规划定位与作用示意图

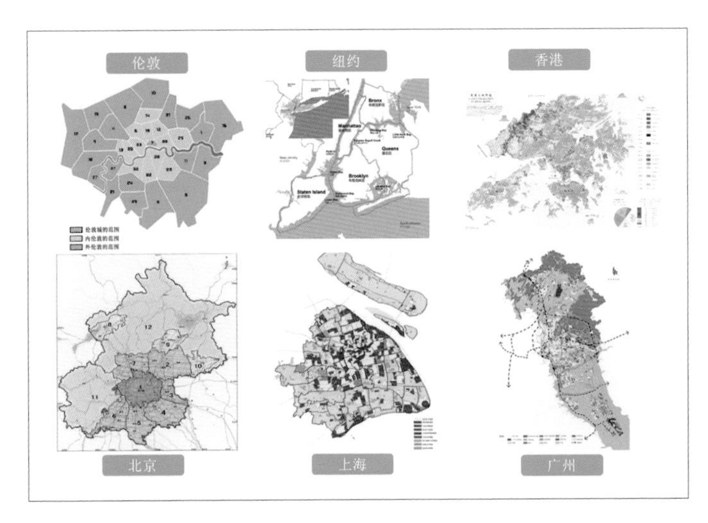

国内外实证案例选取

局；二是注重规划要素管控，不再强调传统的用地布局和局部地块的功能，而是注重对城市结构性和战略性资源具有控制和引导作用的要素研究，以便规划实施和管理，且有利于长期动态地维护和调整；三是强调政策区划，基于城市集中建设区，制定相应的用地、产业、生态等管理政策，促进城市总体规划的有效实施。

4. 从公共政策角度明确总体规划的定位和理念

在定位和作用方面，城市总体规划应当是引导城市空间发展的战略纲领、发展蓝图和协调平台。作为战略纲领，城市总体规划要起到引领城市空间发展的纲领性作用，体现前瞻性、整体性和综合性；作为发展蓝图，城市总体规划要发挥政府调控各类空间资源的基础性蓝图作用，注重守底线、分层次、重维护三个方面；作为协调平台，城市总体规划要能够代表公众利益，沟通、协调各方意见，遵循开放性、公共性和统一性的原则。

在规划编制理念方面，需要突出5个方面的思维：注重民生保障是落实推进以人为核心的城镇化的重要切入点，是实现发展成果更多更公平地惠及全体人民的关键举措；关注城市文化是增强城市软实力必不可少的关键环节，更是城市未来发展的潜力和优势所在；强化生态保育是提升城市生态文明水平的核心要义，也是优化城市和区域生态环境、优化城市空间结构的关键所在；强调城市安全是城市发展的基本底线，是城市宜居宜业的发展前提；突出城市管理重在创新社会治理体制，是提高城市规划管理水平，实现城市健康可持续发展的基本出发点。

5. 总结转型时期特大城市总体规划编制的核心内容

城市总体规划编制的内容涉及方方面面，本研究结合上海实证等国内外案例，归纳转型时期特大城市总体规划编制需要关注的核心内容和具有创新意义的内容，主要包括人口规模、居住发展、公共服务、生态环境、城市文化、综合交通和城市安全等方面。

人口规模一直是国内外城市规划编制的重要内容，特大城市在进行人口规模编制时，应该强调多情景预测，并增加就业人口与居住人口之间关系的研究。

居住发展是关系到国计民生、社会安定和经济发展的重要问题，也是落实科学发展观、构建和谐社会的必要途径。规划编制需要关注人的需求，研究住房供应结构，加强住房建设规划与总体规划的衔接，以人为本，细化住房政策标准。

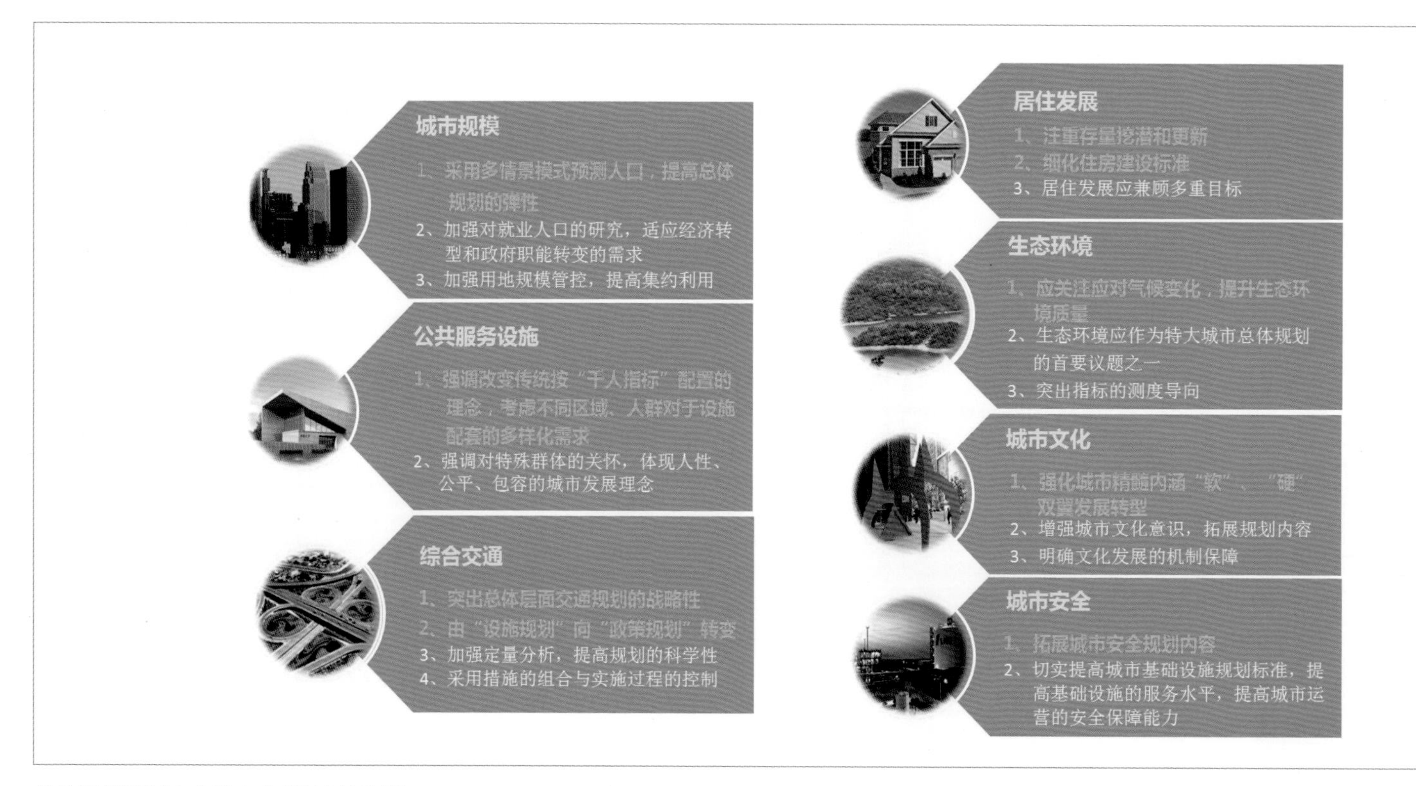

总体规划编制七大核心内容的创新思路

生态环境是构成城市竞争力的重要方面，尤其在应对全球气候变化方面，生态环境规划已经成为世界城市战略规划的重点内容。应全面突出生态发展的理念，增加应对气候变化的相关内容，注重生态环境质量，强化目标政策导向。

城市文化是城市长远发展的关键，世界城市在最新战略规划中均强调此点，因此特大城市总体规划在编制时需要突出文化规划思维，注重"软"、"硬"实力的提升，同时，政府应当对文化发展高度重视并提供政策保障。

综合交通是城市发展的命脉，关系人民群众的切身利益，特大城市的交通问题一直是世界性的难题。交通问题的解决需要站在城市发展战略的角度，系统、综合、统筹地考虑。需要加强交通规划对于城市发展的引导作用，通过定量分析，提高规划编制的科学性，同时需要加强过程控制，通过合理的统筹安排，保证各项措施在实施时序上保持与城市空间、社会发展的一致性，确保规划目标的实现。

城市安全已成为影响城市竞争力的重要因素。城市安全是保障城市发展的基本底线，尤其是特大城市应将城市安全作为规划编制的重要内容，强化城市安全规划意识，并拓展安全防灾规划的范畴，同时须加强与综合防灾各部门间的衔接。

6. 提出城市总体规划实施保障机制

研究认为，城市总体规划的有效实施需要合理的组织方式和有序的保障体系。

从组织方式来看，按照新的《城乡规划法》要求，城市总体规划编制要遵循"政府组织、专家领衔、部门合作、公众参与、科学决策"的基本原则，这符合城市转型发展的基本要求和趋势。政府组织需要由市委、市政府的强力推动，并进行高规格的政府组织动员。唯有借助强力的政治介入，才能保障城市总体规划的核心地位及未来在实施过程中的行政优先权；专家领衔强调要充分发挥专家的作用，尊重并使专家全程参与总体规划制定，充分发挥专家智库的作用；部门合作强调的是跨部门、多部门的全面合作，打破管理界线、突破条块分隔，从城市发展的整体利益出发，秉持"开门做规划"的理念；公众参与是保障总体规划实施的重要举措，应强调全过程的公众参与，在规划制定之初、编制中和完成后都需要市民的全程监督和维护；科学决策强调的是在制定城市总体规划的时候，需要依据信息数据库等技术手段，增加环境影响评估等，同时加强与周边地区的沟通与协作，这样才能保障规划编制的科学有效。

总体规划编制七大核心内容

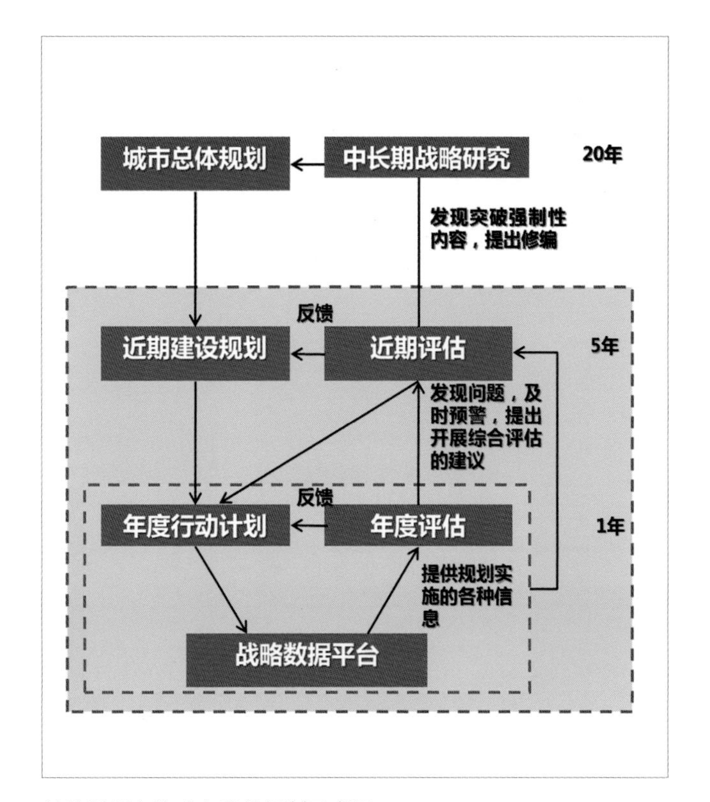

总体规划实施动态维护机制示意图

在保障体系方面，未来城市总体规划编制需要适应经济全球化、信息化的要求，从当前国际大都市编制总体规划的经验来看，无一不是基于完善的信息数据平台，保证了规划编制的科学性；同时，总体规划作为公共政策，需要建立一套动态维护和跟踪机制；最关键的还在于建立一套保障规划实施操作的机制。

三、成果特点与创新

本次课题一方面是为住房和城乡建设部的《城市总体规划改革与创新》课题提供支撑，为制定《城市总体的规划编制和审批办法》提供基础；另一方面，更重要的是对城市总体规划如何适应我国未来的矛盾凸显期和战略机遇期进行前瞻性研究。同时，对于率先转型的超大城市上海而言，本研究将提供有益的建议参考和经验借鉴。课题成果具有以下特点：

1. 广泛调研

本次研究以调研为基础，于 2013 年 3 月前往北京、天津、广州、深圳、重庆、成都等超大城市开展实地考察，通过与规划相关部门的现场访谈及实地踏勘，充分了解各城市在规划实践工作中的经验和困惑，收集了大量第一手资料，为开展课题研究奠定了较为扎实的基础。

2. 专家咨询

课题研究期间，先后召开了上海、全国和国际三次专家咨询会：2011 年 7 月开展“上海城市总体规划编制回顾与展望专家座谈会”；2012 年 8 月，召开“城市总体规划创新与转型专家研讨会”；2013 年 10 月，召开“城市总体规划编制方法国际专家咨询会”，包括邹德慈、郑时龄、毛佳樑等国内专家，及来自伦敦、香港、首尔等城市的规划界国际同仁广泛参与，对总体规划编制技术与方法的创新具有重要的启发。

3. 前瞻研究

课题聚焦城市总体规划的编制技术与方法，梳理国内外特大城市在转型时期总体规划的改革与创新要点，针对城市规模、居住发展、公共服务等七大核心内容，提出富有前瞻性和针对性的建议。对于此时刚处于启动阶段的上海、北京等超大城市总体规划具有重要的意义。

4. 面向实际

总体规划实施保障三大机制

本课题结合上海的实际情况，分析了城市总体规划引领城市经济、社会发展的实践和经验；结合"两规合一"工作，探索了城市总体规划与上位规划、相关其他行业规划、专项规划的衔接机制；通过上海规划和国土资源管理合一的机制分析，总结总体规划指导下一层次规划的工作方法，为转型时期上海市的城市总体规划明确定位、创新编制方法提供参考和借鉴。

四、应用与实施情况

本课题研究属于前瞻性和应用性研究，对于转型时期特大城市总体规划的编制、实施和评估具有指导作用，为城市总体规划的创新和转型提供参考，为规划管理部门科学实施管理城市总体规划提供技术支撑。

（1）研究成果形成"1+5的成果体系"，已于 2014 年 4 月通过专家审查，部分研究结论已经被采纳，作为住房和城乡建设部制定《城市总体规划编制审批办法》的重要技术支撑。

（2）在本研究基础上制定的《上海市城市总体规划编制指导意见》（沪府发[2014]12号）已由上海市人民政府正式印发，是指导上海市新一轮城市总体规划编制的重要文件。

（3）研究提出的总体规划定位、创新转型思路和编制技术与方法已被纳入《上海市城市总体规划（2015—2035）》纲要成果中。

（4）研究成果已经应用于一系列重大课题与项目中，技术路线和工作方法成为上海区（县）总体规划编制、城乡规划年度报告编制、年度全市国有建设用地供应、专项规划编制的重要技术参考。

（5）基于本研究，团队在 2012 年中国城市规划年会上发表《地位重塑与方法重构：转型时期城市总体规划的探索与思考》，在上海市城市规划学会第五届城乡规划年会上发表《关于转型时期城市总体规划地位与作用的思考》等论文。

专家点评

彭震伟

上海市规划委员会专家
同济大学建筑与城市规划学院教授、博士生导师

城市转型发展的要求在倒逼城乡规划的改革，尤其是对城市发展起到宏观战略指导作用的、具有公共政策属性的城市总体规划，更是成为城乡规划改革创新探索的焦点。《转型背景下特大城市总体规划编制技术和方法研究》聚焦当前内外部发展环境最复杂以及发展机遇与条件约束矛盾最为凸显的特大城市，通过梳理我国城市总体规划编制的沿革与特征，准确归纳出其存在的核心问题。在分析和总结国内外同类城市总体规划与战略规划编制实证案例的基础上，重新定位了特大城市总体规划的公共政策属性与战略引领作用，在城市转型理念的指导下，创新性地提出了城市总体规划编制的发展规模、居住、公共服务设施、生态环境、城市文化、综合交通和城市安全七大核心内容，抓住了特大城市健康发展的关键领域与要素，为特大城市总体规划编制的改革明确了方向。这些研究成果在新一轮上海城市总体规划编制中所发挥的重要支撑作用也证明了其对特大城市经济社会转型发展新要求的适应性和前瞻性。建议今后可基于本项目所提出的城市总体规划编制理念与核心内容，进一步深化对特大城市总体规划编制方法的研究，以使本项目成果更具指导性与操作性。

上海市历史文化风貌区保护规划实施评估
——以衡复风貌区实践为例

2015 年度全国优秀城乡规划设计奖（城市规划类）二等奖、2015 年度上海市优秀城乡规划设计奖一等奖

编制时间： 2012 年 7 月—2014 年 6 月

编制单位： 上海同济城市规划设计研究院、上海市城市规划设计研究院

编制人员： 周珂、严涧、吴斐琼、王剑、奚文沁、刘夏夏、顾晶、付朝伟、李俊

一、项目概要

历史文化风貌区（以下简称“风貌区”）是上海市城市总体规划划定的特定规划管理单元，其保护规划是在地方规划条例和保护条例下制定的“特定区域”的控制性详细规划，贯彻体现了市委、市政府“实行最严格保护制度”的指导思想。

2002年，上海市在《上海市历史文化风貌区和优秀历史建筑保护条例》中正式确立风貌区保护。2004年，全市以衡山路—复兴路历史文化风貌区（以下简称“衡复风貌区”）为开端，启动了风貌区保护规划编制工作。至2005年末，中心城12片风貌区的保护规划全部获批实施，至2014年末，郊区32片风貌区保护规划中的30项也已获批实施。风貌区保护规划编制与管理体系在城乡快速发展的进程中，对上海市的城市风貌保护和城市文化精神传承起到了不可或缺的作用。

在首个风貌区保护规划获得批准实施十周年之际，为结合上海新一轮城市总体规划编制，更好地开展新一阶段的城市风貌保护工作，上海市规划和国土资源管理局特别提出了本课题，希望在阶段回顾和经验总结的基础上，对上海市风貌区保护规划编制与实施管理，以及新一轮城市总体规划编制提出建议。

本课题由上海同济城市规划设计研究院联合上海市城市规划设计研究院编制，得到了上海市城市规划行业协会、上海市规划和国土资源管理局的专业支持，以及上海市徐汇区规划和土地管理局、徐汇区住房保障和房屋管理局、徐汇区绿化和市容管理局、湖南路街道和天平路街道的大力协助。

二、研究目的

本课题旨在实现三个方面的目标：（1）以风貌区为核心和主线，对上海市国家历史文化名城保护的历史经验进行总结回顾；（2）为新的发展时期有机扩大保护内容、拓展保护深度奠定理论与实践基础，为新一轮城市总体规划的修编提供更好的策略支撑；（3）为完善历史文化名城保护的配套法律法规提供实践分析支撑，进一步提升保护管理的广度和深度。

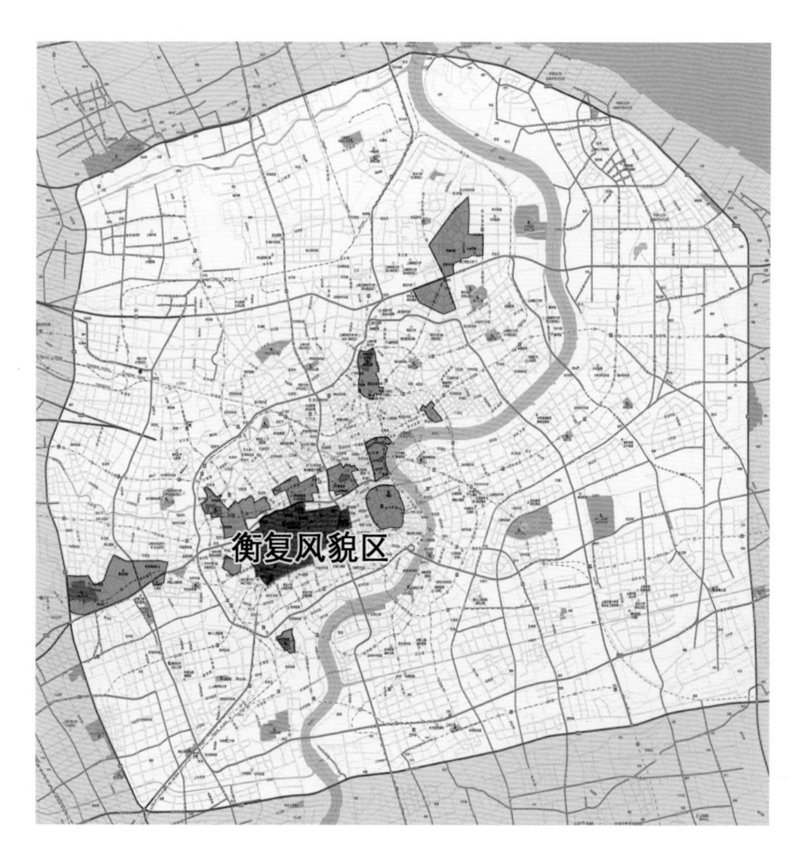

衡复风貌区区位图

三、研究对象的特性和难点

1. 研究对象的特性

风貌区是上海市作为国家历史文化名城的最基本要素，是上海市独创的城市文化遗产保护概念。自1986年上海市被国务院批准为第二批历史文化名城，并在此后的城市总体规划与国家历史文化名城保护规划中确立了"风貌区"这一创新概念以来，上海市逐步形成了以"实行最严格保护制度"为指导纲领的、颇具地方特色的风貌区保护规划编制与管理体系。

（1）在规划体系中，风貌区是上海市人民政府划定的特定的规划单元，风貌区保护规划是《上海市城乡规划条例》确定的"特定区域"的控制性详细规划，从规划编制、审批到实施管理都有着高于一般区域的特殊规定。

（2）在管理体制上，风貌区保护除受《上海市城乡规划条例》法律支撑外，还有2002年颁布的《上海市历史文化风貌区和优秀历史建筑保护条例》作为同步的法律保障。

（3）在保护效能上，风貌区保护实现了保护对象从文物保护单位向历史建筑以及空间格局和街区景观的大幅扩展，并随着保护工作的深入还在持续深化和扩大，在城乡快速发展的进程中，对上海市的城市风貌保护和城市文化精神传承起到了不可或缺的作用。

2. 研究难点

由于风貌区规划管理的特殊性，本课题的开展存在四个主要难点：

（1）如何制定针对风貌区保护规划特性的特定实施评估方法？风貌区保护规划是上海针对城市风貌要素特征和管理需求特性制定的城市特定区域控制性详细规划，兼具保护与发展控制功能，因此不能套用一般的规划实施评估方法。

（2）如何建立兼顾实施结果与管理过程评估的评估路线？本次评估重点面向规划管理，因此，除结果评估外，还必须贴合上海管理体制特征，设计合理的路线来开展对管理过程的评估。

（3）如何设置规划管理之外的实施影响评估板块？规划实施既是为了风貌区保护也是为了地区经济社会的发展，因此，评估板块还应考虑如何有效地反映这部分的实施结果。

（4）如何建立准确性高且易于推广的评估技术体系？为实现评估体系向全市风貌区的推广及应用，在技术选择上，应兼顾风貌区的共性与特性，实现易操作、易解读、易维护。

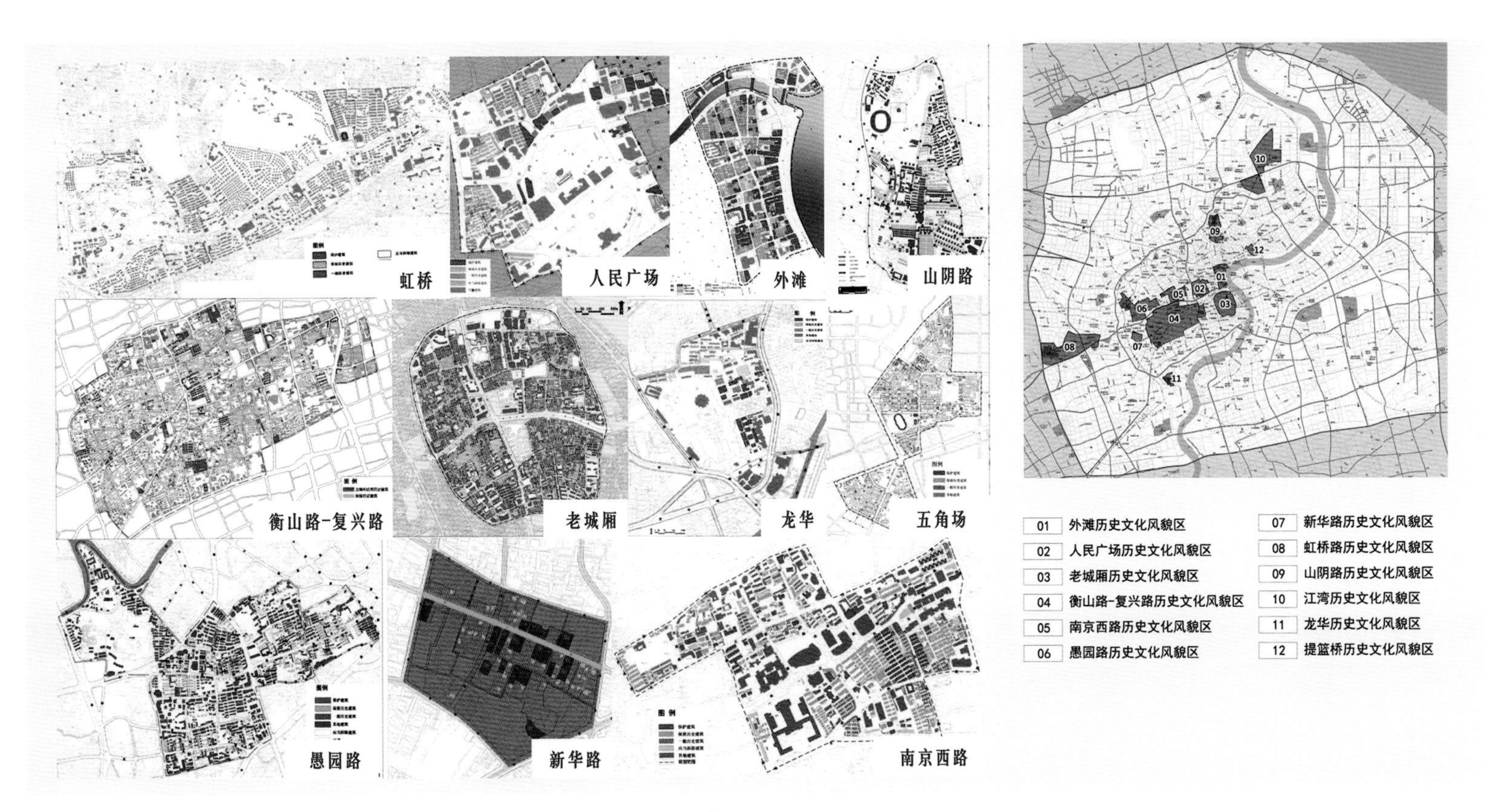

上海市中心城区12片历史文化风貌区保护规划一览

四、研究策略

1. 以全局性的上海市风貌保护工作总体评估为工作基础

本次是上海市实施风貌区保护规划十年以来的首次实施评估，由于上海市风貌区保护管理是规划全过程的系统性创新，国内尚无同类或相似研究成果，切实有效地开展针对性的评估工作。课题组首先对上海市风貌区的保护规划体系进行了研究和评估，整体性地分析了风貌区保护规划的特殊地位、有别于一般保护规划或者控规的编制内容构成与特征、不同类型的历次优化调整原因和方式，以及特别论证制度等具有地方特色的配套管理制度，为评估框架的制定奠定扎实的基础。

2. 构建从总体到案例的两级评估框架

本课题在历史、体系、机制等总体评估的基础上，择取衡复风貌区开展案例评估实践。衡复风貌区是上海市中心城中规模最大、历史要素最多、具有特定时代和文化内涵的风貌区，也是全市最先开展风貌区保护规划编制的风貌区。以之作为评估案例，可以以点带面地反映上海市尤其是中心城风貌区的实施结果，并验证评估方法与技术的合理性，为此后上海市其他风貌区的评估推广及实施评估的制度化提供实践经验。

3. 采用规划管理全过程评估方法

本次评估从管理的视角出发，紧密结合风貌区“面、线、点”递进深化的规划管理特征，对规划的编制、调整、深化、落地、影响进行过程和结果的综合评估，综合运用图文影像比对、现场踏勘、座谈访谈、文件资料调查等多种评估手段，力求达到结果准确、工作合理和适合推广的目的。

4. 将基层调研和民生影响分析作为实施评估的重要板块

本次评估认为城市居民的生活品质与诉求是风貌区保护规划实施必须正视的关键问题。因此，深入街道社区调研，总结风貌区保护中与人相关的突出矛盾，并从基本居住条件、生活服务水平、居民收入就业、居民居住意愿这4个方面客观地分析风貌区保护对区内住民生活的影响。

5. 建立“符合度 + 多方综合反馈”的评估体系

即针对风貌区保护规划侧重长效控制建设管理的特性，综合运用定量指标评价和定性反馈评价来开展实施效果的评估。

课题组选用“符合度”定量考查规划实施的情况，建立了包含8大评估板块、26个具体项目的指标体系，并辅以“提升度”来反映规划规定外的实施效果；同时建立多方综合反馈的定性评估法，采用部门座谈、街道访谈、社区调研等形式，补充反映管理中的经验、难点以及实施的综合影响。

五、成果内容

课题成果包括总报告和《上海市历史文化风貌区保护规划体系研究与评估》、《风貌区保护规划实施评估方法研究与建议》、《衡复风貌区实施评估分项报告》等11个分报告，以及《上海市风貌区保护工作历程回顾》等6个附件。其中，总

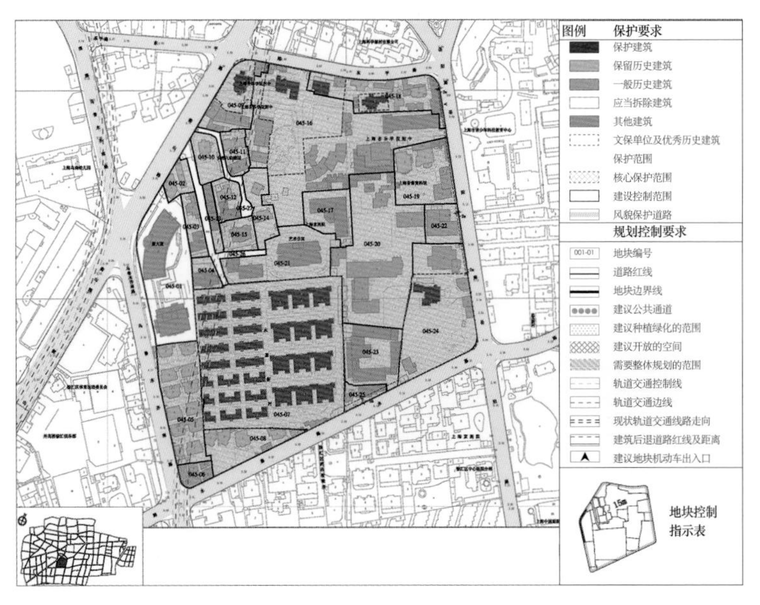

保护规划图则示例

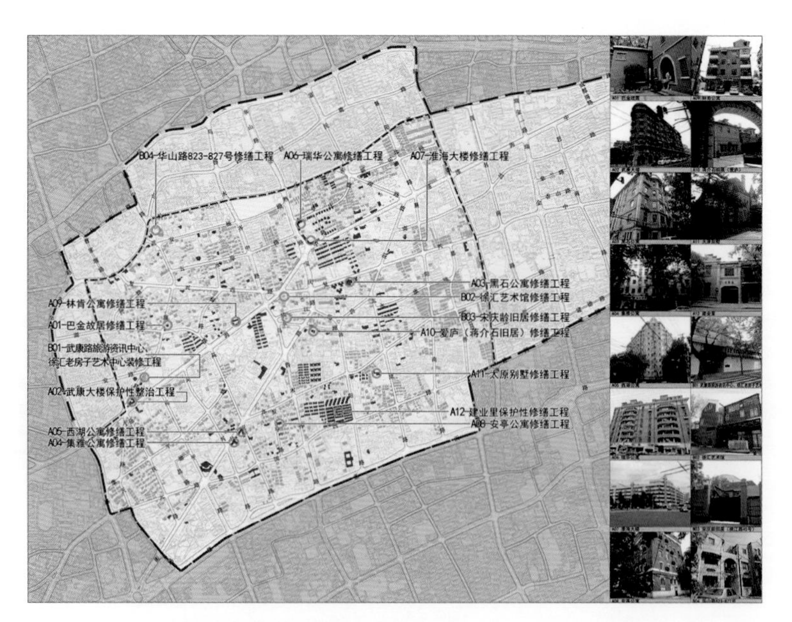

徐汇区部分历史建筑重点修缮项目分布图

报告纲领性地归纳了风貌区保护规划实施的总体概况、成效与问题，并就规划编制和管理机制提出了对策建议。

评估认为，上海市将风貌区保护规划确定为特定区域的控制性详细规划，大幅增强了规划法定执行的效力，贯彻了“实行最严格保护制度”的要求。

案例评估结果显示，控规管理层次和特别论证制度的有机结合，有效保障了风貌区保护规划的法定性、严肃性及具体实施深化的合理性和灵活性。这一规划体系的创新尤其适用于风貌区内保护建筑的保存监管和新建建筑的控制管理。

而风貌区“面、线、点”的管理向基层深化、与民生相结合的实施机制，有效地促进了公众深度参与名城保护，切实贯彻了“保护也是发展”和“以市民为核心”的保护理念。衡复风貌区的弄管会、总规划师制度等体制的创新实践，对我国名城保护管理具有普适价值。

当前，风貌区保护规划实施中最突出的问题在于两个方面：一是规划内容尚不完善，缺少整治修缮指标、功能置换规定等实施管理部门急需的操作依据，规划的主动管理能力和操作性仍有欠缺；二是专项法律和配套机制尚不健全，在清理历

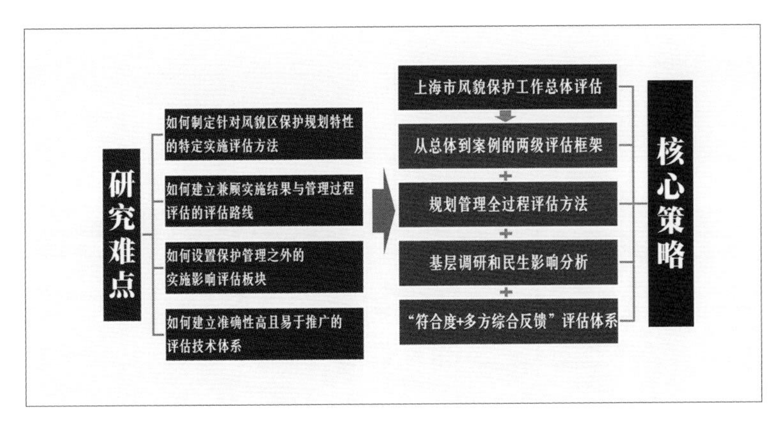

研究难点与核心策略

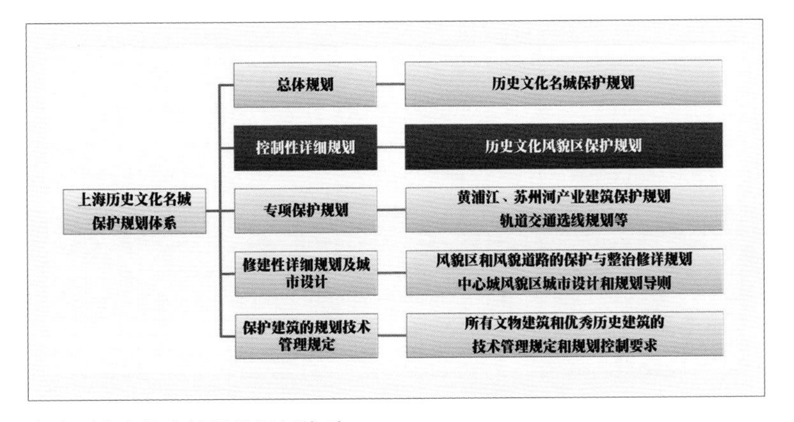

上海历史文化名城保护规划体系

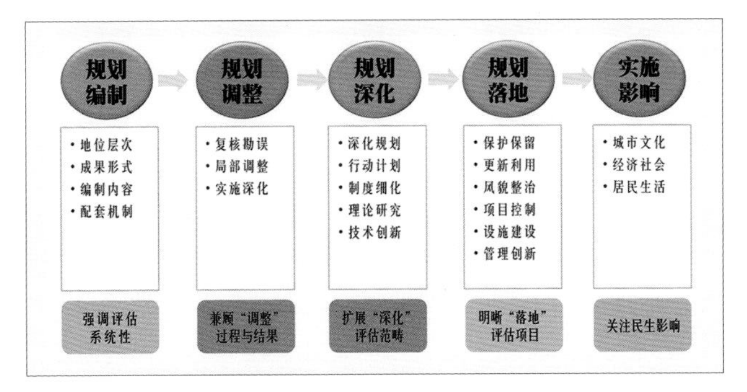

规划管理全过程评估方法

符合度评估指标体系

史遗留问题、处置违法案件、建立技术人员资金保障等方面仍显薄弱。

对此，评估在对策建议中指出：

（1） 应建立风貌区保护规划实施全过程评估制度，将之纳入保护条例，进一步推动实行“最严格的保护制度”。

（2） 应广泛总结推广弄管会、总规划师制度等基层创新经验，丰富、完善上海历史文化名城保护机制。

（3） 应在特定区域控制性详细规划的基本框架下，结合上海保护对象的有机扩大，进一步优化和更新上海历史文化名城保护规划体系。

（4）应结合遥感、大数据等信息技术发展，建立全市统一的历史文化名城保护管理平台，有效地解决数据输入维护、实施动态监测、管理信息共享等保护管理中的技术难题。

六、项目特色与研究价值

1. 本次评估探索了风貌区保护规划实施评估的特定研究方法

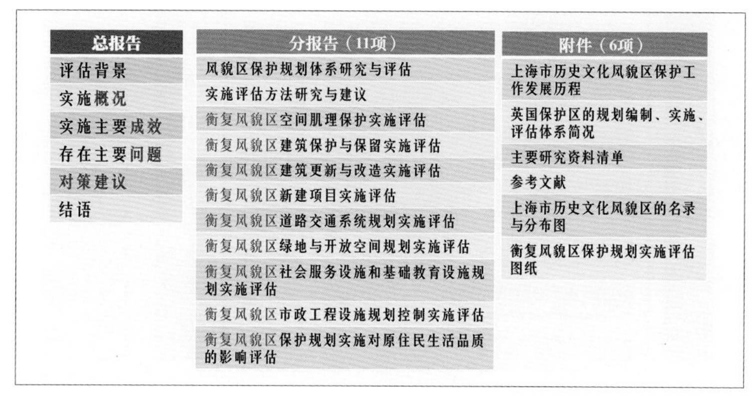

研究成果构成

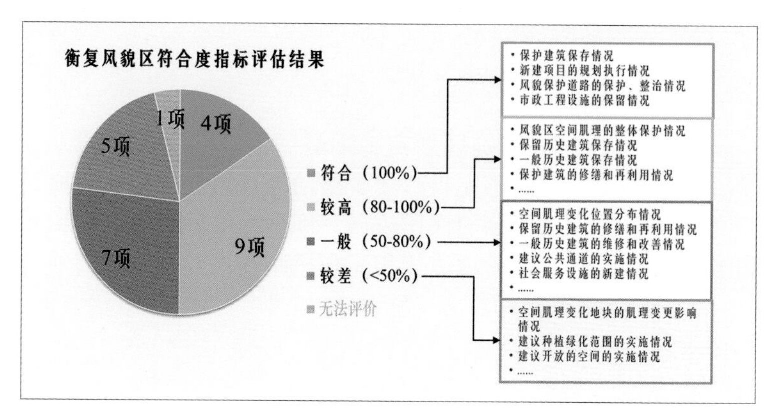

符合度指标评估结果

徐汇部分空间肌理变化分析图

评估所建立的全过程评估方法，紧扣上海保护管理体制，不仅包含了对重要管理环节的评估，还包含了对规划管理范畴之外的民生影响的分析，较之一般的绩效评估更能有效地推动保护管理工作的系统性改善。

2. 本次评估探索了保护规划的实施评估技术体系

评估有效地解决了从保护规定到量化指标的转化难点，构建了符合度评估指标体系，并运用部门联席座谈、基层调研访谈等多方综合反馈方式，有机地补充了定量指标难以反馈的实施经验和问题，可适用于其他风貌区的实施评估。

3. 本次评估初步形成了上海市风貌区确立以来的保护管理资料信息库

评估中的历史梳理、体系分析以及大量调研数据和实践案例，为新时期的规划编制和风貌区有机扩大提供了宝贵的技术信息。

4. 本次评估凸显了“贴近基层、紧扣民生”的工作理念

本次评估不仅全面考察了保护管理者的工作，更切实关注了保护管理的最大受众——城市居民的被动影响和主动作用，突出和充分展示了“人”的要素在城市历史文化保护中的核心地位。评估以基层调研为重点，用数据和案例说话，有效地反映了保护与民生发展诉求间的主要问题和公众深度参与保护的途径。

5. 本次评估为历史文化名城的规划建设管理提供了宝贵的实践经验

本次评估所揭示的历史文化名城保护工作中的民生问题及其基层应对实践，对于国内其他历史文化名城的保护、更新、改造，以及建成区的存量开发和局部更新具有极大的参考价值。同时，报告所整理的以衡复风貌区居民主动参与保护工作为代表的案例经验，对于未来提高社会、市民各方参与城市建设管理也有着极大的借鉴意义。

专家点评

夏丽卿

上海市规划委员会专家
原上海市城市规划管理局局长，教授级高工

对于历史文化风貌区保护规划的实施评估，这是首次，无规范可循，这项评估既要针对城市历史文化风貌要素的特征，又要针对管理需求特征；既要评估实施结果，又要评估管理过程；既要评估风貌保护，又要评估其对地区经济社会发展的影响。它不能套用一般规划实施评估的方法，因此说它是一项实施评估项目，更是一项评估方法的探索，通过课题研究者的努力，去建立一个准确性高、易操作、易解读、易维护，又易于推广的历史文化风貌区保护规划实施评估技术体系。

课题研究者充分结合上海的实际情况，抓住了当前历史文化风貌区保护规划及其实施管理的主要环节，最终提交了一份具有清晰框架的成果，尤其是设计了关于评估方法的五条核心策略，为“评估”奠定了扎实基础。课题研究耗时两年，研究人员采用了部门座谈、街道调研、居民访谈等多种形式，取得了第一手资料。从研究过程及其提交的成果看，充分说明了这是一次有益而成功的探索，不仅体现了评估方法的创新，也体现了“贴近基层、紧扣民生、鼓励市民主动参与”的新型保护工作理念。这也是一项极为有效的实施评估，研究者不仅总结了上海历史文化风貌区保护工作的经验，也深入剖析了规划编制、实施过程中的不足与问题，并针对问题提出相应的对策建议。研究成果对上海历史文化风貌区保护管理工作具有较强的现实指导意义，对规划行政管理部门健全“最严格的保护制度”“统筹考虑城市更新与历史文化风貌保护”提供了良好的技术支撑。

中国（上海）自由贸易试验区控制性详细规划编制办法创新研究

2015 年度全国优秀城乡规划设计奖（城市规划类）二等奖、2015 年度上海市优秀城乡规划设计奖一等奖

编制时间： 2013 年 12 月—2014 年 12 月

编制单位： 上海市规划编审中心、上海市城市规划设计研究院、上海市规划和国土资源管理局、中国（上海）自由贸易试验区管理委员会保税区管理局

编制人员： 徐毅松、张玉鑫、沈果毅、朱丽芳、赵昀、周偲、吴同彦、徐瑾、徐文生、许俭俭、张蓓蓉、蒋娇龙、杨心丽、刘素娟、钱文俊

一、项目概要

2013年9月，中国（上海）自由贸易试验区成立，包括外高桥、洋山、浦东机场三个片区，总面积约28.78km²。根据《中国（上海）自由贸易试验区总体方案》要求，要为全面深化改革和扩大开放探索新途径、积累新经验。在此背景下，上海市规划和国土资源管理局组织开展了“中国（上海）自由贸易试验区控制性详细规划编制方法创新研究”，并同步编制控制性详细规划。

本次研究采取“基础研究—控规编制方法和规划土地政策创新研究—控规编制方法实践验证”的工作路径。研究内容包括《国际案例专项研究与政策研究》《国际规划管理体系案例研究》《自由贸易试验区空间发展规划研究》等基础研究、控规编制方法和规划土地政策研究及《中国（上海）自由贸易试验区控制性详细规划》。

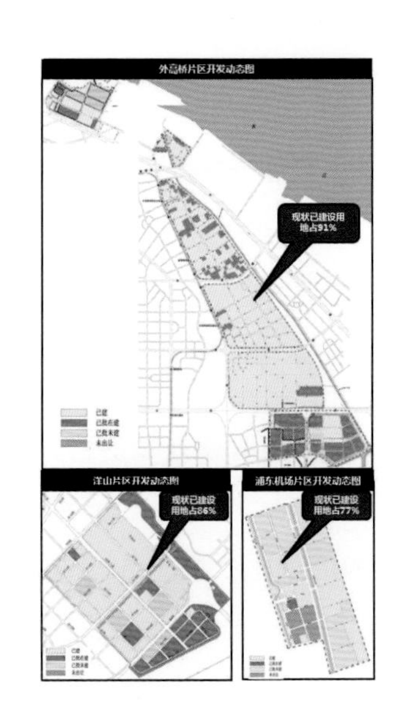

区位图

技术路线图

二、规划背景

十八大以来，国家深化重点领域改革，完善宏观调控体系，充分发挥市场在资源配置中的决定性作用，构建开放型经济体系，加快转变经济发展方式，推动经济可持续发展。

自贸区自成立之日起，即面临五大问题：一是地区准入行业扩大，除工业、仓储外，以负面清单管理方式，允许金融、贸易等多行业进驻；二是市场需求旺盛，自贸区成立两个月，新注册企业超过800家，贸易类企业约占60%，服务企业

占30%，金融机构约占2%；三是未来发展方向不明晰，相关政策更新变化快，自贸区的功能定位、发展目标、主导产业类型均不明确；四是建设空间有限，特别是外高桥片区已建成约80%，必须依托存量用地，挖掘空间资源；五是既有规划不适应自贸区的发展，原批准的控规以工业物流园区为主，在土地性质、地块划分、指标确定、公共服务等方面均不能适应自贸区产业自由灵活、空间需求巨大、服务能级提升和环境品质建设等要求。

在此背景下，组织开展“中国（上海）自由贸易试验区控制性详细规划编制方法创新研究”就非常有必要了。与此同时，编制控制性详细规划，对全市控规编制管理方法进行有益的探索，提出弹性规划的方法和配套政策，并达到“可复制、可推广”的要求。

该研究理论结合实践，对上海控制性详细规划的编制进行了开创性的探索，使规划更适应市场的不确定性，更具有灵活性和弹性。在特大型城市市区规划管理、内涵式城市更新方面作出了积极探索，对上海其他存量产业区的更新具有“可复制、可推广”的价值。

三、项目总体思路

按照“国际视野、创新理念、市场导向、强化转型”的原则推进自贸试验区规划土地工作。

坚持国际视野。深入研究国际已有自贸区的成功经验，总结其自身的空间布局特征和配套的规划及管理机制、政策，为上海自贸区规划提供借鉴。

坚持创新理念。以土地复合集约高效、以人为本提升服务、低碳生态绿色智慧、区域协同规土联动为理念，在规划编制方法、规划管理体系、土地管理政策等方面进行创新，服务发展。

中国（上海）自由贸易试验区服务业扩大开放措施	
金融服务领域	
银行服务	（1）允许符合条件的外资金融机构设立外资银行，符合条件的民营资本与外资金融机构共同设立中外合资银行 （2）允许试验区内符合条件的中资银行开办离岸业务
专业健康医疗保险	试点设立外资专业健康医疗保险机构
融资租赁	在试验区内设立的单机、单船子公司不设最低注册资本限制
航运服务领域	
远洋货物运输	放宽中外合资、中外合作国际船舶运输企业的外资股比限制
国际船舶管理	允许设立外商独资国际船舶管理企业
商贸服务领域	
增值电信	允许外资企业经营特定形式的部分增值电信业务
游戏机、游艺机销售及服务	允许外资企业从事游戏游艺设备的生产和销售
专业服务领域	
律师服务	探索密切中国律师事务所与外国律师事务所合作的方式和机制
旅行社	允许在试验区内注册的符合条件的中外合资旅行社
人才中介服务	允许设立中外合资人才中介机构
投资管理	允许设立股份制外资投资性公司
工程设计	取消首次申请资质时对投资者的业绩要求

自由贸易试验区服务业扩大开放措施

中国（上海）自由贸易试验区外商投资准入特别管理措施		
门类	大类	特别管理措施（负面清单）
农林牧渔	农业、林业、畜牧业、渔业、农林牧渔服务业	限制投资棉花加工、珍贵树种；禁止投资稀有和特有的珍贵品种研发、转基因生物研发等
采矿业	煤炭开采	限制投资特殊稀缺煤类
	石油和天然气开采业	需合资、合作
	黑色金属矿采选业	限制投资硫铁矿开采
	有色金属矿采选业	禁止投资稀土、放射性矿业
	非金属矿采选业	禁止投资萤石开采
	开采辅助活动	限制投资镁铁矿石加工
制造业	农副食品加工业	限制投资大米、面粉加工
	酒、饮料、精制茶制造业	限制投资黄酒、名优白酒生产
	烟草制造业	禁止投资我国传统工艺的绿茶
	造纸和纸制品业	高档造纸需合资、合作
	印刷和记录媒介复制业	注册资本不低于1000万元人民币
	文化艺术业	需符合相关规定
文体娱乐	体育	禁止高尔夫球场建设经营
	娱乐业	禁止投资博彩业、网吧、色情业

自由贸易试验区外商投资准入特别管理措施

坚持市场导向。通过制度设计，进行底线思维弹性引导、适应灵活多变的市场需求。通过合理的规划建管界面切分以及市区分工，实现审批管理的优质、高效。

坚持转型发展。梳理试验区内的可开发资源，发挥政策优势，盘活存量土地，促进传统工业仓储功能向现代服务业转型。

四、主要内容

课题采取“基础研究—控规编制方法和规划土地政策创新研究—控规编制方法实践验证”的工作路径，包括三个方面：

1. 基础研究

前期开展了《国际案例专项研究与政策研究》、《国际规划管理体系案例研究》、《自由贸易试验区空间发展规划研究》三个基础研究。

“国际案例专项研究与政策研究”对中国香港、新加坡、韩国釜山进行深入研究，重点回答“什么是自贸区”“国际上自贸区有什么特征”“自贸区需要哪些政策支撑”“对上海有哪些借鉴的经验”。

“国际规划管理体系案例研究”重点分析中国香港和新加坡的规划体系、用地分类、图纸表达，探索详细规划层面科学管控。

“自由贸易试验区空间发展规划研究”对地区产业构成、用地现状、产权关系、土地绩效、基础进行摸底调研，找出区域发展的优势与不足。

2. 控规编制方法和规划土地政策研究

在总结国际经验的基础上，针对上海控规编制管理存在的“土地用途管控过严、用地划分不可预见、存量土地盘活没有通道、调整程序影响效率”4个主要问题，提出“优化土地用地管制模式、‘地块—街坊—组团’、分层控制、存量用地城市

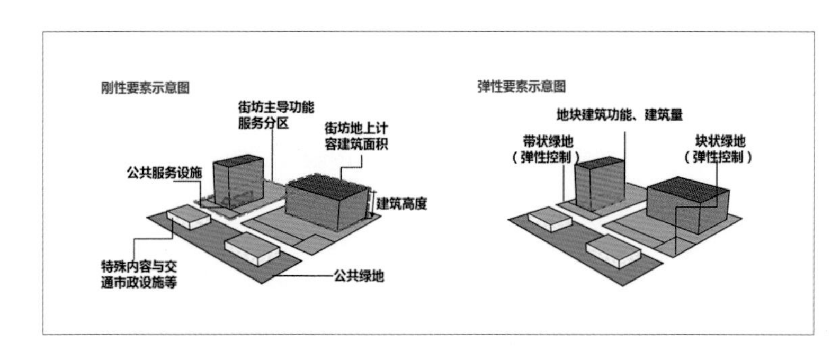

刚性、弹性控制要素示意图

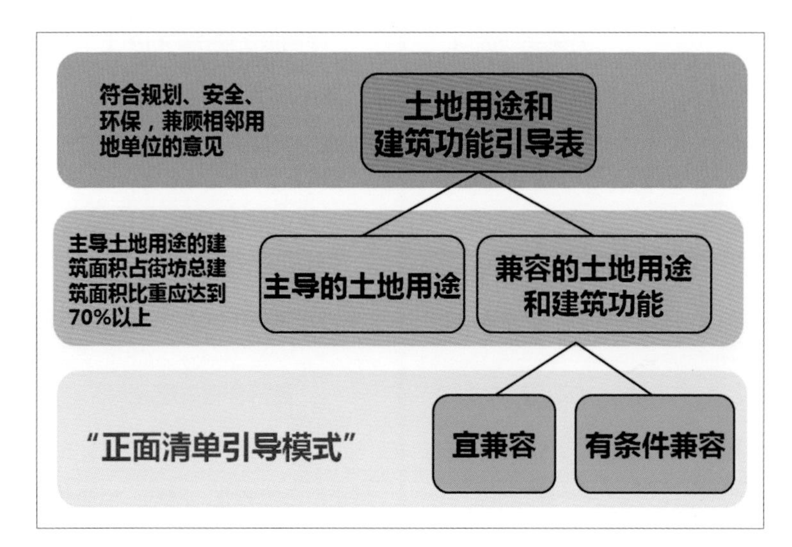

功能分区管控方式图

主导的土地用途	
•行政办公用地	
•商业服务业用地(不包括以批发方式经营销售各类商品物资和提供服务的用地，如农贸市场、小商品市场、工业品市场、综合市场、批发市场等；不包括溜冰场、摩托车场等大型室外康体场所)	
•文化用地	
•医疗卫生用地(不包括传染病医院、专科防治所、检验中心、血库、疗养院、疗休所)	
•教育科研设计用地(不包括高等学校、中等专业学校、特殊学校)	
•商务办公用地	
兼容的土地用途和建筑功能	
宜兼容	**有条件兼容**
•社会停车场/库	•体育
•绿地	•单身宿舍
•日常性公共服务设施	
备注	
1、服务分区开发地块中主导土地用途的建筑面积（地上计容部分）占整个街坊地上总建筑面积（地上计容部分）的比重应达到70%以上。	
2、日常性公共服务设施主要为园区就业人员服务，包括餐饮、商业、卫生、文化、体育和行政设施。	
3、封关范围内用地功能的确定，同时还需要符合海关监管规定。	

服务分区土地用途和建筑功能引导表

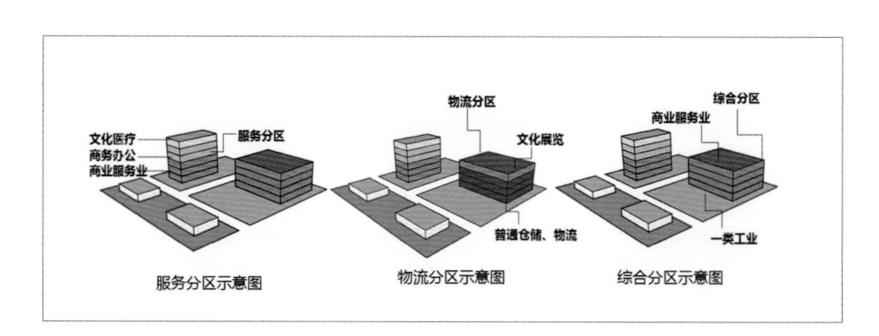

功能分区管理方式示意图

更新、重新界定控规和建管工作界面”4方面的应对策略，更新相关成果规范、政策文件——《关于中国（上海）自由贸易试验区综合用地规划和土地管理的试点意见（试行）》。通过制度创新，改善控规应对市场的灵活性，调动基层规划管理部门的积极性，提高行政审批效率，促进存量用地的转型使用。

3. 编制方法实践验证

《中国（上海）自由贸易试验区控制性详细规划》是控规编制方法创新研究的实践验证。它在道路交通、公共服务等6个专项规划的基础上，对控规管理的刚性内容和引导性内容进行了梳理，明确三大片区的目标定位和发展规模，提出了强化功能分区、提高公共服务水平、优化绿地系统、重建慢行系统、完善市政系统等的具体策略。

五、规划特点

“中国（上海）自由贸易试验区控制性详细规划编制方法创新研究”及自贸区控规编制实践，在政府与市场关系、存量工业用地转型、土地规划联动三方面有6个创新点：

1. 理清政府与市场的关系，区分刚性和引导性管控要求

（1）重新界定控规刚性控制要求，明确政府管理责任

守住建设用地负增长、严控人口规模、改善生态环境、确保城市运行安全四大发展底线。控规管理采取底线思维，明确刚性管控内容包括：整个街坊内的主导功能、建筑规模、开发强度、建筑高度、公益性公共服务设施、交通和市政设施的内容和规模、道路红线、市政通廊、绿化水系等控制线。严格控制以上内容的调整，确保地区功能导向、公益要求。

在不突破街坊总量的前提下，根据市场需求，基层规划管理部门按照控规进一步明确具体地块的容积率、边界划分、公共服务设施的位置等，确保地块各指标控制与市场需求衔接，提高效率。

（2）优化土地用途管制，促进土地复合利用

在交通和环境可承载的前提下，探索功能分区模式，改

港口经济的基础产业	国际贸易	货物贸易、服务贸易、转口贸易、离岸贸易、大宗商品交易、跨境贸易电子商务等
	航运服务	国际航运经济、船舶交易、航运咨询、航运教育培训等航运专业服务；船舶融资、航运保险、期货交割、航运衍生品交易等航运金融服务；船舶机务管理、船舶海务管理、船员服务、船舶检修保养、综合保险理赔、海事法律咨询等服务；航空总部、航空要素交易、航空信息服务等国际航空服务；国际维修、检验检测服务等
	现代物流	国际货运分拨配送、供应链管理、保税仓储等业务
	高端制造	智能制造、数字制造、再制造等现代化和网络化的高附加值的智能化新型工业
新增产业（中国特色的政策试验田）	金融服务	离岸银行、大宗商品的离岸金融服务、离岸期货、离岸再担保、离岸出口押汇、离岸杠杆融资、离岸担保、离岸账户资金托管等新型离岸金融业务；跨境人民币结算、投融资、人民币跨境担保、跨境再保险等人民币跨境业务；跨国企业财务等资产管理业务；专业金融等
	专业服务	船舶融资、航运保险等专业金融；海事仲裁、海事法律咨询等航运专业法律服务等
	社会服务	需要依托大型医疗设备（保税优势）的医疗服务，如口腔、眼科、整形美容、血液透析等
	文化服务	娱乐场所（外商独资）、文化展示交易等
周边配套产业（依托周边镇区）	配套生产性服务业	服务于围栏区的研发、金融服务、律师服务、人才培训、投资管理等
	配套生活性服务业	商业零售、餐饮住宿、文体娱乐、居民服务及其他服务业等
	配套制造业	与自贸区配套的加工制造业

产业调整引导

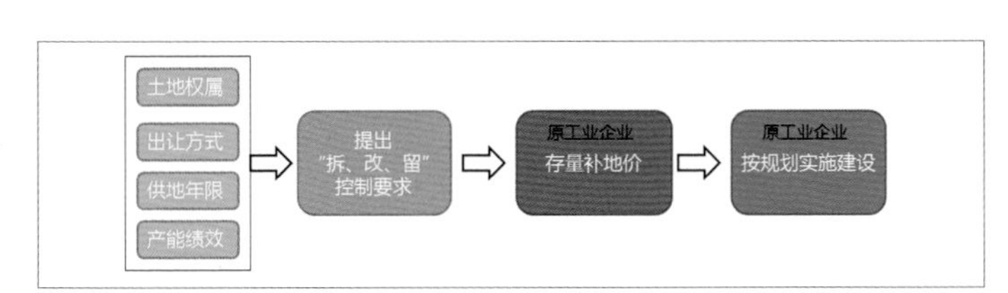

产业用地转型路径

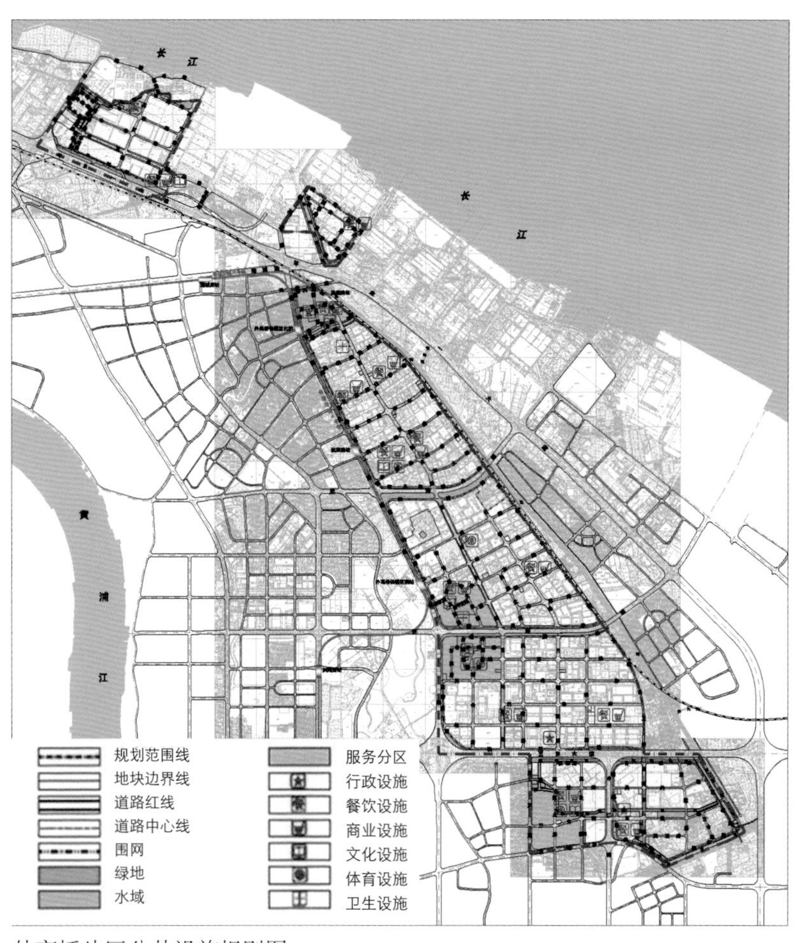

外高桥片区公共设施规则图

变单一用地性质管控方式。规划划分服务、综合及物流三类分区，通过《土地用途和建筑功能兼容引导表》，在确保主导功能的前提下，鼓励多功能兼容，激发市场活力，提高土地绩效。服务分区以商办、服务业用地为主要用途，可兼容三成对区域发展不造成负面影响的其他用途；综合分区以工业、研发、物流用地为主，按区位不同，可兼容三到五成的商业、办公等其他用途；物流分区以仓储、物流用地为主，可兼容三成办公、工业等其他用途。

（3）切分控规和建设项目管理界面，提高管理效率

控规明确规定了控规与建设项目管理的工作界面以及相应的程序要求。基层规划管理部门（自贸区保税区管理局）可根据规划授权进行用地性质调整、地块拆分合并、设施位移、高度微调、容量平衡等调整，拥有更大的管理权限。在法定程序规范下，应对市场需求，简化规划调整流程，促进基层规划管理部门积极、快速应对市场变化。

2. 探索存量产业用地转型路径，实现产业园区自主更新

（1）促进存量工业用地二次开发，激发土地效能

控规摸清了区内现状6000多家存量企业的土地权属、土地出让方式、年限、产能绩效情况，根据地区发展目标提出保留、改扩建、拆除等控制要求。依据存量工业用地盘活相关规定，通过编制实施方案，明确开发主体、转型方式、用地类型、公益性责任、开发计划等。经自贸试验区管委会批准，可按照存量补缴地价的方式，由原土地权利人进行开发建设，提高土地使用效率，促进产业结构调整。

（2）经营性用地盘活与公共设施完善并举，提升园区综合水平

规划明确了地区公共设施、开放空间发展短板，形成项目清单。存量用地权利人在转变用地性质、提高开发规模时，要相应地提供公共绿地、开放空间、公共停车、市政设

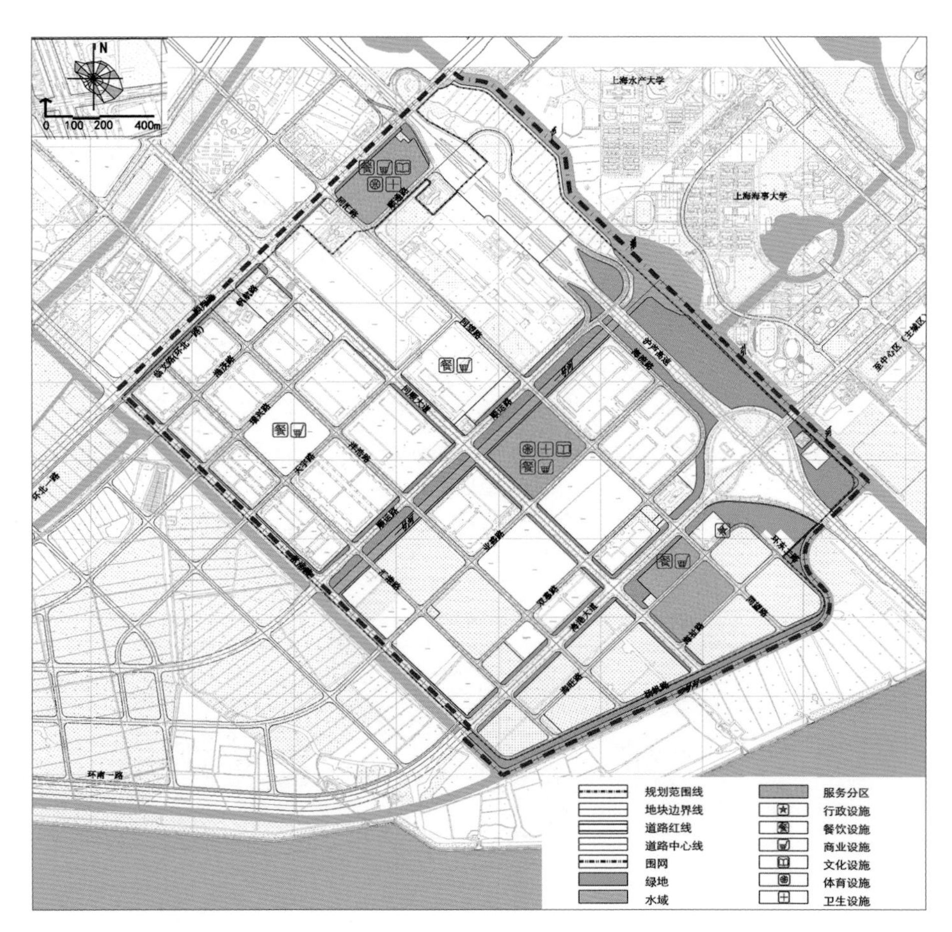

洋山片区公共设施规划图

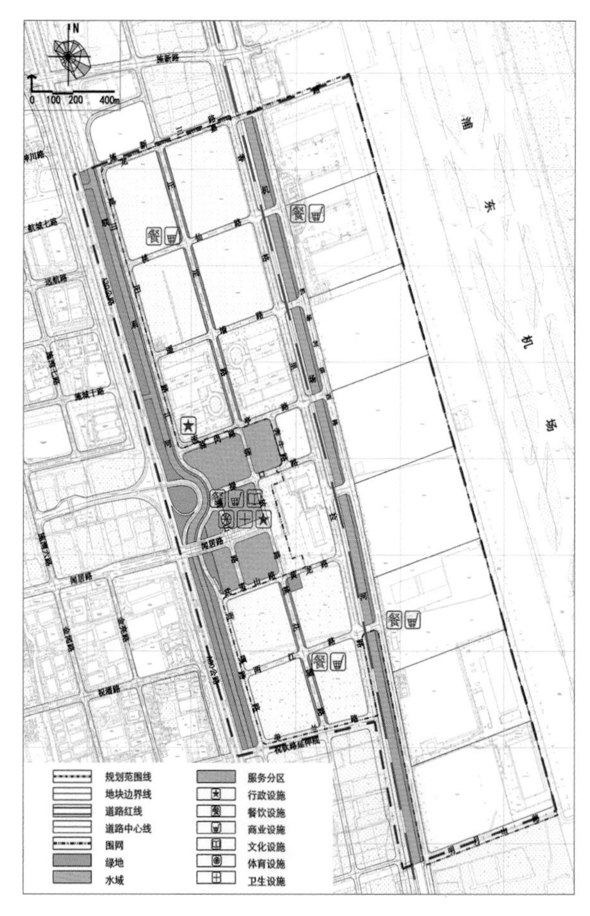

浦东机场片区公共设施规划图

施等公益性内容，经营性用地盘活的同时，同步实现环境改善、交通优化、品质提升。

3. 规划管理与土地管理相协同，实施全生命周期管理

与控规相配套，制定并下发《关于中国（上海）自由贸易试验区综合用地规划和土地管理的试点意见》。按照“业态引领、用途引导、节约集约”的原则，对土地供应、转让管理和后续监管等进行详细规定；在土地出让合同中纳入规划条件、持有比例、产业效能、环保节能、绿色建筑等相关要求，明确土地受让人的权利、义务，并进行全过程管理，保障规划实施。

六、规划实施

“中国（上海）自由贸易试验区控制性详细规划编制方法创新研究”，体现了扎实的工作基础、规土融合的工作格局和市区协同的管理框架，在特大型城市市区规划管理、内涵式城市更新方面作了积极探索，具有“可复制、可推广”的价值。

截至目前，自贸试验区正逐步实现工业物流园区向综合服务园区的转型。亚太运营中心、国际大宗商品现货交易平台相继成立；数百家金融服务企业、知名文化企业进驻，首个艺术品保税仓库建成并投入使用。自贸区为上海“四个中心”建设正发挥着重要的作用。

专家点评

蒋宗健

上海市规划委员会专家
原上海市规划和国土资源管理局副总工程师，教授级高工

从1990年我国第一个保税区（外高桥保税区）设立，到2006年第一个保税港区（洋山保税港区）设立，上海在建设国际航运中心的过程中，始终把对外贸易功能区的发展，作为实现国际航运中心目标最重要的载体。近30年来，保税区、保税物流园区、保税港的相关规划，也随之在不断深化、优化，作为这些区域发展的引导和建设管理的依据。

随着改革开放新的发展时代的来临，2013年国家又确定在上海建立全国首个自由贸易试验区，为我国深化改革和扩大开放探索了新思路和新途径。这不仅是上海在转型发展中所面临的任务和挑战，同样也是对上海规划工作者的一次新考验。

上海市规土局组织市规划院，在相关部门的配合支持下，依据《中国（上海）自由贸易试验区总体方案》编制了《中国（上海）自由贸易试验区结构规划》，并以此为指导，启动了自由贸易试验区控制性详细规划编制方法创新课题研究，同步完成了新一轮的自由贸易试验区控制性详细规划。

课题研究以对原有的控详规划实施评估，以及对中国香港、新加坡、美国、韩国等相关案例的借鉴研究为基础，找出了原有控规与自贸区新的发展要求之间存在的主要问题，提出了优化空间、功能布局；增强存量土地的复合使用效率；探索弹性规划方法，应对不断变化的规划土地市场需求；改善区域生态环境，优化公共服务设施配置，构筑智慧、低碳自贸区等规划发展理念。规划优化调整中，以划定功能分区着手改变传统产业园区的规划模式，同时对三种不同功能分区在实施项目的引入中，又给予了一定兼容和弹性利用土地的自由空间。在控详的具体空间布局中，采用“组团—街坊—地块”的分级引导，确立刚性与弹性相结合的项目实施规划管控模式。在公共设施配置、公共空间及区域整体环境塑造上，通过精细化的方式，提升了自贸区的整体品质。同时，借力上海规划、土地管理一体化的优势，同步推出了“优化土地用地管理模式”“存量用地城市更新”等相应的土地、建筑管理的策略，促进了对存量用地的转型使用，从而进一步探索出让土地全生命周期管理的新路径。

本课题成果以及同步完成的上海自贸区新控规，是一次对特定功能区域控规编制方法创新的有益探索，规划经上海市政府批准后已在逐步实施，对上海自贸区的发展，起到一定支撑作用。希望这一成果的探索，通过更多人的努力，发挥出“可复制、可推广”的更大价值。

上海市新场历史文化风貌区保护规划

2015 年度全国优秀城乡规划设计奖（城市规划类）二等奖、2015 年度上海市优秀城乡规划设计奖一等奖

编制时间： 2006 年 7 月一 2012 年 8 月

编制单位： 上海同济城市规划设计研究院

编制人员： 阮仪三、袁菲、葛亮、吕梁、王建波、刘振华、顾晓伟、王连明、林廷钧

一、项目概要

随着城镇建设的不断推进，古镇居民的生产生活方式发生了重大转变。围绕着如何以保护促发展、如何利用历史文化遗存进行可持续发展等方面，规划实践进行了有益的创新与尝试。在技术方面，与规划管理主管部门合作开展新场风貌区建筑规划管理控制导则研究，对建筑、空间、文化等不同层面的管控要素，提出具体数据和图文解释的管控细则，以便为实际的审批管理提供决策依据。根据古镇北段、中段、南段不同的情况提出差异化的原住民保护策略，并将东南角200多亩的桃园农地和水网保留下来，将水乡的生态保护直接纳入核心保护的范畴中，保持了水乡古镇的生态环境与外部基底环境，并以法定图则的形式进行强化，突破了既往保护规划编制技术中核心区仅局限于传统建筑密集区的概念，有效防止了都市蔓延的古镇"盆景化"现象。

新场风貌

古代制盐—筑护海岸

二、规划背景

早在公元 10 世纪以前，人们在东海之滨的一片叫石笋滩的沙洲，挖沟引咸潮，兴灶煮海盐，逐渐形成一处市集繁盛的老盐场，在宋代称为"下沙盐场"。宋建炎年间，两浙盐运司署迁到下沙，元初又迁至下沙的新盐场，一些随宋室南渡的氏族和江南县府的商号也相继迁于此，"新场"日益兴旺。自此，在黄浦江畔的上海，逐渐形成了一个"因盐而起"的特殊市镇——新场镇。

明清以降，海滩东移，陆地拓展，盐田逐渐消失，而那些盐民的后裔们却在这块土地上顽强地生息繁衍下来，逐渐形成鱼米之乡，商业逐步发达，行号日趋齐全，成为上海东南部地区的重要经济文化中心。加之地处江南，气候温润，河网纵横，丰富的物产和浓郁的水乡风情造就了一个既有海滨古盐文化地理特征，还有江南水乡典型城镇风貌特色的新场镇。

明清两代市镇建设的演绎，为镇上留下"十三牌楼九环龙"的历史遗构和"小小新场赛苏州"的美誉。民国以后，上海城市发展迅速，西风日渐，许多现代建筑科技的引入使城市风貌为之大变，并逐渐影响到乡间。一些时髦的装饰材料和手法也在新场出现，卷草山花、窗拱门券、彩色玻璃……新场不仅有浦东乡下典型的"绞圈房子"，还有极具代表性的上海石库门房子，而中西合璧的建筑装饰艺术更是形式多样、丰富多变。纵观新场古镇，从历史久远的沙洲渔村、滨海盐场，到古代水乡市镇，再到近代历史城镇……一路变迁，生动地记录并展现了上海地区原住民的全部生活形态和物质积淀。

新场古镇在经历从农耕社会到小手工商业社会漫长的自然演进过程中，积累了大量与生活形态息息相关的民间传统文化，并在一代代人的沿袭和潜移默化中维系和充实着其独特而丰富的水乡空间环境。

如今，新场古镇正经历着她有史以来最为迅猛的剧变。以旅游业为主的文化遗产经营开发活动，既创造了前所未有的机遇，也带来新的挑战、压力和风险。如何利用这些保护下来的历史遗存，如何使物质环境中蕴涵的文化底蕴在现代社会生活中显现出新的生命力，是新场古镇保护与发展需要解决的重要课题。

新场所面对的，既不是"中心城区"对高密度建成环境的修补，也不是郊区其他地段大地块单元功能的批量转变，而是对历史脉络的发展完善和永续利用。规划的重点不仅在于历史性建成环境的留存和修缮，更需审慎判断发展更新的方向与尺度。

生活日常

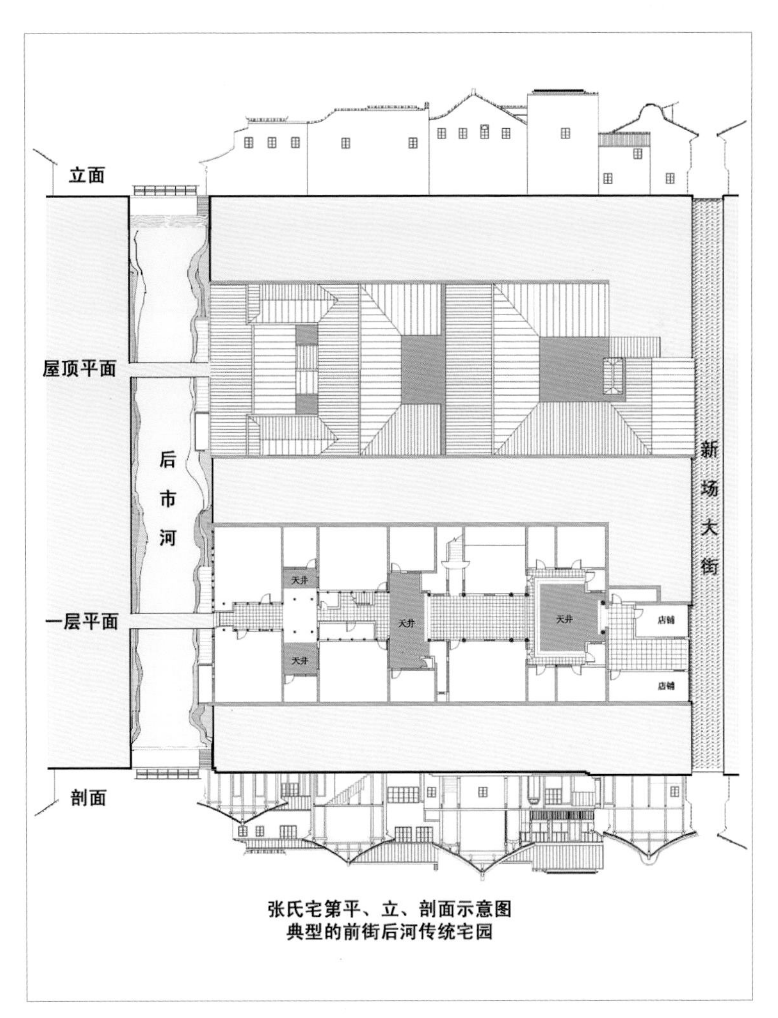

张氏宅第测绘示意图

三、规划特色

规划率先开展“老浦东原住民文化生态保护研究”，提出“保护对象是包括原住居民和他们生活环境在内的场所空间、生活方式与传统文化的集合”。在对物质环境制定空间形态组织的合理措施之外，更重要的是对历史文脉和社区网络结构的维系，以及对社会经济生活各方面的完善和发展。

规划提出“原住民”历史文化保护和“田园、盐场、桃源”生态景观保护的规划框架，不仅延续江南小镇的生活气息，维护原住居民的社会结构，还包括对地域生态环境和自然景观的协同保护。

根据古镇北段、中段、南段不同的情况提出差异化的原住民保护策略，并将东南角 200 多亩的桃园农地和水网保留下来，将水乡的生态保护直接纳入核心保护的范畴中，突破了既往保护规划编制技术中核心区仅局限于传统建筑密集区的概念，有效防止了都市蔓延的古镇“盆景化”现象。

规划坚持整体性、原真性、可持续性，及分类保护的规划原则：①调整修正总规路网和用地结构，避免了东后街、石笋街、牌楼路拓宽取直对传统街坊造成的割裂；②强化“东西横街、南北长街、鱼骨街巷”的布局体系和“街河相依、水陆双行”的传统水乡结构；③突出“前街后河，跨河花园”的水乡古镇明清造园特色和清末民初中西合璧的建筑装饰艺术。

功能结构与用地调整方面：在对现状工业用地逐步迁出的基础上，逐渐增配完善社区公共服务设施和绿化空间，提倡发展以居住功能为主，兼有文化旅游、商业服务、休闲娱乐的复合用地。在具体地块管控层面，规划进行“管控要素导则”的研究，对建筑、空间、文化等不同层面的管控要素突出具体的数据和图文解释，形成规划管理的法定依据。

四、规划内容

1. 骨架传承

新场古镇历史文化风貌区的景观主轴线有：沿新场大街的南北轴线和沿洪东街、洪西街的东西轴线。这两条轴线构成了新场古镇的“十字”骨架。沿新场大街的南北轴线以前店后宅的商肆景观为主，沿洪东街、洪西街的东西轴线则以传统家族手工作坊展示为主题。

2. 地标强化

地标性的建构筑物，主要是以南北、东西两条轴线为发展序列展开。

根据人体工效学理论，人的行进过程中，每隔200m左右，就会因单一的景观而产生视觉疲劳，需要通过景观的变化激起人的感官新鲜感和愉悦性。因此，在沿新场大街和洪东街、洪西街的主要街巷（轴线）上，每隔一定距离都规划了一定的地标性建、构筑物。通过这些地标物的设计，使冗长单调的街道景观呈现出序列性的变化与关联，使各个地段更加具有可识别性，强化了特色。

3. 界面连续

规划的连续硬质界面主要有两种：一是沿街建筑界面，主要是沿新场大街、洪东街、洪西街、包桥街两侧、后街东

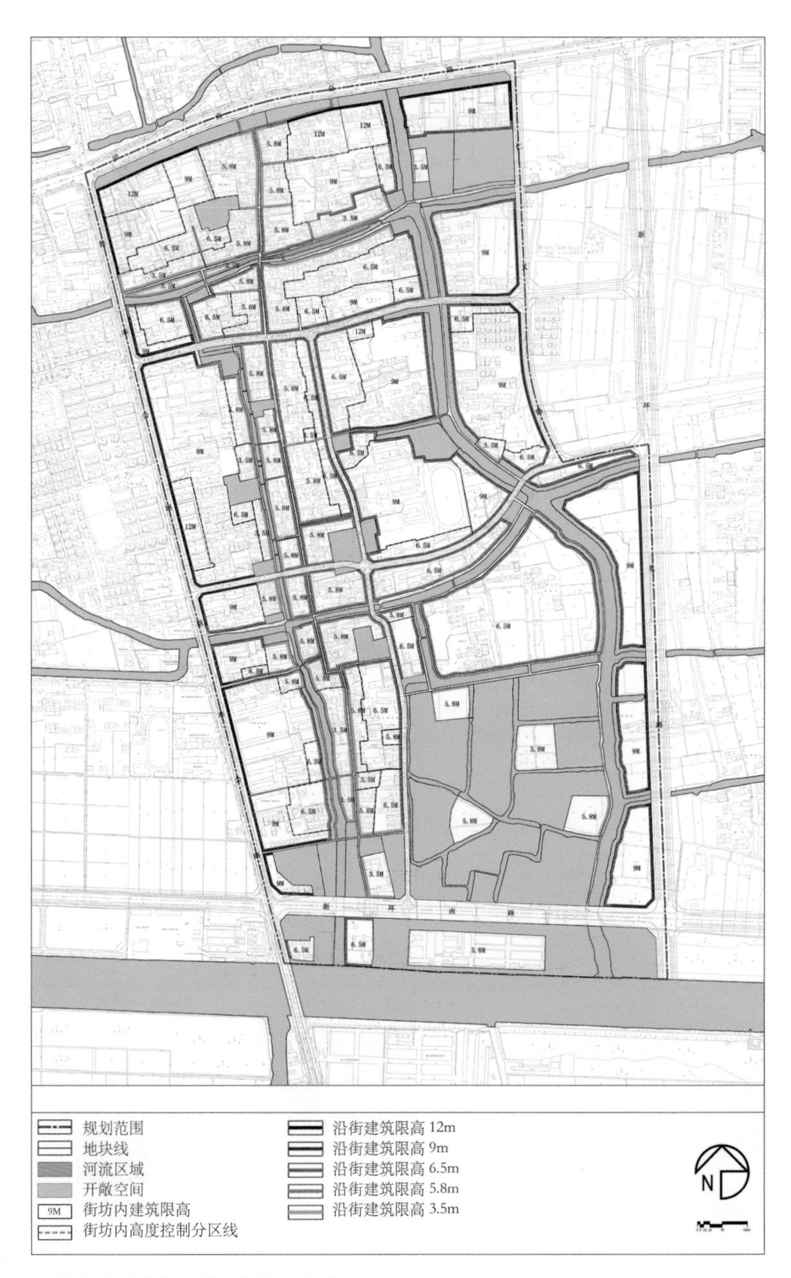

建筑高度控制图（沿街沿河高度）

侧、后市河西岸花园西侧；一是沿河建筑界面，主要有沿后市河东侧、沿洪桥港、牌楼弄港两侧。通过连续硬质界面的设置，形成古镇传统街河内聚性的空间景观，而古镇区向外部扩展的地区不设连续硬质界面，以取得空间景观的相互渗透。

4. 特色区划

规划划定了传统风貌恢复区、传统风貌修护区、传统风貌更新区、传统风貌创新区、文化艺术展示区、乡土风情展现区，分类开展现有的传统风貌建筑和空间格局的保护与修缮、工业遗产的利用、农田风光和乡土风情的展现，并提出对传统的建筑布局和装饰艺术手法进行提炼和萃取，同时采用现代化的材料和技术，建设适应新生活发展需要的江南水乡新民居。

（1）传统风貌恢复区

位于新场古镇北部，牌楼弄（原朝阳路）以北地区。保存现有的传统风貌建筑和空间格局，对于已缺失的部分，按原样恢复。

（2）传统风貌修护区

位于新场大街中段（牌楼弄—闵家湾）地区。本地区多以大户人家的多进宅院为主，建筑雕饰精美、质量较好，为古镇传统风貌的精华地段，以空间景观的修补维护为主。

（3）传统风貌更新区

位于新场大街南段（闵家湾—大治河）地区，本地区建筑较为疏散，年久失修，质量较差，少有大型宅院，且无突出

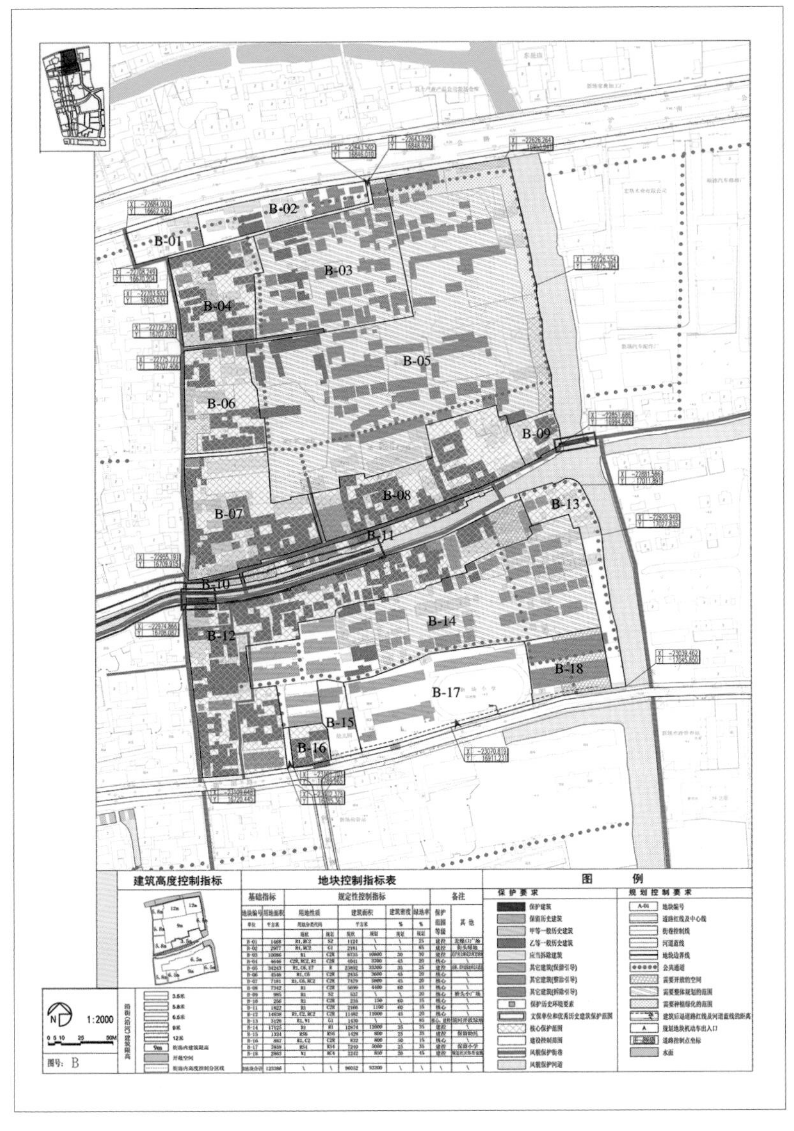

规划控制图则

新场街坊建筑与环境状况

的装饰构件。因此，本地区建筑应逐步更新，宜采用“随旧”的手法，使其与古镇整体风貌融为一体，亦使新场大街的景观变化趋于平和。

（4）传统风貌创新区

沿奉新路东侧的狭长地块。奉新路作为新城镇内外交通的主干道，其东侧是古镇区，西侧是城镇新区。本地块的景观规划重点是作为新老之间的过渡协调区。应当对传统的建筑布局和装饰艺术手法进行提炼和萃取，同时采用现代化的材料和技术，建设适应新生活发展需要的江南水乡新民居。

（5）文化艺术展示区

新场大街中段东侧至东横港之间的用地。规划保留现有新场中学，将包桥港南侧被水系环绕的区域规划为“熬波园”古海盐海塘文化展示区。另外，包桥港北岸的一些近现代工业厂区，可适当保留具有时代特色的产业建筑，再利用为文化创意产业区。

（6）乡土风情展现区

古镇区的东南片区。现状是大面积的农田，河沟纵横。规划保留自然农田风光，在尊重当地种植习惯的基础上，对种植的方法技术进行一定指导，使其呈现优美的观光农业景象。

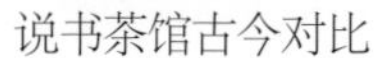

说书茶馆古今对比

五、实施评述

规划的编制和实施是在一步步与当地管理部门紧密配合的基础上，按照从北至南的时序安排，逐步开展：与古镇功能无关单位的迁出，古镇道路、市政管网的配建完善，水系绿化与环境整治，街巷立面整治，古宅院落修缮等工程。

实施过程中注重非物质文化遗产的挖掘保护，如传统人力蔺河泥、恢复柴火灶台、绘制民间灶花等。同时积极开展民间文化遗产的活态展示，如茶楼说书、丝竹表演、浦东琵琶等，都在规划中确定了非遗展演的特色场所，与传统节日相伴的特色“行街”“迎财神”等活动，也制定了户外场地和路线规划。可以说，新场古镇是体现上海成陆与发展的重要载体，是近代上海传统城镇演变的缩影，是上海老浦东原住民生活的真实画卷。

专家点评

熊鲁霞

上海市规划委员会专家
原上海市城市规划设计研究院总规划师，教授级高工

在居民生活生产方式发生了重大变化的背景下，新场古镇如何对历史文化遗存进行可持续的保护发展，本规划进行了有益的创新与尝试。

在保护范围上，突破了既往保护规划核心区仅局限于传统建筑密集区的概念，本规划不仅将古镇本身，还将古镇周边生态环境与外部氛围，也纳入到核心保护的范畴中。

根据古镇北段、中段、南段不同的历史与发展情况，规划划定了传统风貌恢复区、修护区、更新区、创新区等区域，分类提出不同的传统建筑和空间格局的保护与修缮、工业遗产的利用、农田风光和乡土风情的延续等差异化的保护策略。

规划的编制和实施与当地管理部门紧密配合；实施过程中注重非物质文化遗产的挖掘和保护，对民间文化遗产的现实展示，也都制定了户外场地和路线规划。

新场居民能否在新场安居乐业是新场古镇“体现上海成陆与发展重要载体，近代上海传统城镇演变缩影，上海老浦东原住民生活真实画卷”的核心要素之一，也是新场古镇不仅保护固态的历史文化，并延续生活着的历史文化的核心要素。规划对居民现状和诉求的调研分析尚可进一步深入（规划说明仅显示了2000年的调研状况）；规划提出尊重居民意愿的“自愿迁徙原则”是基础，面对新场外来人口增加、老年化等人口结构特征的变化，如何吸引、保障居民在古镇生活就业的政策与策略制定，也是规划非常重要的、需进一步深入的内容之一。

都江堰市西街历史文化街区保护与整治修建性详细规划（规划与实施）

2015 年度全国优秀城乡规划设计奖（城市规划类）二等奖、2015 年度上海市优秀城乡规划设计奖二等奖

编制时间： 2009 年 7 月—2010 年 6 月

编制单位： 上海同济城市规划设计研究院

编制人员： 周俭、寇怀云、钟晓华、陈飞、肖达、范燕群、刘刚、许昌和、陈捷、张云龙、宋能波

一、规划背景

西街国家级历史文化街区，位于世界遗产都江堰水利工程的缓冲区，曾是茶马古道之一的松茂古道的起点，是都江堰市区仅存的保存较为完整的传统街区，包括 2 处市级文物、1 处明代城墙遗址及 122 幢川西传统木结构民居。

本项目占地总面积 5.36hm^2，内有 438 户居民，房屋产权复杂。2008年之前，传统木结构建筑年久失修，生活基础设施缺乏，新旧建筑混杂，人口密度高，住房面积普遍不足，街区缺乏活力。2008 年汶川大地震后，街区遭到很大的破坏，80%的房屋无法继续使用。

西街保护项目被列为都江堰市灾后重建工程的一部分，于 2009 年启动规划编制与实施，至2015年3月项目基本竣工。项目采取了基于保护房屋产权的保护策略，基于宜居化的街区改善策略，以及基于利益相关者共同参与的规划策略。项目保留了传统建筑及街区的空间肌理，完善了基础设施，增加了公共空间，改善了住房条件，保留了 50%的原住民，引进了公共文化项目及商业功能。项目的实施使业主持续获益，成为遗产保护的践行者；社区居民赋权，使街区获得持续保护与发展的动力；街区文化身份彰显，实现了以遗产保护推动城市复兴；规划动态调整，使保护与居民的诉求得以共同实现。

项目进程中社区参与的规模及深度在中国城市遗产保护实践中是一个突出的案例。

二、规划构思

1. 基于保持肌理与尺度的保护方法

历史街区始终处于变化之中，其物质遗产表现出不同时期价值累积的特征。对历史街区物质遗产保护的重点不仅在于保护历史或传统建筑本体，更重要的是保护其城市特征。历史肌理和空间尺度是构成历史街区城市空间价值的主要结构型要素。由于西街在地震后有 80%左右的房屋无法继续使用，

实施后街区鸟瞰实景照片

规划确定了以保持街区历史肌理和空间尺度为原则的保护方法，对历史上已经消失的建筑不进行复建，对无法继续使用的传统建筑按“原边界、原规模、原布局、原式样”进行重建，对无法继续使用或破坏肌理和尺度的非传统建筑按“原边界、原规模、原体量”重建，保护街区不同的房屋类型，保持街区的历史性景观特征。

2. 基于保持房屋产权的保护策略

房屋产权是形成历史街区遗产价值的重要社会背景，保持房屋的产权关系是保护历史街区遗产多样性和保持城市肌理的关键保护策略，同时也是延续街区生命力的重要保障。西街的房屋产权状况十分复杂，其中私产户数比例 65%、公产户数比例 19%、宗教产户数比例 10%、单位产户数比例 6%。产权主体的多元性也使规划采用以房屋产权为单位的保护策略成为必然的选择。规划措施和实施方式均以现状产权为基本单位来制定。

3. 基于利益相关者共同参与的规划模式

西街街区中有 19%的少数民族居民或业主、80%的低收入家庭、 60%的住房困难户，这无疑增加了规划及其实施的

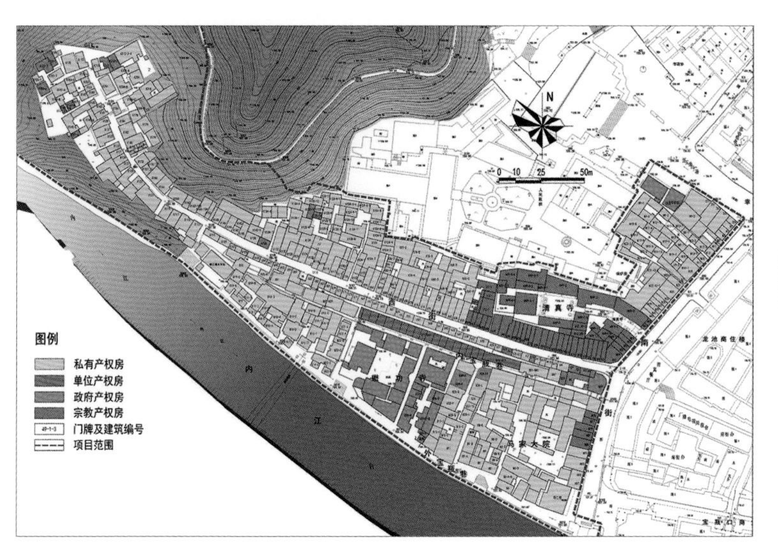

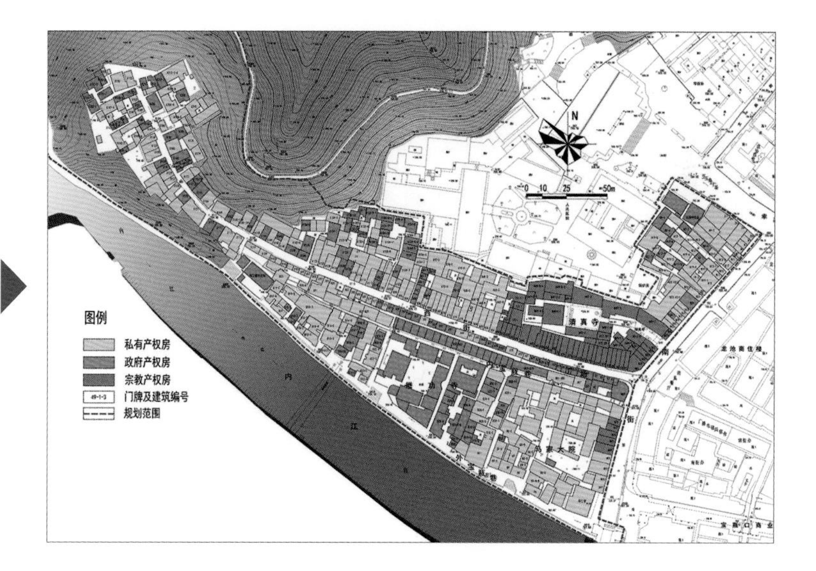

规划实施前后房屋产权比较图

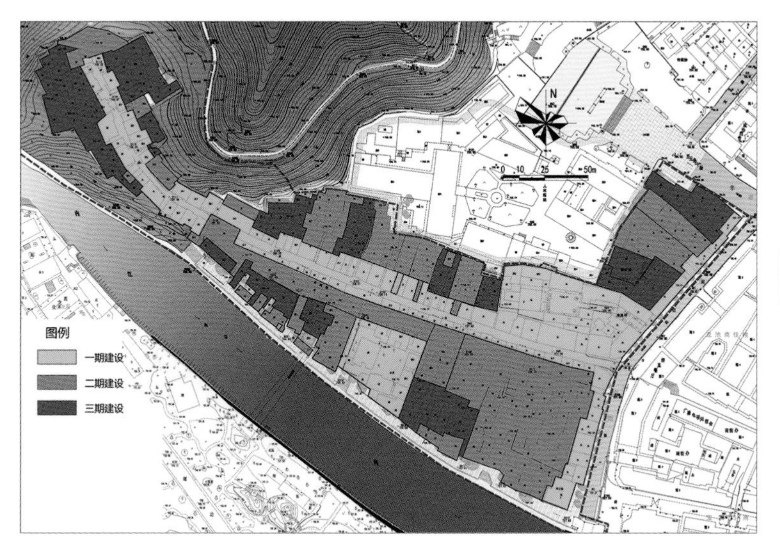

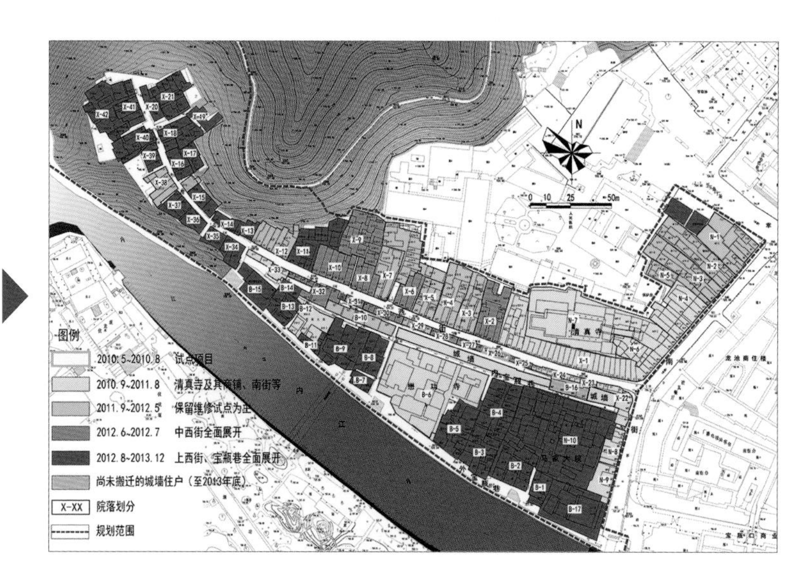

规划调整前后规划实施步骤比较图

难度。针对这种复杂性、敏感性和保持街区房屋产权关系的策略，规划将社区参与作为规划编制和实施的核心机制，通过社区参与机制保障多元利益主体的公平合作。规划同时强化了社区的主体地位，给予社区居民充分的参与权和决策权。特别是规划方通过社区工作，平衡建筑的保护要求和居民的住房改善诉求及未来使用的需要，在规划实施过程中不断补充调整保护技术规定。

三、主要内容

根据实施情况进行的规划调整：

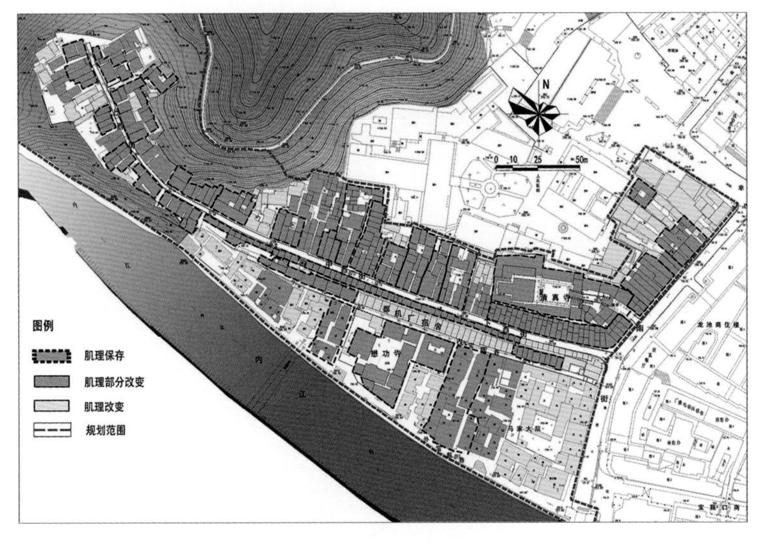

规划实施街区与建筑肌理分析图

1. 关于保护规定的调整

由于地震的破坏，且在没有把所有遮盖物去除的情况下，无法准确判定传统建筑的质量状况，规划方在实施过程中与当地工匠和居民一起对建筑保护类别的分类进行了重新确定。关于历史遗留的产权不明、搭建面积认定等涉及业主切身利益的问题，在实施过程中通过规划调整也得到了明确的处理，将原规划中的“原产权面积不变”调整为“原规模不变”，在修建中对已搭建的厨房和卫生间在统一面积标准的前提下作为临时建筑予以保留并重新布局。同时，业主不接受原规划对传统建筑重建规定的“原高度”要求，原因是传统民居二层的层高太低，人无法站直，采光也十分不足，为此规划将“原高度不变”调整为“原式样不变”，在保持传统民居原屋面坡度和高低关系不变的前提下，整体提高了30cm，从而改善了房屋条件，同时也保持了原屋脊和檐口的高低错落关系。

2. 关于功能布局引导的调整

由于置换后的房屋产权为政府所有，则其数量和空间分布在置换前的规划编制期间无法预知，因此在规划实施过程中根据置换结果进行具体功能和业态的布局。政府产权房被用作3种用途：拆除作为新增的消防通道，拆除作为展示城墙遗址的公共空间及置换为公共文化设施，以及休闲性的业态引导功能。

同时，由于保持了原有的房屋产权关系，私有房屋的业主对自己房屋的使用功能拥有了处置权，因而原规划采用的功能引导方法无法适用。通过社区参与了解居民的想法后，规划对私有产权房屋的功能规定调整为采用负面清单的方法。

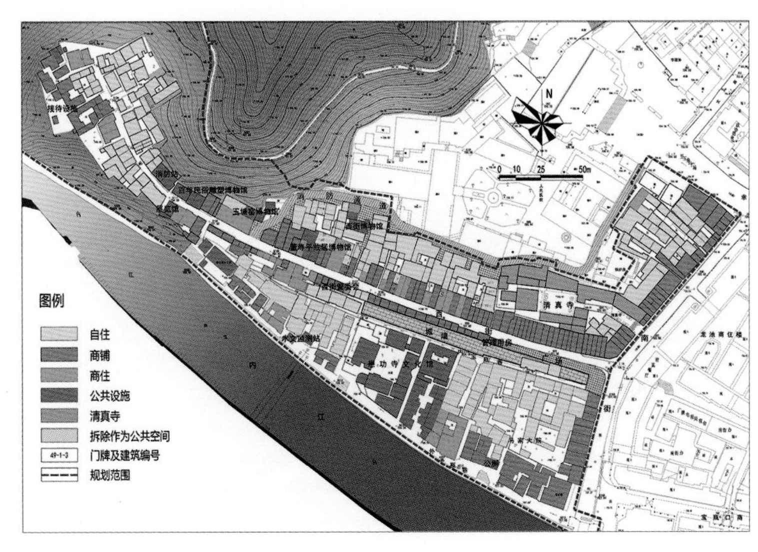

规划实施前房屋用途比较图

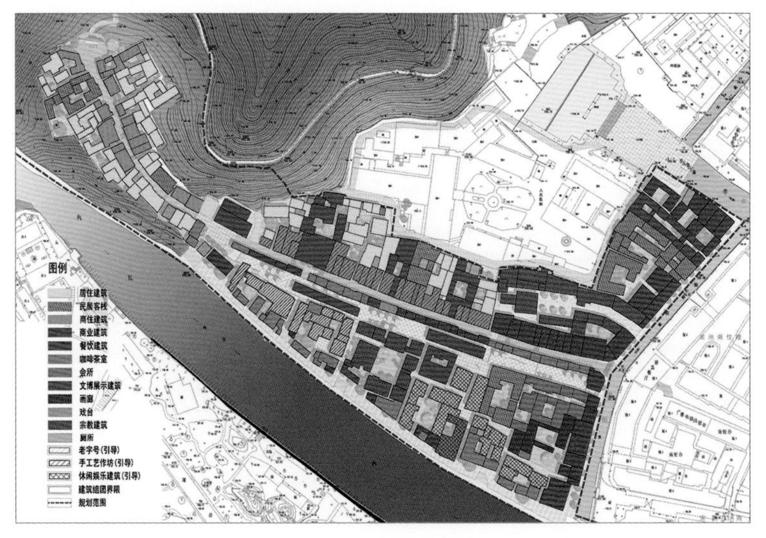

规划实施后房屋用途比较图

3. 关于规划实施分期的调整

由于规划的实施采用了业主自愿参与的方式，在时间长达 8 个月的业主与政府自愿签约的过程中，业主参与的先后与原规划的设想完全不同。先签约的业主希望先开工先受益。因此，规划实施根据居民意愿达成的具体情况分步进行，签约一批实施一批，同时也避免了大规模、一次性实施而带来的统一化、标准化的问题。

四、项目特色

1. 业主持续获益，成为遗产保护的推动者

规划采用“宜居化”的保护策略，而非立面和环境整治，使得街区房屋的房价和房屋的租金比规划实施前增长了 4 倍左右。业主借助遗产获得了持续性的收益，并出钱出力成为文化遗产保护的积极推动者。

2. 社区居民赋权，使街区获得持续保护与发展的动力

规划的编制和实施是在保持房屋产权策略的基础上，通过“社区参与”机制，给予业主处置自己物业的充分自主权。其作用在于业主因此能够自愿保护遗产，并积极主动地充分利用遗产，使街区获得了持续保护与发展的动力。在规划实施过程中，街区居民自发地对西街的路面铺装形式向规划方提出书面建议，规划方提出的传统修建方式也得到了业主的认可。现在甚至有部分居民通过其搜集的社区生活的老物件、老图片，在家中展示这个传统社区过去的日常生活。街区自规划开始实施之日起不仅没有失去人气，而是随着规划的逐步实施，街区人气日益兴旺，文化遗产被社会赋予了持续的生命力。

3. 文化身份彰显，以遗产保护推动城市复兴

规划借助遗产的文化身份及其空间和社会形态，在历史环境中纳入新功能，使街区产生了极大的吸引力。西街现在已经成为年轻人、艺术家、游客活动和游览集聚的场所之一，唤

示范项目实施过程照片

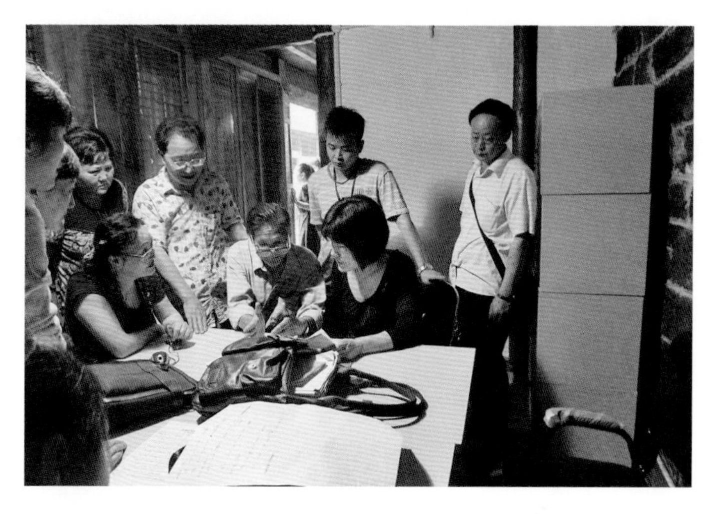

社区参与照片

起了人们对其曾经繁华的集体记忆。街区因此得到了复兴，改变了在规划实施前的社会经济孤岛状况。遗产保护的社会性和经济性得到了充分体现。

4. 规划动态调整，保护与居民的诉求得以共同实现

规划将居民对遗产的价值判断和改善诉求作为重要的依据。借助社区参与机制，在规划编制和实施逐步开展的过程中，通过向居民讲解遗产的价值、与居民一起辨识遗产、听取居民的诉求，在与居民达成共识的前提下，对原规划作了多次调整，得到了包括政府在内的各利益相关方的认同。

五、实施情况

1. 基于社区参与的规划实施过程

保护规划的实施采用了社区深度参与的方式。居民意愿作为规划实施的重要条件。第一，居民自愿置换，即根据政府提供的房屋统一置换标准，居民“愿走就走，愿留就留”；第二，选择留住原址的居民如同意按保护规划的规定对自己的房屋进行维修或修建，自愿与政府签订维修重建协议，将获得政府按统一标准给予的资金补助，不足部分由业主自己补足，否则政府将不给予资金补助；第三，业主对自己房屋的维

实施后街区商业及生活照片

实施后家庭博物馆照片

实施前后街景轮廓比较照片

修、更新和重建设计方案予以确认，作为政府审批的前提；第四，由业主自己聘请施工队；第五，业主自己监管房屋修建的质量。西街片区住户总共 438 户，选择置换迁出西街的有 232 户，其中私有产权住户中有 123 户与政府置换。

2. 项目示范效应引导居民参与

保护与重建启动初期，业主对保护规划在房屋修建方式、效果、成本等与切身利益相关的许多方面都不甚了解，大多留住居民对是否与政府签约参与项目持观望态度。因此，规划将一栋公有产权的房屋按保护规划的要求进行了重建示范。试点项目采用传统木结构、传统建筑材料和传统工艺建造，并增设了防水保温材料，同时设置了独立的厨房和卫生间。试点项目使居民真正理解了保护规划的要求，看到了房屋的品质。同时，通过试点项目公示了房屋建造与修缮的价目清单，为居民决策提供了参考依据。在示范项目的推动下，西街居民于 2010 年 6 月起开始自主与政府签约，在 8 个月的签约时间内，仅有 3 户未与政府签约，达到了规划预期的撬动效应。

3. 社区规划师的作用

规划师深入社区现场向居民解释置换与补助政策，向居民征询对保护规划的意见。通过居民参与规划的编制，与社区居民一起评估遗产价值，共同确认街区中需要保护的历史建筑，共同商定房屋重建中有关建筑高度、建筑形式及建筑材料等方面的保护规则。为了充分尊重与体现每位业主对自家房屋修建（维修与建造）的价值判断，规划为每个业主开展“房屋定制设计”。规划组织了 8 家设计单位 10 多位设计师（包括规划编制单位），根据每户房屋的不同情况和保护要求向业主提供设计方案图，并依据每位业主对房屋功能的需求进行反复修改，逐个与业主确认最终的实施方案。

4. 规划实施效果

规划实施后，2 处文保单位、1 处城墙遗址和 31 处重要的历史建筑均因结构稳固、设施配套和外观整修得到整体保护，原有的空间尺度、沿街建筑轮廓线及传统的肌理得到了保持，街区延续了西街个体化、平民化的建造传统，维持了空间的历史性和多样性。同时，街区房屋的安全性和适居性能得以提高，98%的住房均增加或改善了厨房、卫生设施、管线、采光和室内布局。增加5街区公共空间和消防通道，更换了街区的市政管线和路面铺装，改善了绿化、店招、标识系统等公共环境。所有的历史建筑均得到了有效利用，宗教产权的建筑延续了原来的宗教及商业功能，居住功能也得到了一定程度的延续，有 68 家商户在规划实施后入驻西街，传统餐饮（老字号）得以保留和扩大，文化纪念馆、客栈、餐馆、酒吧等新功能逐步入驻，其他零售业也得到了较大的提升与发展。

专家点评

王林

上海交通大学设计学院教授，博士生导师

本规划在依据历史风貌保护的原则下，全面研究了西街经过历史长期使用后形成的损耗现状前提，又结合经过自然灾害破坏的现状环境条件，依据科学的保护规划手段与方法，做到了整治修缮与规划保护同步进行。通过整治恢复原有古街风貌历史生态环境，真正实现了以规划为抓手结合具体项目实施修旧如故的目标，形成保护与发展并举的良好状态。

在对国内历史街区保护和城乡规划实施评价的相关理论和实践经验进行归纳总结的基础上，此规划很好地从历史风貌保护效益、经济发展效益和人文环境效益 3 个维度出发构建了历史街区保护规划的体系。其中，历史风貌保护与恢复方面的规划实施效果最佳。其次是经济效益方面，文化产业与商业发展条件逐步形成，旅游收入可以成为经 济重要的方面。在社会效益方面，结合整治，强调公众参与，以居民生活为主体，政府引导、多方参与的自下而上的保护模式值得借鉴。 在环境效益方面，仍存在较大的改造提升空间。

黄石市沿江地区城市设计研究

2015 年度全国优秀城乡规划设计奖（城市规划类）二等奖、2015 年度上海市优秀城乡规划设计奖二等奖

编制时间： 2014 年 7 月一 2014 年 12 月

编制单位： 上海复旦规划建筑设计研究院有限公司

编制人员： 施海涛、高畅、徐磊、夏鹏、舒成勇、张正芬、董小玲、汪微、费腾、靳萌、汪彬、陈博仡、陈曦阳、谭艳、高正江

一、项目概要

规划区域位于黄石老城区滨江区域，北起鄂东长江大桥，南抵西塞山风景区，东依长江水岸，西至黄石大道。规划总面积 7.25km^2，沿江岸线达 13km，堤内进深空间为 120m~500m，堤外为 30m~500m。

随着城市空间拓展与产业转型升级，黄石沿江片区已逐渐退却昔日工业的繁华。单一的产业结构、有待提升的滨江形象、缺乏活力的空间场所，黄石滨江亟需产业转型、文化复兴、空间重塑和景观提升。规划区将是体现黄石中心城区沿江地区"重塑功能、重现风貌"的代表区域，成为城市新的亮点。城市设计欲以其清晰的发展架构、有力且印象深刻的开放空间系统、对历史文化遗产的合理保护与价值重现，来创造高品质水岸亲水环境，这些都将成为黄石永久的物质与精神财富。本次城市设计将对黄石沿江片区量身制订架构，打造长江黄金水道上的美丽画卷、滨水工业转型的示范样板、文化创新复兴的活力长廊，实现该片区城市形象和产业发展从边缘到中心的转变。

二、规划背景

黄石——一个拥有千年矿冶文化和百年近代工业文明的城市，因矿立市，以冶兴市，被誉为"青铜古都""钢铁摇篮""水泥故乡"。自 2009 年被列为全国第二批资源枯竭城市以来，黄石市在经济发展方式转变和发展模式转型方面取得了众人瞩目的成绩。

随着黄石铁矿资源的逐渐枯竭和产业结构的转型升级，黄石环磁湖新城的发展对老城区的边缘化挤压，黄石沿江地区逐渐褪去了曾经的繁华和活力，面临产业转型、文化复兴和空间重塑的压力。

长江黄金水道上的美丽画卷

2014 年长江经济带国家战略吹响了长江沿线城市发展的集结号，黄石迎来了前所未有的发展契机；立足武汉城市圈重塑鄂东门户，协同长江中下游城市群共建区域繁荣成为黄石沿江区域的历史使命。国家战略的提出、长江经济带及黄石“一江两湖”（长江、磁湖、大冶湖）发展框架的建构，以及黄石积极申报国家历史文化名城工作的推动，为黄石沿江地区带来了新的发展契机。黄石沿江地区作为一个旧城更新区，长江经济带的前沿阵地、江城形象的展示窗口，理当成为黄石未来更新发展的焦点。

三、规划构思

规划围绕为什么要发展滨江、发展什么样的滨江、如何发展滨江这三大核心问题展开，提出“复兴、转型、蝶变”的设计构思。

1. 复兴

黄石沿江地区作为黄石城市发展的源点与工业遗产、历史街区的承载地，复兴黄石沿江地区意义重大。

基地含有“一个风景区、三个历史街区、一个历史地段”，历史资源丰富，尤其是工业遗产众多，将汉冶萍遗址打造成开放性文化公园，强化其历史记忆；延续人民街肌理，提升居住环境与配套服务；华新水泥历史街区将被营造为工业文化公园，打造文化创意通廊与滨江贯通。本次城市设计重点强化对历史资源的保护与再开发，创建历史文化走廊，塑造具有历史记忆的沿江地区，成为黄石申报首个中国矿冶工业历史文化名城的空间载体和重要构成部分。

2. 转型

黄石作为资源型城市转型示范，应推进产业结构优化升级，大力发展接续替代产业；同时从“依赖资源”发展向“超越资源”发展转变，注重精神、文化等“软资源”的作用，复兴城市发展活力，力争成为工矿生产型城市向现代综合服务型、休闲旅游型、生态宜居型城市转变的最佳实践区。而黄石沿江地区是黄石发展的起步区和曾经的核心区，是黄石近现代重工业

总平面图

的重要聚集区和物流门户地区，也是黄石从矿产采冶向重工业制造转变的重要见证，历史悠久、文化丰富，集中体现了工业生产与城镇生活功能的高度融合。黄石沿江地区强化黄石“一脊两翼”发展轴线格局，突显信息商务、文化体验、生态宜居，建设黄石产业转型的最佳实践区，打造“活力滨江”。

3. 蝶变

黄石沿江地区将以文化为核心，以产业遗存保护为特色，以信息服务为先导，大力发展科技商务、文化创意、旅游休闲等高端服务产业，并采用先进的国际滨水生态设计理念，规划网络化绿地系统，打造生态滨江、多彩滨江、复合滨江。铸造“黄石之魂”，塑造“黄石之形”，成就“黄石之名”，必将成为黄石“华丽转身、美丽蝶变”的触媒、“跨越发展、发力起跳”的引擎，本次城市设计抒写的美丽山水画卷，必将开启黄石动人的活力之芯。未来该区域必将成为黄石城市文化的核心高地，黄石沿江滨湖形象的特色地标。

四、主要内容

1. 土地利用的调整

基于工业遗产、历史街区保护利用体系及城市设计框架，对现有控规用地进行适度调整。通过优化用地布局、搬迁部分企业、降低工业用地比例、加强公共服务设施配套及控制居住用地，最大化地提升土地价值，形成紧凑宜人、功能复合、配套完善的人文街区。

2. 历史遗存的利用

丰富西塞山景区内涵，弘扬黄石传统文化；将汉冶萍遗

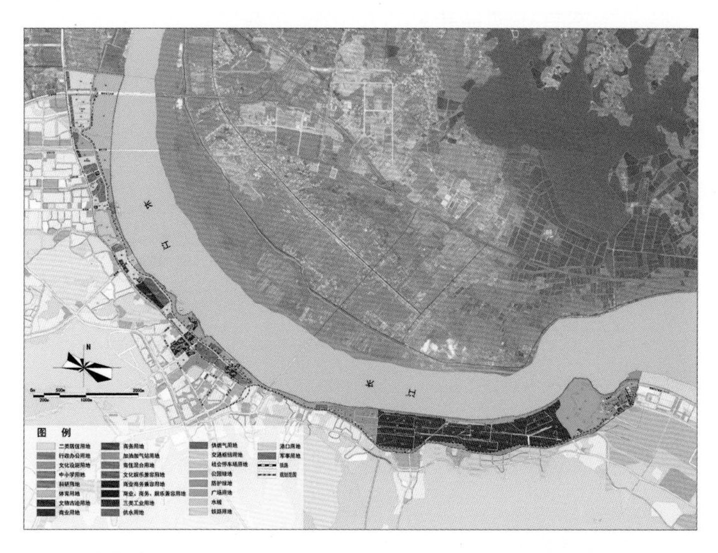

土地利用规划图

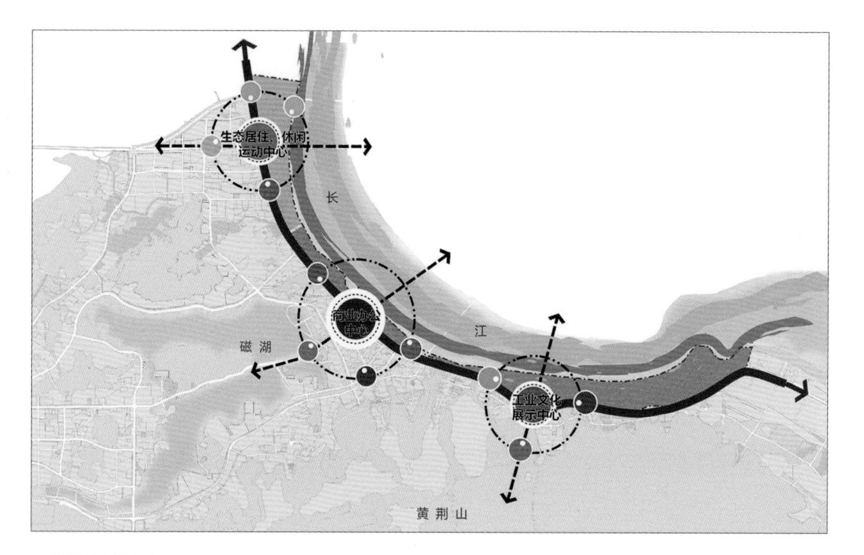

功能结构图

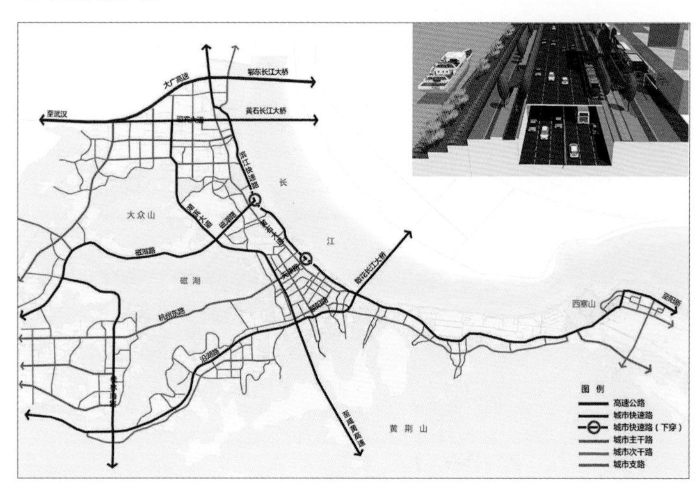

道路系统规划图

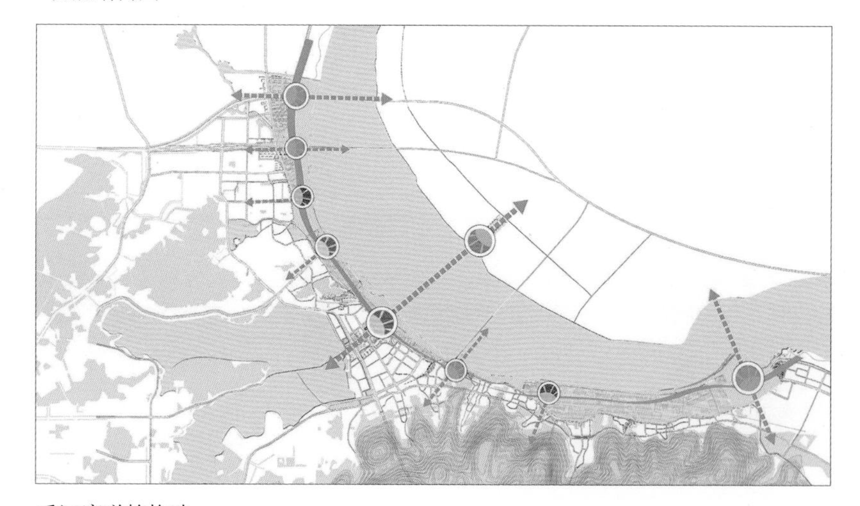

垂江廊道的构造

址打造成开放性文化公园，强化其历史记忆；华新水泥历史街区将被营造为工业文化公园，打造文化创意通廊与滨江贯通；延续人民街肌理，提升居住环境与配套服务；将现有铁轨改为有轨电车，连通黄石国家矿山公园，沿途设置站点，贯通滨江岸线；对历史保护建筑进行保护与利用。

（1）滨江复兴

黄石沿江地区作为一个具有浓厚文化烙印的老城区，是黄石几千年来的文化缩影。因此，须传承与发扬独有文化，保护利用宝贵的历史遗存，充分利用现状江滩、码头等岸线资源，形成商业活动、休闲观光、生态保护和游船码头等丰富的岸线形式，挖掘场地肌理特质，创造宜人的滨江生态开放公共活动空间，激活滨江活力，同时加强历史文化遗存的保护利用，塑造具有历史记忆的开放空间，彰显城市精神。

（2）申报历史文化名城

黄石作为“青铜古都”“钢铁摇篮”“水泥故乡”，沿江片区拥有1个历史城区、1个风景区、3个历史文化街区和1个历史地段，是其工业遗产分布的集中区，是黄石积极申报国家级历史文化名城的核心构成。

3. 核心空间的打造

依托“三片协同、区域联动”达到“三心引领、沿江伸展”的格局，重点打造生态江滩、时尚港湾、文化左岸核心片区。

（1）生态江滩——建设生态湿地运动公园，塑造桥头门户形象

北部以生态设计为原则，利用现状水渠，设计形态优美的“梳状”湿地；改造利用老船厂建设室内运动馆，打造运动主题的生态公园，强化门户景观印象。构建集聚生态居住、运动娱乐、绿色休闲为一体的生态居住运动片区。

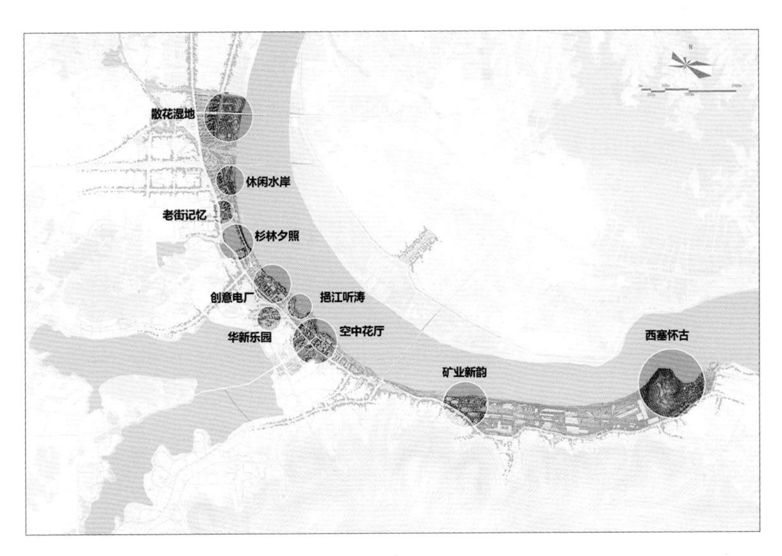

滨江十景

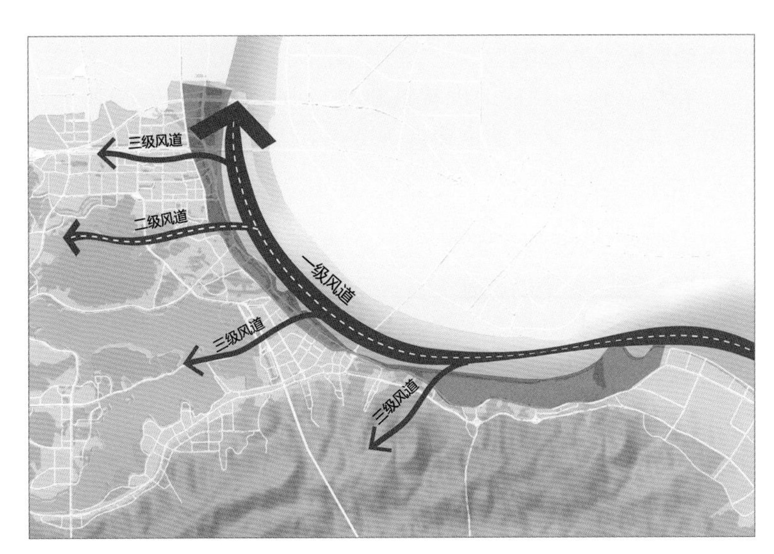

滨江风道引导控制图

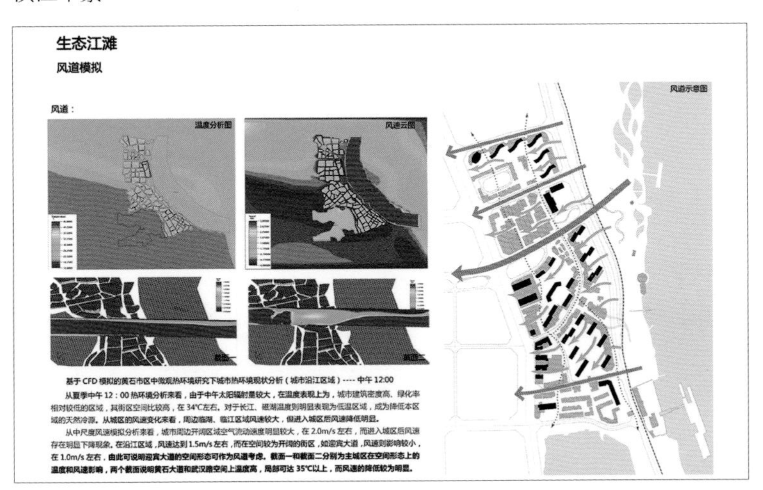

生态江滩风道引导控制图

时尚港湾风道引导控制图

（2）时尚港湾——联动磁湖城区，塑造老城新颜

中部以天津路两侧为基地，塑造文化与信息商务区；充分考虑中心节点的开敞性和引导性，设置空中花厅连接堤顶路两侧，形成景观地标和视觉焦点。建设以商务办公、商务酒店、高端居住、商业购物为主导的商务综合服务区。

（3）文化左岸——强化工业印记，焕发遗址活力

南部利用汉冶萍遗址打造工业遗址文化展示中心，将其转变为吸引人的工业遗址公园。注入博物展览、文化办公、旅游休闲等功能，强化工业印记，焕发遗址活力，为黄石成功申报国家历史文化名城奠定基础。

4. 交通体系的优化

优化滨江快速路形式：突出滨江活动与步行可达性，主要通江廊道设为局部下穿，确保交通骨架下突出滨水空间。

客货分流：建议对黄石大道进行货运交通管制，将货运交通通过城市周围的高速交通体系连接各个工业组团，减小货运交通对城区的影响。

特色交通：对基地现状铁轨进行改造，通过旅游观光有轨电车串接滨江区域的重要景观节点。

5. 公共环境的塑造

如何解决“城临江而不见江”之惑

（1）垂江廊道的构建

“环山抱水侧临江，半城山色半城湖”，“山、江、湖、河、城”五元素构成了黄石独特的山水城市格局，但随着沿江地区的密集化发展和视觉通廊的“堵塞”,“城临江而不见江”。规划构建“山与江”“湖与江”“河与江”的生态绿廊和风道通廊，将滨江公园、滨江绿带和垂江廊道有机整合联系，塑造“梳状渗透，滨江连贯；山水相依，生态成网”的滨江生态空间与景观环境，架构生态网络，凸显“江城”山水生态特色。

（2）高线公园的建设——贯通滨江岸线

目前黄石的河堤是一个相对实用的驳岸，主要是防洪之用，为工业生产岸线，需要以市民空间为目标，依托工业文脉和伟大历史对现状进行更新转变。对于基地尚在生产作业的新冶钢厂区，通过利用场地龙门吊等构筑物建设高线公园，短期内有效解决了滨江岸线的贯通连续问题，远期可对于能够搬迁的新冶钢厂区进行相关规划，近远期相互结合。

（3）提升景观特色，打造黄石

依托黄石滨江特色，自西向东由北至南形成 10 处标志景观，分别为“散花湿地”“老街记忆”“休闲水岸”“杉林夕照”“华新”“西塞怀古”等。在这里，滨江景观、历史街区与现代建筑交融共生，丰富黄石滨江景观特色，提升黄石城市形象。

五、规划创新

1. 理念创新——申报和打造“中国首个矿冶工业历史文化名城”

结合黄石近现代工业发展贡献，突破国家历史文化名城“历史古都型”“传统风貌型”“风景名胜型”等 7 个类型，创新提

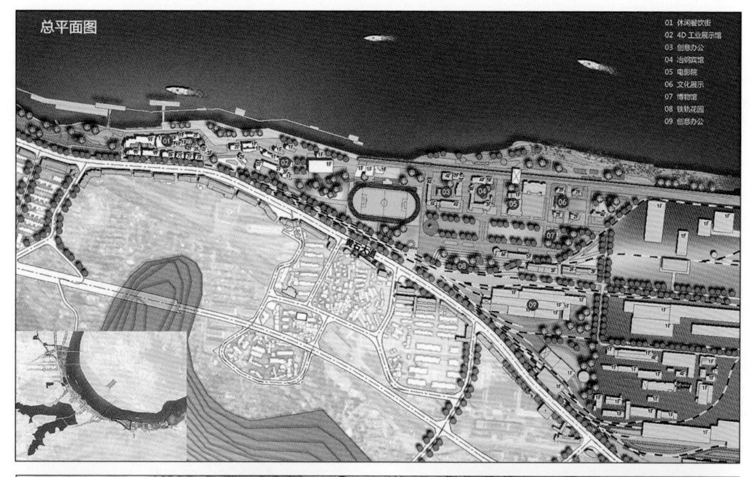

“文化左岸”分析图

“时尚港湾”分析图

出申报“中国首个矿冶工业历史文化名城”计划，结合该计划制定区域城市设计目标。

2. 方法创新——向“土地存量”要“发展增量”

本次城市设计一改以往“增量规划”的思维方式，形成围绕尊重复杂产权关系进行整合开发的“存量规划”方法的尝试。建立健全“规划统筹、政府引导、市场运作、公众参与、利益共享”的城市低效用地再开发激励约束机制，盘活利用规划区存量建设用地。建立存量建设用地退出激励机制，推进老城区、旧厂房、城中村的改造和保护性开发，发挥政府土地储备对盘活老城区低效用地的作用。

3. 技术创新——生态技术和适应性设计手法运用

为应对黄石夏热冬冷的气候特征，本次沿江地区城市设计衔接《黄石市城市风道研究》，是风道引导控制示范区段。片区规划二级和三级风道，将长江一级风道新鲜空气引入老城区，加强夏季季风在城区通风性，促进风环境补偿区与功能之间的迅速循环，起到通风排热、缓解热岛效应并降低空气污染的作用。城市设计对二级和三级风道和风道口进行重点研究，运用 CFD 软件进行风环境模拟，将适应风环境的优化城市设计转化为对沿江各级别风道和风道口控制的控制导则，成为控规的构成部分，引导控规实施。增强城市设计的适应能力，运用高线公园的巧妙设计解决暂时性工业生产与滨江游憩的矛盾。

六、实施情况

规划对江泰春岸、华夏江城等开发项目起到了直接指导作用，铁轨公园、人民街历史街区改造等项目已列入黄石市重点项目，为黄石沿江片区城市转型起到了良好的示范作用。

生态居住运动片区鸟瞰图

文化与信息商务片区夜景透视图

工业遗址文化片区透视图

专家点评

苏功洲

上海市规划委员会专家
原上海市城市规划设计研究院总工程师，教授级高工

该城市设计研究聚焦于城市滨水区更新需要重点关注的问题：在更新战略上，注重利用城市的资源禀赋，突出文化引领和宜居城市建设；在功能布局上，注重结合产业转型目标，突出复合多元和滨江活力；在空间结构上，注重滨水区与城市的空间连接，突出“江城”黄石独特的山水城市格局；在城市形态上，重视城市文化遗产的保护和合理利用，突出城市风貌特色；在空间环境上，重视区域生态维护和江岸的亲水性，突出可持续发展。

城市设计方案通过对历史资源自然景观资源的评估，较为全面地把握了城市特色，有意识地对黄石市的历史遗存进行了系统保护，提出申报“首个矿冶工业国家历史文化名城”计划，并结合该计划制定城市设计目标，在设计理念上具有创新性；运用 CFD 软件进行风环境模拟，优化城市风道和风道口的形态设计，建立风道引导控制，以缓解城市热岛效应、降低空气污染，在技术方法上具有一定的创新性。

上海市青浦区朱家角镇张马村村庄规划

2015 年度全国优秀城乡规划设计奖（村镇规划类）二等奖、2015 年度上海市优秀城乡规划设计奖二等奖

编制时间：2014 年 3 月—2014 年 12 月

编制单位：上海市城市规划设计研究院

编制人员：赵宝静、周晓娟、乐芸、薛锋、陶楠、李峥、沈高洁、张静、秦战、杨柳、姚凌俊、李坤恒

一、规划背景

按照上海市实施城乡总体规划和城乡统筹发展的要求，围绕美丽乡村建设试点、开展村庄规划编制创新，是集中体现上海特大城市聚焦"创新驱动、转型发展"战略的重大举措，是体现上海"强化城乡统筹、突出规划引领、破解发展瓶颈、构建和谐社会"的重要探索，是优化产业结构、强化生态优先、切实改善农民生活、凸显农村活力和生命力的重要任务。

张马村是2014年全国村庄规划试点村、上海市青浦区2014年度美丽乡村建设区级试点村。本规划按照住房和城乡建设部的相关要求，结合上海的实际情况，进一步创新和完善村庄规划的编制和管理方法。

二、现状概况

张马村属于上海大都市远郊地区的普通村庄，位于上海市青浦区朱家角镇境内，距离朱家角镇镇区约6km，距离人民广场约55km。张马村水陆交通便捷，临近G50沪渝高速、沪青平公路。

张马村村域总面积为4.62km^2，2013年末常住人口为1554人，村庄风貌整洁，休闲观光农业蓬勃发展。张马村的现状发展既体现了人口老龄化和空心化、基础设施薄弱、村民增收愿望强烈等上海村庄发展的共性问题，也呈现出乡村旅游产业发展能级亟待提升等特有问题。

三、规划思路

1. 量身定制调研方案，准确判断村庄发展特征

在常规现状调研的基础上，项目组根据村庄特点多次进村深入踏勘，有针对性地增加调研内容。第一轮调研为全村情况摸底，召开村民代表大会，发放调研问卷；第二轮是深入调研自然村，进行入户访谈；第三轮是重点板块调研，开展观光农园、家庭农场、田歌传承人的访谈。通过详细调研，项目组理清了村民诉求和村庄发展需求，并在规划编制过程中充分与

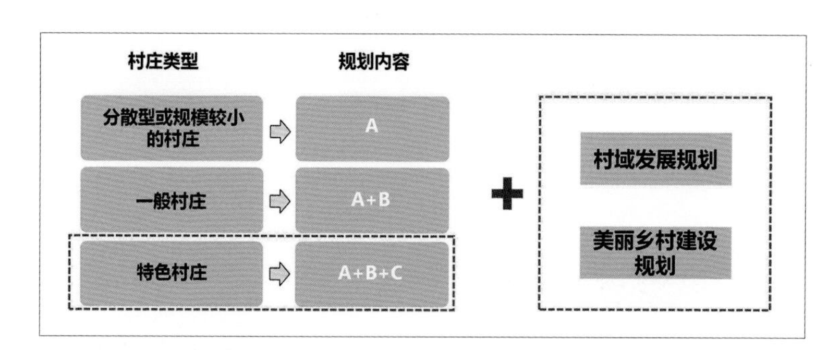

规划工作框架示意图

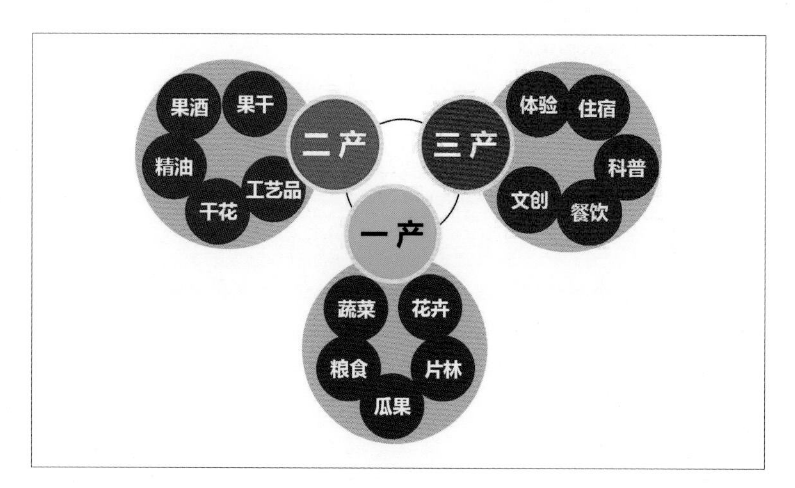

产业发展示意图

村民互动。

2. 结合试点工作要求，因地制宜地构建工作框架

住房和城乡建设部提出“ABC”的规划编制要求，包括农房建设规划、村庄整治规划、村庄特色规划，具体操作可根据村庄自身的情况选择规划内容。作为乡村旅游发展特色村庄规划，本规划的内容为“A+B+C”，围绕产业发展规划和乡村旅游规划，探索旅游特色村的规划编制技术路径。在此基础上，增加村域发展规划，统筹全域；同步编制《美丽乡村建设规划》，落实具体建设项目。

3. 依托村庄优势资源，探索远郊村庄转型路径

张马村作为一个处于转型发展阶段的远郊普通村庄，是上海乡村地区城镇化的典型缩影。张马村所践行的城镇化，不是从乡到城的单向流动，而是呈现出城乡之间的双向流动，生活、就业多元选择的新图景。村民可以工农兼业，进城工作；市民也可以进村工作、生活。张马村未来发展的关键点在于“保持活力，增添魅力”。在上海全面推进“规土融合”、村庄集约发展的背景下，规划尊重既有村庄的格局，聚焦存量土地资源挖潜，进行有机更新，重点厘清休闲观光农业发展的现状问题与发展诉求。

四、规划内容

1. 村庄定位：突显村庄特色

以上位规划为指导，与相关规划相衔接，张马村定位为上海青西地区村庄转型发展的先行者。它以都市农业为基础，以休闲观光农业为特色，传承三泖文化，是具有江南水乡风情的大都市远郊村庄。

村庄基本功能包括生活居住、公共服务、农业生产、生态涵养。此外，村庄还积极拓展观光体验、休闲度假、科普教

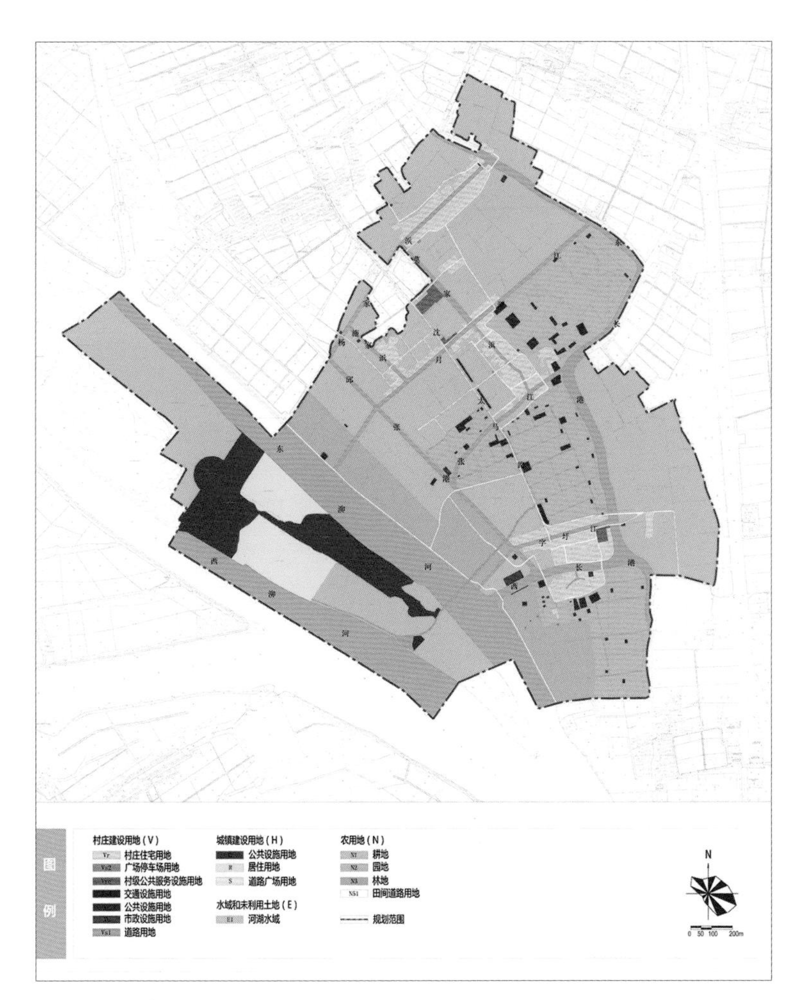

土地使用规划图（近期）

土地使用规划图（远期）

育、文化展示、特色餐饮、特产销售、影视拍摄、精品住宿等延伸功能。

2. 发展策略

规划以“保持村庄活力，增加村庄魅力，推动村庄可持续发展”为整体发展思路，统领村域发展。规划提出“区域协同、产业提升、村民安居、存量挖潜、弹性规划”五大发展策略。

区域协同：加强对外交通网络建设，解决张马村与松江区联系不便的问题。在此基础上，加强与周边村落和城镇的协同发展，在产业发展的基础上谋求合作。

产业提升：加强三次产业融合发展，积极培育特色农产品，延伸农产品产业链，整合提升乡村旅游资源，打造张马村品牌。

村民安居：通过多种途径解决村民的住房需求，改善老年活动设施，完善河道网络建设，降低洪涝风险，提升居住环境的品质。

存量挖潜：充分利用现状建设用地资源，逐步疏解工业企业，盘活存量建设用地，集约利用土地资源。

弹性规划：依托现有资源，留有空间，适度引导，对一些发展可能性做出规划响应。规划统筹考虑张马村乡村旅游发展的实际需求，对观光农园中的建设用地进行合理布局，同时留有一定弹性，对农园中的建设用地进行总量控制，具体布局可以适当调整优化。

3. 村庄总体布局：弹性规划，分步实施

规划落实区域生态廊道和基础设施建设，落实基本农田保护要求；以沈太路为对外交通发展轴线；依托村委会形成公共服务中心，包含村委办公、老年活动、卫生医疗等公共服务职能，以及旅游咨询、文化展示、特色产品销售等旅游服务功能；南部依托现状设施形成公共服务点，合理布局村庄居住社区、生态林地、农业生产区、特色农园、综合服务区、养生度假区等功能片区。

规划结构图

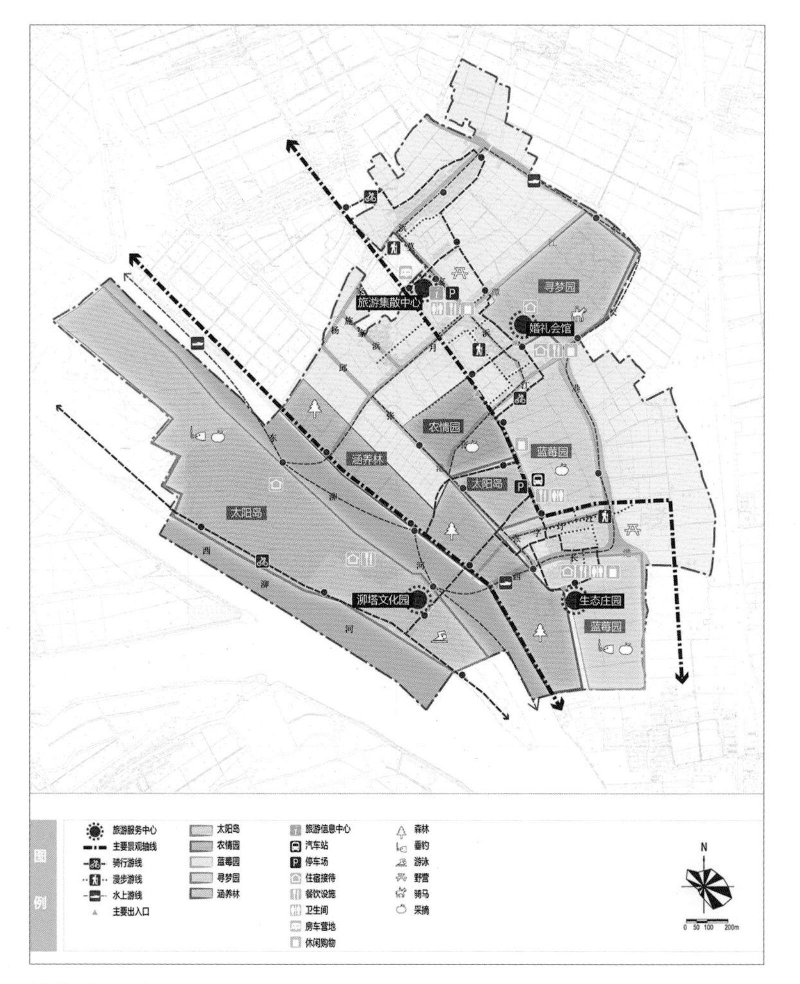

旅游系统规划图

规划近期本村庄建设用地总面积达72.89hm²，其中村庄建设用地为30.76hm²，城镇建设用地为42.13hm²；规划远期本村庄建设用地总面积为76.38hm²，其中村庄建设用地为28.71hm²，城镇建设用地为47.67hm²。

近、远期做好衔接。近、中期疏通村内道路，优化与松江区的交通联系，完成坟浜自然村及两个低效企业的减量化；远期落实沈太路的拓宽和向南延伸，完成沿线村委改建、宅基拆迁等工程，完成综合接待设施等项目。

4. 产业发展：以村为单位，推动产业融合发展

依托第一产业，拓展第二、第三产业，三次产业联动发展，培育村庄自身可持续的造血机制。村民就业渠道主要包括农产品种植、农园种植养护、工艺品制作、餐饮服务、民宿服务、个体经营等。

第一产业：以种植业为主导，做精传统农产品（稻米、茭白），积极培育特色产品（蓝莓）。依托上海广阔的高端消费市场，适时发展有机农业，培育蛙稻米，采用鱼茭共生的新农法培育有机茭白，培育蓝莓、苹果等有机水果，并构建农产品配送系统，延长产业链。

第二产业：逐步淘汰村内落后的工业企业。依托种植业，积极拓展农产品加工业及相关产品的开发，比如蓝莓果干、蓝莓果酒、薰衣草干花、薰衣草精油、茭白叶工艺品等，厂房宜设在邻近的工业园区。

第三产业：提升休闲观光农业，积极发展乡村旅游。开展蔬菜采摘、花卉观光等体验活动，带动相关的餐饮、民宿、特色产品销售等产业的发展；同时依托朱家角镇的艺术氛围，积极拓展影视拍摄等文化创意产业。

茭白特色产业链：茭白生产技术试验田、茭白精加工、“水中人参”新鲜茭白品尝体验、茭白特色食品、茭白编织艺术工坊、茭白节系列活动、茭白生产科普教育点。

蓝莓特色产业链：生产有机蓝莓，开展蓝莓采摘，开发蓝莓果酱、蓝莓蛋糕等DIY手工体验工坊；依托蓝莓的医疗保

公共服务设施规划图

集中居民点总平面图

健价值，拓展蓝莓口服液、胶囊等衍生产品；举办蓝莓主题节日，开发蓝莓文创产品。

5. 乡村旅游规划：整合现状资源，打造张马村品牌

规划整合村庄的各项旅游资源，以提升张马村整体旅游品牌为目标，提出“四季花果园、养生休闲地”的村庄旅游整体定位；以“四园一岛+农户”为依托，完善旅游接待设施，组织水上交通线网、自行车慢行网络，策划泖河水文化、蓝莓农文化、花田恋文化等三条特色游线。

6. 公共服务设施：尊重村民意愿，完善设施配套

规划充分考虑人口老龄化和空心化的特点，尊重村民的意愿和偏好，以适度集中为原则，重点完善南部老年活动室和健身点的设施重建，提升村委会内相关设施的服务质量。规划将包装材料厂置换为公共服务设施；拆除编织厂，建设老年活动室和健身点。

7. 道路交通系统：加强对外联系，完善村内路网

在上位规划的基础上，规划优化了区域道路走向，加强了与松江区的交通联系。同时，村内道路布局与村庄原有格局相耦合，提升了村内道路的连通性，方便了村民出行。

8. 居民点整治：存量挖潜，有机更新

以自然村为单位开展居民点整治，规划重点研究存量建设空间再利用的方式、疏通公共通道、营造公共空间，进而整理出农宅的整治方案，并对远期动迁空间进行预控。

9. 环境整治：经济适用，特色营造

围绕美丽乡村建设，规划重点优化了村庄的整体环境，主要包括河道驳岸整治、院落环境整治、庭院空间美化、入口景观营造、亲水平台建设等方面。对河道集中疏浚，整修驳岸；依托现状500亩水源涵养林，进一步加强泖河沿岸林地建设，引入虎纹蛙等野生动物重要栖息地项目，营造湿地环境；规划一座有机垃圾资源再利用点，对秸秆等进行集中处理再利用。

10. 农房建设管理：尊重传统，分类指导

规划对张马村现状农房的特色进行充分提炼，同时结合《上海市青浦区农村村民住房建设管理实施细则（修订）》的要求，提出修缮、改建、翻建和新建四种农房建设管理类型，分别制定管理导则。

五、规划创新与特色

1. 基于村庄现状条件，创新村庄特色规划方法

近年来，张马村的休闲观光农业蓬勃发展，虽然已经形成了较好的乡村旅游发展基础，但仍停留在初级的发展阶段。根据张马村的这一发展特点，本规划围绕产业发展规划和乡村旅游规划，在住房和城乡建设部的总体要求下，创新村庄特色规划方法。规划从区域发展格局着手，提出以村为单位推动产业融合发展的整体思路，分别制定了针对三次产业发展的策略，并在此基础上进一步对乡村旅游的发展定位、设施规划、线路设置、旅游产品策划、品牌宣传等提出设想，探索了旅游特色村的村庄规划编制技术路径。

2. 土地集约利用，推动村庄进行有机更新

在上海市全面推进“规土融合”、村庄集约发展的背景之下，规划进一步加强村庄土地的集约利用。规划尊重既有村庄的格局，不进行大拆大建，重点聚焦存量土地资源挖潜。

实景照片

本次规划通过详细设计，深挖现状建设用地内的可利用空间，引导部分建筑进行功能置换，解决村庄发展的用地需求，同时改善村庄的人居环境，实现有机更新，从而在规划中充分落实上位规划对土地指标的管控要求，并兼顾村庄可持续发展的需求。

3. 扎根乡土，实现农房建设分类指导

规划充分尊重张马村的乡土传统文化遗存，提炼现状农房、院落、村落的空间特征，同时考虑农房从传统居住功能向民宿、SOHO、商业、展览等功能转变的需求，对农房建设提出管控要求。

4. 对接美丽乡村建设，增强村庄规划的可实施性

张马村是上海市青浦区2014年度美丽乡村建设试点村，在村庄规划编制的同时开展了《美丽乡村建设规划》。本次村庄规划在编制过程中，与《美丽乡村建设规划》全程对接、相互协调，特别是在村庄环境整治、河道治理、道路桥梁建设等方面，形成紧密对接，充分落实具体建设项目，统筹村庄近、远期发展，增强村庄规划的可实施性，使有限的资金发挥最大的效应。

六、规划实施

本次规划形成了有特色、有创新的规划编制方法，具有一定的示范性。在2013年村庄规划试点的基础上，项目组进一步探索了村庄规划的编制方法，形成了具有一定创新性的技术成果，为全国村庄规划的技术创新提供支撑，同时也对上海市同类村庄的规划编制工作起到了一定的示范作用。

指导村内具体项目的规划实施，体现规划的指引性。工业厂房功能置换、河道疏浚、七彩长廊工程、公共场地、庭院美化等项目已经形成阶段性成果，显著地改善了村庄的环境；吸引社会力量参与村庄建设，目前生态园项目已经进入前期规划策划阶段。

相关部门的政策和资金支持，凸显规划的操作性。发改委、农委等部门提供相关的政策支持，积极筹措财政和专项补助资金，安排好资金投入和使用，涉及农田设施、道桥建设、水系整治、建筑改造和市政综合管线等项目。

专家点评

杨贵庆

同济大学建筑与城市规划学院城市规划系主任，教授、博士生导师

该规划开展了行之有效、富有特色的村庄现状调研。设计小组对张马村量身定制并开展了三轮调研方案，包括全村情况摸底、召开村民代表大会，发放调研问卷；深入调研自然村，进行入户访谈；重点板块调研，开展专题访谈。在调研基础上，归纳出村民诉求和村庄发展需求，从而为准确判断村庄发展特征和定位提供依据。

该规划结合村庄发展条件，探索了村庄规划创新方法。规划结合张马村产业的过程和特征，从区域发展入手，提出以村为单位推动产业融合发展的整体思路，针对近年来休闲观光农业的良好发展势头和存在问题，围绕产业发展规划和乡村旅游规划，制定三次产业发展策略，进一步对乡村旅游的发展定位和发展设想，探索并创新了旅游特色村的村庄规划编制技术路径。

该规划倡导村庄有机更新，节约集约用地。在落实上位规划管控要求的基础上，该规划注重村庄空间格局传承和既有设施场地的可持续发展。通过存量土地资源挖潜和详细设计，发挥历史人文内涵的特色，挖掘现状建设用地内的可利用空间，引导功能置换，解决用地矛盾。

该规划重视分类指导，强调规划的实施性。规划与《美丽乡村建设规划》全程对接、相互协调，特别是在村庄环境整治、河道治理、道路桥梁建设等方面，充分落实具体建设项目，统筹村庄近远期发展，增强村庄规划的可实施性。同时，在充分尊重乡土传统文化遗存的基础上，提炼张马村现状农房、院落、村落的空间特征，同时考虑现有村民建房需求，以及既有农房从自住功能向市场化民宿等商业功能转变的需求，对农房建设提出了规范要求和指导。

总体上看，该规划积极探索了当前上海市郊区村庄规划编制的方法，形成了具有一定创新性的技术成果，为全国村庄规划的技术创新提供了一种范式。

上海市杨浦滨江核心段城市设计及控制性详细规划

2015 年度全国优秀城乡规划设计奖（城市规划类）二等奖、2015 年度上海市优秀城乡规划设计奖二等奖

编制时间： 2010 年 7 月—2013 年 9 月

编制单位： 上海市城市规划设计研究院

编制人员： 王曙光、奚东帆、王嘉漉、奚文沁、林臻、张威、李烨、王玲、周雯君、卞硕尉、陈鹏、朱伟刚、杨心丽、施晨琦、张智慧

一、规划背景

杨浦滨江地区是上海实现“四个率先”、体现发展转型的重要代表性区域；杨浦滨江地区是黄浦江综合开发向北延伸、体现辐射效应的重点区段，按照“高起点规划、高水平开发”，打造“百年大计、世纪精品”的黄浦江开发总体要求，应建设成为体现黄浦江两岸地区“重塑功能、重现风貌”的代表区域；杨浦滨江地区也是杨浦区深入推进“国家创新型试点城区”和知识杨浦建设的新引擎；同时，作为上海最重要的传统工业基地之一，杨浦滨江地区拥有深厚的历史文化底蕴、丰富的知识创新资源、绵长的滨水景观岸线，亟需通过整体改造更新，摆脱发展困境，发挥资源优势，创新发展道路，打造上海“智慧人文”滨江。

1. 规划范围

规划范围为黄浦江北段的杨浦大桥两侧地区，即杨浦区

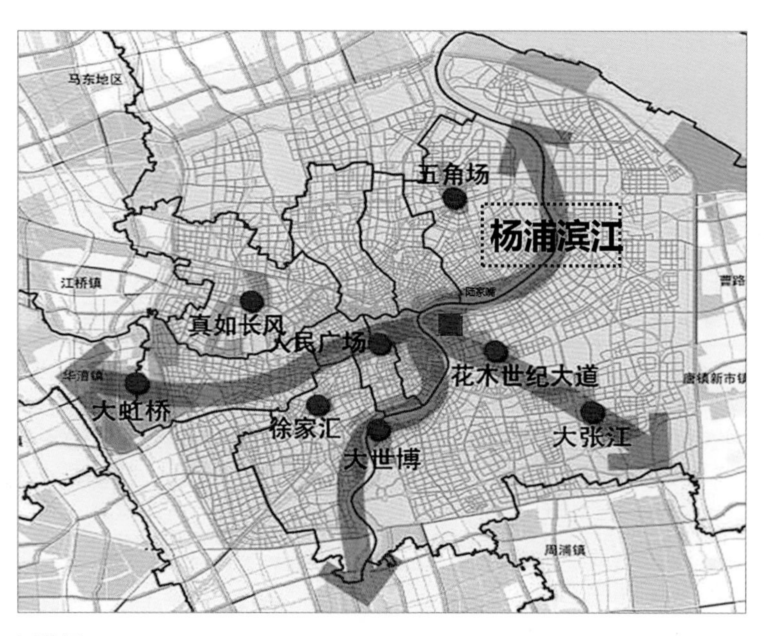

区位图

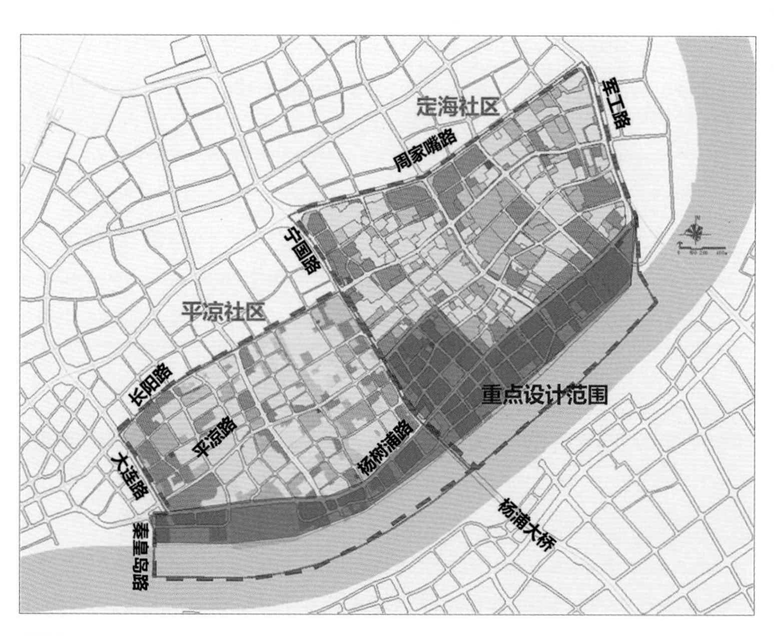

范围图

平凉社区和定海社区，总面积约为10km²，重点城市设计范围为杨树浦路以南、秦皇岛路以东、复兴岛以西的黄浦江W5、W7单元地区以及杨浦大桥东侧地块，用地面积约为1.8km²。

2. 历史沿革

在上海开埠前，这段百年工业文化长廊是浦江江堤，直至1869年，租界工部局开始从外滩沿黄浦江修建马路至杨树浦港，此段便命名为杨树浦路。1894年《马关条约》签订后，外商相继在杨树浦地区大办工厂。1912年，黄浦江疏浚，杨树浦路形成15.5km的黄浦江沿岸工业带，是当时中国最大的工业基地之一。1945年8月，抗日战争胜利，国民政府接管了日伪产业，民族工业受到政局影响，工厂无法正常生产，大量减产歇业。即便如此，曾经辉煌的工业文明也为杨浦滨江留下了大量的工业遗产，以杨树浦为代表的黄浦江工业码头区，是20世纪上半叶上海近代工业发展最早、最集中的地带，也是上海最大的工业区，反映了当时先进的工业生产技术与建筑建造水平，赋予了杨树浦地区独特的历史文脉。诸如中国第一家发电厂——杨树浦电厂、中国第一家工业化造纸厂——上海机器造纸局、中国第一家机器棉纺织厂——上海机器织布局、中国第一家自来水厂——杨树浦水厂、中国第一家工业化制糖厂——明华糖厂、中国第一家城市煤气厂——上海煤气厂，以及上海最大的修船坞、上海纺织业曾经的老大怡和纱厂、美国通用电气在华首家电子工厂都在这里。

3. 现状概貌

1970年代后，多数企业由于缺乏技术改造投资，致使技术、设备和产品老化，拉开了与国际先进水平的差距。20世纪70年代后期，国家实行改革开放，逐步从计划经济转向社会主义市场经济，在转轨过程中，老工业基地获得新机遇，也遇到了严峻的挑战。此时采取多种贷款形式增加投资、新建中外合资企业，如1984年由上海玻璃机械厂、上海投资信托公司、美国路脱斯公司三方合资开办的上海玻路塑料建材有限公司，为杨浦区区内最早建立的三资企业。与此同时，一些传统工业如纺织厂、机械制造厂等因设备老旧、管理不善及市场竞争压力等原因，于1990年代先后转入衰退，面临调整和升级，有的面临停产、破产的境况。内港也由于受水深条件限制，不能适应国际航运业船舶大型化和集装箱化的发展趋势而面临迁移。

1990年代，随着浦东的开发、开放，在上海市新一轮产业结构调整升级中，第三产业的兴起和高新技术的引进与开发使传统工业发展陷入困境，很多老的工厂、企业面临“关、

总平面图

停、并、转”的局面；规划也有意识地将老的工业区向新兴工业区或者郊外转移，许多工厂用地开始进行新的开发建设。

二、构思特色

1. 规划重点

杨浦滨江地区，从全市层面上看，是上海北部地区实现“创新驱动、转型发展”的重要代表性区域；从黄浦江层面上看，是黄浦江综合开发向北推进并辐射带动上海北部地区发展的重要区域。从杨浦区区域上看，杨浦区拥有众多知识创新资源，滨江地区也是上海近代工业最早、最集中的代表性地区，产业遗存比较丰富。我们认为杨浦滨江应体现上海特征、滨江特点和杨浦特色，实现功能的错位发展，其规划重点应体现以下四个方面。

功能转型：根据上海市和杨浦区的总体发展战略，充分发挥杨浦滨江地区优势，研究确定地区产业发展的方向，明确功能业态及其规模和布局。

风貌保护：充分挖掘利用杨浦百年工业文明的历史遗存，注重区域肌理的延续和文脉的传承，结合规划功能针对性地提出整体化的保护、更新和改造策略。

交通支撑：改善轨道交通、越江交通的服务水平，系统地解决滨江地区交通可达性差的问题，对滨江功能开发形成有力支撑。根据地区功能梳理加密地区路网，改善微循环，建立宜人便捷的交通系统。

生态建设：建立沿江贯通、腹地渗透的生态空间系统，提升地区生态环境品质。强调滨江区域的公共性、开放性；注重塑造亲切宜人、有利于交流交往的空间。

2. 目标定位

根据“十二五”期间将黄浦江两岸地区建设成为上海“四个中心”重要功能核心区和世界级滨水区的目标要求，杨浦滨江地区将依托和发挥杨浦区创新资源丰富、知识人才集聚、工业遗存众多的特色，重塑功能、重现风貌，打造以科技商务、创意设计、特色金融、文化休闲四大功能为主导，底蕴深厚、产业繁荣、人居和谐的滨水服务集聚带，实现从老工业区向现代服务业集聚区的转变。

3. 规划理念

杨浦滨江规划提出营造历史感、智慧型和多样性滨江的总体理念。

历史感：杨浦滨江地区是上海近代工业最早、最集中的代表性地区，拥有丰富的以产业文化为代表的历史遗存。这是杨浦滨江区别于黄浦江其他区段的基本特征，也是塑造具有独特文化内涵的地区形象，形成强大吸引力的核心资源。规划充分保护和利用工业文明的特色历史元素，加强新旧建筑空间环境的协调融合，营造富于历史感的空间形象和文化氛围。规划提出加强历史文化遗存的保护利用、延续历史

四轴四心

滨水公共空间发展带

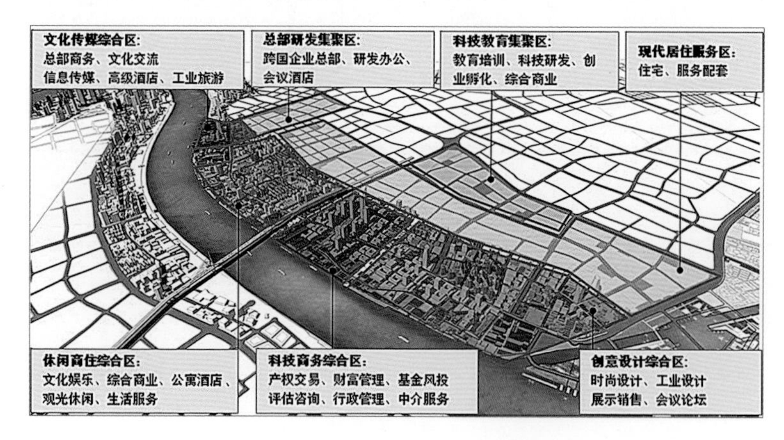

七区

形成的城市空间格局、塑造具有历史记忆的开放空间三大策略，实现滨江的历史感。

智慧型：杨浦滨江地区建设是杨浦区战略转型的重心，是深入推进国家创新型试点城区和知识杨浦建设的重要载体。规划科学统筹社会、产业和环境的发展需求，优化资源利用效率，积极引进面向国际的高科技产业，倡导高效低碳的生活方式，配置智能化基础设施，为新时期城市更新和发展探索一条“智慧型”的发展道路。规划提出构建知识密集型的产业结构，倡导居职一体的功能布局，强化信息化、智能化的设施配套三个措施，践行“智慧城市”的理念。

多样性：多样性是城市的天性，是城市活力的源泉。杨浦滨江地区将多样性的功能、空间和环境，作为提升地区形象、激发地区活力的重要手段。规划提倡功能复合，促进工作—居住—休闲的有机融合，塑造便捷、舒适的生活氛围和高品质的城区环境，组织多样化的公共活动，塑造宜人的开放空间系统和滨水步行环境。规划通过推动多元功能的复合布局、建设丰富多样的公共空间、营造特色鲜明的公共环境，将地区文脉与新兴功能结合起来，营造兼具历史感和现代性的公共环境。

三、规划内容

1. 科技创意主导的功能业态

发挥杨浦知识创新资源集聚的优势，积极推进产业结构调整与升级，构建试点城区建设的空间载体与产业平台，构建以科技金融、创意设计为特色的产业体系。规划围绕科技创新与时尚设计的生产、融资、交易、中介、配套全过程，聚焦以科技金融、创意设计为特色，成为深入推进国家创新型试点城区建设、强化创新创业特色的代表性功能区。

（1）科技金融

根据本区中小企业和科技型企业众多的特点，大力发展以科技金融为重要特色的金融服务，形成与外滩—陆家嘴核心CBD相错位的金融发展格局：发展以科技金融为重点的核心金融服务，吸引以硅谷金融集团为重点的国内外金融机构和投资机构集聚；发展以保险、租赁及其他新兴金融业态为支柱的延伸金融服务；发展以专业服务为配套内容的外围金融服务。

（2）创意设计

充分利用与环同济地理上的紧密关系和原有的工业企业人员、技术、产业纽带，吸引创意设计类企业及人员集聚，重点发展以产品设计、建筑设计、环境设计、展示设计等为特色的设计外包服务；吸引艺术家工作室、展示策划、时尚产品体验中心等业态集聚。

2. 居职平衡的功能构成

本次规划保持人口规模与住宅建筑量基本不变，然而地区功能转型将带来就业与居住配套需求的变化。由于杨浦滨江地区对外交通相对薄弱，规划对居住与就业进行系统分析，通过住宅户型与服务设施配套，加强居职空间的统筹。住宅户型配比兼顾本地居民与新兴产业就业人群的需求，并建设公共租赁房，提高就近就业的比例。

为了提高地区居住品质，规划增加公共服务设施，同时针对商务办公、创意设计人员的需求，增加个性化、精品化的服务设施。

3. 复合渗透的布局结构

沿滨江构建多元复合的功能核心区，并以公共活动轴与腹地相沟通,总体上形成“一带、四心、四轴、七区”的空间布

滨江科技交流“客厅”

街区特色

局。“一带”指东西贯通、长约5.5km的滨江公共空间发展带；“四心”指科技交流中心、创意设计中心、文化传媒中心、人文休闲中心四大功能核心；“四轴”指由滨江功能核心区深入腹地形成的四条公共活动轴，分别为大连路总部发展轴、江浦路生活服务轴、临青路科技商务轴、隆昌路文化创意轴；“七区”为科技商务综合区、创意设计综合区、文化传媒商务区、休闲商住综合区、总部研发集聚区、科技教育集聚区、现代居住服务区7个功能区。

4. 紧凑宜人的街区生活

塑造小尺度、高密度的街区格局。延续历史空间肌理，优化街区尺度，增加滨水区路网密度（由原规划6.85km/km^{2}增加到8.34km/km^2），滨水街坊尺度控制在100m~150m左右，创造紧凑、宜人的滨水街区。

推广围合式街坊，加强界面连续性。重要的生活性道路形成连续性的建筑界面，建筑贴线率控制在60%~80%。街坊内部形成围合式空间，加强空间的场所感和舒适性。

形成层次丰富的建筑布局。注重建筑布局的整体性和秩序感，控制沿江建筑的整体高度，核心商务建筑群布置在杨树浦路以北区域，形成“一主三副”的高度变化和腹地向江岸逐次跌落的高度布局，建立起伏有序、清晰完整的天际轮廓线。

5. 多样有序的“城市客厅”

在空间营造方面，注重公共空间多样性和生动性，通过绿楔引入、建筑与公共广场的互动，形成收放有致、多样有序的“城市客厅”，最大限度地增加滨水景观的价值。

6. 新旧融合的历史风貌

规划从历史文化价值、科学技术价值、艺术审美价值、开发利用价值这四个方面对核心区内的工业遗产进行价值评估，能保尽保，并提出了如下原则：

第一，可持续发展的原则。包含对既有资源条件和建成环境的合理利用、资源的再生利用和永续利用。

第二，历史环境整体保护的原则。诠释和保护好各时期遗留下的特色和环境景观，在后续的开发中，使其发挥最大的社会和经济效益，为改善地区的居住环境、提升生活品质创造条件。

第三，工业遗产适应性再利用的原则。在尽可能地保

历史文化浓郁的活力滨水空间

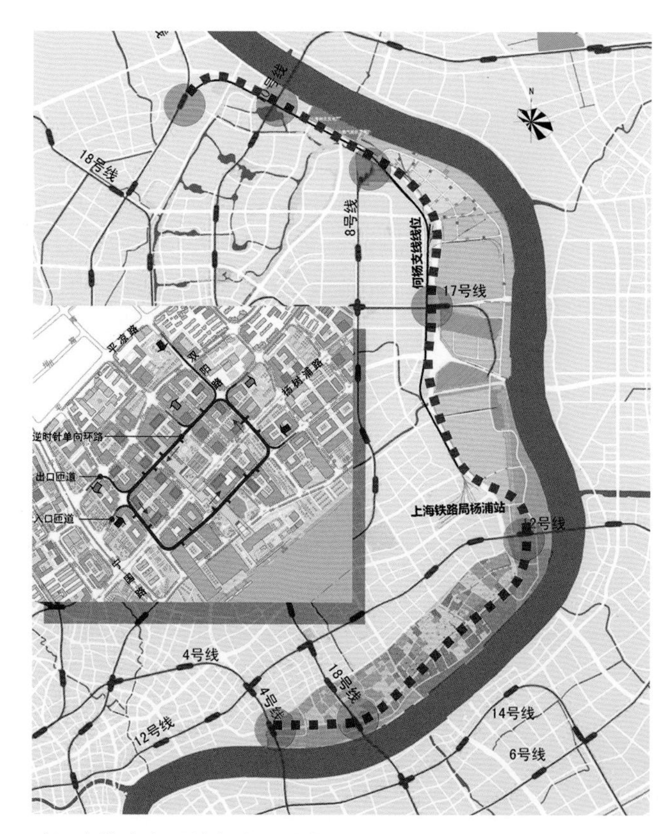

滨江有轨电车及城市地下环路

留、保护工业遗产的特征和它所携带的历史信息的前提下，可以最大限度地注入新的空间元素和新的功能，使之融入当代城市生活之中。具体措施如下：

进一步增加保护对象。在法定保护建筑以及原控规保留历史建筑的基础上，通过现场调研和专题研究，增加保护、保留建筑，对风貌集中的滨江地区历史建筑做到“能保尽保”。在上位规划提出的保护历史建筑28处、共112幢以外，新增保留历史建筑7处，建筑面积达4.6万m^2。除此之外，提出建议保留历史建筑名单，共计41处，总建筑面积约为20万m^2，要求结合地区改造更新，积极进行维修和再利用，以加强地区风貌的整体保护。

加强产业建筑的更新利用。针对产业建筑在结构和空间方面的特性，在保护的基础上强调科学利用，对结构良好、空间可塑性强的厂房、仓库进行更新利用，赋予新的使用功能，成为创意研发、时尚设计和展示交流的空间载体，使保护与地区开发协调发展。

设置历史风貌探访体验环路。结合地区慢行系统，将重要的公共空间、风貌突出的历史建筑以及具有代表性的工业遗存串联起来，形成贯穿滨江与腹地的特色风貌走廊，以强化地区的历史文化氛围。

7. 水城相融的生态环境

增加开放空间规模。规划坚持“生态优先、睿智增长”，贯彻落实中心城“双增双减”的工作方针，优化用地结构，增加公共绿地。

建设多样化的公共空间。在保持滨江贯通的基础上，充分利用历史建筑、河道、船坞、码头等资源，通过建筑后退、围合等手法，形成收放有致、多样有序、各具特色的滨江公共空间，并通过纵向的廊道联系腹地。腹地根据各地区情况因地制宜地开辟绿化开放空间，并建立公共活动网络，改善公共空间服务。

建设安全亲水的滨水环境。滨水地区在保障安全的基础上，结合滨江历史建筑及地形，在不同标高层次上形成多样化的亲水场所，提供丰富的观景和活动体验。

将产业文化遗存融入开放空间系统。以各类历史文化遗存为核心构建地区开放空间体系，突出百年工业文明的历史积淀，提升滨江地区的环境品质和空间活力。滨江开放空间布局与历史建筑相结合，突出船坞、大型厂房等重要历史遗迹的空间地位。保留烟囱、煤气罐、塔吊等富有工业时代特征的构筑物，融入公共环境设计之中，营造产业文化的整体氛围。

8. 高效集约的多元交通

地区基础设施陈旧落后，居民享受服务非常不便。杨浦滨江位处城市东北，交通尽端，与城市中心的联系通道较少，轨道交通网密度低。

根据现状交通特点和地区目标定位，地区交通发展的理念为高效集约和绿色低碳，主要通过以下措施来改善地区交通，提高开发容量和道路交通的匹配性。

加密路网：完善“四横六纵”的干道系统，增加周家嘴路（北横通道）、江浦路隧道、隆昌路隧道等对外道路；提高路网密度，加强路径选择性，提供良好的慢行网络；在道路线形设计上，注意避让保护建筑。

滨江有轨电车：提高滨江地区可达性，大力发展公交系统。完善沿江公交体系和枢纽；沿杨树浦路预留新型有轨交通线路，并可沿军工路向北延伸（长度约17km），串联各城市轨交站点。

上海船厂改造为文化传媒中心

杨树浦港改造成人文休闲中心

多种交通方式：优化慢行交通环境，实现滨水道路的贯通；结合保留水上轮渡，新增水上巴士等多种水上交通方式。

地下环路：通过地下空间的整体开发，在滨江节点地区形成4片集中的地下停车空间；科技金融中心采用单向地下环行通道串联各商务地块地下停车库，缓解地面交通，可有效服务到发交通。

交通承载力匹配：通过以上交通规划措施，地区交通饱和度平均约为0.74（V/C），可以承担开发带来的交通增量。

9.活力人文的节点示范

杨浦滨江自西向东形成四个重要的功能区域。

（1）文化传媒中心

功能定位：杨树浦水厂西侧结合秦皇岛路水门、上海船厂等工业的改造置换，引进国际文化、世界时尚等产业，形成滨江文化传媒中心；文化传媒中心衔接大连路现代服务业集聚区，形成以国际文化时尚为特色，以文化传媒、国际时尚、商务办公、高级酒店为主导功能的文化商务集聚区。

项目策划：规划在片区拟打造以总部办公、商务休闲中心、商务酒店为主体的商务综合体，打造以世界时尚中心、老码头名品展示中心、船坞庆典广场、传媒综合体和船厂文化博物馆为主体的文化中心。

公共空间：西侧连接大连路形成半围合的城市活动空间，吸引城市客流；东侧形成腹地至滨江贯通的具有一定历史风貌的带状广场；中部形成“向滨江开放”的“滨水客厅”，以集聚公共活动。规划打通滨江地区的步行路径，形成完整的滨江步道体系，大连路、杨树浦路、滨江走廊形成三条主要的步行路径，其他垂直滨江的通道形成次要的步行路径，陆续形成驻留节点，形成空间景观独特的休憩、节庆广场。

（2）人文休闲中心

功能定位：杨树浦水厂和杨浦大桥之间，以杨树浦港为核心，结合渔人码头项目和有机材料科技园等工业改造与更新，形成滨江人文休闲中心：以黄浦江、杨树浦港水岸创意生活为特色，以休闲商业、游艇码头、商务、公寓混合为主导功能的生态休闲生活带。总体以滨江道路和杨树浦港为界，分成四大功能分区：腹地靠杨树浦路形成商业酒店办公区、文化创意综合区。滨江路以南至江岸注重公共开放，绿化、历史建筑、新建设施相结合，注入文化、餐饮、休闲娱乐等功能，形成商业餐饮休闲区、文化浏览休闲区。

公共空间：杨树浦港形成纵向的生态空间，滨江形成横向的公共开放空间，渔人码头、杨浦大桥形成东、西两个块状绿化广场。规划打通滨江地区的步行路径，结合若干空间节点，形成“三纵两横”的主要活动网络：杨树浦路、滨江绿道形成两条连续活动带、腹地至滨江形成三条通向滨江的主要活动轴线。

（3）科技交流中心

功能定位：杨浦大桥东侧结合新益棉等工业改造更新形成滨江科技交流中心：以科技创新为特色，作为知识杨浦的滨江空间载体；以科技金融、科技研发、文化创意展示为主导功能形成科技、商务集聚带。总体以滨江道路、杨树浦路、杭州路为界，分成四大功能分区：杭州路与杨树浦路之间形成以科技金融、科技商务、公寓酒店、文化娱乐等功能为主的复合型商务区；杭州路与平凉路之间形成酒店、公寓住宅、公共服务设施为主的居住综合区；杨树浦路与滨江路形成以科技展示与论坛、商务办公、文化交流与创意为主的科技文化创意区；滨

新益棉厂地区改造规划为科技金融中心

杨树浦电厂煤气厂地区改造规划为创意设计中心

江注重公共开放，绿化、历史建筑、新建设施相结合，置换新益棉的老厂房功能，形成滨江文化休闲区。

公共空间：腹地至滨江形成三条纵向的生态与活动空间，滨江形成横向的公共开放空间，腹地平凉公园形成内部块状绿化公园；根据公共空间体系，形成高密度的公共活动网络和宜人的商务街区；商务区中央结合旧式里弄的保护，规划商业广场，商务街区围绕中央开放空间布置，步行平台连接滨江与腹地，形成人气集聚的城市客厅与空中舞台。

（4）创意设计中心（杨树浦电厂板块）

功能定位：杨浦滨江东部结合十七棉、杨浦电厂等改造置换，形成创意设计中心，是以时尚创意为特色，以国际大师交流、创意设计论坛、服装设计等各类设计行业总部为主导功能的时尚工业设计集聚带。总体以滨江道路、杨树浦路、隆昌路为界，分成四大功能分区：设计总部综合区、商办酒店综合区、文化时尚展示区、 滨江文化休闲带。

公共空间：规划在保留滨江历史建筑和历史空间的基础上，最大化地形成具有人文气质的公共开放空间，以满足市民的公共活动需要。“一纵一横”的开放空间：腹地至滨江形成一条纵向的生态与活动空间，滨江形成横向的公共开放空间。根据公共空间体系，形成高密度的公共活动网络和宜人的商务街区。

特色界面：集中体现地区文化、景观特色的重要路段通过严格控制贴线率等指标体现风貌特色。贴线率为建筑物贴近建筑控制线的界面长度与建筑控制线总长度的比值，以百分比表示。杨浦滨江路、垂直滨江的生活性道路、城市广场周边、其他具有景观和生活功能的街道要求严格控制贴线率，一般控制在70%~80%，从而营造舒适、宜人的空间环境。其他沿街界面贴线率控制在60%以上。

四、实施情况

杨浦滨江工程尤其是基础设施和公共环境建设，正按照计划有序地推进并分步实施。滨江公共开放空间已进入实施阶段，重点聚焦杨浦大桥两侧滨江地区，逐步实现滨江岸线功能转型和历史风貌保护，还江于民。杨浦滨江地区的建设将传承百年工业文明的底蕴，汇聚百年大学文明的力量，引领杨浦区创新发展的道路，为黄浦江两岸开发再谱新篇。

专家点评

叶梅唐

上海市规划委员会专家
原上海市规划和国土资源管理局副总工程师
教授级高工

《上海市杨浦滨江核心段城市设计及控制性详细规划》自 2010 年 7 月起编制，于 2013 年 9 月由上海市人民政府批准，目前建设实施正在有序开展。

本次城市设计范围为 47.6km^2，城市设计和附加图则编制范围为 2.19km^2，规划研究范围为 10.5km^2。

杨浦滨江是中国近代工业的重要发源地，有中国第一家发电厂、第一家水厂、第一家机器造纸厂，具有众多的工业历史遗存，为新中国成立以后上海重要的工业基地之一。随着创新驱动、转型发展的到来，杨浦滨江核心段迎来了发展的新机遇。设计团队对核心段的现状作了非常深入的调查研究，提出了历史感、智慧型、多样性的总体理念，充分发挥杨浦高校、科研院所集中的优势，努力把核心段打造成以科教为特色、服务经济为核心的新型产业基地，实现从工业杨浦向知识杨浦的转变，充分发挥空间资源的特色优势，使之成为创新发展的示范区。

核心段的城市设计及控制性详细规划，将城市设计与控制性详细规划紧密衔接起来，有较强的实施性，体现了上海的城市特色。在对历史建筑积极保护的同时，精心塑造小尺度、高密度的街区，是高起点规划、高水平开发的一个很好的案例。

上海市浦东新区夜景照明建设管理专项规划

2015 度全国优秀城乡规划设计奖（城市规划类）二等奖、2015 度上海市优秀城乡规划设计奖二等奖

编制时间： 2013 年 1 月—2014 年 12 月

编制单位： 上海市浦东新区规划设计研究院、上海同济城市规划设计研究院

编制人员： 刘伟、何建龙、赵为、刘璇、吴庆东、钱爱梅、林怡、郝洛西、周裕红、朱新捷、吴海洋、陈尧东、陈戈、张坤喆、崔哲

一、规划背景

城市夜景观是城市景观的重要组成部分，是自然和人文诸多元素共同构成的夜间综合景观体系。夜景观的塑造和发展，使城市的夜空更为绚丽多姿，生活气息更加浓烈，商业经济愈趋繁荣。

经过20余年的建设开发，浦东新区的城市夜景观照明建设有了飞速发展，诸如世纪大道、小陆家嘴地区、世博地区等区域成功的夜景建设，向世人展示了浦东、上海乃至中国改革开放的成果，取得了非常好的社会效益和环境效益。但同时也要看到，上述区域的夜景照明建设均是单个项目的工程性项目照明设计与建设，而未经整体设计，其建筑单体与单体之间往往欠缺协调和统筹。而在日常生活中，一些不恰当的灯光照明也对居民生活、交通等造成了不利的影响和干扰，城市光污染现象也是愈发严重。

随着时代发展以及新一批重点项目的陆续开发建设，浦东未来夜景照明的建设和管理任务将更为艰巨。为加强对城市夜景照明建设的引导、控制和有序安排，制定符合浦东特色的夜景照明规划体系和建设策略，提升浦东夜景照明的品质，迫切需要在整体层面上统筹整个浦东的夜景照明，并需要提出详细具体、富有建设性的夜景照明指导和控制文件。

二、现状研究

总结浦东在夜景照明方面的主要问题，有以下4点：第一，城市夜景天际线发展不平衡，中心区照明光色、亮度控制较弱；第二，主要景观轴线照明品质有待提高，现有景观照明眩光、光污染情况较为普遍；第三，重要交通枢纽节点、周边标志性建筑物、构筑物、景观节点、绿化节点、公共空间节点的景观照明缺失，难以辨识；第四，公共开放空间景观照明单

天际线亮度拼图

调，现状多为基本的功能性照明，夜景氛围烘托较为薄弱。

针对上述问题，规划对标国际先进城市，如多伦多老城区历史街区、圣地亚哥中心城区等进行案例研究，发现具有优秀夜景照明的地区能更好地凸显其历史文化要素和增加地区的辨识感和吸引力，能够提供给市民安全感、归属感和舒适感，对地区的未来发展具有一定的促进作用。

三、设计内容

随着时代发展，对夜景照明的认识也不仅局限于夜景塑造的概念。如何通过照明建设塑造更安全的夜间环境，如何通过照明建设创造更多的夜间活动场所，如何通过系统和硬件的升级使照明更加绿色、环保节能，这些新的问题和需求都亟需通过新的规划予以统领、指导和解决。本专项就此以既有的城市总体规划和专项规划为基础，结合上海新一轮总体规划编制工作，针对浦东新区的建筑、绿化、水体、公共开放空间及桥梁等照明载体提出总体和分项的规划控制要求。

1. 总体规划

本着民生为先、安全高效、绿色节能的原则，本规划提出构建技术先进、生态友好的“均衡化”“系统化”“智能化”照明体系，以及塑造浦东特色夜景景观的总目标。为实现发展目标，规划首先对夜景观空间架构、照明分级控制、亮度分级控制、色温分级控制和彩色动态光等方面，在全区范围内进行整体性的分区分级管控。

（1）规划原则

①该亮则亮、当暗则暗

在全区整体管控中，规划首先强调该亮则亮、当暗则暗。

在核心夜景景观带（I级），规划设置以中高色温为主的重点夜景照明，兼而设置符合区域定位的动态彩色光照明。

总体色温分级控制规划图

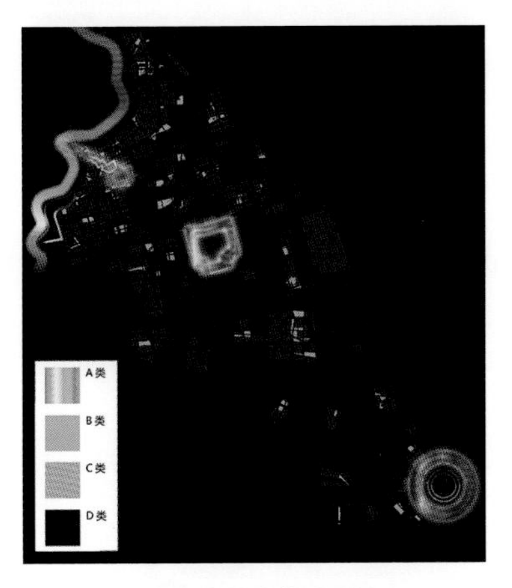

总体彩色动态光控制规划图

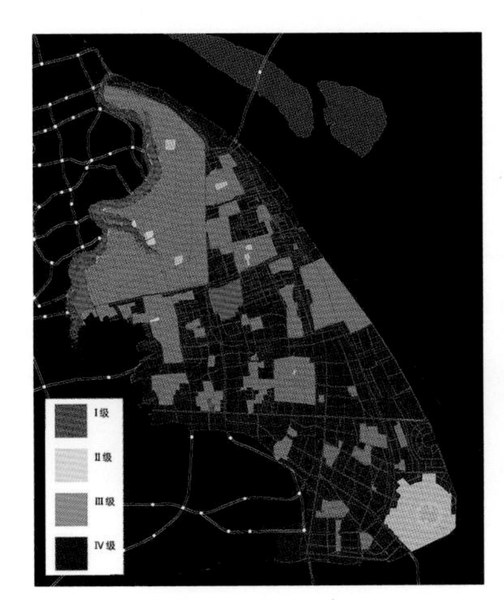

总体夜景观照明分级控制图

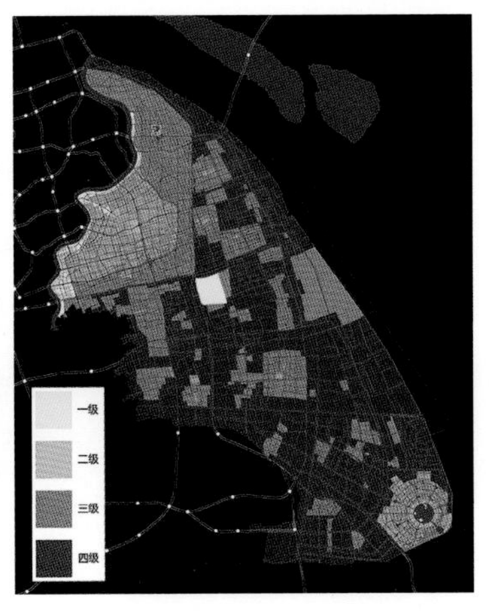

总体夜景亮度分级控制规划图

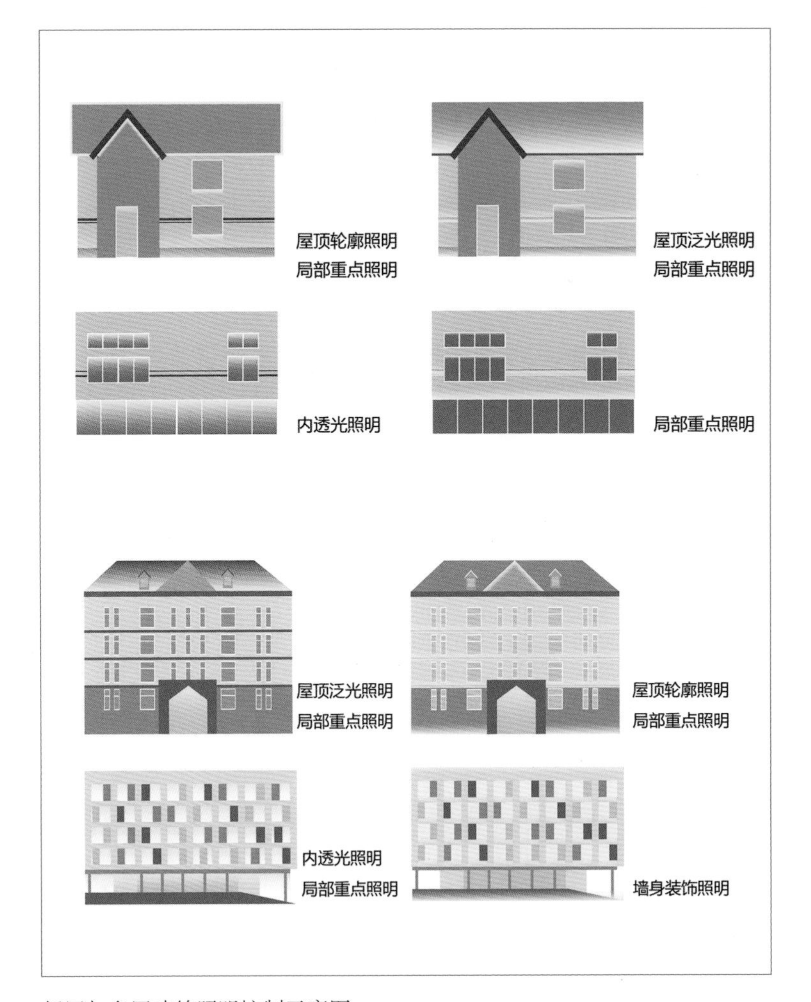

低层与多层建筑照明控制示意图

在一般城市居住、生活区域（III级），规划明确在控制照明的前提下，重点在交通节点、公共活动空间设置中低色温为主的夜景照明，这样既可满足居民的夜间活动需求和安全，又能避免过度照明的不利影响，同时在这些区域严禁设置彩色动态光。

对于自然保护区、生态绿地等天然暗环境区（IV级），严格限制其夜景照明，以避免对生态环境造成影响。

②该紧则紧、当放则放

对于各类不同夜景照明项目，规划强调该紧则紧、当放则放。

重点建筑和历史文化风貌区的夜景照明设计与建设，规划明确必须采取专家评审会形式进行慎重审核。

重点区域内其他新建项目，应将灯光设计纳入由建交委组织牵头的总体设计文件中，以部门征询会的形式征询夜景管理部门相关意见。

重点区域以外的普通建筑夜景照明设计与建设，则应在确保符合本规划各项要求的前提下，向管理方备案。

（2）总体夜景观空间结构

天际线分区段控制表

项目 地区	亮度等级	色温	彩色光	建议
北滨江地区	乙级	中低色温	可以使用彩色光	主要是以高层商业办公建筑为主，建议采用内透光、局部透光等照明方式照明。
小陆家嘴地区	甲级	中高色温	建议适当运用彩色光	以超高层商业办公楼为主，可以采用整体或局部投光、内透光以及装饰照明。
南滨江地区	丙级	中低色温	不宜使用彩色光	以高层居住建筑为主，建筑照明方式以内透光和局部透光为主。
世博地区	乙级	中间色温	可以使用彩色光	以世博保留建筑，以及新建商办建筑为主，场馆建筑可采用整体投光及装饰照明等，商办建筑宜采用内透光照明。
耀华地区	丙级	中低色温	可以使用彩色光	综合发展酒店、办公、公园、零售商业、文化、公寓等复合功能，宜采用内透光及局部透光的照明方式。
前滩地区	乙级	中间色温	可以使用彩色光	充分发挥东方体育中心和滨江生态空间的特点，对于大型体育场馆建筑，可采用整体投光及装饰照明等方式。

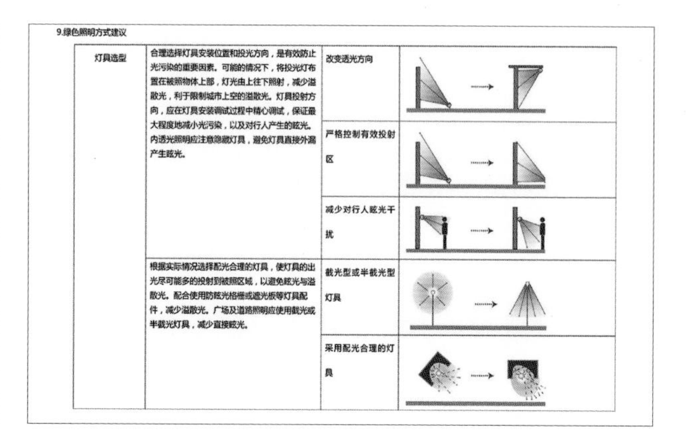

9.绿色照明方式建议

灯具选型	合理选择灯具安装位置和投光方向，是有效防止光污染的重要因素。可能的情况下，将投光灯布置在被照物体上部，灯光由上往下照射，减少溢散光，利于限制城市上空的溢散光。灯具投射方向，应在灯具安装调试过程中精心调试，保证最大程度地减小光污染，以及对行人产生的眩光。内透光照明应注意隐藏灯具，避免灯具直接外漏产生眩光。	改变透光方向	
		严格控制有效投射区	
		减少对行人眩光干扰	
	根据实际情况选择配光合理的灯具，使灯具的出光尽可能多的投射到被照区域，以避免眩光与溢散光。配合使用防眩光格栅或遮光板等灯具配件，减少溢散光。广场及道路照明应使用截光或半截光灯具，减少直接眩光。	截光型或半截光型灯具	
		采用配光合理的灯具	

夜景灯光简易设计手册示意

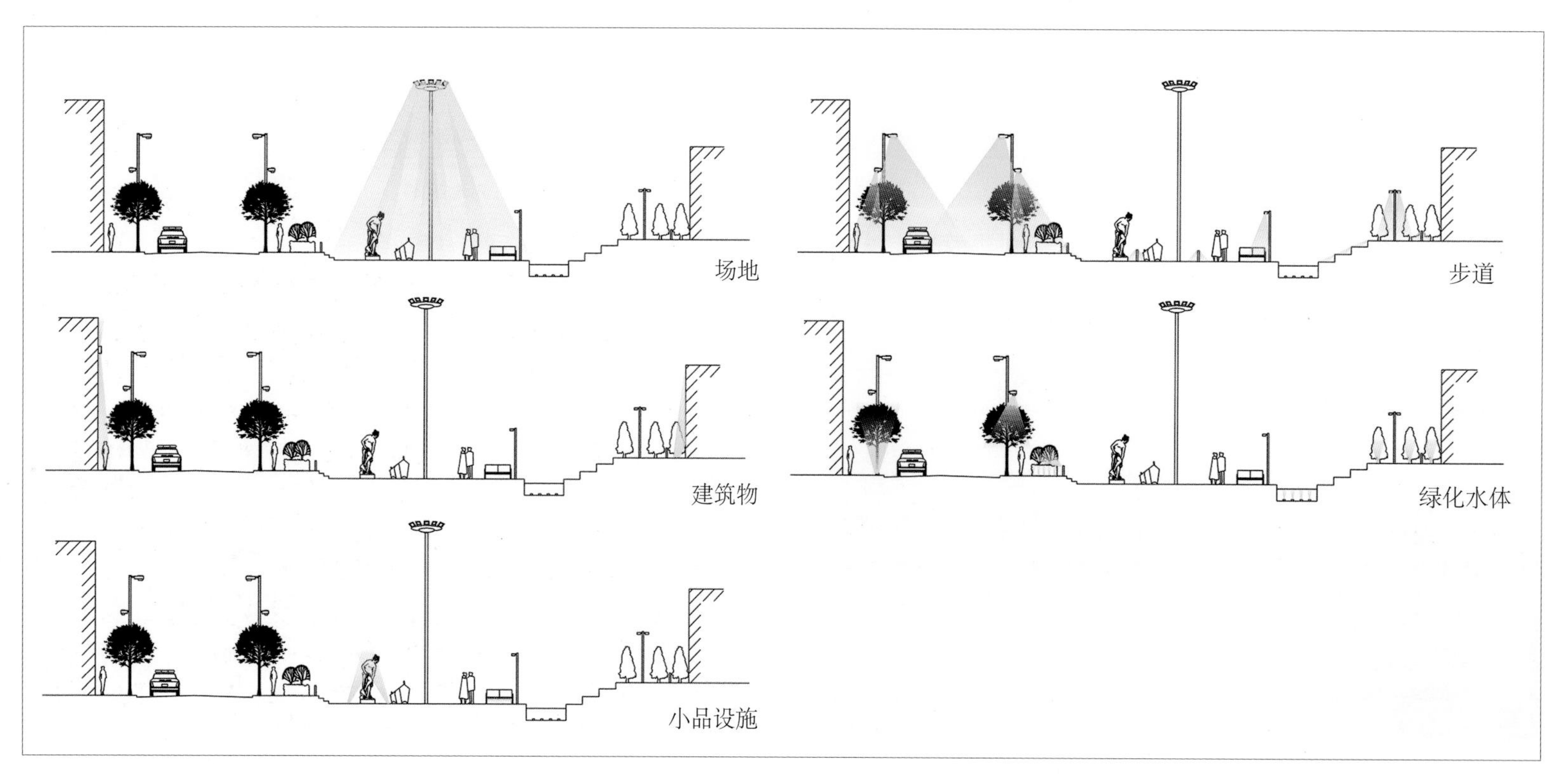

广场空间照明控制示意图

①夜景观空间结构

延续城市总体规划路线，结合浦东发展现状，本专项规划构成“一轴、三带、三核、多中心”的体系。

一轴：即由小陆家嘴地区、世纪大道沿线地区、花木行政文化中心、龙阳路新博地区、张江科技文化创新中心、国际旅游度假区等重要节点构成的浦东夜景核心轴线。

三带：包括黄浦江沿岸夜景带、中部城镇夜景带和南汇新城沿海夜景带。

三核：指小陆家嘴地区，世博、耀华、前滩地区，国际旅游度假区这3个核心区夜景节点。

多中心：包括4个重点区夜景节点、6个次重点夜景节点和1个历史文化风貌区夜景节点。

②分级控制

夜景照明分级控制规划。分别对不同区域采用核心控制、严格控制、一般控制和特殊控制四级的照明分级控制。

亮度分级控制规划。分别对不同区域采用重点照明、适当照明、控制照明、严禁照明四级的亮度分级控制。

色温分级控制规划。分别对不同区域采用中高色温为

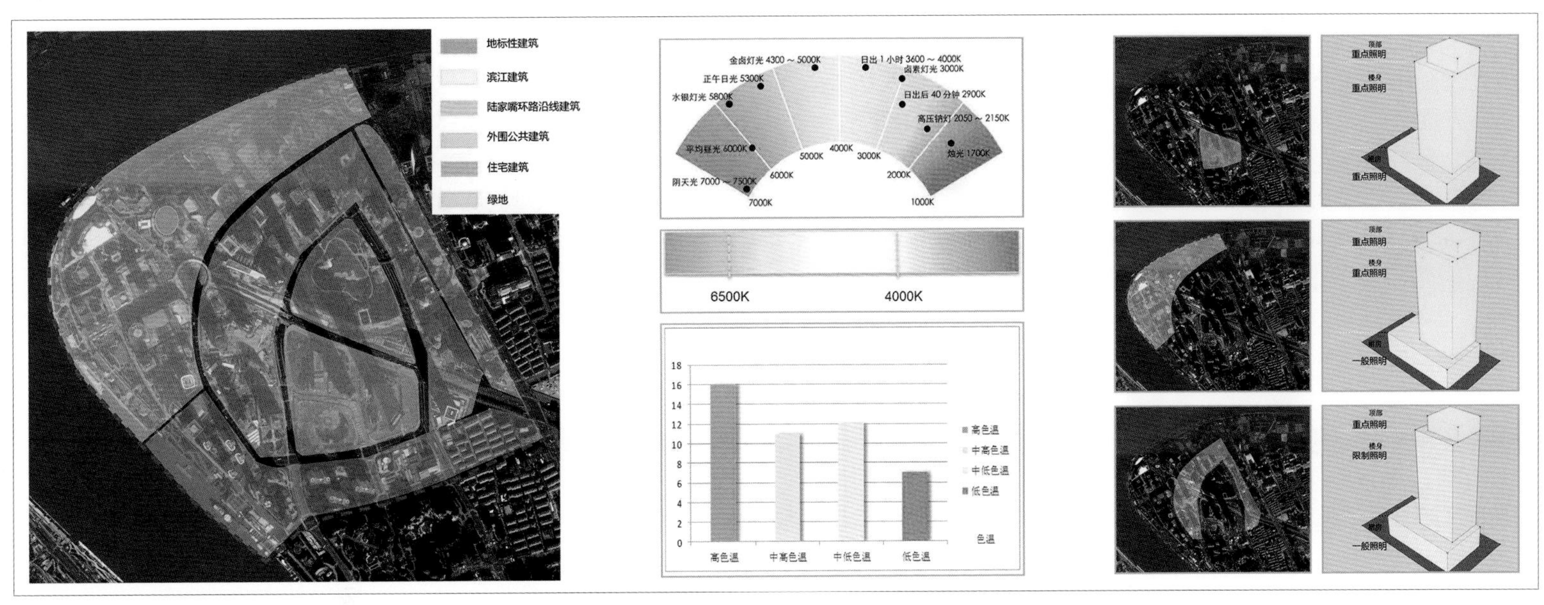

重点地区之小陆家嘴地区控制示意图

重点地区之世纪大道、世博和前滩地区控制示意图

主、中间色温为主、中低色温为主三级的色温分级控制。

彩色动态光控制规划。通过划定动态彩色光展示区、动态彩色光协调区、动态彩色光管辖区和动态彩色光严禁区来对彩色动态光进行控制。

2. 分项规划

在总体规划的基础上，本规划还对建筑外观、广场空间、绿地、桥梁、滨水空间、滨江天际线等重点领域进行分项规划，分别对等级、定位、功能、材质、高度、风格、照明方式等内容进行深入管控。同时本规划重点关注民生照明、安全照明和绿色照明的发展。

在民生照明方面，规划强调对各类夜间活动场地、绿地、滨水空间的照明照度、照明方式等进行规范和控制，以确保各类夜间活动可以安全、舒适地开展。同时考虑到居民夜跑等健身方面需求，规划还重点对各类绿地和公园的步道照明进行规范，强调在保持适当照度水平的同时必须确保步道照明的良好均匀度。

在安全照明方面，本规划强调各类夜间公共建筑、夜游公园、道路绿地、步道、坡道、台阶等必须加强夜间照明的建设。

在绿色节能照明方面，应大力发展可再生能源照明、高效节能电光源、控制光污染、生态性照明、并网和升级夜景照明控制系统等措施来提高照明效率。

同时，本规划还对小陆家嘴地区、世纪大道沿线地区、世博地区等 15 个重点地区进行了核心内容的规划控制和设计引导。

四、设计特点

首先，以往的夜景规划往往偏重于夜景设计，较难真正落实管理。而本次专项规划从一开始就将既有的城市规划和城市规划中未来各区域的不同发展定位和规模作为夜景规划的重要载体，实现了夜景控制能落实到城市规划中的每一个街坊或地块，并根据城市规划属性分别确定夜景规划中的刚性控制指标和弹性引导指标。

其次，为更好地落实夜景管控，在项目编制过程中，编制方多次与规划、建管等职能部门进行沟通，对如何将夜景建设管控要求纳入详细规划和总体设计文件中进行多轮研究，并最终明确了纳入的程度和程序。

最后，编制过程中，编制方也多次与国际旅游度假区、世博地区、前滩地区等重点地区的管理部门和开发公司进行沟通，协商讨论夜景控制的具体实施指标和如何在单个地块开发时落实整体夜景控制的要求。

经反复讨论，本规划选取了15个未来发展的重点地区，逐一有针对性地从现状评估、发展目标、夜景观构成、分级控制、管控条文等方面进行细致规划，便于相关管理部门和开发公司在各地区的发展过程中，有序控制和引导地区的夜景建设。

基于上述3点，可以说本次专项规划确实是一个真正有效的、城市规划与夜景规划紧密结合的规划。

为了便于夜景管控部门后期实施管理时的查阅检索，本规划将所有管控内容均按专项制作检索表。夜景管理部门在管控某一具体项目时，可以用“按图索骥”的方式，快捷地找出相

实施改造成果

实施改造成果

应地块的各项夜景管控内容。而建设单位在项目初期征询相关部门意见时，也可以非常简易地查阅到相关地块的控制要求，有效地节省了管理方和建设方的时间。

由于夜景灯光的光污染、能源浪费等问题，与夜景灯光的器材选择和架设方式有直接关系，所以本规划认为如果能普及恰当的器材选择概念和照明架设方式，很多现实中光污染和能源浪费就可以在设计之初得到圆满解决。因此，本规划编制了夜景灯光简易设计手册。

该手册以图示方式，简明展示在建筑、桥梁、广场、绿地等各个领域的夜景灯光设置时，推荐的照明器材是什么，推荐的照明方式是什么，需要极力避免的照明方式又是什么。该手册对于更好地普及绿色照明理念和技术手段有着极大的帮助。该手册与本规划相关文件一起被下发到各街镇、委办局和开发公司或管委会，人们可以在夜景管理部门窗口直接免费领取查阅。

五、规划实施和意义

本专项规划成果作为地区夜景建设、改造的直接依据和指导，已被发往浦东新区各街镇和各开发公司、管委会，并在重点开发建设的世博地区、前滩地区和国际旅游度假区作为专项规划指导了部分实际项目的夜景建设。

从 2014 年起，浦东夜景主管部门已陆续按照本专项规划中的近期实施计划推进夜景灯光改造项目。对世博中心周边和重要区域道路沿线进行了景观灯光设施的新增建设工作，共计新增道路沿线绿地景观灯光 19 处、夜景道路 2 km、黄浦江滨水沿线夜景 4.5 km。同时，还对既有的黄浦江滨江天际线进行了整治，共涉及楼宇建筑 100 余幢，维护更换各类投光灯 2800 套、各类LED灯具 9500 套。

规划的实施完善了公共开放空间景观照明，丰富了城市户外空间夜景观构成，创造了有利于市民夜间活动休闲的开放空间，控制了光污染和眩光，合理减少了照明能耗，梳理了城市夜景天际线，提高了浦东新区的夜景照明品质。

同时，浦东新区作为上海建设国际化大都市的一个缩影和排头兵，该项规划给予其他地区夜景规划以借鉴意义，为全球城市核心区品质的提升锦上添花。

专家点评

刘锦屏

上海申迪（集团）有限公司总工程师
高级工程师

上海作为长三角世界级城市群的核心城市，按照城市发展目标，将建设成为卓越的全球城市、具有影响力的社会主义现代化国际大都市。城市夜景是城市景观的重要组成部分，夜景的塑造使城市更为绚丽多彩，并反映城市文化底蕴和经济发展水平。

浦东经过改革开放的发展，城市面貌有了飞速发展。城市的夜景塑造，尤其是对一些城市重要节点、重要轴线、重要片区的夜景照明展示，是提升城市品质的重要手段。通过编制专项规划，对区域的建设和管理产生重要的指导和控制的现实意义。

该专项规划，在如何统筹区域建设、加强建设引导、有序控制发展方面，将有效指导浦东新区的环境建设和发展。规划从全区发展层面，对现状夜景照明进行评估，并借鉴国内外优秀城市案例，在人性化、高效节能、低碳环保、可持续化发展原则指导下，明确规划目标，重点从“一轴、三带、三核、多中心”等重点区域着手，对夜景照明从区域、强度、色温、动态等方面进行分级控制。并且，从建筑、广场、绿地、桥梁、滨水空间等不同载体，对绿色照明和光污染控制等进行了分项规划，对重点区域分别明确了分区规划方案，以指导具体实施。

该规划特点明显、结构清晰、控制要素到位，并具有一定创新性，对城市景观，尤其是夜景照明的建设、控制、管理有着引领、借鉴和推广作用。

杭州市轨道交通站点周边综合交通衔接规划

2015 年度全国优秀城乡规划设计奖（城市规划类）二等奖

编制时间： 2011 年 11 月—2013 年 6 月

编制单位： 上海红东规划建筑设计有限公司

编制人员： 王峰、吕剑、姚遥、余杰、邓良军、刘川、汪一鸿、曹继林、王正、邱世慧、王晓蕴、陈斌斌

一、规划背景

2011 年由杭州市城市规划设计研究院与北京城建院联合编制完成的《杭州市轨道交通线网规划（修编）》获得杭州市政府批复。

根据市政府批复要求，在下阶段应继续做好轨道交通站点的交通衔接规划，为轨道交通提供良好的换乘条件。为此，2011 年底杭州市规划局通过招投标，确定由杭州市城市规划设计研究院与英国 H&D 设计事务所、上海红东公司联合开展《杭州轨道交通综合交通衔接规划》编制工作。该项目的成果由《杭州轨道交通综合交通衔接规划》总体研究报告和分线路专篇构成。杭州轨道交通 2020 年线网由 10 条线路组成，线网总规模约375.6km，设站 200 座，换乘站 46 座。其中三线换乘站 1 处，为 2、4、9 号线相交的钱江路站；两线换乘站 34 处；预留的都市圈城际轨道交通换乘站 11 处，考虑与杭州辐射区内的临安、富阳、德清、安吉、桐乡、海宁、绍兴、诸暨等地的轨道交通相衔接。线网为“双 C+ 放射”形态，体现“以换乘枢纽为中心，以交通走廊为主题，以改善城市交通、优化城市结构为目的”的规划理念。以此为基础，开展《杭州市轨道交通站点周边综合交通衔接规划》的编制工作。

二、规划目标

轨道交通作为城市客运交通体系的骨干，必须做好与其他交通方式的合理衔接，完善地铁站点的配套交通综合体系，促进轨道交通与其他交通方式的有机结合，形成以轨道交通为骨干、常规公交为主体、多种运输方式相协调的综合客运交通体系，从而充分发挥轨道交通的优势与效率。站点综合交通衔接规划的总体目标是：通过合理的衔接规划方案，优化沿线及区内公共资源配置，利用相应的交通终端设施（停车场、存车场、公交总站等）布局规划，合理引导居民的出行选择。借助相应的交通辅助设施（过街设施、指引设施等）提高各条线服务水平，力争实现走廊资源配备合理化，以优化出行选择结构，提高整体的出行效率。

（1）增强轨道交通的客流吸引力，根据杭州市城市综合交通规划的目标，市区范围内必须优先发展公共交通，进一步提高公共交通分担率，“至 2020 年，规划中心城区达到45% 以上，市区总体达到 37% 以上。各组团与中心城区联系交通的公共交通分担率达到 70% 以上。轨道占公交方式的比例达到

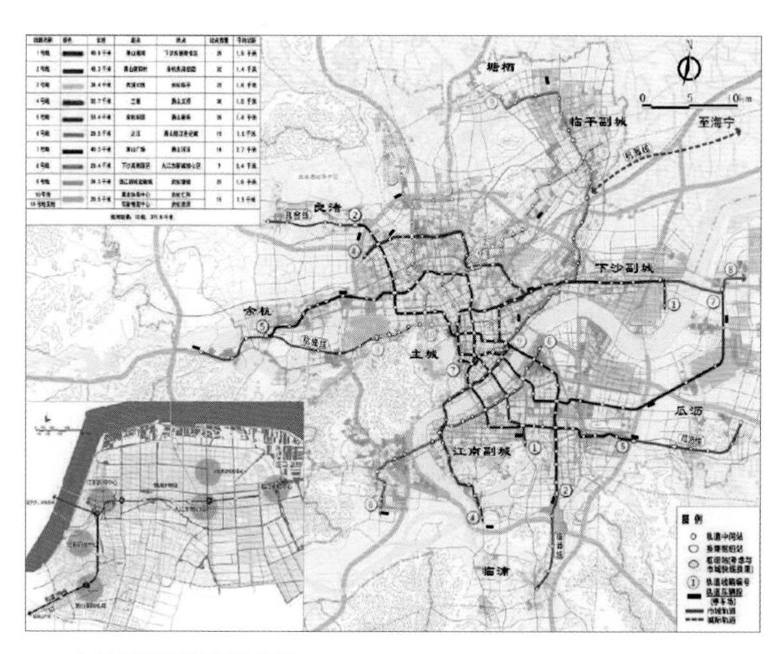

2020 年轨道线网规划概念图

40% 以上”。可以预见，轨道交通是公共交通分担率增长的主要部分。以轨道交通实施为契机，需要在各条轨道线走廊通过轨道与轨道衔接、轨道与地面公交衔接、轨道与慢行交通衔接来增加轨道线路的客流吸引能力。通过线路站点综合交通衔接规划，希望实现站点周边 800 m范围内轨道交通的分担率达到 70%。同时，通过地面公交接驳、停车换乘 P+R 布局来吸引中长距离的换乘客流。

（2）实现多种公共交通线网的“一体化”发展，构建以轨道交通为主体的一体化公交网络是实现地铁与公交共同发展、和谐发展的重要途径。轨道交通衔接规划的另一目标就是实现轨道交通线路走廊内公共交通一体化，实现地面公交与地铁的共同发展。

（3）交通转换“便捷换乘”

通过合理的车站周边附属设施规划，力争实现各种交通方式与轨道交通无缝衔接，缩短换乘距离（站外），提高线路及其衔接系统的整体服务水平和效率。

三、规划要点

（1）着眼全局，体现发展原则：杭州市在 2012 年 10 月开通轨道交通 1、2 号线主要区段的 34 个站点，以 1、2 号线构成的82 km轨道交通一期实现通车。2016 年，杭州市开工建设轨道交通 6 条线路，总里程 230 km。至 2020 年建设轨道交通 10 条线路，总里程 375.6 km。交通衔接方案必须既要着眼于特定的阶段轨网，又要从全局分析各条线路的交通特征与衔接需求。

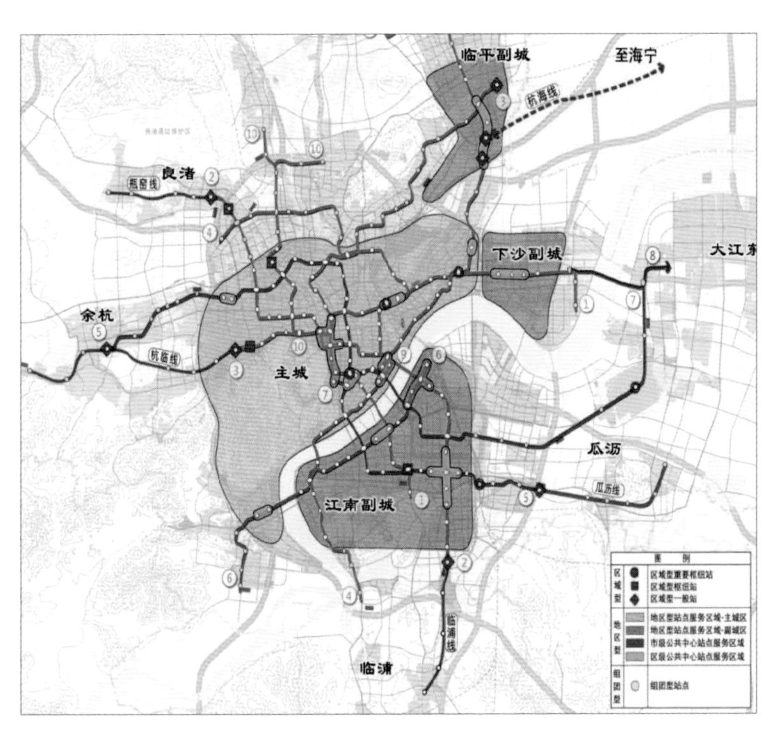

轨道站点分区分类分级图

（2）供需平衡，构建分层服务体系：杭州市内公交线网密集， BRT 线路已建成 4 条，但部分客运走廊内小汽车出行比例较高，造成快速路和主干路交通压力很大。轨道交通是杭州市的新生交通方式，轨道线路的建成必将改变原有的客运供需平衡系统。为此，必须根据交通设施与交通需求的研究成果，构建分层次服务体系和客运供需平衡体系，以满足客运出行需求。

（3）关注重点，支持城市空间优化拓展：根据新一轮的杭州市城市总体规划（2001—2020 年），杭州市的建设将从“西湖时代”转入“钱塘江时代”，实施“南拓、北调、东扩、西优”的城市空间发展战略。城东新城、大江东新城、钱江新城等都将成为城市发展的重要战略性地区。轨道线路的建成必将极大地支持杭州市城市空间的拓展，为产业、人口外移和优化城市中心功能起到重要的交通支撑作用，所以需要尤其关注一些重点建设区块。

（4）以人为本，便于换乘原则：规划编制必须坚持为民、便民利民的态度，把握好宏观方案与微观方案的合理性，建立以人为本的衔接交通系统。

（5）立足近期，近远期结合原则：本次规划将充分依托杭州市城市总体规划、杭州市轨道交通线网修编等上位规划，确保近期方案的可操作性，并保证近期方案与远期方案具有合理的延续性、衔接性。

四、规划理念

1. 以“公共优先”为指导，构筑和谐交通系统

和谐的交通系统可以为所有人提供适合的交通选择。以轨道交通建设为契机，进一步增强轨道交通在承担长距离运行中的主导地位，通过慢行、地面公交、机动车与轨道交通的衔接，实现和谐的交通发展模式。

2. 从“以车为本”到“以人为本”的转变

倡导“交通以人为本”就是要实现大众化的交通体系。就本项目而言，应实现广义的公交优先系统，实现 Bus + Rail、Taxi+ Rail、Bicycle + Rail、Park+Ride 的优良衔接，使得轨道交通可以服务更多的市民，实现社会效益最大化。

3. 从“交通改变生活”到“交通改善生活”

交通便利可以影响人们对居住、就业、就学、购物、休

闲地点的选择。就本项目而言，轨道交通将极大地影响沿线广大地区居民出行的便捷程度，实现交通改善人们生活的目标。

五、规划原则

1. 符合交通政策

以杭州市城市交通管理政策为指导，以轨道交通为中心引导公交线网及交通设施的布局，加强城市外围区地铁站与私人交通(小汽车及自行车）的衔接，扩大轨道交通线的客流吸引范围。在杭州市区的地铁站均不考虑摩托车的衔接。

2. 合理满足需求

尊重城市土地利用和交通发展的实际情况，满足不同的衔接方式，分析地铁站周边的客流的方向性，合理规划其交通衔接设施，确保设施与客流主方向相符。同时满足换乘客流需求，合理确定设施规模。

3. 方便乘客换乘

结合地铁出入口合理布局交通衔接设施，缩短乘客换乘的时空距离，尽可能形成立体换乘系统，加强对乘客的引导，在地铁对步行乘客吸引的有效范围内及在地铁站与公交总站、长途汽车站等主要衔接设施之间设置交通指引标志，引导乘客方便、快捷换乘。

4. 合理组织交通

根据站点周边现有的交通设施及人流特点，合理规划各种交通方式与地铁之间的衔接方式，确保交通组织方案与地区道路交通相协调、机动车交通与行人交通的冲突点降至最低。尽可能在地铁沿线的主要公交走廊上设置港湾式公交停靠站，减少公交车停靠时对道路交通的影响。充分利用地铁站的地下通道作为行人过街设施，尽可能使道路实现人车分离。

六、轨道站点衔接的分区研究

轨道线路沿线发展、规划定位差别较大，既有城市边缘区域，也有城市核心发展地区，更有未来城市中心区。针对不同的区域采用不同的交通衔接方法，可以更好地把握不同区域的交通特征，制定更加合适的交通衔接规划方案。本次轨道站点衔接规划首先依据杭州"一主三副六组团"的空间格局，对轨道站点的用地服务功能进行分区划分。

七、分线路衔接规划

单线衔接研究方法在总体研究的基础上，对轨道交通衔接进行第二层次的研究，即分线路衔接规划。分线路衔接规划是从沿线用地、人口、工作岗位及沿线规划要素的分析入手，落实衔接设施的需求特征。其研究方法包括：轨道线路沿

图例	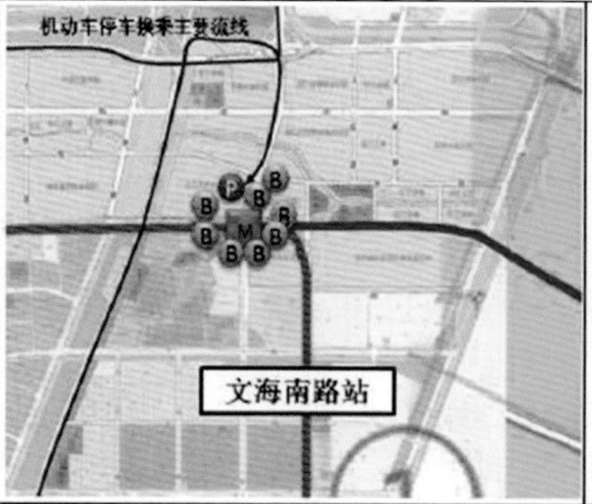 机动车停车换乘主要流线 文海南路站	 临鸿南路站	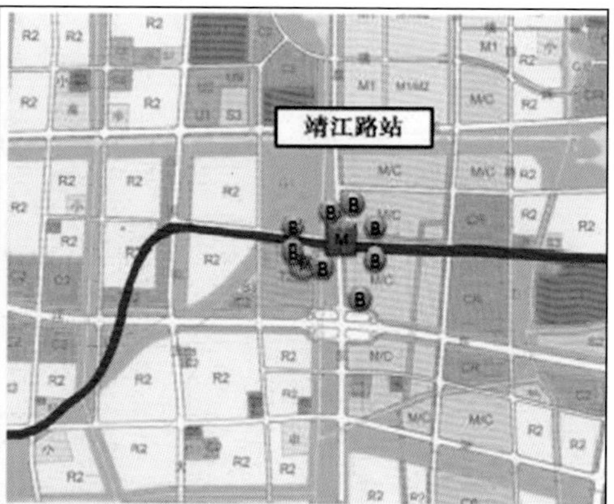 靖江路站
站点	文海南路站	临鸿南路站	靖江路站
站点属性		义蓬单元中心	远景 12 号线换乘站
衔接要求	短途公交接驳	建议提前预留 P+R 车位 500 个（1.6hm^2）、大型公共自行车堆场	公交车首末站 1hm^2、P+R 车位 300 个（0.96hm^2）
用地落实	规划站点东北侧 800m 处 U2 用地，面积约 0.8hm^2，建议用于南北向公交接驳枢纽。并配置一定的公共自行车堆场	站点西侧 1000m 规划有 S3 约 3.3hm^2，为社会停车场。建议紧临站点，位于站点东侧狭长绿地的地下空间用作 P+R 停车	站点南面 C/U/S 用地一层用作公交首末及停车场，南面 G1 用地地下用作 P+R

站点周边用地控制与落实控制图

线现状用地的梳理；轨道线路沿线规划用地的梳理；轨道站点500m 范围直接影响区内的人口、岗位 GIS 分析；轨道站点的分区段研究，如外围段、中间段及核心段等；线路站点的接驳客流分析；根据接驳客流特征，配合接驳设施配建标准，提出设施配套需求；在已有控规的基础上进行单站点规划。

八、轨道交通与小汽车 P+R 的衔接规划

考虑轨道交通给城市出行带来的便捷性，鼓励利用轨道交通，缓解中心城区交通拥堵，尽量在外围选址建设 P+R 换乘衔接停车场。线网规划从宏观层面对机动车 P+R 进行了规划引导，在具体实践中，本轮规划充分考虑规划控制和用地落实方面的要求，对各线路站点 P+R 位置及规模的设置重新分析，以客流为依据、用地为支撑、换乘功能引导为原则，逐一落实。

站点分类	分类说明	站点分级	交通接驳功能定位			用地功能定位			
			门户枢纽	集散换乘	一般换乘	交通枢纽	公共中心	大型居住区	其他
综合型站点	服务于区域交通联系，核心为对外交通设施，其他接驳方式均围绕对外交通设施进行布局	一级枢纽站	●			●			
		二级枢纽站	●			●			
		三级枢纽站			●	●			
中心型站点	服务于城市中心、次中心（包括副城），城市用地和人口相对密集区域，核心交通方式为轨道交通，其他交通方式围绕轨道交通站点进行布设	一级公共中心站		●			●		
		二级公共中心站		●			●		
		居住区中心站			●			●	
组团型站点	服务于外围区域	组团站			●		●		
混合型站点	服务于公交走廊	一般站			●				●

城市轨道交通接驳整体的分类分级

九、综合交通衔接规划的落实建议

轨道交通的规划、建设和运营是一项持久的系统工程，当中每一发展环节都涉及到众多的管理部门和经营实体的利益。为保障杭州轨道交通的顺利运营，加快推进交通衔接设施建设，落实不同部门的职责，协调不同经济实体的利益，建议由市政府成立一个协调机构，该机构成员由市建委、市交通局、市规划局、市交警支队、地铁总公司以及交通专业研究单位等派专人组成，统一负责轨道交通衔接规划以及相关方案的设计、建设和管理，确保交通衔接规划思路及实施政策的连贯性。对控规保障重大交通衔接设施用地进行规划控制，通过图则引导交通衔接设施配套完善到位。

专家点评

李俊豪

上海市交通委员会总工程师
高级工程师

轨道交通规划和建设是各大城市落实公交优先、优化交通结构的十分重要的举措。作为城市客运交通的骨干，轨道交通必须与公共汽电车网络构成一体化的体系，并需要留有自行车、出租车换乘的空间，以及便捷舒适的步行环境，从而扩大轨道交通服务范围，提升公共交通整体服务水平。随着各大城市轨道交通建设速度加快，轨道交通线网规模的增长，以轨道交通为核心的综合性交通规划已成为重要的专项规划。

由上海红东规划建筑设计有限公司于 2013 年 6 月完成的《杭州市轨道交通站点周边综合交通衔接规划》，以公交优先、以人为本为导向，通过综合考虑轨道交通站点周边的公交线网、停车设施、换乘与过街通道、交通指示设施的合理安排和配置，力图为轨道交通与其他各种交通方式、周边城市环境和用地的衔接做出合理高效的规划指引。

该项目较好地把交通规划和土地利用等相关规划相结合：一是站点分区分类，依据轨道交通站点站位所处的不同区域和用地类型进行分类研究，以分类制定不同的交通衔接方案；二是充分研究各站点周边一定范围的人口、岗位、用地，区分为 4 类 8 级站，考虑不同的功能要求。三是提出站点周边用地控制要求，以利规划落地。

轨道交通站点与周边的综合交通衔接，需要在用地规划方面对各类设施做出安排，也需要在公交线网新增、调整方面同步规划，并且关注共享自行车等新的交通工具的合理需求，更好地形成一体化交通体系。

上海市养老设施布局（专项）规划

2015 年度全国优秀城乡规划设计奖（城市规划类）三等奖、2015 年度上海市优秀城乡规划设计奖一等奖

编制时间： 2013 年 3 月—2014 年 9 月

编制单位： 上海市城市规划设计研究院

编制人员： 詹运洲、吴芳芳、彭晖、黄珏、申立、刘博、冯洁、徐璐、吴蒙凡、张帆、章淑萍、蔡颖、李苏晋、朱晓玲、姜文荃

一、项目背景

1. 项目由来

上海是全国老龄化程度最高、挑战最严峻的特大城市。然而，由于养老设施从未有专项规划，上海面临着养老设施供给总量不足、分布不均衡、配置标准偏低等问题，引发社会普遍关注。为此，2013 年起，根据上海市委、市政府的指示，由市民政局、市规划和国土资源管理局联合委托上海市城市规划设计研究院编制启动全市养老设施布局专项规划，从空间落地的角度研究养老设施的规划布局，推进规划编制的创新。

2. 项目意义

对全国与世界的借鉴意义：我国已经进入老龄化社会，2016 年中国老龄化率为 16.7%，预测到 2050 年这一比例将超过 30%。上海是我国第一个进入老龄化社会的超大城市，也是世界公认的老龄化城市。2016 年全市 60 周岁及以上户籍老年人口达 457.79 万，占户籍总人口的 31.6%。一方面，老龄化带来城市养老设施压力增长、城市发展活力下降、城市老龄化风险增强等问题，亟待破解；另一方面，老年人呈现需求多样化的趋势。显然，从空间角度研究养老设施的规划布局，推进规划编制的创新，对于迈向老龄化的全国各城市均具广泛的示范意义，在世界范围内也具有示范价值。

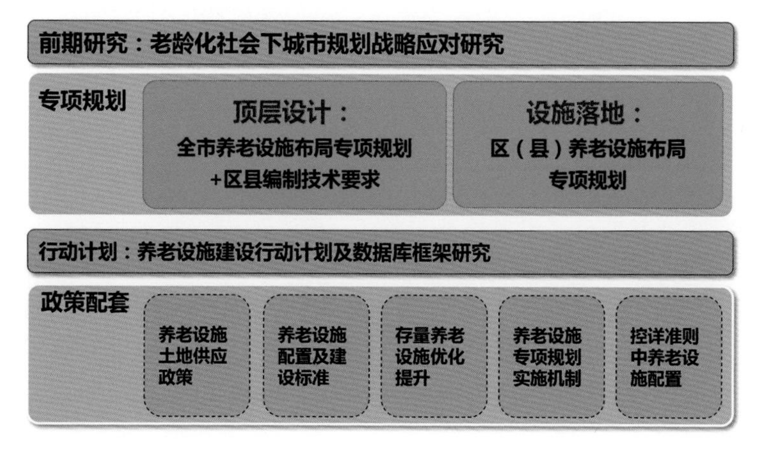

养老设施专项规划编制体系一览

上海率先转型的重要路径：党的十八大提出“积极应对人口老龄化”，发展养老服务成为政府调结构、惠民生、促升级的重要力量。上海率先走转型发展、提高城镇化质量的道路，关键路径之一就是加强以养老为代表的民生保障。

上海提升全球竞争力的必然选择：坚持积极老龄化、建设老年友好城市是上海实现创新转型发展、建设国际大都市、提升全球竞争力的重要保障。

二、规划思路

1. 项目难点

作为常住人口 2400 多万、户籍人口 1400 多万的超大城市，在编制养老设施布局专项规划时面临以下难点：

（1）如何从空间规划的视角明确顶层设计，并统筹全市和 17 各区县的设施落地?

（2）如何协调民政与规土等部门的不同诉求，促进规划

与政策的统一推进？

（3）如何推进养老设施的快速落实和规范化管理？

2. 规划思路

针对项目难点，提出以下对策：

（1）构建养老设施布局专项规划体系。建立“前期战略研究—全市专项规划—试点区专项规划—区县指导意见—数据库建设”的专项规划体系，全市与试点区同步推进，促进养老设施从顶层设计到设施落地的逐步深化。

（2）强调多规衔接，凸显医养结合。促进民政、卫生、规土在养老设施概念、体系、标准、目标与指标方面的衔接，明确提出养老床位与护理床位“你中有我、我中有你”的规划管控目标与指标，促进养老与卫生等专项规划衔接。

（3）配套政策同步保障。在相关管理部门的支持和参与下，同步开展土地供应、配置标准、存量优化、控详准则、数据库建设等配套政策研究，形成的政策、标准等已经落实到相应文件之中，保障养老设施的落地和常态化管理。

三、规划内容

1. 规划目标

基于前期研究，根据上海的深度老龄化的需求，以营造一个幸福、安定、和谐的老年宜居社区和老年友好城市为目标，构建以居家为基础、社区为依托、机构为支撑的养老服务格局，规划明确构建规模适度、布局合理、覆盖城乡、满足多元需求的养老设施空间格局。

规划突出一个“确保基本”的价值取向和四个“统筹考虑”。作为政府调配公共资源的手段，规划目标的设定突出确保基本公共服务及其设施用地空间。

四个“统筹考虑”指统筹考虑人口结构和变化趋势，适度预留规划空间；统筹考虑居家养老和机构养老，坚持区域平衡原则；统筹考虑增量设施建设和存量设施改造，坚持节约集约利用土地；统筹考虑老年护理床位和普通养老床位，促进医养结合。

全市机构养老设施规划配置引导图

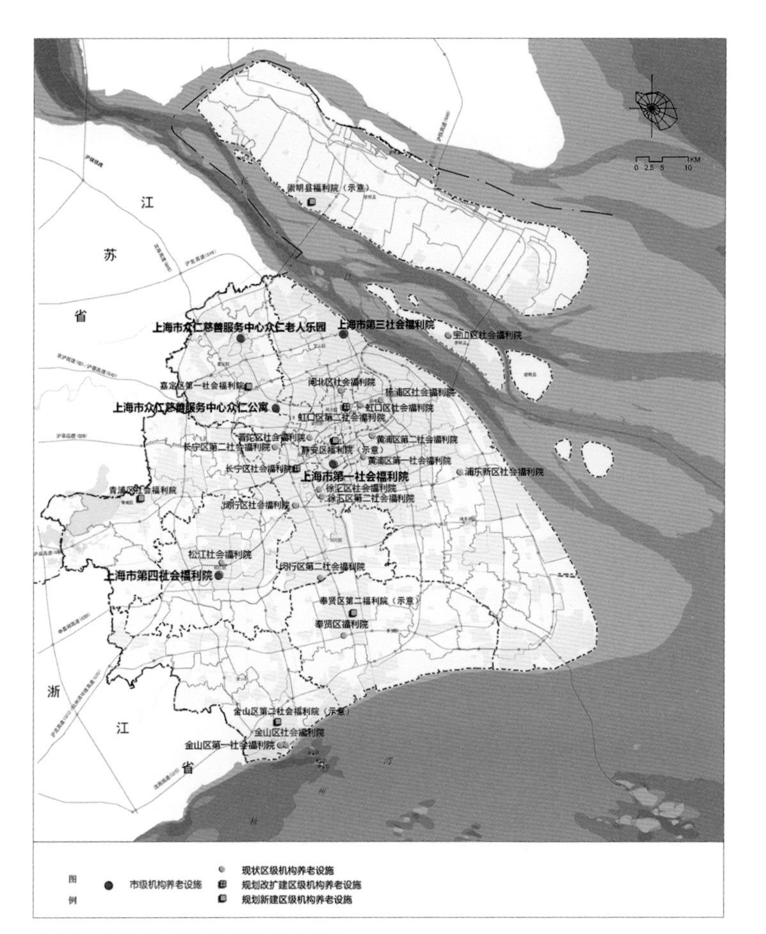

市区级机构养老设施规划布局图

2. 机构养老设施

明确设施总量。以 2020 年户籍老年人口数作为确定规划空间的基数，全市养老机构床位数达到 15.9 万张。考虑户籍老年人口峰值（预测在 2030 年达到 593 万峰值）和外来常住人口需求，增加弹性规划空间作为预留进行用地管控，规划按照 17.8 万张床位目标值进行用地底线管控。

确定分类分级。提供基本公共服务的机构养老设施按照行政管理主体可分为三级，包括市级、区（县）级和街镇级。市级机构养老设施以示范和培训功能为主；区（县）级机构养老设施规划提供地区更专业养老服务（如收住失智老人），补充街镇养老服务的作用，每个区（县）至少拥有1处，其中收住失智老人的床位不少于 100 张；街镇级机构养老设施是为本区域户籍老年人提供养老服务的重要依托，原则上每街镇有 1 处以上。

指导区县落实。中心城区各区养老机构床位达到区域户籍老年人口的 2.5%，郊区各区（县）养老机构床位达到区域户籍老年人口的 3.5%。各区（县）按照各自户籍老年人口高峰值控制设施用地规模，确保设施落地，具体建设可根据实际需求分期实施。各区（县）应充分考虑到全市总体规划对各区人口的导向以及对重大项目的影响（如大型居住社区的规划建设等），对预测的各区（县）老年人口及床位数进行修正。

明确空间导引。按照各街道、镇、乡的城镇化水平和老年人口集聚及需求，分为优化完善、重点配置、预留配置和有限配置四类政策区域，对市级以下承担养老服务的养老设施布局给予空间引导，确立配置标准。

促进医养结合。充分考虑高龄老人的护理需求，明确全市提供基本公共服务的养老床位总量达到户籍老年人口的 3.75% ，为老年人提供的护理床位总量将不低于户籍老年人口的 1.5%，其中 0.75% 的护理床位通过医疗卫生机构内设置的老年护理床位来实现，另外0.75% 通过全市养老机构床位转型为老年护理床位来实现，从而使得养老床位与护理床位“你中有我、我中有你”。

3. 社区居家养老服务设施

提出上海市至 2020 年，实现城镇社区和农村社区全养老服务设施覆盖，在老年人集聚度较高的地区打造 15 分钟服务圈的规划目标。

鼓励“模块化”组合设置，提出根据不同类型社区人群的多元化需求，按实际需求对设施生活服务、保健康复、文体娱乐等模块进行灵活配置。

强调社区居家养老服务设施与公共服务设施的功能复合共享，建立社区公共服务设施用房按需灵活转化的机制，通过资源整合提供多元化的服务，促进养老服务与医疗、家政、教育、健身等相关领域的互动发展。

完善社区各项设施的“适老性”改造，鼓励通过智慧服务信息平台整合社区各类资源，建设老年宜居社区。

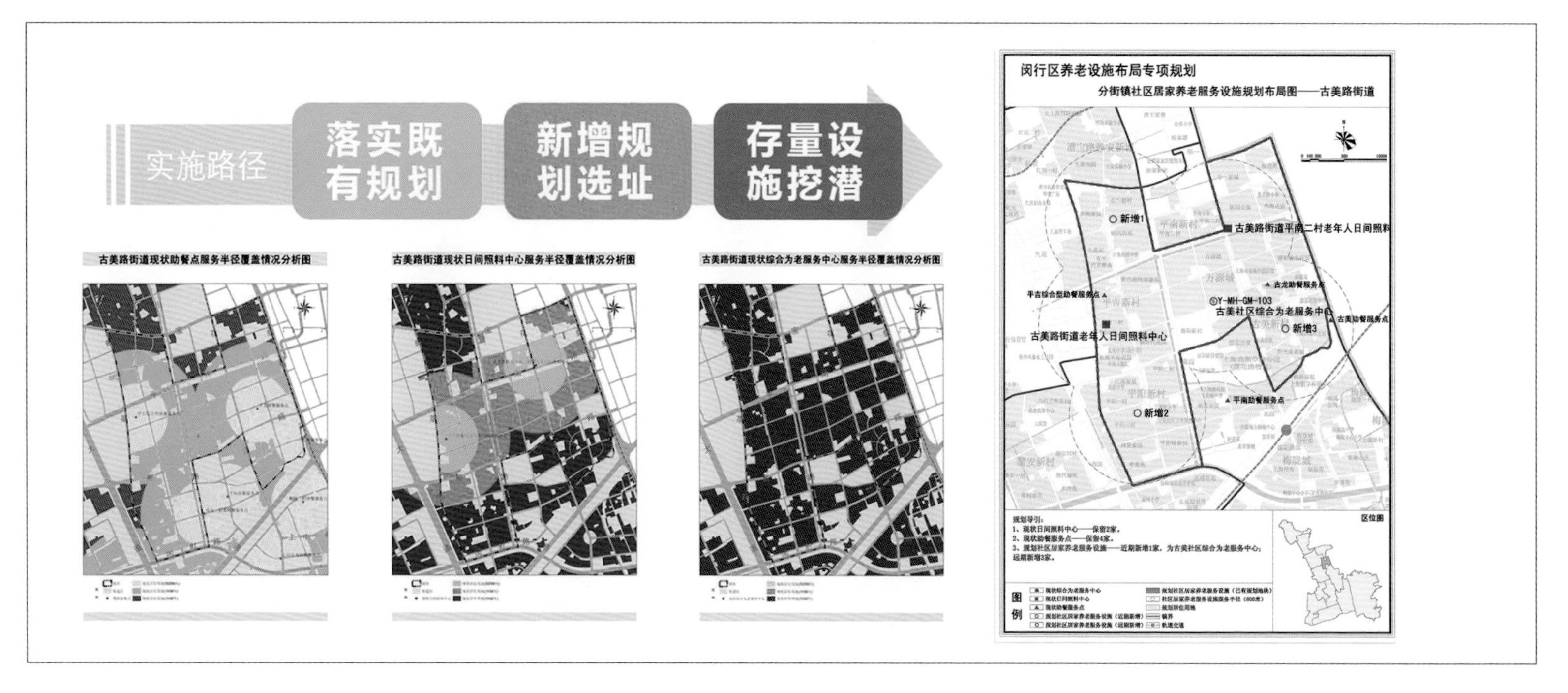

存量养老设施挖潜示意图

4. 规划实施

优化用地分类。参考国家及国内各大城市用地分类标准，进一步优化上海控制性详细规划技术准则中的社会福利用地。

简化审批程序。对提供基本公共服务的养老设施项目，在规划编制、调整、审批程序中，可在项目管理和规划调整两方面按照既有规定程序予以简化。

确保土地供应。在符合国家土地管理和利用政策的基础上，根据上海的实际情况，提出了分类明确的土地政策，即市规土局在下达年度用地计划时，采取"戴帽"方式下达，由区县优先安排用地指标。

四、规划特色

1. 准确把握上海养老需求与设施供给的特点

在市、区两级民政、规土部门的支持下，项目组全面开展了访谈和问卷调研工作，包括"养老院入住老年人需求问卷"（5865份）、"社区老年人养老需求问卷"（4144份）；并对全市现状存量养老设施情况进行了评估，从而准确把握不同年龄层次、不同地区老人的现实需求，及养老设施布局与供给的缺口，为规划编制提供了坚实支撑。

从养老需求的动向发现：未来十几年是上海老年人口规模增幅最高、增速最快的阶段。当前全市老年人口高龄化、空巢化现象显著，高龄人口持续增长；老年人口城乡分布不均衡，中心城区密度高、老龄化程度深。老年人普遍对养老床位需求高，对医养结合的需求突出；老年人期待社区养老服务设施多元化，社区养老设施应与卫生、文化设施等综合设置。

从养老设施布局与服务供给来看：上海市养老设施近年来取得了快速发展，已形成稳定的"9073"模式；但在空间匹配上，老年人口分布与养老设施供给存在失衡；而在存量设施上，部分养老设施的结构、权属等有待优化，挖潜空间较大。

2. 强调规土与民政等部门的多规衔接

当前规土与民政部门对于养老的相关概念与标准存在差异性，从规划标准来看，上海市养老设施标准规范种类多，范畴界定不清，伴随着老龄化趋势加剧，规划部门养老设施的配置标准较民政部门的配置标准偏低，且差值日益扩大。此外，养老院、养护院、护理院、老年服务中心等概念困扰着不少老人，也让管理变得复杂。

为此，本规划建立了发改、民政、规土等部门各司其职又相互衔接的养老设施建设和保障政策体系，形成多部门共同推进的合力；统一了养老设施的分类分级与概念界定，明确了本次养老规划所关注的设施，即机构养老设施和社区居家养老服务设施两个方面；同时，还明确了机构养老设施床均 $25m^2$～$42.5m^2$ 建筑面积的配置标准、社区居家养老服务设施（专指老年人日间照料中心和社区老年人助餐服务点）建筑面积 $40m^2$/千人的指标。

3. 凸显上海城乡差异与规划转型的特点

本规划主动对接新一轮上海城市总体规划，充分重视城乡养老设施空间引导的差异化与均等化。一是明确四类区域设施配置的目标导向：中心城以优化完善为主，中心城周边地区以功能优化为主，新城以空间预留为主，一般新市镇以基本保障为主，建立精细化养老设施空间引导方案；二是确定不同类型街镇的政策引导，提出优化完善、重点配置、预留配置、有限配置的政策分区方案和导引要求；三是明确社区居家养老服

类别	房间	使用面积(㎡) 一类	二类	三类
医疗保健用房	医疗保健室	48	42	36
	康复训练室	58	54	48
	心理疏导室	18	18	15
文化娱乐用房	阅览室	64	36	27
	多功能厅	96	54	30
	网络室	30	24	18
辅助用房	办公室	36	30	24
	厨房	159	89	55
	洗衣房	24	24	18
	其他用房	24	21	18
	公共卫生室	36	36	24
生活服务用房	休息室	320	180	100
	餐厅	78	56	38
	配餐室	78	55	38
	淋浴室、理发室	48	42	36
居家养老服务社	办公用房	50	40	30
社区老年人助餐服务点	餐厅、配餐室	195	130	65

表示类似模块复合设置和使用

社区老年人日间照料中心

单位：㎡

社区居家养老服务设施功能模块

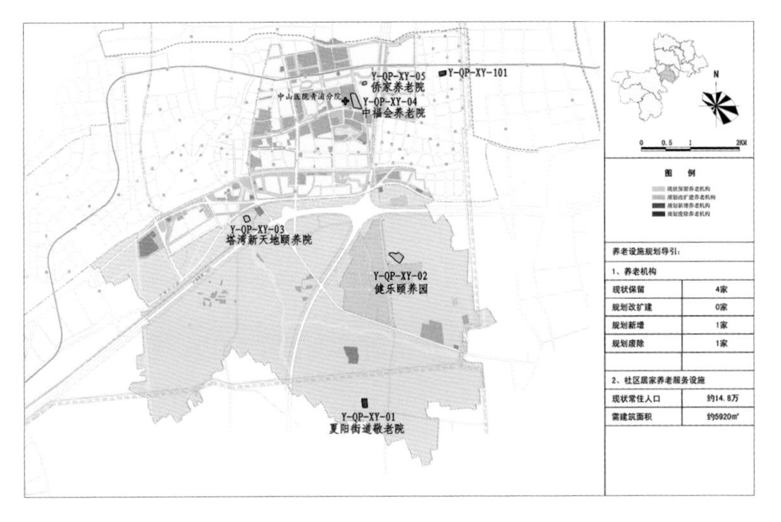

试点地区养老设施布局规划引导图

务设施按照 15 分钟服务圈原则进行配置；四是适度引导和鼓励市场化养老设施的有序发展。

本规划充分应对 2040 全市建设用地零增长和节约集约利用的现实要求，探索存量提升与增量开源的路径。一方面，支持符合导向、符合需求的存量设施稳定化。基于存量设施的合规性和合理性判断，开展现状条件和规划条件两个维度的“双评估”制度，提出保留、修缮、扩建或重建等引导性意见，同步配套制定相应的政策，促进存量设施的优化提升，包括明确规划用地兼容、支持原地改扩建等；另一方面，明确养老设施规划兼容用地的具体内容，社区居家养老服务则强调“功能模块”设计与“复合使用”，并与社区各类公共服务进行综合设置，充分体现集约节约的规划理念。

4. 率先将医养结合理念与指标写入专项规划

当前，国际大都市的机构养老偏向于专业化、护理化方向，医养结合趋势越来越显著。本规划搭建养老与医疗专项联动平台，在国内首次将“医养结合”的理念和指标写入养老专项规划中，针对中心城区和郊区的不同特点采用不同的医养结合模式，包括设施新建与经营创新两大类。

五、规划创新

1. 规划体系创新——全过程的专项规划编制体系

为更好地统筹全市和各区县养老设施规划建设，突破以往仅仅编制市级专项规划的局限，建立了“前期战略研究—全市专项规划—试点区专项规划—区县指导意见—数据库建设”的专项规划体系，明晰了养老设施规划建设的路径。

前期战略研究的目的在于明确长期的政策导向。项目组通过扎实的基础研究和调研，摸清老年人养老的需求、全市老龄化趋势与空间特征，厘清养老设施的概念、体系和建设机制，总结国内外老龄化规划应对经验，多方法定量预测老年人口规模，明确老龄化背景下长期规划的应对策略。

全市专项规划和试点区专项规划同步编制，其中，全市专项侧重于提出“规模适度、布局合理、覆盖城乡、满足多元需求”的养老设施空间格局，并为衔接区县专项预留了接口。试点区专项规划则探索区县规划的内容与深度，针对上海市中心城区、郊区的养老设施现状及差异，选择中心城区（长宁区）、郊区（青浦区）进行有针对性的试点，明确各自编制重点、刚性控制要求和弹性引导建议等，更好地符合各地的养老习惯和发展特点。

为更好地推进规划落实，简化规划编制体系，明确区县规划直接编制到控详图则深度，优化设施规划落地的路径，提高了规划建设的效率，最终形成“区县规划编制指导意见”，从而进一步指导各个区县规划的编制。

同步构建长效维护、信息共享的设施数据平台，以规划土地信息系统和民政部门的设施信息系统为平台，建立养老设施用地现状与规划数据库框架，将规划养老设施用地与项目年度推进计划等结合，成为养老设施建设和管理的重要平台。

2. 规划方法创新——数据支撑下的弹性规划方法

为确保专项规划编制的前瞻性与科学性，以问题及需求为导向，通过对全市 10000 多名老人的调研访谈、100 多家养老设施的调研与评估，结合30多次专题座谈与意见征询会议、13 个国内外城市调研等，采用科学预测结合弹性应对的规划方法。一方面，考虑年龄结构对老年人口总量的重要影响，基于“六普”人口的年龄平移法测算上海老年人口规模，发现 2030 年将是上海市老年人口高峰年；另一方面，在户籍老年人口以及外来常住人口需求的基础上，突破规划年限，增加一定的弹性系数进行用地底线管控，很好地体现了规划的前瞻性和科学性，满足未来很长时间内养老床位的需求。

3. 规划政策创新——完善上海市养老相关政策制订

本规划探索存量优化、动态推进、土地供应、控详准则等相关政策，并在具体文件中落实，以保障养老设施规划的落地与实施。

一是形成了养老设施规划建设评估方法和监测机制，为养老规划编制和养老设施实施提供了方案。

二是通过年度行动计划推进建设，动态更新和维护专项规划，配套提出了规划管理和土地出让等核心政策，大大增强了规划的操作性和实施性，促进近期养老设施空间的落地。

三是简化审批程序，确保土地供应。在符合国家土地管

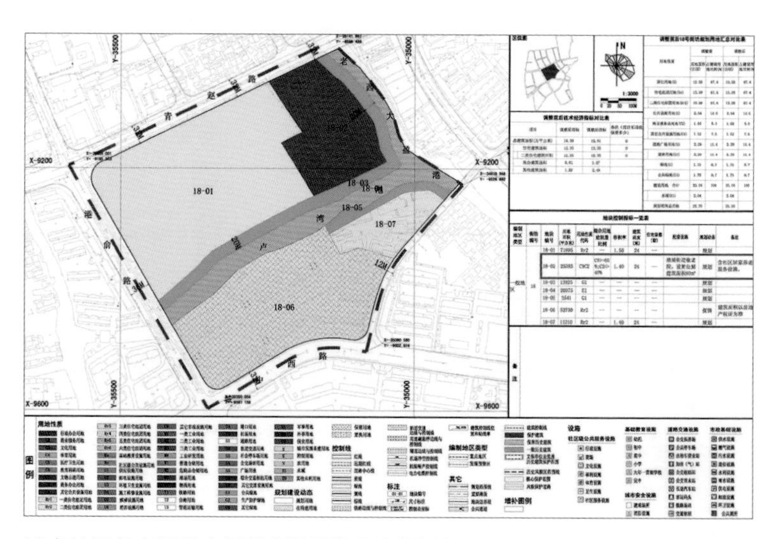

试点地区养老设施布局控制性详细规划图则

理和利用政策的基础上，根据上海的实际情况，提出了分类明确的土地政策。按照全生命周期管理的要求，对养老设施用地进行规划和用途管制。对提供基本公共服务的养老设施项目，在规划编制、调整、审批程序中进行优化、简化。

四是进一步优化上海市控制性详细规划中的 C92 社会福利用地分类，规划应用到《上海控制性详细规划准则》（2016 年），并在准则中增加了大量机构养老与社区居家养老服务的相关内容。

六、规划实施

1. 规划批复

《上海市养老设施布局专项规划（2013—2020 年）》于2014年10月获得市政府批复，批文号为沪府 [2014] 73 号。试点区《青浦区养老设施布局专项规划（2013—2020 年）》于 2015 年 3 月获得市政府批复，批文号沪府规 [2015] 34号，其余各个区县的专项规划于 2015 年底全部被批复。

2. 实施推进

（1）养老机构方面，规划按照 17.8 万张进行用地底线管控，分解到区县之后，实际建设床位超过 20 万张，其中，"十三五"时期上海将落实新增 5 万多张床位。

（2）社区居家养老方面，各区县按照 500m～1 000m半径对社区居家养老服务设施进行空间导引，全市各个区县已完成布点工作，将使上海未来600 多万老年人口受益。

（3）政策制定方面，出台了《关于全面推进本市医养结合发展的若干意见》（沪民福发[2015] 19 号）、《关于本市新建养老机构附设医疗护理床位建设标准的通知》（沪发改社[2015] 22 号）等政策，进一步引导全市养老设施发展。

3. 成果共享与推广

本规划提出的机构养老、社区居家、医养结合、老年友好城市等内容，已体现在 2015 年获批的《上海市城市总体规划（2015—2040）纲要》中，为上海新一轮城市总体规划的编制提供了重要的观点。

本规划经由《解放日报》《市长热线》等新闻媒体以及“上海 2040”微信平台向外推广，反响热烈。同时，接受了市政协、市人大以及其他兄弟城市的后续调研和经验分享，目前的网络搜索达到 380 万条，具有广泛的社会影响力。

相关研究方法得到学术界的广泛认可，以该项目为基础形成的《老龄化背景下特大城市养老设施规划策略探索——以上海市为例》等 5 篇论文发表于《城市规划学刊》、《上海城市规划》等期刊并广泛引用。研究方法与规划思路在新一轮上海总规中为其他公共设施类专项规划研究提供了重要借鉴。

专家点评

张帆

上海市城市规划设计研究院院长

高级工程师

养老是近年来政府关注、公众关切的现实问题，也是当前上海建设卓越的全球城市需要解决的重要民生问题，该规划在总结老龄化研究的基础上，围绕积极老龄化、建设老年友好城市的目标，为上海中长期养老设施建设提供顶层设计，具有重要的示范性意义。

规划编制者以敏锐的视角和创新的思维，从老年人的需求入手，明确应对老龄化的空间战略，在此基础上，统筹考虑养老设施规划的顶层设计与后期实施，构建了全过程的空间布局专项规划内容，创新性地提出区级专项规划，将成果直接编制到控制性详细规划深度，高效有力地促进了养老设施的空间落地。

该规划充分整合大数据分析和传统研究方法，以问题及需求为导向，突破规划年限，增加一定的弹性系数进行用地底线管控，充分体现了规划的科学性与合理性。

该规划探索了“多规合一”的编制路径，通过规划编制者与多部门管理者的密切配合，提出优化用地分类、简化审批程序、确保土地供应等实施策略，形成“空间规划—标准规范—政策细则”等一体化的保障体系，具有很强的可操作性，成为上海养老设施规划布局的空间性纲领文件，目前已经取得了很好的建设实效。

虹桥商务区机场东片区控制性详细规划

2015 年度全国优秀城乡规划设计奖（城市规划类）三等奖、2015 年度上海市优秀城乡规划设计奖一等奖

编制时间： 2010 年 6 月—2013 年 10 月

编制单位： 上海市城市规划设计研究院、中国城市规划设计研究院、上海虹桥商务区东片区综合改造指挥部

编制人员： 杨文耀、杨晰峰、陈雨、孙珊、陆圆圆、孙忆敏、郑德高、季辰晔、高岳、陆良、刘潇、刘敏霞、朱剡、訾海波、陈勇、范晓瑜、蔡明霞、金敏

一、规划背景

1. 项目区位与定位

虹桥商务区位于上海市中心城西侧，地处城市发展东西主轴和长三角切线的交汇处，定位于依托虹桥枢纽，建成服务长三角、服务长江流域、服务全国的高端商务中心，在全市空间结构中具有极为重要的战略地位。

本次规划范围为商务区机场东片区，位于枢纽东侧，用地面积 4.21km²，是商务区重要的组成部分，其发展定位为：依托虹桥机场T1 航站楼，建设成为上海乃至全国的“现代航空服务示范区”。

2. 项目起因与过程

因历史和区位原因，该地区现状用地权属复杂，各类用地布局分散、互相交错、不成规模，制约了地区进一步发展。同时，环境形象整体欠佳、内部路网不成体系、集散交通系统单一、基础设施陈旧老化等现状，亦与地区发展定位不匹配。

因此，为推进地区功能提升和环境改善，上海市于 2010 年 5 月，启动本次控制性详细规划编制工作。在上海市委市政府的指导下，在上海市规划和国土资源管理局和东片区综合改造指挥部的牵头下，上海市城市规划设计研究院和中国城市规划设计研究院共同开展地区规划、设计和研究工作。历时三年多，本规划于 2013 年 4 月经规委会评审通过，同年 10 月获市政府批复。

二、规划思路

1. 规划方法

本次规划改变传统自上而下的模式，侧重沟通、协调，

长三角地区空间结构示意图

项目组前期参与各产权主体的现状梳理、需求调研、工作例会、方案讨论等，后期参与各产权主体的产权地块划分谈判、地块开发量分配谈判、市政费用公摊谈判等，在此基础上制定总体规划方案、产权地块方案、各系统规划方案、各地块指标等，使改造更新规划具备可实施性，从而使城市规划除了技术指导外，还成为技术和利益协调的平台。

2. 规划理念

本次规划围绕“以T1 航站楼建设领航国际交流、集聚航空总部的最佳商务型城市机场为依托，建设成为上海乃至全国的现代航空服务示范区”的发展目标，规划采用城市社区、有机更新、弹性控制的规划理念进行方案构思。

（1）航空社区

改变传统机场地区功能单一、公共空间少、配套服务缺乏等问题，提出航空社区的发展理念。航空社区是指以航空服务功能为主导，借鉴社区的社会和空间组织形式，在一定范围内形成内部联系紧密、服务功能完整、各种活动相互交织的综合性、高效率的航空服务区。规划布局上突出宜人尺度，强化功能混合，增加交往空间，形成地区认同感和归属感。

（2）有机更新

机场东片区是一个经历较长发展时期、具有一定历史沉淀的地区，规划范围内有大量现状建筑，且T1 航站楼及相关航空运输保障设施均处于正常运营状态。因此，本地区的开发建设必须区别于一般新建地区，采用有机更新的模式。规划以现状为基础，结合地区发展要求，按照一定的尺度与规模划分更新单元，并对每个单元进行整体规划设计，强调对历史性、纪念性元素的保留，强调单元与单元之间的有机联系，强调有计划、分步骤地推进城市更新。

（3）弹性控制

鉴于机场东片区改造难度较大、土地权属复杂及产权主体用地开发意向有待进一步明确，规划在确保地区发展目标的实现、确保前瞻性与引领性的同时，引入弹性控制理念，对相邻街坊内地块的用地性质、建筑量和用地范围等指标进行有限度的弹性控制。建设实施过程中可根据实际情况对规划控制条件微调，无需启动控规调整程序，提高了效率，增强了规划的可操作性和适应性。

3. 空间策略

本次规划按照“点、线、面”多层次、复合式的设计思路，对机场东片区的功能布局、公共空间、建筑形态、景观风貌的各项要素提出控制引导要求。

“点”——通过T1 航站楼改造及周边地区的更新，突出其作为地区核心的引领示范作用，塑造地区形象，带动地区发展；

“线”——通过若干重要道路的整治与改造、建筑界面的

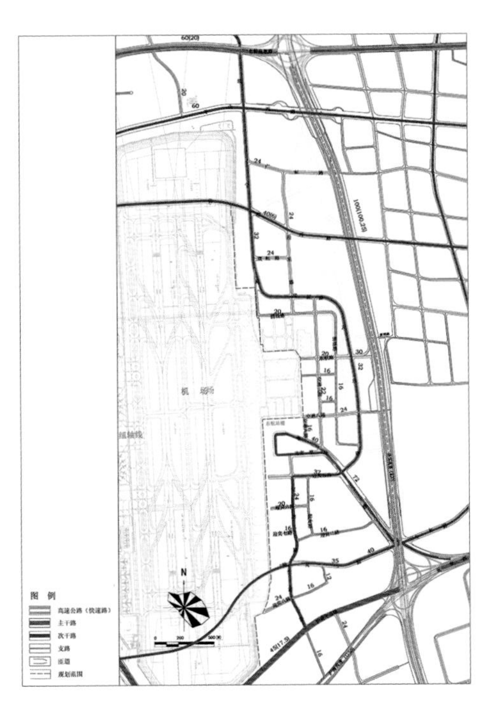

道路系统规划图

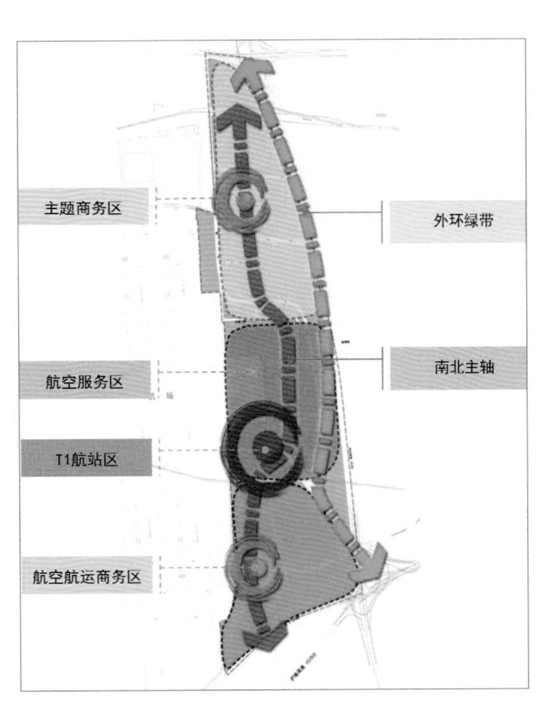

布局结构规划图

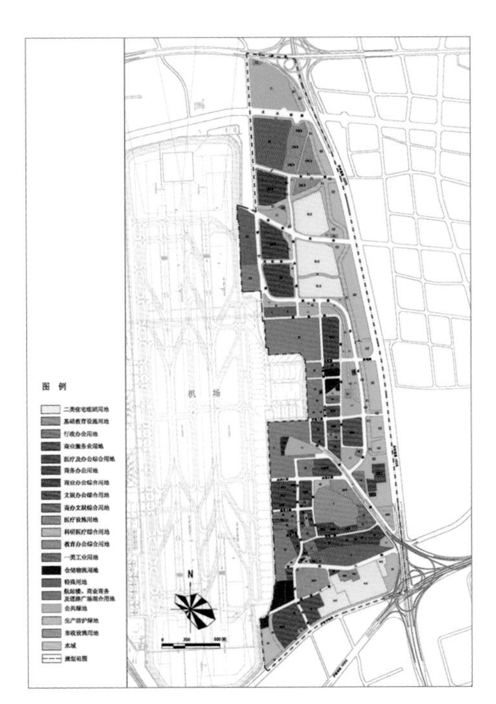

土地使用规划图

控制、绿化及滨水空间的营造，形成贯穿南北的公共空间轴线，改善地区交通环境，提升地区景观品质；

"面"——根据东片区功能发展需求及自身用地条件，采取分区控制引导的整体控制手段，突出各区不同特点，同时通过贯穿南北的"线"将其有机串联。

三、规划内容

规划围绕T1 航站楼改造，以点带面，形成"一核一轴一带三区"的总体结构。

1. 打造功能完善的航空社区

规划围绕建设现代航空服务示范区的目标定位，以航空运输服务为核心功能，提升能级，引入高品质、国际化的服务配套功能。重点建设公务机基地，引入航空公司总部，发展机场航空地面服务、交流博览、配套商业娱乐等功能，同时对部分现状设施进行梳理整合，为机场运营提供基础保障。

土地使用与航空服务功能的提升相呼应，公共设施用地有较大规模的增加，规划公共设施用地共 95.3hm^2，占城镇建设用地的 23.9%，主要结合T1 精品航站区的改造进行布置，包括航空总部办公、会展博览、文化娱乐、星级酒店及配套商业等。 其他用地中，随着外环绿带建设工作的推进，地区绿地规模将逐步增加；同时，在保障航运功能的前提下，物流仓储及工业用地较现状有一定量的减少。

2. 构建高效便捷的交通系统

（1）强化对外联系通道

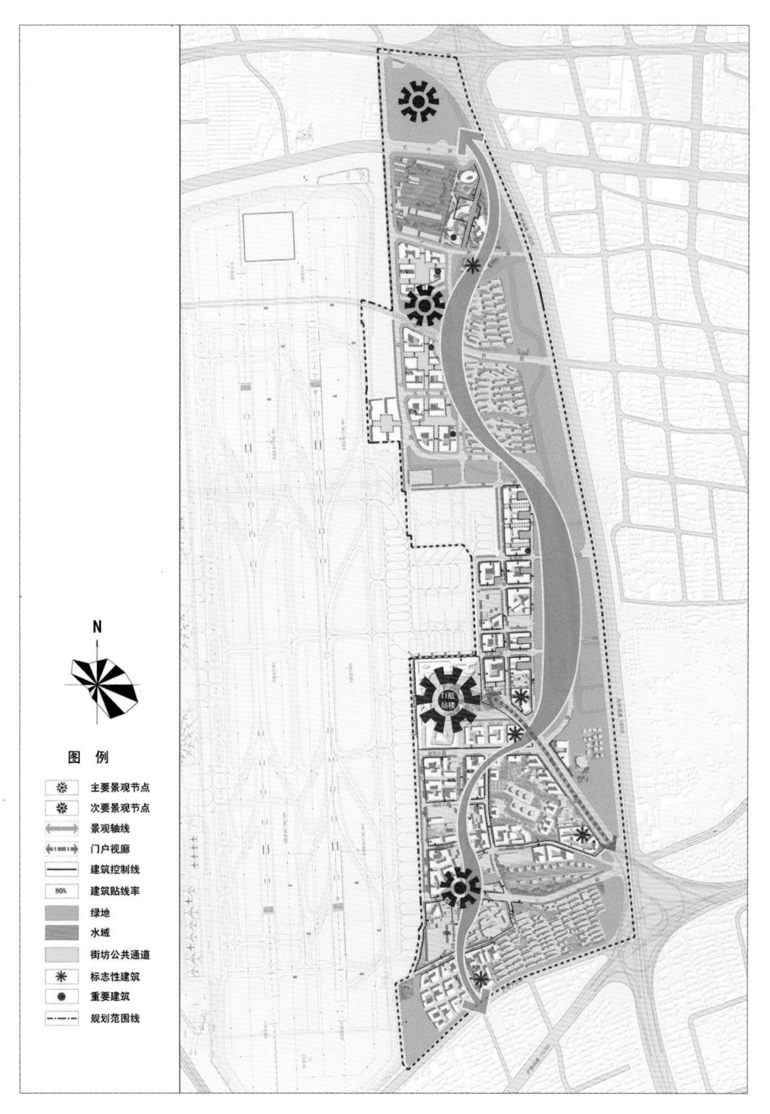

城市空间景观规划图

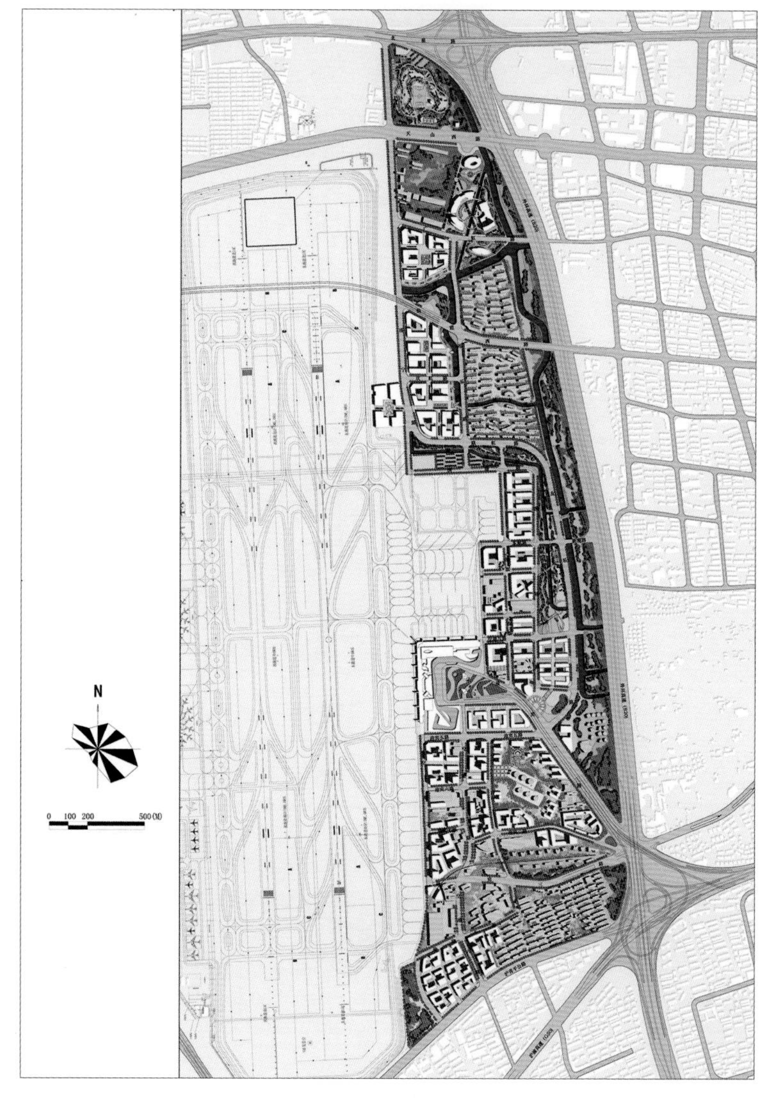

总平面图

从构建T1 航站楼相对独立的快速出入通道、满足地区开发需要的角度出发，提升地区对外道路系统，重点包括：完善迎宾三路地道东延伸，分离虹桥路至T2 航站楼的过境交通对地面交叉口的交通影响；新建迎宾一路高架道路衔接T1 航站楼形成相对独立的机场出入交通通道，释放地面道路服务地区开发功能；新增外环路辅道形成平行于绥宁路—友乐路—空港一路的通道，主要联系北翟高架路服务机场到发交通。

（2）完善内部交通系统

建立功能明确、层次分明、与地区开发相适应的内部路网，强化交通组织，提高路网整体效率，重点包括：贯通南北交通轴线，辟通绥宁路—友乐路—空港一路，承担地区开发与机场交通组织的双重功能，实现与东西向道路转换；强化跨外环线通道联系，规划形成 6 条通道、共计 30 车道；加密内部支路网络，规划路网密度达到 7.8km/km^2，以确保形成支撑高强度开发的微循环系统。

（3）提升航站楼交通配套

强化集散通道能力，突出枢纽服务功能，重点包括：围绕迎宾一路高架、外环辅道及绥宁路—友乐路—空港一路，形成T1 航站楼“一主两辅”的快速集散通道，发挥北翟高架路区域交通功能，分流延安高架路交通压力。

3. 构筑安全可靠的市政系统

（1）打造安全可靠的雨污系统

规划采用雨污水分流模式，取消现状小型污水处理设施，污水统一纳入外环线下污水总管，改善地区水环境；雨水采用强排模式，排水标准提升至三年一遇。

（2）形成环境良好的水体空间

规划对区域内水系进行梳理，保留围场河及部分地块内的水系，并根据用地布局要求，进行线型优化，拓宽部分河道并与规划外环西河相连，以保证地区排水安全，改善现有沟渠水质差、水动力不足的局面。同时，借助外环西河，将围场河与外围水系沟通，以增加围场河蓄排能力。

（3）打造良好的信息沟通平台，推进“智慧虹桥”建设

规划在保障地区基本需求的前提下，通过打造“城市光网”以提升信息网络带宽和接入能力，发展 3G、WiFi 等多种技术的无线宽带网，为东片区未来数据交易平台建设打下基础。同时，整合通信资源，推进通信机房、通信导管、移动通信宏基站的集约化建设。

4. 塑造特色鲜明的城区形象

规划以南北向水系、绿带和林荫道串联公共要素网络，结合建筑界面的控制，打造贯穿南北的公共空间轴线。同时，基于现状保留情况、自然条件以及地块尺度等分析，规划将东片区划分为三个各具特色的片区，进行分类设计。其中，南部航空航运商务区现状保留建筑较多,街坊内部空间环境改善余地较小,规划主要通过营造空港一路—空港六路沿街

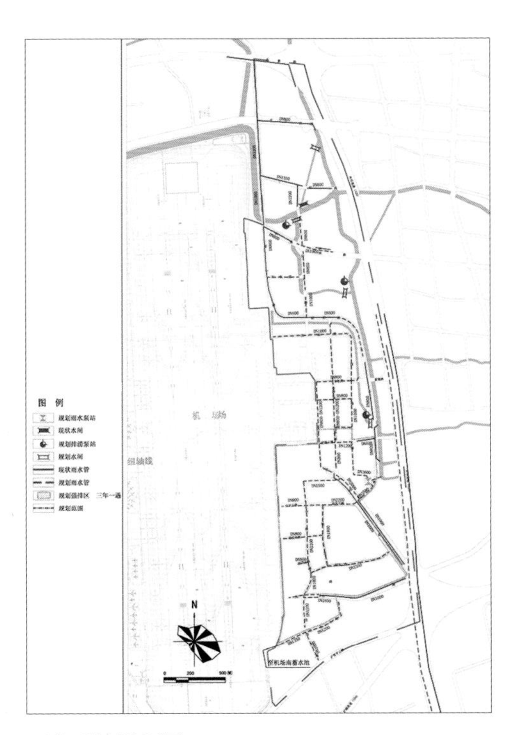

雨水系统规划图

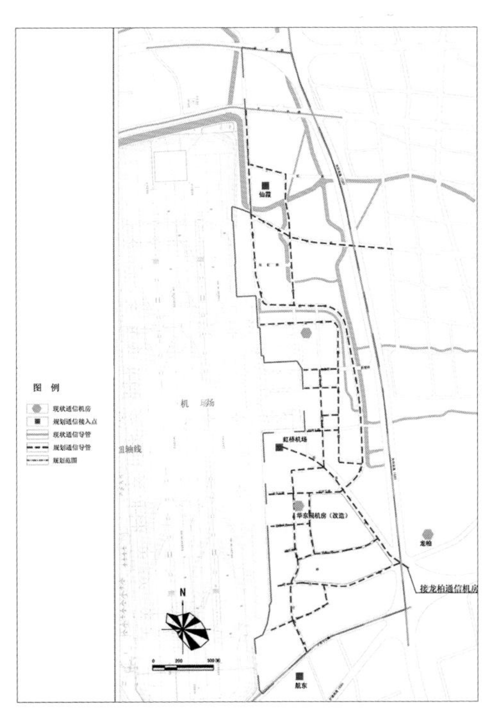

通讯系统规划图

开发时序规划图

公共空间来带动片区形象提升；中部航空服务区街坊建筑多采用半围合式布局，强化绿带对其西侧街坊的景观渗透作用，并与街坊内部绿化相呼应，提升地区环境品质；北部主题商务片区空间布局形式与核心区一期相呼应，采用院落式布局，创造连续的庭院体系，同时强调对滨河景观的控制。

5. 确定科学合理的开发时序

规划从机场东片区总体发展目标及布局结构出发，结合各单位对自身用地的发展设想，按照不同的开发策略将其分为三大建设区域：一是重新开发区域，其发展策略为紧扣地区发展目标、全面提升功能、重新开发建设；二是现状保留区域，其发展策略为功能及建筑均保留，对景观环境进行改造整治，与地区空间品质的整体提升相协调；三是改造置换区域，其发展策略为以地区发展总目标为引导，对部分功能进行置换提升，同时结合功能对部分建筑进行新建。

在此基础上，按照"有机更新"的设计理念，结合各驻场单位的开发设想，确定合理的开发时序。

四、规划亮点

本规划是一次规土合一下的城市更新规划实践，较传统控规，更加注重规划和土地的衔接，强调多学科技术统筹、多主体利益协调，以保障规划目标的实现。

1. 突出有机更新的规划理念

区别于一般新建地区，规划范围内有大量现状建筑，且T1航站楼及相关保障设施均须处于不间断运营状态。因此，规划充分考虑地区现状特点，分类型、有计划地进行改造更新。

首先，围绕"脱胎换骨"的总体要求，在广泛征询各产权主体意见的基础上，经过系统性的考虑，规划提出了保留、改造、更新三类开发模式。

其次，规划以"等量置换"和"等值置换"两种方式，将原本分散和相互穿插的地块化零为整，形成地块置换方案。

再次，根据地块权属将规划区划分为若干产权单元，继而对各产权单元进行建筑综合评定，结合区位、建筑质量、产权单位意愿等要素，判定各产权单元的建设方式，将规划区划分为九个更新单元。

在此基础上，规划统筹地区整体发展需求和各家开发设想，制定科学合理的开发时序。2012 年 5 月，虹桥T1 航站楼国际方案征集启动，多家境内外知名设计单位共同参与。方案征集成果最终纳入控详规划，对T1 改造作出了详细布置与安排，"以点带面、有机更新"的规划建设模式基本形成。

2. 重视合作共赢的规划过程

本次规划打破自上而下的传统规划模式，在多利益主体的背景下，搭建由社会、政府和企业共同组成的公众参与平台。

在规划编制过程中，通过例会制度等方式，各产权主体全程、深度参与方案讨论，确保规划科学性的前提下，保证了规划的公平和公开。

特别是各地块规划用地性质与容积率决定地块规划增值，是各产权主体关注的焦点。本次规划与土地经济测算单位合作，根据现状计算各产权单位房地产现值，通过谈判确定规划增值的分配原则及相应的公共设施费用公摊原则等，促进合作共赢。

3. 追求详实全面的成果体系

为更好发挥规划对地区开发建设指导作用，规划引入城市设计研究，形成"普适图则+附加图则"的成果体系。

一方面，规划基于三个片区，从功能业态、区域风貌和建筑形态、界面、高度、地标等方面进行分区控制和引导。

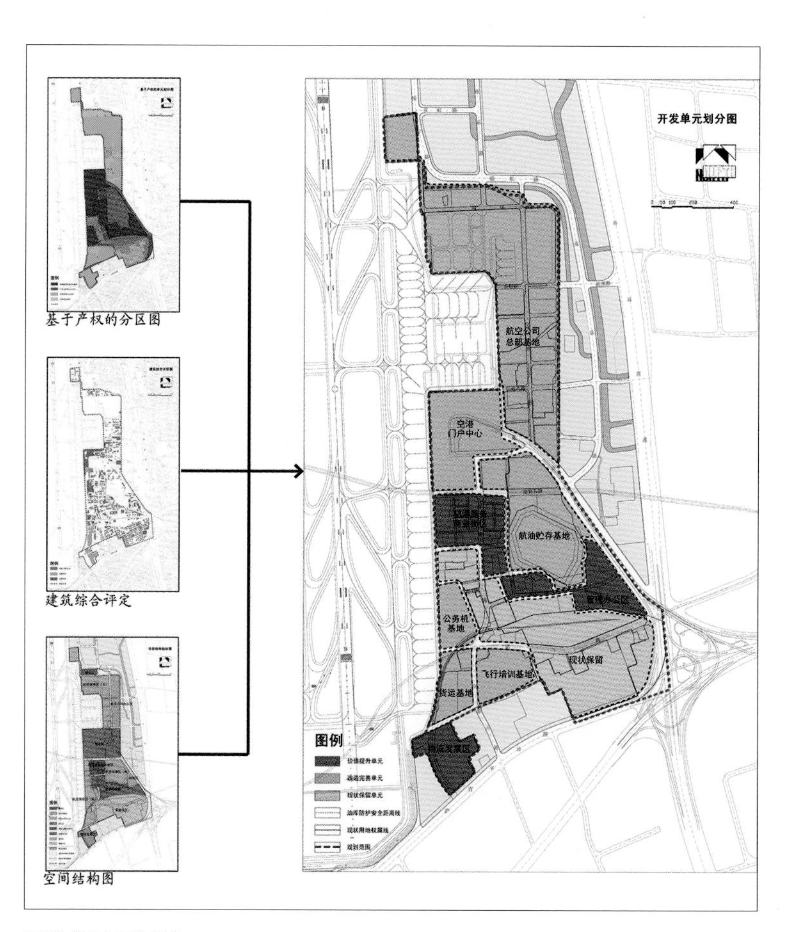

开发单元规划图

另一方面，规划除对传统要素进行控制外，还增加了建筑贴线率、底层界面通透率、景观渗透建筑界面等指标，引入三维规划控制理念，强调对公共空间立体复合式的控制。

4. 强调规土融合的实施机制

为提高规划的可实施性，规划在以下方面进行机制创新。

（1）创新土地政策。在土地转性与土地置换等方面进行积极探索研究，有效调动各产权整体参与地区更新积极性。

（2）提出联动策略。规划对部分功能及用地在商务区整体范围内统筹布置， 通过东西联动，为东片区改造提供腾挪空间。

（3）注重弹性控制。在确保地区发展目标实现、保证规划前瞻性与引领性的同时，对地块部分指标进行有限度的弹性控制，以增强规划的可操作性和适应性。如在用地性质上，尊重产权主体意愿，允许地块规划主导性质与现状功能兼容。在建筑量上，提出“建筑量控制区”概念，强调在一定范围内多个开发地块建筑量的整体控制，为各驻场单位发展及地区规划实施预留一定的弹性空间；同时，规划预留一部分开发增量，作为改造地块、特别是提供公共要素的地块的补偿，以增加各产权主体的改造更新动力。除此之外，规划还提出街坊相邻地块可进行适度合并或拆分、建筑高度按照分区可适当调整等，为各产权主体土地置换及整体开发打下基础。

五、规划创新

本规划是一次“规土合一”下的城市更新实践，在规划理念、规划方法等方面大胆创新，强调规划和土地的高度融合，强调多利益主体的协调共赢，弹性控制方法及详尽全面的规划成果在现阶段建设中发挥了巨大作用。同时，它也为我国同类地区的规划建设起到良好的示范作用。

六、规划实施

启动区——T1 航站区已于 2014 年开工改造，其余各地块产权主体就规划方案达成一致意见，签订《虹桥商务区机场东片区开发框架协议》，并在控规指导下有序地推进实施。

专家点评

杨晰峰

上海市规划编审中心主任
高级工程师

该规划在城市更新领域做了积极的探索。规划基于虹桥机场T1航站楼及航空保障能级不够高、周边道路及市政基础设施不完善、管理机关和航空公司划拨土地上存量建筑亟需提升的现状，以打造功能完善的航空社区、传统机场功能转型为航空服务业、构建高效便捷的交通系统、构筑安全可靠的市政系统和塑造特色鲜明的城区形象为目标，搭建了社会、政府和企业共同组成的公众参与平台，强调多利益主体共赢。规划引入城市设计研究，形成详尽的“普适图则+附加图则”的规划成果体系。在确保地区发展总目标的前提下，通过建立九个单元的“建筑总量控制区”对部分控规指标进行有限度的弹性控制，并研究明确了相应的规划土地管理措施。与规划编制同步，组织协调主体（上海机场集团）在土地置换与转性等方面进行积极的探索创新，有效激发各产权主体参与地区更新的积极性。

该规划可操作性和适应性强，既有效保证了地区更新与建设的高品质，又提供了可持续发展的规划土地方面的动力源泉，可为其他城市更新地区规划编制起到较好的借鉴作用。

宝兴县大溪乡曹家村修建性详细规划

2015 年度全国优秀城乡规划设计奖（村镇规划类）三等奖、2015 年度上海市优秀城乡规划设计奖一等奖

编制时间： 2013 年 5 月一2014 年 12 月

编制单位： 上海同济城市规划设计研究院

编制人员： 周珂、付朝伟、寿劲松、吴斐琼、张雅、谢佳琦、许雯晶、顾晶、杨燕瑜、杨绍永、韩冰、任文华、李骥、杨晨、陈强

一、项目概要

曹家村位于四川省宝兴县大溪乡南部山区，与天全县接壤，宝兴至天全的大（溪）老（场）公路纵贯全村。全村 7 个村民小组，共有农户 178 户 610 人，以农业生产为主，生态环境良好，是一座典型的川西山区传统村落。全村居住分散，最大的村组为 6 组，43 户 155 人；最小的村组为 1 组，17 户 61 人。村落总体格局上是大分散、小聚集，依山傍水，沿山而设。建筑形式基本以穿斗式木结构建筑为主。

2013 年的“4·20”芦山强烈地震造成全村房屋严重受损，村民申报倒塌重建为 126 户、加固维修为 52 户。依据灾损评估和上位规划，曹家村属于“本村安置”类型，本次规划确定的6组7组规划范围内无潜在地质灾害，均不需要搬迁避让。

上海同济规划院复兴规划设计所（原复兴研究中心）义务承担了曹家村灾后重建规划，并派出项目组常驻现场（挂职大溪乡乡长助理），完整参与并组织了规划编制与实施的全过程，为乡村规划的编制和实施作了全路径的尝试与探索。

曹家村规划范围与曹家村六组总平面

二、规划前期研究

作为村庄公共事务和公共事业的村庄规划编制，是曹家村村民自治的一个重要内容。

但是通过前期调研，发现具有以下特点的曹家村村民自治工作基础薄弱，工作开展难度较大。第一，血缘关系较弱，社区认同感不强。曹家村在血缘关系上的构成极为复杂，没有一个姓氏（宗族）能够在曹家村的日常事务中占有发言权，在历史上属于典型的移民村落。相比于由宗族血缘关系构成的传统村落而言，这种移民村落的社区认同感相对较弱。第二，对土地的依赖性减少，既有的社区认同感已经被削弱。如果单从数字上看，曹家村外出工作读书的人员并不多，只占到全村人口的 23.61%，但是从年龄段的分布看，外出工作读书人员占同龄人口的比例由 51~60 岁的 10.45% 快速增长到了 19~30 岁的69.67%，反映出村民越来越强的脱离土地依赖关系的趋势。而这种趋势进一步削弱了因为血缘关系的复杂而原本就不强的社区认同感。第三，留村人口老龄化趋势严重，知识结构陈旧，缺乏社区活力。通过调查，发现作为知识结构最新、接受和学习知识能力最强的 19~30 岁年龄段外出工作读书的人数达到 85 人，占该年龄段的 69.67%，也就是说社区建设所需要的农村精英基本都离开了曹家村，这对建设一个有活力且能够持续发展的社区而言是最大的挑战。

针对曹家村的实际情况，项目团队分别于 2014 年 1 月 28 日（农历腊月廿八）和2014 年 2 月 8 号（正月初九），趁着在外工作学习的年轻人返乡过年的期间，组织了两次开放性的讨论会，参会者包括村组的基层干部、对村庄重建模式有想法的村民、对产业发展有兴趣的村民、在高校读书的学生等。腊月廿八的讨论是找问题，主要目的就是组织大家找思路。通过讨论，梳理出几个问题：一是在建筑和环境方面，曹家村的重建过程中应该采取什么样的方式，是维持原来的山水风光特色还是建成一个高度集中的新农村，建筑的形式是维持原有的木结构特色还是转换为和城里一样的框架结构；二是在产业重建和发展方面，尤其是在主要留村人口都为老人小孩的情况下，曹家村有什么优势，曹家村是否能够找到自己的特色产品；三是关于人际网络方面，现在曹家村的年轻人不但分布在成都、雅安这些四川的城市，还散布于其他 12 个省市，有的已在当地安家置业，融入当地的生活，大家是否还愿意把家乡的建设作为自己的事情。

正月初九，第二次座谈会的讨论非常热烈。大家一致认为在村子的重建过程中，整体环境上一定要保持原有的山水景观格局，建筑特色上要保持原来的穿斗式木结构，产业发展上走以特色农业为主、农家乐为辅的生态有机农业的道路。同时，村民也普遍认为曹家村在自然资源上有一定的优势，在特色农业和农家旅游上有一定的潜力，关键是如何找对市场、如何树立品牌、如何做好管理。他们对曹家村未来的发展潜力都有一定的信心。

三、规划理念

基于对各种法律法规的理解及多年来村庄规划实践工作经验，结合与曹家村村民和大溪乡干部的多次深入讨论，在以村民自治为所有规划基础的前提下，项目组紧扣灾后重建的核心目标和问题，梳理出以下规划理念：

（1）应极大尊重村庄自然人文特征，正视村民的产权和发展权，参照联合国教科文组织“贵阳建议”和生态博物馆理念，将曹家村的灾后重建打造为传统村庄重建工作的典范；

（2）应切实贯彻“从恢复重建到跨越发展”的重建战略，将工作重点转向扶助村民自我重建和自力恢复的方法研究和政策制定上，深入重建工作的本质，推动地方的自强自立；

针对灾后重建规划的村民开放性讨论会

（3）应积极采取“最少干预的规划”的重建方式，全面推进村民自主重建模式，将重建工作作为大力培育村民自主规划、自主保护、自主管理技术与能力的实践课堂。

四、规划思路

结合与曹家村村民和大溪乡干部的多次深入讨论，项目组明确曹家村灾后规划重点包括了3个方面：

1. 以建造传统来重建传统建筑与环境

建筑和环境的重建着重强调了村庄传统文化的延续，而村民互助自建的建造传统是延续传统文化的主要途径。在传统村庄中，建筑的本身即是由村民和工匠按传统方式建造，村落的环境也是由村民自主规划、自主协商、逐步形成的。因此，在重建工作中，依然尊重村民自己的意见和设想，将设计师定位于“技术服务者”而非“规划引领者”，除原则性的问题外，均尽可能不加干预。“最少干预”的规划方式，避免了统一规划导致的特色缺失，保障了村庄自我发展的多样性和活力。

2. 产业重建

村民实际收入的提高是传统村庄保护的重要前提条件，而产业恢复和发展的关键在于必须寻找到适合村庄特征且能够由村民自主掌握的产业类型。虽然曹家村目前有着一定的农家乐基础，但由于年轻劳动力的缺乏，实际工作难以推进，仅靠县、乡灾后扶助并不能保持产业的长期发展。因此，必须由村庄外出务工的青年人自发思考，自发组织，建立起村内留守人口和村外务工人口能够良性互动的小型产业体系。

3. 村庄社会网络重建

村庄社会网络重建包括两个方面：一是预防大规模灾后重建可能造成的社会网络破坏；二是恢复村庄因长期外出务工造成的社会网络缺失。前者通过村民原址自主互助的重建能够得到很好的解决，后者则需要和产业重建紧密结合，通过产业重建带来的就业和创业机会，强化外出村民对村庄的归属感。

五、规划管理的村民自治机构组织和职能

在村民共识的基础上，以《村民委员会组织法》、《四川省<中华人民共和国村民委员会组织法>实施办法》和《四川省村民委员会选举条例》为依据，规划项目组协助在村民委员会下面成立了两个自建委员会，一个是由 13 名在乡村民组成的“曹家村灾后重建自建委员会”，一个是由 3 名在乡村民和 5 名外出务工村民组成的“曹家村产业发展自建委员会”。之所以成立两个委员会，主要是考虑到灾后重建有大量日常事务性的工作，因此灾后重建自建委员会的成员必须是在乡村民，要能随时应对村民的要求。但是外出务工青年更有见识和头脑，对村庄的发展有更长远的打算，其对村庄规划的格局、建造样式、装修标准等有更深刻的认识，而且是灾后重建工作结束后村庄的持续建设和产业发展的主导力量。因此，以外出务工村民为主成立的产业发展自建委员会，不随灾后重建工作的完成而撤销，从而保证村里的产业发展有延续性。

在具体工作中，借助于网络等现代通信手段(QQ群、微信群等)，两个委员会一起参与产业发展计划和灾后重建规划的编制和审定，及新建住房、旧院落改造更新、院坝建设等的验

曹家村民集体抽屋架——以建造传统来建造传统建筑

曹家村灾后重建自建委员会

名誉主任：杨绍永　（村 主任）

主　任：杨明芬　（六组组长）

副主任：杨　平　（五组组长）

花锫钮

曹刚

成　员：杨克文、孙开荣、王德强、杨宗云、齐明康、孙学强、杨绍军、张宗元、杨宗成。

曹家村村民委员会 2014年2月9日

曹家村产业发展自建委员会

根据县乡政府的部署安排，为了更好适应时代的创新，科学重建的建设. 培养一批有眼见的青年人，引领村级房屋的规划. 设计装修，及村的产业为何持续，增效. 农民实惠的产业发展，成立村级委员会：

主　任：杨绍永　（村 主任）

副主任：杨　平　（五组组长）

杨明芬　（六组组长）

成　员：王廷罡　（务工青年）

应世刚　（务工青年）

赵　文　（务工青年）

杨　荣　（务工青年）

杨明生　（务工青年）

曹家村村民委员会 2014年2月9日

曹家村“两个自建委员会”名单

收和补助资金的发放，重建规划的日常实施管理主要是由重建自建委员会负责。

六、规划的内容构成和滚动编制机制

在大家都明确了“山水田园，生态曹家，传统建造”这个总的村庄建设发展目标以后，如何编制规划和实施规划的问题就迎刃而解。

经过多方面协调，在政府的授权下，将曹家村的村庄规划编制、实施管理纳入村民自治权范围。但这并不意味着政府放弃了规划管理的行政权，一旦曹家村的规划管理不能通过村规民约来解决问题，需要国家行政权力强力介入的时候，县乡规划管理部门可以随时介入。规划管理行政权力的下放和村民自治是曹家村灾后重建规划建设的法律基础。

经过与两个自建委员会及村民的多次座谈与沟通，发现了两个现象。一是村民对政府的要求普遍是要“一碗水端平”，所有的政策都不能有差异。但如果是相互之间，又有种比较的心理，谁都不愿意比别人差，谁都希望自己家和别人的不一样，也就是所谓的“要面子”。二是村民极其重视产权，尤其是在宅前屋后的空间上，私人与私人之间、私人与公共之间的空间界线非常清晰，而且这个界线是不能够随意改变的。

根据以上特点，项目组将规划按照“私人空间”和“公共空间”的原则将重建工作分为村民自建和政府重建两个板块，均采用了滚动编制的方法，结合村民自建委员会制度建立扶助验收制度。

（1）由重建规划项目组建立规划总体框架，将重建项目

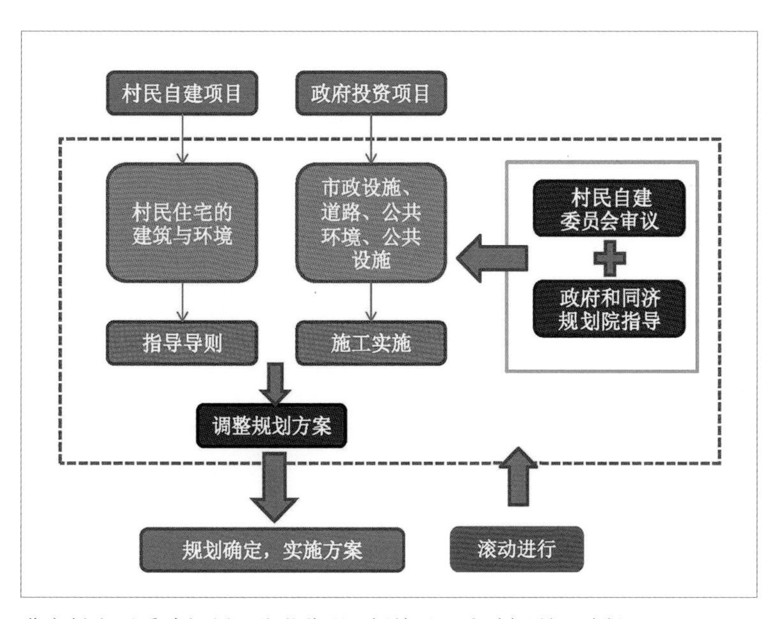

曹家村灾后重建规划“公私分明”板块及“滚动福利”过程

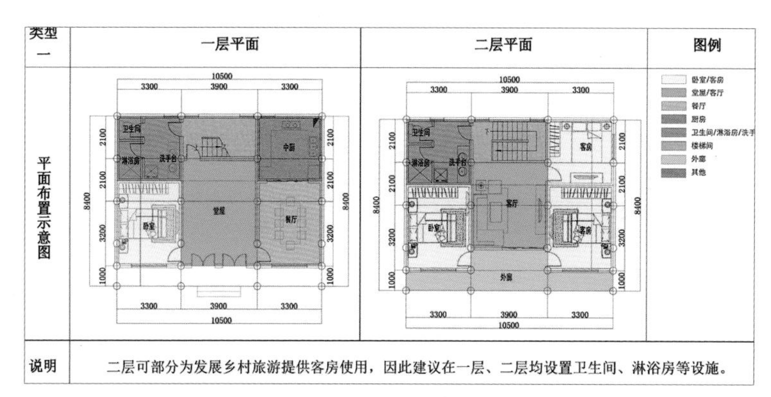

类型一	一层平面	二层平面	图例
平面布置示意图			卧室/客房 堂屋/客厅 餐厅 厨房 卫生间/淋浴房/洗手 楼梯间 外廊 其他
说明	二层可部分为发展乡村旅游提供客房使用，因此建议在一层、二层均设置卫生间、淋浴房等设施。		

曹家村平面功能导则

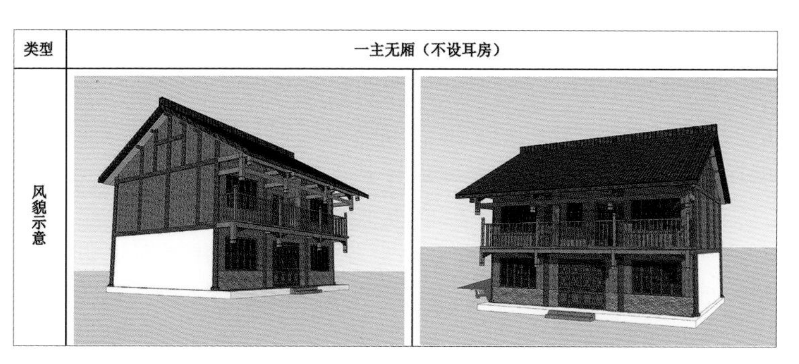

类型	一主无厢（不设耳房）
风貌示意	

曹家村建筑风貌导则

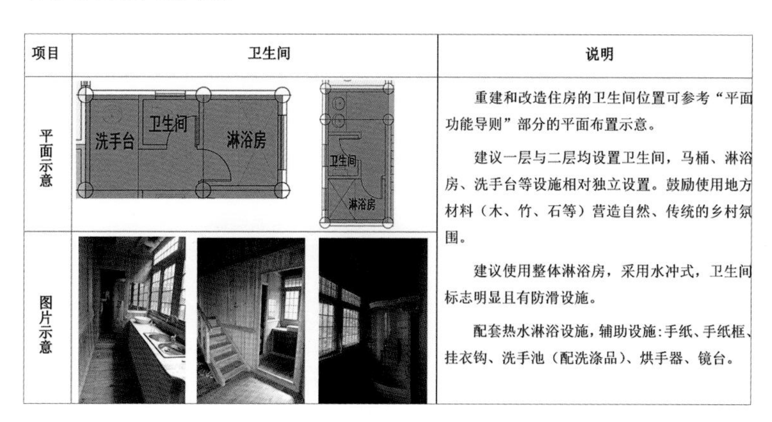

项目	卫生间	说明
平面示意	洗手台 卫生间 淋浴房	重建和改造住房的卫生间位置可参考“平面功能导则”部分的平面布置示意。 建议一层与二层均设置卫生间，马桶、淋浴房、洗手台等设施相对独立设置。鼓励使用地方材料（木、竹、石等）营造自然、传统的乡村氛围。 建议使用整体淋浴房，采用水冲式，卫生间标志明显且有防滑设施。 配套热水淋浴设施，辅助设施：手纸、手纸框、挂衣钩、洗手池（配洗涤品）、烘手器、镜台。
图片示意		

曹家村设施配套导则

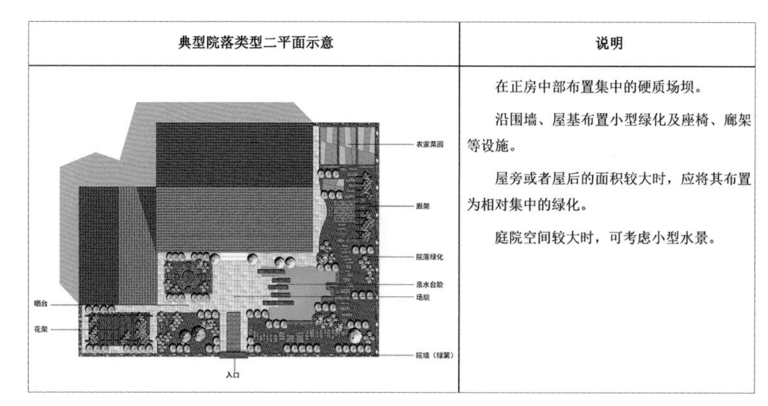

典型院落类型二平面示意	说明
	在正房中部布置集中的硬质场坝。 沿围墙、屋基布置小型绿化及座椅、廊架等设施。 屋旁或者屋后的面积较大时，应将其布置为相对集中的绿化。 庭院空间较大时，可考虑小型水景。

曹家村院落景观导则

按照实施主体分为村民自建项目和政府投资项目两类，明确规划成果不同的深度要求。村民自建项目主要包括了住宅和宅前屋后的庭院部分。这部分的规划以导则为主，辅以适当的现场指导。为了方便村民理解和使用，导则采用了“口袋书”的形式，以照片、图片等简单易懂的图示为主，配以少量的解说文字。整个导则包含了平面功能导则、建筑风貌导则、设施配套导则和院落景观导则四部分。

政府投资项目则包括了市政道路基础设施、公共环境、公共服务设施等。这些项目均按照修建性详细规划深度来进行编制，从而方便整体投资控制与后续施工设计指导。

（2）结合示范户的建设，项目组分别开展导则和实施规划的编制工作，完成后均由村民自建委员会审议决定是否可行。规划通过后，向村民发放导则以指导其住房自建，村民自己请工匠、选材料、自主重建，政府和项目组在建设过程中提供指导意见，并按照实施规划开展工作，两者平行开展。

（3）由村民自建委员会在建设过程中收集和汇总村民对两类规划实施的反馈意见，总结修改要求并提交规划项目组。项目组按照要求对规划进行调整，调整结果再次进入村民自建委员会审议流程。这一程序滚动进行，直至规划涉及的具体重建项目完成。

（4）由村民自建委员会和乡政府一起对实施结果进行验收，其中签订扶助协议并符合导则要求的新建住房、旧院落改造更新、院坝建设等在通过验收后能够取得约定的扶助资金。

七、实施效果

由于在曹家村的灾后重建工作中，坚持以村民自治为规划和建设的基本理念，坚持以村民为主、专家为辅的工作思路，坚持“公私分明”的处事原则，坚持以建造传统为基础的传统建筑重建，使曹家村的灾后重建不但保持了原有的村落文化景观特色，也摸索出了一条突破地域社会限制、用网络将农村社区重新组织的路径，获得了四川省委、省政府及当地居民的高度肯定。

由于住宅重建的宅基地划分和新增道路选线都是在原有村庄建设用地基础上由村民自行协商解决的，政府仅起到一个协调作用。因此，这次的重建工作不但延续了村庄的传统格局、提升了村民的生活居住条件，同时也基本实现了“不多占一分农田”的目标。同时，由于建设导则充分反映了村民的诉求，曹家村的住宅建设和院落建设都呈现出极为丰富的多样性，没有两家的建筑和庭院是相同的，这个效果是统一规划设

曹家村七组重建前后对比实景照片

曹家村六组重建前后对比实景照片

计所难以达到的。

随着村庄建设的快速推进，产业发展自建委员会在产业发展上也做了大量的尝试性工作。原来在镇江从事糕点加工的曹家村7组应世祥（32岁）夫妇在看到曹家村的发展势头后，愿意回乡，利用原来掌握的技术，和父亲苟全银一起开办农家乐“苟家庄”，为村里产业的发展摸索经验。

曹家村村民重建住房实景照片

八、总结

通过对曹家村灾后重建项目的回顾，项目组深刻体会到法律规则的清晰是传统村庄保护和发展的基础。相对于城市而言，中国的农村自古以来就有着其独特的特点。在村庄规划的编制、实施和管理上一定要注重其“村民自治”的特征，不能把城市规划编制管理的方法简单地复制到村庄规划中来，也不能把村庄规划管理作为基层政府规划管理行政权力的简单延伸，更不能将村委会视为政府规划管理部门的派出机构。在实践中，要着重关注行政权和自治权之间的关系、国家法规和村民自治章程之间的关系、成文法和不成文法之间的关系、基层政府和村委会之间的关系，结合村庄的实际情况，因地制宜地制定当地村庄规划的编制、实施和管理机制。

专家点评

韦冬

上海市规划和国土资源管理局土地利用处
教授级高级工程师

乡村振兴战略是党的“十九”大报告中明确提出的国家未来发展重大战略之一。在这一背景下乡村规划该如何发挥作用，是摆在规划工作者面前的一个重大课题。宝兴县大溪乡曹家村修建性详细规划进行了很有意义的探索和尝试，规划师摆脱以往常规的习惯思维和工作方式，深入农村、常驻现场，完整参与并组织了规划编制与实施的全过程，以村民自治为规划管理实施的核心理念，探索出一种适合农村地区的规划 编制和管理方法。

规划将设计师定位于技术服务者，而非规划引领者，提出了最少干预的规划理念。首先，充分尊重村庄的村落布局、传统建筑形式等自然人文要素，所有宅基地划分都是在原宅基地基础上由村民自主协商解决，政府仅起到一定的协调作用；其次，将村庄规划编制实施管理纳入村民自治权范围，坚持以村民为主的工作思路，建立起村民自建委员会制度，并将工作内容延伸到村庄产业发展，成立产业发展自建委员会并将外出务工青年纳入其中；再者，对于村民自建的住宅和宅前屋后庭院部分，通过口袋书形式的重建导则，以照片、图片、少量文字等简单易懂的方式，指导村民理解和使用，由于建设导则充分反映了村民的诉求，最终的住宅和院落建设都呈现出极为丰富的多样性，取得了非常好的效果。

这应该是一个不能再小的规划了，细看之后想到了戏剧大师斯坦尼斯拉夫斯基的那句名言：“没有小角色，只有小演员”。只要用心去做，再小的规划也能给规划师充分发挥的舞台。

上海市地下空间规划编制规范

2015 年度上海市优秀城乡规划设计奖一等奖

编制时间： 2008 年 6 月—2014 年 12 月

编制单位： 上海市城市规划设计研究院、上海同济联合地下空间规划设计研究院

编制人员： 苏功洲、束昱、奚东帆、赵昀、路姗、陈钢、史慧飞、张悦、赫磊

一、规划背景

1. 科学开发利用地下空间是城市实现转型发展的重要路径

目前，上海城市发展正处于转型提升的关键时期。随着土地空间资源约束日益加剧，以往依赖于规模扩张的外延式增长模式越来越不可持续，公共空间、公共服务、生态环境等方面长期积累的矛盾与问题日益凸显。城市未来必然转向注重效率和品质的内涵式发展道路，在空间上逐步实现"零增长"甚至"负增长"，城市建设活动将以盘活存量资源为核心，着重提升土地利用效率和空间环境品质。在这一宏观背景下，地下空间因其在保护土地资源、提升土地利用效率、改善城市环境等方面的独特优势，必将在城市功能和空间体系中承担更为重要的作用。

2. 地下空间已成为影响城市整体空间格局的重要内容

进入21世纪以来，在轨道交通网络延伸和城市综合体建设的带动下，上海地下空间开发利用进入快速发展时期。城市地下空间的规模日益庞大，功能也由以往单一的交通、市政设施向各类公共设施、公共活动空间拓展。在城市各公共中心以及综合交通枢纽地区，地下空间承载着大量的人流活动，已经成为人的主要活动场所，并对周边地区发展起重要导向作用。总体而言，城市地下空间的吸引力和影响力正快速提升，它在城市开发中也扮演着越来越重要的角色。

3. 地下空间规划科学性和规范性不足制约了地下空间的健康发展

近年来，随着城市地下空间开发利用的快速发展，地下空间规划越来越受到重视，许多重点地区、重点项目的规划均将地下空间作为重要的专项内容来开展研究，或者编制独立的地下空间规划。然而，由于地下空间的特殊属性，地下空间规划既有与地上空间相通的原则，又具有不同于传统规划的特点。作为一个全新的规划领域，当前地下空间规划的理论和方法尚不完善。在规划编制方面，规划的内容、深度、成果形式不统一、规范性差；在技术标准方面，相关专业技术标准众多但缺乏统筹；在管理方面，地下空间规划的定位与规划层次不清晰，规划审批和管理缺乏有效依据。总体来看，地下空间规划的科学性和规范性不足，且缺乏与城乡规划系统有效的结合和互动，制约了地下空间整体的可持续发展。

为了加强地下空间规划的科学性和规范性，推动地下空间开发利用健康有序发展，上海市建交委组织编制了《地下空间规划编制规范》（以下简称《规范》）。《规范》对城市地下空间规划的体系框架、规划方法、技术标准、编制成

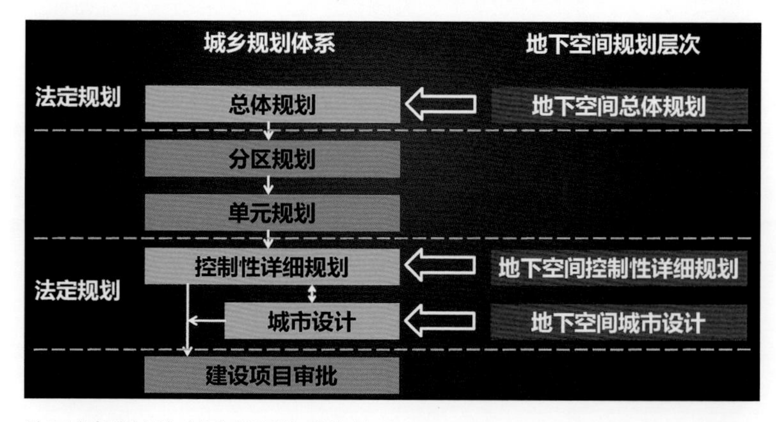

地下空间规划与城乡规划体系的关系

果要求和指标体系进行了详细规定，以规范地下空间规划的编制和管理。

二、规划思路

本项规范的编制，借鉴了国内外城市地下空间规划建设的成功经验，统筹了地下各专项系统的相关标准规范，并加强了与城市规划体系的衔接，对城市地下空间规划的规划方法、规划框架、编制成果要求和指标体系进行系统性研究，探索出适合上海市建设和开发实践的地下空间规划编制规范，为城市地下空间规划和管理提供有力的依据，同时，提升地下空间规划的科学性和规范性，推动城市地下空间的健康有序发展。

根据上海市地下空间开发的特征以及城市规划管理的要求，《规范》重点从以下几个方面开展研究。

1. 研究地下空间规划层次并加强与城市规划体系的对接

随着城市地下空间开发利用的快速发展，地下空间规划的重要性日益凸显，地下空间规划逐步成为城市规划中一项重要的专项内容。《城乡规划法》《城市规划编制办法》都明确提出在城市总体规划和控制性详细规划中增加地下空间规划内容的要求。然而，由于地下空间规划的编制和管理缺乏统一规范和技术标准，地下空间规划在内容上与现行的城市规划体系无法衔接，管理审批也缺乏科学、有效的依据，规划设计上缺乏科学指引和整体统筹。另一方面，近年来，面对城市发展转型对规划管理的新要求，上海也在不断对城市规划体系进行优化和探索。因此，《规范》的制定立足于上海城市规划体系创新，加强与法定规划层面的对接，使各层次地下空间规划在编制内容、指标体系、技术标准、成果形式等方面都能与相应的城市规划体系无缝衔接，力图有效地提升地下空间规划编制与审批的规范性和可操作性，进而优化、完善上海的城市规划体系。

2. 统筹地下各类设施的专业标准规范，提出规划技术标准

地下空间开发涉及地下公共设施、轨道交通、道路、停车、市政、民防等多个专项系统，各系统适用的技术标准侧重点有所不同，相互之间缺乏有效衔接，甚至存在矛盾，这是地下空间规划和开发面临的普遍问题。因此，《规范》应当从城市发展的总体需求出发，突出整体利益和公共利益优先的原则，同时尊重合法的土地空间权益，明确地下空间发展的目标、导向和基本原则，在此基础上对地下空间专项系统的相关技术标准进行梳理和统筹，协调各类设施的空间布局，从而发挥规划的平台作用，科学地利用地下空间资源，推动城市地下空间开发的健康有序发展。

3. 根据规划体系建设与管理需求提出地下空间规划的指标体系与成果规范

要真正实现地下空间规划与城市规划体系的衔接，最关键的问题在于规划的指标体系和成果规范的衔接。因此，《规范》应当结合现行城市规划体系的指标体系和成果形式，研究适合于上海市城市地下空间建设与管理实际的地下空间规划成果规范。地下空间规划与相应层次的城市规划深度一致、内容相呼应、指标体系可衔接、成果形式可分可合，使地下空间规划既可独立编制，又能有机地融入城市规划之中，从

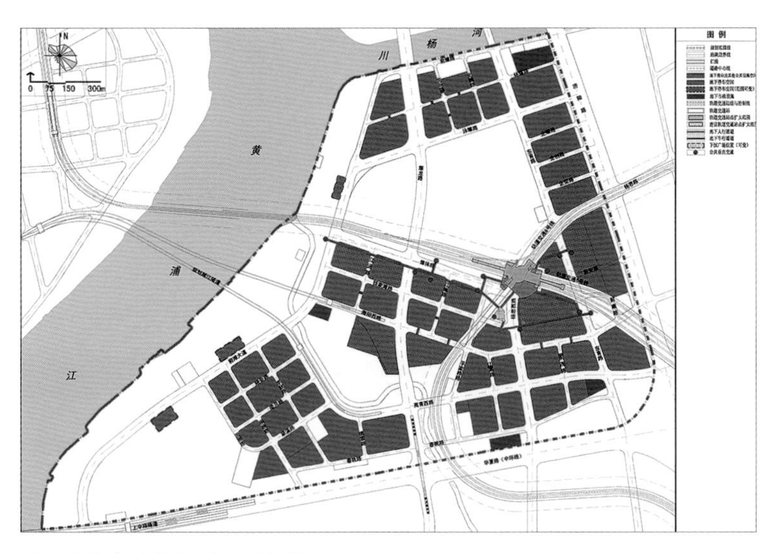

地下空间规划图示例（前滩）——地下一层

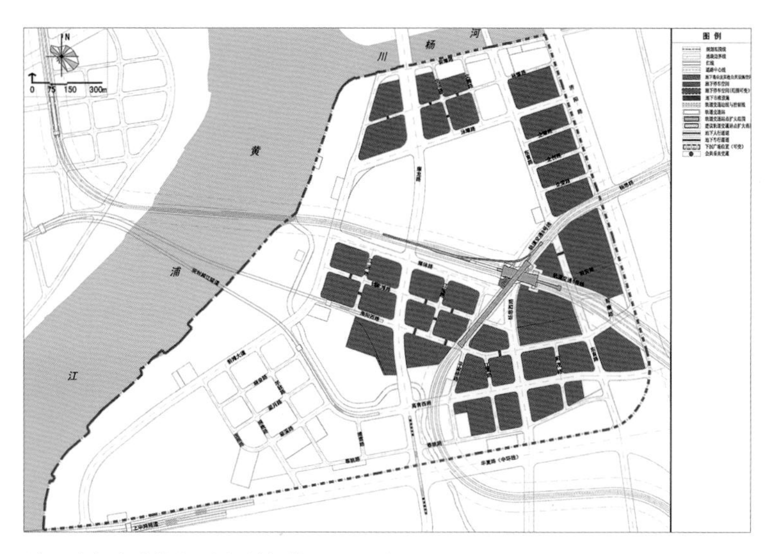

地下空间规划图示例（前滩）—— 地下二层

而统一上海市地下空间规划成果的内容和深度，实现规划编制的标准化和规范化。

三、规划内容

《规范》分为总则、术语、基本规定、编制内容、技术规定、成果规范六部分以及附录。《规范》的内容与地下空间规划编制与管理的实际需要紧密结合，并与相关标准、规范充分衔接，具有较强的针对性和指导性。

“总则”对《规范》的制定目的、适用范围、与相关标准规范的关系等进行了规定。

“术语”对《规范》中涉及到的重要术语进行了定义。

“基本规定”对地下空间规划的编制依据、基本原则、规划层次、编制范围、程序要求等进行了规定。

“编制内容”对地下空间规划的编制层次、规划内容、设计深度、控制要素等提出了要求。结合相应的城市规划体系，将地下空间规划分为地下空间总体规划、地下空间控制性详细规划和地下空间城市设计，并对各层次地下空间规划的任务和主要内容进行了规定。各层次地下空间规划注重与地上规划以及相关专业规划的衔接，适应相应层次的城市规划的工作深度。主要的规划思想和控制要求均可纳入城市规划成果之中，从而对城市地上和地下空间资源进行统筹安排。

“编制要求”对地下空间规划涉及的各项技术要求提出了具体的规定。除通用性规定外，重点梳理地下公共空间、地下交通、市政、防灾减灾、仓储物流等设施，以及地下空间景观环境等各专项系统现有的标准规范，在规划引领下加强系统布局和技术标准的统筹协调，保证地下空间整体系统的集约高效。

“规划成果”对各层次地下空间规划的成果内容与形式进行了规定，重点强化与相应层次城乡规划的对接。《规范》的附录包括本规范用词说明、引用标准名录和条文说明。

四、规划亮点

本规范是国内首部对地下空间规划体系及技术方法进行全面研究并提出系统规定的地方规范。《规范》在内容上与地下空间规划编制与管理的实际需要紧密结合，并与相关标准、规范充分衔接，具有较强的针对性和指导性；在理念和方法上充分借鉴最新理论研究成果和国际经验，适应地下空间开发利用的宏观趋势，具有创新性，对同类城市的地下空间规划编制和管理具有重要的示范作用。

1. 将地下空间规划与现行城乡规划体系相衔接，保障地下空间规划的法律地位

本规范区分了地下空间规划的不同层次，将地下空间规划纳入各层次规划中，并作为一项重要的专项内容，在工作内容、深度和成果上与现行城乡规划体系相衔接。本规范第一次以规范的形式明确了地下空间规划与城乡规划的关系，解决了地下空间规划与城乡规划脱节的问题，将有助于强化地下空间规划的地位，确保规划的可操作性，同时也完善了城乡规划的编制与管理体系。

2. 强化地下空间作为土地空间资源的定位，注重资源保护与利用的科学平衡

针对地下空间开发中同时存在的利用不足、效率不高以及过度开发、无序开发的不合理状况，《规范》明确提出“地下空间是土地空间资源的重要组成部分，是宝贵的国土资源”。地下空间规划应充分评估地下空间的开发需求以及资源环境承载力，科学平衡资源保护与开发利用的关系，统筹整体与局部、近期与远期的关系，促进地下空间的集约高效利用，合理保护地下空间资源，从而保障地下空间的可持续发展。

3. 统筹地下各专项设施的系统布局与建设标准，强化各系统规划之间的衔接

随着地下空间功能日趋复杂，各功能设施在平面和竖向布局上出现了越来越多的穿插与重叠。然而，交通、市政、

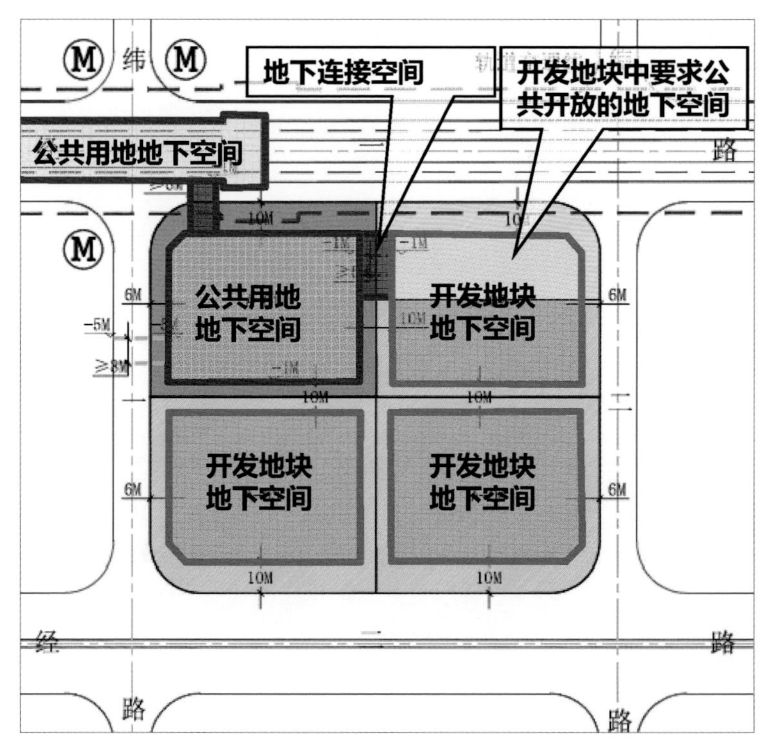

不同权属地下空间的关系示意图

民防、民用建筑等各类设施在建设管理和技术标准上缺乏衔接，导致各类设施布局系统性差，矛盾冲突在所难免。本规范突出规划的综合统筹功能，系统梳理各专项系统现行的标准、规范，按照规划的原则进行综合评估和协调统筹，整体把握地下空间发展的目标与导向，形成统一的技术标准，并明确设施衔接与避让的原则要求，从而强化了各专项系统的衔接，有助于提升地下空间开发利用的效率。

4. 突出地下公共空间的主体地位，强化与城市空间系统的融合

地下公共空间是地下空间系统的主体和核心，同时也是与人类活动以及城市空间系统联系最为紧密的地下空间类型。规划以地下公共空间为核心和枢纽，组织各专项系统布局，强化系统协调与衔接，并将各项控制要求纳入法定规划的管控之中，从而强化了地下空间与城市空间系统的衔接，保障了地下空间系统的高效率和人性化。

5. 关注地下空间的权属特征，尊重并协调地下空间相关的权益

适应社会发展和法治化建设的需要，关注规划对土地空间相关权益的影响，尊重地下空间开发利用中的权益问题。根据物权属性，区分公共用地和私人开发地块，制定差异化的规划控制要求，尊重各自的权益诉求，协调相关矛盾，在关注城市公共空间、维护公共利益的同时，不损害地下空间使用权人的合法权益，强化规划的可操作性。

五、规划实施

本规范于2014年12月24日由上海市城乡建设和管理委员会发布，于2015年4月1日起正式实施。这是国内各大城市正式发布的、用于规范地下空间规划编制的首部地方规范。本规范在上海市城市总体规划、控制性详细规划及城市设计的编制中均发挥了重要的指导作用，有力地加强了地下空间规划编制的科学性和规范性，推动了城市规划体系的完善，促进了地下空间开发利用的健康有序发展，对国内各大城市地下空间规划编制和管理也有重要的借鉴意义。

专家点评

沈人德

上海市规划委员会专家
原上海市规划和国土资源管理局副总工程师，教授级高工

《上海市地下空间规划规范》（以下简称《规范》）编制目的明确、内容翔实、思路清晰、框架合理、层次分明，本规范对于指导本市地下空间的各个层次的规划具有指导性、对于地下空间的设计具有引领性。

《规范》对于加强地下空间综合利用提出了合理建议，明确了地下空间的属性，优先原则和公共性原则，可以指导地下空间合理开发利用，确保资源共享。

《规范》对于加强地下空间的规划管理起到重要作用，使得规划管理有了完整的依据，项目审批更加科学合理。

《规范》在内容上与相关专题衔接得比较好，具有较强的可操作性，同时对于同类城市的地下空间的规划设计和规划管理有重要的引领作用。

《规范》提出的要强化地下空间作为资源的理念正确，充分考虑资源的承载力和开发利用的关系，近期和远期的关系。

建议：一是要重视地下空间竖向设计；二是要从规划源头开始重视地下空间的安全性；三是项目审批一定要有前瞻性，留有发展的余地。

蚌埠市城市总体规划（2012–2030 年）

2015 年度全国优秀城乡规划设计奖（城市规划类）表扬奖、2015 年度上海市优秀城乡规划设计奖一等奖

编制时间： 2012 年 4 月—2014 年 10 月

编制单位： 蚌埠市规划设计研究院、上海同济城市规划设计研究院

编制人员： 赵民、刘锋、张捷、杨洪钧、黄康、刘清宇、徐素、顾竹屹、陈晨、王涛、杨继龙、陈永玉、茹行健、郭锐、何艳、邵琳、王雅娟、张立、陈阳、朱金、胡魁、古颖

一、规划背景

千里淮河与津浦铁路交汇于历史上的皖北重镇——蚌埠。这座火车拉来的城市，走过了曾经的辉煌和较长期的低谷。蚌埠作为安徽省首个设市城市，地处中原经济区和长三角经济区的直接腹地，承东启西，雄踞南北分界线。近年来，又获得了京沪高铁和京福高铁的巨大区位交通优势。

随着中原经济区规划上升为国家战略，安徽省新一轮城镇体系规划出台，省委省政府对蚌埠提出“重振雄风，再创辉煌，重返安徽第一方阵”的战略要求，方邱湖行洪区的调整也为城市空间发展带来了新的机遇。

本次总规采取政府组织、专家领衔、部门合作和公众参与的方式，经历了实施评估、基础调研、规模核定、纲要审查、公示草案、成果专家审查、市规委会审议、市委市政府审议、人大常委会审议、省规委会审议等各环节，获得了各方面的高度认可。

二、主要挑战

从总规实施评估来看，蚌埠市在宏观政策、区位交通、重大基础设施、文化资源等方面具有不可复制的优势；经历了较长时间的低谷后，产业升级转型、城市品质仍有待不断提升。区域的公共服务能力方面略显不足。单一水源存在隐患；中心城区近郊地区的开发控制较难。山水本底优势在城市

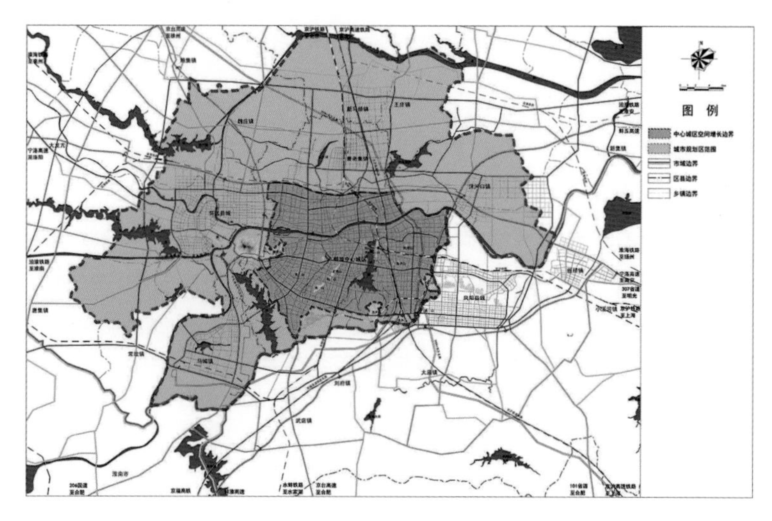

规划区范围划定图

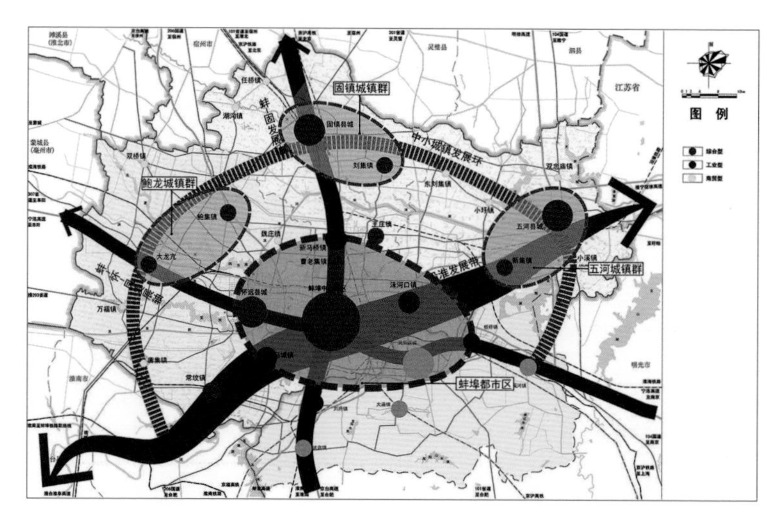

市域城镇空间结构规划图

空间与环境品质中的重要性日益突出；部分区域原有规划内容已不适应现实情况。规划实施程序保障等问题仍有待完善。

结合新的区域环境变化和政策部署，如何利用政策利好优势，落实上层战略安排；如何抓住区域基础设施建设机遇；如何响应区域协调发展要求；如何彰显特色、提升质量、优化空间结构，成为本轮总规编制面临的巨大挑战。

三、成果创新

包括规划理念、方法论、技术和应用 4 个方面。

1. 理念创新

（1）将“山水园林城市”写入城市性质，凸显山水本底优势。将生态文明提升到城市性质定位的高度，最大化利用蚌埠在中部地区的山水本底生态优势。

（2）将文化服务功能写入城市职能，凸显蚌埠的淮河文化、铁路文化、移民文化与近现代工业文明。

（3）通过强化区域公共服务职能实现蚌埠的产业转型。注重战略新兴产业与高端现代服务业，凸显蚌埠城市未来创新功能。

（4）突破行政区划谋求发展空间，提出“蚌埠都市区”空间概念。从规划技术上响应省委省政府希望蚌埠重返“安徽第一方阵”的顶层战略部署。

2. 方法论特色

深层次和多样化的公众参与机制。综合分析人大报告、政协提案；深度访谈市政府办公室、人大、政协以及各区县部门；广域的城乡田野调研实现了多重利益团体的参与。多样化的媒体公示、网络征集、规划局专门办公室答疑征集意见等公

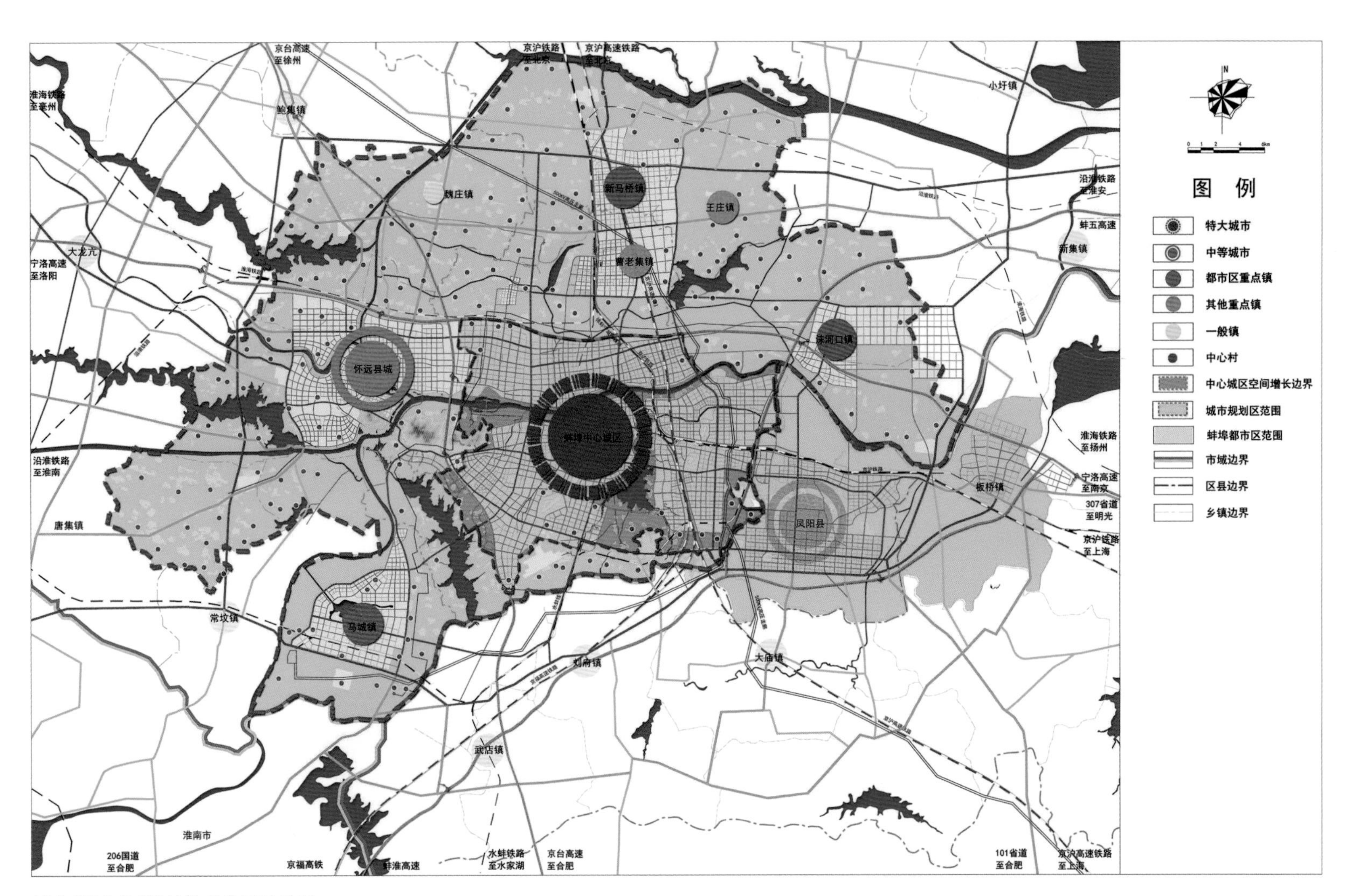

城市规划区城镇村体系发展引导图

示、反馈方式，实现了广泛的公众参与。

深度务实的部门合作。专项规划与总体规划实现了“同步启动、优先编制、共同完善”的部门合作方式；高度重视并合理采纳省、市规委会成员单位的专业意见。

高层次的专家领衔。本规划初始即组织了高层次的专家研讨会，以征集百家之长。

3. 技术创新

法定规划层次以外的多维度研究为本规划的科学性和合理性提供了强有力的技术依据。

构建金字塔形的未来城镇格局，突出中心城市强化战略；构建与皖北中心城市定位相匹配的公共服务设施布局，进一步强化区域公共服务职能。

4. 应用意义

申报新的国家重点文物保护单位2处：蚌埠火车站与淮河铁路大桥。提出低碳城市，通过常规公交网络、轻轨、慢行系统等构建低碳城市交通。为将来解决历史遗留困惑或突破性发展，提供规划技术储备，包括：京沪线和场站的迁建、突破行政区划寻求发展空间、蚌淮凤一体化发展。

四、主要规划内容

1. 城市性质

华东地区综合交通枢纽和先进制造业基地，淮河流域和皖北地区中心城市，现代化山水园林城市。

2. 城市职能

职能一：华东地区乃至全国重要的铁路枢纽之一，淮河第一大港，安徽省的交通门户之一。

职能二：电子信息、新材料、装备制造、生物医药、精

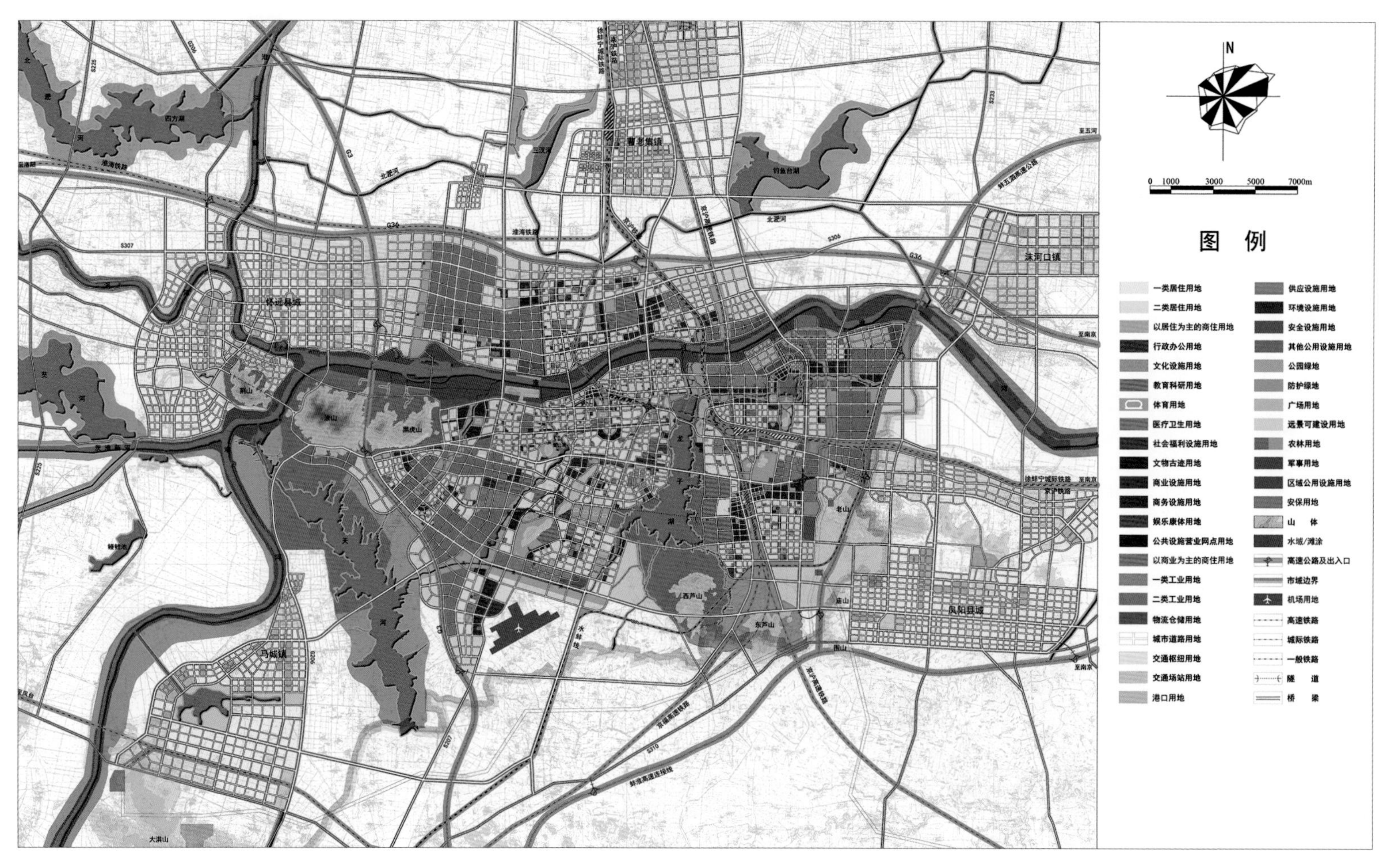

中心城区用地规划图

细化工的先进制造业基地，泛长三角的新型产业基地，皖北对接长三角的领军城市。

职能三：以淮河文化、大禹文化、汉文化、明文化、双墩古人类文化、铁路文化与近现代工业文明为特色的淮畔文明“高地”与文化旅游休闲度假胜地。

职能四：皖北地区的金融服务、商贸物流、教育科技、医疗服务、综合交通和旅游集散中心。

职能五：山水环境优美，城乡服务设施完善，宜居、宜业、宜游的现代化大城市。

3. 市域城镇空间结构规划

以城镇化空间集约化发展、区域协调、城乡统筹为重点，规划形成“一带两轴，一区一环”的空间结构。

一带：沿淮发展带。是区域、市域层面确定的最重要的城镇发展带，是城镇化空间和功能集约化发展的主体功能带；是工业和第三产业布局的重点；是协调区域发展、拓展城市空间、产业集聚和支撑交通的空间载体。

两轴：蚌—固镇发展轴和蚌—怀—凤发展轴。是蚌埠市依托交通走廊集聚产业与公共服务的带状空间，重点发展蚌埠高新技术产业开发区、长淮卫临港经济开发区、蚌埠工业园区、沫河口工业园、马城经济开发区、蚌埠铜陵现代产业园、怀远经济开发区（包括大龙亢产业园）、五河经济开发区（城南工业园）和固镇经济开发区等 9 个重大产业区；同时，在发展条件较好的重点镇集中发展劳动密集型产业。

一区：蚌埠都市区。包括：蚌埠市区；怀远的县城、马城镇、魏庄镇、古城乡、荆芡乡、找郢乡，五河县的沫河口镇、临北乡；固镇县的新马桥镇、王庄镇；同时还包括滁州市凤阳县城和板桥镇。蚌埠都市区是蚌埠市的核心增长极区域，是实现区域协调发展、强化蚌埠中心城市职能的主要空间载体，以综合提质、统筹协调为发展重点。

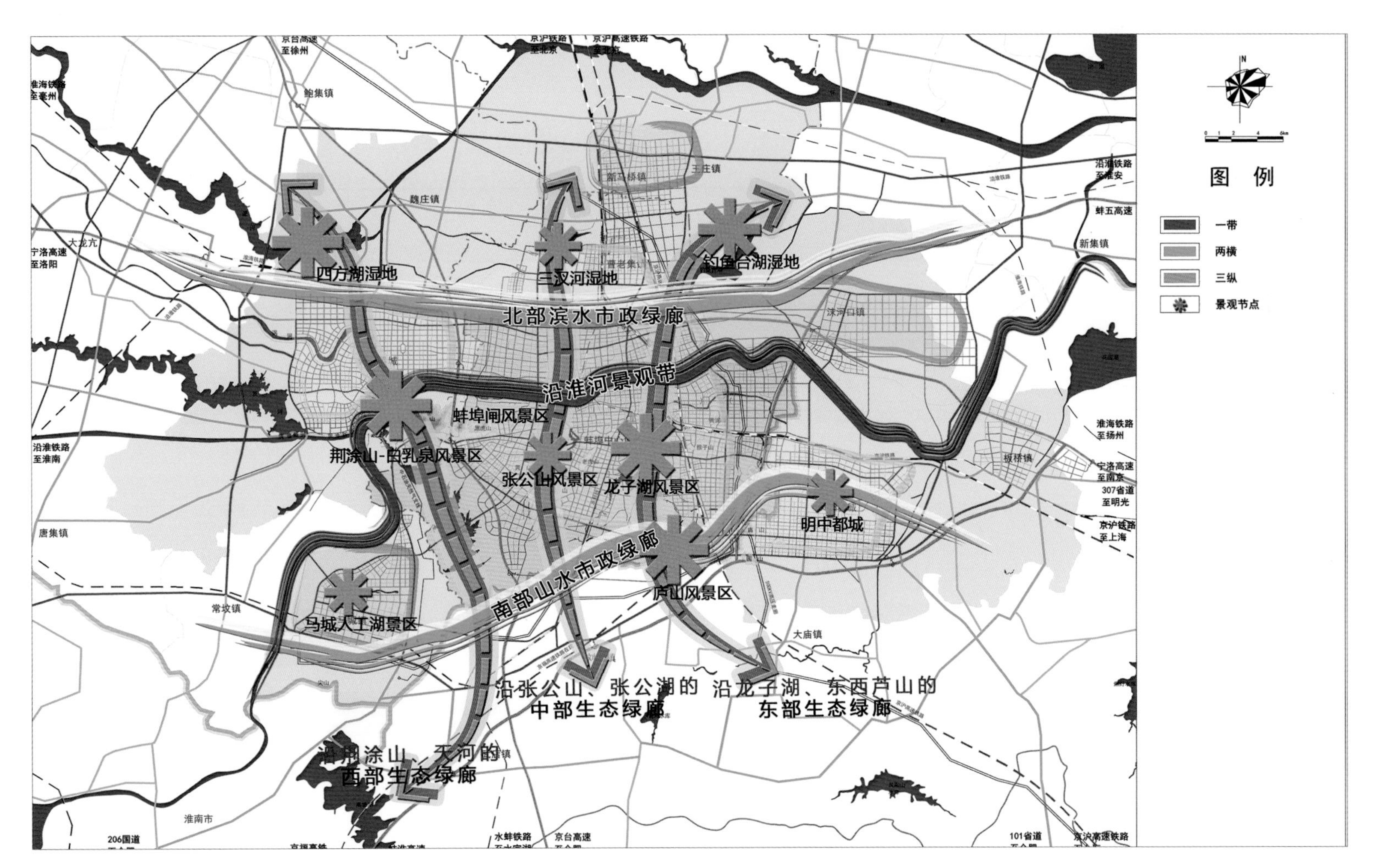

都市区生态景观引导图

一环：中小城镇发展环。市域层面重要中小城镇集聚发展环，由市域快速交通环串联起的若干各大中小城镇群组成。

4. 城市规划区划定

城市规划区范围：包括蚌埠市区，怀远县的城关镇、马城镇、找郢乡、荆芡乡、魏庄镇和古城乡，五河县的沫河口镇和临北乡，固镇县的新马桥镇和王庄镇。国土面积为 1776 km^2。

5. 规划区城镇空间发展引导

本规划提出“蚌埠都市区”概念，规划统筹都市区各空间要素布局，促进都市区空间的集约高效利用及可持续发展；同时，为实现蚌淮凤一体化及构建安徽未来第三极创造条件。

蚌埠都市区形成“一核两翼三点”的城镇空间格局。

一核：1个中心城区。

两翼：2个县城（怀远县城和凤阳县城）。

三点：3个工业新镇（马城镇、沫河口镇和新马桥镇）。

6. 中心城区规划城市空间总体格局

蚌埠中心城区的城市空间总体格局已经呈现为“一河牵五水，双湖映三城”，即中心城区南北跨淮河，东西拥龙子湖与天河，构筑山水蚌埠；淮河上蜿蜒5条支流水系，包括天河、八里沟、席家沟、龙子湖和北淝河；天河和龙子湖倒映出龙子湖以西的老城区、龙子湖以东的东部新区和淮河北岸的淮上区三大城区。

基于已有的城市空间格局，规划蚌埠市中心城区为“四横三纵、六核八组团”的城市空间结构。

四横：自北向南分别是：依托淮上大道向西指向怀远县城，向东指向沫河口工业新镇；依托淮河联系淮南、马城镇、怀远县城、中心城区、沫河口镇及凤阳县城；依托东海大道联系涂山风景名胜区、蚌埠高新技术产业开发区、行政中心、蚌埠南站至凤阳县城；依托南外环路延伸线向东指向凤阳县城，向西指向马城工业新镇。

蚌埠城市实景照片

三纵：西部发展轴线依托大庆路连接淮河北部的蚌埠工业园区和南部的高新区；中部发展轴线依托延安路和解放路连接蚌埠经济开发区、老城区与淮上区，且向北指向曹老集镇与新马桥镇；东部发展轴线依托锥子山路和老山路连接长淮卫分区以及李楼分区，且向北指向沫河口镇。

六核即指“两主四副”的城市级公共中心。

由淮河、京沪铁路、东海大道、市政走廊、席家沟生态绿廊与龙子湖生态绿廊等空间要素界定，将中心城区划分为8个城市功能组团：老城分区、城南分区、姜桥分区、禹会分区、淮上分区、蚌埠工业园区、长淮卫分区和李楼分区。其中，西部工业区包括蚌埠工业园区、禹会分区，中部生活区包括老城分区、城南分区、姜桥分区和淮上分区，东部综合区包括长淮卫分区和李楼分区。

五、实施情况

2014年10月9日，安徽省人民政府批复了《蚌埠市城市总体规划（2012—2030年）》。

（1）本规划提出的蚌埠铜陵现代产业园、沫河口工业园、马城经济开发区3个城郊产业基地建设已经启动，由此涉及的沫河口镇和马城镇落实了行政区划调整，划入中心城区便于统一协调管理。

（2）长淮卫临港经济开发区、蚌埠南站及周边地区等城市重点地段的建设初现成效。

（3）城市绿地建设与环境，尤其是滨水空间的环境改造成效显著。

（4）中心城区完成了蚌埠客运北站、蚌埠客运南站、大庆路桥的建设。淮上大道及沿线、黄山大道及中环、A101省道改道升级等也取得了突破性进展，城市发展骨架得到稳定性延展。

（5）喜盈门社区、胜利路保障房工程、新二马路市场、国际义乌商贸城等居住及商服配套建设得到实质性进展。

（6）三馆一中心、城市广场等公共服务设施逐步落成。

专家点评

叶贵勋

上海市规划委员会专家
原上海市城市规划设计研究院院长
教授级高工

该项城市总体规划设计能紧扣上级省委省政府战略部署，围绕当地政府对蚌埠市城市经济社会发展战略目标，借助有针对性的专题研究和总规实施评估，融合落实科学发展观、区域协调、城市统筹、新型城镇化等时代要求，细化落实到市域城镇空间结构规划，以及规划区城镇空间发展引领，明确中心城区空间总体格局，并提出若干建议措施。技术思路清晰，规划内容齐全。成果已指导了相关的城市发展与建设实践，取得了较好的成果，得到了有关各方的一致肯定。

本项规划创新性表现在：

1. 从大区域着眼，逐层分析，多维度比较，多层面落实区域协调发展的目标，融合到空间发展引领，为本规划的科学性和合理性提供了有力的技术支撑。

2. 充分尊重当地现状的山水本底优势，将生态文明提升到城市性质的高度，确立了该城“山水园林城市”的定位，助推了生态文明建设。

3. 提出将文化服务和区域公共服务职能融入产业发展，促进原有落后产业的转型，有利于城市的可持续健康发展。

上海市苏河湾东部地区城市设计

2015 年度上海市优秀城乡规划设计奖一等奖

编制时间： 2014 年 3 月—2014 年 12 月

编制单位： 上海广境规划设计有限公司、上海联创建筑设计有限公司

编制人员： 姚凯、苏功洲、徐峰、王林林、吴佳、何继平、黄劲松、严俊、过琳琪、廖志强、黄立勋、冯娜、吴庆楠、李世忠、蒋从振

一、项目背景

苏河湾东部地区位于苏州河北岸，是上海市现代服务业十字发展结构的汇聚点，"陆家嘴—外滩"CBD外缘；历史底蕴深厚，区位价值突出，是上海市中央活动区的重要组成；规划区用地面积约1.83km²。

苏河湾地区历史上一直承担着中心区的商务商业配套功能。然而历经百年，城市衰退严重，原有城区功能、基础设施已不能适应城市发展需求；旧改成片、居住环境低下、交通问题突出、整体面貌欠佳。旧改更新压力巨大，民生需求迫切，动迁人口超过24000户，建筑面积超过69万m²。

为贯彻落实上海"创新驱动发展、经济转型升级"的重要任务，加快推进地区旧改工作，静安区积极开展规划研究，通过规划的科学引领，提升地区土地价值，使之充分发挥区位、环境、文化优势，积极融入上海中心城区现代服务业体系，彻底摆脱原有面貌。

二、项目构思

深入思考浦西核心城区的转型发展理念，重点研究稀缺土地资源的再生利用，充分借鉴国际上同类型城区的发展案例，苏河湾东部地区应主动融入上海中央活动区，更加注重功能复合、人性尺度、文化传承、生态低碳的规划理念，打造新一轮中心城核心区旧区改造、转型升级的示范区。

更加高度集约的产城融合。坚持多元混合、复合利用；坚持功能、业态、空间形态有机统一，形成功能业态与空间形

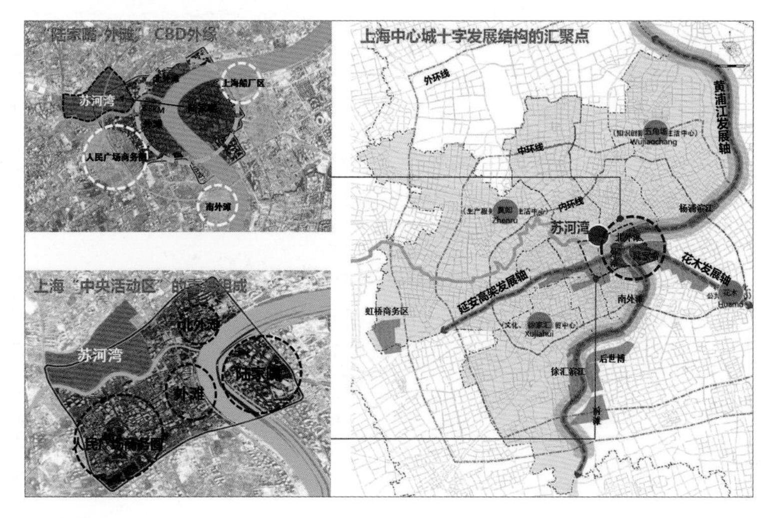

区位背景图

整体夜景鸟瞰图

态的有机共融。

更加宜人舒适的人性空间。通过多样活动、形态、界面控制，构建高端化、人性化、集约化、网络化的公共活动空间体系。

更加突出新旧融合的文化传承。坚持历史保护，文化传承，坚持新旧融合、有机更新；重现历史空间活力，展现城市的更新与再生。

更加绿色低碳的环保理念。倡导新能源、新技术运用，倡导绿色出行，推动苏河湾建成中心城区的绿色低碳示范区。

三、主要内容

针对“城市更新”，城市设计重点解决：功能转型发展、历史文化保护与传承、空间活力营造、道路交通优化、绿色低碳环保等问题。

1. 功能转型发展

（1）在功能定位上，强调错位发展

按照上海中心城区转型发展要求，与陆家嘴、外滩、世博等片区错位，落实中央商务区的功能拓展和配套服务需求，将规划区定位为：金融左岸、助力支点、核心CBD的拓展区。形成以金融服务、高端商务、文化创意和人力资源服务为主导的新兴商务片区。

（2）在业态构成上，综合考虑入驻企业、居住人群需求和行业发展趋势

根据国内外成功开发经验，优化业态构成，提供多样的办公和住宅空间类型。根据核心功能配套需求，结合互联网商业、商务发展趋势，提出体验型商业的发展模式；结合地区文化特质，丰富文化休闲业态；结合市场发展需求，合理定位居住、酒店等服务功能。

2. 历史文化保护与传承

苏河湾地区历史文化底蕴深厚。留存有以银行仓库和早期石库门里弄为代表的较为完整的历史建筑群落，反映了近代上海工商业和居住文化的发展。地区内还留存了一定数量的红色革命史迹，历史建筑多样。

（1）规划着眼于保护和传承地区的风貌特色与文化传统，保持和强化城区的多样性与浓厚的生活气息，容纳多元文化。

（2）对慎余里、诚化普善堂等已损毁或因市政建设拆除的具有较大人文价值的历史建筑予以复建；形成完善的历史建筑保护体系，新增保留建筑超47000m²。

整体保护历史建筑集中区域的空间格局和较为完整的历史建筑群落；强调街道和界面的完整，对街巷体系施行全面保护；

（3）历史建筑在保护、修缮的同时，结合自身建筑空间

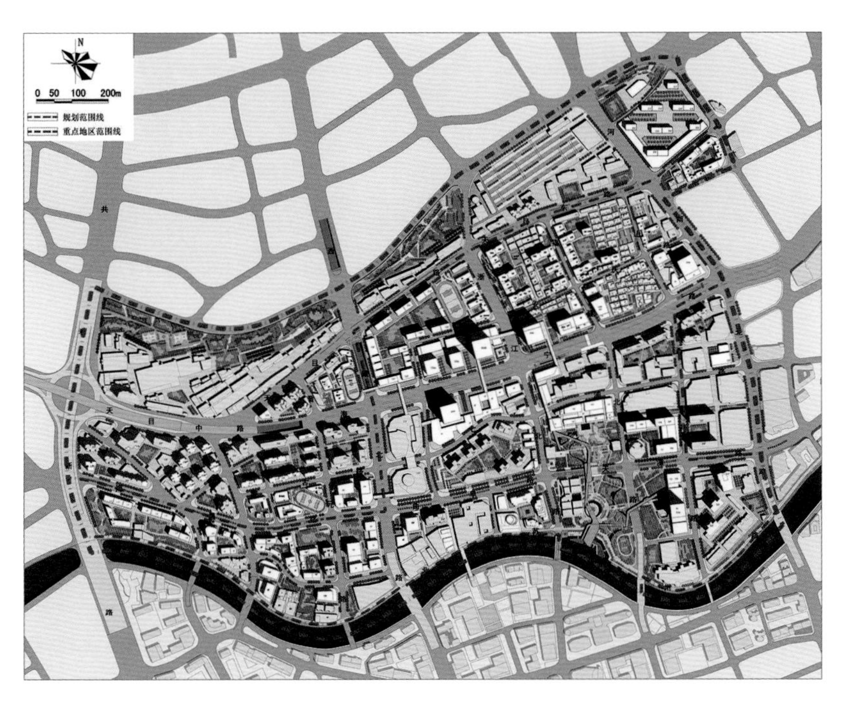

总平面图

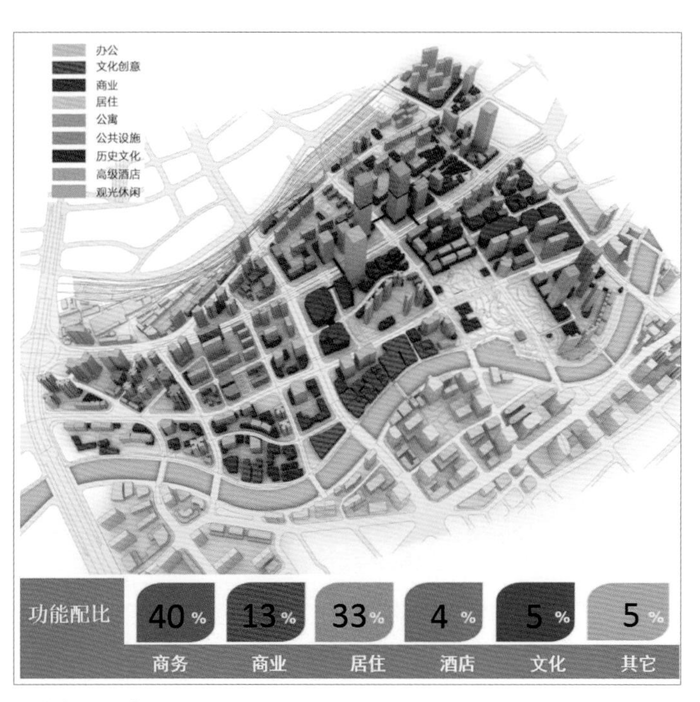

功能构成示意图

特征和发展需求，注入创意办公、休闲商业、公共服务、文化展览等功能，实现城市的更新与再生。

（4）在空间布局上，协调新旧建筑空间尺度，延续肌理特征，形成新旧融合的地区独特风貌；尊重、传承历史空间的文化内涵和场所精神，营造浓厚的生活氛围。

3. 空间活力营造

（1）规划延续外滩、南京东路的历史发展脉络，构建“井字结构”的区域发展骨架，融入中央活动区的公共活动网络。南北向的浙江路、福建路作为公共活动轴，强调区域联动发展；东西向的七浦路、曲阜路作为商业休闲轴，强调连续的商

苏河湾绿地建设实景照片

苏河湾绿地鸟瞰图

浙江路桥修缮实景照片

苏河湾绿地剖面示意图

业活动。

通过有利步行活动的街道断面设计；公共连续的建筑界面；高开放度的底层空间，保障“井字结构”公共活动空间的完整连续。

（2）城市设计结合地铁站点和重要公共活动区域，通过活力的街道空间、动态的空中连廊、连续的地下街坊，形成层次丰富的立体活动网络；强化地上、地下空间联动开发。

（3）通过打造多样性开放空间，为人们提供多元化、高品质的公共活动和交流场所，形成体验丰富、活力繁荣的核心街区。

（4）规划补充中央活动区的开放空间体系，重点打造苏河湾绿地，将原苏河湾绿地面积扩展一倍，优化亲水岸线、增加立体景观连廊、在公园内复建慎余里旧式里弄和天后宫戏台，融文化、交流、活动于一体，打造中央活动区的标志性开

立体步行网络示意图

福建北路空间效果图

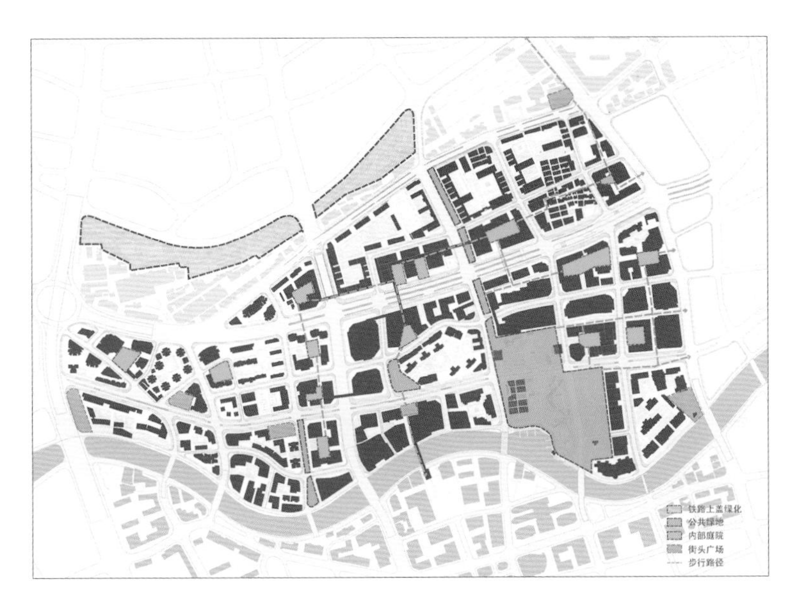

绿地、广场、院落布局图

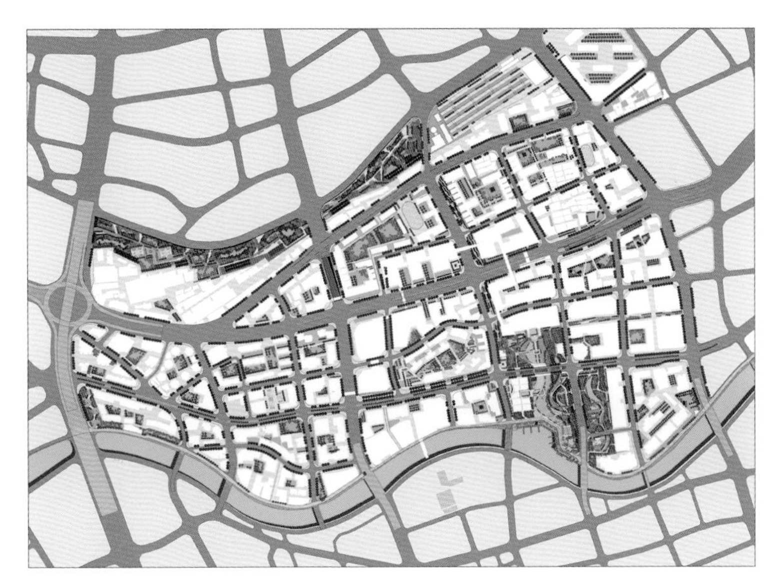

公共绿地系统规划图

放空间。

4. 道路交通优化

（1）在道路体系上，增加路网密度、梳理公共通道，加强地块内部通达性，突出中心区“密、窄、弯”特色的绿色出行。

（2）在交通组织上，通过明确路网性质，形成交通性、生活性、公共活动性的路网体系结构；通过浙江路、福建路组织一对单向交通，衔接区域流向，缓解内、外交通冲突；通过交通节点优化，提升现有道路通行效能；同时采取停车需求管理、分区控制，提出有限供给的静态交通原则；综合构建均衡负载的路网系统。

（3）在低碳交通导向上，强化公交引导、慢行优先，公交枢纽布局与步行网络有效连接，形成有机、立体的人性化交通环境。

同时，规划大力推进生态环境建设，扩大绿化种植面积、增加屋顶绿化和垂直绿化、对保留建筑进行立面绿化美化工作，构建立体绿化系统。

5. 绿色低碳环保

进一步加强新能源、新技术使用，推行绿色建筑认证，推动苏河湾建设成为中心城区的绿色低碳示范区。

四、项目特点

作为上海市中心区唯一整单元推进的城市更新区域，项目特点主要体现在以下方面：

通过更加深入、细致的方案研究，总结实践经验，协调历史地区设计施工与现行规范的冲突。

（1）探索中心区“历史地段”城市更新的模式；通过成片保护历史格局、协调新旧建筑尺度,传承文化风貌；通过容积率转移方式，平衡资金；通过转变历史建筑的使用功能，提供文化、休闲、创新空间，提高历史建筑价值，提供地区多

历史建筑改造效果图

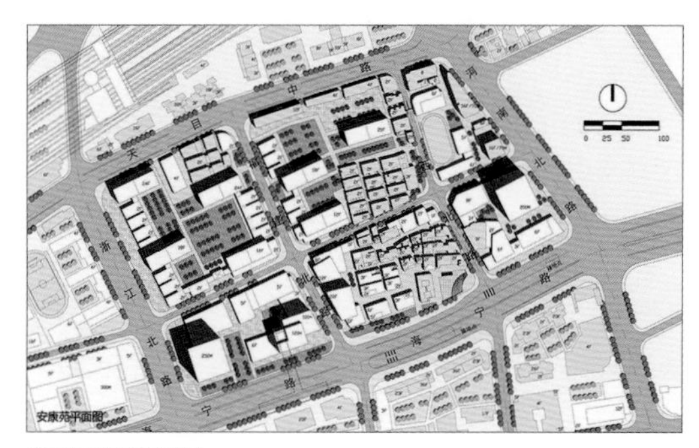
安康苑平面图

安康苑效果图

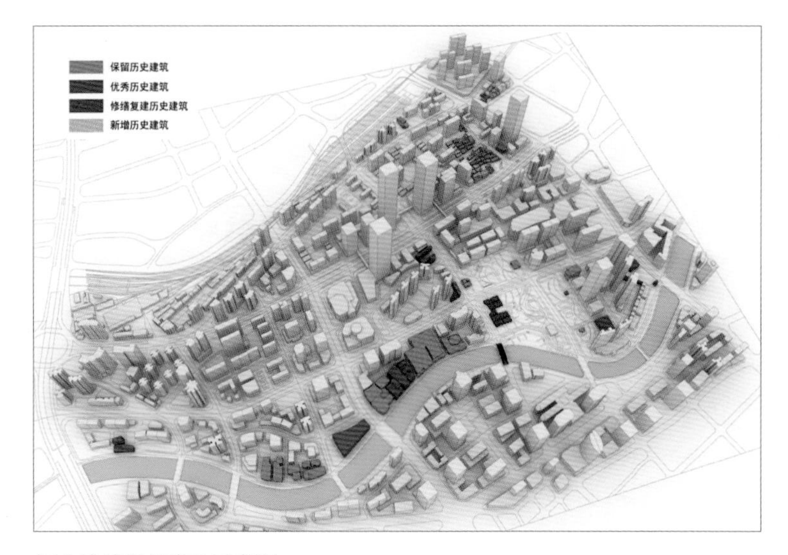

历史建筑保护类比示意图

安康苑局部鸟瞰图

样性。

（2）提供多样性、高品质的公共空间系统，倡导绿色出行。通过建立便捷联系的步行网络，容纳多元活动的开放空间、高品质的交流场所、生态低碳的出行环境，构建更具活力的开放空间体系。

（3）强调更新操作性，建立“市场主导、政府监管、多主体协作”的工作机制，最大限度实现公共价值.例如：在地下空间连通、空中步廊衔接等问题中，深入协调各开发主体利益，优化市政、交通、建筑，甚至设备的空间矛盾；在开发商成片保护历史建筑的状态下，弹性落实基地建设要求；平衡开发与保护的价值。

五、实施情况

城市设计指导了地区控规调整，并获上海市人民政府批复。设计团队进一步跟进了苏河湾地区“十三五”规划的编制，将城市设计成果纳入地区十三五建设目标，丰富地区公共发展导向。

在城市设计引领下，地区建设项目有序落实，初显成效：（1）晋元、安康苑等地块旧改快速推进，签约率达95%，建设方案同步开展；（2）大悦城二期建设基本完工，地区新的商业地标已展现；（3）苏河湾绿地也已完成拆迁和方案征集，建设在即。

专家点评

童明

上海市规划委员会专家
同济大学建筑与城市规划学院教授、博士生导师

苏河湾东部地区位于上海市现代服务业十字发展结构的交聚点，区位条件优越，历史底蕴深厚，长期以来一直承担着中心区商务商业的配套功能。然而，该地区在经历了较为长久的历史发展阶段后，城市环境衰退较为严重，原有城区功能、基础设施已不能适应城市发展需求，导致居住环境低下、民生需求迫切、交通问题突出、整体面貌欠佳等诸多问题。

该城市设计项目结合“城市更新”的热点议题，注重功能复合、人性尺度、文化传承、生态低碳的规划理念，在规划设计过程中，坚持多元混合、复合利用，引导功能、业态、空间形态有机统一，促进功能业态与空间形态的有机共融。同时，该城市设计项目努力构建集约化、人性化、网络化的公共活动空间体系，倡导历史保护、文化传承，推动新旧融合、有机更新，以重现历史空间活力，展现城市环境的再生。另外，该项目也大力倡导新能源、新技术运用，倡导绿色出行，以推动苏河湾建成中心城区的绿色低碳示范区。

与此同时， 该城市设计项目能够充分理解城市核心区域的转型发展理念，重点研究稀缺土地资源的再生利用，积极探索城市更新地区土地复合利用、释放存量空间、提升公共设施效率、资源集约化利用的可行性，以整体转型、渐进更新、严格保护等差异化方式推进更新，并且能够基于规划设计技术层面与城市管理层面的衔接进行创新探索，实现规划编制成果由技术的综合向公共政策层面转化，有效衔接了后续土地出让与建设管理。

特大城市消防地理信息服务平台建设

2015 年度上海市优秀城乡规划设计奖一等奖

编制时间： 2011 年 1 月一 2013 年 12 月

编制单位： 上海市测绘院

编制人员： 顾建祥、毛炜青、郭攻举、吴张峰、康明、汪旻琦、邓远、刘一宁、曹维、尹玉廷、张芬、王伟、夏兰芳、李海、徐云

一、项目概要

2011年11月，公安部消防局制定下发了《关于推广部署灭火救援指挥系统的通知》（公消[2011]321号），该系统基于一体化软件的总体架构，纵向贯通部局、总队、支队、大队、中队，横向联通政府应急部门、公安机关、社会联动单位，综合利用各种语音、视频、数据等资源，规范日常灭火救援业务工作，为各级消防部队灭火救援指挥、跨部门协同作战提供全方位、全过程的信息支持和综合通信手段。通过此次部局一体化系统的推广部署，将进一步提高全国消防各单位的信息化水平。

同时，上海市智慧城市三年行动计划明确提出“智能化消防数字平台”的要求，因此以上海市丰富的地理信息资源为基础，结合当前先进的虚拟化技术、GIS技术、通信技术，建设一套先进的、科学的、高效的“上海市消防地理信息系统”，是提高消防部队战斗力、实现科技强警目标、加快城市消防工作信息化建设进程的需要。

作为部局一体化系统推广和上海智慧城市建设的重要项目，如何突破传统，应用各种先进的技术手段为消防业务服务是本系统建设的重点。因此，本项目的建设结合上海市地理信

救火现场照片

高层建筑着火图

息公共服务平台和部局地理信息服务平台的相关技术和地理信息资源，建设消防地理信息系统，形成科学、有效的数据采集和更新维护机制，提供基础地理信息服务，并将三维实地场景和受灾建筑内部三维信息引入消防业务领域，为消防现场指挥提供可靠的作战依据。

本项目严格遵循兼容性、规范性、开放性、扩展性、安全性五大原则建设，具体体现在（1）兼容性：符合全市应急联动系统的框架和接口要求，与市应急联动系统是一个整体，能够与部局指挥中心实现信息共享和指令的上传下达，能够与消防现有各种信息系统实现信息共享。（2）规范性：要采用模块化、组合化结构，符合国家相关规范，构筑通用性强的消防调度指挥中心。（3）开放性：为全市其他公共服务平台开放数据、图像、语音接口，并充分利用其他系统的现有资源。（4）扩展性：系统建设中要充分考虑到今后业务的发展和变动，以及城市的发展导致的信息汇集、指挥调度的升级能力，便于系统升级改造和适时扩充。（5）安全性：遵循安全、保密性原则，做好系统安全保密设计，确保系统安全运行。可分层对数据操作进行保密，采用操作权限控制、密码控制、系统日志监督、数据更新等多种手段防止系统数据被窃取及篡改，拒绝非法用户进入系统和合法用户的越权操作。

本项目建设内容包括：（1）实现基础地理信息服务的提供，实现中文地名地址定位服务、音头地名地址服务、路径分析服务满足消防局接处警的需求。（2）建立态势标绘三维符号模型库和消防重点单位三维模型数据库。（3）以二维地图和三维模型为基础，建设消防地理信息系统，实现指挥决策、案件分析功能、三维内部结构浏览和三维态势标绘的多维度管理与业务应用。（4）开发消防业务数据维护工具，用于维护消防业务数据。

二、建设目标

按照《上海市消防局灭火救援系统》的用户需求，消防地理信息系统应严格执行部局灭火救援指挥系统的技术标准和接口规范，实现与部局一体化平台无缝对接的消防地理信息平台，实现以下目标：

1. 建立基础地理信息服务

根据部局一体化平台提供的地理信息服务标准，采用“上海市地理信息公共服务平台”提供的矢量地图、影像地图、三维模型、地址库等各种地理信息资源，建立统一基础地理信息服务，实现与部局地理信息服务的对接，为消防灭火救援系统各子系统提供统一的基础地理信息服务。

2. 建立消防专题空间数据库

管理消防专题的空间位置，如水源分布位置（消防栓，水池等）、缺水区域、消防敏感区域、重点单位等信息。制定态势标绘三维符号标准，建立符号模型库。

3. 建立消防重点单位三维模型数据库

根据消防重点防范的级别采用分级建设，利用三维激光扫描、近景摄影测量、常规测量等多种测量手段，采集消防重点建筑的内部三维结构模型数据，建立三维模型数据库。

4. 建设消防地理信息 WEB 应用平台

用于消防日常业务中，提供二维和三维消防地理信息展示、查询和分析功能，实现用户管理、二维三维GIS基本操作、综合信息查询、指挥决策、案件分析和三维内部结构浏览等功能，集成查询和展示各类消防业务信息及二维三维地图信

消防地图

消防重点单位三维内部结构图

息，实现智能化消防信息的综合分析，辅助领导决策。

5. 消防业务地理信息维护子系统

开发数据编辑和数据提取工具，实现消防业务数据的维护，形成可长效运行维护的更新机制。开发地名地址信息的更新维护工具，实现将上海市已采集的地名地址信息导入部局标准的地址数据库中。

三、项目建设内容

1. 地理信息数据建设

提供上海市测绘主管部门现有基础地理信息平台的相关服务，并按照一定的周期实现合同期内的定期维护更新和新建成区域更新维护。

消防地图：根据公安部消防局《地理信息服务平台地图服务规范》的要求，利用上海市测绘主管部门现有基础地理信息进行分层、配色、切片等数据处理，提供切片数据，在消防信息网利用ArcGIS Server发布REST服务，确保上海市消防地理信息服务平台与部局一体化地理信息服务平台之间的地图无缝衔接，提供双网访问。实现每年至少一次的更新维护。

航空影像地图：提供覆盖上海全市的航空遥感影像切片数据，地面分辨率应不低于0.25m，利用ArcGIS Server发布REST服务，提供双网访问。实现每年至少一次的更新维护。

三维城市地理信息：利用上海市测绘主管部门现有城市三维模型数据，生成切片数据，发布服务，只在消防信息网中访问。

道路、门牌按需采集：每季度安排一次新建或改建区域内道路、门牌数据生产作业，采集区域范围由消防局提供。项目验收后一年度内累计50km长度道路及周边门牌的更新维护工作；超出50km或其他特殊情况的，根据更新范围、更新规模等情况设立专项服务。信息资源导入部局地理信息平台的标准地址库中，供灭火救援系统使用。

消防重点单位三维结构模型建设：为更好地展示重点单位内部结构，完成全市近500幢消防重点单位的三维立体模型数据建设。三维地理信息结合二维地理信息的综合使用，可以充分满足消防指挥辅助决策，使战斗员可以在最短时间内熟悉建筑单位所有疏散通道、疏散门位置、消防设施、消防力量、单位建筑形式及周边详细的道路、水源、建筑等分布情况。

三维仿真模型具有真实的地理坐标，不仅能与实时战斗员、消防装备位置等数据进行交互叠加，还能在三维场景中进行三维测量并进行三维分析，如危险域分析、通视分析等，辅助指挥员进行消防作战行动决策。仿真三维场景能使指挥员从三维立体视角查看火灾建筑周边环境、内部结构及消防设

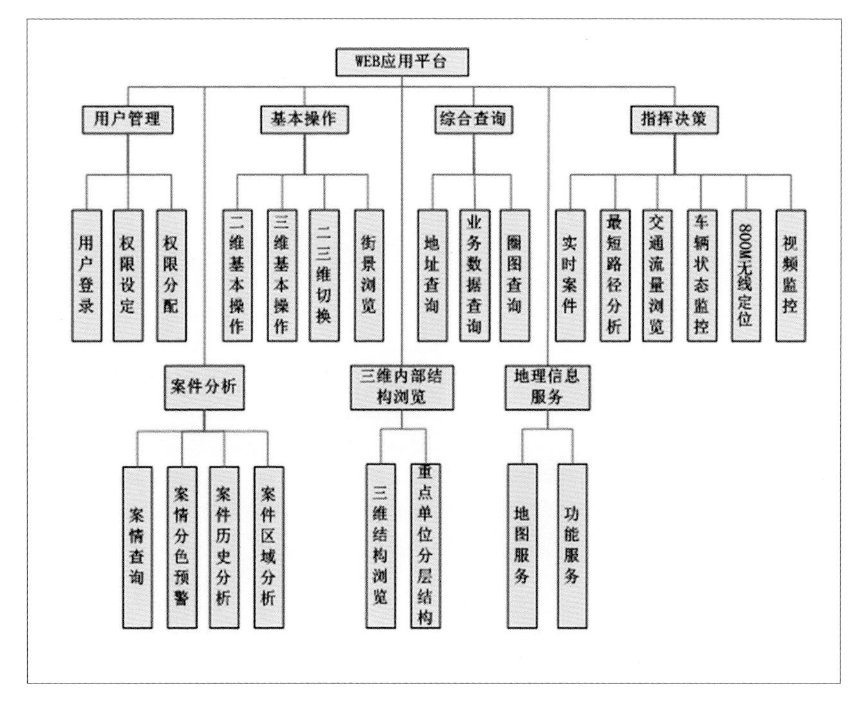

WEB 平台功能系统

119 接警平台系统

施，从而更直观有效地了解当前战斗员、消防设施、消防水源等位置和状态信息，从而辅助消防作战决策。

态势标绘三维标准符号库建设：为配合消防地理信息WEB应用平台中三维内部结构的浏览应用，根据应用建设三维标准符号库。部局一体化系统中已具有一套较完整的二维态势标绘工具与符号库，为满足二维态势图的三维表现的需求，需在已有的部局一体化系统态势标绘二维标准符号库的基础上，进行态势标绘三维标准符号模型库的构建。

三维标准符号库模型分类依据部局一体化系统中态势标绘二维符号库分类方法，模型表现应尽可能形象，模型结构应尽可能简化。

2. 消防业务数据维护工具

提供基于基础地理信息的数据维护工具，并加载所有基础地理信息和从一体化灭火救援指挥系统中导出的消防业务数据，供数据维护人员查错使用。综合考虑业务流程，基于ArcGIS平台开发消防业务数据维护工具，提供点、线、面等图层数据及属性数据编辑和数据导入导出等功能，由总队、支队及中队完成消防辖区、缺水地区、门牌号段等数据的维护工作。

3. 消防地理信息 WEB 应用平台建设

消防地理信息WEB应用平台主要应用于消防日常业务中，为消防总队、支队及中队提供二维与三维消防地理信息展示、查询与分析功能和城市实景数据的浏览。系统采用B/S架构，部署于消防信息网。

四、项目特色

1. 地名地址结合路径分析，为消防救援保驾护航

建设的地名地址服务，收录了上海全市8000多条道路、9000余个住宅新村、830多条公交线路、150万余条门牌号码以及医院、宾馆、超市、银行等便民信息，此外将消防局提供的POI数据进行整合，形成了完善的地名地址数据体系。在路径分析服务方面，深度挖掘上海城市建筑密度大、楼层高、道路交通错综复杂这一城市背景下开展灭火救援工作的特点，开发

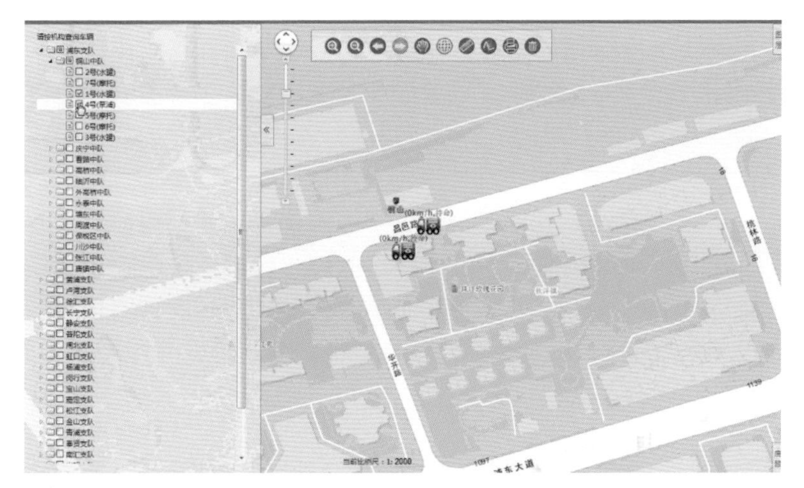

车辆监控

实时案件监控

消防三维态势标绘

消防战斗员定位

三维仿真图

了高架双向路径规划特色功能，在上海密集的道路交通网中为消防车辆规划最优最快的派车方案。

2. 二三维联动，实现消防业务的多模式浏览分析

作战指挥中心可以通过消防WEB系统在二维场景中快速定位案发地点，并对案件周边的消防水源、重点单位一目了然。对于楼宇中部的案件，在精确定位案件平面位置后，可以切换到三维场景进行建筑物分层浏览，了解建筑物内部消防设施的位置，进行三维态势标绘，部署灭火救援力量，足不出户，概览全局。

3. 集编辑分析决策于一体，保证数据可持续更新

该项目开发了基于业务流程的数据编辑工具，在整个数据下发、编辑、审查、提交过程中，环环相扣，保证了数据更新维护的严谨性，做到数据更新落实到人，可追溯、可查询。算法上以导航数据库边—节点结构的有向图结构为基础，采用改进的Dijkstra算法，从起始点和末尾点根据权值同时计算到各节点的最短路程，当双向最短路径同时计算到某一节点时，计算完毕，并从计算结果中提取对应的路径和路径描述。

4. 态势标绘战评辅助，指导消防作战指挥与智能决策

通过参考《公安消防部队常用标号及代码》标绘二维符号库分类，并结合三维态势标绘的实际需求选取主要消防态势标绘，进行三维建模。态势标绘模型结合WEB应用的实际需求，模型表现尽可能形象，模型结构尽可能简化。用户可依据消防态势标绘三维符号库中的模型，在三维仿真场景中实现对起火点、战斗员、指挥员、分水阵地、消防车辆、进攻路线、文字注记等主要消防要素的三维态势标绘。

对于高程与超高层消防重点单位，还能“打开”建筑，在其内部进行室内态势标绘。

五、关键技术

1. 分布式多源地理信息集成应用技术

消防地理信息WEB应用平台涉及多源地理信息集成显现，除该项目建设发布的基础地理信息外，还有部局一体化系统提供的消防水源、重点单位等信息、接处警系统提供的灭火救援案件信息、交通流量信息，每种信息都有专业部门和人员进行维护，因此采用分布式地理信息应用是项目建设的最优选择。

分布式地理信息应用使得信息提供部门可以关注自身的专业信息，在自己的计算中心按照当前统一的技术体系发布专业信息，进一步通过安全高速的网络提供最新的不同类别的地理信息，在用户端上实现专业信息和地理信息的叠置浏览和分析，从而达到资源共享的目的。

2. 三维室内建模及可视化技术

灭火重点单位内部结构浏览是消防工作的需要，内部结构浏览不仅能帮助指挥员直观地浏览建筑的外观与周边消防水源，还能深入了解建筑内部三维结构，如建筑内部消防设施、疏散通道、重点消防部位及楼内消防供水等情况，供指挥员参考。

该项目对灭火重点单位分层内部建模，并利用前端开发技术实现基于浏览器的可视化。此外，实现了建筑物三维模型内外联动，用户可以同时对建筑物外立面和内部结构进行浏览。

消防大厅

可视区域分析图

3. 矢量数据在线编辑技术

矢量数据在线编辑技术的研究主要针对消防局支队辖区、中队辖区、缺水区域、敏感区域、重大危险源等业务数据，根据消防业务需求，实现以上矢量数据的在线编辑和维护更新。

矢量数据编辑模块采用ActiveX技术开发，根据空间范围批量从服务器下载数据到本地，通过专门的软件对本地文件中的点、线、面矢量数据进行增加、删除、修改等空间和属性数据一体化编辑，再通过上传数据文件实现数据库更新。

4. 导航路径分析技术

导航路径分析技术，针对上海市复杂的三维立体交通网络，路径分析服务不仅考虑到地面道路，亦加入了高速高架路、快速干道、立交桥、跨江隧道等非地面道路，以达到最优路线符合实际路况的效果。另外，导航数据也考虑到了道路的单向行驶的情况，根据交通信息的实际情况，设定了单向道路的行驶方向。

六、实施效果

消防工作与人民群众的生命财产安全息息相关，是保障民生的重要内容。上海市委、市政府历来重视消防工作，当前在构建社会主义和谐社会的新形势下，消防部队处于维护社会稳定、保障公共消防安全和人民群众安居乐业的最前沿，面临前所未有的机遇和挑战，切实做好各项消防安全保卫工作的任务十分艰巨。上海，作为特大型城市，致灾因素复杂，抗灾能力相对薄弱。上海智慧城市消防信息化建设和维护是保障城市运营安全稳定的必要条件。只有加强消防部队信息化建设，特别是各级灭火救援指挥系统的建设，才能使部队有效地遏制事故危害蔓延的能力得到快速提升，把火灾伤亡、财产损失及危害减少到最低限度。

上海市智慧消防地理信息系统自2012年9月上线运行以来，日均接入报警电话3000余个，日均处理警情200余起。2013年除夕，消防指挥中心增开18个座席，启动春节模式。系统自动实现警情分流、就近调派、单车出动的春节接处警新模式。除夕18时至初一3时，系统共接警553起，并行处警量高达107起，处警效率与2012年同期相比提升了4倍。系统投入实战以来，经受住了春节、元宵、全国两会等消防勤务安保的实战检验。上海市智慧消防地理信息系统建设是上海市地理信息延伸服务的一次成功实现，为打造科技消防、平安上海书写了新的篇章！

专家点评

简逢敏

享受国务院特殊津贴专家
原上海市城市规划管理局副局长，教授级高工

该项目针对上海特大城市高层建筑多、建筑密度大、交通复杂和以往消防信息碎片化、协同指挥难及易发生重大消防事故的问题，对原上海消防指挥信息系统进行改造和升级；利用三维仿真、GIS、互联网＋等技术，基于大数据的云计算，利用上海基础地理信息和消防专业信息资源，建立了多功能消防地理信息系统服务平台。

该系统建立了包含全上海基础地理信息（二维）、消防重点单位三维模型、道路、地址、有关专题数据多源融合的消防大数据库，实现了云端计算。在此基础之上，实现了接警、处警和指挥的信息化、智能化的功能：定位方式多样化（手机、地名、门牌、道路和特殊地物）、误报过滤自动化、车辆调度智能化、行车路径最优化、远程协同三维可视化作战指挥；并开发了数据及软件实时更新的功能，确保系统的可持续运行。

该项目于 2012 年 9 月上线运行以来，信息资源利用率提高了 5 ～ 7 倍，接、处警效率提高了 4 倍，并经受了重大节日点的考验，开创了特大城市远程协同三维可视化消防作战指挥的先河，大大提升了上海消防救灾的处置能力，是具有国际先进水平的“互联网＋消防”成功应用的典型案例。

统筹城乡规划，优化完善郊区城镇结构体系和功能布局研究

2015 年度全国优秀城乡规划设计奖（城市规划类）三等奖、2015 年度上海市优秀城乡规划设计奖二等奖

编制时间： 2014 年 4 月—2014 年 11 月

编制单位： 上海市城市规划设计研究院

编制人员： 张玉鑫、金忠民、陈琳、詹运洲、周晓娟、苏志远、欧胜兰、黄珏、许珂、周翔、马玉荃、陆巍、陈圆圆、杨帆、陶英胜

一、项目背景

坚持走中国特色新型城镇化道路、推进城乡一体化，是新时期党中央、国务院作出的一项重大战略部署。近年来，上海市城镇化水平不断提高，然而，对照中央提出的新型城镇化要求，城乡差距依然明显，城镇发展不平衡问题仍比较突出。

本课题在“客观、真实、详细”把握上海市镇、村发展实际情况的基础上，总结了市域城乡体系发展不平衡、土地使用集约度不高、人居环境问题严峻、基本公共服务设施不尽完善、产城融合不够和体制机制与城镇规模、人口结构等不匹配六大突出问题。针对现状发展中的突出问题，深化完善“1966”城乡规划体系和功能布局，着重强化新市镇在城乡一体化发展中的重要作用，发挥新市镇、小集镇对周边地区的服务和带动能力。

按照国家新型城镇化和上海城镇发展的总体要求，着力构建“网络化、多中心、组团式、集约型”的城镇空间格局，形成与长三角区域空间一体，大、中、小城市和小城镇协调发展的城镇体系。针对新市镇、集镇和乡村提出差别化引导发展的若干规划策略。

二、项目内容

1. 规划背景

2014 年 4 月，为落实中央城镇化工作会议精神和国家新型城镇化规划要求，结合新一轮总规修编，上海市委常委会启动 2 号课题，由市发改委牵头，各委办局参与开展《推进本市城乡一体化发展》研究。由市规土局负责，市规划院具体承担子课题《统筹城乡规划，优化完善郊区城镇结构体系和功能布局研究》。按照“深入调研、问题导向、政策聚焦”的要求，市规划院联合多家高校，组成 320 人的 12 个调研大组

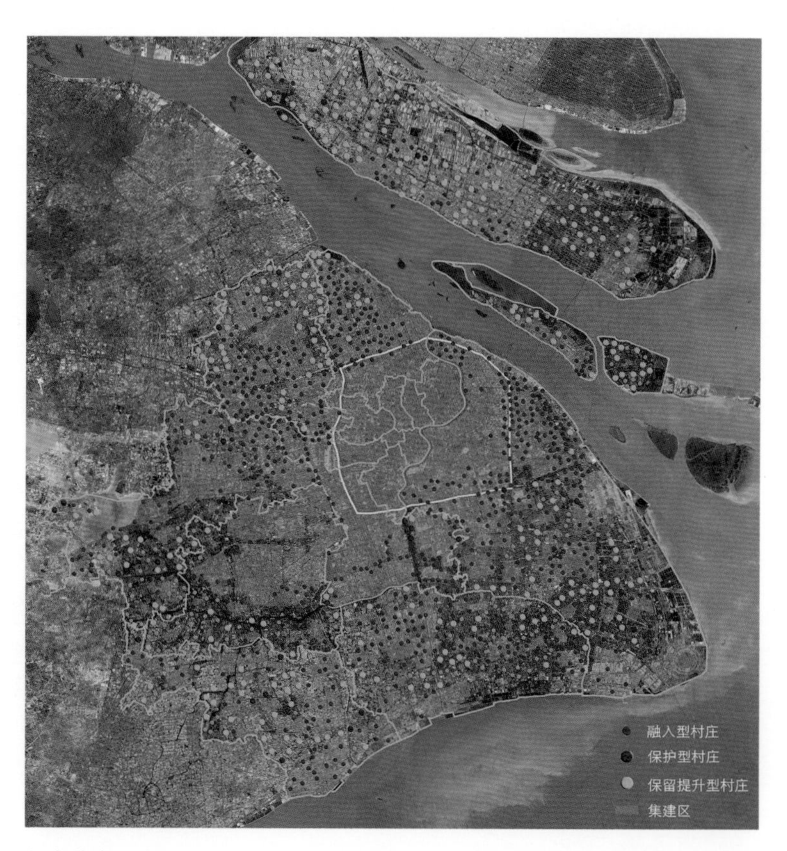

村庄分类

对 9 个郊区、108个建制镇、82 个非建制镇、1661个行政村、36000个自然村开展实地调研，形成“1 村 1 册、1镇 1 册、1 区 1 册”。

本课题对东京、首尔、新加坡、中国香港、京津冀、珠三角城镇体系发展情况，以及德国、英国、法国、中国台湾、日本、韩国的村庄发展情况进行深入分析，并在本市区政府支持下梳理了 12个典型城镇和村庄建设经验，为本研究奠定了扎实的基础。

课题综合运用了传统与现代相结合的技术方法，发放和回收问卷8000 份，收集了市民的真实需求；借助大数据信息技术，形成了 1 个现状调查数据库。同时，积极运用新媒体，通过城镇化调查工作快报、微信平台和微电影等形式，通俗易懂地传递给广大市民，加强公众参与。

2. 主要内容

（1）基本概况

2006 年，市委、市政府明确了市域“1966”城乡规划体系。经过近 10 年发展，“1966”城乡规划体系在优化市域空间布局、推进“三个集中”、指导郊区城镇发展、提升城乡功能等方面发挥了重要作用。

全市 108 个建制镇中，20 个位于中心城（外环线内）范围内，21 个位于新城规划范围内；其余 60 个左右的镇，即“1966”城乡规划体系确定的新市镇（原规划人口规模 5 万～15 万），其功能和规模不断完善，其中 9 个新市镇现状常住人口规模达 15 万以上，12 个新市镇人口规模在 10 万至 15 万之间， 21 个新市镇人口规模在 5 万至 10 万之间， 21 个新市镇人口规模在 2 万至 5 万之间，5 个新市镇人口规模在 2 万以下。

2000 年后，按照“三个集中”的要求，上海郊区逐步实施乡镇建制合并工作，新城和新市镇规划范围内共包含全市92 个撤制镇，其中 36 个逐步融入新城和新市镇镇区，56 个形成相对独立的社区。

全市规划 600 个中心村由于缺乏政策机制和资金保障等原因，基本未能实施。现有的 1586 个行政村中，根据与规

图例
新城
新市镇（中心镇）
新市镇（一般镇）
小集镇

上海城镇体系规划布点示意图

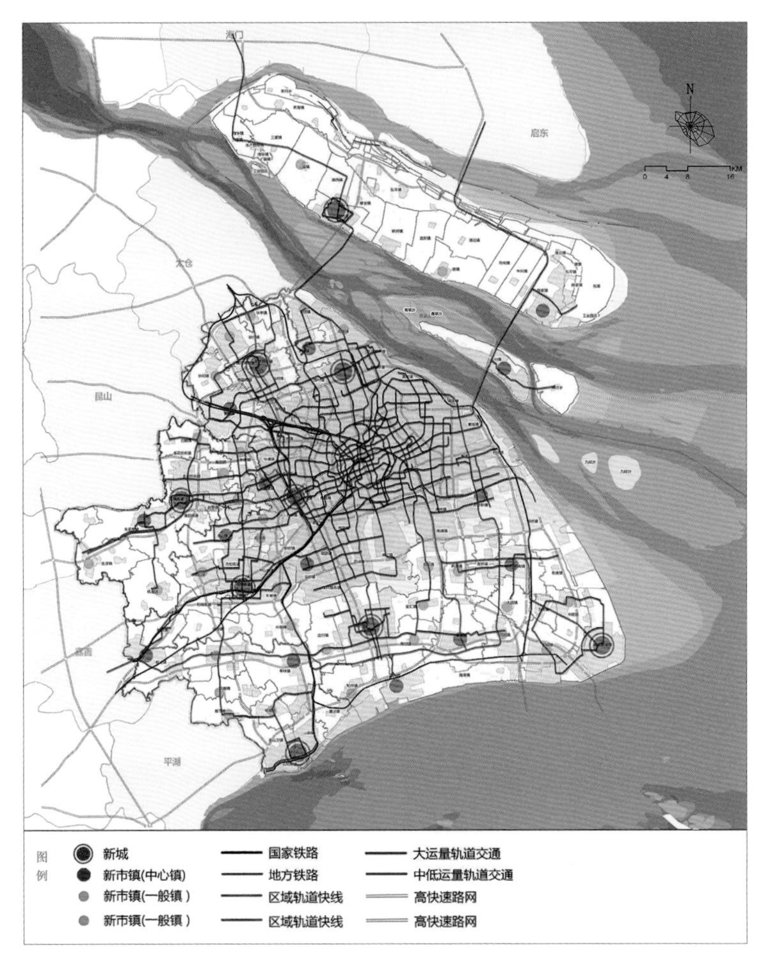

上海轨道交通网络空间发展示意图

划集中建设区的区位关系，约 800 个村属于“城中村”和“毗邻村”，800 个为相对独立的行政村。

（2）突出问题剖析

①市域城乡体系发展不平衡。中心城功能不断集聚，人口规模大大突破规划控制目标，无序蔓延趋势没有得到有效遏制；新城发展不平衡，能级和水平有待提升；新市镇发展滞后，中心村实施不到位，对地区服务的作用没有充分体现。

②土地使用集约度不高。村庄建设用地总量规模大，居民点布局分散，土地使用效率低下。全市 1586 个行政村中包含 36000个自然村落，其中 30 户以下自然村约占 70%。目前全市农村居民点用地面积约 550 km^2，户均建设用地约 490 m^2。

③人居环境问题严峻。市域生态空间规划实施缓慢，规划楔形绿地、结构绿地等不断被蚕食；镇管 2400 条河道和村管 23700 条河道环境污染较严重，村庄生活污水普遍直排河道，村庄垃圾清理收集机制不全，生活环境有待改善。

④基本公共服务设施不尽完善。大部分新市镇配套水平与新城、中心城差距较大，对周边居民吸引力不够，如青浦区练塘镇、金山区吕巷镇等。乡镇撤并后，对撤制镇的公共财政投入进一步减少，管理体制机制滞后，导致原有的公共设施老化或闲置，公共资源有效利用不足，无法满足周边居民的生活需求，如金山区亭林松隐老镇、浦东新区大团三墩镇等。

⑤产城融合不够。郊区工业用地总量偏大，工业区与所在镇在功能布局、财税分配和行政管理等方面结合度不高，就业与居住空间不平衡，产业发展支撑不够，如金山区亭林镇、奉贤区四团镇等。

⑥体制机制与城镇规模、人口结构等不匹配。一些建制镇、撤制镇的现有资源和管理方式等难以满足发展需求。特别是位于近郊人口规模较大、外来人口比例高的新市镇，设施、资金和管理机制难以适应综合治理的要求，社会问题比较突出，如闵行区浦江镇、奉贤区奉城头桥镇等。

（3）总体目标

针对上述问题，在上海建设全球城市的目标指引下，按照国家新型城镇化和上海城镇发展的总体要求，着力构建“网络化、多中心、组团式、集约型”城乡空间格局，形成与长三角区域空间一体，大、中、小城市和小城镇协调发展的城镇体系，突出镇在城乡一体化发展中的重要作用，发挥新市镇、小集镇对周边地区的服务和带动能力。

（4）规划策略

①优化城镇空间结构，聚焦长三角区域空间发展特点和要求，适应人口、资源和环境紧约束的要求，强化区域节点城市和重点城镇的功能，深化完善“1966”城乡规划体系和功能布局，提出构筑“中心城—新城—新市镇—小集镇—村庄”的城乡体系。其中新市镇、小集镇和村庄是本课题聚焦的重点。

②差别化引导镇村发展。针对城镇和乡村在城乡体系中的定位和作用，按照区位、资源禀赋和发展特色，进行分类引导。

新市镇发展策略，将中心城、新城以外的 60 个左右新市镇，根据区位、功能、规模和特色等分为中心镇和一般镇，加强分类指导。中心镇指位于区域交通走廊、对外门户位置，基础条件良好，功能完善，一般人口规模在20万以上的相对独立的城镇，强调服务区域的综合城市功能，重点是强镇扩权。一般镇指人口规模在5万 ～15万的相对独立发展的城镇，强调服务地区的小城市功能，发挥容纳人口、引导农民集中居住、带动农村发展的作用。

小集镇发展策略，将远郊部分人口规模较小、服务本地的建制镇，现状相对独立、有一定规模和发展基础的非建制镇，按基本管理单元完善服务，以小城镇的标准进行公共设施配置，强调就近为农民提供就业，加大政策性资金投入，强化

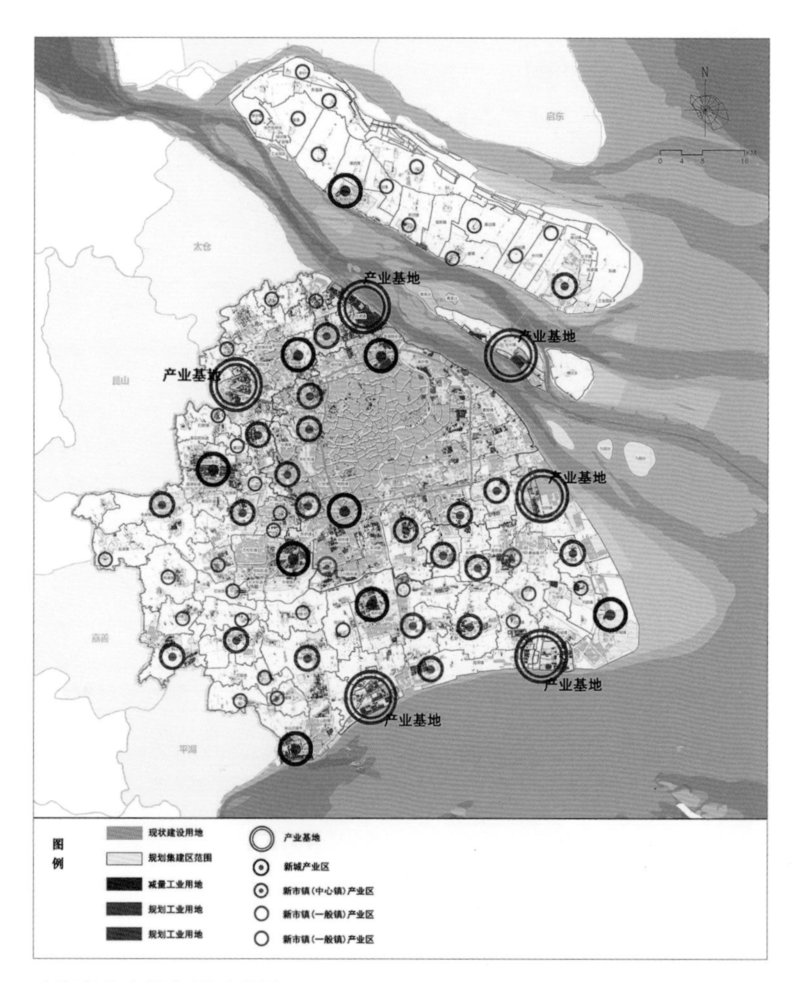

上海产业空间布局示意图

城乡一体化社会管理。一般服务人口为0.5万～2万人。

村庄发展策略，根据现状村庄规模、区位、环境、产业、历史文化资源等因素，加强保护村、保留村的分类引导，改善村庄人居环境。保护村进一步保障基础设施和公共服务水平，保护村庄整体风貌。保留村重点是优化组团式布局，统筹配置公共设施。同时，对受环境影响严重、居民点规模小、分布散的村庄，以及位于集建区范围内和毗邻集建区的村庄，有序安排农民进城入镇。

3. 创新与特色

（1）研究聚焦镇村

围绕"促进人的城镇化，满足市民的全面发展需求"的核心理念，突出镇在城乡一体化中的核心作用，从公共资源统筹和空间结构优化的角度，强调中心镇、一般镇、小集镇公共设施、交通配套、产业发展与就业提供等全方位的民生保障，是积极践行国家新型城镇化战略的务实性研究。

（2）调研基础扎实

课题作为支撑市委政策文件制定的前期研究成果，力求破解郊区镇、村现状发展瓶颈，持续1个月的郊区城镇化现状大调研不仅摸清了镇村发展现状，更是多次深入听取了市级相关各委办局、郊区县政府、镇政府和村支委的意见。在此基础上，分类提出新市镇、小集镇和村庄的功能定位、发展规模、产业发展、公共服务、交通建设的政策的措施，可保障研究成果具有较强的政策指导性和实施操作性。

（3）技术方法创新

本研究采用传统与现代相结合的技术方法。"进镇、入村、踏点"调研、访谈，发放和回收问卷8000份，收集了市民的真实需求。同时，借助大数据信息技术，将采集的现状信息、照片与GIS空间位置信息相关联，不仅及时更新了郊区县镇、村现状用地库，同时可以进行不同人群和需求的细分研究，为政策制定和跟踪研究提供精细化支持。

（4）研究成果多元

按照市委"边做调研，边出成果"的要求，基于本研究形成了相关专题和政策文件，指导规划和实践。同时，积极运用新媒体，将镇、村现状发展问题和地方特色，通过城镇化调查工作快报、微信平台和微电影等形式，通俗易懂地传递给广大市民，加强公众参与的同时，极大地拓展了调研成果的应用领域。

三、实施情况

最终形成"1份总报告、1个现状调查数据库、3个附件（国内外案例研究报告、郊区镇村现状情况汇总报告、典型镇村案例调研报告）、5份专题研究（交通发展、产业发展、三线划示、非建制镇发展、村庄发展专题研究报告）"，约25万字的成果为市委、市政府决策、政策制定，以及上海市新一轮城市总体规划编制提供重要支撑。

（1）2014年11月19日，本研究作为市委2号课题成果之一，通过上海市委常务会议审查。研究中关于分类推进新城和各类镇发展的理念和主要观点已纳入中共上海市市委文件《关于推动新型城镇化建设促进本市城乡一体化的若干意见》（沪委发[2015]2号）。

（2）在此文件指导下，市级各委办局已于2015年陆续出台20余项相关政策。基于本课题，市规土局于2015年8月26日召开郊区镇、村规划和土地管理工作会，印发《关于进一步加强本市郊区镇村规划编制的指导意见》《郊区镇村公共服务设施配置导则》等系列文件，将实质性推进本市城乡一体化发展。

（3）课题的调研技术方法、研究理念对上海市以及国内同类城市推进城乡一体化规划和管理具有启示作用。成果内容已经同步应用于正在编制的《上海市新一轮城市总体规划（2016—2040）》中，将为区县和新市镇总体规划编制奠定基础。

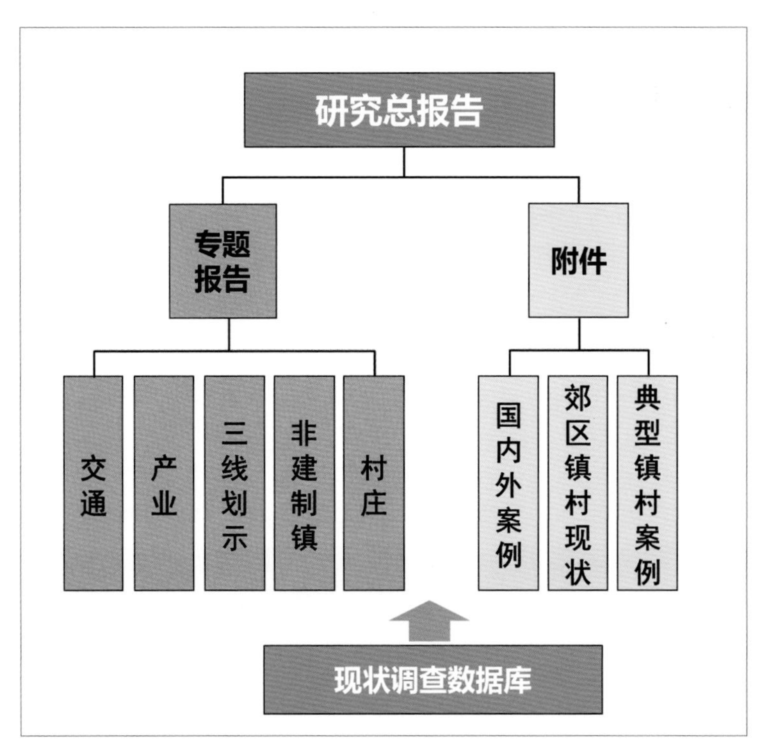

成果体系

环滇池生态建设控制性详细规划指标体系研究

2015 年度全国优秀城乡规划设计奖（城市规划类）三等奖、2015 年度上海市优秀城乡规划设计奖二等奖

编制时间： 2013 年 4 月 — 2014 年 8 月

编制单位： 华东建筑设计研究院有限公司、中国科学院上海高等研究院

编制人员： 查君、叶锺楠、汪军、项瑜、霍平平、汪鸣泉、黄莎莎、陶真凯、张丽华、高昆

一、项目概要

滇池作为昆明的“母亲湖”，不仅对维系昆明地区的生态系统健康性至关重要，同时也是昆明旅游开发的重要资源。鉴于环滇池区域区位特殊，是以生态建设为主的区域，因此环滇控规的编制需要坚持生态优先、合理开发为基本原则。传统的城市地区控制性详细规划以开发为主导，其编制的内容、方法及指标体系不能适用于环滇区域规划的编制。

本研究针对环滇池区域的生态环境本底，以控制性详细规划编制内容为基础，以地方规划管理技术准则为依据，结合国内外先进的生态敏感区控制性详细规划编制内容和方法，按照不同的保护要求确定环滇池地区的分类；在每个区域内，抓住其关键问题及其影响因素，落实环滇“三圈”规划的发展目标，从控制性详细规划指标体系的可操作、可测度、可控制、可管理等原则出发，确定环滇池生态控规的控制内容及指标体系，为环滇池区域控规编制提供技术支撑。

二、规划背景

环滇池区域作为滇池生态屏障区、文化旅游体验区及城市湖滨核心区，面临着保护和开发的问题，需要编制控制性详细规划，指导环滇生态保护与开发建设。但是我国现行控制性详细规划编制办法无法满足环滇池地区此类以生态建设为主导地区的规划编制需求，《昆明市规划管理技术规定》侧重对开发建设用地的规划，因此目前尚无直接依据进行环滇池地区控制性详细规划的编制。

本次研究的范围是环滇池“三圈”规划确定的规划范围，即：滇池外海现状环湖公路面湖一侧76 km^2及草海片区（规划已批准）。

本研究以环滇三圈规划确定的区域为研究范围，探讨其生态控规指标体系，既满足生态要素的保护和控制要求，又确

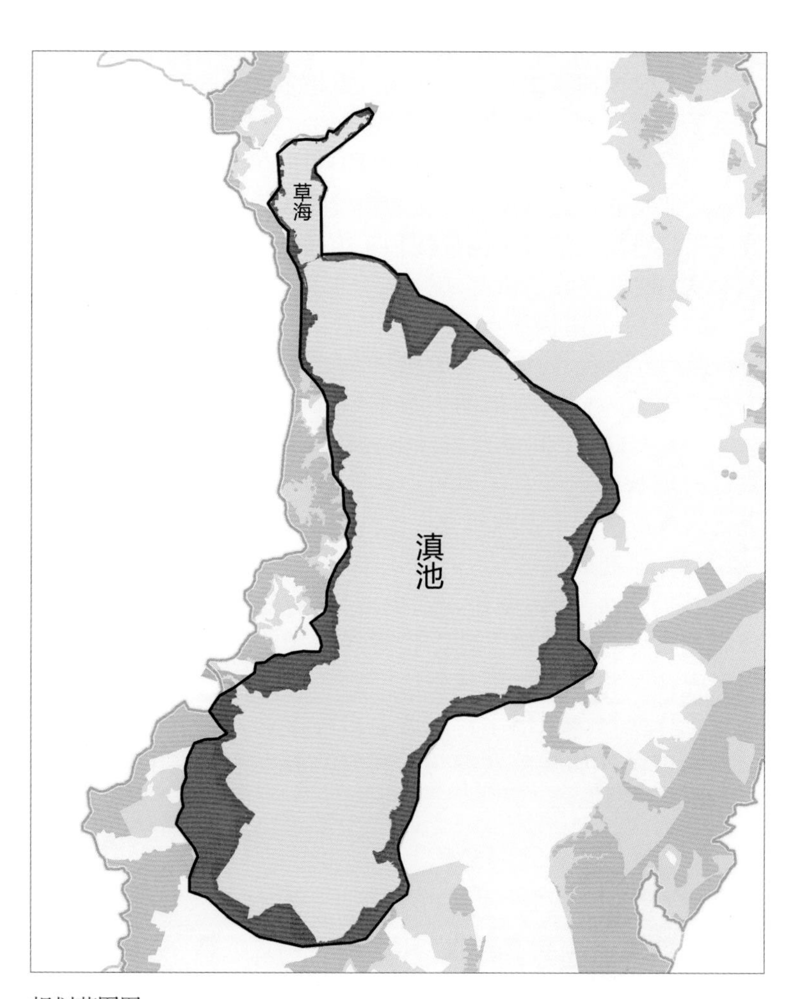

规划范围图

保在适度开发和保护生态环境之间达成平衡。研究的核心强调生态湿地的保护，强调保护与开发相结合，为以生态建设为主的地区编制控制性详细规划提供依据。

三、项目构思

首先，对环滇池区域的自然环境条件、土地利用现状、开发建设状况、生态环境容量等进行分析和评估，寻找保护和发展的矛盾所在以及瓶颈问题。以专题研究的方式，对生态建设体系与主要技术、水（包括水体水质）和湿地展开研究，分析控制性详细规划调节这些要素时发挥的作用以及可控制方式与内容，明确鼓励性、禁止性和限制性行为等，进而为控规指标体系提供部分依据。具体的专题研究包括生态建设体系与主要技术、滇池水系统的保护和处理、生态湿地的保育和利用。

其次，对现有环滇池地区保护与开发的相关规划（昆明市城市总体规划、环滇池"三圈"规划等）和政策进行梳理，明确本次生态控规编制的目标在于：落实环滇"三圈"发展目标，针对生态建设制定规划管理依据，弥补目前国家控规编制规范和《昆明市技术管理规定》中对生态建设区域控规编制的缺位，协调好环滇生态环境保护和合理利用开发之间的关系，促进区域生态、环境、经济、社会可持续发展。

四、主要内容

在控规编制目标的基础上，将环滇池区域分为生态保育区、生态体验区和旅游服务区，确定每个功能组团的保护和发展目标及与"三圈"规划的关系，借鉴国内外生态控规编制的内容体系，确定每类区域的控制内容和要素，包括：传统控制性详细规划控制内容、落实"三圈"规划的鼓励性行为控制内容、与水和湿地保护相关的限制性和禁止性行为控制内容等。

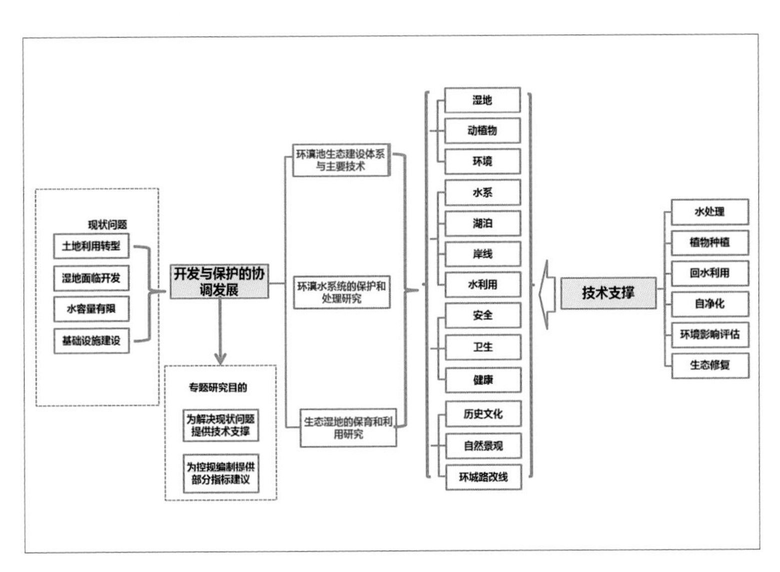

专题研究内容及思路

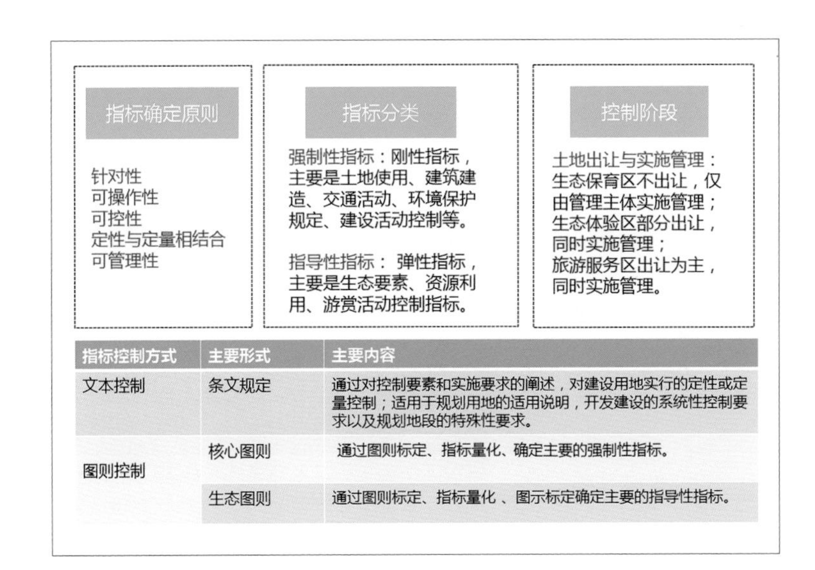

指标控制方式	主要形式	主要内容
文本控制	条文规定	通过对控制要素和实施要求的阐述，对建设用地实行的定性或定量控制；适用于规划用地的适用说明，开发建设的系统性控制要求以及规划地段的特殊性要求。
图则控制	核心图则	通过图则标定、指标量化、确定主要的强制性指标。
	生态图则	通过图则标定、指标量化 、图示标定确定主要的指导性指标。

指标分类及控制方式

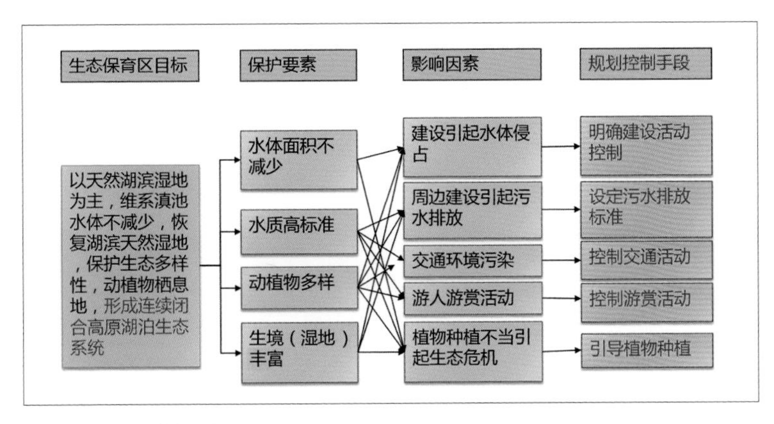

生态保育区控制要素

功能分区	划分标准	保护与建设要求
生态保育区	以滇池一级保护区为主，包括与一级保护区缓冲区及相连的极高生态敏感区域。	禁止在一级保护区内新建、改建、扩建建筑物和构筑物。
生态体验区	生态较为敏感的区域，包括总体规划中确定为限建区的范围。 如：坡度大于25°的区域； 林地、水域、基本农田等区域； 已建区中在总体规划中确定为限建区的地域。	以生态湿地建设为主，适当配套用于旅游体验的旅游设施、交通基础设施、市政基础设施、防灾设施等。
旅游服务区	可开发建设的区域，包括总体规划中确定为适建区的地域。 如：坡度小于25°的区域； 已建区中在总体规划中确定为适建区的地域； 已批项目用地；非林地、水域、基本农田等。	适度开发建设区域，包括已建成区、已批文化旅游项目，用以与旅游相关的项目、建设、设施配套等，部分地区按照城市建设标准。

功能组团划分

在控制内容确定相应的多个指标体系中，经过相关性分析选择若干具有代表性、可操作、可量化、可控制、可管理的指标确定为环滇池生态控规指标，以文本控制或图则控制的方式，分为强制性和适用阶段，对重要的生态要素控制指标和资源利用指标提出测算方法与建议值。

最后，结合上述研究，对滇池区域不同主体的规划协调机制、规划实施跟踪与评估机制等给予建议。

本次研究重点回答了生态控制性详细规划编制的4个问题：为什么控、控什么、怎么控以及怎么实施。

1. 为什么控：环滇池区域生态保护的内容及其影响因素

控制性详细规划的要义就在于通过对土地的开发性质、开发强度、人为活动等要素进行控制，从而实现资源的有效利用和公共利益的保障。环滇池区域生态控规的编制首先要明确生态保护作为第一要义，包括对滇池水体水质的保护、高原湿地的保护、自然生态环境和生物多样性的保护等内容。在生态保护的基础上才可进行合理、适度的建设与开发，这就需要生态控规予以控制，以影响这些保护要素的人为因素控制为核心内容，将其作为生态控规控制内容体系的主要内容。

功能分区示意图

<table>
<tr><th colspan="3">文本控制指标</th><th colspan="3">图则控制指标</th><th>城市设计导则</th></tr>
<tr><th>生态保育区</th><th>生态体验区</th><th>旅游服务区</th><th>生态保育区</th><th>生态体验区</th><th>旅游服务区</th><th>建筑间距</th></tr>
<tr>
<td>1、水体水质标准
2、建设活动控制</td>
<td>1、游赏项目类别
2、游人容量
3、居民容量
4、文娱设施
5、医疗卫生设施
6、给水设施
7、排水设施
8、供电设施
9、游览设施
10、管理设施
11、固体废弃物控制
12、地表水体出口水质控制
13、地表改变率</td>
<td>1、给水设施
2、排水设施
3、供电设施
4、环卫设施
5、游览设施
6、文化教育设施
7、医疗卫生设施
8、商业服务设施
9、行政办公设施
10、文娱体育设施
11、管护设施配置
12、固体废弃物控制
13、地表水体出口水质控制
14、地表改变率
15、污水处理率
16、绿色建筑和节能建筑比例</td>
<td>1、用地边界（包括：蓝线、绿线、红线、黄线、紫线）
2、用地性质
3、用地面积
4、本地植物指数
5、主要树种建议
6、水面率
7、湿地比重
8、路网密度
9、交通方式控制
10、禁入范围
11、禁止的建设活动</td>
<td>1、用地边界（包括：蓝线、绿线、红线、黄线、紫线、黑线）
2、用地性质
3、用地面积
4、容积率
5、建筑高度
6、建筑密度
7、建筑后退红线
8、建筑后退蓝线
9、建筑后退绿线
10、建筑后退黄线
11、建筑后退紫线
12、绿地率
13、水面率
14、绿化覆盖率
15、配建停车位
16、出入口方位及数量
17、车行交通组织
18、步行交通组织
19、生态廊道宽度与位置
20、本地植物指数
21、主要树种
22、湿地比重</td>
<td>1、用地边界（包括：蓝线、绿线、红线、黄线、紫线、黑线）
2、用地性质
3、用地面积
4、容积率
5、建筑高度
6、建筑密度
7、建筑后退红线
8、建筑后退蓝线
9、建筑后退绿线
10、建筑后退黄线
11、建筑后退紫线
12、人口容量
13、绿地率
14、水面率
15、配建停车位
16、公共交通设施
17、出入口方位及数量
18、车行交通组织
19、步行交通组织
20、绿化覆盖率
21、本地植物指数
22、主要树种
23、生态廊道宽度及位置
24、绿色屋顶面积率
25、雨水储存池
26、透水铺装率</td>
<td>1、建筑体量
2、建筑色彩
3、建筑形式
4、贴线率
5、视觉廊道控制
6、水体环境控制</td>
</tr>
</table>

环滇池生态控制性详细规则指标体系

2. 控什么：环滇池区域生态控规的控制内容体系与要素研究

传统的控制性详细规划主要包括：（1）用地功能控制要求；（2）用地指标；（3）基础设施、公共服务设施、公共安全设施的用地规模、范围及具体控制要求，地下管线控制要求；（4）“四线”及控制要求。

显然，传统的控制性详细规划主要是针对城市开发建设区，对生态要素、环境保护等问题关注不够，无法满足环滇池区域“生态保护基础上的合理开发”这一现实要求。因此研究中将环滇池区域进行功能组团划分，研究每个功能组团的规划编制目标，从目标出发分解控制内容，建立有针对性的、具有地域特征的分区控制内容体系与要素，明确保护与开发的要求等。

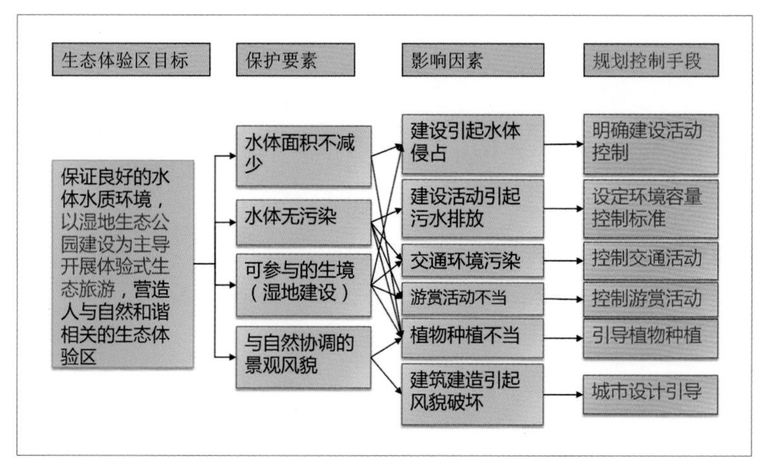

生态体验区控制要素

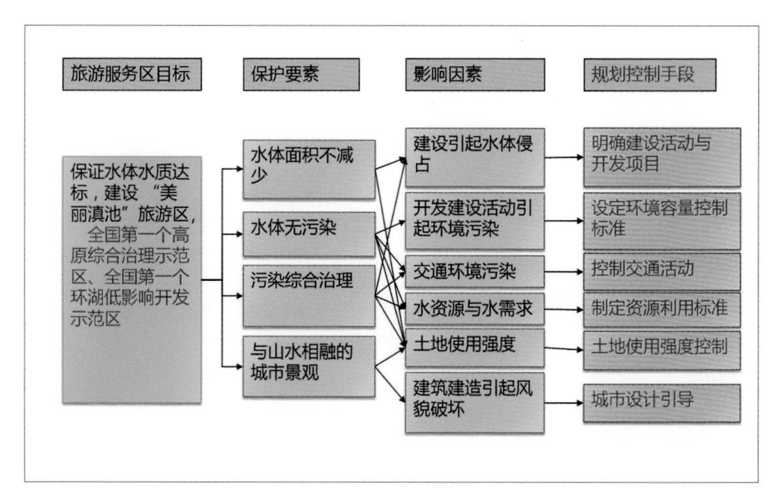

旅游服务区控制要素

3. 怎么控：环滇池区域生态控规的指标体系

在确定每个功能组团控制内容的基础上，初步选定控制的指标体系，对指标体系之间进行相关性分析，继而确定可操作、可测度、可控制、可管理的指标体系。通过文本控制和图则控制两种方式落实指标体系，按照其性质可以分为强制性指标和引导性指标，确定每个指标的使用阶段（土地出让阶段或管理实施阶段），对重要的生态要素控制指标提出建议值，以提高控规编制的科学化和精确性。

4. 怎么实施：环滇池区域生态控规规划实施与管理机制

由于环滇池的管理涉及众多利益主体，包括各级地方政府、相关管理部门、当地居民以及外来游客等。研究中对这些利益主体及其诉求进行分析，通过利益协调机制确定未来保护开发中控制性详细规划的具体操作，并建立规划管理的实施跟踪机制，建议相关部门展开生态补偿机制研究，确保环滇池资源的合理利用和有序开发。

五、项目特色和亮点

（1）内容创新，推广性强——编制内容弥补了现行国家及地方层面控规对于生态敏感地区指导性不足的缺陷；指标采用一般城市控制性详细规划使用的分类和指标，以及国内外普遍使用的综合指标，以利于其在不同区域的复制和推广。

（2）多专业协作，针对性强——指标体系的编制由华东院联合中科院共同完成，并多次咨询了生态、湿地、园林及城规等专家，多专业智慧的付出确保指标体系能够直观地反映区域保护与发展的要求。

（3）多部门沟通，保障落实——指标体系在构建过程中综合了与滇池有关的昆明市行政部门（园林局、规划局、滇管局、旅发局、文广局、环保局、住建局、国土局、林业局、滇投公司）以及地方各区县等十几家相关单位的意见，保障指标体系适用于当地的规划管理与实施。

六、实施效果

指标体系编制完成之后，项目组对环滇池周边区县进行了专业技术培训，用以指导地方生态控规的编制。目前已经由滇池管理局牵头，在滇池南岸晋宁县的古城、昆阳、晋城片区开展生态控规编制工作的试点，如今3个片区的控规编制已完成，很好地实现了指标体系对于这类生态敏感地区控规编制的指导，目前滇池管理局已经开始对滇池周边其他区县生态控规的编制工作进行推广。

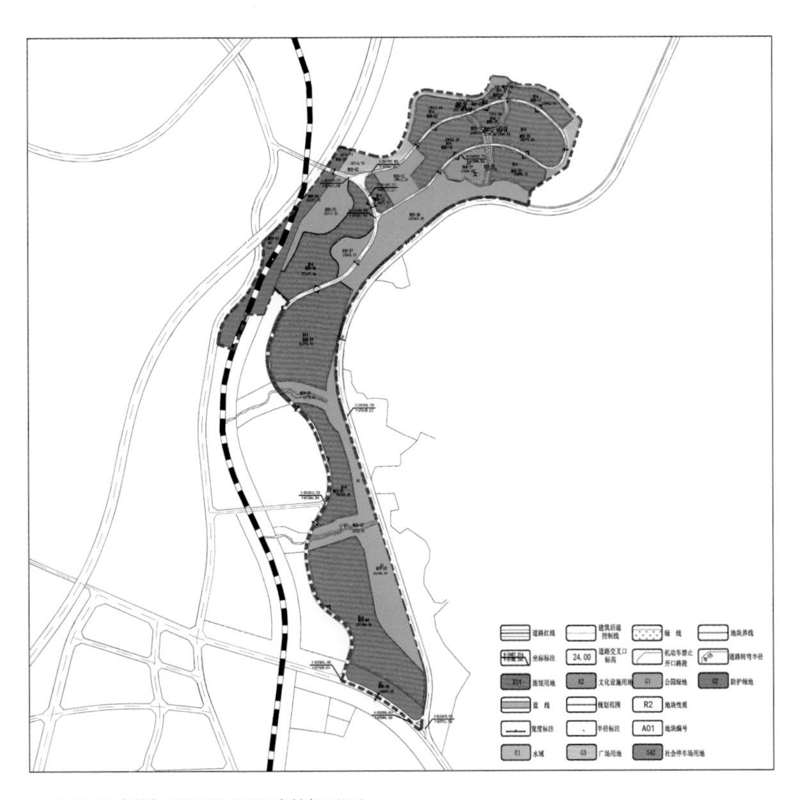

A 地块控制性详细规划强制性图则

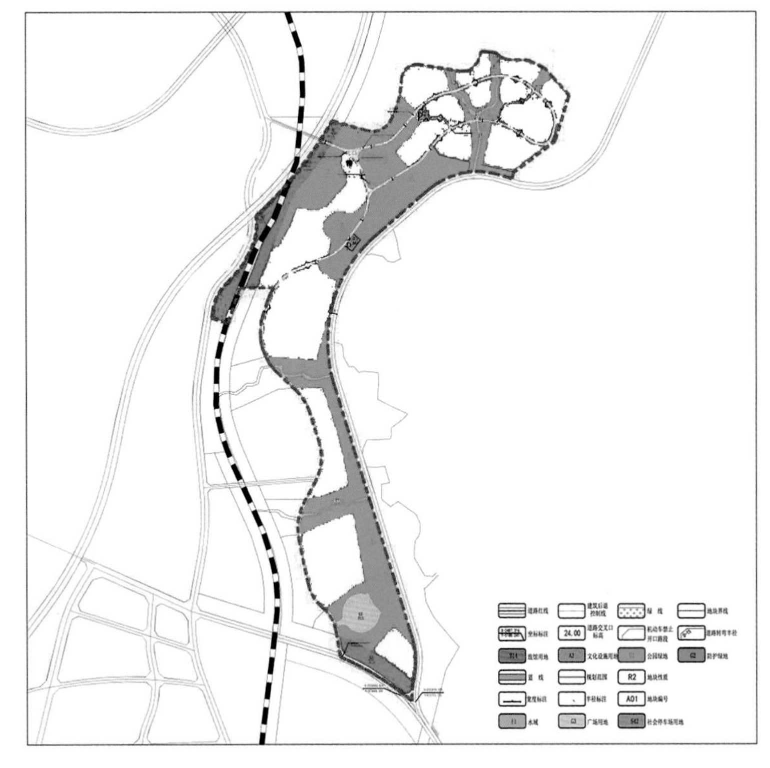

A 地块控制性详细规划生态图则

昆明巫家坝新中心概念性城市设计与控制性详细规划

2015 年度全国优秀城乡规划设计奖（城市规划类）三等奖、2015 年度上海市优秀城乡规划设计奖二等奖

编制时间： 2012 年 9 月—2014 年 6 月

编制单位： 上海同济城市规划设计研究院

编制人员： 高崎、江浩波、周俭、章琴、唐翀、杨涛、曾木海、唐进、蔡智丹、万云辉、钱卓炜、蔡靓、赵玮、刘冰、于世勇

一、项目概要

巫家坝新中心是昆明市城市总体规划确定的城市副中心，两头串联起主城区和呈贡新区。规划以昆明旧机场搬迁为契机，进行城市功能和城市形象再造。规划编制范围东至昌宏路—彩云北路，西至枧槽河西侧岸线，北至昆石高速公路，南至广福路，规划总用地面积 986.86 hm^2。

方案融入了对城市历史文脉的传承、山水景观格局的呼应，引入了立体垂直城市理念，以及小街区、密路网、过境分流、外围疏解等交通改善策略，塑造了生态宜居、低碳高效、活力多中心且记得住乡愁的美丽综合城市升级版。

将巫家坝片区建设成为生态宜居、功能复合的“智慧城市”示范区和具有高原特色的城市新中心，并努力将昆明提升成为世界级的旅游城市。

二、规划背景

2012 年 6 月，昆明巫家坝机场停用并转场至昆明长水国际机场。由此在昆明市主城内距离主城中心区约 3 km，距呈贡中心区约 15 km的黄金地带留下了近 10 km^2的土地（含机场周边的更新区域）可以重新开发利用。

巫家坝新中心的规划历时 3 年，是昆明市政府明确的重点工作之一，其间召开各类意见征询对接会 30 余次，征询对接单位超过 50 个，昆明市委市政府领导多次听取项目专题汇

巫家坝新中心总体鸟瞰效果图

报。项目开展过程中也借助各类媒体切实执行了群众路线，认真研究在规划中体现民意民声。规划成果中提出的城市山水轴线的贯通、城市文脉的融合与延续等理念都充分结合了热心群众的建言献策。

提出“山水生态城市”和“活力垂直城市”的设计理念。结合昆明市山水格局和老机场文脉肌理打造新的城市轴线，形成联通山水的大格局。以南北向带状公园与中央核心绿带为景观轴线，构建山水相连、多元混合的中国城市的升级版。

综合景观引导开发和交通引导开发两种模式，以点状公共交通的集聚站点及景观开发的核心资源引导城市开发，促进城市空间有序增长。并以巫家坝片区开发建设为带动，围绕飞虎大道景观轴建设，健全配套设施、完善综合交通体系，向北与火车站、佳华广场、国际会展中心相呼应，向南延伸至滇池国际会展中心和环滇池 3 个半岛，打造集生态、水系、城市、历史为一体的整体联动开发样板区，带动周边产业加快发展，着力将中心城区升级为昆明主城东南门户的现代城市精品商务及居住区，突出现代服务业、文化旅游、金融业、高端教育、休闲养生的城市新中心。

三、规划内容

1. 空间体系

（1）“一轴七心，连通山水”的总体格局

融入时代记忆，传承历史文化。以巫家坝机场跑道旧址肌理建成南北向的飞虎大道与中央水景绿轴，并结合七大轨道站形成多心开发格局，各站点建设不同主题与功能的站点综合体：文化旅游健身区、核心商务集聚区、商务办公休闲区、生态低碳居住区、城市贸易服务区、创意工坊集聚区以及文化娱乐休闲区，带动区域腾飞。

（2）“小街区、密路网”的街道空间体系

基于对国外大型商业街区街道组织体系的研判，建议提高规划区内路网密度，形成“小街区、密路网”的空间体系。结合“小街区、密路网”的街区模式，把巫家坝地区作为特殊管控区，提出特殊的建筑退界控制要求，激发城市活力。

2. 用地开发

（1）加强用地策划，优化空间布局

鼓励TOD开发模式，提出以公共交通为引导的用地布局结构和点状高强度开发理念。以公交走廊作为本规划区的发展轴，促进人口居住和就业沿公交走廊集聚，构建“居住地+公交走廊+就业地”的混合开发模式。

有选择的点状高强度开发模式强化了景观中轴与城市热点地区意象，同时也将更多的空间留给绿地、广场、开放空间，形成了开门见绿、处处有景、“绿地美共享”的宜居环境，使生活在城市中的人们能够获得更多的户外体验空间。

（2）加强用地混合，促进交通减量

提倡多元混合的低碳商务区建设模式。在总体分区布局的基础上，规划在核心区通过多种混合用地的布局，实现功能多元、有机结合的高效开发。规划特别提出了复合文化用地的混合类型。通过强制性地将文化要素植入商业开发中来提升规划区的文化品位。

（3）加强地上地下空间一体化，打造“垂直城市”

以“垂直城市”理念实现土地的高效集约利用。并在城市设计和控规编制中，对地下空间的类型、开发总量、总体布局等作出控制和引导。规划还建议核心区、重点地区适时启动地下空间专项规划，以确保地下空间控制要素纳入法定控制体系，推动相关建设控制的有效落实。

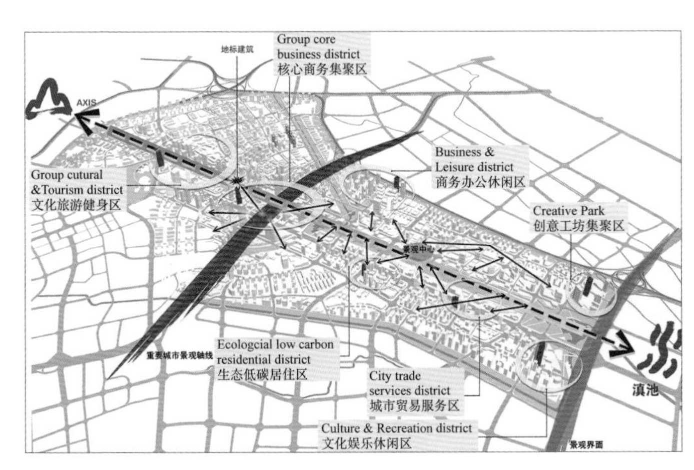

“一轴七心”城市设计框架

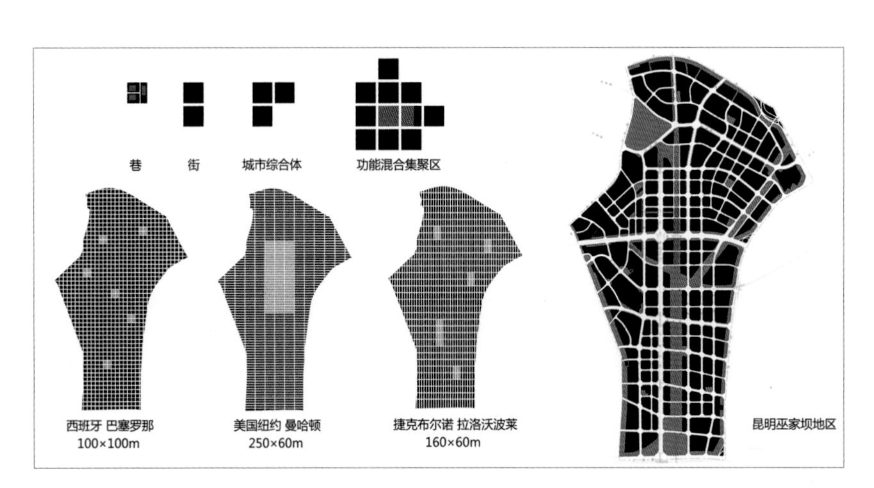

小街区密路网分析示意图

3. 交通组织

以分离过境交通、融入区域交通、提升区内交通、支撑土地开发为基本思路，通过道路专题研究优化道路功能、完善支路系统等对策，实现“绿色交通、公交优先”的总体目标。

（1）多方式公交互补，促进公交优先

切实围绕TOD发展理念，构建“地铁+公交+自行车系统”为主的多元化的公共交通体系。在交通专题研究的基础上，为应对飞虎大道沿线的高强度开发要求，规划通过与昆明地铁规划和建设方的积极协调对接，增加了轨道交通 8 号线路在规划区内的站点设置，以缓解地面交通压力，促进公交优先。

（2）构建网络化的慢行体系，实现慢行友好

围绕中心景观带，打造慢行优先区。通过设置慢行廊道、架空天桥、滨水步行道等将街道慢行空间与绿道景观有机连通，同时结合轨道交通站点的立体换乘枢纽建设，实现慢行系统的网络化。

（3）差别化的停车调控措施，强调绿色出行

在加强城市公共交通体系建设的同时，通过交通专题研究，在确定规划区交通量和出行方式的基础上，根据用地功能和交通需求的差异，分区提出差别化的停车配建指标。降低核心区的公建停车配建指标，引导合理使用小汽车，强调“绿色出行”的低碳生活理念。

4. 文化延续

（1）保留城市记忆，塑造文化个性

保留巫家坝地区的地脉（机场跑道、道路系统）、水脉（水系资源、山水轴线）、文脉（历史建筑、人文文化），在规划肌理中有机融合，留住独特的城市文化个性，使城市的故事和记忆得以延续。

（2）延续地区文脉，建设“生长中的城市”

根据群众来信中“将昆明当地的文脉特征和历史遗存进行梳理并落实到城市空间中，作为亲民的公共活动场所”的建议，规划在城市设计中结合已有人文设施与绿地环境，布局了雕塑景观带、音乐喷泉带、特色小吃街、主题植物园、博物馆、文化艺术体育设施等功能，提供亲民的公共活动场所，再现市井文化，传承不变的情怀。

5. 生态建设

（1）再生水利用，实现低碳景观

规划在中央景观带的水景建设中植入生态水循环技术，

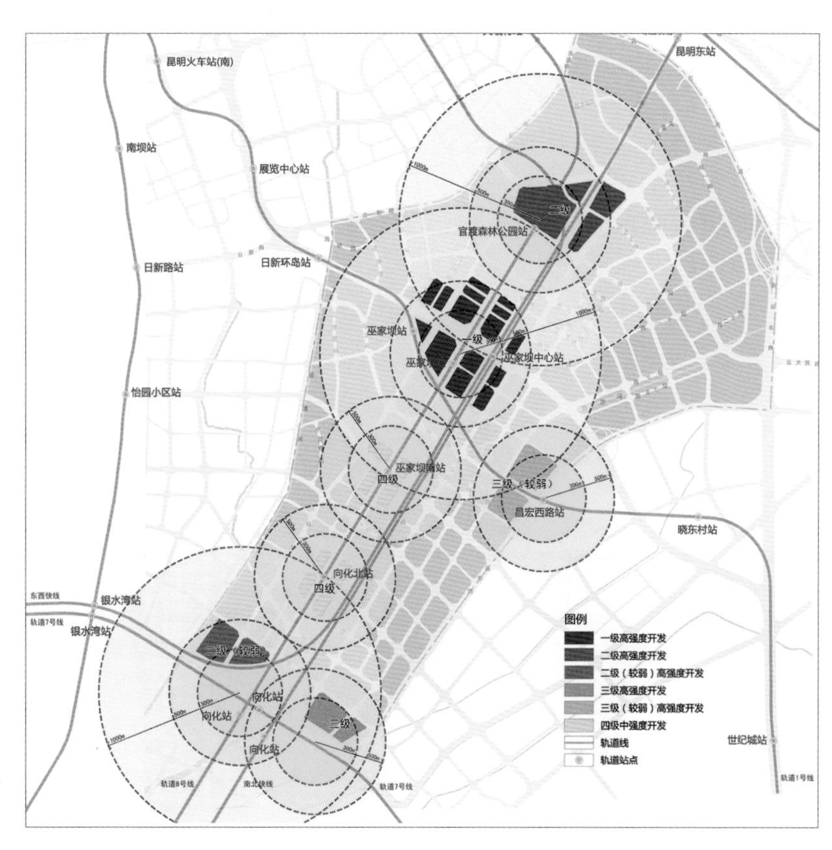

TOD 开发模式分析图

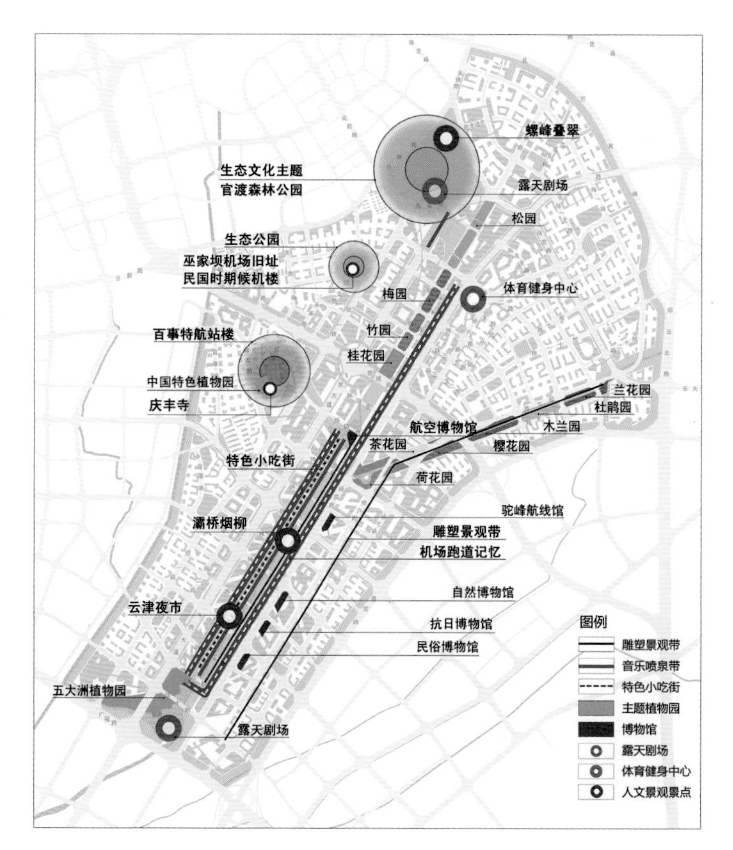

文脉传承分析图

由北面水库及第十污水处理厂供水，经中央水系的水质净化预处理、生物净化和强化净化系统，逐级改善水质，从而形成以再生水利用为核心的低碳景观，最终汇入入滇河流。

（2）生态技术手段，辅助城市设计

规划引入了风环境模拟和热环境分析等三维技术，辅助设计方案的调整与优化，推行绿色节能建筑，引导节能低碳的生态技术和设施在重点地区的应用。

四、规划亮点

1. 多学科协同、多主体协调、多专业支持、技术成果综合化、有针对性的城市设计

以概念规划、城市设计、控制性详细规划与各类专题研究、生态技术研究手段一体化编制的方法，确保规划实施策略落地。规划前期深入分析本区域内的难点与热点问题，联合多团队，开展了环境承载力、一级土地开发、功能定位、综合交通4个专题研究，为规划提供了科学对策。

先期概念规划从区域大范围考虑了巫家坝的整体定位，并同步开展控规和城市设计工作，通过城市设计手法，对规划区的空间特色和重要的景观节点和景观廊道提出控制引导要求，并通过地块附加图则的形式在控规中落实城市设计要素控制要求，最大限度地优化城市空间特色。同时，通过城市设计反馈控规的容积率、建筑高度等开发建设指标，确保控规指标的确定符合规划区未来的建设特色。

2. 基于经济分析和环境容量测算的总体容量控制确定

考虑到回迁安置与新机场建设的资金压力，以及后续市政、绿化配套等，规划利用专题研究对巫家坝新中心的开发建设进行了详细的经济测算。通过土地开发专题，测算出巫家坝新中心的总体开发量需求，同时通过环境承载力研究提出可容纳的开发量上限，综合考量后推导出最终的开发总量，再通过合理的空间布局落实到各地块。

3. 基于全新管理平台建设的前瞻性控规管理体系构建

借鉴国内大城市的控规编制和规划管理平台建设经验，在常规图则之外增加了管理单元层级的控规编制体系，适应新中心未来开发的弹性需求，引领昆明市中心城区控规管理体系的构建。先行对接昆明市即将开展的“多规合一”工作与“一张图”管理平台建设。

4. 持续完善的规划和全程跟踪的规划服务

认识、尊重和顺应城市发展的规律。根据住建部推进规划领域改革的要求，对控规成果开展动态维护与优化调整。保持功能布局、空间特色、地块容积率不变，优化商业服务业和商住混合用地的建筑密度及绿地率指标，提升规划调控对客观条件变化的适应性，寻求各种利益协调上的最大公约数。在守住底线的基础上，处理好规划刚性和弹性的问题，确保规划实施策略能落地。

五、实施效果

2012年12月，该项目通过专家评审，并于2014年12月被昆明市政府批准。本规划落实了上位规划对巫家坝新中心的建设要求，指导了规划区的修规编制。受本规划指导的《昆明城市地下空间开发利用专项规划》也已获得规委会通过。目前，飞虎大道一期工程已按计划于2015年5月建成通车；回迁安置房建设一期工程也已启动。

“绿地美共享”的户外体验空间

飞虎大道与中央水景效果图

上海浦东软件园川沙分园修建性详细规划

2015 年度全国优秀城乡规划设计奖（城市规划类）三等奖、2015 年度上海市优秀城乡规划设计奖二等奖

编制时间： 2013 年 11 月—2014 年 12 月

编制单位： 上海市浦东新区规划设计研究院

编制人员： 刘伟、吴庆东、陈卫杰、张龄、罗雅、孙政、薛友谊、沈林涛

一、项目概要

浦东软件园规划以创新思维引领科技创新发展，以浦东软件园落户城市新的副中心川沙为契机，助力川沙经济园区由传统工业园区向创意研发基地的转型，同时积极探索融入周边城区的社区型软件园模式，打造以研发、创意为主导，集商务、生活、休闲于一体的复合型生态活力新社区。

浦东软件园川沙分园鸟瞰图

二、规划背景

浦东新区川沙经济园区为上海市市级工业区，随着城市化进程的推进和周边川沙升级为城市副中心，加之迪士尼国际旅游度假区和上海铁路东站等重大项目的辐射影响，园区发展面临转型需求。

浦东软件园是国家软件产业基地和国家软件出口基地的四家园区之一，随着上海软件产业的日益成熟和壮大，需要进一步发展空间，而川沙经济园区日益凸显的经济区位和产业转型发展趋势正符合其发展需求，浦东软件园分园落户川沙，并于 2013 年对该软件园的发展建设进行了详细规划的编制与研究。

三、项目构思

规划分析了软件园20余年的发展历程，对软件园区的发展模式、产业发展趋势和从业人员的需求变化进行了总结提炼，认为软件园的发展从强调生产、研发、环境建设转到强调与周边城市融合的社区型园区发展模式；软件产业的发展则日益走向网络化、服务化、国际化，更强调产业的开放性和多元信息运作交流的平台；软件从业人员的工作与生活之间的界线越发模糊，软件园区不仅是其工作的空间，更是其集生活、学习、工作娱乐于一体的复合功能载体。

规划认为社区型软件园的特征应该是在一定地域空间内，以软件产业为主导，实现产业与生活、园区与城市的融合。软件园集研发、生产、培训、居住、商务、休闲于一体的复合功能特点，逐步在与周边城市社区积极融合的过程中，实现“工作—居住—交流—娱乐”的和谐呈现。浦东软件园位于中心城外，依托川沙新市镇，属于城郊结合型软件园，在用地构成上，城郊结合型软件园其研发用地比例应在 50%~70%，配套商业等公共设施与公寓用地比例应在 10%~20%，公共绿地比例应在 20%~30%。

社区型软件园具体功能布局上，除考虑综合配套设置商业公共设施与人才公寓外，也应同时结合软件研发地块综合设置少量配套商业设施。

同时，新一代社区型软件园的本质特点是开放性，其在空间上的开放性体现在外部空间积极融入周边城市地区、内部空间营造足够的公共活动空间这两部分。

1. 外部空间开放：小街坊模式

改变上一代软件园大公园的模式，增加支路网密度，与周边城市网络接轨，与城市交通交融，加强外向型联系与合作。同时，由“车本”向“人本”尺度的转变，有利于软件园街道空间的活力释放，及与周边城市社区的积极融合。

2. 内部空间开放：公共活动空间

加强园区内部各街坊间的自发性联系，营造开放式的生产生活体系，改变传统园区集中绿化的布局模式，通过在每个街坊内部设置绿化空间的设计手法，打造相对均质的交往空间。

四、设计要点

规划分别从产业、功能、布局、环境建设等方面打造现代软件园区。

在发展方向上，规划积极融入上海东翼新城区，结合迪士尼国际旅游度假区和川沙副中心现代服务业的产业环境，大

总平面图

力发展配套的文化创意、软件研发及相关配套服务业，形成浦东中部活力新空间。

在功能布局上，规划总结了不同阶段软件园的发展模式和空间特征，提出符合软件产业自身发展趋势和从业人员行为特点的“社区型软件园”概念主旨。同时归纳社区型软件园的产业、人口、功能和空间特质，并以融入周边城区为目标，确定了特定的街坊尺度与不同功能的配置比例。

在场所塑造上，通过对陆家嘴、张江等既有软件园企业、从业人员的需求分析，以满足大、中、小型软件企业和相关从业人员不同需求为导向，结合基地内生特质，通过东西向河流为主脉、南北向绿地为延展的肌理布局，打造具有地缘文化特色的活力新空间。

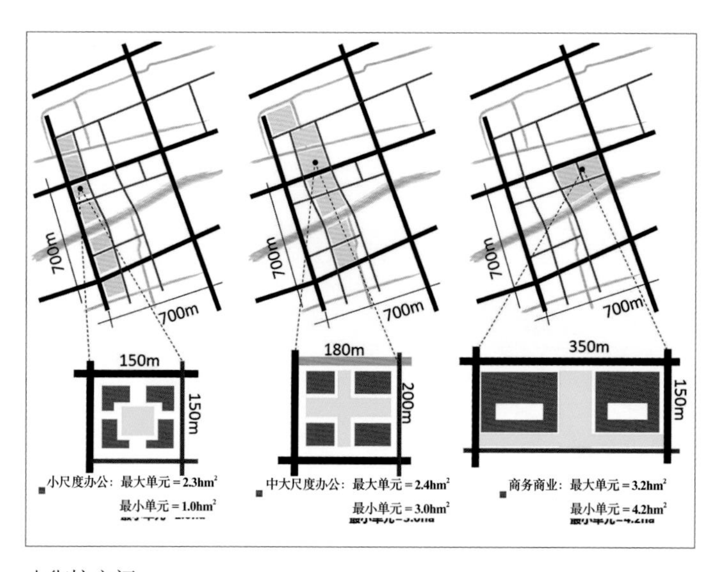

小街坊空间

五、设计特色

如何突破传统软件园功能单一、活力不足的瓶颈，积极融入周边城区，探索“城园一体”的软件园社区和创新生活方式，是本次设计的关键所在。

这“新型生活方式”是从园区到社区的小街坊复合空间，是从封闭式公园到开放式廊道的创新场所，是从盲目规划到按需落地的定制空间，是从地缘摒弃到延续肌理的内生格局。

1. 从园区到社区的小街坊复合空间

通过对软件园 20 年发展历程的总结归纳，新一代软件园提出对共享和服务的需求、对生产配套设施的更高标准及从业人员对高效通勤的期望，既适宜创业又适宜居住的社区型软件园应运而生。

社区型软件园改变原有工业时代大路网大街坊的模式，通过增加支路网密度，实现由“车本”向“人本”小街坊尺度的转变，在释放了园区街道空间活力的同时，也促成其与周边城市社区的积极融合。

在软件园社区氛围的营造上，通过绿化和道路将大办公地块划分为若干 $2hm^2$ 左右的小街坊，并通过贯穿社区的功能复合“活力环”来联系各功能空间，打造工作便捷、生活跃动的

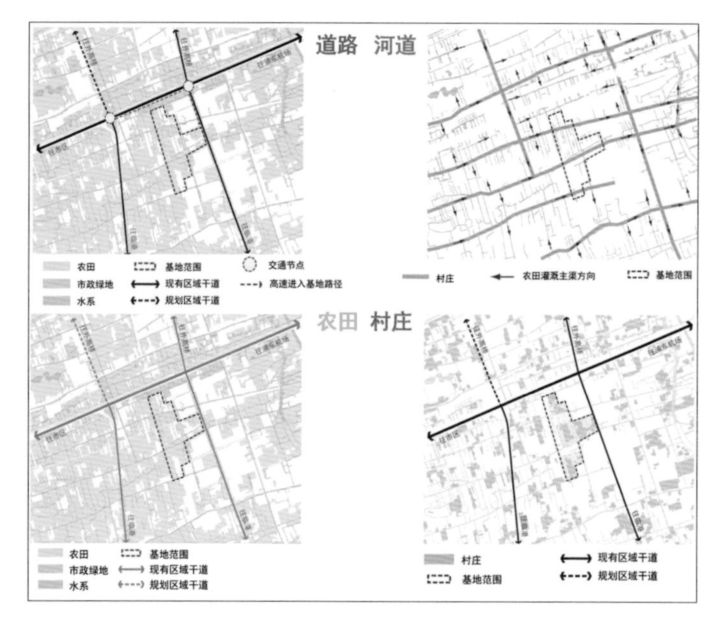

现状肌理图

街坊内慢行运动道

城市型产业社区。积极考虑与轨道交通2号线的公交接驳，并依据人员出行方向对基地内的公交网络和站点进行了合理安排；同时合理配置基地内停车设施，提升社区品质。

2. 从封闭式公园到开放式廊道的创新场所

传统软件园围绕大公园布置空间，功能单一，从业者之间交流困难。而软件从业者大多年轻有活力，注重信息的实时交流与沟通，工作与生活之间的界线较为模糊，他们需要包含各类综合设施的复合场所，供其在使用中激发创意。

规划结合问卷调查结论，设置人才公寓、休闲商业、小型广场、绿地、慢行运动道、健身设施和球场等健康、有趣、丰富的乐活设施，并将其均布于开放式廊道上，通过空间的引导，让软件从业者们走出封闭的办公空间，在开放式交往廊道中通过人与人面对面的充分交流来激发创意，从而促成软件企业的科技创新。

结合慢行交通系统提升空间活力，通过计算基地不同板块之间人与人步行可达的距离，构建区域慢行交通网络，注重停留节点的塑造，给从业者一个更加安心和人性化的工作和生活场所。

3. 从盲目规划到按需落地的定制空间

通过对既有软件园区的需求调查分析，将商业配套服务、体育健身、绿地和人才公寓纳入设计方案，为软件从业者提供符合其生活工作特质的人性化使用空间。

同时，结合不同规模软件企业办公需求，定制大、中、小3类办公空间，包括 < 2000m^2 的标准研发办公、2000m^2 ~ 5 000m^2 的中型定制办公和5000m^2 以上的总部独栋。

4. 从地缘摒弃到延续肌理的内生格局

川沙，三水成川，古岸云沙。水文化是川沙地区的典型文化。规划尊重基地东西向横贯的河流水系，并通过南北向带状绿化廊道，强化鱼骨水系格局，塑造与水为伴、临水而居的水陆肌理。由水脉将内部活动连为一体。

保留基地主要河道两侧作为社区最具活力的休憩运动区，结合南北向带状绿化廊道，将慢行运动道、小型球场和运动设施等串联，构建连续、有序、聚合的活力环，打造有地缘文化特质的创新软件社区。

六、实施情况

目前，多地块已进入土地储备阶段，各专项规划也已编制完成，建筑设计方案已参照本次修规进行设计。

作为迪士尼国际旅游度假区周边最近的工业园区，积极响应国家创新驱动、转型发展的号召，引领浦东新区工业园区的转型发展。社区型软件园用创新设计为软件从业者们创造的新型生活方式正陆续展开。

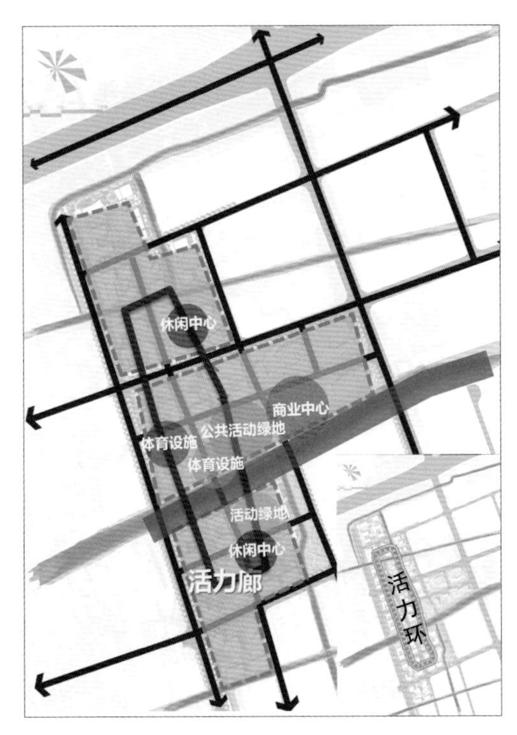

公建活力环

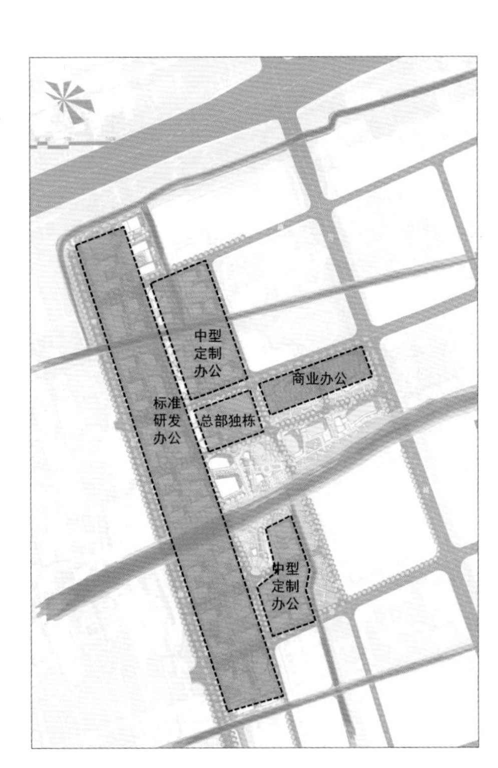

按需定制空间

主体功能板块图

上海国际旅游度假区绿化专项规划（2011–2030 年）

2015 年度全国优秀城乡规划设计奖（城市规划类）三等奖、2015 年度上海市优秀城乡规划设计奖二等奖

编制时间： 2012 年 6 月一 2014 年 12 月

编制单位： 上海市园林设计研究总院有限公司、上海市园林科学规划研究院

编制人员： 朱祥明、李轶伦、李锐、沈烈英、方一、夏檑、夏颖彪、刘军、张浪、陆卫亚、吴智峰、陈巧燕

一、项目背景

全球第6个迪士尼乐园落户中国上海，这是一个延续了迪士尼传统主题并融合了中国特色的乐园。2016年，作为上海国际旅游度假区标志性景区的迪士尼乐园开园迎客，备受期待。2012年，上海市园林设计院、上海市园林科学研究所组成的联合设计团队赢得竞标，承担了《上海国际旅游度假区绿化专项规划》的编制任务。

上海国际旅游度假区选址浦东新区川沙新镇，地处上海外环绿带、近郊环城林带等市域的重要生态廊道，具有很好的生态景观大环境。本次绿化专项规划总用地约24.7km²，北至S1公路，东至南六公路，南至周邓公路及周祝公路（S2至唐黄路之间段），西至S2公路红线以西约1km。其中，核心区为7km²，以打造迪士尼乐园景观为主；协调发展区为17.7 km²，将结合城市大型生态廊道资源，为迪士尼乐园创造一个在全球范围颇具特色的外围森林景观环境。

本次规划以批复的《上海国际旅游度假区结构规划》为依据，结合开展的控制性详细规划，旨在编制以打造迪士尼乐园绿化景观特色、指导后续绿地景观建设的专项规划。

二、规划思路

1. 规划难点

度假区绿地系统规划有两大难点：一是核心项目迪士尼的高标准要求，对本次规划编制和区域绿地建设都有特殊要求；二是迪士尼项目一期建设已开展的特殊情况，需要规划内容与其配合。

2. 规划思路

在规划编制过程中，项目组针对项目所面临的难点和特点进行了一些突破和创新。为更好实现规划目标和要求，从总体研究、专项规划和地块控制3个方面进行分析，并制定了具体的技术路线。

（1）总体研究层面：从满足生态、景观、游憩三方面要求出发进行分析，得出不同专业视角的要求，然后将其内容叠加、汇总，并形成整个度假区绿地系统总的目标、功能结构和布局。

（2）专项规划层面：从各个专项的研究入手，确定相关规划内容和子项规划目标。在开展常规绿地系统规划的树种、分期建设等专题研究的基础上，结合项目特点和技术力量优势，本次规划增加了土壤、生态技术、防灾等内容。通过针对性专项议题的研究，进一步充实和完善总体层面的目标和定位，并形成本次规划的创新点。

（3）地块控制层面：根据分区特色、开发时序和建设要求，明确相应的控制指标和策略。

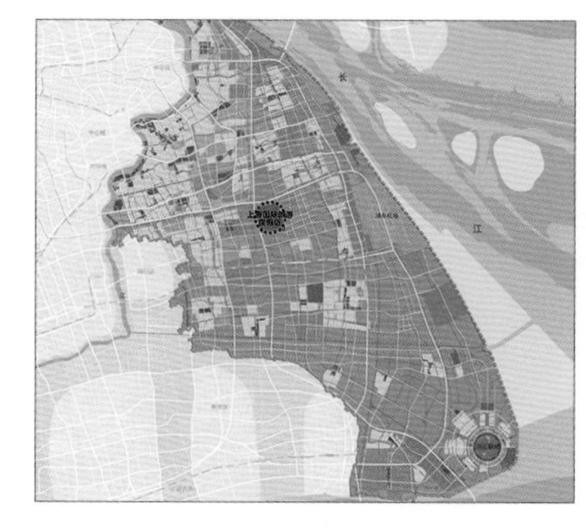
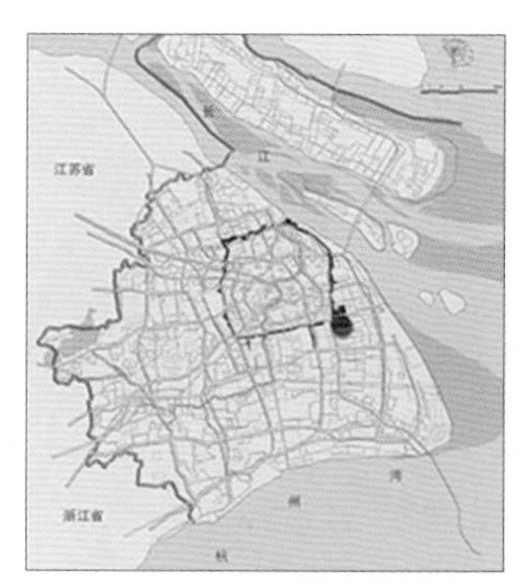

区位图

三、规划内容

1. 复合的功能结构

规划从"生态功能最优化、景观主题鲜明化、游憩体验多元化"三大方面的功能结构叠加，最终形成度假区"蓝绿网络、区域联动；景区鲜明、轴点突出；环线游览、主题呼应"的绿地系统结构。

（1）蓝绿网络、内外联动的生态结构

在度假区外围，与市域生态网络紧密联系并构建森林环抱的总体格局；度假区内，则依托密集的河道串联形成生态水网。整体上，形成内外景观联动的良好生态环境。具体结构如下：

①"水网绿环"

通过围场河将外环运河、长界河、七灶港、宣六港等骨干河道贯通，形成高连通性的河网水域生态网络，重点打造"朱家浜、七灶港、六灶港、宣六港、沙涂港、旗杆河"的"三横、三纵"6条景观河道，并构成了整个度假区的水网系统。以高速公路S1和S2两侧防护林带形成的生态保护旅游区和高端总部休闲区生态片区，以及综合娱乐商业区和发展备用地、南六公路防护绿带的市域基本生态网络构成了度假区的绿环系统。

② "多廊多点"

"多廊"指以核心区的南、西、东3个主要出入干道，结合综合娱乐商业区和横沔古镇的道路景观、块状绿地，以及周邓公路、航程路、六奉公路和唐黄路等骨干道路绿地，形成多廊串联的内部绿色网络生态结构。"多点"则是度假区内各类城市公园，呈点状布置作为绿色斑块镶嵌在城市生态基质之中。

（2）景区鲜明、轴点突出的景观结构

设置了5个不同风貌的景观片区，并以轴线和重要出入口门户为景观节点进行重点建设。具体结构如下：

①"一核、四片"

核心区绿地景观的主题为"梦想花园"，保障迪士尼主题乐园的绿化景观效果，景观设计以趣味、自然为主。综合娱乐商业区和发展备用地的绿地景观主题为"绚彩国际"，以色叶植物为主；远期综合开发区的绿地景观主题为"香林艺韵"，以芳香类植物为主；高端总部休闲区的绿地景观主题为"绿影怡林"，以生态密林为主；生态保护旅游区的绿地景观主题为"绿野乡踪"，以体现乡土植物风貌和水乡古镇的景观特点为主。

②"三轴、四点"

东、西、南部3条重要景观轴，作为从外围进入乐园的景观、视线廊道。同时，打造4个重要景观节点。

（3）环线游览、主题呼应的游憩结构

以迪士尼乐园体验景观为主，其外围为配套服务的游憩活动。外围游憩功能区主要依托良好的园林景观和生态环境，围绕核心区并形成功能上的互补，以环状游览线路便捷地串联各区。

①2条游憩环线

核心区内以体验迪士尼游乐项目为主的游览环线，在核心区外部结合城市道路和绿地形成串联南、东、北、西4个片区的游憩环线，2条游线互补互动。

②4个片区

核心区：以迪士尼乐园游憩活动为主。

综合娱乐商业区和发展备用地：两片区内的绿地是承载旅游城户外休闲生活的场所。结合周边地块的功能，绿地内

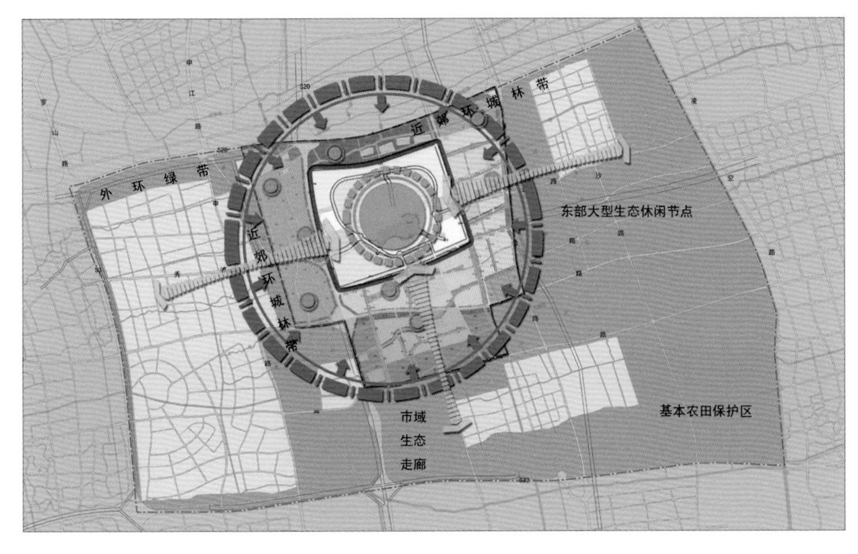

绿地结构图

绿地规划总图

建议设置休闲步行道、休闲广场、滨水休闲绿带、体育休闲等内容。

高端总部休闲区：结合防护绿地适当设置休闲活动。

生态保护旅游区：该片区结合现状的横沔古镇进行旅游开发，建议设置古镇体验休闲、演艺观赏、会所休闲、文化展览、农业观光采摘、汽车营地、户外露营地等内容。

2. 系统的规划指标

规划确定了由生态、景观、游憩构成的多元规划目标体系，并从总体、特色两个层面对规划指标进行分解、落实。

（1）全面、系统的绿地专项规划指标

规划提出在常规绿地系统规划指标体系的基础上，增加一系列更为全面的指标。这些指标包括：由可达性、游人容量构成的游憩指标；由常见木本植物种类、河岸驳岸硬化率等构成的生态指标；由屋顶绿化率、林荫道比例、全冠植物使用率等构成的景观指标；以及由苗木成活率和保存率、公众满意度构成的建造与实施管理指标。

为进一步保证规划指标的可操作性，又包含了控制性指标和指导性指标两类。

（2）特色塑造的分区规划指标

根据每个分区的自身特色，规划相应的绿地率和绿化覆盖率，以利于打造不同的景观特色。

同时，在明确常规的、不同功能用地绿地率的基础上，针对度假区绿地系统结构中具有重要影响和作用的附属绿地，提出了布局、宽度等控制要求。

3. 翔实的专项规划

为进一步实现度假区的总体目标，规划在保证常规的分期建设、树种规划、生物多样性保护与培育规划等专项内容的基础上，一是对区域内的生态基质、绿色廊道和斑块进行了空间布局和生态功能的研究；二是针对立体绿化和绿化生态技术应用进行了专项研究规划；三是提出了较完整的绿地系统防灾避险规划和分级规划。

4. 规划实施的思考

为更好地实现规划目标，在规划编制过程中，通过分级规划针对度假区绿化景观进行梯度建设，重点打造核心区和主要景观廊道、节点。

同时根据度假区各区的建设时序，对片区的绿地结构、绿地率、各类绿地面积等内容分类提出管控和引导，实现了本规划与各区控详编制的有效衔接，有利于后续绿地的建设实施。

四、规划创新

（1）创新地提出了由“游憩、生态、景观”构成的多元规划目标体系，更好地满足了国际旅游度假区的发展定位和要求。通过对度假区总体规划的深入解读，规划确定了由游憩、生态、景观形成的多元规划目标体系。

生态方面：以提升区域生态健康度和稳定度，减少人工维护为目标。游憩方面：以主题乐园活动与外围游憩项目形成内外互补互动的、具有区域吸引力的特色游憩活动，特色的户

公园绿地规划图

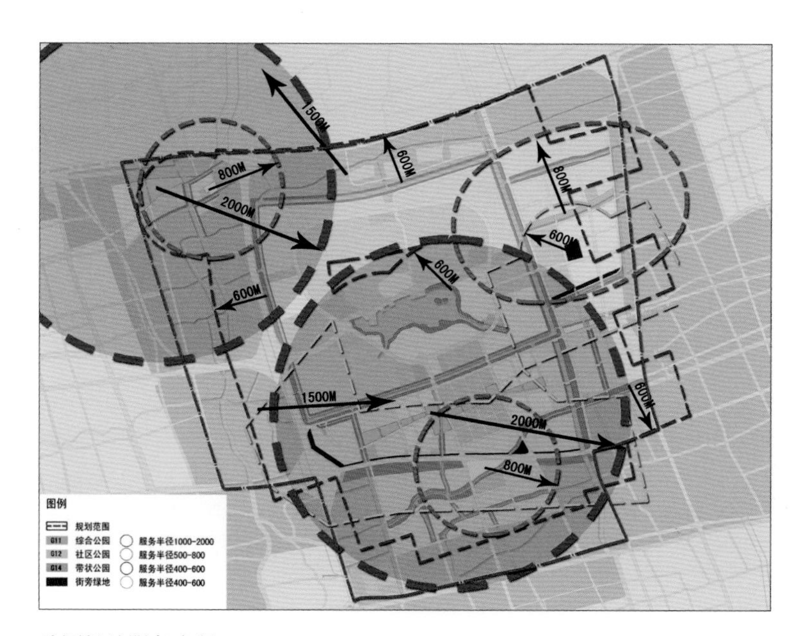

公园绿地服务半径

外空间为度假区后续开发建设提供更好的服务为目标。景观方面：以乐园外围景观与迪士尼乐园景观相映成趣，形成丰富自然的区域特色景观为目标。

（2）创新地提出了中国特色的融入以及绿化技术应用等专项内容，更好地服务于迪士尼乐园以及度假区的总体布局和空间体验。在常规绿地系统规划有关分期建设、树种规划、生物多样性保护与培育规划等专项内容的基础上，针对度假区区域内整体生态的要求，针对基质、绿色廊道和斑块进行布局，并明确了具体的生态功能。

同时，规划在绿化景观上最大限度地体现了迪士尼乐园的中国特色，创新性地实现多个特色景观界面、景观通廊和外围绿化的打造。

（3）创新性地运用绿地系统规划的多视角、分类引导和控制，更有效地保障与各区控详规划的衔接和近期迪士尼乐园项目的推进。规划编制过程中，采用分级规划方式开展度假区内绿化景观的梯度建设，很好地结合了度假区实际建设需要和迪士尼乐园项目开园的要求。

规划分类提出的度假区各区建设时序，各片区绿地结构、绿地率、各类绿地面积等内容，以及管控和引导，有利于规划与各区控详编制的有效衔接和落实，以利于后续各类绿地的实施，如后续北片区的详细设计。

五、规划实施情况

在深入详实的基础调研基础上，本次专项规划提出了目标全面、技术可行、措施创新的规划方案，对度假区的绿地建设会起到引导和控制作用。目前，经过多年的努力，万众期待的迪士尼乐园已具备良好的景观效果。

本次规划内容在以下3个方面成效显著：

（1）规划满足迪士尼项目的建设内容和开园时间要求，与国内有关法规、规范紧密结合。特别是针对一期开园建设项目实行“分块控制、总量平衡”，确保了具体地块景观方案、施工图设计的落实。并与其他专业规划共同为上海国际旅游度假区核心区 —— 迪士尼项目的顺利开园提供了坚实的技术支撑。

（2）规划最大限度地凸显了迪士尼乐园特色，重点打造了上海国际旅游度假区的主要景观界面。为确保游客更好地观赏迪士尼乐园内核心城堡，在南片区形成一条特色景观通廊，把围场河绿地从防护绿地提升为重要景观界面，形成核心区特色景观水环；同时强制性规定度假区内主要道路的附属绿地宽度和景观定位，以打造游客进入乐园前就能体验趣味的特色景观界面。

（3）为规划协调区各片区绿地建设提供了有力指导。如2015年底完成的北片区控规，其中绿地特色定位、树种选择等要求已予以落实。

此外，本次规划对其他城市特定地区绿地、现代城市绿地建设都有很好的探讨和参考意义。

上海迪士尼乐园将为全世界展现一个兼具国际水准和中国特色的绿化景观环境，并将为上海国际旅游度假区的可持续发展奠定不可或缺的坚实基础！

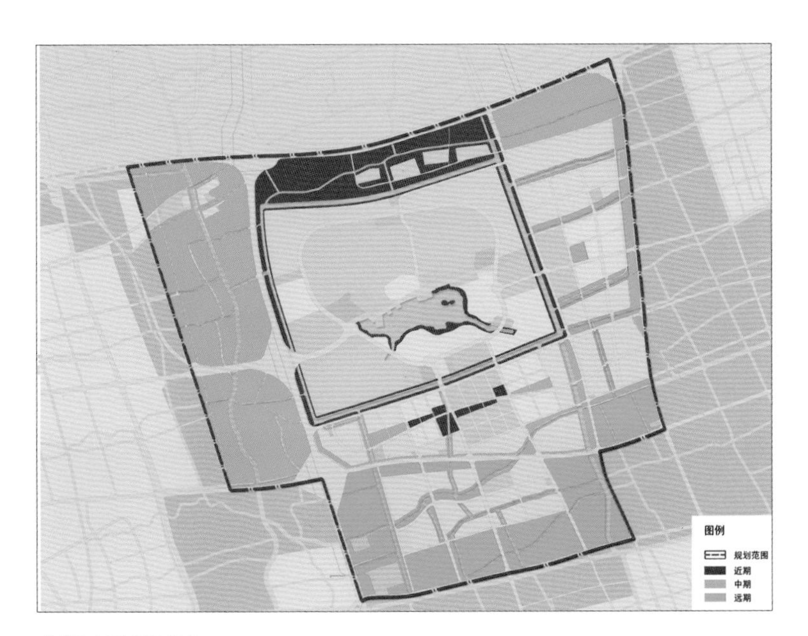

分期建设规划图

景观分级规划图

安徽芜湖县东莞中心村村庄规划（2014-2020 年）

2015 年度全国优秀城乡规划设计奖（村镇规划类）三等奖、2015 年度上海市优秀城乡规划设计奖二等奖

编制时间： 2013 年 12 月—2014 年 7 月

编制单位： 上海经纬建筑规划设计研究院股份有限公司

编制人员： 张榜、张雁、郑晓军、孙奇、蔡宇超、顾雅群、姚夏雪、刘少梅、陶修军、刘战领、陈娜、谭斌、董晖、郭邵诚、鲁金华

一、规划背景

从党的十八大到中央城镇化工作会议，结合《国家新型城镇化规划（2014-2020年）》，“中国特色新型城镇化道路”的提法逐步成型，国务院总理李克强提出，推进以人为核心的新型城镇化，着重解决好现有“三个1亿人”问题，坚持走以人为本、四化同步、优化布局、生态文明、传承文化的新型城镇化道路，遵循发展规律，积极稳妥推进，着力提升质量。

从2010年至2013年，安徽省、芜湖市相继出台《安徽省“十二五”时期社会主义新农村建设规划纲要》《安徽省美好

规划鸟瞰图

乡村建设规划（2012 — 2020年）》《安徽省美好乡村建设标准》《安徽省村庄布点规划导则（试行）》《芜湖市中心村村庄规划编制导则》《村庄整治规划编制办法》等一系列相关重要文件，强调要扎实推进美好乡村建设，实施农村环境重点整治工程，加快改善乡村人居环境，并且坚持以生态建设为抓手，加强村庄自然生态和林木资源保护，综合整治农村环境。

二、规划构思

新型城镇化要求社会主义新农村建设要有新思路。村庄规划作为新农村建设的核心内容之一，更加注重城镇与乡村的协调、农业现代化的推进、村庄产业的发展、村民身份的转变、土地与能源的节约、生态环境的保护、村庄社区的布局和历史文化的延续等“以村民为核心”的诸多方面。因此，原有的“就农村论农村”的村庄规划难以适应新形势下村庄建设的需求。其如何有效引导广大农村的发展新思路，在产业升级、人口流动、土地整理、生态保护和历史传承诸多方面对于美好乡村建设任务的理解，应从“美好性”和“乡村性”两个方面出发。既有对村容村貌、村民生活、村庄文化的美好期许，也有对乡村特色展示、生态环保、设施完善的方法选取。两者的本质都应以对村庄特质、生产生活方式、既有环境及原住民的尊重为核心，符合“人的城镇化”理念，以期实现“一村一品”的最终目标。

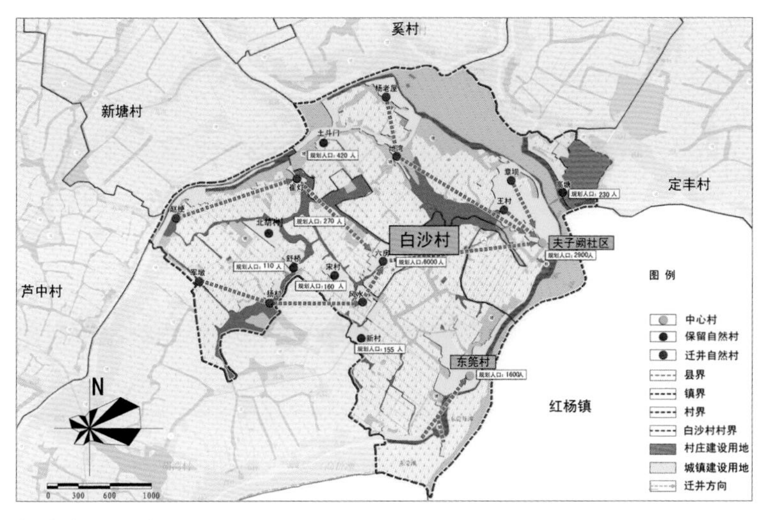

村域人口规划图

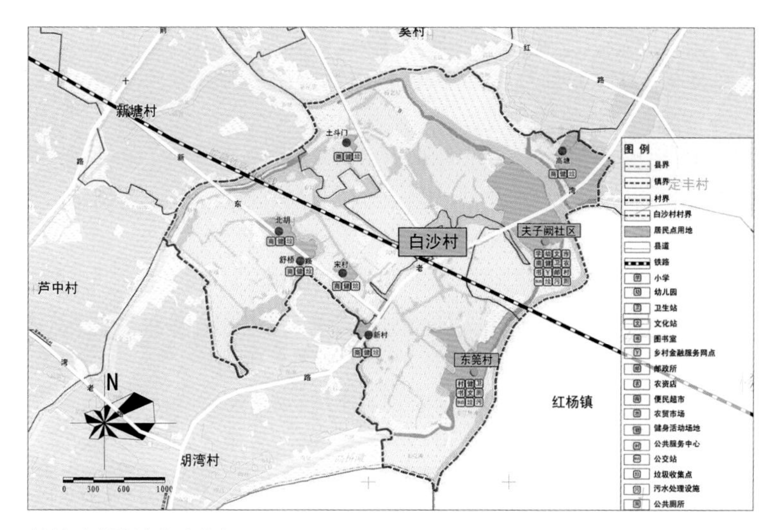

村域公共服务规划图

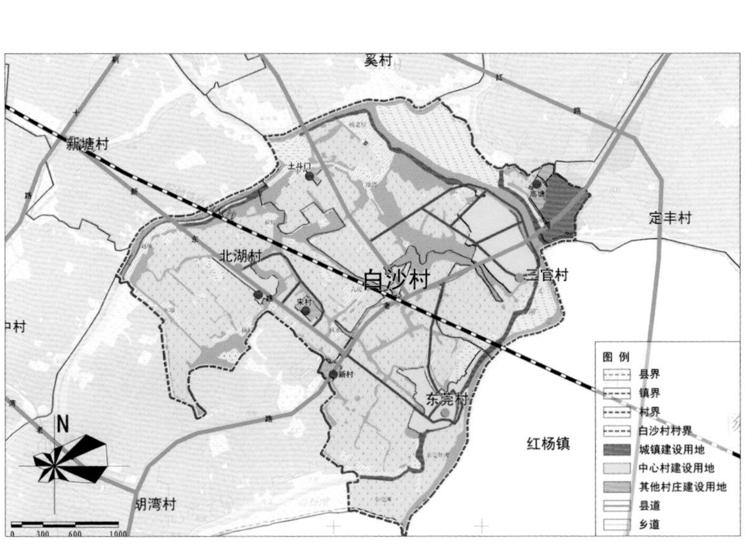

村域交通规划图

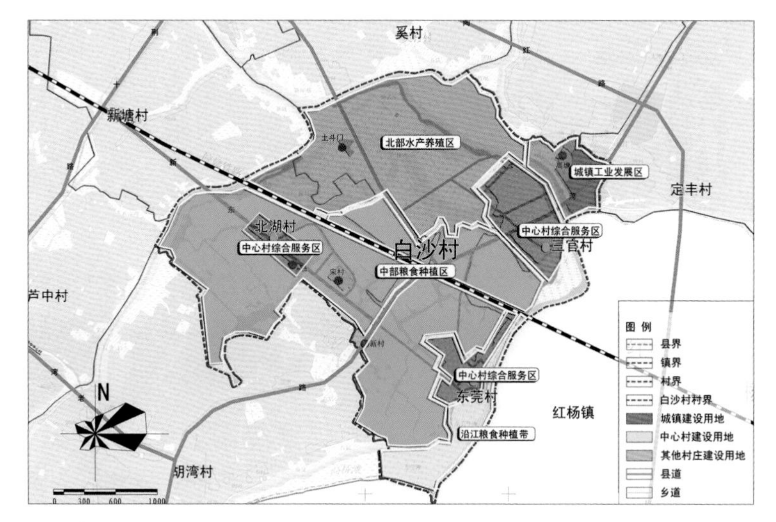

村域产业规划图

三、主要内容

东莞村村庄整体古意浓厚，环境优美，水居共生，东有青弋江支河，西、南、北三面有沃野良田，沟、潭、塘环绕穿插于村落之中，村庄街巷肌理完整，具有浓厚的江南水乡韵味。本次规划由以下三部分主要内容组成。

1. 产业规划

对于村域产业分区和中心村旅游产业发展进行了规划与策划，形成了由中心村综合服务区、城镇产业发展区、北部水产养殖区、沿江粮食种植带构成的"三区一带"村域产业布局和以"归田东滩•博古寻今"为主题并整合村庄九大景点的中心村旅游产业策划。

2. 村庄规划

村庄规划主要包括村域总体规划与村庄建设规划。

（1）村域总体规划（规划总用地为885.8hm^2）

针对村域总体规划，基于人口迁移工作口径计算，节约建设用地约34.8 hm^2。同时对重大基础设施、"12+4"公共服务设施作出安排，并对村名、名人、古迹 、古民居 、古街道 、民俗文化等历史文化资源予以系统保护。

（2）村庄建设规划（规划总用地为28.93 hm^2）

规划村庄建设模式为特色保护型，在保留现有居民点布局的基础上，主要集中对公服中心进行了详细设计，将原来的废弃教学点建筑拆除，形成开放式的村落中心；对入口池塘周边进行了游步道设计，并将古街、古墓、古建筑串联起来；增设一定量的停车场地设计；对远期农家乐设置也作了相应的规划设计，包括其选址、形式等。

3. 整治规划

规划通过将现状建筑划分为滨水、临路、古建（重点整治、保护修缮、旧址重建）、中心建筑、临圩建筑五大类，将现状景观分为古墓景观类、农田景观、植物景观、水体景观、古树景观、祠堂景观六大类进行了分类型整治，同时对村庄标志物、村庄色彩、道路交通设施改造、公共服务设施和市政基础设施改造进行了详细规划。规划总用地为13.2 hm^2。

四、创新与特色

1."产业规划 + 村庄规划 + 整治规划"三位一体

通过对东莞村总体定位的明确以及产业体系框架的形成，指导村域总体规划对人口、土地、设施的布局，从而明确中心村村庄建设规划内容及整治规划项目具体设计，形成了以产业发展规划为突破点、村域总体规划与村庄建设规划为重点、整治规划为亮点的"三位一体"的美好乡村规划编制模式。

2."分级、分类、分区"思路，提出差异化的规划建设路径

通过建立"新型农村社区 — 中心村 — 自然村"三级体系，区分改造提升型、拆迁新建型、旧村整治型、特色保护型四类建设模式以及划分不同产业区域的思路，依托东莞村的级别、分类、所在产业区，集合村庄现有特色和特质，相应提出具有差异化的、针对性的规划建设路径，统筹协调发展。

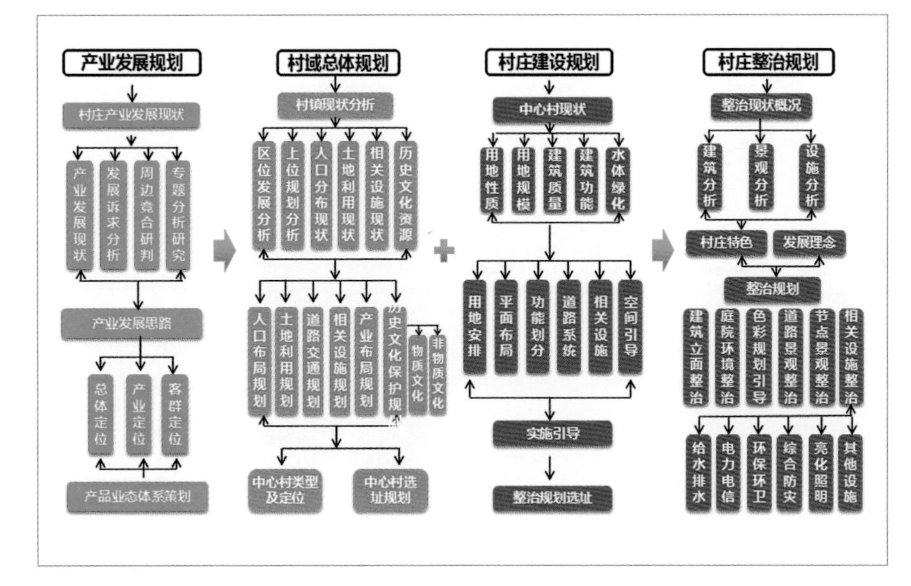

工作技术路线图

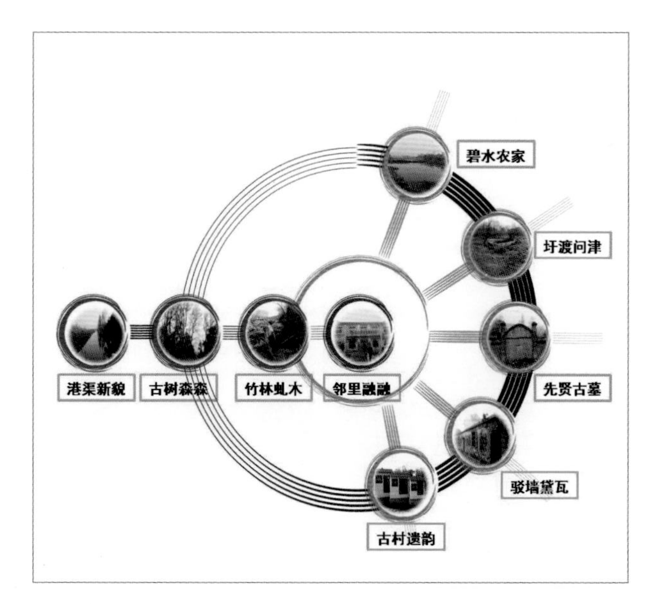

旅游产业策划图

3. 构建“新型村民理事会”，促进全流程、多环节的公众参与

在东篼村规划及建设过程中，芜湖县美好乡村规划采取以村民理事会形式来达到公共参与的氛围，充分行使广大居民赋予的事权、财权、监督权，以及居民点建成后的管护权，同时接受村民委员会和社区居民的监督管理。

4.“规划 + 建筑 + 景观 +X”多专业融合，提高规划实操性

在“美好乡村”规划编制过程中，规划更多解决的是条块问题，梳理性较强，往往直面村庄问题，而景观和建筑的配合能够完善细节问题，针对性地解决；规划过程中形成一个“规划+景观+建筑+X”多专业融合的编制团队，其中X的内涵是丰富的，可以是环保企业、策划公司、管理部门、标识公司等，这将大大提高规划编制的技术性、指导性和实用性。

5. 保护村落“水居共生”的传统格局，突出“宜居宜业”的生态理念

东篼村虽临河依圩，但千百年来得益于其“沟沟相通，渠渠相连”的自然排水系统，村庄布局未受到水患破坏和影响，规划一方面通过保留、疏浚现状沟渠等措施，保留修复村落传统水格局，传承前人“古法海绵”的智慧，调蓄雨水、造福村民；另一方面注重生态资源利用与保护，减少使用硬质广场而采用鹅卵石或青石板。利用现状山水资源，院墙、栅栏，屋前院后种植金银花、太阳花、爬山虎等植物，以及充分利用农家菜园耕地等来增强村庄周围的绿化。

6. 从“千城一面”到“一村一品”乡村特色差异化的转变

在空间营造上，东篼村结合保留现有居民点布局的基础，既强调“依圩、傍水、沿路”有机分散的聚落体系格局，又延续街巷肌理、传统特色空间和皖南建筑风格，形成开放式的村落中心。同时，通过对东篼村乡土文化、皖南文化和崔氏家族文化的发扬，尊重自然、顺应自然，保持乡村风貌的特色要求，从本土主要树木、建筑立面整体风貌的形成、村标设计等来体现当地乡村特色。

7.“修旧如旧”与“价值提升”的虚实结合

东篼村作为特色保护型村庄，将其众多的历史文化建筑进行重点整治，一方面修缮建筑各个要素，保留其历史痕迹，修复与保护并重，修旧如旧；另一方面通过赋予重要历史建筑新的旅游观光或展览展示等功能，结合村域旅游产业布局，使古建筑在具有当代时代特征的情况下，能实现保护和利用的良性互动。

五、实施情况

自本项目开展以来，根据近期规划的时间安排，结合规划对东篼村近期的游线“驳墙黛瓦 — 先贤古墓 — 品茗小憩 — 踏街忆古”四个重要节点的设计，东篼村已经陆续建成社区服务中心、农民文化乐园、农民文化乐园室外舞台、健身场地以及完成局部建筑的整治，并逐步全面实施对村庄道路的梳理、建筑的整治事项，独特的村庄风貌、优美的景观环境已经在东篼村渐渐形成。中心村的规划建设使得居民生活环境得到明显的改善，农家生活氛围也更加浓厚。这些改变为东篼乡村生活带来新的活力，获得居民的高度好评，也使得东莞村被评为安徽省级美好乡村中心村。

道路景观实景照片

广场绿地实景照片

石家庄市地下空间开发利用专项规划

2015 年度全国优秀城乡规划设计奖（城市规划类）三等奖、2015 年度河北省优秀城乡规划设计奖一等奖

编制时间： 2009 年 7 月 — 2010 年 10 月

编制单位： 上海市政工程设计研究总院（集团）有限公司、石家庄市城乡规划设计院

编制人员： 罗建晖、刘艺、安桂江、韩英姿、王敏、张岩冰、余朝玮、徐方晨、陈小明、王建、祁育平、张彦平、孟晓平、金钟、沈利冈

一、规划背景

石家庄市作为河北省省会城市，随着城镇化的快速推进和人口的不断增长，土地矛盾、城市道路的承载力问题日益突出。2009年，石家庄市正处于城市建设的关键时期，城市主要市政设施，京广铁路市区段穿城入地工程、广安街地下人防工程等开始陆续实施，城市轨道交通建设进入规划控制阶段，对地下空间的利用呈现出大规模开发和快速发展的趋势。为了合理开发利用城市地下空间，指导城市建设，按照石家庄市政府的工作部署，由石家庄市城乡规划局组织开展《石家庄市地下空间开发利用专项规划》的编制工作。

二、规划构思

本规划以立体开发、公益优先、减碳增绿、连通整合、综合利用为发展策略，建立石家庄城市中心区合理、可持续发展的地下空间布局模式，形成以轨道交通网为发展骨架体系的地下空间网络，以重点片区为引导开发地下空间节点。

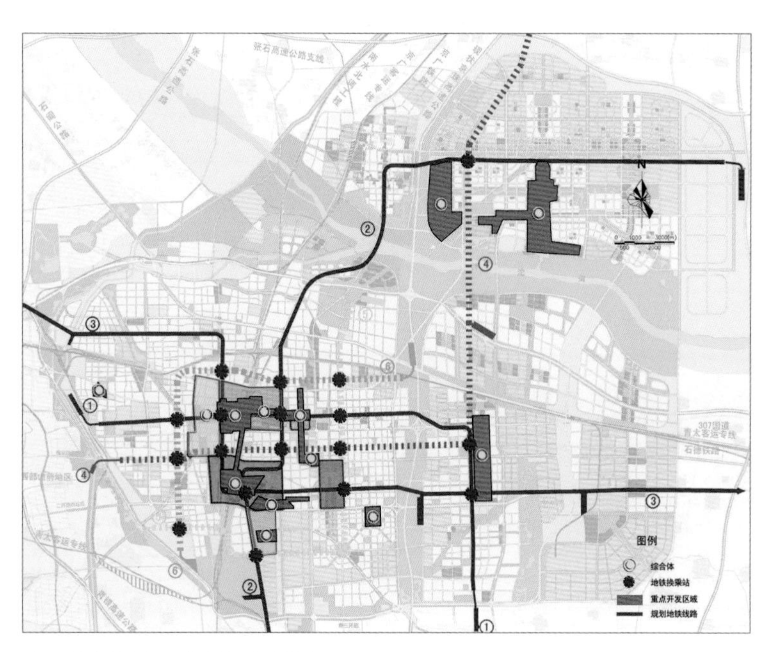

地下空间重点开发地区布局图

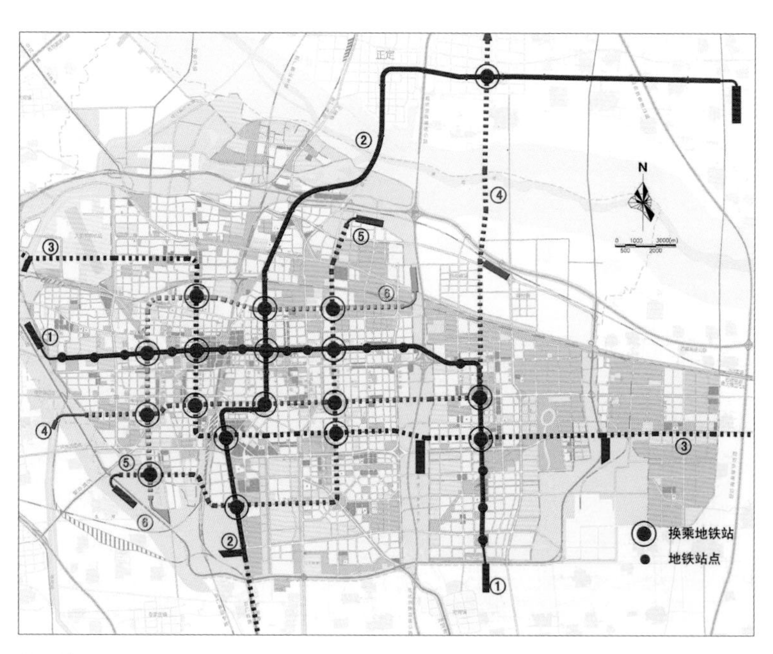

轨道交通线网规划图

三、规划内容

规划分为：总体规划、控详规划、规划导则三个层面。

1. 总体规划

规划范围为石家庄市中心城区，面积为500km^2。

石家庄的地下空间开发利用是由人防工程建设起步的。经过长时间的建设，目前已初具规模。分布上呈现内密外疏的状况，地下车库、住宅地下仓储小房等是现状地下空间利用的主角。总体上看，本市现状地下空间的开发水平不高，但发展势头良好。

规划对地下空间资源进行评估，石家庄市地质条件优越，适合地下空间开发利用，地下空间资源总量为18亿m^3；经科学预测，2020年地下空间的建设量在1800万m^3。

中心城区地下空间布局结构呈现“一城、二区、多点”的发展特点。一城指老城区，两区指正定新区和东部新区，多点指由于轨道交通建设带来的以站点为中心的开发，以各区块商业文化中心为核心的地下空间开发。

明确地下空间开发的重点地区，主要集中在铁路新客站周边区域、中山路商业中心区、南部商业商务区、桥西城市综合设施带、体育行政中心、东部新城商业中心区等。

规划还对地下交通系统、地下市政系统、地下防空防灾系统等进行了研究，提出地下空间布局安排和控制要求。

（1）地下交通系统

①轨道交通

规划本市轨道交通形成“环+放射”状结构，整个网络由6条线路组成，线网总长度达到166km。

②地下道路

规划中心城核心区的多层立体道路网优先采用“地面+地下道路”的形式，二环以内形成“两纵两横”的地下道路系统，并建设一批节点型下立交。

③地下停车

为减少停车占地，规划社会停车的地下化比例不宜小于40%，重点片区配建停车的地下化比例不宜小于80%。高强度开发的商务核心区宜建设地下停车辅道或车库连通道。

④地下步行系统

规划在老火车站周边商业区、新客站交通枢纽及东部商务区、正定新区核心区3处设立较大范围的地下步行网络。在中山路、建设大街等地铁沿线，结合地铁建设公共地下步行街。在主干道规划地铁车站周边，结合地铁站设置地下人行过街设施。

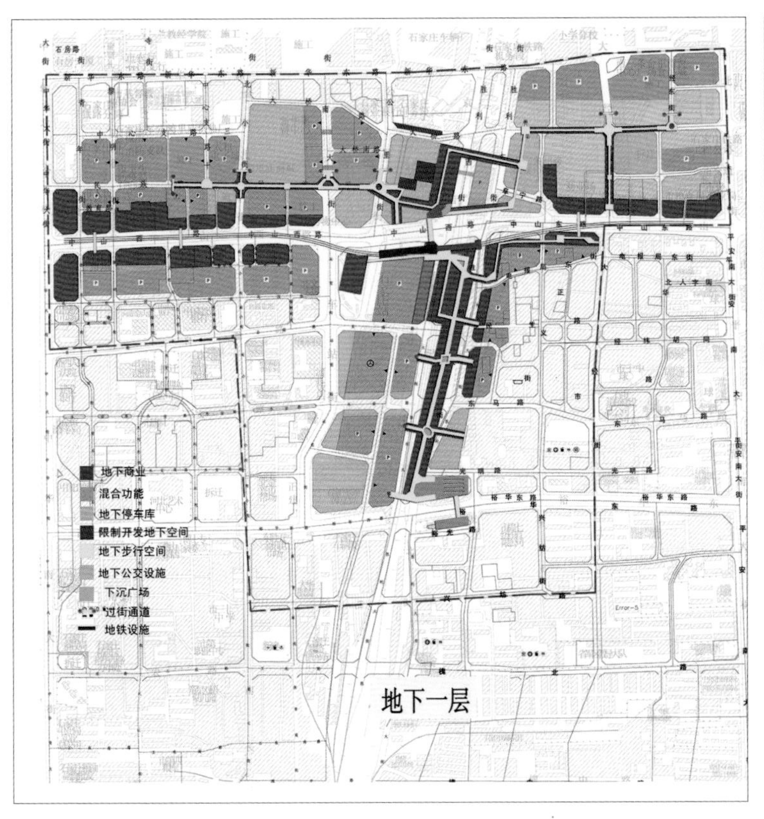

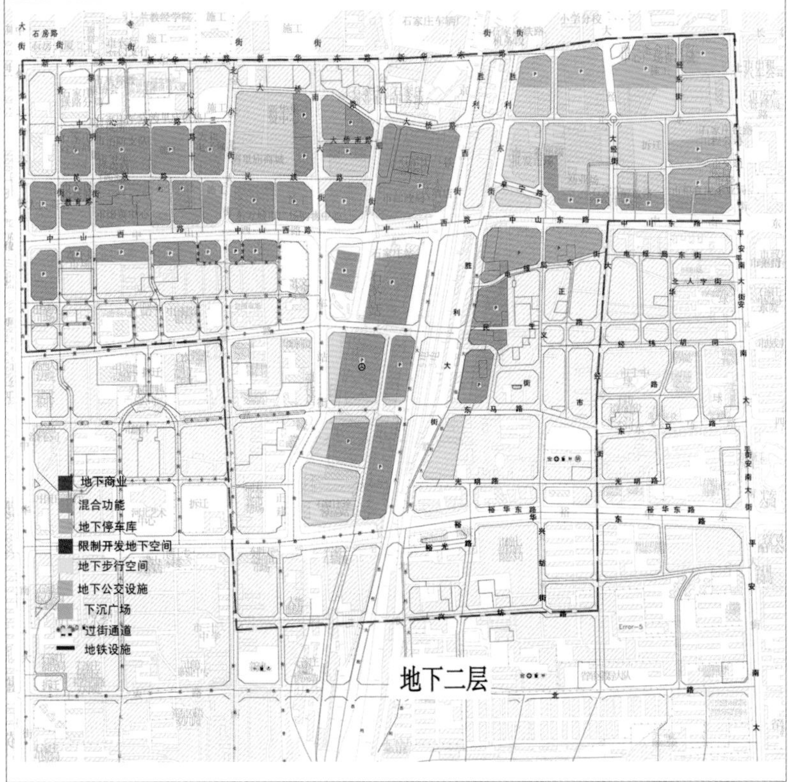

中山路商业中心地下空间功能布置图

（2）地下市政设施

城市重点片区的雨、污水泵站，变电站等市政站点设施宜采用地下、半地下形式；各类管网系统应采用地下埋设。规划在东部新城、正定新区结合新建道路设置管线综合管廊。

（3）地下防空防灾系统

石家庄地下防空工程系统由人防工程、普通地下室和地下空间兼顾设防工程3部分组成。其中，人防工程是主体；普通地下室是有益补充；地铁等兼顾设防工程是联系纽带。另外，针对地下空间的灾害特点，应加强消防管理，并配设必要设施，增强地下空间应对地震、暴雨等灾害的能力。

2. 控制性详细规划

规划对于重点片区开展地下空间控制性详细规划的研究，提出详细的控制要求。

中山路沿线商业中心规划目标是建成功能复合化、产业集聚化、空间立体化、环境生态化的新概念综合体。规划结构为“一轴一带、十字型结构”，即以京广铁路入地段地下街为骨干形成地下空间发展轴以及沿中山路两侧地块和轨道交通形成的地下交通与公共活动发展带。

新客站东部商务区，规划目标是加强枢纽的交通集散功能，做到交通立体化、服务人性化，通过地下空间开发，促进TOD发展。规划结构为“一轴两心、脊状结构”，即沿地铁三号线和东部绿带，构建区域地下公共空间主轴，联系围绕新客站的地下交通枢纽核心和围绕超高层地块的地下商业核心，并串接绿带两侧地块地下室，形成轴线清晰的脊状地下空间。

3. 规划导则

对于一般地区，制定地下空间规划导则。导则主要用于规划管理，明确控制指标，做到全面、翔实、具有可操作性。导则对开发地块中面向公众的地下空间进行引导和控制，并规定公共绿地、城市道路等公共用地地下空间的开发利用应坚持公益优先原则。导则对地下空间开发的退界、连通预留、出入口设置等提出了规划控制要求。规划地铁沿线，尤其是车站周边建筑地下室应做好与地铁车站的连通，或预留连通设施。对公共地下空间的内部环境质量进行控制，提倡结合地下空间开发引进节能减排新技术。

四、规划特点

1. 专项规划与专题报告相结合

地下空间专项规划具有综合性强的特点，为支撑整个规划成果，在本项目开展过程中，特别安排了5个研究专题，分别是地下空间现状调查与资源评估、地下公共空间开发研究、城市地下交通系统规划研究、综合管廊规划研究、人防工程建设与地下空间开发关系研究，并形成了专题研究报告，为专项规划打下了坚实的研究基础。

2. 分层规划与分项设施规划相结合

本规划除了对地下空间发展做了总体上的平面布局外，还针对地下空间立体使用的特点，规定了分层利用的布置原则。并针对地下交通、地下市政、防空防灾等不同的功能设施

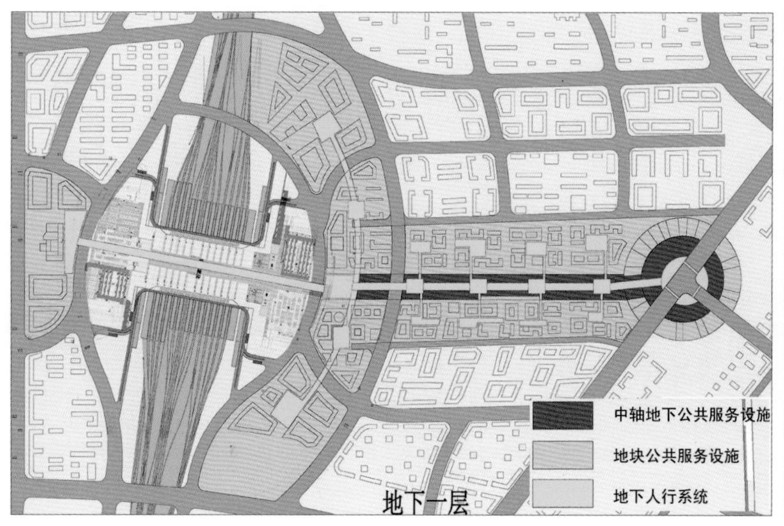

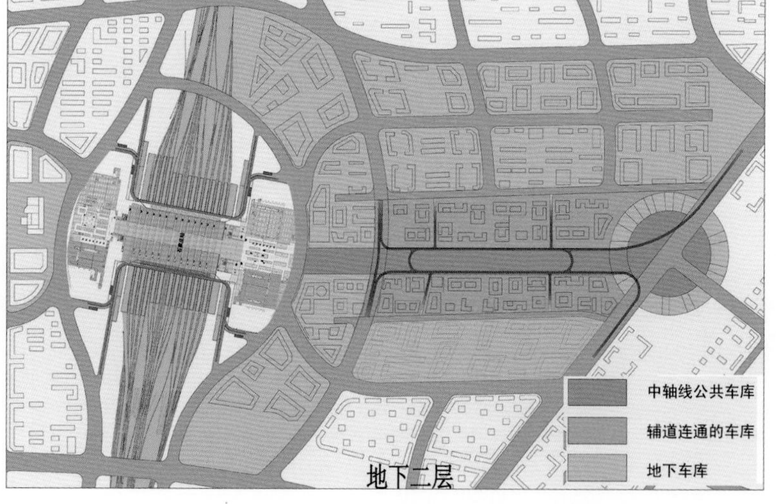

新客站商务区地下空间功能布置图

开展分项设施系统规划。既保障了空间分层利用，又做到了功能设施呈系统布局，实现了条块结合。

3. 全市规划与重点片区控详相结合

在对整个中心城区的地下空间利用作出总体规划的基础上，针对近期建设的重点区域开展了地下空间控制性详细规划的编制，使规划更具可实施性，有利于专项规划的落实。

4. 规划说明与导则文件相结合

本项目将规划成果的部分内容提炼成导则文件，直接指导全市普通片区的地下空间规划管理，在编制控详的重点片区以外，实现了全市地下空间规划管理的全覆盖。

五、规划实施

本专项规划为石家庄市地下空间的发展描绘了一幅蓝图，引导全市地下空间开发进入科学有序、蓬勃发展的新时期。规划经过市政府批复后，依据本规划立项并实施了一大批重要的地下空间工程项目，包括结合铁路下穿实施的新胜利大街地下空间利用项目、新客站广场及东部商务区地下空间利用项目、地铁一号线建设、正定新区综合管廊建设、广安大街地下商业街、民心广场地下商业项目等。

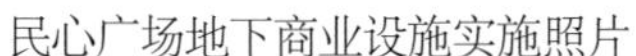
民心广场地下商业设施实施照片

乌鲁木齐市老城区改造提升整体规划

2015 年度全国优秀城乡规划设计奖（城市规划类）三等奖、2015 年度新疆维吾尔自治区优秀规划设计奖一等奖

编制时间： 2013 年 5 月 — 2014 年 12 月

编制单位： 上海市城市规划设计研究院、乌鲁木齐市城市规划设计研究院

编制人员： 王嘉漉、郭鉴、王云鹏、杨莉、张威、黄轶伦、李钰、郑迪、沈海琴、王梦亚、刘静、马慧娟、蔡光宇、柯思思、辛泽强

一、规划背景

根据国家"一带一路"建设战略构想，新疆被定位为丝绸之路经济带核心区，作为首府的乌鲁木齐市肩负重任，"要争当新疆全面深化改革的排头兵，努力打造丝绸之路经济带'五大中心'（乌鲁木齐市委第十届七次全委（扩大）会议）"。乌鲁木齐市也正朝着这一目标推进，积极发展城北新区，会展组团与高铁组团也正逐步成长、完善，城市新区的发展建设日新月异，服务功能集聚、文化资源丰富、商贸经济发达的老城区是实现城市"五大中心"建设发展目标的重要支点，虽负重奋进，却也举步维艰，面临城市更新的迫切需求。

在乌鲁木齐市城乡规划管理局的总体部署下，上海市城市规划设计研究院联合乌鲁木齐市城市规划设计研究院，共同开展乌鲁木齐市老城区改造提升整体规划。

二、规划难点及发展目标

1. 主要难点

乌鲁木齐市老城区总用地面积约 52.9 km^2，涉及 2 个行政区、27 个街道管委会、229 个社区，空间范围大，地区差异迥然，诸多问题和层层桎梏阻碍了乌鲁木齐市社会经济的全面发展。第一，空间布局缺乏统筹，建设项目多局部、碎片化考虑，在人口高度聚集的现实条件下，近几年建设项目仍以居住类项目占绝大多数。第二，功能构成混杂，工业、仓储、批发市场等不适宜功能依然大量存在，道路交通、公园绿化等功能严重不足。第三，设施配给区域失衡，与民生关系最为紧密的基础教育、医疗、公园等公共服务设施规模和布局不尽合理，既存在缺失，也存在叠加。第四，人口过于密集，大部分地区人口密度超过 2 万人/km^2，局部人口密度高达3万人/km^2，致使大部分地区服务设施负载过重，且少数民族人口空间分布集聚，不利于多民族融合共处发展。第五，城市特色风貌渐失，尽管城市历史悠久，曾是迪化古城所在，但现存古迹不多，整体风貌环境品质不佳。

2. 发展目标

规划"以人为本"，立足"公共利益"，兼顾可操作性，将乌鲁木齐市老城区打造成民族融合、社会稳定、长治久安、集聚活力的宜居、宜业、宜游的综合性城区，提升为兼具政务金融中心、医疗服务中心、特色游憩商业区、文化创意高地、和谐宜居城区职能的繁荣活力城区，焕发老城区的生机活力，促进乌鲁木齐市长治久安、繁荣发展。

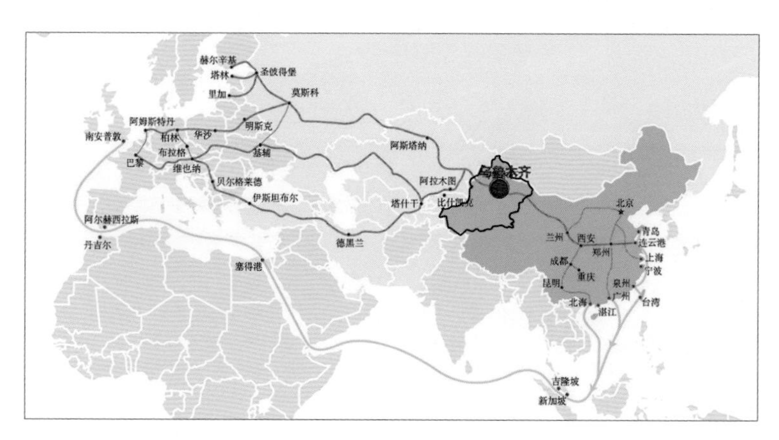

乌鲁木齐在丝绸之路经济带的区位

三、规划技术路线

规划既考虑到老城区的整体提升，又关注了规划策略的切实落实，建立宏观、中观、微观 3 个层面的技术路线。

宏观上，总体指引——以优化功能构成、调整空间布局、调控规模容量、协调设施配套、强化交通组织、延续历史风貌等原则来确定发展目标，系统性重构保障老城区可持续发展的规划体系。

中观上，任务分解——以分级管理、网格化操作思路落实城市更新任务，规划将53 km^{2}划分成9个编制单元，结合单元特色分类引导，明确单元发展方向，有侧重地配置功能。

微观上，示范落实——将问题显著地区划为先行示范区，在地块和建筑层面上应用城市设计手法，以“微观整治、扩大完构、整体转型”的更新路径及“小规模、渐进式、精品化”的设计思路落实更新提升。

四、规划创新点

遵循城市更新理念，顺应时代发展，考虑可操作性，规划提出因地制宜、两增两减、双向匹配、嵌入发展、延续风貌五大规划策略。

1. 策略一：以“因地制宜”思路统筹区域发展

从有利于区域建设管理的角度出发，对老城区采取分片规划、分级管理的策略，在各片区相对独立、差异化发展的同时，通过构建几条功能性发展轴带以加强片区间联系，并提

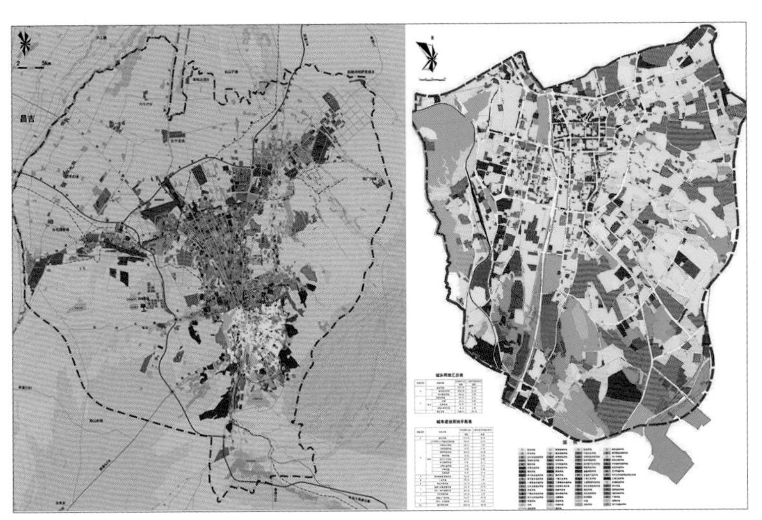

老城区在乌鲁木齐的区位及现状土地使用图

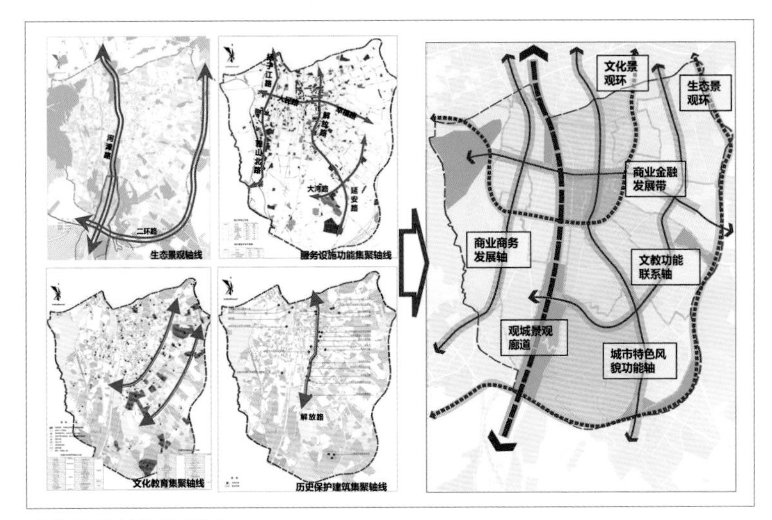

功能轴线结构推导图

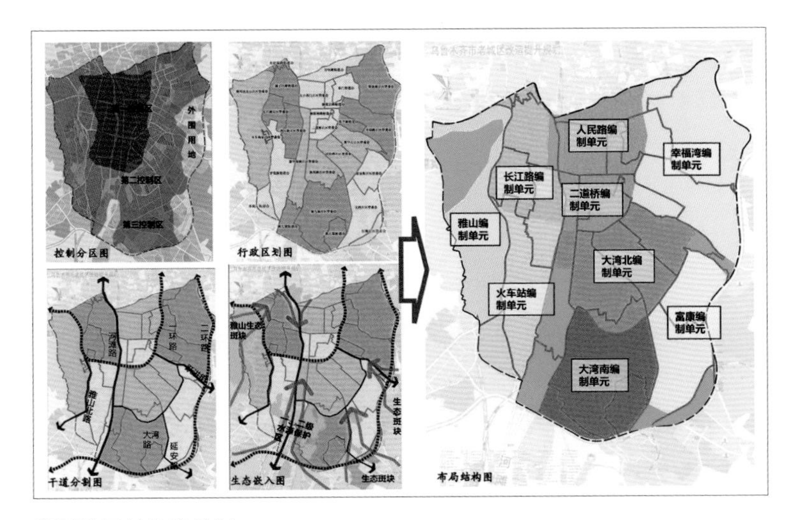

发展片区结构推导图

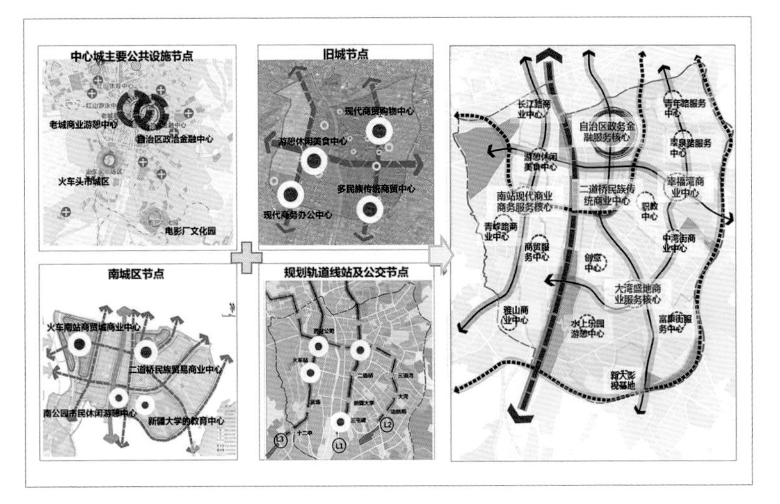

功能节点结构推导图

升、打造若干功能节点以促进区域协同发展，形成服务核心均衡、联系廊道便捷、组团功能复合的“五楔九区三类、一廊两环四带、一核一心多点”的整体布局结构。

2. 策略二：以“两增两减”思路优化功能构成

“两减”指减少居住规模和密度、减少不适宜和叠加功能，“两增”指增加公共空间、增加公共服务设施。“两减”措施梳理出再开发的机遇空间，用以实现“两增”策略的空间落地，进而优化老城区功能构成。首先，基于“两减”思路，按时序、分步骤拆除棚户区，外迁低效工业、仓储、口岸等不适宜功能定位、有搬迁意向的单位，梳理已批项目，腾挪出老城区更新发展的潜力空间。其次，借鉴成功经验，为实现乌鲁木齐市老城区宜居、宜业、宜游发展，从适量减少居住用地、大力弱化工业仓储功能、逐步提升公共服务质量、尽量提升交通服务水平及公共开放空间规模等方面优化功能配比。最后，基于功能配比优化建议，综合考虑建设用地保留及建设动态，合理分配潜力空间，优化用地布局方案。

3. 策略三：以“双向匹配”思路提升居住品质

扭转设施调整一味迁就人口需求的思维，以设施承载力确定人口规模，兼顾现有设施利用、居民生活便捷、设施运营高效等因素，结合规划人口分布完善设施配套，实现设施服务能力与人口规模的双向匹配及协调平衡。首先，综合考虑设施、生态的承载力，模拟现状条件及规划功能重构后的人口规模，制定符合城市总体规划要求、区别于总体指标限定、契合老城区设施配套标准的规划总人口规模，结合编制单元地区特点及现实情况予以分解落实。其次，依循相关规范确定各类公共服务设施的适宜服务规模及服务半径，尊重当地居民需求，考虑多民族人口需求差异性，配置与之相契合、多样齐全的公共服务设施。

4. 策略四：以“嵌入式”思路推动多民族和谐共处

建立“嵌入式”的社会结构和社区环境，缓解老城区大区域范围内多元民族混居、各民族之间居住隔离明显的社会现象，进一步推进乌鲁木齐社会稳定和长治久安发展。规划根据各编制单元民族构成现状，利用“嵌入式”原则引导单元内人口构成，通过建设差异化的多民族和睦混居社区，逐步落实形成“嵌入式”社会结构，推动多民族融合发展。

同时，考虑民族人口需求差异性，配置与之相契合的公共服务设施，提升现有特色设施的服务效能，营建“嵌入式”社区环境，以促进多民族混居，提升居民生活幸福指数。

5. 策略五：以“延续风貌”思路留存城市记忆

采取挖掘历史文化特色、留存城市基本格局、原真性修复风貌建筑等手段，造就空间有序、特色鲜明、风貌协调、多样文化有机融合的和谐城区，以更好地传承老城的财富与价值。

二道桥编制单元是集中体现乌鲁木齐老城区风貌的区域，规划延续二道桥历史留存的整体格局、街巷体系、街道尺度，针对地区现状占道经营、违章开店以及沿街建筑陈旧

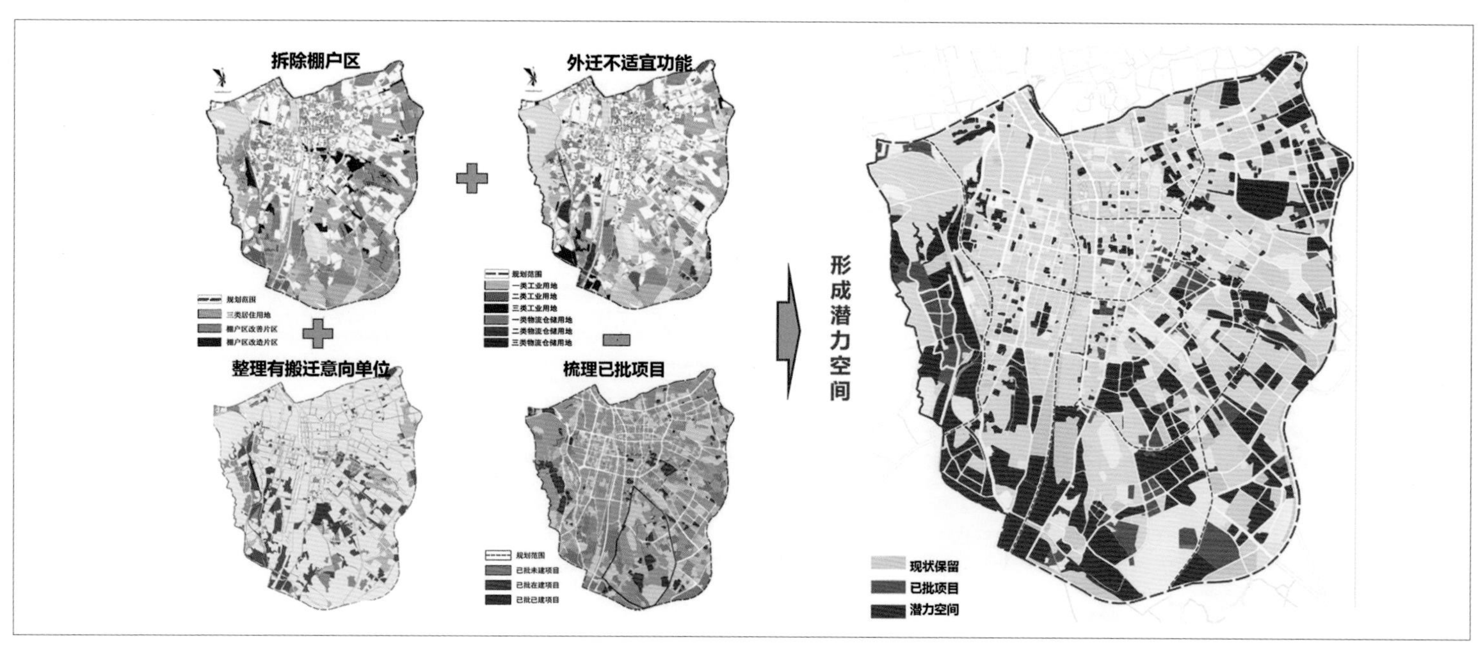

潜力空间梳理示意图

的街道环境进行整治，追寻老城区那种给人带来亲切舒适感的历史元素，恢复街巷记忆。

同时，摒弃以往老城区更新改造中大拆大建、推倒重来的建设方式，重点保护具有地域风味的老民居、老建筑、近现代优秀建筑等，适量进行原真性修复，采用能够传承地方建筑思想、符合多民族审美要求的建筑形式，通过清洗外立面、统一广告招牌、遮挡立面杂物等墙面整洁方式迅速改造建筑立面，或者采用改变外立面颜色及材质、添加传统纹样及窗饰、装饰女儿墙及屋顶等立面整容方式来修缮陈旧建筑外立面，以较少资金、较快时间的小举措环境更新手法，快速改善该地区的环境品质，重塑尺度宜人的城市空间。

五、实施情况

城市更新几乎伴随着城市发展的全过程，多以优化城市布局、改善基础设施、整治环境、振兴经济等为基本目标。乌鲁木齐市老城区作为多民族高度混居的区域，规划不但需要落实以上目标，更需要为推进乌鲁木齐市的“社会稳定和长治久安”贡献力量。

规划结合乌鲁木齐市的自身特点，在优化功能构成、调控人口规模、完善设施配套、统筹空间布局的基础上，对地域特色、民族群众独有生活习性的关注贯彻始终，尤其关注区域内广大群众的诉求，营建适合多元民族和谐共处的社会结构和社区环境，以“自上而下”制定标准与“自下而上”示范落实相结合的技术路线，推动老城区城市更新全覆盖，逐步恢复老城区活力，增强城市竞争力。

本规划自2014年12月30日获乌鲁木齐市人民政府批准后，引领老城区城市更新工作全面启动，一批大型公共服务设施项目开工建设，二道桥、大湾等重点地区产业功能转型提升，城区面貌日新月异。

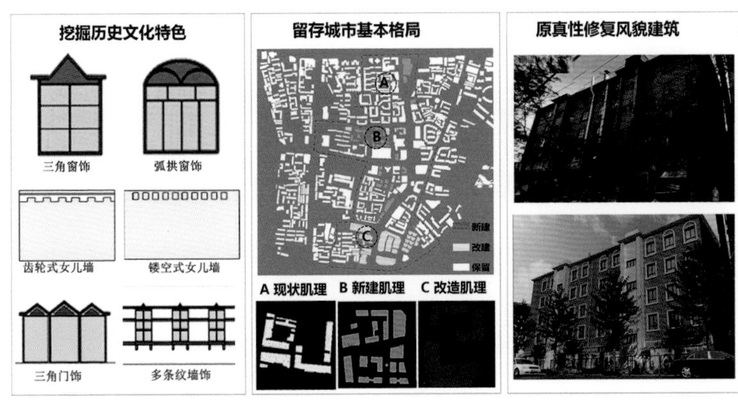

城市风貌延续手法示意图

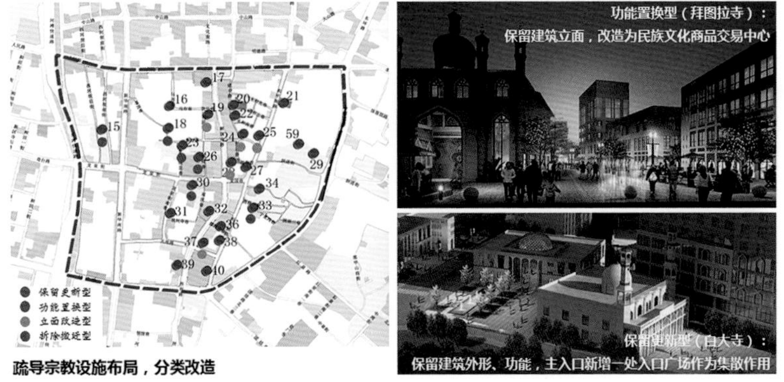

设施改造示意图

街区改造效果图

契合民众需求的特色设施配套示意图

海口市东寨港旅游区（西区）单元规划

2015 年度全国优秀城乡规划设计奖（城市规划类）三等奖、2015 年度海南省优秀城乡规划设计奖一等奖

编制时间： 2012 年 9 月一 2014 年 8 月

编制单位： 上海同济城市规划设计研究院、海口市城市规划设计研究院

编制人员： 栾峰、张婕、何丹、龙丽君、程鹏、王雯赟、杨犇、刘悦来、王忆云、张引、赵华、臧珊、胡阿龙、杨艳丽、李兴

一、规划背景

东寨港地区位于海口市主城区东部，拥有中国规模最大的红树林湿地。1986 年，东寨港地区设置了国家级红树林自然保护区，1992 年成为我国第一批列入《世界湿地公约》的七大重要湿地之一。《海口市城市总体规划》将东寨港地区作为主城区外的低密度控制区和生态旅游观光区，《海南国际旅游岛建设发展规划纲要》将其作为全省十七个重要旅游景区和度假区之一。

为切实加强国家级自然保护区的保护工作，指导和规范东寨港地区的生态保护和旅游开发活动，项目组接受海口市旅游及城乡规划部门的联合委托，编制完成了《海口市东寨港旅游区总体规划》。该规划在国家级红树林自然保护区外划定了东寨港旅游区范围，明确了旅游区生态保护优先的基本原则，及适当发展生态旅游业、创建生态旅游示范区的定位，并对开发建设容量与布局、重点旅游项目与分区、社会经济发展、污染治理及生态保护等内容作了统筹安排。

在此基础上，项目组根据旅游区近期生态修复与保护措施及旅游发展需要，编制本规划。本规划的编制范围（以下简称本区）位于东寨港旅游区西侧，沿市区方向临近海口市美兰国际机场，拥有较为丰富的自然资源和历史人文资源，是旅游发展的重点区位，也是已经初步达成意向、亟待推进实施的重大旅游项目的集中地域，总面积达 54.21km^2。项目组根据本区所面临的特定发展需要及背景，经与甲方共同研究，确定引入单元概念，创新规划编制思路及方式。

二、主要问题

本规划的编制，不仅要落实旅游区总体规划的要求，还要应现实发展需要，打破多重现实因素的制约。总体上，规划编制所面临的主要问题包括以下四个方面。

1. 落实生态保护要求

本区毗邻国内最大的红树林自然保护区，最为根本性的任务是落实生态保护要求，消除严重环境污染因素，积极修复红树林及东寨港特有的湿地生态环境。同时还应充分考虑并预防旅游开发带来的潜在影响，创新生态保护与旅游发展和谐的新思路。

2. 在严格保护的基础上统筹合理利用本区内丰富的自然及人文资源

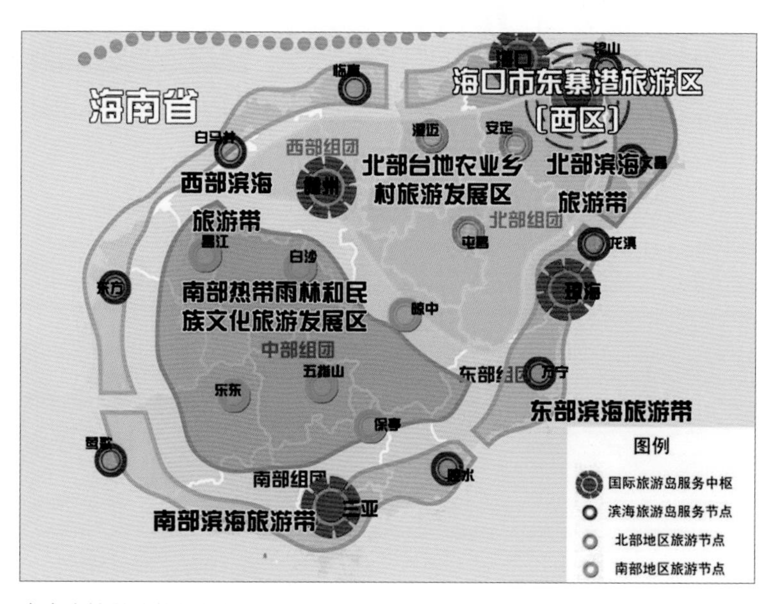

海南省旅游功能组织规划图

本区不仅拥有具备较高旅游开发价值的各类自然资源和历史遗迹，还在历史发展中形成了具有鲜明地方特色的鲜活乡村社区人文资源。应在严格保护上述资源及其历史形成的既定系统的基础上，统筹考虑促进旅游发展、传承历史文化等方面的要求，进行合理利用。

3. 合理控制和统筹配置开发容量及主导性旅游项目

已经初步确定意向的旅游开发企业所提出的旅游项目策划在带来发展动力的同时，客观上也提出了明显较高的开发强度要求，旅游项目的生态环境影响也不容忽视。应在严格控制开发总量的前提下，统筹主导性旅游开发项目，不同旅游开发单位及所涉及的区、镇、农场、村的关系。

4. 妥善引导村庄建设、村民的发展转型及新型社区建设

历史形成的较高村落密度和村民就地安置的上位决策，使得保留现状村落成为主要方式，但应结合旅游发展促进村庄经济方式和生活方式转变，并充分考虑未来导入人口及新功能所必然带来的社区重构要求，同时，还应对少量在本区内另行择址安置村民的社区组织进行积极引导。

三、发展定位与整体结构

从有利于加强生态环境修复和保护及适当开发生态旅游业的角度，细分本区定位为：以红树林湿地保护和生态修复为核心，适当开发科研教育、特色旅游和休闲养生等功能，重点承载旅游区接待功能的生态保育地区。为此，提出统筹生态修复及旅游发展两个层面的空间结构整合要求。在基础层面，以强化生态管控为目的，确定生态管制结构要求，在其上则以主导性旅游项目及开发单位的项目分布为核心依据确定功能分区。在此基础上，进一步制定总体层面乃至开发建设管理层面的规划管理要求。

四、聚焦生态修复，加强生态管控

加强生态修复和优化生态格局，是本区的根本性任务要求。为此，基于生态敏感性评价及现状生态保护状况，划分本区为生态修复和旅游开发大分区，进而从强化生态空间延续及网络化的角度出发，确定本区的整体生态网络格局。在此基础上，进一步制定从整体层面直至微观层面的生态管控措施要求。

1.“一区一带四楔”的整体生态网络格局

一区，自然保护区和本区内的保护拓展区；一带，结合开放性海岸型自然保护区的边界特点，在自然保护区的临界区段进一步退让，划定一定宽度的带状缓冲区；四楔，为减少旅游开发的生态冲击，由一带连接本区周边相邻地区的生态修复区，重点完善生态格网。

2. 在总体层面上统筹生态保护与修复要求

首先，是限期全面取缔养殖咸水鸭和高位虾池，少量因科研等活动（包括生态湿地）可以适当保留，但应杜绝其对周边水体环境的污染；其次，是全面推进区外污水截留和本区污水收集处理，在具体措施上则因地制宜地差异化安排，临近外围公路建设较为密集的村落及项目所产生的污水应全部收集，排入城市污水厂，其他相对较远或零散分布的小村落及小型旅游设施，应分散就地收集污水并进行生态化处理，且所有污水处理后都应进一步经陆域生态湿地处理后再排放；最后，进一步从声环境、夜间光环境等角度，分区提出管控要

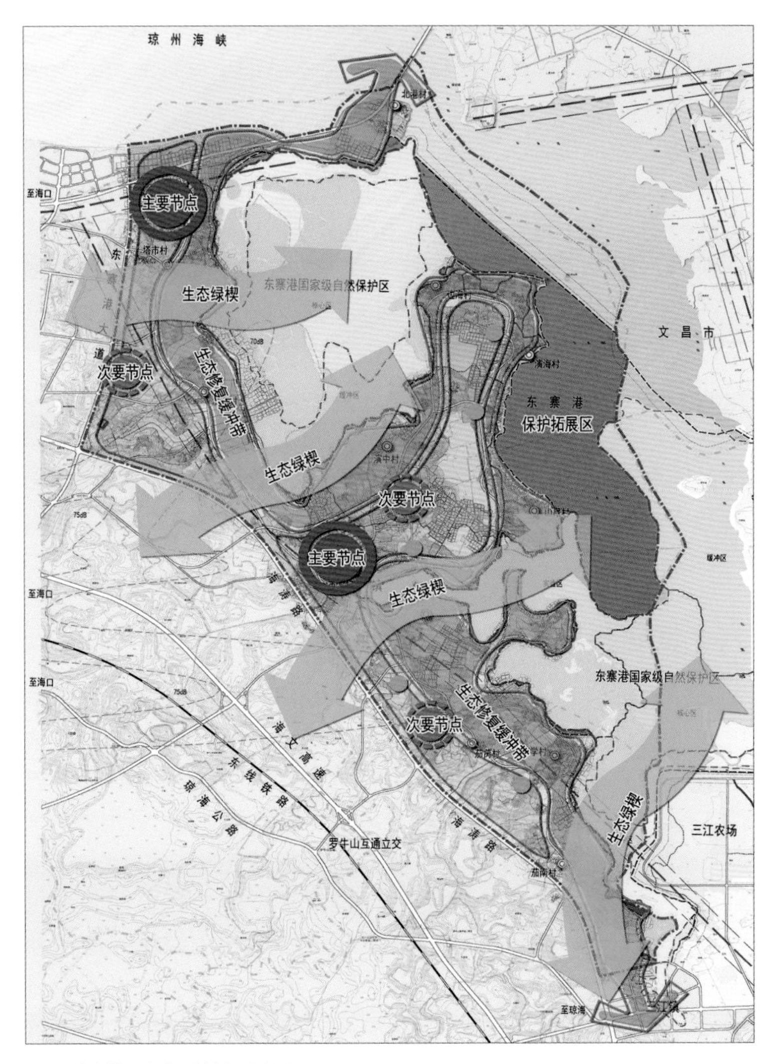

生态管制与功能结构规划图

求，避免对鸟类栖息环境造成破坏。

3. 对于开发建设项目提出明确建设管理要求

主要从项目内建筑面积总量、基地用地面积、建筑高度、地下开发、地面透水、灯光遮蔽及旅游项目等方面，按照不同类型分区分别提出控制要求。如为避免影响地下水，严格控制地下开发建设行为，地下不得超过一层，且地下室建设范围原则上不得超过地面建筑物外轮廓的投影范围等。

五、加强资源保护，区划旅游开发

在总体规划阶段的评价基础上，对本区丰富的自然和历史人文资源，分别从保护和旅游开发视角进行评估，并统筹在项目开发层面的导引或控制策略。

在结构层面，统筹考虑主导性旅游项目的分布适宜性，以及旅游开发单位已经初步协定的用地边界等，将本区划分为七大功能分区。各个功能分区均安排有明确导向性的主导性旅游项目，由此实现在整体层面上统筹本区的主导性旅游开发项目，避免盲目竞争。

功能分区的划定，以自然条件、开发建设条件、行政区划条件，特别是旅游单位及其主导性旅游项目为依据。基于生态管控要求划分的旅游修复区和旅游开发区，则按照空间区位分别纳入各功能分区，从而将生态管控要求落实到各旅游开发分区的控制层面，有利于将其直接纳入与各主要旅游开发单位签订的最终协议中。

各功能分区，则可以进一步结合各区内的自然和历史人文资源状况及相应的生态保护及旅游开发要求，差异化地开发区内其他旅游发产品，共同促成本区休闲疗养、科普教育、生态示范、民俗文化和自然风光等多领域的丰富产品线的发展。

六、促进经济升级，引导村庄转型

结合旅游开发，促进本区经济发展及经济结构转型，是巩固生态修复效果、持续改善生态环境品质、提升村民生活水平、促进适应现代化发展需要的村庄转型进程的重要基础性工作。

产业经济发展方面，将禁、转、促等措施相结合。在基础层面，主要结合生态修复和环境保护要求，在全面禁止村内较主流的水产养殖业的同时，积极引导村庄经济向旅游及旅游服务等行业转变。在更高层面，则以更为多元化的项目带动文化创意类产业经济的发展，包括科普、培训、示范及休闲疗养等。

规划高度关注对村民生产和生活方式适应经济转型的导引。对于旅游开发项目，规划明确提出优先吸纳本区村民就业的要求，并将技能培训和就业转型作为引领本区社会组织方式转变的重要举措。

除对因缓冲区、生态及工程地质原因而集中安置的村庄进行积极引导，规划还从资源特征和区位等因素出发，制定差异化引导村庄转型发展的策略，将保留村庄划分为渔家游憩型、农业体验型、民俗文化型、生态观光型、复合型等特色类型。

七、创新用地规划，统筹设施支撑

作为城市总体规划所确定的、主要为非城市建设用地的限建区，采用何种用地分类制定本区的用地规划，是个值得探讨的重要问题，直接关系到后续的规划实施管理问题。规划在统筹城乡建设和旅游发展的基础上，整合不同范畴的用地分类，创新用地规划方式。

首先，从服务本区发展的角度，规划按照总体规划，在本区中部结合演丰镇区设置旅游服务主节点，在北部结合规划建设的滨海大道设置旅游服务次节点。此外，根据旅游发展需要，按照海南省规定布局旅游发展用地，还重点明确了村庄集中安置点用地。

其次，根据上述规划安排，本区用地同时涉及城乡规划用地分类、土地利用规划用地分类。为此，在确定全域统一用地分类的基础上，重点从强化用地分类管理的角度进行统筹

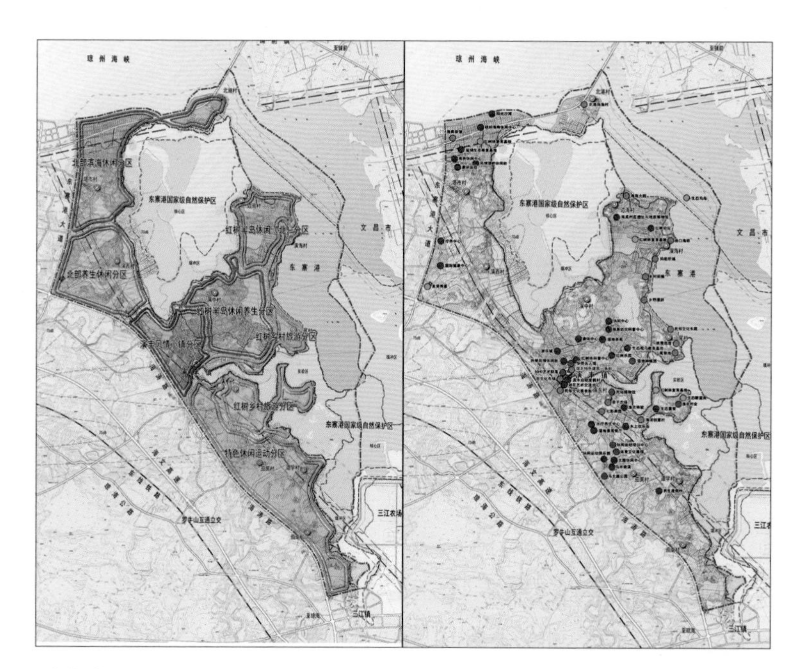

功能分区规划图　　旅游产品规划图

安排。在与土地利用规划充分衔接的基础上，确保基本农田，结合生态修复，适当扩大林地以满足修复培育红树林的目的，在此基础上落实建设用地。为确保生态环境和加强旅游发展管理，规划严格控制新增城市建设用地，除少量布局于镇区的新增城市建设用地，结合村民安置安排的村庄建设用地，其他新增建设用地仅限于旅游发展用地。

最后，结合上述功能和用地布局，统筹安排本区的道路交通等设施建设规划。在道路交通方面，确定加强交通管理、游客交通主要停留在旅游发展区且临近旅游区外围地区的基本原则，重点加强了公交、旅游巴士交通方式与本区旅游交通方式转化所必需的交通枢纽布局。同时，整合了本区旅游电瓶车、非机动车和步行等通道，共同构筑网络化的慢行交通系统。

八、创建分层管理，确保规划弹性

针对多个大型旅游开发单位分区主导旅游开发且仍处于策划阶段，及本区非建设用地占据主导地位的基本格局，为协调加强城乡规划管理和确保合理弹性的要求，创新出“分区—单元”的两层次规划及管理模式。

将七大功能分区的边界与各个旅游开发单位协议的管理边界进行充分协调，彻底避免不同旅游开发单位在同一功能分区内交叉的现象，同时又兼顾了旅游项目布局的合理性要求。分区层面上，重点落实了开发建设总量、主导性旅游项目、重点配套建设项目及生态修复和管控的底线范围与要求，并将上述控制要求作为维护单元规划的基本要求，凡涉及上述控制要求调整，均应在旅游区总体规划层面进行统筹，由此确保总体规划的权威性。

在分区基础上，主要基于生态修复或旅游发展的需要，结合用地布局划分控规单元，建立“分区—单元—地块”的分级管控体系，及“刚性要求—弹性引导”的指标体系。在同一分区中，既包括基于生态修复区划定的生态修复型单元，也包括基于旅游开发方式差异而区分的集中开发型单元和分散开发型单元，并在单元层面确定基于生态修复的强制性控制要求。在此基础上，统一确定不同类型单元的基准开发控制要求，再结合差异化发展或保护要求适度调整基准要求，并将上述控制要求落实到地块层面。

在差异化控制方面，规划明确提出，在不违反强制性内容和单元控制的前提下，具体项目开发层面可以根据发展需要调整具体的用地布局，仅需要简化用地层面上的控规调整即可，在不涉及用地调整的情况下则直接依据地块控制要求实施即可。由此，在确保规划权威性的基础上，保证了必要的弹性。

在图则制定方面，同时制定了两层次的单元控制图则和地块引导图则。单元控制图则内包括刚性要求和弹性引导两类图则指标，地块引导图则作为引导性内容，进一步分解单元内的指标要求。

九、规划实施简况

本规划完成于2013年年底，并最终于2014年8月正式被批准实施，对旅游区生态修复和旅游开发起到了积极的指导作用。旅游区内实施了咸水鸭等禽类养殖的清理工作，卓有成效地推动了高位虾池的清理工作及自然保护区外红树林培育与示范性种植工作，并实现了规划预测的游客量目标。

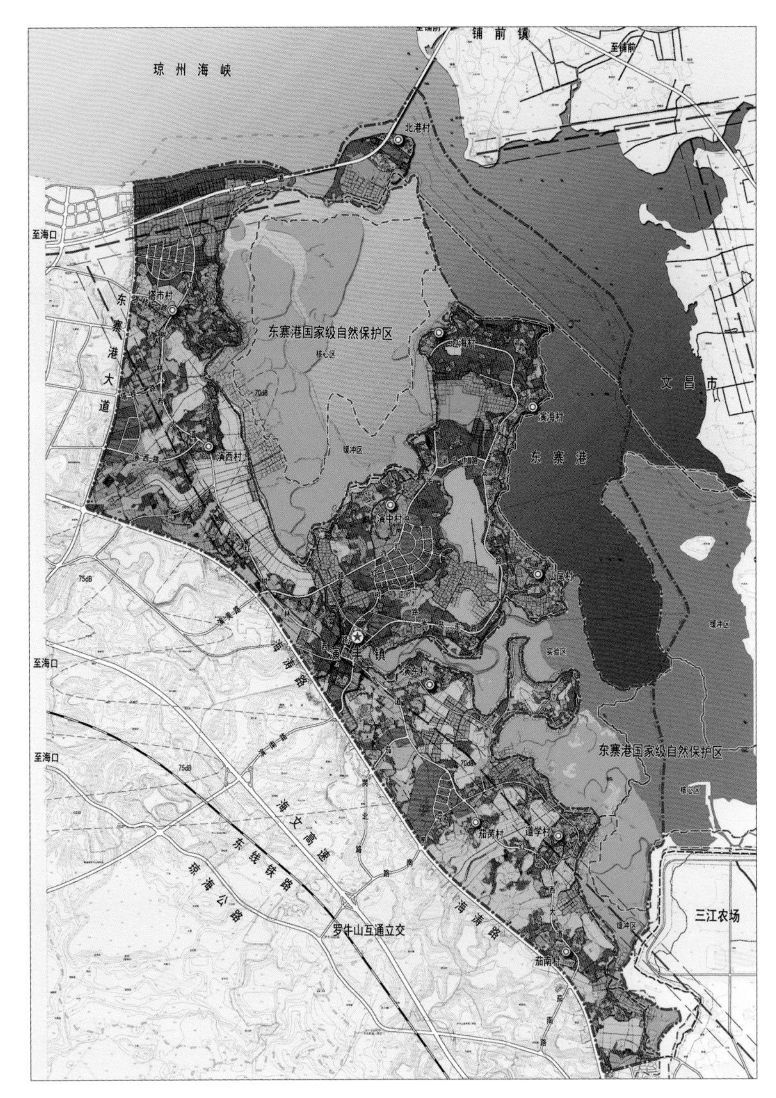

土地使用规划图

南阳市中心城区景观风貌规划

2015 年度全国优秀城乡规划设计奖（城市规划类）三等奖、2015 年度河南省优秀城乡规划设计奖一等奖

编制时间： 2014 年 4 月— 2015 年 4 月

编制单位： 上海同济城市规划设计研究院、南阳市规划设计研究院

编制人员： 戴慎志、胡浩、孙康、徐振明、易国忠、刘晓星、高晓昱、高丽、董丁丁、靳慧娟、闫欲晓、杨玲、杨丽、孙亚飞、周文军

一、项目背景

南阳市位于河南省西南部，是河南省面积最大、人口最多的农业大市，也是南水北调中线工程的渠首城市。

南阳中心城区建成区面积约为100km^2，是国家级历史文化名城和豫西南地区的中心城市。现状城市建设沿白河两岸，形成了"一河、两城、三片区"的基本格局。城市景观风貌方面，南阳城依山傍水，独山、白河等自然环境体现了南阳山水城市的景观特色，而卧龙岗、古城、医圣祠等则是南阳悠久历史文化的代表。

然而，快速城市化和大规模新区建设的推进，给城市风貌特色带来了较大的影响，主要体现在三个方面：城市形象特色不突出；城市建设空间和山水环境缺少有机协调；城市建筑风貌没有特色，且规划管理缺少依据。

2013 年，在新一轮南阳市城市总体规划编制完成的基础上，南阳市规划局委托上海同济城市规划设计研究院与南阳市规划设计院联合编制完成了《南阳市中心城区景观风貌规划》。本项目也是河南省第一个面向实施的景观风貌规划项目。

二、规划目标

本规划以塑造"人文南阳、生态南阳"为总体目标，重点突出风貌规划面向实施的要求，实现风貌规划从技术描绘向实施控制的转变。

人文南阳 —— 发掘南阳市丰厚的传统文化内涵，延续和保护老城历史文化风貌，通过城市文化设施建设，将城市植根于传统文化沃土，做到文化保护与发展并重、现代文化与历史文化延续交融。

生态南阳 —— 强化城市自然景观特征，保护自然山水格局的完整性，突显城市的山水意境之美。尊重和利用地形地貌、植被等自然生态要素，使自然生态和人工建设相互衬托，打造独具特色的生态型城市空间。

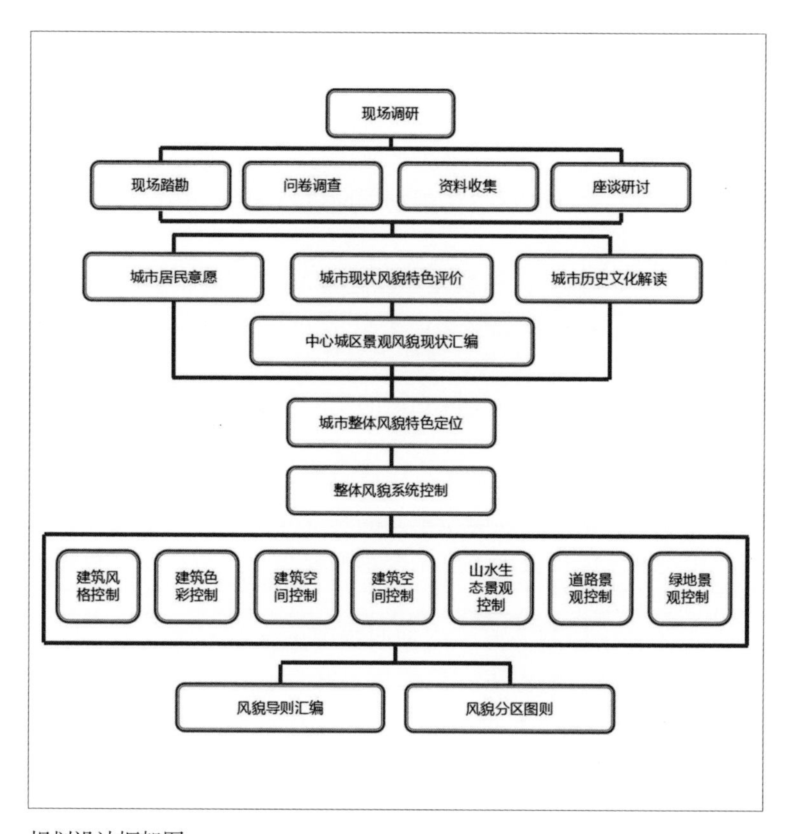

规划设计框架图

三、规划构思

1. 基本出发点

（1）立足南阳整体环境，系统研究南阳城市的风貌特色、分区与分级。（2）建立多因子的风貌特色综合系统，统筹规划。（3）建立多层次的风貌控制体系，方便实施管理。

2. 主要研究内容

（1）宏观层面：研究城市风貌建设战略，塑造具有特色的城市总体形象；（2）中观层面：研究城市风貌专项系统，控制主要影响因子；（3）微观层面：制定分区控制图则，特别打造重点区域。

3. 技术路线

在研究南阳历史文化背景的基础上，分析城区空间、建筑形象现状，提出城市主题定位和建设策略，进而通过专项研究和控制，形成科学、可控的图则及实施导则。

四、主要内容

1. 基于历史文化和自然资源提炼城市品牌

南阳历史悠久，名人荟萃。在其漫长的历史沿革中，“楚头、汉尾”时期全国性大都会的繁荣则是南阳文化最具特色的代表。自然景观方面，南阳城区背山面水，具有传统山水城市的格局，而南阳玉作为地域最具代表性的物产，富有历史底蕴同时承载着精神气节的需求。

因此，规划以“楚风汉韵、山水玉城”作为南阳景观风貌的品牌，并针对规划管理职能，提出了48字的实施性建设方针。

古韵新风、坡顶淡墙；新区现代、亮丽暖调；

显山露水、视线通畅；高低错落、疏密有致；

沿路成列、环心簇群；顺水跃动、临街落降。

2. 提出景观风貌整体空间格局，统筹大山水生态资源和特色空间区域

规划提出南阳中心城区“一廊十脉”的城市水景观主体通廊和“三轴两环”的城市景观展示路径，凸显山水自然风貌特色和继往开来的历史人文景观。并与规划管理结合，确定了“八片区多节点”的特色景观分阶段重点区域，落实具体项目。

3. 建立分类和分级相结合的风貌区划控制体系

规划在土地使用的基础上，对影响景观风貌的五大因素进行评价，将中心城区划分为明清民国特色风貌区、新汉式特色风貌区、新中式特色风貌区、现代时尚特色风貌区、都市产业特色风貌区五大类片区，并结合控规单元管理分区的要求，分为31个亚区，对各分区的建筑风格和空间格局进行引

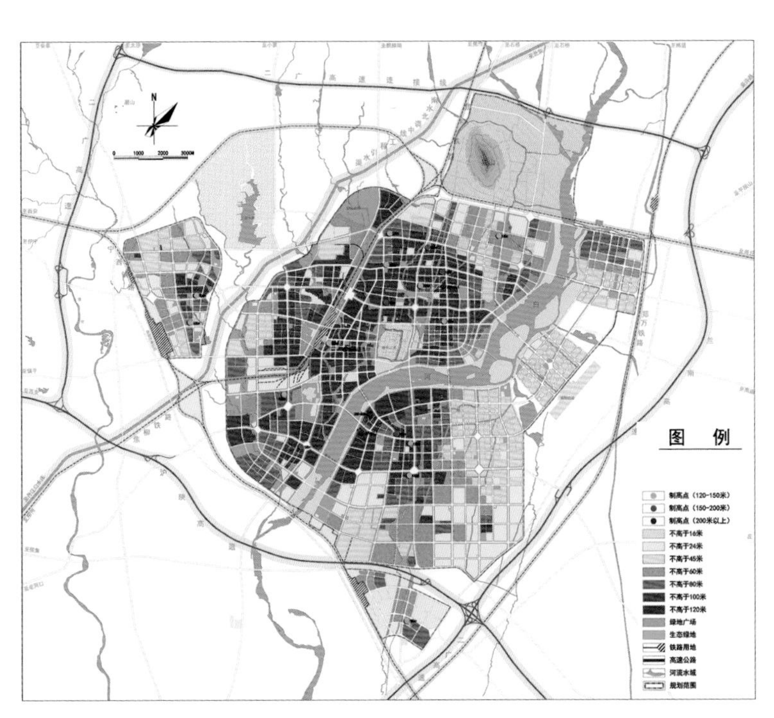

城市总体空间高度控制图

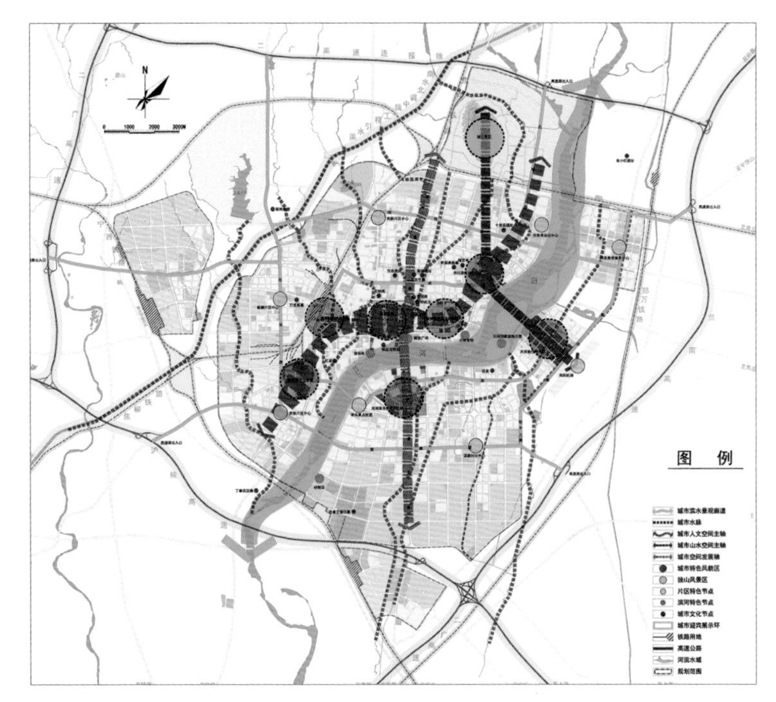

城市总体风貌结构图

导，重点突出对历史文化街区的保护。

在此基础上，依据景观区位条件，对各区的景观权重提出分级把控，将中心城区分为四级控制区，重点对白河沿线和历史风貌区的景观要素实行严格控制。

4. 基于规划管理职能进行专项要素研究，充实风貌规划的空间载体

基于规划管理以建设空间为主要对象的职能原则，规划筛选了七大控制要素：建筑风格、建筑色彩、建筑空间、山水景观、绿地景观、街道景观、建筑广告作为景观风貌的载体，以建筑要素控制为主，并对空间和自然景观要素提出了辅助性引导。

（1）建筑风貌控制：规划根据风貌品牌，以“汉风”作为南阳城市建筑的风格原型，重点研究了汉风建筑的传统特征及现代创新设计手段，并根据建筑风貌区划，提出了各类建筑的设计控制要求和代表性建筑改造示范。

在此基础上，规划针对建筑色彩进行了专项控制研究。重点控制两大片区的色彩：南阳古城及卧龙岗历史悠久，底蕴丰厚，整体环境要素色彩为黑、白、灰、砖红、赭石，以延续城市文脉；白河两岸，整体环境色彩宜为绿色、浅暖色。

（2）城市空间风貌控制：规划在单元控规的基础上，根据景观要求对城市建设空间高度进行了分级，分为3个区间和七个高度层次，并针对制高点的分布提出了引导要求。

重点结合详细设计体现对城市主要视线通廊和白河两岸景观天际线的控制要求，划定滨河视线通廊，控制滨河高度天际线和通透率。

结合控制性详细规划，对地块开发的建筑体量、临街通透率、高度层次和组合方式提出了引导要求。

（3）自然风貌控制：包括山水格局和绿地系统，重点针对独山、白河和城市其他水系的风貌主题提出了引导要求，构建成“独山观宛城，两河润玉带”的山水系统格局。

独山景区是以“玉”的文化创意为核心，具有矿山体验、市民休闲、山地运动、湿地园林、宗教养生等功能的国家级风景名胜区和南阳休闲文化新区；是世界矿业遗产体验地、华夏玉石文化休闲园。其风貌定位是：体现玉文化的自然与人文景观相融合的景观风貌区。

白河为南阳市的门户型水系景观，体现链接城市、两岸呼应、亲近水系、保留记忆、东线清晰、特色分区、复合用地的理念。规划将白河两岸空间结构分为“五区、两轴”。

1 总则

本图则适用范围为：仲景路以东、光武路以南、滨河路以西及以北，总用地面积 433.53hm²（NY03-09）。
本片区的修建性详细规划或城市设计，均应以《控制性详细规划》及本图则的要求为依据。

2. 风貌区及分级控制

本图则属于现代时尚特色风貌区。
本片区为滨河地块一级风景区域，滨河路及独山大道为一级景观路径，应该对用地功能、建筑风格、建筑色彩、建筑尺度和高度、街道家具和绿化、开敞空间和视线通廊、景观环境要素实行严格控制。

3. 建筑风格控制

建筑风格定位	a. 建筑采用现代风格，根据具体建筑功能，居住办公建筑风格相对简洁，强调大尺度空间关系；商业文化建筑多变化，可采用时尚新颖对造型。 b. 禁止在建筑设计中采用西洋古典主义建筑风格。
屋顶形式	a. 白河滨河建筑鼓励采用坡屋顶形式，较大的建筑体量宜进行化整为零处理后，再做坡顶。 b. 避免采用建筑顶部纯装饰构架及大体量顶部造型。
材质	a. 鼓励使用新建筑材料和环保生态材料。 b. 禁止大面积使用镜面玻璃和彩色玻璃，避免光污染并提高节能效果。 c. 禁止使用低档次的白色面砖和黄色、粉色等劣质瓷砖的外墙装饰材料，文教建筑可结合建筑的特征，适当使用暗红、青灰色等建议色卡的颜色面砖，并采取横向比例良好的拼缝方式。 d. 建筑外墙应慎用色彩纯度很高的金属材料及原色铝合金门窗。
界面控制	a. 建筑沿街底层立面应简洁统一，避免使用原色铝合金卷帘门。 b. 一般不得在小区或建筑沿城市公共空间界面设置实体围墙。若设置绿化围墙或空透围墙应与街道景观相协调，并体现城市人文艺术特点。 c. 傍邻城市主次干道，山体及白河沿线的住宅建筑，阳台进行封闭设计，具有晾晒功能的生活阳台应设置在不临城市主次干道及河道两岸的方向，开敞式阳台应造型简洁并与建筑外墙面主体协调。鼓励公建化立面。 d. 建筑外挂空调机应按照街景要求隐藏设置，或统一设置挡板予以遮挡，管道不得外露。建筑立面灯饰应按照相关灯饰规划的要求同步设置。 e. 高层建筑不宜大量集中沿绿地、广场、内河布置，布局应合理，富有趣味和变化，便于人感知开敞的城市空间。 f. 临街建筑群形态、天际轮廓线应有韵律变化。白河沿岸，主次干道两侧的建筑和风貌设计要更注重天际轮廓线，禁止破坏白河天际线的建设行为。
备注	建筑界面保持通透，保护白河的自然风貌。

4. 建筑色彩控制

（1）该区宜体现优雅时尚的城市色彩景观。
（2）原则上只控制区域内建筑的明度和彩度，色调不做具体控制。该区建筑色彩主调宜采用中高明度、中彩度色调。

墙面主色调控制			墙面辅色调控制			屋顶色调控制		
色相	彩度	明度	色相	彩度	明度	色相	彩度	明度
--	30-60	60-95	--	20-50	50-90	--	10-30	40-60

实际建设中每种原色的使用均有一定的灵活度，其中 H 的变动范围前后不大于 5，S 的变动范围前后不大于 5，L 的变动范围前后不大于 5。

5. 建筑空间控制

该区建筑限高为 100 米，建筑以高层为主，建设高度满足机场净空限高要求。为提高城市形象，鼓励在该区独山大道两侧及滨河地区进行高层建设，形成高度簇群，展示现代城市风貌。

6. 建筑体量控制

（1）文物保护单位建设控制地带内的建筑体量应满足《南阳市历史文化名城保护规划》的要求，新建筑体量应与历史街区及古建筑的风貌相协调。
（2）建筑体量设计必须以凸显白河景观格局为首要原则，确保街区与白河之间的通透。一般白河河滨地块内，由白河向地块方向，建筑高度应由低到高过渡，白河大桥桥头地块，可通过片区制高点建设，形成桥头标志性节点。
（3）白河沿岸的建筑不允许长线连排，鼓励小于 3 个单元的拼接形式，保证建筑之间的间隔与通透，使水体环境与城市街区空间相互渗透交融。
（4）沿街建筑面宽过长时，建议对立面形式进行变化，通过排列组合、错落布局等方式，塑造多样化的城市空间界面。
（5）建筑坡屋顶单脊长度，住宅建筑不宜大于 24 米，公共建筑不宜大于 40 米。
建筑高度及单体体量应符合《南阳市中心城区景观风貌规划》建筑空间控制导则的相关规定。

7. 重要节点设计

白河滨河绿化及街头绿地：保护和利用白河河道景观，沿岸绿带应着重建设游憩路径，选择具有观赏特性的植物，以花灌木、地被为主，适当点缀高大乔木与花卉，通过景观设施、街道小品家具的设置，营造植被多样、富有趣味的滨河开敞空间的游憩场所。

NY03-09 分区风貌控制图则

5. 建立面向管理的景观风貌规划实施途径

（1）适当量化与弹性控制相结合

规划建立了风貌规划量化管理体系，主要体现在建筑色彩的孟塞尔三要素管理体系和空间高度的区间量化体系，并针对实施对象的不同留有一定的弹性空间。

在此基础上，规划重点针对单个地块开发的高度层次、单体建筑体量和沿街通透率等微观指标进行了细化研究，以作为土地出让和修建性详细规划设计的参考条件。

（2）制定景观风貌图则和单元控规相衔接

本规划和《南阳市中心城区单元控规》同期编制，根据控规单元划分，绘制了《分区风貌控制图则》，作为单元控规细化编制和实施的同步设计条件。

在此基础上，为指导控规下一步详细设计，规划编制了《特色建筑风格设计导则》和《分类街道景观设计导则》。

（3）以管理的语言编制风貌规划操作导则，便于制定相关的管理规定

规划以法定化和通俗化为原则，编制了《中心城区风貌规划操作导则》，对影响城市风貌的重点内容和规划管理职能的核心内容予以明确，并将实施性条款纳入控规通则。

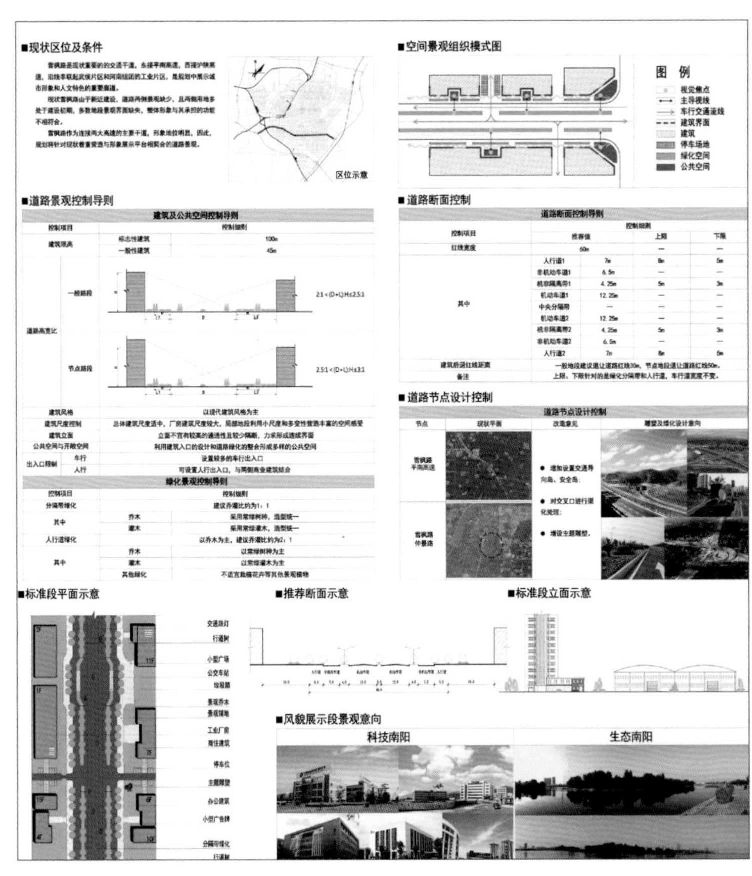

雪峰路道路景观控制导则

五、技术创新

本项目作为面向实施的风貌规划，技术创新可以概括为下列3点：（1）整体控制加重点实施的规划方法，即在整体目标引导的基础上，规划落实对白河、历史文化街区等重点地段实施过程的控制。（2）根据规划管理部门职能，聚焦建筑风貌为核心的专项要素控制体系，并实现和单元控规的有效衔接。（3）重点考虑规划实施，以管理的语言，使规划成果法定化、简明化，便于管理的操作和公众认同。

六、规划实施

（1）2014年3月10日，基于本项目编制的《南阳市建筑景观风貌规划管理暂行规定》已经通过公示予以正式实施。（2）机构建设方面，2013年1月，规划局成立建筑色彩管理办公室，将建筑色彩管理纳入土地出让条件和方案审批的流程。（3）为进一步落实风貌管理，控规通则的完善及后续编制工作正在逐步推进中。（4）具体建设方面，白河两岸、古城区等近期项目已根据规划要求稳步推进，实施效果良好。

卧龙岗实景照片

白河景观实景照片

安徽省明光市中心城区城市设计

2015 年度全国优秀城乡规划设计奖（城市规划类）三等奖、2015 年度安徽省优秀城乡规划设计奖二等奖

编制时间： 2013 年 4 月—2014 年 9 月

编制单位： 滁州市城乡建设规划设计院、上海同济城市规划设计研究院

编制人员： 袁家金、江浩波、许全胜、蔡靓、梁万广、李文超、于世勇、周为、钟宝华、刘成刚、於晓磊、万云辉、卢作宝、李晨、张磊

一、项目概要

明光市确立了以山水田园为导向的城市发展要点，以打造滨湖花园度假城作为未来建设的导向。通过中心城区的建设将引领区域要素梳理，推进城乡空间梳理和产业转型，探索中小城市依托农业现代化、统筹城乡资源、落实新型城镇化的建设道路。

规划抓住中小型农业城市未来发展的具体问题，转变城乡发展战略，梳理城乡空间结构。通过对明光全域发展要素的梳理，综合统筹明光全域发展结构、空间管控、产业统筹、城乡布局等要素，确立了由北部农业调整区、中部工贸经济综合区、南部生态经济区组成的全域功能区划。

在区域框架下，以老城区、东城区和北城区组成的中心城建设为突破点，带动整个明光由农业带动向服务业带动转变。通过老城旧城更新、东城区产城融合与多维缝合、北城区城景融合与城乡统筹的战略导向，提升整个明光城市发展的战略定位，成为落实新型城镇化的建设典范。

整体鸟瞰图

二、规划背景

明光中心城区是明光城市未来发展的重点区域，是明光历史文化、自然特色和未来发展的核心区域。

现状明光中心城区面临着诸多问题，包括老城区城中村问题严重、新区空间缺乏导向、北部资源无法有效利用，城乡割裂、城景割裂、产城割裂等。由于缺乏区域性的规划统筹，中心城及周边区域的发展缺乏联动，导致外围农村区域增长乏力。

本次明光市中心城区的城市设计，将站在明光全域的视野上统筹考虑发展资源，从区域角度重新审视明光中心城区未来的发展路径，推动中心城带动城市全域的发展。

三、发展定位

打造滨湖花园度假城；

建设山水田园生态市。

四、规划构思

规划抓住中小型农业城市中心城区“小而弱”，周边乡镇“大而全”，城乡发展缺乏动力的典型问题，强调以中心城区为核心，城乡统筹、 一体发展的总体战略，强化中心城外围空间同乡村的联系与带动，在生态保育、城乡景融合、旧城更新、城市运营等方面进行探索，构筑美丽明光的发展导向。

1. 全域覆盖的城乡空间结构梳理

通过对明光全域发展要素的梳理，统筹明光全域的空间结构、空间管控、产业发展、城乡布局等要素，确立了由北部农业调整区、中部工贸经济综合区、南部生态经济区组成的全域功能区划。

2. 以中心城建设推动城市发展战略转变

规划以中心城建设为突破点，带动整个明光由农业带动向服务业带动转变。在区域框架下，强调中心城区的产业与服务职能，构建未来经济发展的主体。

3. 老城区旧城更新与合理路径

针对划定的改造单元进行更新评估，通过贴现容积率的差值判断地块改造难度，获得覆盖老城区的单元改造难度评估。基于此，对旧城更新的单元组合与实施时序进行规划决策。

通过注入商业、娱乐、综合服务等职能带动老城复兴。通过历史街区改造带动环境与物业提升。将街区复兴作为带动老城价值增值的有效手段。通过外围交通环境的改善，强化新区与老城之间的空间联系。

规划强调人口结构调整，通过教育、就业、服务吸引更多的年轻人在老城中生活，同时注重保护老城内的历史遗存，建设富有历史气息的城市环境，在保障发展的同时保留城市的历史环境与发展痕迹。

4. 东城区产城融合与多维缝合

对接老城、衔接北城、协调园区，通过十字骨架构筑起明光城市的核心区域。

轴线的缝合：梳理现有的城市中心、轴线与分区的层次，实现新中心与老中心的层次协调，轴线的对接，分区的有序合理。

空间的缝合：在梳理现状城市空间的基础上，新的城市空间应当与之有效协调，改善提升空间品质，同时体现时代特征。

社会的缝合：在规划中体现对原有社会生活、历史人文

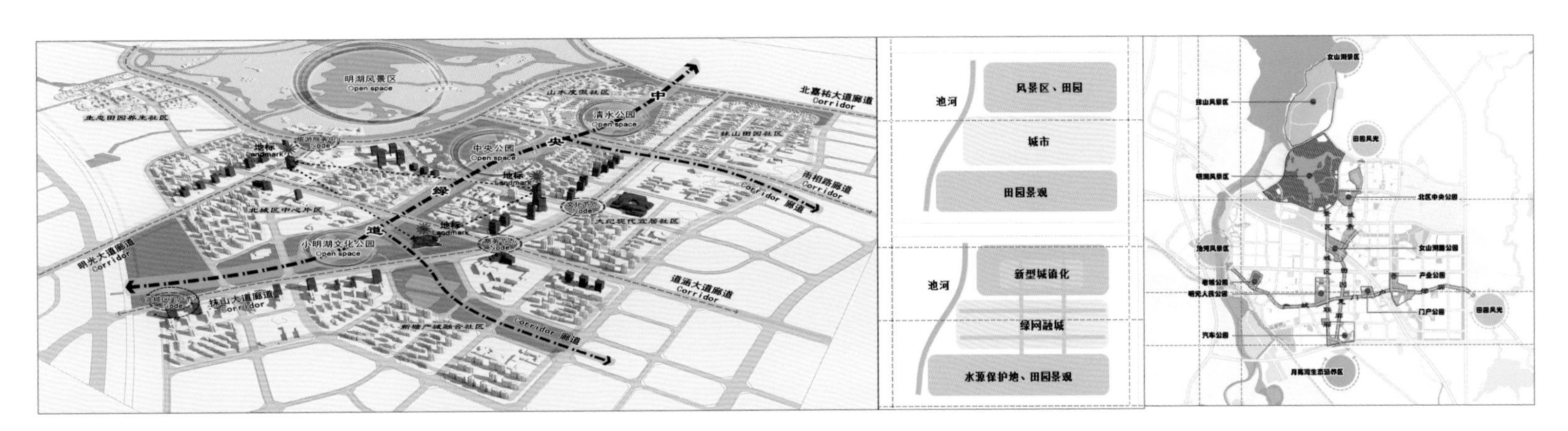

北城区城景融合与城乡统筹空间分析图

生态明光设计意向

的尊重，同时在拆迁安置，分区管理中注重社会公平。

管理的缝合：针对现有城市管理的问题，在整体上重新架构东城区的管理控制分区体系。

5. 北城区城景融合与城乡统筹

用地上，强调现状农村建设区域、新农村建设区域、景区、农业区同城市建设区域的交叉融合，改变以往蔓延式的城市增长模式，灵活有序布置城市建设空间。

功能上，将农业区活动与城市活动紧密联系，将城市功能注入现代农业区域，促进农业区域的发展。

设施上，增强城市配套与自然环境的结合，以公共设施拉近人群与自然之间的距离，盘活生态要素。

服务上，延伸城市配套服务，为广大近郊乡村服务。

空间上，通过穿插的绿带网络，结合组团化的城市空间结构；依山就水，顺应现状自然格局，构筑起田园生态的城景格局。

6. 生态明光——贯穿全城的生态骨架

以外围水系为基底，将农业生态环境作为城市发展的生态本底。

通过贯穿城市的水系、湿地、绿带、通道，构建起生态明光的核心骨架。由骨架延伸，形成深入各分区内部的微观绿地系统、活动空间与慢行系统，形成盘活城市的生态绿脉。

7. 花园明光——城景融合发展

以北城区作为花园城市的试点区域，将城区与景区融合发展。通过城市建设用地、景区建设用地和农业用地的交叉串联，将生态绿带与农业种植结合起来，形成具有鲜明地域特征的环境背景。通过组团式城区、新农村城区、外围主题城区等多样化的空间布局，形成城乡一体化的花园城市格局。

8. 文化明光——传统文化复兴

老城区街道与环境特质的延续。通过单元平衡，保持老城区较低的开发强度，保证历史街道肌理与空间特质。对重点街道、重点项目、重要节点进行详细设计，突出老城核心的环境特质。

明光酒厂周边地区设计意向

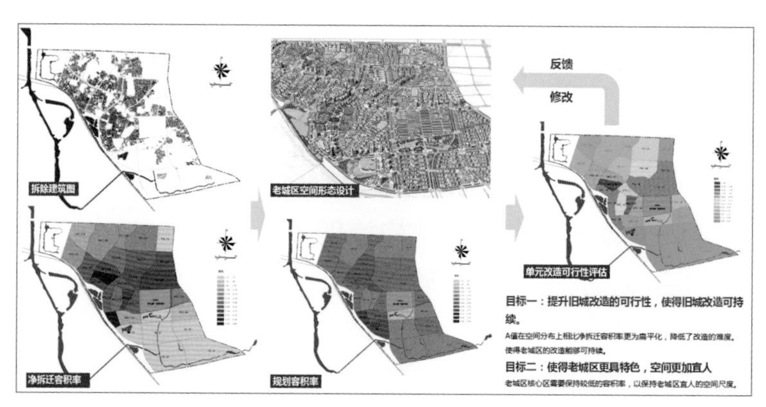

老城区改造单元评估示意

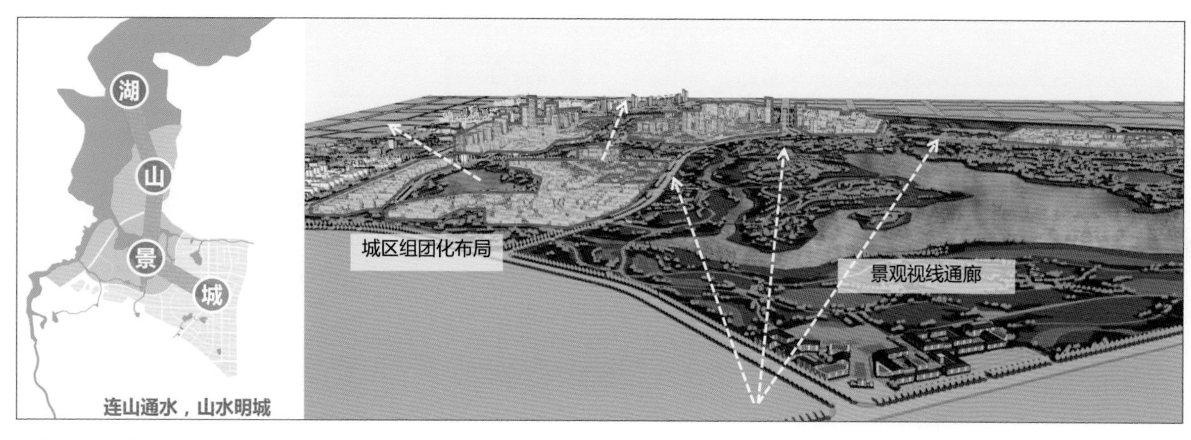

花园明光设计意向

明光酒厂及周边的文化增值。规划明光酒厂保持原址不变，周边受到生产影响区域改建为城市酒文化公园和酒厂文化商业街区。通过酒文化的传播，提升酒厂地区的文化附加值，实现文化增值、产业增值与服务增值。

明湖及周边地区的开发利用。明湖及周边区域将打破城乡限制进行综合管理与开发。规划以明湖为核心，周边公共设施围绕环湖路进行布置，形成环绕明湖发展的城市脉络。设计采用“明湖映山，光影龙寰”的主题，推动明湖畔历史与山水文化的交织融合，提升区域文化内涵。

9. 活力明光——城市经营与规划实施

老城区改造单元评估与设计反馈。规划引入改造单元可行性评估，对规划与现状的收益差进行评估，并将结果反馈给城市设计，支撑方案调整。通过不同方案的对比与迭代，形成可行的旧城更新方案，并制定相应的配套政策。

核心公共服务区域优化。规划弱化南北向的行政轴线，进一步强化东西向的生态公共服务轴线，促使城市开放空间更多地被市民使用。同时将更多的商业服务、城市活动布置在公园周边，丰富城市核心服务职能，带动新区发展。

北城区环大明湖旅游区建设评估。通过对地块开发的价值风险判断，评估环湖地块的开发效益，以价值判断支撑各地块的业态选择，推动学校、医院等公共设施的合理布局。

五、实施效果

本规划在稳步实施中，明光中心城区建设速度加快，旧城活力提升；东城区产城发展协同并进，空间融合有序。

在本规划的引导下，北城区基础设施建设迅速，功能提升明显。

规划的多项理念和策略已在明光付诸实施，为城市的良性建设发展起到了重要的推动作用。

老城区空间环境设计意向

明光中心城区规划实施示意

神农架林区松柏镇“四化同步”示范乡镇试点镇村系列规划

2015 年度全国优秀城乡规划设计（村镇规划类）三等奖、2015 年度湖北省优秀城乡规划设计二等奖

编制时间： 2013 年 10 月—2014 年 5 月

编制单位： 上海同济城市规划设计研究院、武汉市规划研究院

编制人员： 戴慎志、宋洁、胡浩、游畅、刘婷婷、王玮、望开全、陈婷婷、余强、董丁丁、贺国佑、冯浩、张庆军、王镪、易鹏

一、编制背景

为落实中央城镇化工作会议提出的新型城镇化工作思路，推进工业化、信息化、新型城镇化和农业现代化同步发展，神农架林区松柏镇作为全省“四化同步”示范试点乡镇之一，将为探索高山生态旅游地区小城镇的“四化同步”路径提供示范，同时在规划编制方面做出“全域多层次规划体系”的思路创新。

松柏镇是神农架林区人民政府所在地，是林区政治、经济和文化中心，具有小城镇与林区区域中心的双重属性，镇区周边群山环抱，青阳河常年流水不断，横贯东西，自古便有“林海石城”的美誉。

现辖 8 个行政村，城镇化水平已达 69%，经济结构以一产为主，是典型的农业强镇、工业弱镇、旅游业新镇。

二、规划构思

以问题为导向，规划积极探索建立以“全域覆盖”“多规协调”和“规划项目化”为重点的全域规划体系，形成“纵向分级指导、横向支撑互动”的完整规划体系。松柏镇规划包含有镇域规划、镇区规划（含镇区建设规划、城市设计、控制性详细规划）、产业发展专项规划、市政基础设施专项规划、美丽乡村规划、示范性村庄规划、松柏镇村庄规划建设技术导则，以及松柏镇生态建设模式专题研究、生态宜居的村庄防灾安全专题研究等，全方位地规划和指导松柏镇经济、社会建设和环境保护。

1. 林区整体协调发展，明确松柏镇特色定位

综合分析神农架林区发展环境和各乡镇特征，统筹协调

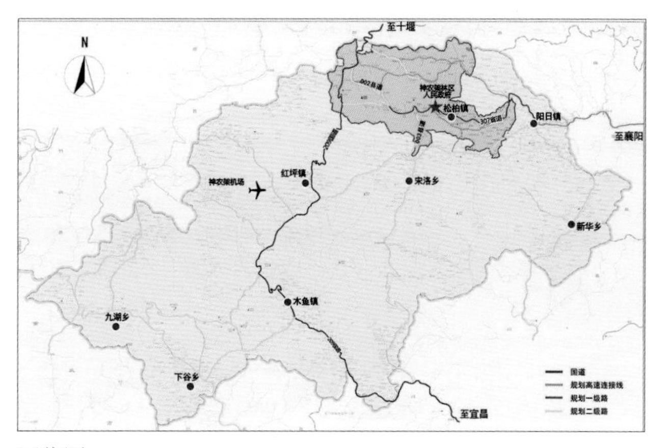

区位图

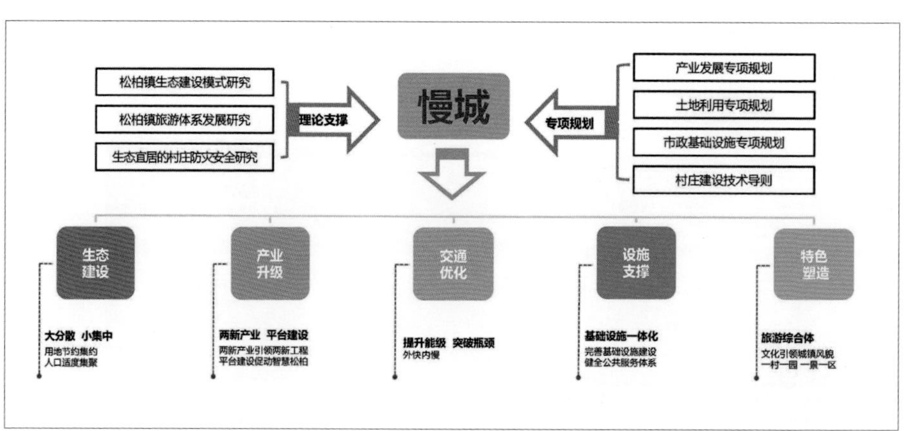

全域规划体系技术路线图

各乡镇发展方向，挖掘松柏镇的核心竞争力，提出“林海慢城、养生逸谷”的发展定位。

2. 生态底线约束与资源禀赋引导下的“非均衡式”镇域产业空间布局规划

规划突出“重点项目引导、重点区域聚集”的策略，避免产业类型面面俱到，产业空间遍地开花。镇域产业空间布局结构形成“一轴、两核、四片区”。

3.“地貌凸显、生态突出、组团清晰、林海慢城”的镇区用地布局结构

依托S307 城市发展轴，强化“两山夹谷、溪河串城”的独特城镇风貌，以生态基质保护为边缘划分清晰功能组团，形成“一核两轴，七心六组团”的布局结构，进一步完善强化“带状+组团”的空间格局，突出“林海慢城” 特色。

4.“综治为主、迁并为辅；政府引导、村民自愿“打造”美丽乡村”

政府提供必要的公共服务，以设施服务的集中引导村民迁并意向。村庄以环境综合治理为核心，不搞大拆大建。以“鄂西民居”风情营造为核心，打造一系列乡村旅游目的地。在改善村民生活环境质量的同时，形成神农架旅游体系中民俗游、农闲游、乡村游等重要空间支撑体系。

5.“生态为底、配套齐全、绿道贯穿”的慢城空间

在保护“林海”大生态格局的基础上，规划依托青杨河近20km^{2}的河堤岸线进行景观改造，布局公共活动广场、公园、游园以及步行驿站、茶座、咖啡屋等旅游服务设施，同时在镇区打通断头路，增加步行支路，沿路规划贯穿全域的慢行绿道网，为“慢城”的营造提供空间。

三、规划特色与创新

1.“因地制宜”“多规协调”，构建高山林区生态化新型镇村体系

规划因地制宜，充分与土地利用总体规划相协调，尊重原有村庄肌理，合理划分林地维护与耕地耕作半径，经科学合理选择迁并点，形成“1 个中心集镇+4 个行政村+11 个集中居民点”的新型镇村体系，体现了松柏镇作为高山地区“小聚落、大生态”的用地格局，适应于网络化、扁平化管理模式的需要。

2. 营造“林海慢城”，示范建设林区生态旅游小城镇

规划在充分分析了神农架林区及松柏镇的发展条件及机遇后，明确松柏镇应以神农架蓬勃发展的旅游业为依托，以巩固鄂西生态文化旅游圈核心区为抓手，逐步把松柏镇打造为世界山林养生旅游名镇、华中避暑度假第一目的地。作为全林区的服务中心，松柏镇的未来城市形象为“林海慢城、养生逸谷”。

镇域规划、镇区规划及美丽乡村规划都秉承“林海慢城、养生逸谷”这一建设目标，全镇生态建设、绿色产业、低碳交通等都围绕“慢城”展开。通过“3项专题研究”和“4项专项规划”形成“慢城”建设的理论支撑和技术指导，并通过项目库的实施

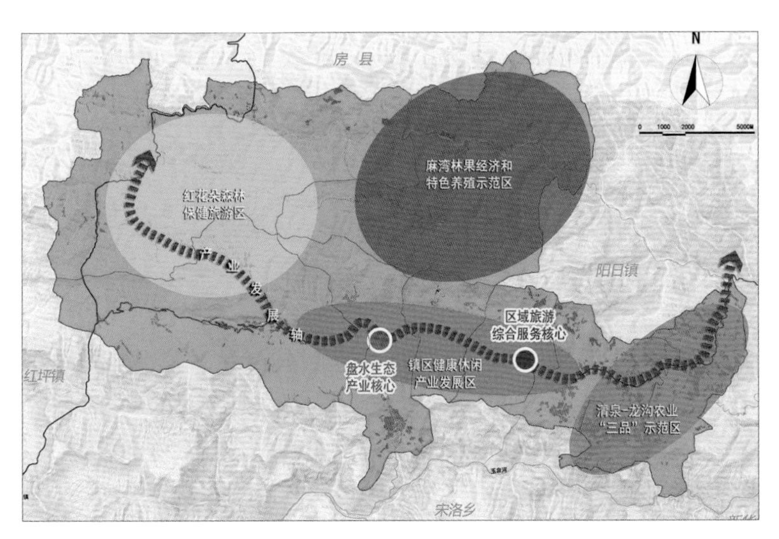

镇域产业空间布局结构图

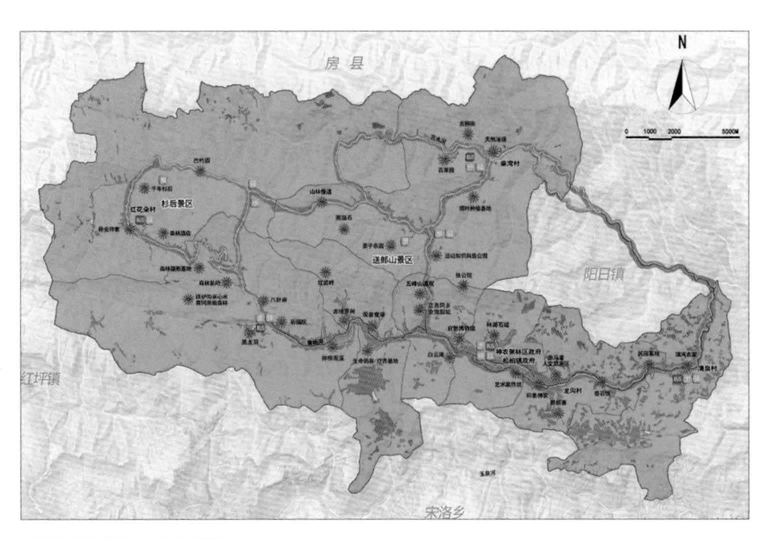

镇域景区景点布局图

保障慢城建设的合理、有序。

3. 坚持“风貌引导、存量优化”原则，创新控规编制手段

松柏镇“两山夹谷、溪河串城”的独特城镇风貌需要在未来规划中进一步强化突出。规划先通过整体的城市设计，确定镇区各片区的城市风貌形象、高度分区体系等，依此科学合理确定控规结构与强度指标，强化突出了松柏镇“两山夹谷、溪河串城”的独特城镇风貌。

老城控规将工作的重点集中在“存量优化”上。老镇区控规编制引入“更新单元”概念，通过单元内的拆建补偿平衡，突破传统“就地块论地块”编制手段的窠臼，更有利于老镇区棚改工作的实际操作。

在更新单元内部，创新性地提出“弹性控制”理念，单元层面强调总量强度与必须落地的公益设施控制，地块层面相对灵活、留有一定自由裁量权，简化了后续规划管理行政审批、调

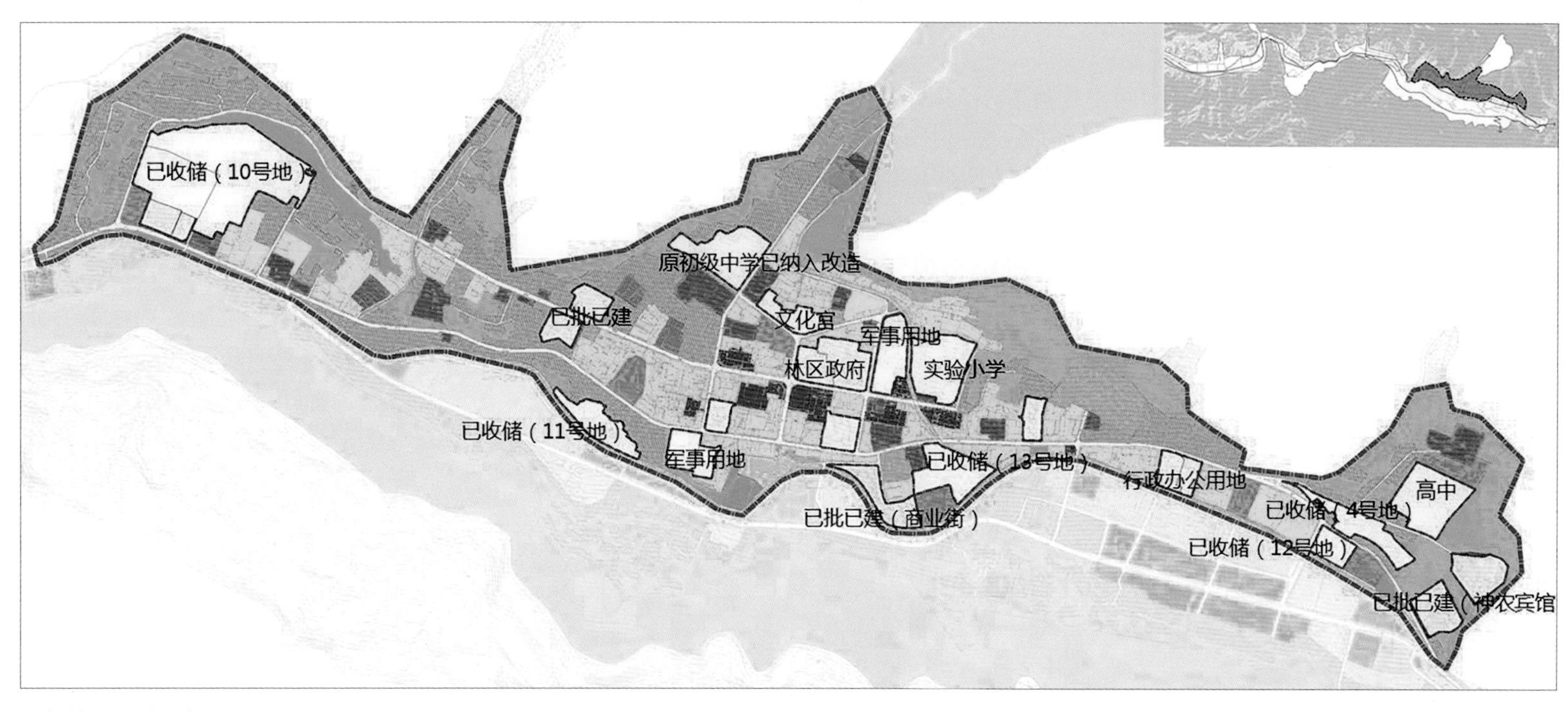

更新单元范围示意图

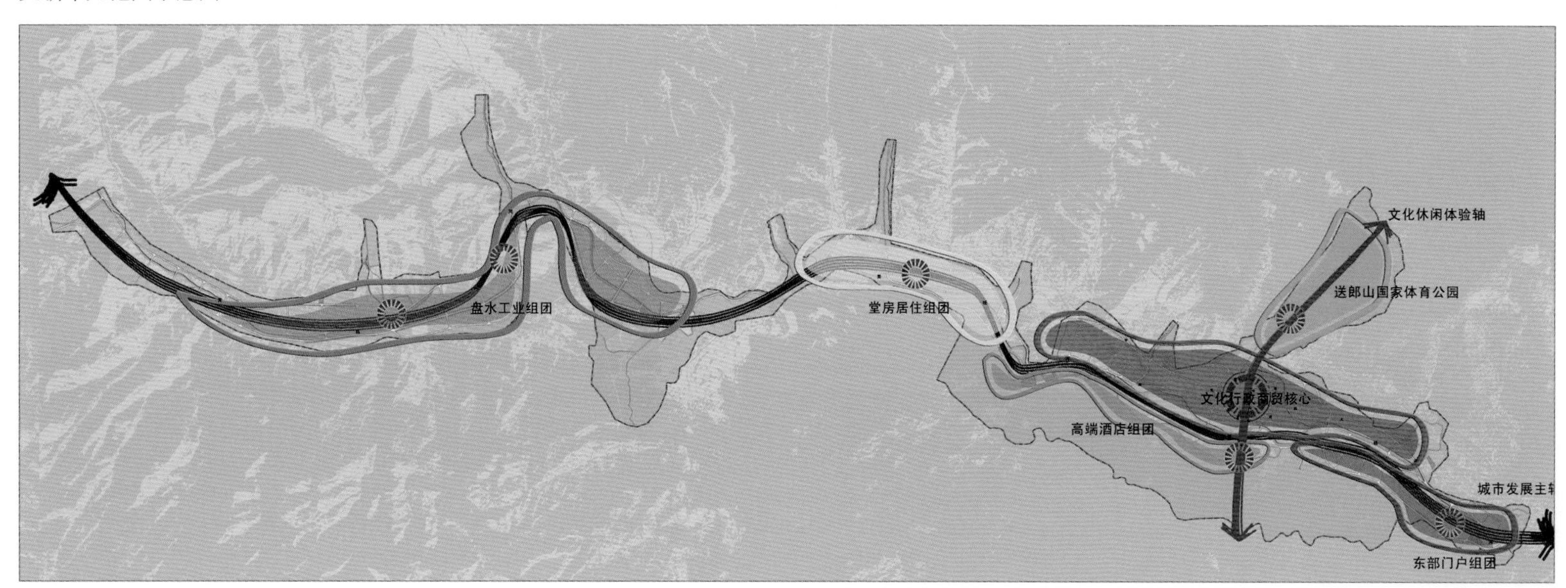

镇区用地布局结构图

整程序。

4. 制定“手册式”村庄建设技术导则和“菜单式”农民房实施手册，便于村民自愿选择，和谐建设美丽乡村

规划考虑“美丽乡村”规划的受众特殊性，为方便规划意见的收集及规划意图的逐级顺利推行，规划编制过程中充分吸纳规划管理人员、乡村干部、乡民各级的意见。与当地农村建房条例相结合，在规划成果表达上作了创新性的尝试。

5. 制定政府和市场协作的近期建设项目库，切实有效落实行动计划

依据湖北省委关于本次试点必须“规划项目化”的重要精神，也结合小城镇的具体实际，项目组将项目产业策划引入传统规划。

挖掘松柏镇在区域内的特殊性、亮点与特色，围绕特色产业、农村社区、公共设施为政府提供规划实施的项目抓手。考虑市场的不确定性，通过核心项目的构建，制定各区发展指引，突出公共设施的配置与生态底线的控制，实现空间规划向项目规划的编制形式的转译。

规划依照战略性、针对性、综合性和时效性的4方面要求，在近期提出了产业发展、城镇建设、村庄建设、基础设施建设、生态环境保护5大项专项项目，形成规划近期项目库。入库的项目才有资格纳入统一的财政支付平台。

四、实施效果

松柏镇规划已通过神农架林区人民政府批复。松柏镇各项建设工作均依据本规划执行。镇区规划确定的东部入口区域部分地块已经在进行修建性详细规划的设计工作；对镇区内部断头路的疏通工作已在实施；盘水生态园区加强农业加工业和生态农林业的开发，以神农架劲酒、小蜜蜂为龙头的企业已经显现经济带动作用。

鸟瞰效果图

鸟瞰效果图

元阳哈尼梯田旅游发展规划（2013–2030 年）

2015 年度全国优秀城乡规划设计奖（城市规划类）表扬奖、2015 年度上海市优秀城乡规划设计奖二等奖

编制时间： 2013 年 5 月 — 2014 年 11 月

编制单位： 上海同济城市规划设计研究院

编制人员： 高崎、章琴、唐子来、杨帆、蔡智丹、钱卓炜、闵晓川、赵玮、陆地、袁炜、姜兰英、徐佳、胡冰、于福娟、谢倩怡

一、规划背景

红河哈尼梯田位于中国西南边境云南省南部红河南岸的大起伏中山地带，是古老而独特的稻作梯田民族——哈尼族的主要聚居区域。哈尼族人民在此建设村寨、开垦梯田、种植水稻，创造了分布广泛的水稻梯田景观。2013 年 6 月，红河哈尼梯田文化景观被正式列入联合国教科文组织世界遗产名录，成为我国第 45 处世界遗产。

申报遗产区位于元阳县的中部山区，以最具代表性的集中连片分布的水稻梯田为核心，同时包含了其所依存的水源林、灌溉系统、民族村寨等要素构成的文化景观。

当地政府和人民深刻理解并积极支持世界遗产的相关理念和要求，努力保护他们的生态和精神家园，同时渴望依托世界遗产的优势带来区域旅游经济的高品质、可持续发展。元阳哈尼梯田旅游发展规划正是在此背景下形成的。

二、规划目标

元阳哈尼梯田旅游发展规划范围包括遗产区 16603 hm^2和缓冲区 29501 hm^2，总面积为 46104 hm^2。基于梯田系统保护的完整性，将整个元阳县作为统筹研究范围，在资源保护与容量控制的基础上，向外拓展旅游活动空间。

哈尼梯田的“后申遗时代”聚焦梯田生态保护与文化保护，提高梯田农民的收入和生活水平，反哺梯田保护与发展。

因此本规划以元阳哈尼梯田文化景观为核心，运用“大规划”调整梯田旅游布局，以“大产业”发挥旅游产业的关联带动作用，以“大整合”提高梯田旅游的吸引力，发展形成集观光旅游、休闲度假、文化体验、专项旅游于一体的旅游产品体系，打造“林、寨、田、水”特色的中国最佳慢生活展示与休闲目的地，活化遗产保护，活态文化传承。

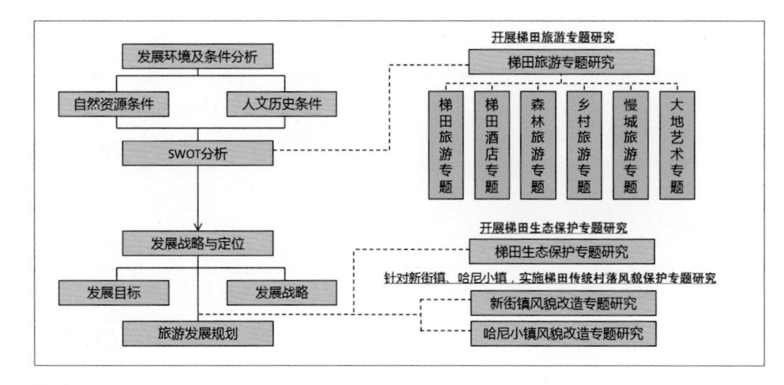

技术路线

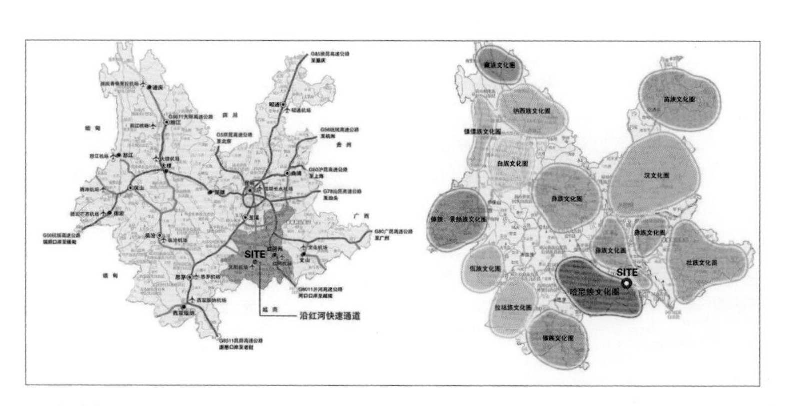

区位分析图

三、规划思路

1. 立足保护，延续哈尼梯田的生命，实现活态传承

遗产保护既不是将遗产束之高阁，更不是过度开发。规划提出要寻找合乎自然的开发模式，除了观赏梯田风光，领略哈尼民族风情，更应该立足农耕文化，完善农耕经济，增加梯田产品的附加值。让梯田留住农民，留住传统技术，留住梯田文化体系赖以世代传承的哈尼原住民。

（1）生态保护：梳理“林、寨、田、水”四素景观，明确保护内容

哈尼梯田遗产具有“林、寨、田、水”四素同构的特征，梯田生态系统是梯田遗产保护的核心内容，也是元阳旅游发展的基础和灵魂。规划明确现状主要“四素”旅游资源分布，注重保护，拓展丰富遗产价值。研究不同海拔高度上哈尼梯田景观与各民族分布特征，建立全县范围的梯田循环系统。

（2）文化保护：活态文化传承，带动新农村发展

重点研究哈尼族精神生活写照、传统农耕礼俗，及以建筑、梯田系统为代表的物质载体，提出基于梯田系统生态维护、哈尼传统风貌保护和生活习俗延续，通过现代传播手段、旅游节事激发和创新产业结合的文化保护传承策略。

（3）交通保障：绿色交通、慢行优先，建慢行交通保障

以保护为优先，分离过境交通，优化道路功能，引导过境公路绕开遗产区；提升旅游交通，规划内部旅游环线，布局外围换乘点，实现内外交通衔接；构建慢行网络，培育生态交通体系。鼓励慢行交通，布置绿道环网，营造慢生活空间，培育慢生活理念。发掘电瓶车、山地自行车、水上交通、徒步等慢行游览方式，构建慢行交通保障，营造以保护为核心的旅游环境。

2. 探索发展，以积极健康的旅游发展活化遗产保护

以梯田旅游观光为基础，建立哈尼梯田文化景观遗产和非物质文化遗产相融合的旅游开发模式，以丰富的遗产资源要素为核心，加快对旅游配套设施、旅游环境、旅游线路、旅游交通、游客参与体验活动的建设。

（1）内控总量，外拓容量，构建覆盖全域的旅游网络

源于梯田文化遗产而不局限于梯田景观，向外扩展旅游空间，将全县变为开放景区，实现发展共享。联合外围资

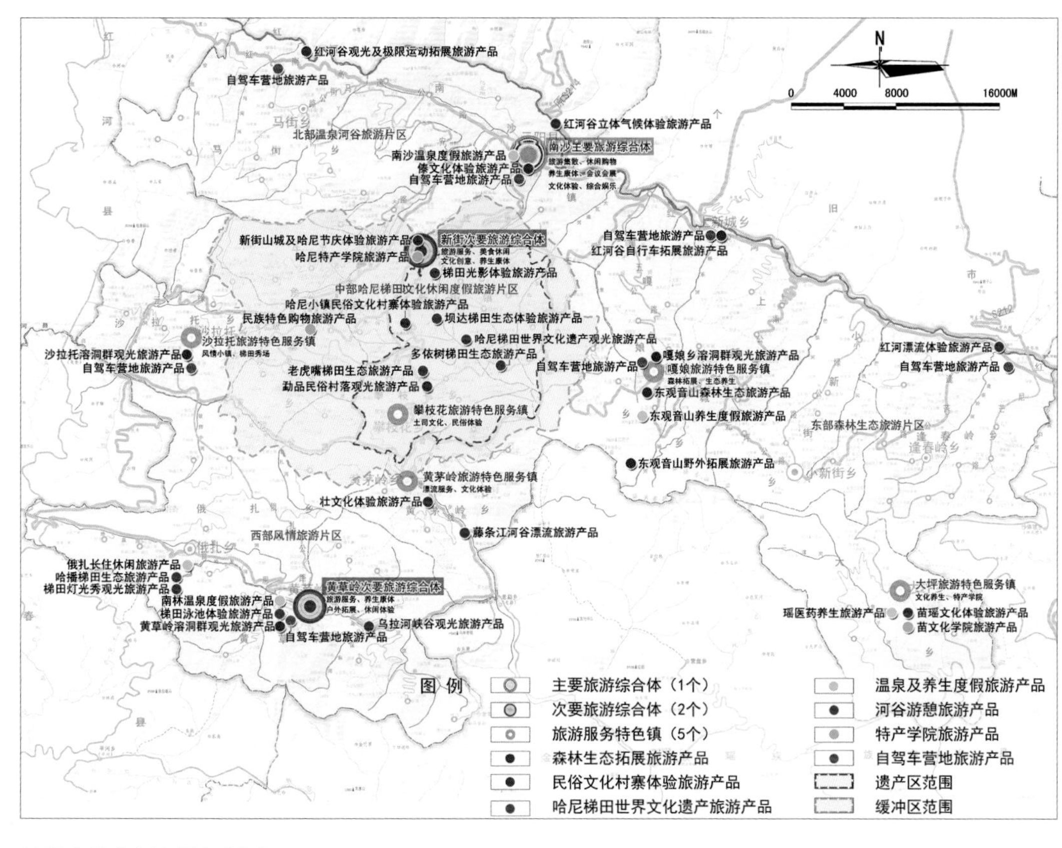

旅游产品空间布局规划图

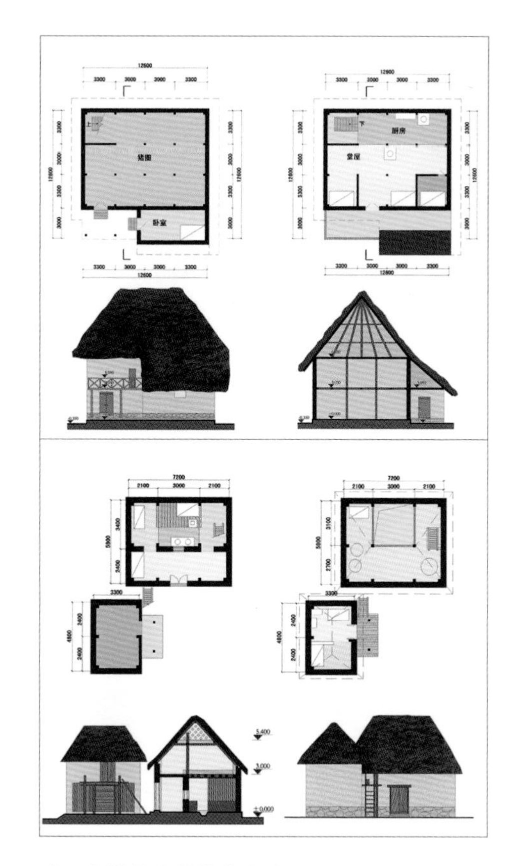

哈尼小镇传统蘑菇房改造

源，如东观音山森林生态资源、南沙傣韵温泉资源、红河谷及周边小梯田景观，通过外部空间的扩容实现梯田核心生态系统最原真的保存与维护。

（2）确立核心提质项目，围绕“四素”开展旅游，活化遗产保护

确定遗产区及缓冲区内重点旅游项目为：一街（新街休闲商业街，缓冲区内传统建筑风貌改造与旅游集镇建设）、一镇（哈尼小镇，遗产区内传统村落风貌整治）、一综合体（南沙旅游综合体，缓冲区外综合旅游接待服务设施）、一环（哈尼梯田旅游区旅游环线，生态交通观光线）、多点先行（分布于遗产区及缓冲区具有突出代表性的生态文化旅游景点），构建近期行动计划，在旅游发展的同时活化遗产保护，逐步建立原生态、慢生活、富有民族风情的“世遗”旅游目的地。

3. 突出融合，人、生产、生活、自然融为一体

“旅游即生活”，以旅游产品规划展现与自然共生的文化核心。哈尼梯田是哈尼族对山地进行综合利用而形成的文化景观，是哈尼人民创造性的农耕实践，通过自己特有的一整套文化体系对森林生态系统、坡地生态系统进行干预和控制。对于哈尼文化群体，“生活就是遗产”，与自然共生的生活理念与生活方式本身就代表着哈尼梯田文化生态系统的一个缩影。规划以自然生活的立体循环系统打造体验式旅游，围绕哈尼梯田文化景观“四素”的保护和文化传播，融合民俗村改造，亮化整合、保留改造，打造精品旅游景点。开发“林”“寨”“田”“水”旅游产品，丰富旅游产品体系。

通过产业带动，引导哈尼等各族群众自觉保护梯田；挖掘绿色食品生产潜力，发展林下经济、水面经济，开发梯田红米、梯田鱼、梯田茶等无污染、高品质、纯天然的山区特色产品；利用哈尼村寨帮助村民发展农家客栈，使其参与到旅游服务中增收致富。通过内在力量的激发，帮助当地村民树立扎根乡土，发展高原特色农业及农业旅游的自信心和自豪感。

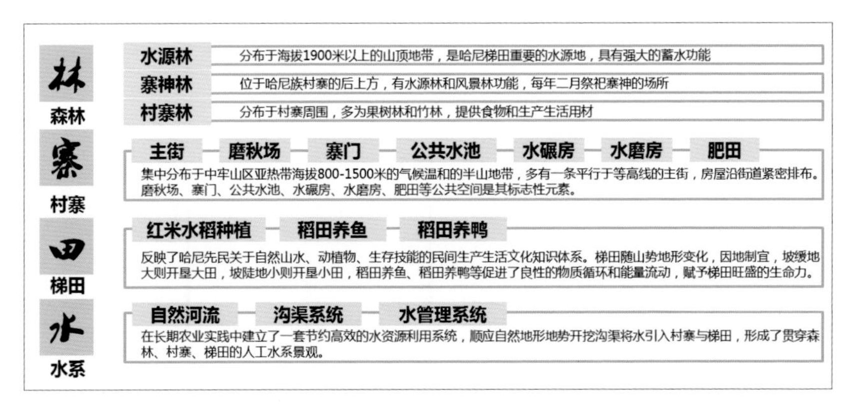

林寨田水四素景观构成分析

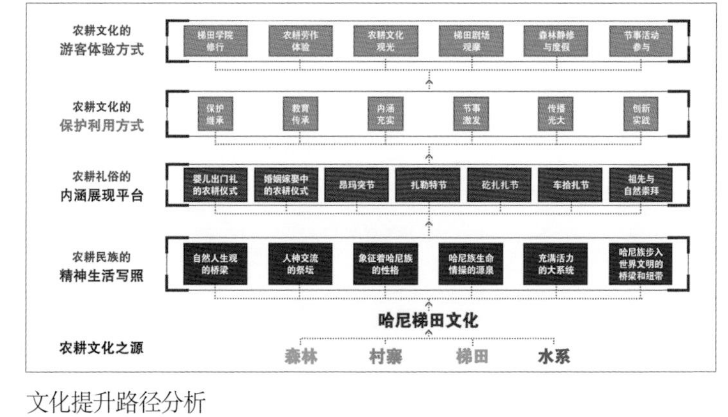

文化提升路径分析

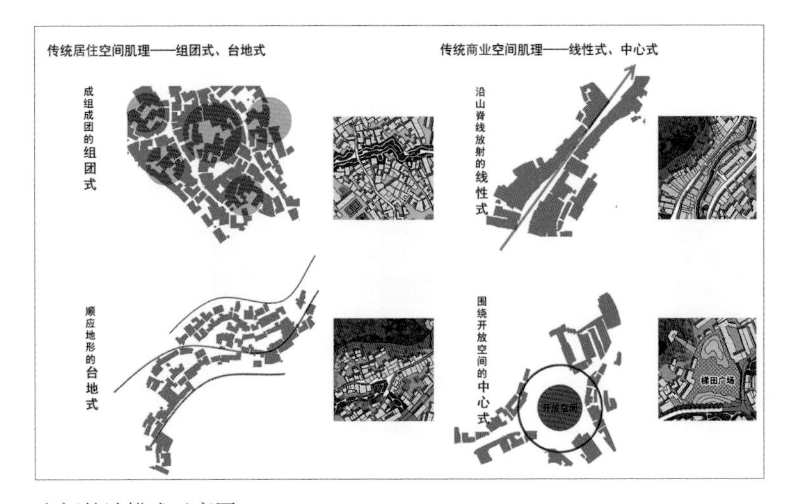

空间整治模式示意图

传统街巷改造示意图

四、规划特色

1. 开创“活的遗产”旅游

梯田文化景观生态脆弱，敏感度较高，规划严格依照《红河哈尼梯田保护管理规划（2011—2030）》执行，所有景点、产品的开发必须基于哈尼梯田农耕文化四大要素展开，以传承、传播、保护世界文化遗产为衡量。

梯田遗产区内除已确定的极少数以当地居民生产生活、现有自然村寨为观赏内容的生态观光与民俗参观类项目外，不再增设新景点，现有活动的开展不得扰乱、影响当地居民正常的农业生产与传统生活，不得改变与梯田遗产相关的自然与人文风貌。

梯田缓冲区内则根据旅游业发展需要合理布局，提高旅游体验的生态、文化类项目，鼓励旅游发展适度融入生产生活，传播哈尼梯田文化价值。

倡导制定相关行动计划，实现资源保护与文化传承。通过维护、修复梯田生态系统，传承、延续制田耕作技术，修缮、复原传统蘑菇房民居风貌，再现具有梯田农业记录功能的哈尼服饰和乐舞等措施，结合旅游规划和价值观推广，引导低碳稻作文明的演进和展示，从而活化遗产保护，形成“活的遗产”。

2. 系列专题研究为支撑

规划同期开展了梯田传统村落风貌保护、梯田生态保护以及梯田旅游三大专题研究。聚焦肌理、界面、尺度、空间、色彩等方面，提出“有机修复”的风貌改造策略，恢复传统居住形态与建筑环境。对标国际上成功的梯田保护与旅游案例，推导出适合于元阳的温和旅游和慢城旅游新模式。

3. 创造村民共建共享的旅游发展成果

规划充分尊重百姓的意愿，通过入户访谈与问卷调查的方式，到田间地头听取公众意见，结合传统业态的保护与传承，留住哈尼族原住民。坚持发展为了村民、发展依靠村民、发展成果由村民共享的理念，使全体村民在共建共享发展中有更多获得感，提升其积极性。

五、实施效果

本规划对推动文化遗产保护工作具有积极的意义，指导了后续专项规划，推进资源保护与风貌治理，并且作为行动纲领，切实引导了哈尼小镇、新街旅游小镇、南沙游客集散中心等旅游项目的实施。

鸟瞰效果图

上海市徐家汇中心地块控制性日照专项规划

2015 年度全国优秀城乡规划设计奖（城市规划类）表扬奖、2015 年度上海市优秀城乡规划设计奖二等奖

编制时间： 2013 年 1 月 — 2013 年 6 月

编制单位： 上海营邑城市规划设计股份有限公司

编制人员： 林杰、李燕、官晓丹、徐巍、顾嘉坚、冯伟民、查建荣、邵宁、关也彤、范润生、程学田、戴炯玥

一、规划背景

徐家汇地区位于上海中心城西南部，是上海市著名的商业中心，在1984年编制的“上海市总体规划”中被规划为市级副中心，是上海4个城市副中心中起步最早、发展最快、建设基本成熟的副中心。

2012年，在繁华的徐家汇楼宇间，一条蜿蜒曲折的“文物小路”串联起的徐汇公学旧址、藏书楼等5处历史遗存，光启公园、土山湾博物馆形成的“徐家汇源”被评定为国家4A级旅游景区 。

本次规划的徐家汇中心项目位于徐家汇副中心内，是徐家汇副中心最后一个重量级地标性建设项目，总用地约21.63hm^2，开发总量约62.9万m^2。

徐家汇中心项目周边分布着密集的居住区，居民众多，地块东、西、北侧有多处文教卫生建筑，此外徐家汇商圈已建成的密集高层建筑群对现有的居住及文教卫生建筑产生的日照遮挡等，都对项目设计产生了诸多不利因素。该项目的规划最早始于1997年，以后十几年内由多个国内外知名设计单位进行了设计。但由于该项目区位重要、影响面大，故多轮方案均未能落地。

多年的建设经验显示，在城市更新过程中，一些高强度高密度建成区内的建设项目，在控制性详细规划阶段确定相关控制指标时，如未能充分考虑与周边建成区的日照关系，到了项目建设实施阶段，实施方案往往会无法按设定的指标实现，或与土地出让指标产生矛盾，造成重大损失，或反复设计，延误项目实施时间，或建造出种种奇形建筑，影响城市空间品质。因此，控制性日照专项规划在控详编制过程中同步进行建设项目的日照专项研究，为控规控制指标的确定提供了技术支撑。它以日照分析评估为基础，对地块高度、容量等指标进行研究评估，确定了建设项目三维空间控制模型，提高了控

规划范围图

历史影像图（2006 年，2012 年）

规的科学性、合理性和可操作性，对高强度高密度的中心城区规划管理显得尤为重要。

二、规划内容

1. 规划前期分析

徐家汇中心项目分为4个地块，其中150-9地块在详规中提出了370m标志性建筑的高度控制要求。由于地块周边复杂的现状情况，如在规划控制阶段进行日照专项规划，推导出合理的容积率指标和高层可建位置，指导方案设计，即可尽量避免在后续实施阶段因日照的影响而产生的种种不利因素，因此特别就徐家汇中心地块在这一轮城市更新控规调整时进行了控制性日照专项规划。

2. 高度控制研究

以150-9地块为例，根据限高条件，推导出本次日照分析的核心控制区，经初步定性分析,整理出控制区内需要考虑日照影响的客体建筑，并搜索出周边可能对上述客体建筑产生日照遮挡影响的现状主体建筑。

通过现状调研、基础环境三维模型建立，经专业分析，得出地块周边现状日照条件结论。找出现状日照条件较差的客体窗位，并在其中筛选出日照带是唯一通过本次规划地块的客体，确定为对规划地块建筑规划布局有决定性影响的关键客体建筑。

由于关键客体建筑相对应的关键控制带有着唯一性，在地块开发中必须保障控制带的日照有效性，在基地内预留出相对应的控制区域及高度。其余客体建筑的日照带因有多方案选择，与规划地块相距较远的客体，对本地块的制约影响主要为高度控制、距离规划地块较近的建筑则主要通过方位控制。结合关键客体的唯一控制带，可获得多个高度控制方案，最后经细分比较归纳后，得出高度控制要求。

3. 形成规划结论

以上述分析方法，结合基地其他控制要求，得出项目的三维空间控制模型成果。57-1-A地块的东北侧不应建设超过20m的建筑，塔楼位置宜布置在地块西南角；150-1-A地块塔楼位置宜布置在地块东侧；151-1-C地块南、北两侧的区域局部可建60m高的建筑；150-9地块在上海现行日照相关标准指导下，在地块南侧区域可局部建设370m的塔楼，该区域仅占该地块14%。

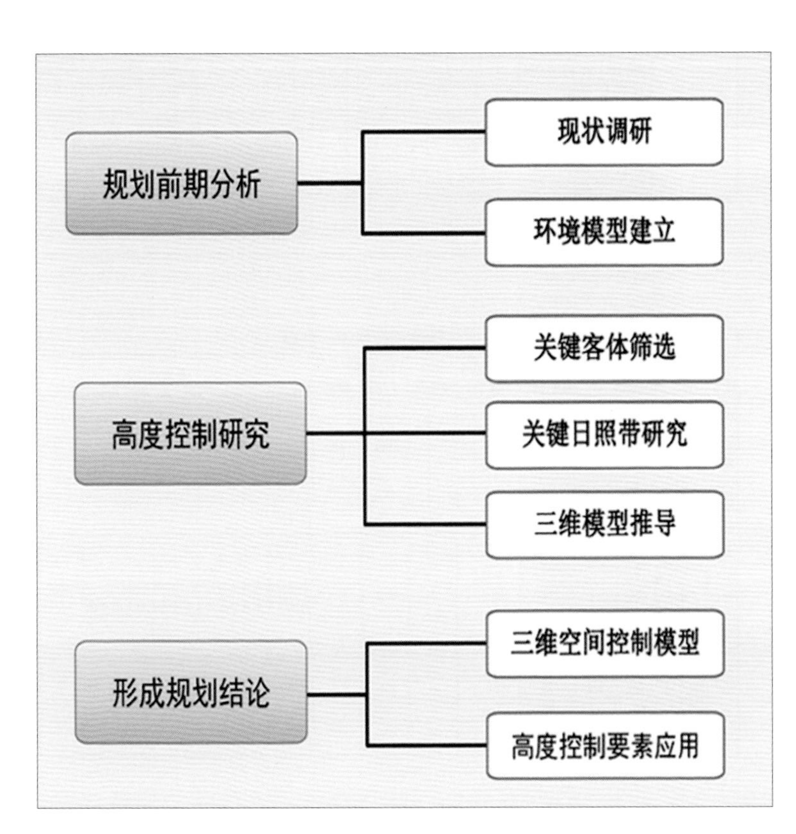

技术路线图

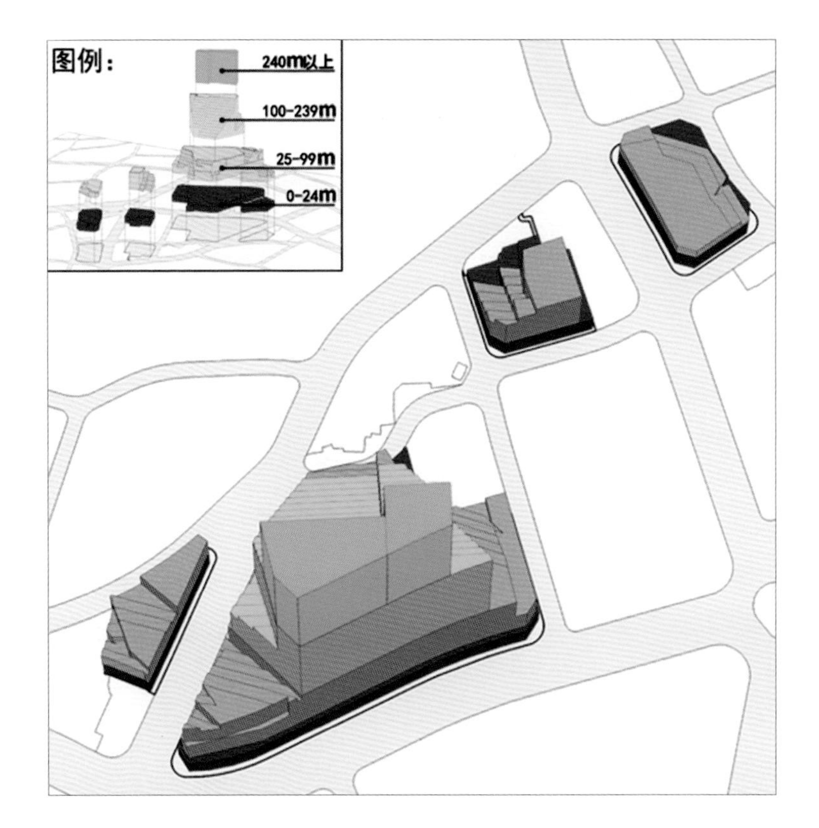

三维空间控制模型图

三、成果应用

（1）三维空间控制模型成果经城市设计可行性研究后，将可建高层区域和标志性建筑位置作为强制性的控制要素纳入控制性详细规划附加图则中，并得到批复。

（2）徐家汇中心项目控制性日照专项规划成果经城市设计可行性研究后，将可建高层区域和标志性建筑位置作为强制性的控制要素纳入附加图则中，并明确将“日照满足相关规范”作为土地出让招标评分标准之一。

（3）设计将控制性日照专项规划成果融入了方案设计中，在三维空间控制模型内进行方案设计。

四、创新与意义

1. 解决中心城区特殊难题，确保规划顺利落地

徐家汇中心地块在十几年内经多轮规划设计，方案均未能落地。现开发商在控制性日照专项规划成果指导下进行方案设计，在拿地后一年内已启动地块建设，为高强度高密度的上海中心城区开发项目的落地提高了可实施性。

2. 作为土地招标技术评分依据，纳入土地出让条件

徐家汇中心项目首次将日照满足相关规范纳入土地出让条件技术标评分中，以控制性日照专项规划成果为评分依

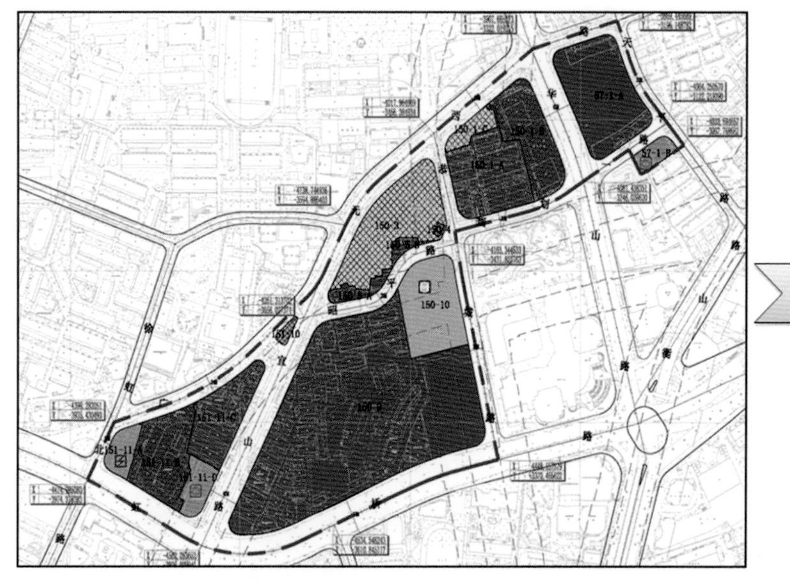

地块控制指标一览表

编制地区类型	街坊编号	地块编号	用地面积(平方米)	用地性质代码	混合用地建筑量比例	容积率	建筑高度(米)	住宅套数(套)	配套设施	规划动态	备注
一般地区	57-1 150-1 150-3 150-4 150-5 150-9 150-10 150-11	57-1-A	14259	C8C2	C2≤50% C8≥50%	2.1	24局部40	—	—	规划	
		57-1-B	1681	Rc	—	1.5	24	—	—	规划	
		150-1-A	11090	C8C2	C2≤30% C8≥70%	2.7	90	—	—	规划	
		150-1-B	8627	C8C2	—	—	—	—	—	保留	
		150-1-C	1891	Rr3C2	—	—	—	—	—	保留	
		150-3	13046	Rr3C2	—	—	—	—	—	保留	
		150-4	172	U12	—	—	—	—	—	保留	
		150-5-A	1550	C8C2	C2≤35% C8≥65%	7.48	18	—	—	规划	建筑容量整体平衡；设置一处酒店，建筑面积不少于2.5万平方米；应配置电影院等文化设施，建筑面积不少于3000平方米
		150-5-B	895	C8C2			18	—	—	规划	
		150-9	63572	C8C2			370	—	—	规划	
		150-10	10160	S5G1	—	—	—	—	—	规划	[illegible] 其中G1≥10%
		151-11-A	2399	U12	—	—	—	—	—	规划	
		151-11-B	8879	C8C2	—	—	—	—	—	保留	
		151-11-C	7823	C8C2	C2≤30% C8≥70%	3.9	60	—	—	规划	
		151-11-D	2820	Rc	—	2.0	24	—	—	规划	
		151-10	534	G22	—	—	—	—	—	保留	

地块控制指标一览表

街坊编号	地块编号	用地性质	容积率	地块建筑高度(m)	标志性建筑高度(m)	公共停车位	开放空间面积(m²) 广场	开放空间面积(m²) 绿化	备注
57-1	57-1-A	C8C2	2.1	24局部40	—	—	—	—	塔楼控制范围为40米建筑可建范围。
	57-1-B	Rc	1.5	24	—	—	—	—	
50-1	150-1-A	C8C2	2.7	90	—	—	1000	900	塔楼控制范围为90米建筑可建范围。
	150-1-B	C8C2	—	—	—	—	—	—	
	150-1-C	Rr3C2	—	—	—	—	—	—	
50-3	150-3	Rr3C2	—	—	—	—	—	—	
150-4	150-4	U12	—	—	—	—	—	—	
50-5	150-5-A	C8C2	7.48	18	—	—	—	—	
	150-5-B	C8C2		18	—	—	—	—	
150-9	150-9	C8C2		370	—	—	4000	—	塔楼控制范围为100米以上建筑可建范围；规划地块内部设置东西向公共通道与港汇通道相衔接。
50-10	150-10	B5G1	—	—	—	—	—	—	
51-11	151-11-A	U12	—	—	—	—	—	—	
	151-11-B	C8C2	—	—	—	—	—	—	
	151-11-C	C8C2	3.9	60	—	—	600	—	塔楼控制范围为60米建筑可建范围。
	151-11-D	Rc	2.0	24	—	—	—	—	
	151-10	G12	—	—	—	—	—	—	

地块控制图则及指标一览表

据，并纳入土地出让条件。

3. 有序推动城市更新，实现“经济、生态、社会三个效益相统 一”

以生态文明和可持续发展为目标，对地块可实施高度、容量等指标进行评估规划，避免了后续设计方案的反复，保障了城市更新的有序推进。

4. 破解管理难题，为三维模型在规划管理中的应用奠定基础

为优化空间环境、提升城市形象，上海正在推进三维审批工作的实施，专项规划为改进管理方式、提高管理精细化水平提供了支撑。

5. 保障居民权益，推进宜居和谐城市建设

控制性日照专项规划有效保障了居民的阳光权，为上海宜居城市建设作出贡献，让城市和谐宜居更美好。

五、实施效果

目前，徐家汇中心项目3个地块已通过审批，正处于施工阶段；150-9地块已通过方案评审、公示，社会反响平稳。

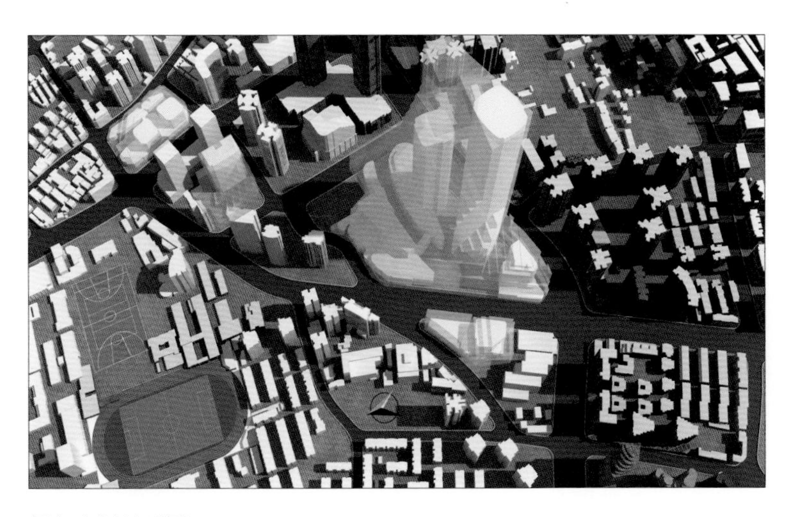

局部空间关系图

鸟瞰效果图

实景照片

驻马店市城乡一体化示范区总体规划（2013–2030 年）

2015 年度全国优秀城乡规划设计奖（城市规划类）表扬奖，2015 年河南省优秀工程勘察设计奖城乡规划奖二等奖

编制时间： 2013 年 11 月一 2014 年 12 月

编制单位： 驻马店市城乡规划勘测设计院、上海同济城市规划设计研究院

编制人员： 戴慎志、刘婷婷、胡浩、李欣、高晓昱、俞国平、曾刚、翟东、陈庆伟、凌逸、冯浩、董丁丁、高丽、张小勇、张子璇

一、规划背景及构思

宏观背景：2014年，河南省《关于加快城乡一体化示范区建设的指导意见》中明确提出，建设示范区是我省深入贯彻党的十八大、十八届三中全会精神的重大战略举措，是科学推进新型城镇化、构建现代城乡体系的重要抓手，示范区将成为服务业和都市高效农业协调发展的复合型经济发展区，经济、民居、生态功能兼具的综合性科学发展实验区。

基地背景：示范区位于驻马店市中心城区西侧，是中心城区向西部拓展的延伸区，354km^{2}的热土坐拥“山、水、田、园”四大优质禀赋。未来的示范区的定位不拘泥于产业承接区的概念，而是一个容纳城市新型业态的功能区，是对中心城区的有效补充与提升。

二、主要规划内容

建设城乡一体化示范区是国家新型城镇化规划思路在河南省地方所做的全新示范路径探索，本次规划特色可以归纳为“四个示范，一个落实”：“四个示范”是“示范空间一体化、产业一体化、用地一体化以及设施一体化”；“一个落实”是以启动区为空间载体，项目引爆点为触媒，引导建设项目有效落地，促进示范区框架的形成。

1. 空间一体化

示范区以“心灵驿站，田园新城”为发展总目标，形成“高水平城市功能板块+高品质生态开敞空间”高度统筹的“和谐二元”结构。

（1）增量用地底线把控：理解传统增量发展的理念向增量约束发展的转变，平衡建设与生态的诉求。以底线控制的方式，充分尊重基地原有生态结构，在山水格局基础上，组织城绿交融的“细胞式”用地结构，核心城市服务功能高效集聚、绿色细胞组团有机分布，形成“城野相融”的“大分散、小集中”空间格局。

（2）统筹空间结构：示范区“北田园、南山水”的自然特征以及“东城市、西乡野”的建设特征造就了各具特色的三大片区。“二心三轴三片”是对示范区总体空间结构的提炼概括。

（3）交通建设共轨：城乡道路一盘棋考虑，构建区域通道，优化道路网体系，形成“一环十横四纵”的路网结构。重视公共交通的建设，优化城乡居民出行环境。重视慢行系统的打造，结合山、水、田、园，形成魅力动线。

（4）环境的保护与塑造：规划通过“育山留绿、理水成环”的策略，塑造独特而秀丽的山水格局。山之策略以保育山体为

示范区与中心城区区位关系图

主，控制开发，保护城市的生态之肺；水之策略以现状河网为底，形成“三廊一环、一渠多脉、群湖成珠”的水系结构。

同时将田园转变为公园，示范区多元化的田园景观，将形成“独特、可识别”的田园生态景观格局。通过留田造园，形成层次分明、主题明确的田园风景区，打造一处人与自然对话，24小时不休的生态乐园。

2. 产业一体化

（1）城、镇、村一体的产业组合。规划重新定义城、镇、村在产业发展中的地位，提炼各自角色特性。城市是核心驱动力，为区域提供技术服务与交易、消费市场信息等功能。镇是融合支点，吸纳条件成熟农村人口的城市化，也是镇村体系中的核心节点，是次级消费市场；村是支撑基础，适合发展安全的农产品基地，郊野型度假居住地、运动、旅游空间和奥特莱斯等低成本第三产业功能区。城、镇、村在产业体系中拥有各自的优势，通过整合这种优势，形成互补互促的产业体系。

（2）“X+0.5”的产业发展观。示范区以一产为基础、三产为引导、二产为链接、创建驻马店示范区的产业基础架构，并以此为基点，植入“加0.5”。

（3）“一”+“三”组合的产业体系。一产的提升，依托于驻马店传统农业大市角色，整合全国芝麻、小麦主产区的种植资源，中原“农洽会”的论坛资源升级、补缺，发展涵盖了新农业的服务体系、生产体系、流通体系的产业集群。通过三大体系的互联互动与乘数效应，发挥1+1+1>3的带动作用，形成新农产业全价值链。

三产的引导，利用高铁站点的资源优势，顺应电子商务的发展趋势，发展总部经济、商务金融功能，充分建设“平台经济” 。通过全服务中心的建设，支持区域产业发展。

“一产”+“三产”的产业组合是示范区产业发展的创新关

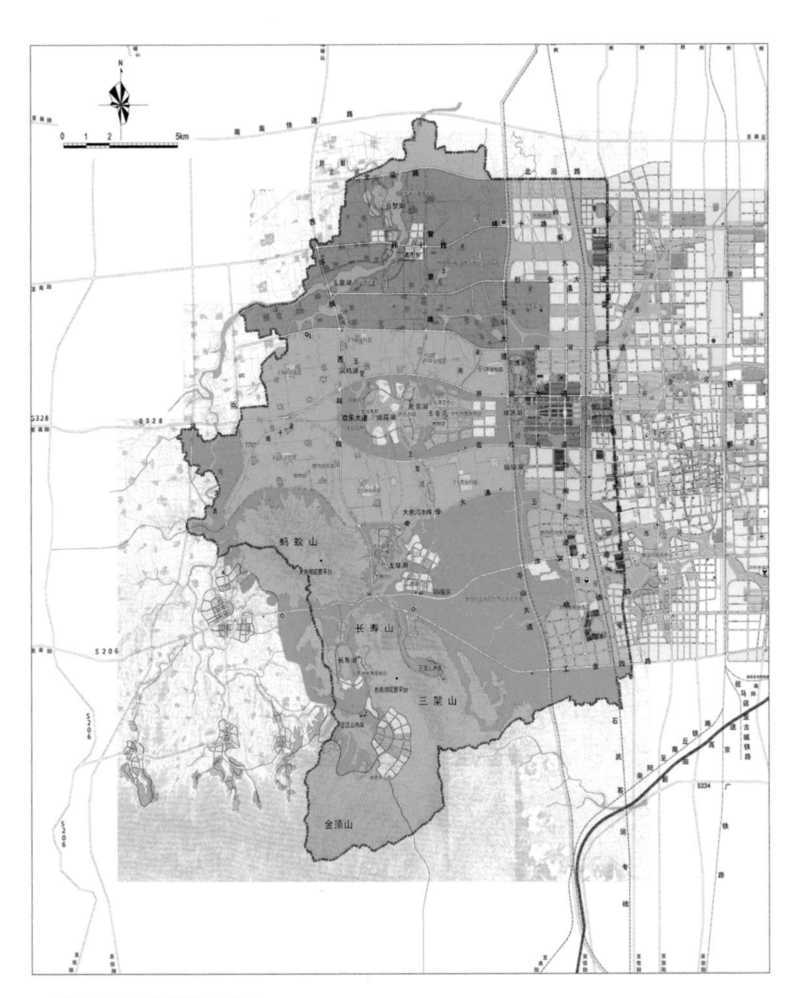

示范区土地使用规划图

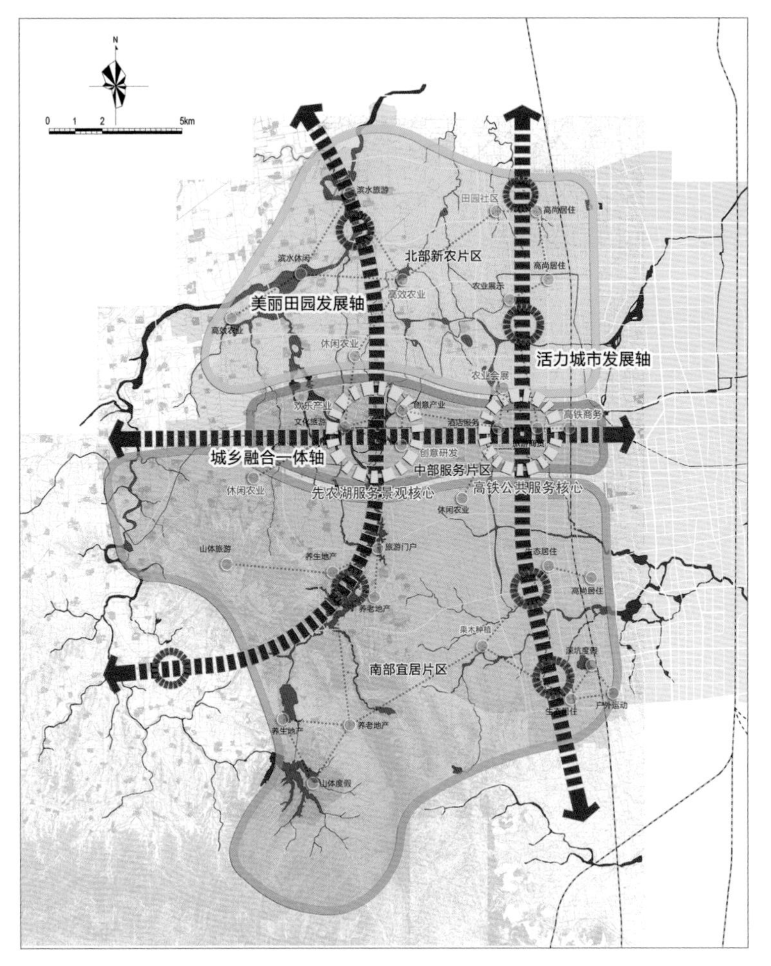

示范区空间结构规划图

键，将成为未来支撑、撬动整个示范区发展的支点与动力。“三产”的植入是对传统“一产”的内涵与附加值的全面提升，从而给示范区带来持续而多元的活力与效益。

3. 用地一体化

示范区用地规划考虑全域空间格局，体现一体化精神。除纳入总规的31km²城市建设用地之外，统筹考虑乡镇建设用地以及新农村建设用地，形成城镇村三级用地体系。通过契合用地政策，以“整体规划、分类报批”思路，对此3类建设用地进行整体管理、明确事权、落实规划和引导建设。

4. 设施一体化

（1）设施配套的均好化：交通支撑倡导以网络化的城乡综合交通体系保障生活和生产的要素流动畅通；公共服务设施支撑提倡以均好化的理念保障城乡共享基本公共服务；市政设施的布局强调生态化、集约“市政岛”的低碳理念，注重环境保护层面的诉求。

（2）就业机制的创新：倡导农民的转型创新，以新型农民的身份参与到农业改革与众筹创新的进程中。

5. 规划落实

总体规划调控平台的作用应予以充分重视。通过与市场导向建设行为的结合，设立引入项目的门槛来保证品质。通过启动区与引爆点的布局，以空间供给的方式协助市场导向重点项目落地。

示范区发展思路归纳为“点状爆发，以点带面，核心促动”。四大启动区作为示范区发展的先期支点，每个启动区各有特点，高铁服务启动区以服务驱动，发展现代服务业；新农产业启动区以新农塑造为特点，统筹驻马店本市及周边的农业生产单元、流通单元和服务单元。山水养生长廊启动区以生态

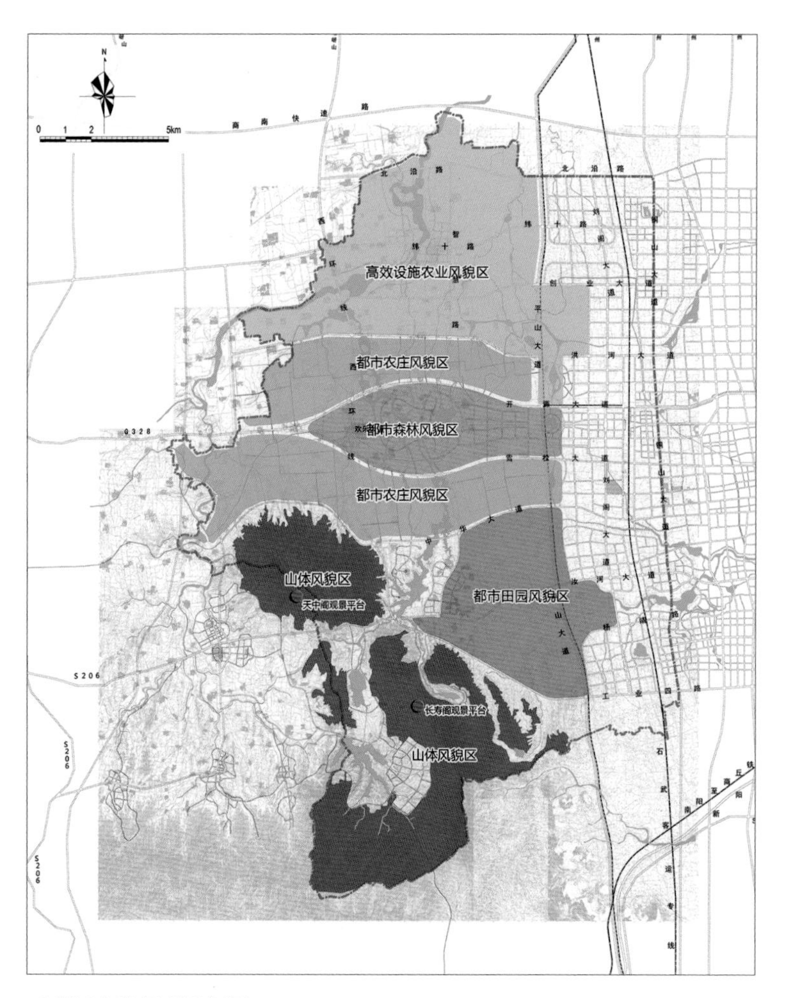

示范区大地景观规划图

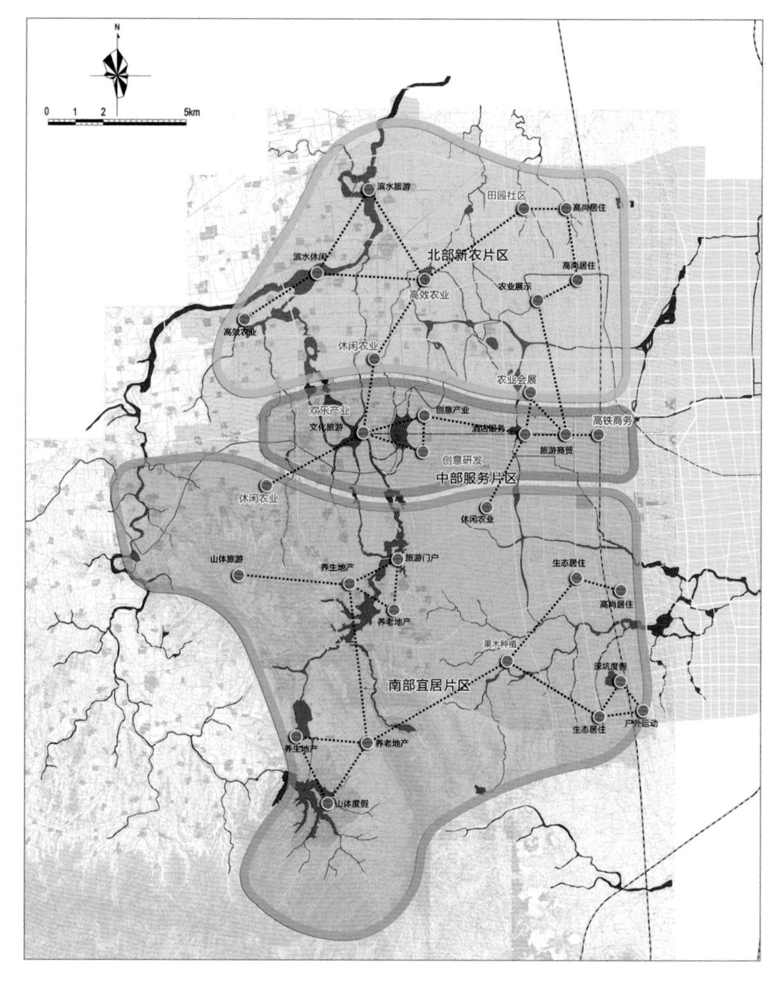

示范区产业布局规划图

引领，发展山水度假养生产业。诸市农示范启动区以三农体制机制创新为特点，形成三农创新示范小镇。

以高铁服务启动区为例，每个启动区的谋划将涵盖项目库的构建、重点项目的引导以及基本的经济测算等列项引导片区的切实发展。

三、规划特色与创新

1. 本规划是国家新型城镇化规划思路在河南省地方所作的全新路径探索

河南省的发展思路从新区向城乡一体化示范区的转变，其实代表了传统增量发展的理念正在转向增量约束发展的转变。本规划在此大背景下，试图在城乡空间融合（和谐二元）、城乡功能引导（城、镇、村角色演绎）、设施支撑体系（城乡联网、城乡共享）、就业创新等方面作出探索。

2. 建立生态线保护原则，控制增量需求，生态优先地落实空间布局

规划从生态安全格局的角度入手，基于对生态网络、地形地貌、高铁辐射、道路服务、现状用地5大因子的权重分析，科学合理选择用地。

充分尊重基地原有生态结构，在山水格局基础上，组织城绿交融的“细胞式”用地结构，核心城市服务功能高效集聚，绿色细胞组团有机分布，形成“城野相融”的“大分散、小集中”空间格局。本次建设用地83km^2，约占总用地的1/6，符合田园城市的思想。

3. 在示范区探寻“一产 + 三产”相组合的产业发展新模式

驻马店城乡一体化示范区有其特殊性，它不与任何类型的其他开发区套合，如产业集聚区、高新区等，因此如何梳理有效的产业发展逻辑和产业落实路径是本规划所探索的重要议题。

本次规划结合电商时代，互联网+的发展趋势，根植于本地资源禀赋（农业、山水、交通快线），提出“一产+三产”的产业组合模式，以“一产为基础，三产为引导，二产为链接”，秉承“三产联动复合”理念，全面提升产业能级与效益，打造具备特色和区域竞争力的新型产业体系。

4. 强调人的一体化，在就业支撑上实现创新

从传统农业劳动力向科技型农民转型，从传统农业劳动力向从事农业产业化、规模化的产业工人转变，从传统农业劳动力向旅游业服务者转型，都是未来发展的可能性。

5. 发挥总体规划调控平台作用，以“启动区”的形式通过空间供给协助建设项目落地

随着总体规划角色的演变，其建设调控平台的作用应予以充分重视。在编制过程中，本次规划充分探索与市场导向建设行为的结合。

四、规划实施效果反馈

本规划于2014年12月通过人大表决，目前高铁东广场地区已经完成了后续控规的编制并进入实施阶段，部分项目已开始基础打桩的工作。

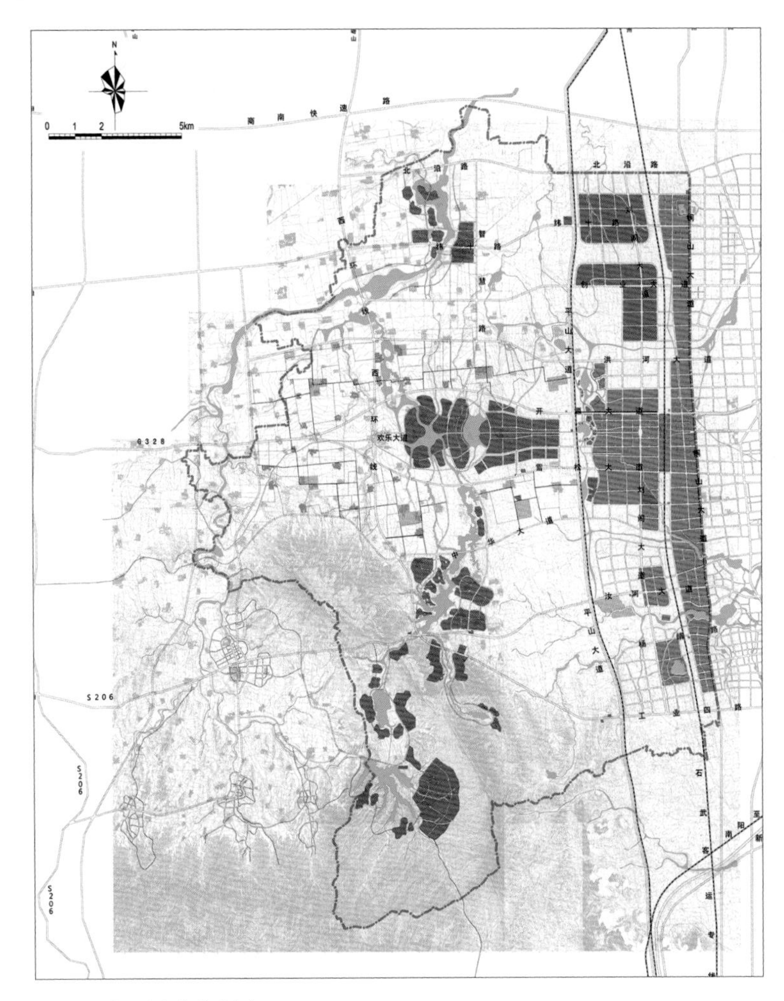

示范区建设用地分类图

呼伦贝尔市中心城区绿地系统专项规划（2013–2030年）

2015年度全国优秀城乡规划设计奖（城市规划奖）表扬奖、2015年度内蒙古自治区城市规划编制优秀成果二等奖

编制时间： 2013年9月—2014年4月

编制单位： 上海同济城市规划设计研究院

编制人员： 周玉斌、孙天尧、杨笑予、刘冰、许劼、韩淼、李海红、陈科、彭文佼、刘唯清

一、项目概要

本规划以国家园林城市为目标，在法定规划内容的基础上，强化了绿线控制导则，完成了主要节点、道路的景观设计以及专题研究等多层次成果，为建设宜居的生态城市提供科学依据。该规划对已批准的总体规划进行补充、修正和深化，对各类绿地布局进行调整和细化，合理安排建设时序，使绿地空间在不同的规划操作层面上有章可循，便于实施。

二、规划背景

呼伦贝尔市位于祖国版图的“鸡冠之首”，素有“北国碧玉”的美誉，具有草原垄断性、森林天然性、野生动植物珍奇性和民俗独特性的特点。但是城市绿地系统建设存在3个主要问题：一是城市绿地总量和公共绿地比例偏少；二是公共绿地分布不均，公园、街头绿地匮乏，给居民日常使用公园带来诸多不便；三是城市滨水开敞空间亟待改造建设，贯穿城区的滨水条件未能充分利用。根据《呼伦贝尔市城市总体规划（2012—2030年）》，为加快推进中心城区建设，科学制定各类城市绿地的发展指标，合理安排绿地空间布局，打造具有草原文化和民族特色的国际旅游名城与生态宜居城市，特编制该规划。

《呼伦贝尔市中心城区绿地系统专项规划》按照中心城区和主城区两个空间层次进行绿地系统的布局安排，以主城区为重点。中心城区包括主城区、呼伦贝尔经济技术开发

哈萨尔公园效果图

满洲里路公园效果图

区、中俄蒙物流园区、呼伦贝尔民族文化园、哈克镇，总面积为945km^2；主城区包括老城区片区、新城片区、巴彦托海片区，城市建设用地面积为115.54 km^2。

三、项目构思

第一，充分结合自然条件和城市空间结构，打造“三山两河，绿楔引景，绿环相连，文化内核”的远期中心城区绿地系统布局。“三山两河”指中心城区范围内重要的自然要素——西山、东山、北山以及伊敏河、海拉尔河，作为中心城区基本的自然山水格局。“绿楔引景”指规划与山脊相间的狭长楔形绿地，通透开放的空间，顺应主导风向，将风引入城市内部，既能有效驱散城市内部的污染空气，保持城市环境健康，同时又是视线通廊，将外部的山体景观引入城市。“绿环相连”指中心城区的外环，外环两侧分别种植100m宽的防护林带，一方面防止北方沙尘暴的入侵，另一方面隔离道路的扬尘和噪声对城市的影响，它也成为联系各重要景点的交通联系廊道。“文化内核”指海拉尔河与伊敏河相交处的民族文化园，集聚了呼伦贝尔市的民族文化和草原文化的精华，也是城市最重要的旅游景点。

第二，强化呼伦贝尔的生态底线控制要求，进行生态专题研究。充分尊重中心城区“四区”划定与空间管制的基本需要，分析现有“用地适宜性分类”中的生态指标，结合生态修复中的重点生态因子，对中心城区生态保护与建设的关系进行专题研究，从定性层面大致界定基本生态控制线，为《基本生态控制线规划》的编制提供前提。

第三，加强绿地景观设计与道路交通设计的紧密结合。根据道路等级、宽度、功能、总体规划绿线内容以及可实施性分析，提出了中心城区外环及其连接线两侧绿带和主城区道路两侧绿带的多类型控制，并对主要道路节点和改造街道的绿地进行了概念性详细设计，以同步提升绿地景观和交通联系的功能。

第四，加强实施保障，制定绿线控制导则。包括主城区绿地系统规划，主城区公园绿地调整，绿线建设导则，规划实施措施。

第五，规划成果对近期、远期都有考虑，并落实到分期实施的规划指标上。近期达到“自治区级园林城市”的绿地建设标准，远期达到“国家生态园林城市”的绿地建设标准。

四、主要内容

1. 中心城区绿地系统总体规划

（1）提出绿地系统规划目标、定位并制定规划策略，同时对总体绿化景观提出规划策略。

（2）确定绿地系统规划结构、布局与分区。

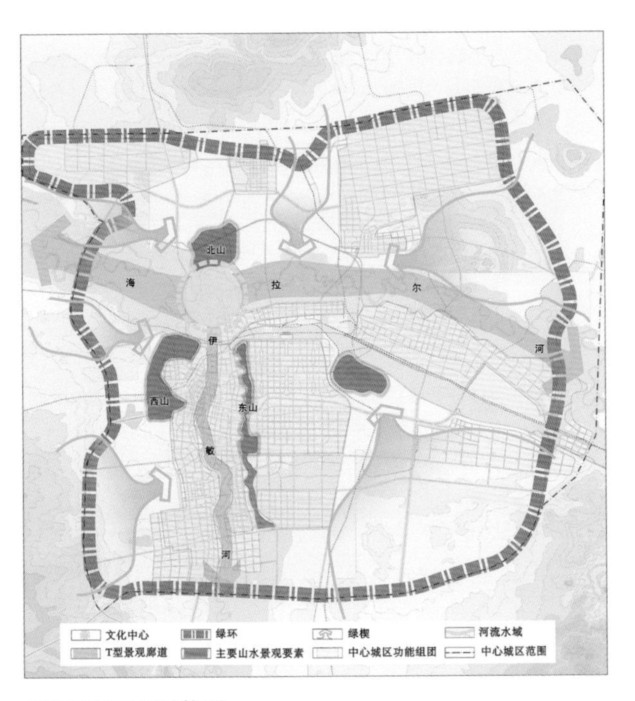

绿地系统规划结构图

街旁绿地实景照片

公园绿地实景照片

滨河绿地实景照片

道路绿地实景照片

（3）制定城市绿地分类规划，简述各类绿地的规划原则、规划要点和规划指标。

（4）规划绿化植物数量与技术经济指标。

（5）制定生物多样性保护与建设规划，包括规划目标与指标、保护措施与对策。

（6）制定分期建设规划，重点阐明近期建设项目、投资与效益估算。

（7）制定合理的规划实施措施，为下一步绿地建设提供指导。

2. 主要绿地景观节点概念性详细规划

主要针对中心城区内规划绿地进行典型节点和路段的概念性方案设计。

（1）确定不同绿地的性质、功能定位、设计主题及规划目标。

（2）对绿地进行总体设计，确定用地布局，划定功能分区，明确道路系统、配套的公共服务及市政设施要求。

（3）明确种植分区及植物配置、树种选择。

（4）对于部分近期可实施的景观节点，进行修建性详细规划深度的概念性设计，并且完成市政相关规划。

3. 中心城区生态系统保护与控制专题研究

根据《呼伦贝尔市城市总体规划》中心城区“四区”划定与空间管制的要求，根据河流水域、山体、自然保护区等限制因素，对中心城区生态保护与建设的关系进行专题研究，大体界定基本生态控制线，为《基本生态控制线规划》的制定提供理论依据。

五、项目特色

基于生态专题研究的探索性工作，注重绿地、景观、交通等相关方面的结合，形成了系统性的规划成果。有两个突出的特色（创新）。

一是科学性。在绿地系统专项规划中厘清了绿地指标与已批准总体规划的补充、调整和衔接关系，使之既符合国家规范，又达到指导城市绿地发展的目的。

二是操作性。对公园、街头绿地、出口路等主要景观节

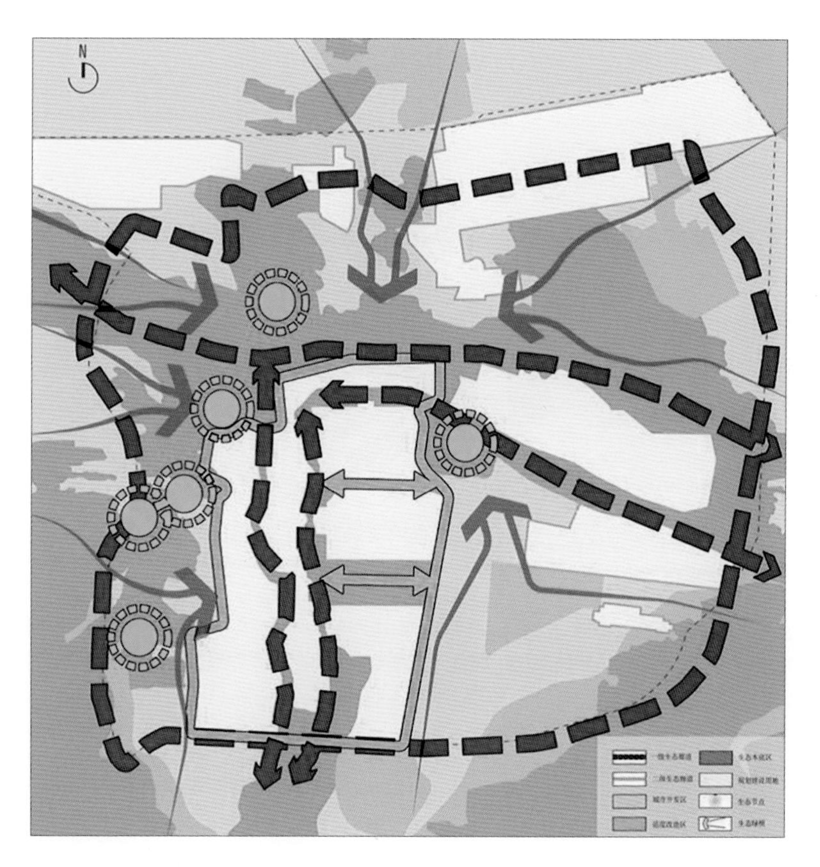

中心城区生态保护结构规划图

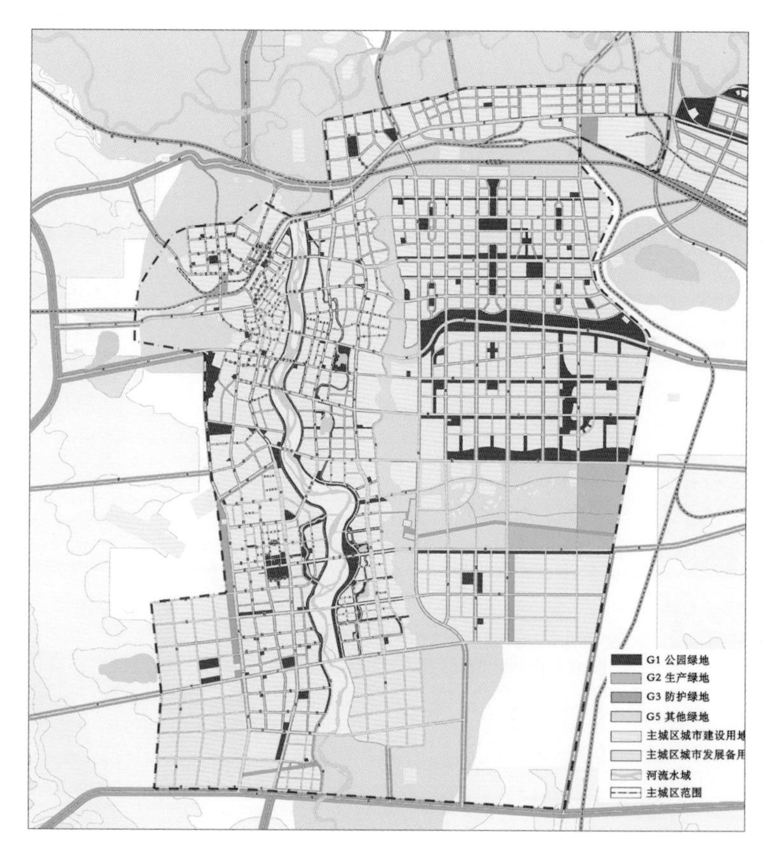

绿地系统规划图

点提出了具体的设计原则、功能定位和设计理念，并进行了概念性详细设计，突破了常规绿地系统专项规划的范畴和深度，能有效地指导规划的近期实施工作。

三是引导性。以达到“300m见绿，500m见园”的城市绿地建设目标，制定了分区绿线控制导则和各类绿地建设导则，为实现精细化管理提供了技术支撑。

六、实施情况

自《呼伦贝尔市中心城区绿地系统专项规划》批复实施以来，呼伦贝尔市以“科学规划，协调配合，有序推进”为指向，积极推进市区各项绿地建设。在绿地系统专项规划的实施过程中，城市绿地建设呈现标准高、重点突出、注重养护、关注公众参与等特点，投入了巨大的人力、物力及财力，各相关单位有序紧密配合，绿地各项指标稳步提升，公园环境与绿化管养质量普遍较好。

伊敏河北侧公园节点效果图

夹信子路 — 巴尔虎东路

老城区道路改造前后对比图

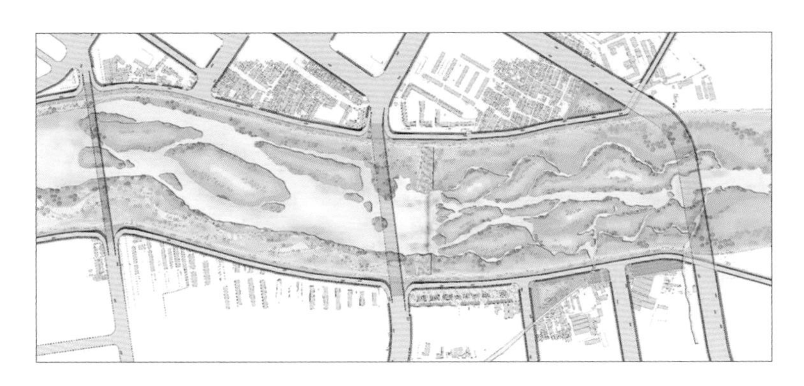

伊敏河平面图

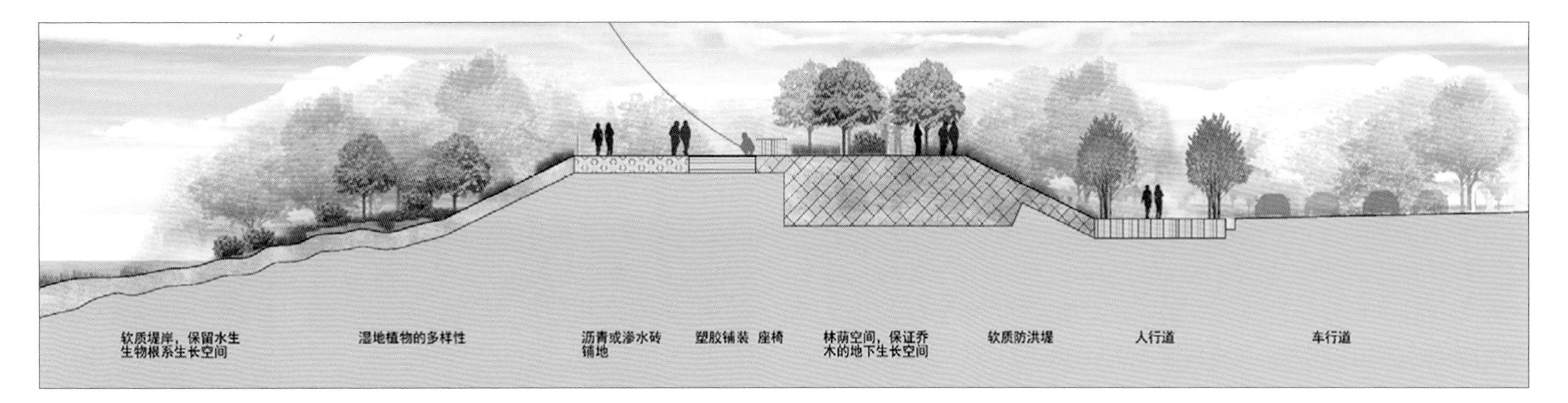

伊敏河剖面图

株洲市城市排水（雨水）防涝综合规划（2014–2020 年）

2015 年度全国优秀城乡规划设计奖（城市规划类）表扬奖、2015 年度湖南省优秀城乡规划设计奖一等奖

编制时间： 2014 年 4 月一 2015 年 7 月

编制单位： 株洲市规划设计院、上海市城市建设设计研究总院（集团）有限公司、株洲市水利水电勘测设计院

编制人员： 李良、钟红梅、童鑫、罗楠、赵娟娟、石勇、李兵、李莹莹、张芳、熊瑛、喻利娟、邓波、朋四海、李志钢、贺石磊

一、项目概要

《株洲市城市排水（雨水）防涝综合规划》旨在统筹气象降雨、地表径流、管道系统、城市河道，兼顾雨天径流污染减控，协调各系统功能和规划设计标准，提高城市的防灾减灾能力。雨水防涝综合系统的构建与“海绵城市”、“生态宜居城市”、“资源节约型、环境友好型社会”的建设相适应。

具体目标如下：

（1）城市雨水管渠及泵站保证在设计标准以内的降雨时，地面不积水。

（2）城市排水防涝系统保证发生城市内涝防治标准（30 年一遇 24 小时）以内的暴雨时，城市不发生内涝灾害。

（3）发生超过城市内涝防治标准的降雨时，不造成重大财产损失和人员伤亡。

二、规划背景

近年来，受全球气候变化和城市“热岛”效应的影响，城市极端天气日益增多。同时，城市规模快速增长，排水系统建设和管理相对落后，缺乏对超标降雨积水后的应对预案，严重影响城市的正常运行。2013 年来，国务院对城市基础设施建设和排水防涝工作高度重视，先后下发了《国务院办公厅关于做好城市排水防涝设施建设工作的通知》（国办发〔2013〕23 号）、《住房城乡建设部关于印发城市排水（雨水）防涝综合规划编制大纲的通知》（建城〔2013〕98 号）等文件；《室外排水设计规范》（GB50014-2006，2016 年版）对雨水规划理念、设计手段、排水标准、防涝标准等方面均作了全新的界定和补充。城市排涝的现状、国家层面的重视，突显了城市排水防涝工作的紧迫性，编制完善的城市排水（雨水）防涝综合规划已迫在眉睫。

株洲市住房和城乡建设局积极响应国家号召，根据城市总体规划中提出的“株洲实现城市转型发展目标”“建设人居环境良好的生态园林城市”“重视强化综合防灾体系的支撑能力”等城市发展战略需要，于 2014 年 7 月委托上海市城市建设设计研究总院、株洲市规划设计院、株洲市水利水电勘测设计院3家单位联合编制《株洲市城市排水（雨水）防涝综合规划》。本规划的编制，对于株洲市城市水安全、水资源、水环境的统筹管理意义重大，也是株洲市贯彻国家相关文件的重要举措。

三、规划的目的和任务

规划与构建“资源节约型、环境友好型社会”和建设“生态宜居城市”相适应的雨水系统，遵循“绿色株洲”的基本构想，消除城市水涝灾害，保障区域安全。落实低影响开发（LID）理念进行雨水综合管理，提高城市品位，体现合理

项目组集中办公现场场景照片

性、先进性及可操作性，推动株洲市经济社会全面协调可持续发展。

以城市总体规划、城市防洪排涝规划、城市道路交通系统规划及其他相关规划为依据，明确城市排水（雨水）工程目标，制定城市内涝防治标准，运用模型进行城市内涝风险评估，建立可靠的城市防洪排涝系统，建设排水体制适当、系统布局合理的城市雨水收集处理系统，实现雨水径流污染控制和资源化利用，维护水生态系统良性循环。

四、规划范围

以株洲市城市总体规划（2006—2020年）（2014 年修订）确定的范围为依据，规划范围为株洲市中心城区范围，总面积约 218km^2，建设用地面积约 164km^2。规划 2020 年中心城区人口规模为 170 万人。

五、技术路线

本次规划技术路径的制定以“统筹安排、系统协调、可持续发展”为原则，以城市总体规划和新规范、新标准及编制大纲为依据，结合现状调查、收集整理资料并广泛征求主管部门、市政维护部门及水利部门意见，在修编后的暴雨强度公式基础上，利用模型进行现状评估，并采用“传统计算+模型校核”的手段进行排水规划方案的拟定，运用排水和防涝两套系统的结合，保障城市排水防洪排涝安全。

六、规划标准

1. 雨水径流控制标准

根据低影响开发的要求，严格控制城市开发建设规模，最大程度减少对城市原有水系统和水环境的影响。结合城市地形地貌、气象水文、社会经济发展情况，合理确定城市雨水径流量控制、源头削减的标准以及城市初期雨水污染治理的标准。

具体如下：

（1）雨水径流量控制标准

已建城区雨水径流控制量：10mm，新城区雨水径流控制量：15mm；

新建城区综合径流系数不超过 0.5，旧城区综合径流系数不超过改造前；

新建地区的硬化地面中，透水性地面的比例不应小于 40%。

（2）初期雨水污染治理标准

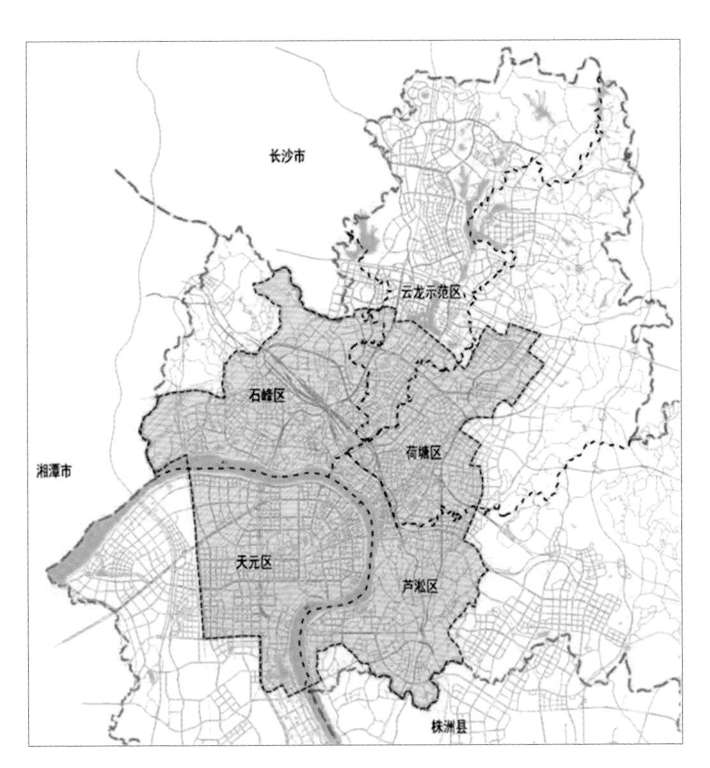

规划范围示意图

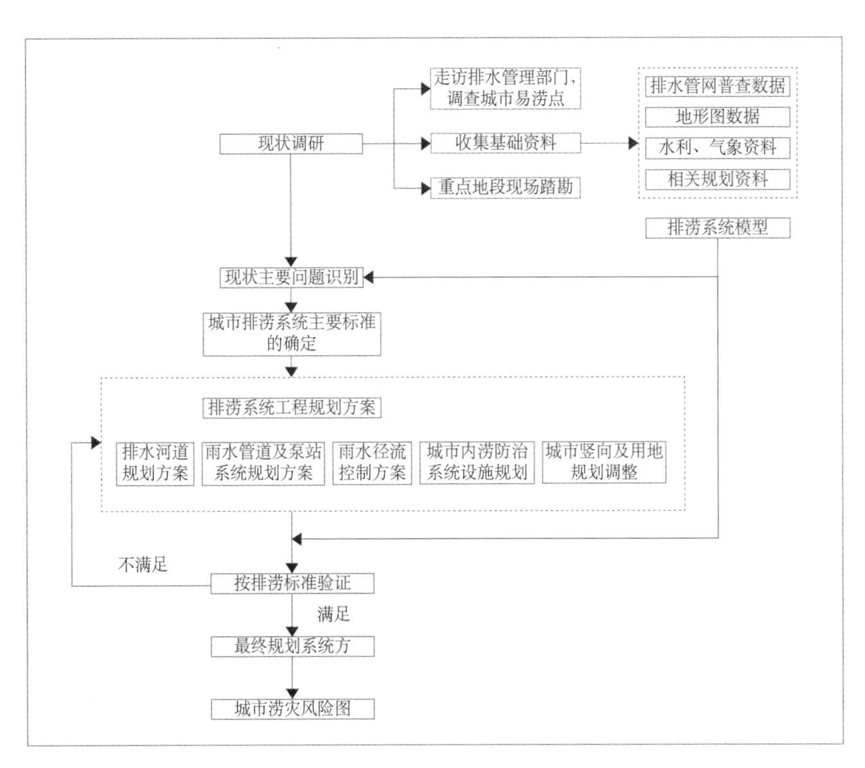

规划技术路线图

合流制区域（老城区）：14 mm；

分流制区域：混接严重地区 8 mm，新建或混接不严重地区 4 mm。

2. 雨水管渠、泵站及附属设施规划标准

新版《室外排水设计规范》对雨水管渠设计重现期进行了新的调整，规定如下：

经济条件较好，且人口密集、内涝易发的城镇，宜采用规定的上限。

新建地区应按本规定执行，既有地区应结合地区改建、道路建设等更新排水系统，并按本规定执行。

同一排水系统可采用不同的设计重现期。

雨水管渠设计重现期（单位：年）　　表1

城区类型 城镇类型	中心城区	非中心城区	中心城区的重要地区	中心城区地下通道和下沉式广场等
特大城市	3 ～ 5	2 ～ 3	5 ～ 10	30 ～ 50
大城市	2 ～ 5	2 ～ 3	5 ～ 10	20 ～ 30
中等城市和小城市	2 ～ 3	2 ～ 3	3 ～ 5	10 ～ 20

注：a. 表中所列设计重现期，均为年最大值法；

b. 雨水管渠应按重力流、满管流计算；

c. 特大城市指市区人口在 500 万以上的城市；大城市指市区人口在 100 万～500 万的城市；中等城市和小城市指市区人口在 100 万以下的城市。

根据最新城市规模划分标准，株洲市城镇类型为Ⅱ型大城市（人口 100 万～300 万），雨水管渠设计重现期，根据汇水地区性质、地形特点和气候特征等因素，取值如下：

中心城区一般地区：P=2～3 年（其中，新城区有条件地区取上限），重要地区：P=5 年；中心城区地下通道、下沉式广场和立交泵站：P=20 年。

3. 城市内涝防治标准

内涝是指强降雨或连续性降雨超过城市排水能力，导致城市地面产生积水灾害的现象。内涝防治设计重现期，是用于进行城市内涝防治系统设计，使地面、道路等地区的积水深度不超过一定设计标准的暴雨重现期。内涝防治设计重现期大于雨水管渠设计重现期。根据《室外排水规范（GB50014）》（2016 版）规定，内涝防治设计重现期应根据城镇类型、积水影响程度和内河水位变化等因素，经技术经济比较后确定，应符合下列规定：

（1）经济条件较好，且人口密集、内涝易发的城市，宜采用规定的上限；

（2）目前不具备条件的地区可分期达到标准；

（3）当地面积水不满足表2的要求时，应采取渗透、调蓄、设置雨洪行泄通道和内河整治等综合控制措施；

（4）超过内涝设计重现期的暴雨，应采取综合控制措施。

内涝防治设计重现期　　表2

城镇类型	重现期（年）	地面积水设计标准
特大城市	50 ～ 100	1. 居民住宅和工商业建筑物的底层不进水； 2. 道路中一条车道的积水深度
大城市	30 ～ 50	
中等城市和小城市	20 ～ 30	

注：a. 表中所列设计重现期，均为年最大值法；

b. 特大城市指市区人口在 500 万以上的城市；大城市指市区人口在 100 万～500 万的城市；中等城市和小城市指市区人口在 100 万以下的城市。

株洲市城镇类型为Ⅱ型大城市（人口 100～300 万），其地形大部分为平地和连续低丘，山体脉络清晰，呈现出南北和东西两端高、中间低的态势。地面涝水一般顺地势集于低洼处，致使低洼处积水严重，不能及时排出，影响交通及居民正常生活。根据《室外排水规范（GB50014）》（2014 版）及株洲市本地情况，株洲市内涝防治标准确定为：

有效应对 30 年一遇 24 h设计暴雨，居民住宅和工商业建筑物的底层不进水，保证道路中单向至少一条车道的积水深度不超过 15cm。

七、主要内容

1. 城市排水能力与内涝风险评估

（1）现状排水能力评估

现状排水系统能力普查和评估目的不仅在于评价目前的排水状况，更重要的是预警城市遭遇设计重现期工况可能的危害，是规划设计城市排水防涝系统的前提和依据。

在排水普查数据的基础上，采用水力模型模拟结合推理公式复核的方法进行现状排水能力评估。评估内容主要包括河西区的韶溪港、陈埠港、徐家港、凿石港和河东区的霞湾

港、白石港、建宁港、枫溪港等。具体评估结果详见表3。

现状排水管网排水能力评估　　表3

流域片区	管网＜1a（km）	1a≤管网＜2a（km）	2a≤管网＜3	3a≤管网＜5	管网≥5a（km）
枫溪港	8.2	4.2	3.5	2.1	17.1
比例（%）	23%	12%	10%	6%	49%
建宁港	17.5	9.3	11.6	13.0	47.5
比例（%）	18%	9%	12%	13%	48%
白石港	29	14	7.0	7.3	64.2
比例（%）	24%	12%	6%	6%	52%
霞湾港	9.6	4.1	7.5	9.8	5.2
比例（%）	27%	11%	21%	27%	14%
韶溪港	17.2	16.6	7.7	10.5	9.3
比例（%）	28%	27%	13%	17%	15%
陈埠港	6.8	8.4	8.7	9.1	30.7
比例（%）	11%	13%	14%	14%	48%
徐家港	4.5	2.9	2.3	4.2	7.0
比例（%）	22%	14%	11%	20%	33%
凿石港	0.7	2.6	4.7	1.5	7.5
比例（%）	4%	15%	28%	9%	44%

由此可见，各流域汇水区的大部分管道排水能力在重现期1a以上，这同目前排水规划执行的标准是一致的；另外，枫溪港流域北片由于汇水区域较小，现状管网达标率较高；凿石港流域大部分为新建城区，已成系统的管网规模较小，近期新铺设的管道较多，设计标准较高；建宁港流域上游地面纵坡较大，导致上游管道管径偏大，但下游排水瓶颈较多，用水力模型进行现状评估时，建宁港流域上游大部分管道均能达到3a一遇的标准，而下游部分管道的重现期低于1a。白石港流域各汇水区上游管道因纵坡较大，大部分管道排水能力重现期在2a以上，汇水区内近两年新建道路设计标准较高，重现期在3a以上，各汇水区下游沿港一带地势低洼，管道纵坡较小，排水能力重现期在1a左右。

（2）内涝风险评估

株洲市内涝防治标准为30年一遇，针对30年一遇长历时降雨情景进行动态模拟，基于模拟结果采用情景模拟评估法进行内涝风险评估与区划。根据排水管网模型耦合地表二维模型，获得30年一遇24h设计雨型工况下的内涝淹没范围、水深、流速、历时等成灾特征。

主要考虑积水深度和流速，根据水力模型模拟的积水深度与涝水水流速计算危险性指数HR；确定城市内涝风险等级。

HR根据模拟的积水深度与积水流速确定：

$$HR = d \times (V + 0.5) + df$$

式中：

d—积水深度m；

V—流速m/s；

df—水深危害参数，$d < 0.15$m，$df = 0.5$；$d \geq 0.15$m，$df = 1.0$。

风险等级划分如表4。

内涝风险等级划分　　表4

等级	低风险	中风险	高风险
危险性指数HR	＜0.75	0.75≤HR＜1.25	HR≥1.25

规划范围内已建地区，现状排水能力在30年一遇24h设计暴雨工况下，内涝风险评估结果如下表。根据内涝风险评估结果，内涝高风险区面积占总面积的3%，内涝中风险区面积占总面积的1%，内涝低风险区面积占总面积的95%。

规划范围内已建地区城市内涝风险评估　　表5

序号	流域	内涝高风险区面积（km²）	内涝中风险区面积（km²）	内涝低风险区面积（km²）
1	霞湾港	0.021	0.014	3.26
2	白石港	0.12	0.11	13.34
3	建宁港	0.73	0.27	14.74
4	枫溪港	0.037	0.047	5.47
5	韶溪港	0.51	0.30	10.42
6	陈埠港	0.47	0.18	9.25
7	徐家港	0.06	0.03	3.55
8	凿石港	0.02	0.01	1.72
合计		1.968	0.961	61.75

2. 城市雨水径流控制与资源化利用

秉承海绵城市建设与低影响开发的理念，结合新地块的开发、旧城改造以及道路新建和改建，开展径流量源头控制，优先利用自然排水系统，建设生态排水设施，充分发挥城市绿地、道路、水系等对雨水的吸纳、蓄渗和缓释作用。

理想状态下，径流总量控制目标应以开发建设后径流排放量接近开发建设前自然地貌时的径流排放量为标准。自然地貌往往按照绿地考虑，一般情况下，绿地的年径流总量外排率为 15%～20%，借鉴发达国家实践经验，年径流总量控制率最佳为 80%～85%，这一目标主要通过控制频率较高的中、小降雨事件来实现。2014 年 10 月，住建部发行了《海绵城市建设技术指南—低影响开发雨水系统构建》，该指南根据年径流总量控制率将我国大陆地区大致分为五个区，其中，株洲市位于第Ⅲ区，年径流总量控制率为 75%～85%。

分析不同地区的降雨量对应的降雨场次控制率与降雨量控制率，结合本地降雨规律，新建地区考虑控制 32mm降雨，其降雨总量控制率约为 85%，已建地区由于场地空间和绿化率等条件限制，达不到新建地区的标准，降雨总量控制率按不低于 75% 控制，对应的降雨量约为 22mm。

3. 城市排水（雨水）管网系统规划

遵循“高水高排，低水低排，自排与机排结合，排放与利用并举”的原则，对各流域及水系区进行雨水分区。雨水系统以湘江为界，分为河东、河西2个片区。其中，河东片区包括霞湾港系统、白石港系统、建宁港系统、枫溪港系统共四大系统；河西片区包括韶溪港系统、陈埠港系统、徐家港系统、凿石港系统、沧水湖系统、万丰港系统六大系统。

4. 城市防涝系统规划

内涝防治系统是指用于防止和应对城镇内涝的工程性设施和非工程性措施，以一定方式组成的总体，包括雨水收集、输送、调蓄、行泄、处理和利用的天然、人工设施以及管理措施等。城市排水防涝体系主要由水系和陆域两部分组成。其中，河道水系提供城市排水与地表涝水的出路，是陆域系统的下游边界条件，其功能是保证大区域长历时高重现期暴雨情况下，接纳并排除城市管网和陆域防涝系统排放的雨水。陆域防涝系统包括雨水管道系统、雨水泵站系统、雨水调蓄系统、涝水泄流系统以及低影响开发系统等，雨水通过陆域防涝系统最终进入河道水系。

结合株洲市各汇水区规划路网及竖向标高，参考相关区域地形数据，进行防涝系统分区，共分为 222 个防涝分区，如表7。在防涝系统分区的基础上，规划防涝系统方案如表8。

株洲市雨水分区一览表（规划范围内） 表6

序号	汇水区名称	雨水系统	汇水面积（hm²）				
			高排	一级低排	二级低排	大规模水体面积	小计
1	霞湾港	11	940	1 615	/	65	2 620
2	白石港	19	232	5 395	1 027	59	6 713
3	建宁港	22	138	2 128	445	/	2 711
4	枫溪港	21	90	2 730	215	/	3 035
5	韶溪港	5	219	995	/	13	1 227
6	陈埠港	5	102	908	/	/	1 010
7	徐家港	4	291	73	/	/	364
8	凿石港	7	741	605	/	4	1 350
9	沧水湖	9	274	475	/	86	835
10	万丰港	4	376	/	/	12	388
合计		107	3 403	14 924	1 687	239	20 253

株洲市城市防涝系统分区 表7

序号	流域	面积（km²）	防涝分区（个）
1	霞湾港	26.20	54
2	白石港	66.71	65
3	建宁港	31.17	33
4	枫溪港	30.35	19
5	韶溪港	12.27	6
6	陈埠港	10.10	13
7	徐家港	3.64	1
8	凿石港	13.50	17
9	万丰湖	3.88	4
10	沧水湖	8.35	10
总计		206	222

株洲市城市防涝系统规划方案 表8

序号	流域	排涝方案				
		地表行泄	排放管	调蓄池	绿地或水体调蓄	管理措施
1	霞湾港	46	3	3	2	
2	白石港	22	7	10	27	1
3	建宁港	22	2		8	1
4	枫溪港	11			7	1
5	韶溪港	4	2	3	4	
6	陈埠港	3	2	5	2	1
7	徐家港			1	1	
8	凿石港	5	1	3	8	
9	万丰港	2			2	
10	沧水湖	8	1			
总计		123	18	25	61	4

5. 管理规划及保障措施

按照《国务院办公厅关于做好城市排水防涝设施建设工作的通知》（国办发[2013]23 号）要求，建立有利于城市排水防涝统一管理的体制机制，城市排水主管部门要加强统筹，做好城市排水防涝规划、设施建设和相关工作，确保规划的要求全面落实到建设和运行管理上。

防涝规划的实施要结合现状普查，加强普查数据的采集与管理，确保数据系统性、完整性和准确性，为建立城市排水防涝的数字信息化管控平台创造条件。排水防涝规划实施还要有相关的保障措施：一是要纳入法制轨道；二是要建立统一的流域管理体制；三是要纳入国民经济和社会发展规划及城市总体规划中；四是要与现行的环境管理制度相配合，通过管理制度的推行使规划付诸实践；五是要有可靠的资金和支持条件。

八、项目特色

本次规划以实地勘测、调查的株洲市排水现状为基础，结合《株洲市城市总体规划（2006—2020）》（2014年修订）、《株洲市排水工程专项规划（2010—2030）》等相关规划，依据《城市排水（雨水）防涝综合规划编制大纲》，明确了株洲市排水（雨水）防涝工程目标，制定株洲市内涝防治标准。运用传统理论与计算机模型模拟等方法进行城市内涝风险评估及规划，建立可靠的城市防洪—排涝系统，建设排水体制适当、系统布局合理的城市雨水收集处理系统，实现雨水径流污染控制和资源化利用，维护水生态系统良性循环。建立起城市排水系统管理信息平台，科学预警，提升城市综合防灾能力。

1. 排水防涝两套系统、安全经济

本规划在使用"传统推理公式"方法进行排水管网及泵站设施规划方案拟定的同时，采用InfoWorks ICM水力模型软件对规划方案进行校核优化，确保排水管网及泵站设施系统安全、经济合理。由雨水管网、调蓄池及调蓄绿地及低影响开发设施组成的防涝系统的建立，提高了株洲市防涝的安全性，体现了防涝设施与景观绿化的相互融合，确保株洲市中心城区能有效应对超标降雨。

2. 建立风险识别系统、科学预警

根据排水普查数据及现场调研资料，通过水动力数学模型构建了株洲市防涝风险识别系统，实现了城市内涝安全的可预见性，提高了防涝工程设施的合理性。

3. 管道排水与河道防涝有效衔接

本次规划过程中，综合考虑了管网排水与河道防涝，一方面通过对管网的梳理和规划，能保证管道满足各自设计重现期排水要求；另一方面，通过疏浚、拓宽河道、建设排涝泵站等方式，将城市内河的排涝能力从10年一遇提高到了30年一遇。加上防涝设施和预警系统的建立，能使排水系统有效应对30年一遇设计暴雨。

九、规划管理及实施

1. 信息化建设

尽快建立城市排水防涝数字信息化管控平台，实现日常管理、运行调度、灾情预判和辅助决策，提高城市排水防涝设施规划、建设、管理和应急水平。建立城镇排水及暴雨内涝防治监管信息平台，建设城市降雨量跟踪分析模块、城市内涝防治基本情况考核模块、城市内涝事故报送模块、城市应对内涝处理情况考核模块等一系列功能模块。

2. 应急管理

强化应急管理，制定、修订相关应急预案，明确预警等级相应的处理程序和措施，健全应急处置的技防、物防和人防措施。

3. 维护管理

工程建设应建管并重，防止其他污物进入规划调蓄池、调蓄水体、绿地，并经常打捞调蓄设施内的垃圾等。

克拉玛依市独山子城区综合防灾规划（2014–2020 年）

2015 年度全国优秀城乡规划设计奖（城市规划类）表扬奖、2015 年度新疆维吾尔自治区优秀规划设计奖一等奖

编制时间： 2012 年 4 月一 2014 年 10 月

编制单位： 同济大学、克拉玛依市建筑规划设计（院）有限公司

编制人员： 戴慎志、张正、王江波、刘婷婷、赫磊、高晓昱、范晓旦、张小勇、冯浩、郭曜、陈敏、胡晓萍、郁璐霞、彭浩、邹家唱

一、项目概要

2012 年 10 月，同济大学和克拉玛依市建筑规划设计（院）有限公司受独山子区规划局委托，编制《克拉玛依市独山子城区综合防灾规划》。本规划根据独山子城区经济社会发展和城市建设实际情况，与城市总体规划相结合，按照“预防为主，防、抗、避、救相结合”的方针，坚持“以人为本、平灾结合，综合防御、重点保障，因地制宜、统筹规划”的原则，进行城区综合防灾规划编制，旨在提高独山子城区综合防灾能力，最大限度地减轻各类灾害损失。本规划主要解决3个问题：一是独山子的主要灾害类型，二是城区防灾能力，三是未来防灾工作重点。

规划以影响程度较大、影响范围较广的重大和特大规模灾害防御为主线，经过对各类灾害资料的全面分析，确认独山子城区需要重点防御的灾种为：地震、洪水、火灾与爆炸、地质灾害。通过对现状防灾能力的评价，目前独山子城区防灾工作的突出问题有两个：一是重要建筑的防灾能力不能满足国标要求，二是各类防灾空间设施和基础设施的应急能力不足。在规划对策方面，规划就避难场所、疏散通道、防灾工程、基础设施、防灾公共设施、建筑防灾，以及规划实施保障等环节，提出了系统的措施。

二、规划背景

近年来，我国各种重大自然灾害频繁发生，如汶川地震、玉树地震、舟曲泥石流、雅安地震、洪涝和火灾爆炸灾害等，均造成重大人员伤亡和财产损失，已经引起了各级政府和社会公众的广泛重视。

克拉玛依市独山子城区是石油化工城市，将被规划建设成为现代化石油化工基地、天山旅游桥头堡和生态宜居的高品质城区。随着城区西部、北部石油化产业的发展以及城区东拓、南延，城区存在较多灾害隐患和险情。一旦发生重大灾

独山子城区实景照片

害，极易产生次生灾害及连锁反应，将造成城区重大人员伤亡和财产损失。积极响应国家、自治区有关编制城市综合防灾规划的要求，整合独山子城区现有相关规划，补充综合防灾规划缺项，统一调配城市空间资源，优化城市防灾减灾救灾设施，处理好城区与厂区的防救灾关系，切实提升独山子城区的综合防灾能力，编制独山子城区综合防灾规划具有十分重要的现实意义。城市安全与防灾也是当前和未来城市发展建设的首要和关键问题，且与周围环境有密切关系。但是，独山子城区西部、北部石油化工厂区因安全、保密、管理等特殊因素，厂区的安全防灾规划未在本规划中表达展示，也使得本规划留有遗憾。

三、主要内容

本规划按照“陈述问题、剖析问题、解决问题”的思路，首先通过灾害描述与风险评估，识别出城区主要灾害类型和高风险区域；其次，通过城区防灾能力评价并评析现有相关规划，找出突出问题，明确规划目标与重点；最后，运用综合手段制定有针对性的规划对策与措施。

依据国家标准《城市综合防灾规划标准》（待公布稿）的内容与深度要求，考虑独山子城区的实际情况，本规划主要包含以下5个方面的内容。

1. 城区灾害调查与评估

包括灾害的现状特征、历史灾害事件基本信息、灾害成因分析等，通过多灾种的综合分析与评估，确定主要灾害类型、空间分布与影响程度，划定不同区域的土地利用适宜性程度以及不同区域的灾害影响程度。

2. 城区现状防灾能力分析

主要从安全性、可靠性、应急能力3个方面对城区安全六大要素系统“城市避难空间、防灾工程设施、市政基础设施、防灾公共服务设施、建筑、综合防灾应急管理”进行全面分析，找出现状防灾能力的不足与薄弱环节。

3. 相关规划评析

对现有相关规划进行梳理评价：明确既有相关规划的防灾设施在空间中是否发生矛盾，能否进行优化；评估各相关规划对现状防灾能力评估中问题的响应情况；挖掘规划城区新建地区的防灾能力问题，以确定本规划的工作重点。

4. 城市防灾空间布局与各系统规划

系统进行防灾空间、防灾工程设施、防救灾公共设施、应急保障基础设施、建筑、综合防灾应急管理等六大要素规划，制定规划目标、设施配置、空间布局、防护规定等。

5. 实施保障对策措施

包括城区综合防灾的制度建设、经费筹措、技术规定、宣传教育等方面的内容，增强本规划的可实施性。

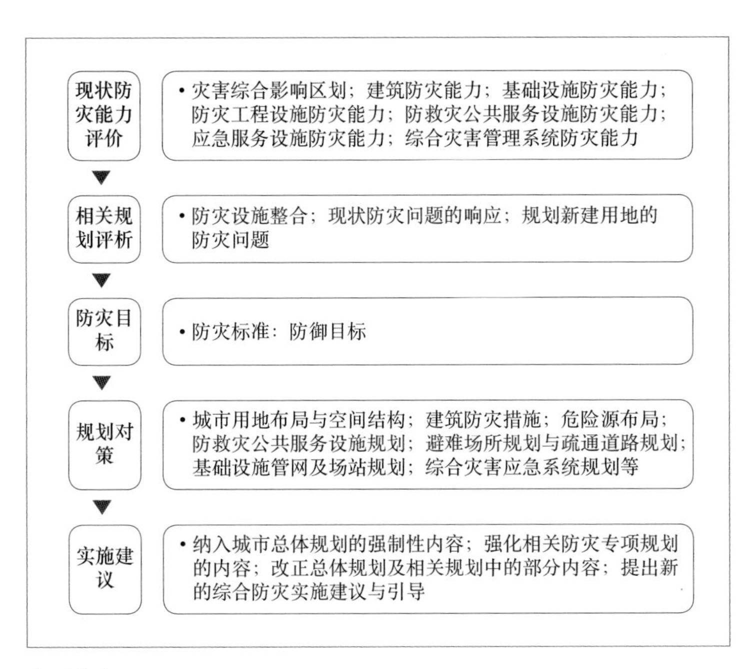

主要内容

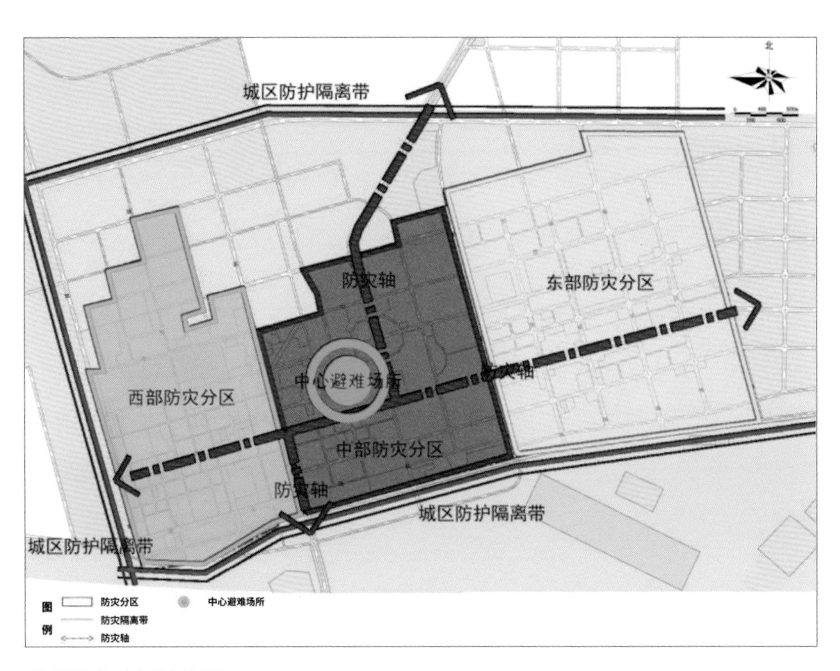

总体防灾空间结构图

四、项目创新

1.探索适合国家标准的城市综合防灾规划编制方法，参考示范作用大

本规划是目前国内首例按照国家标准《城市综合防灾规划标准》（待公布稿）要求编制的城市综合防灾规划项目。本规划探索与国家标准相适应的编制方法，制定了相适应的城市综合防灾规划编制框架和内容深度。本规划对研究制定推行国家标准的城市综合防灾规划编制办法具有参考价值，对其他城市编制综合防灾规划具有示范意义。

2. 城市综合防灾规划与城市总体规划有机融合，增强规划实施效能

本规划与《独山子城区总体规划》修编同步开展，规划措施中涉及设施配置与布局、城区土地使用、空间布局、环境管控等重要问题作为强制性条款纳入独山子城区总体规划的强制性内容中，彼此反馈。这样既保障了本规划的严肃性和可实施性，又提升了城市总体规划的安全性与可信度，为其他城市综合防灾规划编制以及城市总体规划编制提供了可借鉴的案例。

3. 系统进行单灾种灾害模拟与综合灾害风险评估，增强规划诊断依据和科学性

本规划利用ArcGIS软件开展洪水淹没评估、火灾危险性评估，基于半理论半经验公式的建筑抗震能力判断矩阵进行建筑抗震能力评估，利用ALOHA软件进行危险品爆炸分析等，并在ArcGIS软件平台中对多灾种空间进行权重叠加。在此基础上，进行综合防灾灾害风险评估。力使规划诊断可靠，提高规划编制的科学性。

4. 采用定性与定量相结合的评价方法，提高评价成果的准确性

本规划在进行城区现状防灾能力评估中，利用定性确定要素和定量确定权重相结合的评价方法，对城市避难空间、防灾工程设施、市政基础设施、防灾公共服务设施、建筑、综合防灾应急管理6个系统进行安全性、可靠性、应急能力的评价。即由涉及城市安全和防灾相关方面的专家、设计人员和相关各职能部门管理关人员根据专业知识和经验，分别确定6个系统之间的权重和安全性、可靠性、应急能力之间的权重，再由规划设计人员对所收集到的独山子城区这6个系统的资料根据此权重进行计算分析，得到独山子城区六大系统的防灾能力和现状整体的综合防灾能力评价结果。为了提高评价权重的合理性和准确性，本规划项目组向同济大学、上海市防灾救灾研究所和相关规划研究、设计、管理单位的专家以及独山子区相关职能部门的管理人员进行权重确定咨询；并利用新疆维吾尔自治区建设厅在同济大学举办城建系统干部进修班的机会，向进修班的全体人员（各州、地、市城建部门干部和专业人员）进行权重确定咨询，所得权重既在技术上可靠，也适合新疆实况。

5. 多方协调和公众参与，便于规划实施和监督

本规划编制历时年多，通过与自治区、克拉玛依市和独山子区相关职能部门的协商沟通，以及独山子区各个相关专业单位的协商，其间吸纳市民参与讨论意见，达成了综合防灾共

多灾种空间影响范围分析图

救灾疏散通道现状评价

评价因子		很好	较好	一般	较差	很差	权重（%）		得分
		10 ~ 8.5	8.4 ~ 7	6.9 ~ 5.5	5.4 ~ 3	2.9 ~ 0			
救灾通道	对外交通方式的多样性		8				40	35	8
	对外出入口的方位和数量		8				60		
疏散通道	疏散通道的系统性		7.5				35	40	7.325
	现状道路两侧建筑后退		8				40		
	路面状况			6			25		
应急能力	道路两侧绿带宽度				5		40	25	6.8
	灾时有效宽度		8				60		
综合评价	总分	7.43（较好）							
	1. 救灾通道现状较为完善，对外交通方式的可替代性较强，对外出入口数量满足相关规范要求。 2. 疏散通道现状较好，整体系统性较强，服务通达性基本覆盖到城市所有地区，现状道路两侧的建筑后退也基本满足要求，路面状况也较好。 3. 救灾疏散通道的应急能力较为一般，灾时有效宽度均能满足灾害来临时的通行要求，但是现状道路两侧的绿带宽度却缺乏相应的控制要求。								

专项现状防灾能力评价表

识，具备了推进规划实施的基础。同时，起到很好的宣传、教育作用，提高独山子区社会各界的综合防灾意识，使本规划具备了广泛、扎实的实施基础，也便于社会各界对规划实施监督和支持。

五、 研究提升及规划延伸工作

在此项目编制基础上，本规划团队完成了一项住房城乡建设部软科学研究项目《城市综合防灾规划编制与关键技术研究》；培养了 2 名硕士研究生，论文题目分别为《城市综合防灾规划中灾害风险评估方法研究》、《综合防灾视角下的城市基础设施规划关键问题研究》；团队成员在期刊、会议上发表了若干高质量论文《城市综合防灾规划中的关键问题探讨》（发表在《城市规划》杂志）、《城市综合防灾规划的困境与出路初探》（发表在《城市规划》杂志）、《城市综合防灾规划编制体系探讨》（发表在《规划师》杂志）、《城市避难场所应急服务能力评价方法与规划应对研究》（发表在《规划师》杂志）、《对避难场所规划中若干关键问题的思考》（发表在《四川建筑》杂志）、《城市综合防灾规划中防灾公共设施空间布局研究》（发表在《理想空间》杂志）、《城市综合防灾规划中的基础设施规划编制探索》（发表在 2013 中国城市规划年会）、《城市综合防灾规划的若干问题思索》（发表在 2013 中国城市规划年会）等。

六、实施情况

本规划已由独山子区人民政府审批并正式实施；由本规划指导和后续开展的有关规划项目也在正常实施中，实施效果良好。

本规划为《克拉玛依市消防专项规划（2014—2030）》等市级专项规划、正在编制的城市近期建设规划（2016—2020）和新一轮独山子区城市总体规划等规划编制提供重要依据，为独山子区抗震、人防设施建设和管理工作提供技术支撑，对南防洪渠改造、城区避难场所建设以及天津路、盘锦路、西宁路、大庆路等新建道路项目具有现实指导意义。

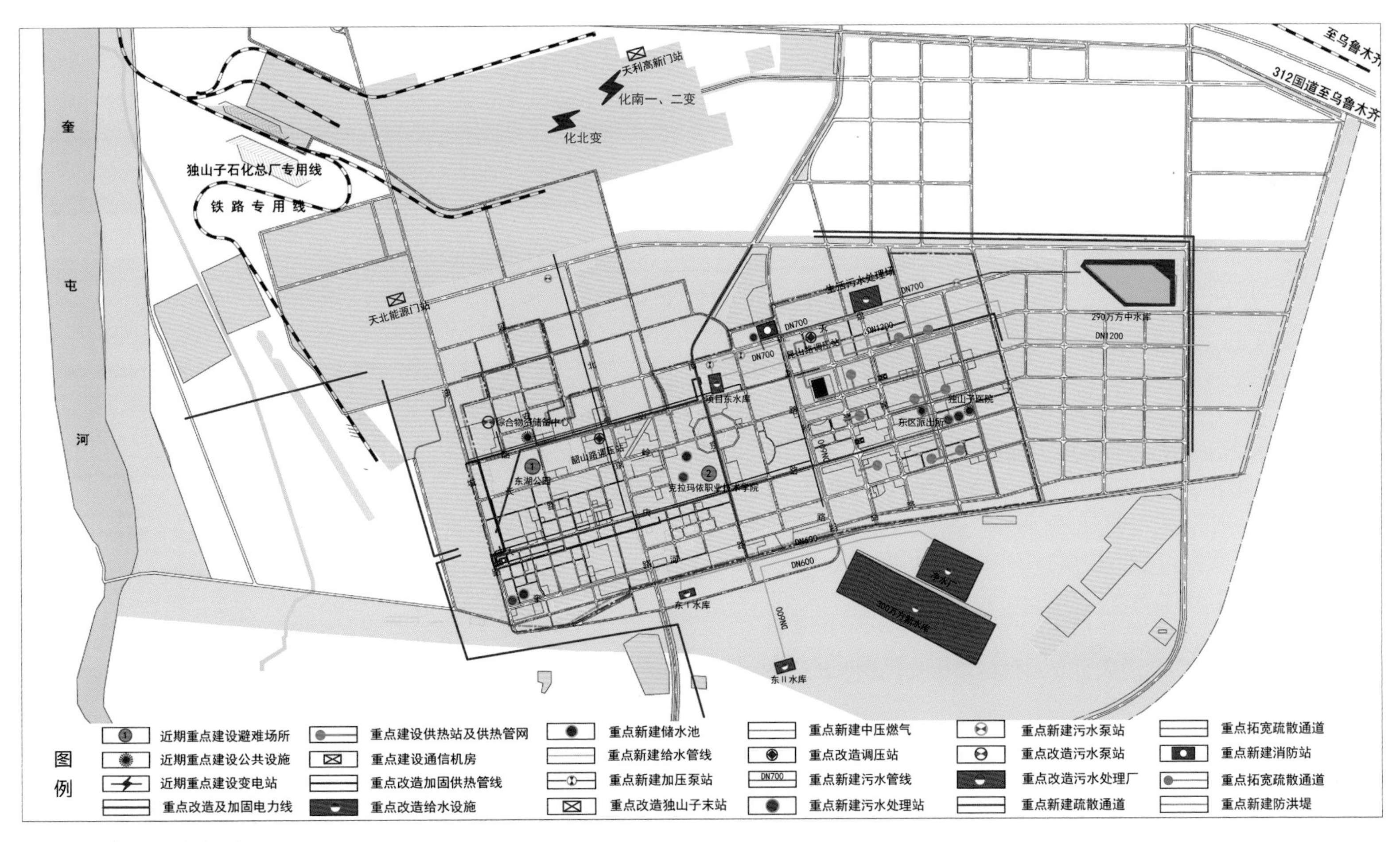

近期重点建设项目规划图

上海市优秀历史建筑保护技术规定（修订）

2015 年度上海市优秀城乡规划设计奖二等奖

编制时间： 2011 年 8 月—2013 年 7 月

编制单位： 上海市城市规划设计研究院

编制人员： 胡莉莉、奚文沁、李俊、陈鹏、陆远、施燕、扎博文、楚天舒、王梦亚、杨莉、王林、王磊、张亦佳、陈卓、刘敏霞

为切实提高优秀历史建筑保护精细化管理水平，统一各批次优秀历史建筑的表达形式和成果深度，2012年初，由市规土局牵头、市文物局和市房管局配合，三方共同对上海市632处优秀历史建筑的保护技术规定进行了修订。修订主要是以第四批《上海市优秀历史建筑保护技术规定》为蓝本，统一法定图则的成果形式与管理深度，增加实景照片，并对相关保护要求和历史信息进行勘误。通过调阅优秀历史建筑的历史图纸、收集和整理历史人文信息、为每一处历史建筑建立信息管理档案，形成"一图一表、一房一册"的工作成果，指导历史建筑的日常管理与修缮工作。

一、规划背景

上海历史文化悠久，优秀建筑荟萃，城市风貌独特，1986年上海被国务院公布为第二批中国历史文化名城。通过长期不懈的努力，上海已形成由"文物、优秀历史建筑、风貌保护道路，历史文化风貌区 "共同构成的"点、线、面 "相结合的城市历史遗产保护体系。为贯彻落实市委、市政府"十二五"时期制定的"创新驱动、转型发展"的发展主线，助力上海文化大都市建设，为国际化大都市建设提供重要支撑，充分发挥优秀历史建筑在传承文化、突显特色、资源利用、展示魅力、提升活力等方面的作用，市规土局在"十二五 "工作中明确形成了一系列城市历史风貌保护规划精细化管理的示范工程。

上海市第一至第四批优秀历史建筑先后于1989年、1994年、1999年、2005年由市政府公布，共计632处、2138幢（其中第一批61处又为国家级或市级文物保护单位）。此后，市规土局、市房地局和市文物局先后编制完成了第一至第四批《上海市优秀历史建筑保护技术规定》（以下简称《保护技术规定》），并获得市政府批准。目前上海第一至第四批优秀历史建筑由规土、文物和房管三家行政管理部门按各法定职责共同管理。从1989年公布第一批优秀历史建筑至今，时间已跨越20余年，这期间，城市建设与发展规模浩大，规划道路红线几经变更和梳理，优秀历史建筑周边环境乃至所在基地的城市面貌普遍发生较大变化。同时，随着社会发展，人们对历史建筑的保护意识逐步提高，分批次制定的《保护技术规定》也在逐步完善，因此，各批次成果的表达形式和深度均不一致。

为贯彻落实《中华人民共和国城乡规划法》，切实提高优秀历史建筑保护精细化管理水平，2012年初，由市规土局牵

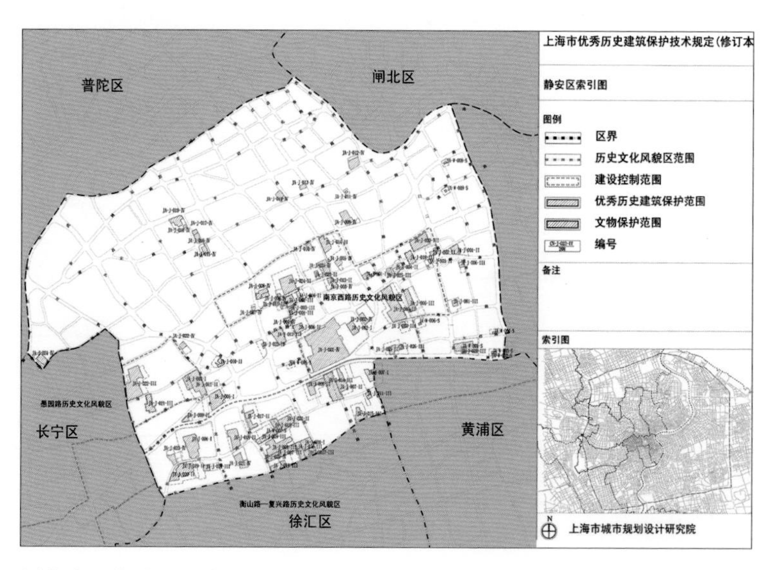

原静安区优秀历史建筑分布图

头、市文物局和市房管局配合，以第四批《保护技术规定》为蓝本，三方共同开展上海市第一至第四批《保护技术规定》的修订工作。通过整合三方审批与管理资源，优秀历史建筑保护形成了"一图一表"的管理模式。

二、主要成果内容

本次《保护技术规定》修订主要内容包括：统一第一至第四批632处优秀历史建筑的法定图则表达形式；以第四批《保护技术规定》为蓝本，收集整理历史建筑的铭牌、使用功能、利用情况、现状照片等信息，对《保护技术规定》的法定内容进行校核与勘误，做到一处建筑一张图表；除制作上报市政府的法定图则以外，为方便日常的规划管理工作，还制作了工作版的控制图则。

为协助各级政府对各区优秀历史建筑摸清家底，并方便日常管理和快速查询，本规划完成了各行政区优秀历史建筑的布局索引图。

在法定图则工作的基础上，针对每一处优秀历史建筑建立"一房一册"的信息档案。通过走访相关专家、部门和历史城建档案馆，项目组收集、补充、完善了优秀历史建筑的历史照片、历史图纸和人文信息，完善优秀历史建筑的保护要求和控制原则，以便指导建筑保护与修缮工作。

三、成果创新

1. 针对每处优秀历史建筑进行信息收集、整理、勘误，并建立信息管理档案

本次工作最大的难点在于，一直以来，优秀历史建筑的保护工作由多家管理部门长期共同参与，由于各部门管辖职责不同，对历史建筑所掌握的信息深度、广度各不相同。本次修订对各管理部门所掌握的信息按每处优秀历史建筑分别进行梳理、整合。信息收集主要包括现状基本信息、现状照片、历史资料、各部门的管理审批资料等。

（1）建立优秀历史建筑照片库

原有的第一至第三批《优秀历史建筑保护技术规定》中不包含实景照片，第四批《保护技术规定》包含部分照片。为便于管理，结合图则的要求，项目组针对632处优秀历史建筑（含文物）补充、增加了整体环境、建筑立面、建筑环境、保护重点、建筑细部、内部装饰等照片。从2012年2月至7月的6个月中，项目组投入10多名成员，冒着酷暑完成632处优秀历史建筑的现状踏勘工作，部分建筑进行了多番联合的二次踏勘；同时，把历史资料收集和现场踏勘补拍照片相结合，为每处优秀历史建筑（含文物）建立一个照片文件夹。

（2）校合并补充完善历史信息

历史信息是获知优秀历史建筑初始风貌的重要来源。

"绿房子" 历史图册信息

步高里保护技术规定图则

项目组通过与上海市住房保障和房屋管理局档案中心签订档案调阅及保密协议，获得部分第二、第三批优秀历史建筑的照片；同时扫描并整理大量与历史建筑有关的历史文献、地名志和老照片等，包括《上海百年名宅》《上海百年名楼》《回眸》《上海建筑百年》（1～7期）及影像资料（城建档案馆提供）；工作中期，项目组还与城建档案馆对接，调阅了近200处优秀历史建筑的历史图纸资料。通过这些工作，项目组补充、完善了《保护技术规定》中包括照片、图纸、改造信息等在内的历史信息。

（3）大量信息进行校核

本次修订对多部门信息进行梳理、核对并建立对应关系；对原技术规定中出现的错误内容进行勘误或增补；对最新图则增加表格表述的内容，做到与图纸信息一致。重点需要核对有更改的内容，如路名、地址；保护建筑已拆除、复建或移位；原部分保密单位因地形图处理导致位置不对；年份不准确、风貌不佳的后期搭建、新建建筑；对建筑重点保护部位进行勘误核对；对相邻保护建筑保护范围重叠的部分进行归整；对有管理调整程序的优秀历史建筑进行调整、备注、登记等。

2. 形成“一图一表”的工作成果，指导优秀历史建筑日常工作管理和修缮

本次修订以“一图一表”的成果形式涵盖包括优秀历史建筑过去、现在以及未来规划控制在内的大量信息，便于日常工作管理，同时加强各部门管理工作的信息透明度；对每栋优秀历史建筑提出具有针对性的保护管理要求，使每栋历史建筑的保护、修缮和利用均能做到有据可依、有史可溯。

历史建筑的信息管理档案包括文本和图则两个部分。图则主要涉及规划管理、建筑修缮和利用的基础信息，包括优秀历史建筑的地址、名称（现名称及原名称）、实景照片、建筑简介、保护要求以及管理调整程序，并增加以行政区为单位的成果，配合管辖权限调整，形成分行政区的文字和图则成果，最终形成工作版和上报版两轮控制图则。

文本方面，在图则工作的基础上，补充、完善了大量现状调研照片以及历史图纸和人文信息，进一步完善优秀历史建筑的保护要求和控制原则，以便在保护和修缮历史建筑时查询历史资料，还原历史原真性。

3. 完成优秀历史建筑与城市道路红线的比对，对涉及冲突的部分提出 3 类解决方案

本次修订对涉及冲突的部分提出3类解决方案。法定图则修订完成后，按照市规土局最新的规划红线进行了新一轮道路红线更新工作，梳理出159处涉及与城市道路红线之间有冲突（优秀历史建筑本体侵占道路红线）的优秀历史建筑，按照冲突情况进行分类并最终确定3种解决方案，以便管理部门在日常管理审批中使用。

4. 构建健全的组织架构与工作保障制度，确保工作开展的可持续性

由于风貌保护工作的日常管理主要由市规土局、文物局和房管局共同参与，本次修订工作基本形成较健全的工作组织架构和工作保障制度。固化项目组人员构成与安排，形成领导小组、顾问小组、工作小组3个工作团队。健全的工作保障制度，为我们开展后续类似的大型保护工作提供了可以借鉴的工

保护图册

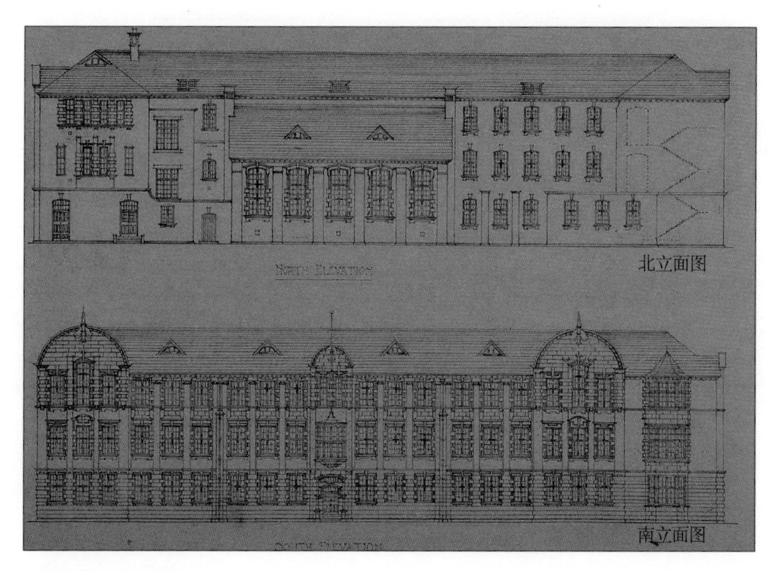

西童男校历史资料

作组织架构与保障制度。

5. 在工作中充分发挥专家特别论证制度的作用

本次修订工作形成了由业界知名学者组成的固定顾问小组，工作过程中保证专家论证参与到各个阶段，定期召开顾问小组集中释疑论证例会。成果评审阶段依据各专家学术专长，按行政区、按内容划分由固定专家负责阶段成果审核，保证成果的准确性与权威性。

四、实施应用情况

本规划成果于2013年5月经上海市历史文化风貌区和优秀历史建筑保护专家委员会审议通过，同年11月获市政府批复（沪府[2013]102号）。相关成果已在市规土局政府官网上公布，并下发各区县政府、各有关部门按照成果执行。

从本规划成果的实施作用来看，修订后的《保护技术规定》将更有效地指导优秀历史建筑修缮项目以及保护范围和建设控制范围内建设项目的审批和实施，也将对加强优秀历史建筑和历史风貌保护、促进城市建设与社会文化协调起到重要的促进作用。在其指导下，"绿房子"（吴同文住宅）等一批优秀历史建筑已成功完成保护修缮工作。在2014年6月14日的文化遗产日上，修缮后的"绿房子"迎来数万名排队参观的热心市民。

"绿房子"修缮前后对比

上海市有轨电车线网规划研究

2015 年度上海市优秀城乡规划设计奖二等奖

编制时间： 2012 年 5 月—2013 年 12 月

编制单位： 上海城市交通设计院有限公司、上海市城市建设设计研究总院（集团）有限公司

编制人员： 董明峰、肖辉、徐一峰、沈忆程、万鹏、操春燕、朱鲤、李永、陆磊、许佳、黎冬平、陈琛、唐淼、包佳佳、陈雷进

一、规划背景

上海正处于“四个率先、四个中心”机遇期，“创新驱动、转型发展”攻坚期，更是公共交通优先发展的关键期。中心城区蔓延至近郊一带，远郊新城充分发展，轨道交通已基本形成网络化运营格局，客运量增幅逐年加大。中心城区部分轨道交通线路高峰供应略显不足，郊区新城主要仍以单一轨道交通或普通地面公交为主。在公交需求量大、轨道交通无法覆盖、普通地面公交无法满足服务需求的情况下，有必要根据公共交通布局和客流分布，考虑发展中运量公交方式，以满足地区多样化的公共交通出行需求。

根据市领导批示精神和市发改委的分工，2012 年 4 月，我院按照上海市交通运输和港口管理局的要求对本市有轨电车的规划和制式开展了研究；2013 年，我院正式中标上海市政府采购中心《上海市有轨电车线网规划采购项目》。经多次讨论修改后，形成了《上海市有轨电车线网规划》的成果，最终于 2013 年 12 月顺利通过专家评审。

本项工作的研究范围为上海市全境，重点研究中心城及其拓展区、郊区新城等。研究年限为 2020 年，并适当展望远景年。

二、规划思路

合理的公共交通体系应由大、中、低运量的公共交通系统共同组成，借鉴国内外先进发展经验，上海公交体系中缺少中运量公共交通，而作为中运量公共交通的主体，有轨电车在补充轨道交通线网覆盖不足、提高公交运输效率、提高公共交通服务品质等方面都有显著优势。

规划立足于经济社会发展等外部环境，着眼于轨道交通等大公交系统乃至整个交通系统，对上海市有轨电车未来的发展战略和目标、层次结构、功能定位、制式选择、布局形态等进行了深入研究，对中心城、郊区新城和重点发展地区的线网布局方案进行了专题研究。规划既有远景布局又有近期实施计划，对进一步贯彻落实公共交通优先战略、完善公交结构和网络、提升公交服务水平、积极服务民生具有重要意义。

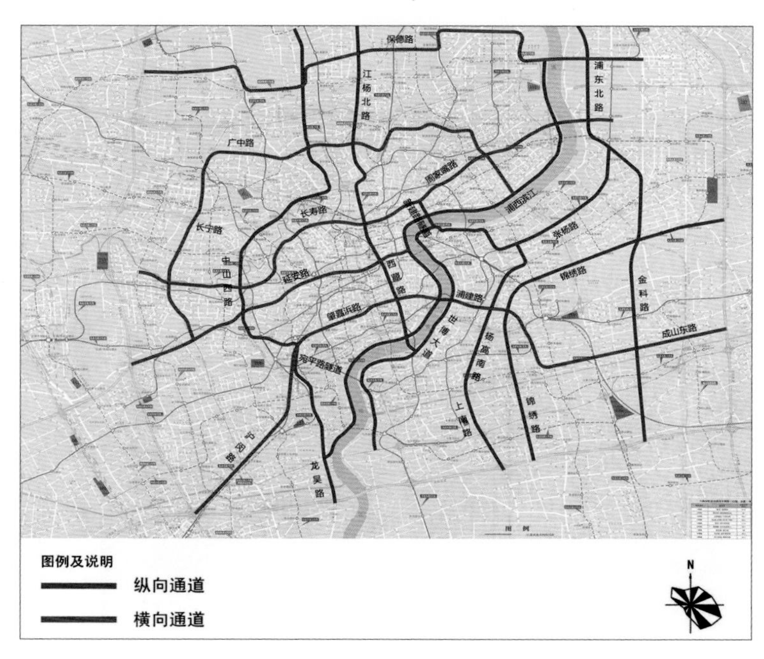

中心城有轨电车规划图

三、规划要点

1. 中运量功能定位

中运量公共交通是上海市公共交通体系的组成部分，作为轨道交通系统的补充，承担中运量次要客流走廊的功能，是第二层次的公交体系，是介于轨道交通与常规地面公交之间的公共交通方式。

中运量公共交通在不同区域的应用模式上有所不同，具体功能可分为3类：

（1）作为中心城轨道交通的补充

在轨道交通站点覆盖不足或轨道交通运能不足的客流通道上布设，提高中心城区地面公交的运输效率。

（2）作为拓展区公交系统的补强

完善拓展区公交系统网络，轨道交通延伸，增强轨道交通线路之间的相互联系，提高大、中运量公交系统的服务水平。

（3）作为新城地区的骨干公交

在新城地区建立中运量公交网络，与轨道交通市域线形成骨干公交网络，从而服务新城地区内部客流、集散轨道交通客流。

2. 发展规模

参照国内外部分城市人口、面积和大中运量线网里程、线路负荷强度，根据上海市经济社会发展趋势与公交发展目标，分别采用线网密度法和交通需求法，计算上海中运量公共交通总体规模需求为 850~1150km，其中，中心城区为200~300km，外围地区为 650~900km。

现代有轨电车是中运量公共交通系统的主体形式。现代有轨电车主要应用于上海市中心城区（公交客流量大、发展成熟）、郊区新城（引导发展、与用地结合）和功能拓展区（或特色区域），将形成网络化格局。

3. 有轨电车线网规划的基本原则

（1）现代有轨电车线网规划应与城市空间发展结构、用地布局紧密结合，充分发挥现代有轨电车对城市发展的推动作用，提高交通设施利用率，促进沿线土地的集约利用。

（2）现代有轨电车线网规划应与地区特征、用地性质相协调，根据不同区域特点确定不同的功能定位和发展规模，串联主要人流集散点、商业发达地区和居住区，保障线路运营效益。

（3）现代有轨电车线网规划应与城市对外交通、常规公交、轨道交通、机动车、自行车和步行等系统合理衔接和协调布局，与公路网、轨道网（含铁路）、枢纽网、专用道网多网络融合，形成多层次、复合、高效的综合交通网络。

（4）现代有轨电车应纳入城市公共交通系统统一管理，采取必要政策和管理措施保证“公交优先”实施到位，同时兼顾对道路交通管理、环境景观等方面的影响。

4. 中心城区线网规划方案

（1）功能定位

对中心城区轨道交通完善和补充，承担其未覆盖或能力不足的公交客流走廊。一方面，对轨道交通规划网络尚未覆盖的客流走廊进行加密完善；另一方面，对现有轨道交通运力不

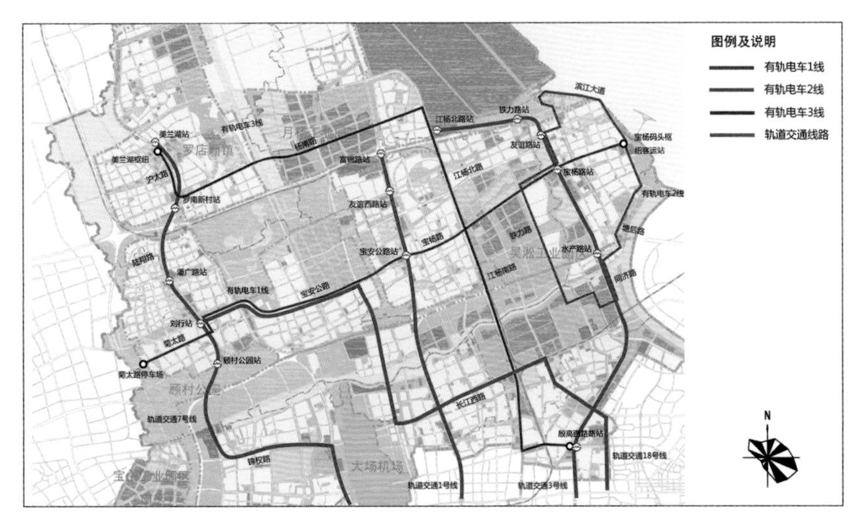

宝山新城有轨电车规划图

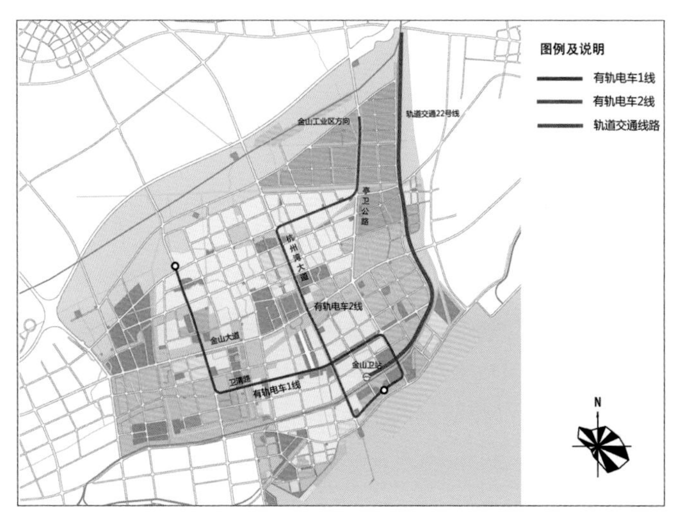

金山新城有轨电车规划图

足的客运走廊进行重合布设，补充通道客运能力。通过有轨电车的布设，支撑中心城地面公交线网优化。

（2）规划方案

根据布局原则，通过公交客运走廊和轨道线网服务能力分析，规划在中心城形成“六横七纵”的有轨电车线网格局，线路总长 288km。

其中，六横是指北横通道、延安路、肇嘉浜路—浦建路—成山东路、保德路、广中路、沪闵路—宛平路隧道等，共计 124km。

七纵是指江杨路—西藏路—上南路、万荣路—内环—龙吴路、浦西滨江、新建路—浦东滨江、张杨路—杨高南路、浦东北路—金科路、锦绣路等，共计 164km。

全网配车约 600 列车，共需 60 万~70 万 m^2 有轨电车停保用地。规划主要利用中心城现有公交站场用地，通过综合改造，满足有轨电车主要车辆停放及日常维护功能的需求。厂架修等结合外围区域，选址建设。

5. 虹桥商务区线网规划方案

虹桥商务区位于上海西部，总面积 86.6km^2，包括主功能区和主功能区拓展。规划在虹桥商务区规划形成 6 条轨道交通线路和“两纵四横”线网布局形态。

根据虹桥商务区公交客运走廊分析，规划有轨电车线网规模为40km。规划形成双环放射型有轨电车线网，并预留向外拓展辐射发展可能性，定位为集聚客流+内部沟通功能，与中心城延安路、北横线预留衔接通道。

6. 国际旅游度假区线网规划方案

上海国际旅游度假区位于上海东南部，面积为 24.7km^2，由核心区和发展功能区共同组成。

根据上海国际旅游度假区结构规划及交通需求预测分析，规划有轨电车线网规模 60km，总体为“环形+放射型”结构。主要补充轨道客流集散和内部交通联系，内部线路 20km，对外辐射线路 40km。

7. 郊区新城线网规划方案

（1）功能定位和发展规模

新城区骨干公交系统主要存在三种需求，分别是新城区—老城区、新城内部、新城—重点镇—新城之间。

新城—中心城之间的联系呈现出行距离较长、客流规模较大、潮汐较明显等特征，因此，轨道交通是主要承担方式，快速公交可以作为补充，规划的重点是多种方式间的线位协调与枢纽衔接。

新城内部（含附近镇、大居）则呈现出行距离较短、城市引导发展的需求较高等特征，因此，有轨电车可以作为骨干交通方式，规划重点是与轨道交通站点衔接形成网络化效应，建设迫切性较高。

新城—重点镇之间的联系呈现出行距离较长、客流规模中等、高峰与平峰差异较大等特征，因此，快速公交是较为经济的一种方式，规划重点是与沿线交通枢纽保持良好的衔接。

各新城根据发展实际形成相对独立的有轨电车网络，总规模约 400~500km。

（2）规划方案

松江新城有轨电车合理规模为 70~97km。该区域有轨电车线网主要服务松江老城、大学城、商务区、南部大居、泗泾大居、佘山、车墩旅游区。与轨道交通 9 号线、22 号线换乘。

嘉定新城有轨电车合理规模为 52~71km。该区域有轨电车线网主要服务新城主城区、南翔片区、马东片区、安亭片区、黄渡大居等。与轨道交通 11 号线、原 17 号线（嘉闵线）和沪宁城铁换乘。

宝山新城有轨电车合理规模为 43~60km。该区域有轨电车线网主要承担“新城东西向、区域南北向”公交客流。与轨道交通 1、3、7 号线换乘。

南桥新城有轨电车合理规模为 40~55km。该区域有轨电车线网主要服务串联轨道交通站点（枢纽）、快速公交站点及居住区、商业区、办公区、产业区等。与轨道交通 5 号线换乘。

嘉定新城有轨电车规划图

临港新城有轨电车合理规模为 42~57km。该区域有轨电车线网主要沟通主城区、重装备物流园区、主产业区、综合区等。与轨道交通 16 号线换乘。

青浦新城有轨电车合理规模为 31~43km。该区域有轨电车线网主要服务青浦新城。与轨道交通 17 号线换乘。

闵行新城有轨电车合理规模为 37~51km。该区域有轨电车线网服务轨道交通线网覆盖不足地区。与轨道交通 5 号线、8 号线、15 号线、原 16 号线换乘。

金山新城有轨电车合理规模为 15~20km。该区域有轨电车线网主要服务金山新城内部集散客流。与轨道交通 22 号线金山铁路换乘。

崇明新城有轨电车合理规模为9~13km。该区域有轨电车线网服务新城居住区、工业区。与轨道交通 19 号线换乘。

8. 效益评价

规划线网能够覆盖 70% 的大型居住区，其他大型居住区由于站场和运营费用较高，不建设单条有轨电车线，可以结合其他公共汽车制式予以覆盖。

规划有轨电车规模相当于 9000 辆常规公共汽车，可以承担日公交量约 400 万乘次，约占地面公交客运量的 35%；可减少中心城区约 3000 辆常规公交车，从而减少道路交通流量，提高道路资源利用率；相当于现状可减排约 40%，节约能耗 16%，打造低碳绿色公交的发展目标。

根据有轨电车线网规划，中心城和外围区大、中运量轨道交通线网密度得到进一步提高。中心城轨道网总长度由原来规划的 511km 增加到 799km，线网密度由原来的 0.77km/km^2 提高到 1.2km/km^2，增幅 56%。郊区新城和拓展区大、中运量轨道网密度明显提高，普遍增加 2~5 倍，轨道网密度基本达到 0.4km/km^2 以上，按人口计算基本达到 0.5km/万人以上。

有轨电车网络与综合交通枢纽网络紧密衔接，与轨道交通网络密切配合，与公交专用道网络共同构成了地面公交骨干快速通行网络。

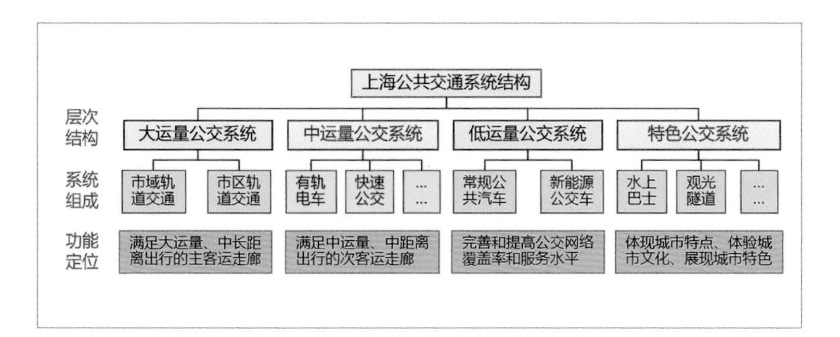

上海公共交通系统结构图

四、规划特色和亮点

1. 定位分析

从功能定位上讲，中运量公交总体上作为轨道交通系统的补充，但在不同区域的应用模式上有所不同。

从适应性、安全、成熟经济、环境等方面考虑，经过研究，选择现代有轨电车作为上海市中运量公交主体。

2. 分析比对

规划总结了张江有轨电车的发展经验，并对不同制式的有轨电车进行了对比分析。规划根据研究提出现代有轨电车作为中运量公交主体，建议总体发展规模约700～900km，约占中运量公交的80%。

现代有轨电车主要应用于：（1）中心城区，主要在公交客流量大、发展成熟的区域；（2）郊区新城，体现引导新城发展的功能，须与土地利用规划相结合；（3）功能拓展区或特色区域。有轨电车发展时应形成网络化格局，发挥规模效应。

3. 提出方案

规划分别对中心城区、郊区新城以及虹桥商务区、国际旅游度假区等功能拓展区的有轨电车规划原则、线网布局方案等进行了深入研究，并对松江新城和南桥新城提出了近期建设示范线方案，使得实施部门具有较好的操作性。

有轨电车在郊区新城的主要功能是支撑郊区新城发展建设和引导重点拓展区域发展。有轨电车在中心城区的主要功能定位是：完善和补充中心城区轨道交通，承担其覆盖或能力不足的公交客流走廊。

规划对示范线的站点布置、断面形式、车辆基地选址等均提出了具体的规划方案，具有较强的可实施性。有轨电车建成后对公交转型发展、提升公交吸引力、减少道路公交车流量、节能减排乃至有轨电车产业化等均具有深远意义。

五、实施效果

规划建议现代有轨电车规划分阶段并分市、区两级实施。首期重点推进外围地区示范线工程，由区落实线路规划，报市归口审批，市补贴政策进一步专题研究。中心城区线路由市落实线路规划，建设资金可纳入公交专项资金。在本规划项目的指导下，松江有轨电车已经开始建设，计划于 2018 年年底试运营，各区县的有轨电车规划研究工作相继开展，中心城区对浦西滨江等通道也开展了有轨电车的研究工作。

钦州市城市交通综合网络规划

2015 年度上海市优秀城乡规划设计奖二等奖

编制时间： 2011 年 8 月一 2013 年 11 月

编制单位： 上海市政工程设计研究总院（集团）有限公司

编制人员： 徐健、陈红缨、汪洋、黄璇、王重元、李健、韩文兵、张亮、刘莹、艾伏平、沈静

一、项目概要

本规划以城市发展现状与趋势预判为基础，系统地制定城市综合交通规划方案，为钦州市未来交通的发展提供清晰的战略思路，有效指导城市近期交通设施建设。 规划范围达到 $328km^2$，规划人口包含183万。规划在对外交通、道路交通、公共交通、慢行交通、交通枢纽、静态交通、货运交通、交通管理、交通信息化等综合交通常规基础工作内容之外，还同期开展了五项专题研究，使得规划方案更具有落地性。规划成果实现了一个突破：深度突破了建设部《城市综合交通体系规划编制导则》的编制要求；三大创新：一是运用综合数据交互分析法，二是提出多项量化的交通发展战略指标，三是提出体现低碳生态规划理念的规划技术指标。《钦州市城市交通综合网络规划》是广西第一个与城市总体规划同步编制的城市综合交通规划，突出了近远期结合的可操作性特色，并依托规划项目开展科研课题研究，实现良好互动。

二、规划背景

钦州市位于广西南部、北部湾经济区地理中心，是我国面向东盟开放的最前沿，也是我国大西南地区最近的出海口，交通区位优势十分明显。首先，2008年1月，国家批准实施《广西北部湾经济区发展规划》，钦州上升为国家战略的重要组成部分，区域交通中心、航运中心、物流中心的地位日益显著；其次，钦州城市总体规划修编启动，“一城两区带状多组团”的城市空间拓展，需要交通先行引导；再次，国家对外合作窗口——中马产业园的开发建设，需要高效、便捷的交通网络支撑；最后，滨海新城、三娘湾旅游区等城市新区建设也需要交通设施支撑。

随着城市经济的持续高速发展，钦州市中心城区交通矛盾日益突出。骨干道路未成网络，过江通道明显不足，公交系统薄弱，大量的摩托车降低道路交通运行效率，随意停放的静态交通对道路动态交通造成显著干扰，慢行环境比较差。

在这种情形下，需编制城市综合交通规划，在宏观层面对全市交通发展进行指导，在中、微观层面提升全市交通运行效率。

三、规划构思

本项目时值钦州市确定全市科学发展、和谐发展、跨越

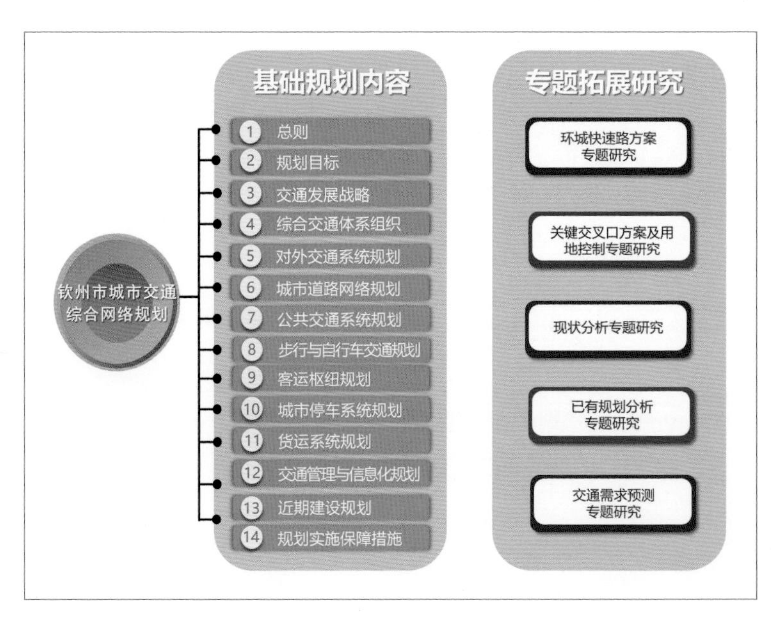

城市交通网络规划总体框架

发展的三大发展战略主题，城市跨入了快速发展的通道，城市交通设施也处于加快建设或改造升级阶段。但指导城市交通设施建设的相关规划较为欠缺，迫切需要开展深入的钦州城市交通系统研究，全面指导钦州市城市交通的规划设计、建设和管理。一系列由不同部门密切参与合作的建设性工作形成了完整的规划思路，并且涵盖了规划编制、指导实施工作、研究提升等多个方面。规划构思是项目成功推进并取得实效的关键。

第一，把握项目难点。如何利用钦州交通区位优势，打造区域航运、物流中心？如何建立合适的交通规划标准体系，便于中国、马来西亚共同使用？如何构建港口集疏运体系，合理处理港口货运与城市客运关系？这些是开展本项目的三大难点。只有从项目初始就把握住项目难点，才能在后续规划方案中有的放矢地进行优化调整。

第二，明确总体思路。从4个方面入手，首先为交通引导，建设“3快”网络（快速路、轨道交通、BRT），满足城市交通需求，支撑和引导城市向外发展，构建新的城市格局；其次为公交优先，按照公交出行比例35%的高标准配置公交基础设施，提升公共交通服务水平，加强公交设施保障；再次是慢行提升，提升慢行交通的系统地位，加强行人的安全保障，满足慢行交通的舒适性要求；最后为客货分离，基于北部湾区域建设区域，货运专用通道，中心城区内部限制货车通行。

第三，精确项目定位。本规划具有三大战略要求：总规互动、规划控制和指导近期。与城市总体规划同步、互动的交通战略性规划，意味着实现交通规划与城市规划一体化，保障城市布局和交通网络的良好配合。规划控制则重点解决城市综合交通体系构建和重要基础设施的规划控制。近期将针对不同建设时序，指引城市近期建设，同时根据区域不同的交通特征，给予相应的规划定位。

四、主要内容

1. 项目总体框架

本规划在对外交通、道路交通、公共交通、慢行交通、交通枢纽、静态交通、货运交通、交通管理、交通信息化等14

环城货运公路环规划图

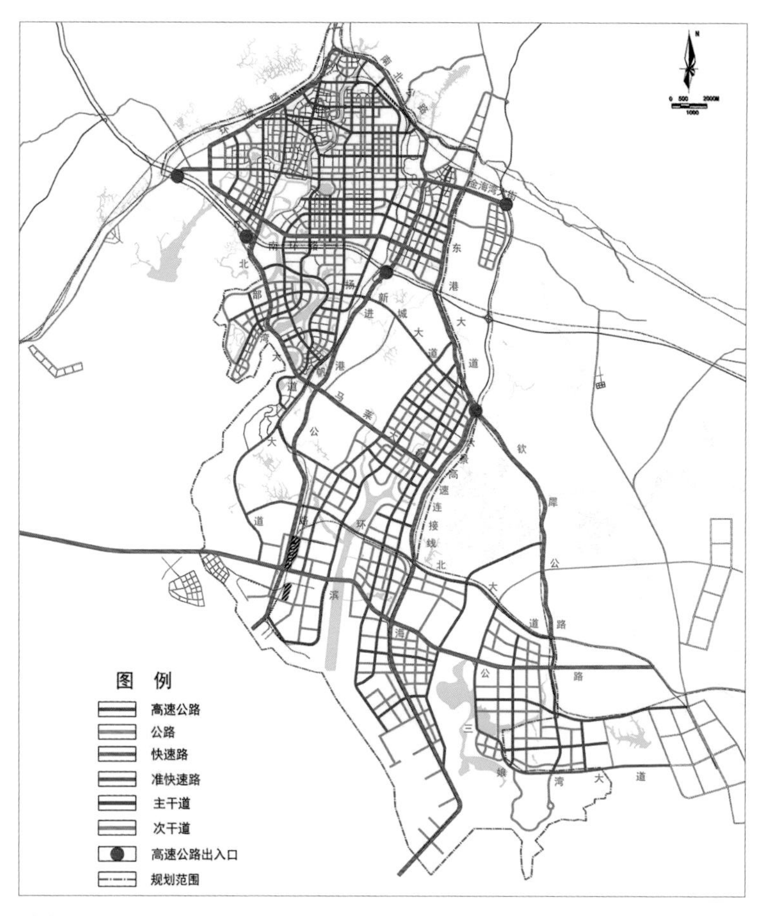

城市道路系统规划图

项综合交通体系规划的常规基础工作内容之外，还开展了环城快速路方案、关键交叉口方案及用地控制、现状分析、已有规划分析、交通需求预测5项专题研究。

2. 一次覆盖全市的综合交通大调查

规划编制过程中组织了一次覆盖中心城区范围的综合交通大调查。调查涉及14类交通系统，动员3000余人次，耗时2个月，得到超百兆的现状交通基础数据。

3. 一部切合城市总体规划的交通发展战略报告

规划确定公交优先+多模式均衡的综合交通结构。以此为依据，在以人为本的根本原则下，提出了倡导公交优先、平衡设施供应、践行绿色低碳、实现多种交通方式协调发展的总体发展战略。

以公共交通为例，规划提出建立多层次公交线网，为广大市民提供多层次的公交服务，以满足多层次的公交需求。

4. 一张多元、互容、高效的交通综合网络系统

对外网络层面，构建环城货运公路环、分离客货，并将原有的南北公路外迁，置换出城市发展空间；利用区域资源，通过龙门大桥经防城港市高速公路系统，构建钦州港疏港通道。道路网络层面，构建“一环两横四纵一联”快速路网、“四横四纵”的准快速路网、“十三横十五纵”主干路网；公交网络层面，规划建设“一环两纵”轨道交通网、“一环一横五纵”BRT网；慢行网络层面，规划建设“四带七轴”慢行廊道网以及442km慢行干道网。

5. 一个精确可信的城市交通发展数据库

通过运用GIS系统、交通软件分析系统，形成了一个钦州市城市交通发展数据库，实现了城市交通运行现状与城市交通未来发展之间的科学结合。

五、项目特色

1. 一个突破

在编制综合交通体系规划时，综合考虑未来工程的可实施性，根据要求开展环城路快速路方案专题研究、北部湾大道

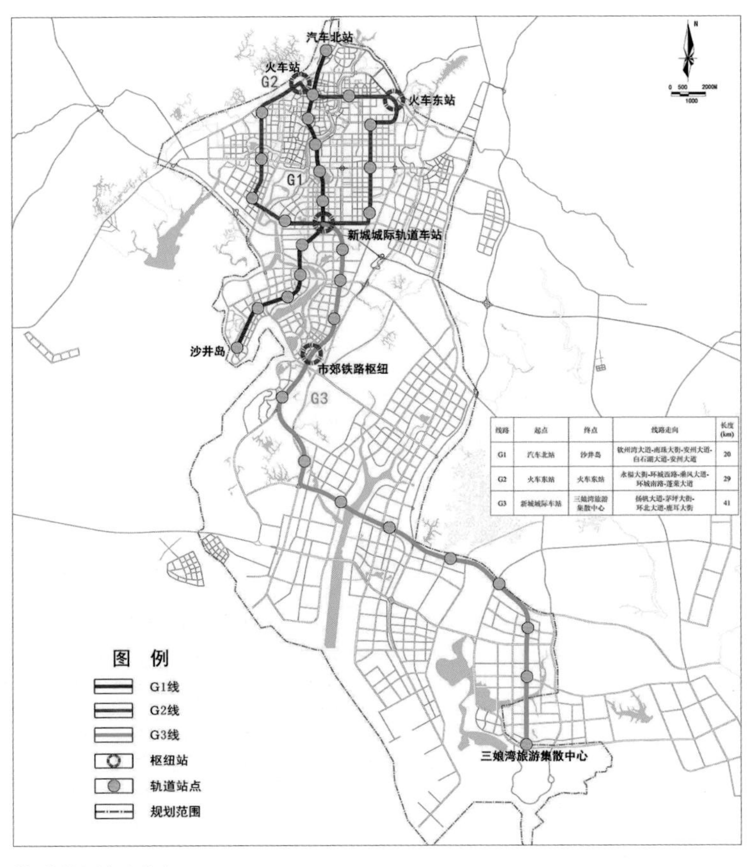

线路	起点	终点	线路走向	长度(km)
G1	汽车北站	沙井岛	钦州湾大道-南珠大街-安州大道-白石湖大道-安州大道	20
G2	火车东站	火车东站	永福大街-环城西路-乘风大道-环城南路-蓬莱大道	29
G3	新城城际车站	三娘湾旅游集散中心	扬帆大道-茅坪大街-环北大道-鹿耳大街	41

轨道线网规划图

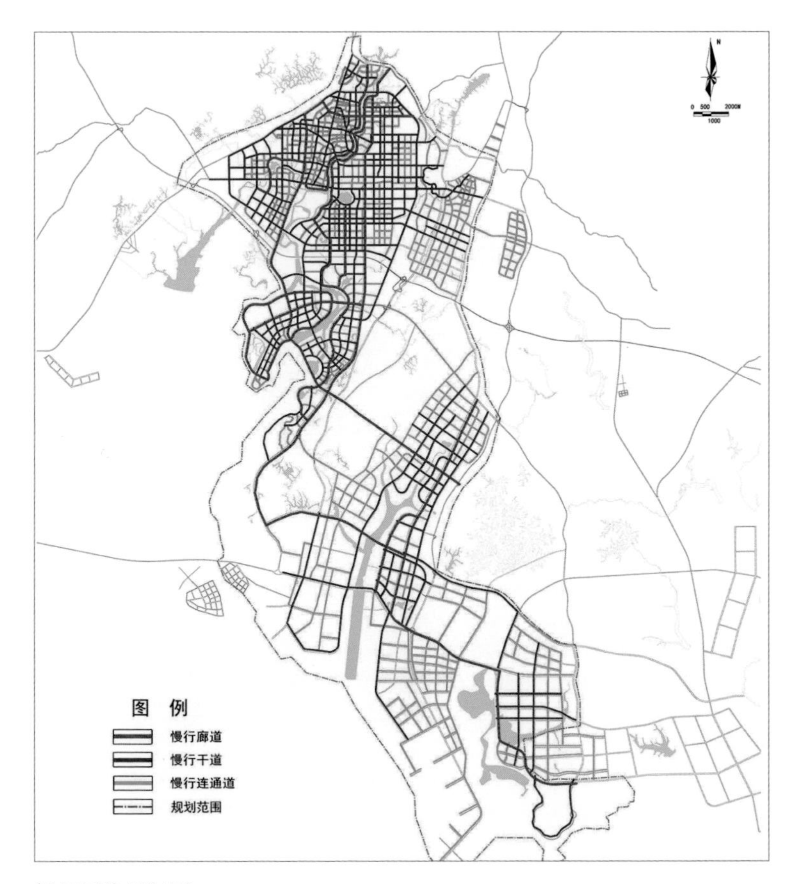

慢行网络规划图

/金海湾大街交叉口等10个重要节点方案的专题研究。该项工作将工程方案的实施要素提前引入规划阶段，使得规划方案更具有落地性。规划深度突破了建设部的《城市综合交通体系规划编制导则》的编制要求。

2. 三大创新

（1）创新应用综合数据交互分析法

前期对14类交通调查的数据运用了交互分析的方法，将各交通系统相对独立的调查数据进行统筹分析，系统间数据互相引用并交互校核，使得调查数据体现出的交通特征同城市交通现状特征取得高度一致，极好地支撑了未来规划方案的研究。

（2）创新提出多项量化的交通发展战略指标

交通发展战略是城市交通发展的指导纲领，通常只有纲领性的指导意见，没有具体的量化指标。本规划根据钦州城市的发展需求，针对性地提出了包括路网时效性指标、路网容量指标、公交服务指标、环境与安全指标，将交通发展战略通过量化指标进行衡量，并在形成规划方案后，运用相应的发展指标进行评价，以验证规划方案对于交通发展战略的实现程度。

（3）创新提出体现低碳生态规划理念的规划技术指标

本规划为实现节约土地资源与满足交通需求之间的合理平衡，突破以前规划只注重满足交通需求为目标的局限，综合平衡满足交通需求、优化资源利用、保障环境质量三方面的目标，在平均饱和度（反映满足交通需求的指标）之外，创新地提出客运能耗上限比、CO_2排放上限比等指标，反映城市交通占用资源、环境影响水平，凸显当今节约资源、环境保护等新趋势，构建需求导向的、资源导向的、环境导向的综合交通系统，形成低碳、便捷、高效的城市综合交通体系。

3. 三大特色

本规划是广西第一个与城市总规同步编制的城市综合交通规划。城市综合交通规划与城市总规、重点区域城市设计、重要道路设计等规划设计同步、互动，实现交通规划与城市规划一体化，保障城市布局和交通网络的良好配合，确保规划方案科学、合理，并且具有实时性，可操作性强。

本规划突出了近远期结合的可操作性特色。钦州城市交通发展受经济条件的限制，尚不可能大规模建设，规划方案结合城市发展的近远期需求，一方面对重大工程项目规划方案的可行性进行充分论证；另一方面从近远期结合的角度着手，近期缓解交通矛盾，预留远期交通设施用地，确保规划方案的前瞻性与可操作性。

依托本规划项目，开展科研课题研究，实现科研与规划间的良好互动。依托本项目，开展了"城市骨干路网规划设计关键技术研究"、"公交优先的城市干道规划设计研究"两项课题，以《城市骨干路网规划设计关键技术研究》为例，该课题深入研究城市骨干路网的形态、规模、布局方法，以及设计车速、单车道通行能力、典型断面等设计要素。该课题已通过验收，同时，申请了一项专利《城市路网密度的计算方法和计算装置》，并在国内期刊及会议上发表了多篇论文。

六、实施情况

规划批准后，钦州市中心城区先后实施钦州东站、子才大桥、白石湖周边道路、中马大道、六景高速公路等工程，部分项目已经建成通车。

子才大桥实景照片

中马大道实景照片

巨化工业遗产保护与开发规划

2015 年度上海市优秀城乡规划设计奖二等奖

编制时间： 2013 年 8 月—2014 年 1 月

编制单位： 上海红东规划建筑设计有限公司

编制人员： 杜世源、曹继林、卢向东、王光华、王晓蕴、邵睿、刘奕色、郑碧云、谢小利、景影、陈斌斌

一、规划背景

2007 年开始的全国第三次不可移动文物普查，首次将“改革开放前，与历史进程有关的、具有时代特征并在一定区域范围内具有典型性、形式风格特殊且结构和形制基本完整的工业建筑及其附属物”认定为不可移动文物。巨化电石工业遗存是其中最具典型性的工业遗产，也是衢州市现代工业遗产的代表，继取得衢州市级文保单位后，又升格为省级重点保护单位。

电石炉是巨化历史的原点——1958 年 5 月 11 日，巨化第一套生产装置电石炉动工兴建，宣告了“浙西化工城”的诞生。二十世纪七八十年代巨化牌电石炉风靡全国，产品质量连续 10 年保持全国第一，1980 年和 1983 年连续两次摘得“国家银质奖”（质量最高奖）。1990 年，巨化融合挪威埃肯公司和德国马斯特公司的技术，对电石炉生产装置进行升级改造，大幅降低了产品电耗，产能也得到了提升。

二、规划思路

我们以巨化一号电石炉为设计“原点”，以工业遗存原真性保护为基本理念，以“打造世界工业遗产街区”为发展愿景，将片区功能从工业设备向建筑艺术、从化工生产向文化体验、从遗存保护向产业感悟进行全方位提升转型，使其更能体现巨化的核心价值观，更加符合巨化产业发展的新形势，更好发挥巨化的社会影响力，成为联系巨化历史和未来的文化轴端。

三、规划要点

规划通过空间的整合与重塑、场所的营造与交互、感官

鸟瞰图（一）

鸟瞰图（二）

的体验与享受、生态的植入与延展等改造手法，对巨化工业遗存进行保护与更新。这不仅是对巨化辉煌成就的记忆，更是对巨化精神文化的传承。空间的整合与重塑——基于丰富的建筑内部空间，再造丰富而又独特的展示体验空间；场所的营造与交互——颠覆单向的观展模式，通过虚拟场景再现、第一人称代入，营造身临其境的场景感，创造为体验而生的空间内涵；感官的体验与享受——从知觉、情感、行为、思维方面进行多方面体验；生态的植入与延展——在景观提升方面挖掘工业遗产潜在的价值，赋予新的功能与意义，使其适应时代的需求，形成良好的生态态势，重获生命活力，再现工业文明的辉煌，强化历史发展的连续性。

四、规划特色

1. 空间营造：重走创业之路

由巨化印象、巨化原点、巨化空间、巨化之窗、巨化魔盒5个功能空间的打造和串联来讲述一代创业者的故事，使人领略创业者的风采。

（1）巨化印象：与生态景观空间积极互动，漏景于室，展现巨化的生态形象。同时，通过对化工废水的无害生态化处理，引入生态农业种植，滋养新生命，体现巨化工业反哺农业的基本思想，展示巨化循环经济的卓越成绩。

（2）巨化原点：原封不动地保护、保存。与二号炉印象厅联通构建，同时兼具生态立体景观一体化展示。

（3）巨化空间：空间设计利用二号电石炉，通过灯光与投影重现电石炉的工作场景和氛围，通过矿石质感的硬质铺地打造极具工业感的景观空间。

（4）巨化之窗：巨化展览馆作为文化展示窗口，包括时尚展演、多功能会议、新品发布会以及文化洽谈与交流。

（5）巨化魔盒：体验趣味实验、观看 4D 电影、制作化工 DIY，感受化学的魔力，为重走巨化的创业之路画上完美的句号。

2."原点"设计：重塑巨化之魂

建于 1958 年的巨化一号电石炉承载着巨化 56 年的峥嵘

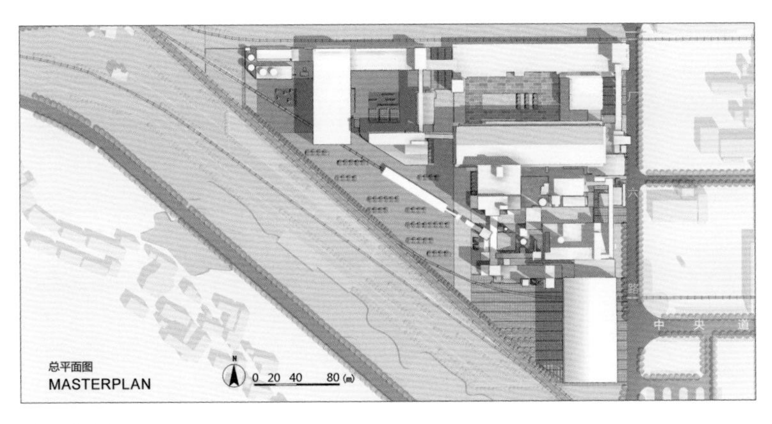

总平面图

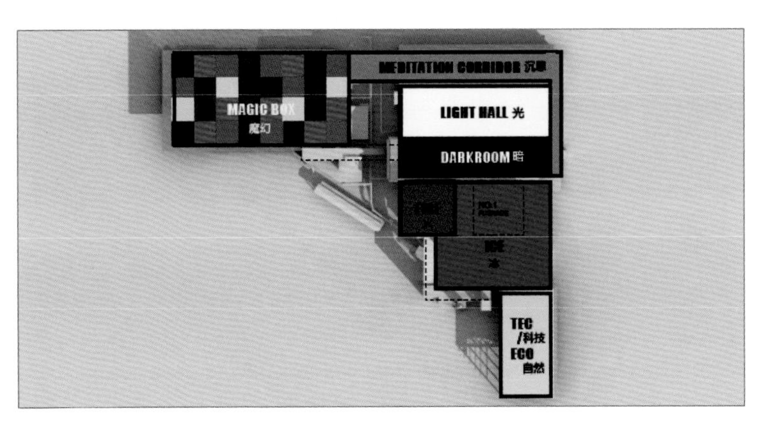

亮点与特点

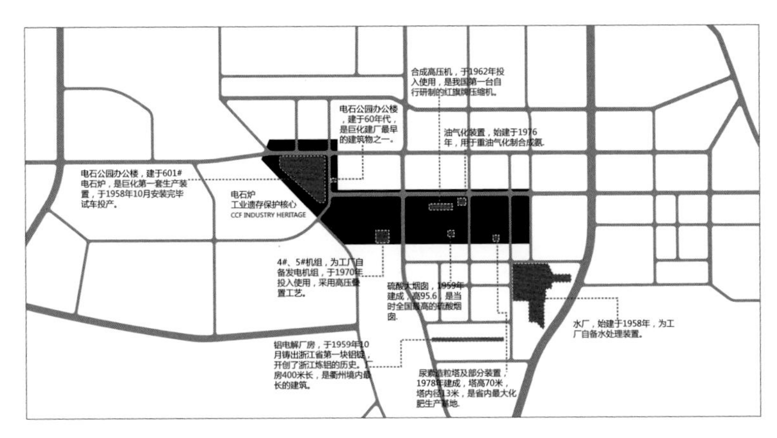

电石炉工业遗存现状空间形态

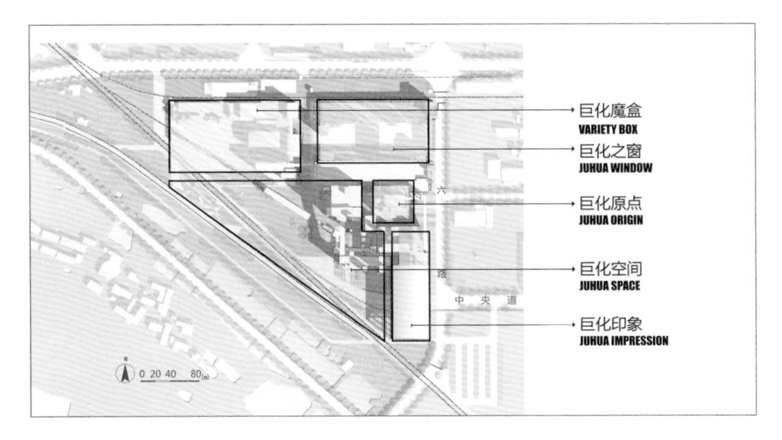

规划特色图

岁月，它不仅是巨化生产工艺的原点，也是巨化文化精神的原点。我们以“原点”的原真性保护为根本，通过原点引领、原点辐射、原点驱动三个主题设计，复兴工业遗存魅力，重塑巨化之魂。

（1）原点引领：形成生态巨化游览线路。生态森林巨化是巨化企业形象的象征，我们依托巨化的技术优势，以原点为源点，构建水循环体系和循环经济体系；利用原有铁轨，打造火车休闲公园，提供驻足休闲和注目起敬的场所，打造森林工业城的整体形象。

（2）原点辐射：享受多元文化体验。我们依托巨化丰富

化工生态展示

日景

工业遗存场景

夜景

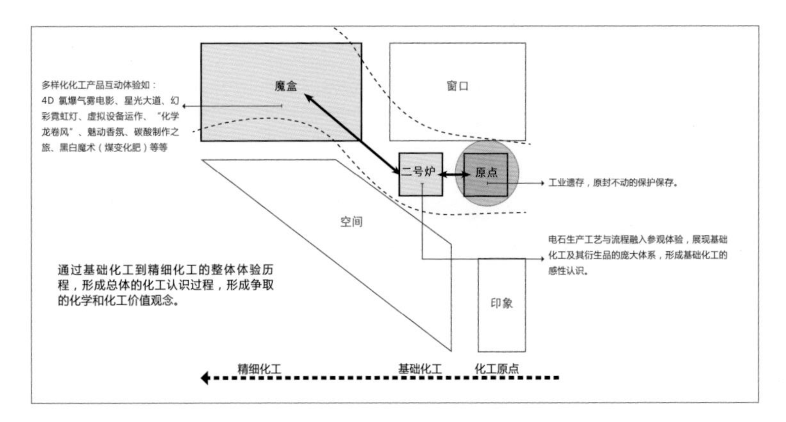

原点驱动

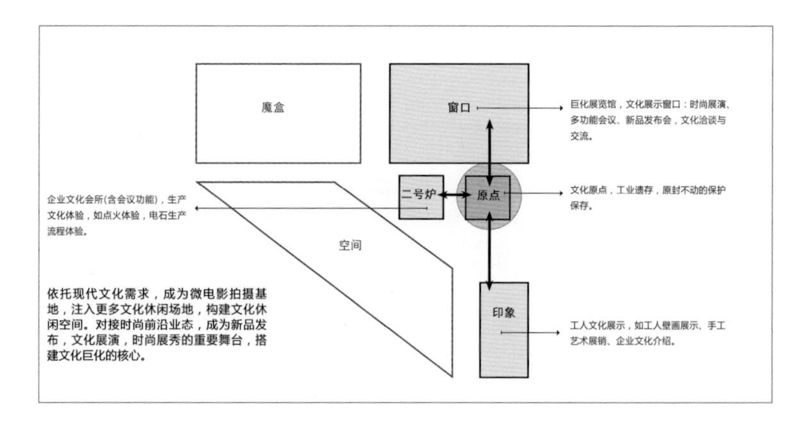

原点辐射

的文化精神底蕴，以现代文化需求为依据，颠覆传统单向观展模式，加载多样化体验式休闲空间，形成集参观体验、新品发布、文化展演、微电影拍摄等于一体的巨化文化核心区。

（3）原点驱动：感悟化学化工精髓。我们依托巨化坚实的产业背景，植入多样化互动式体验，让人们通过基础化工到精细化工的整体体验历程，形成总体的化工认识过程，形成正确认知化学和化工的价值观念。

3. 特点和亮点

空间设计引入时光的变化和虚实的变化。时光的变化是指历史与现实，粗糙与精致在这里碰撞出火花，使遗存风貌与现代功能有机融合；虚实的变化是指光与暗、灰空间与工业建筑在这里组合交错，形成步移景异的空间逻辑，突出了遗存核心的工业细节和工业建筑的厚重感。

（1）科技与生态——通过对化工废水的生态化改造，引入生态农业种植；室内空间将以现代、简洁、充满科技感的手法展示巨化循环经济的卓越成绩，领军产品的优势地位。

（2）冰与火——将二号炉利用灯光及投影实现电石炉工作场景的氛围再现，并能举行象征意义的点火仪式这样的体验环节；利用矿石质感的硬质铺地打造极具工业感的景观空间。

（3）暗与光——冷却棚以展示为主要功能，主要依赖人工光源聚焦布展内容和体验场所；巨化博物馆序厅空间是加建顶棚而创造出的全新的室内灰空间。

（4）沉思与魔幻——化学魔盒是整合了现状建筑后的新空间形态；巨化文化长廊位于电石仓库，利用了一部分遗存运输通道改造成体验廊道。

大空间需求格局

临时空间分割格局

点火仪式 + 巨化企业会所

巨化博物馆展厅空间

上海市中山南路地下通道工程市政管线综合规划

2015 年度上海市优秀城乡规划设计奖二等奖

编制时间： 2014 年 3 月一2014 年 12 月

编制单位： 上海营邑城市规划设计股份有限公司

编制人员： 董翠霞、徐峥、王健、林杰、顾嘉坚、李燕、苏蓉蓉、李华治、严佳梁、宋丽妹、陈慧芳、黄浩、徐文杰、王瑞、孙峰

一、项目概要

本规划与地区功能定位及发展目标紧密结合，根据地下通道工程设计、施工及交通组织方案，结合各市政管线在规划、设计、敷设、管理、养护等方面的要求，协调道路、地下空间、地下通道等竖向空间，成为中山南路地下通道工程、南外滩开发及外滩金融集聚带的重要组成部分。成果用于指导中山南路地下通道工程设计、施工，并为规划管理提供了技术支撑。

二、规划背景

2009年6月，《上海市推进国际金融中心建设条例》明确提出：上海金融发展布局应围绕"一城一带"展开，其中，"一

中山南路地下通道工程所处外滩金融集聚带典型实景照片

带”即指外滩金融集聚带。外滩金融集聚带区域总用地面积约为2.6km²，滨江岸线长度约为4.8km。随着宏观政策支持明确细化、世博会举办以及浦江两岸深入开发，外滩金融集聚带面临着极大的发展建设机遇。根据“十二五”规划，黄浦江沿江地区是上海重点发展地区。

由于南外滩滨水区临近世博园区，发展空间充裕，肩负着金融商务功能拓展和滨水公共空间塑造的双重要求。根据《外滩金融集聚带建设规划》，南外滩滨水区将形成以金融商务为主、多种功能复合的滨水综合功能区。规划地块建筑面积共约425000m²，含四大重点地块。区域发展对中山南路三纵东线交通的稳定性造成影响；中山南路东侧沿江地块腹地较薄，受到繁重交通的阻隔，缺乏腹地支持。

基于这种现实需要，为实现区域交通环境和功能的协调发展，2011年3月，上海市中山南路地下空间开发项目前期研究工作开始开展。2012年5月，预可行性研究报告（代项建书）完成，次月通过了评审。2012年7月30日，项建书获得批复，该工程被认为是必要的、可行的。

《中山南路地下通道工程市政管线综合规划》就是在这种背景条件下组织编制的。在切实掌握了现状市政管线的基础上，结合各管线专业规划的要求，规划将管线综合规划与工程方案紧密结合，用于指导设计和施工，同时为规划管理部门提供审批依据。

该规划的范围涵盖了中山南路地下通道工程的整个范围，同时涉及部分周边相接道路。中山南路地下通道北起中山南路复兴东路，南至南浦大桥引桥，包含地下通道、地下空间、地面道路三部分建设内容。工程总长约为1.2km，其中，地下空间段长380m。

三、项目创新

本次规划突破了传统管线综合规划以管线建设为单一考量的工作思路，在规划理念、建设模式、工作方法、工作流程上均有所创新，避免了抢占空间资源、路面重复开挖、浪费工程投资、延误施工周期等弊病，充分发挥了管线综合规划的统筹协调作用。

第一，规划理念聚焦集约利用，突出可操作性。根据各项工程需求，规划对地下空间采取分层复合利用，在保证管线安全建设、运行的前提下，使地下商业与地面层之间有限的空间利用实现最大化；规划方案与管理要求、设计及施工方案紧密对接，保证可操作性。

第二，建设模式体现“三个统一”。地下管线与地下通道、地下商业空间实行统一规划、统一设计、统一建设的创新模式，同步实施到位，为地区建设提供了立体复合、高质量的基础设施保障。

第三，工作方法突出多部门协调。与规划部门、路政部门、绿化部门、实施主体、管线产权方、设计单位、施工单位等进行综合沟通，从工期要求、投资要求、搬迁方案、管位协调等多方面对管线综合规划方案进行综合反馈及平衡。

第四，工作流程强调全过程协同并进。由于本次工程具有较高的综合性、复杂性，在规划编制阶段，结合地区规划、专项规划，管线综合规划确定目标原则与总体方案；在工程设计阶段，规划与项目立项、方案设计同步进行，对道路、建筑、结构提出市政管线的控制要求，对工程设计方案进行必要的反馈和修改，同时对规划方案进行进一步优化；在实

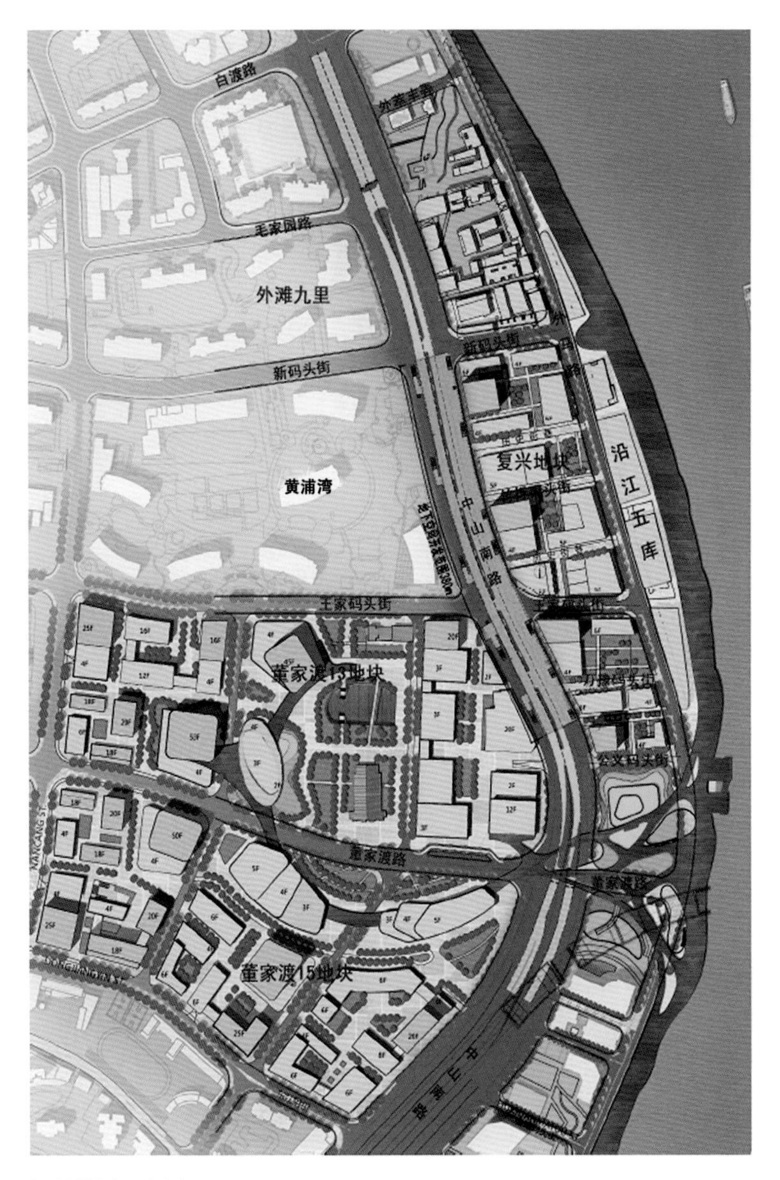

规划范围示意图

施阶段，跟踪管线规划和设计的实施和建设。管线综合规划从规划、设计到工程实施，始终贯彻于项目全周期。

总的来说，本次市政管线综合规划设计大大区别于以往的“市政管线综合规划”，它不是简单地处理道路空间与市政管线的关系、管线与管线之间的关系，以及对其进行综合平衡；而是组织工程实施主体、规划部门、管线产权方、施工方等进行综合沟通，从工期要求、投资要求、规范遵守、管理要求、搬迁方案、规划需求、实施可行性、管位协调等多方面对管线综合规划方案进行综合反馈及平衡。

四、主要内容

1. 地下商业空间方面

规划分类优化了各管线的埋深，使地下商业空间达到合理净空和标高，有效沟通了滨江第一界面和内部腹地。规划将埋深较大的污水总管改迁至外马路，将地下管线所需的地下空间高度由6.5m压缩至3.0m，使地下商业空间与周边地块在负一层顺畅对接。对于其他埋深要求较高的管线，规划结合地下空间功能布局提出局部降板的要求，实现了地下空间利用的集约化。

2. 地下通道方面

规划将影响地下通道的现状管线进行搬迁，并保证规划管道与地下通道结构之间的平行间距，确保管线安全。

3. 景观方面

规划结合中山南路工程“林荫大道”的定位，在人行道以及道路空间内，避让行道树并预留足够的绿化空间，保证景观大道的实施。

工程设计方案

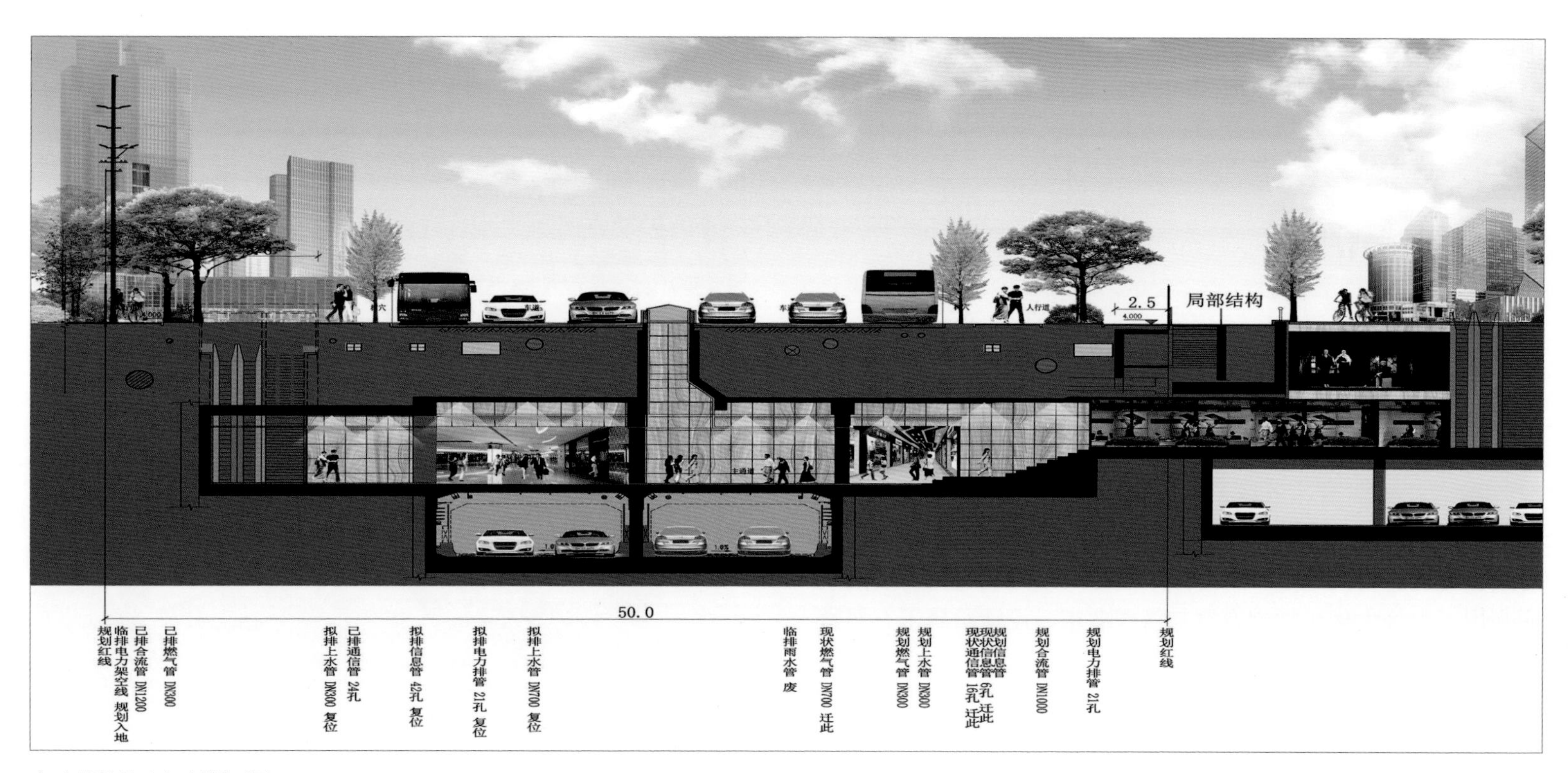

市政管线综合规划断面图

4. 工程建设方面

为保障城市正常运行和居民日常生活，在工程实施过程中，地面交通和管线将保持正常运作，并采取分段大开挖的施工方案，将施工对周边的影响减到最小。

配合施工方案，规划将地下空间范围外、地下通道范围内的管线，一次性搬迁到位。

地下空间段施工采用先主体、后附属的分段施工方案，先将交通及管线临时改迁至主体结构两侧;后期，待主体及附属结构实施完成后，再对交通及管线进行复位。

5. 投资方面

工程将地下商业空间的顶板深度由6.5m减小到3.0m，减小了地下工程的开挖深度，有效降低了工程投资。

原中山南路DN2000污水总管一次性搬迁至外马路，减少了重要管线的多次搬迁，也实现了缩短工程周期、节约投资的目标。

五、实施效果

通过市政管线综合规划，中山南路地下管线达到了与地下通道、地下空间、景观绿化的协调统筹，为各项工程提供了良好的技术支持，确保了隧道施工、管线敷设运营和周边地块正常配套的要求，保证了城市重大市政工程的实施，促进了城市交通和空间环境的进一步发展和提升。

实施照片

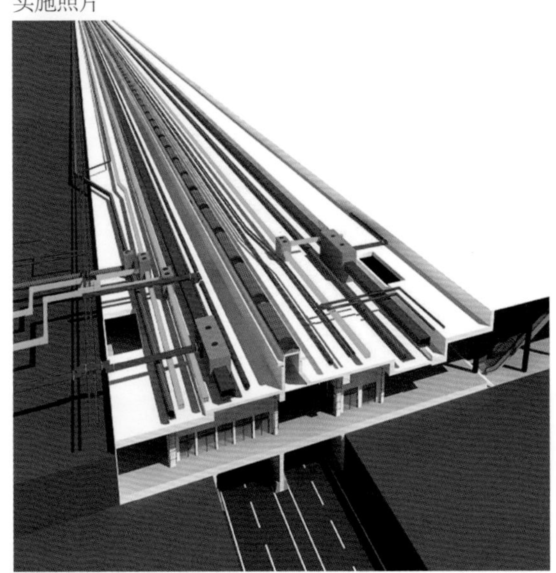

BIM 模型三维展示（地下管线）

BIM 模型三维展示（地面道路）

西藏日喀则市吉隆县吉隆镇总体规划

2015 年度上海市优秀城乡规划设计奖二等奖

编制时间： 2014 年 2 月—2015 年 4 月

编制单位： 上海营邑城市规划设计股份有限公司、上海同济城市规划设计研究院

编制人员： 俞进、王新哲、曹晖、苏甦、张海兰、冯立文、冯伟民、钱晓峰、李华治、徐峥、孙峰、毕羿凡、杨丽妍、郭松、袁磊

一、规划背景

吉隆镇位于西藏日喀则地区吉隆县东南部，与尼泊尔毗邻，藏语意为“欢乐村”、“幸福村”，地处自然生态、历史文化资源丰富的吉隆沟，自古以来就是唐蕃古道上著名的“商道、官道、佛道、战道和迎亲道”，素有“一条吉隆沟，半部西藏史”的说法。

在国家“一带一路”倡议、西藏自治区建设南亚大通道、重点建设吉隆口岸和吉隆中尼跨境合作区的发展战略指引下，吉隆口岸作为国家一类口岸，已经上升为国家和自治区层面的重点发展对象，吉隆镇正在成为中国通往南亚地区的桥头堡，吉隆跨境经济合作区的谋划将带来城镇发展的新机遇。吉隆镇应抓住发展机遇，按照新型城镇化的要求进行城乡统筹规划，建设成为在边贸、旅游、文化、生态等各方面具有示范意义的边疆重镇。

二、规划思路

吉隆镇总体规划遵循生态优先、功能完善、一体发展、以人为本、集约节约、多规衔接等原则，按照科学发展观和建设和谐社会的精神，从区域联动和西藏整体战略出发探寻吉隆镇的发展路径，完善基础设施建设、整合城镇空间结构、传承地域历史文脉、保护和有效利用地区自然资源，将吉隆打造成为“国际旅游名镇、中尼边贸重镇、多元文化古镇、雪域田园小镇”。

三、规划要点

规划明确吉隆镇的城镇性质为：南亚贸易陆路大通道上的国家一类口岸；中尼跨境经济合作区的重要组成部分；以国际旅游、边贸服务为核心，以多元文化、生态宜居为特色的示范性小城镇。规划至 2030 年，吉隆镇区人口规模为 1.8 万人，城镇建设用地为 $2.2km^2$～$2.4km^2$。

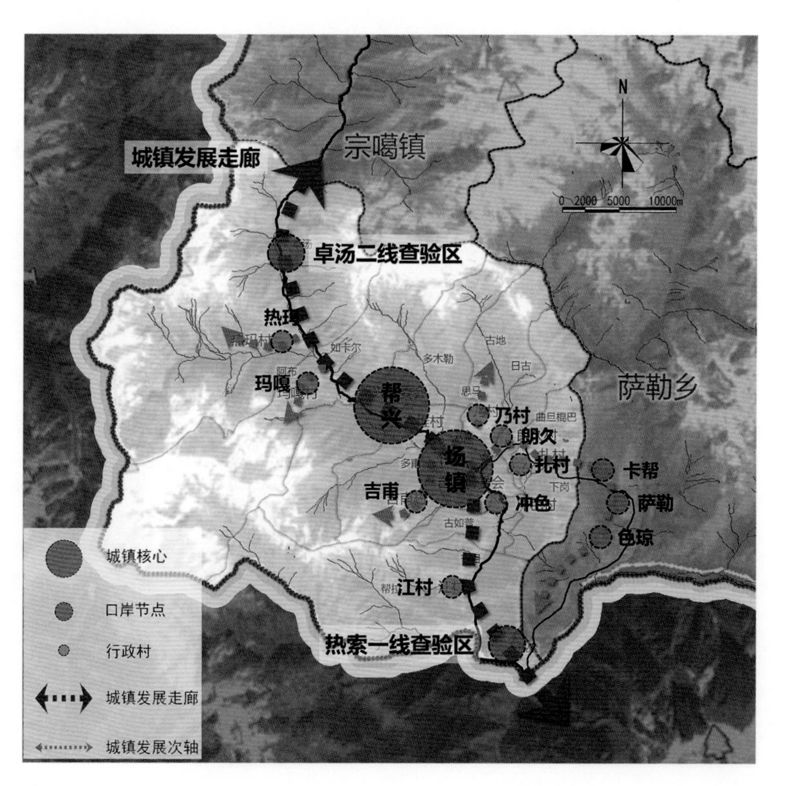

镇域空间布局结构图

吉隆口岸发展定位为：西藏自治区规模最大、辐射全自治区乃至周边国家、开放程度最高、功能齐全的国家一类口岸，中国西部地区面向南亚同时向西开放的重要口岸，南亚陆路大通道的最重要出口之一。

按照城乡统筹发展的要求，有序发展各级镇、村，构建“一廊、两心、两点、多轴”的镇域空间发展格局。统筹考虑地质条件、基本农田保护和文物保护等要求，确定镇区空间增长边界，形成“一轴两片、多点衔接、绿廊渗透、一体发展”的镇区空间布局，为口岸开放开发和旅游产业发展充分预留空间，进一步推动口岸和城镇的协调发展。

四、规划特色

本次规划以“边贸、旅游双轮驱动；产业、功能转型升级；生态、文化保护利用；社会、经济跨越赶超”为主线，提出六大战略引领吉隆发展。

1. 生态优先，锚固本底

规划以《西藏珠穆朗玛峰国家级自然保护区总体发展规划》为前提，重点考虑自然地理、生态本底、人为影响等生态因子，统筹考虑地质环境质量、基本农田保护、文物保护的要求，确定城镇和口岸发展的增长边界，作为城镇和自然和谐发展的生态底线。

2. 交通支撑，破解瓶颈

规划通过多种手段提升口岸通行能力，破解吉隆的交通瓶颈：一是规划将拉日铁路延伸线引入跨境经济合作区，大幅提升口岸的客、货通行能力；二是打通马拉山隧道，缩短通行时间，解决冬季大雪封山的问题；三是建设吉隆—萨勒—热索环线，新增一条口岸通道，同时带动周边乡镇的商贸、旅游发展。未来随着珠峰（定日）通用机场的建设，吉隆将可以通过公、铁、空联运系统便捷地沟通国内其他口岸城市。

3. 口岸开放，区域一体

规划从国际形势、国家战略、区域统筹的层面出发，提出口岸发展“三步走”的战略，共同建设中尼跨境经济合作区，从区域统筹的角度思考口岸城镇在区域中的功能定位和产业布局。联动沿边口岸、口岸城镇和腹地城市，以区域一体化的思维建设口岸经济圈。口岸空间布局形成口岸中心区、联检区、综合物流园区和边境旅游特区四大功能板块，重点发展商贸流通、综合物流和边境旅游等核心产业，完善配套设施，将吉隆口岸发展成为南亚陆路大通道的最重要出口之一。

4. 永续旅游，塑造经典

规划瞄准国际商旅市场，打造区域最佳旅游目的地。以吉隆镇旅游集散服务基地为核心、吉隆沟旅游发展轴为依

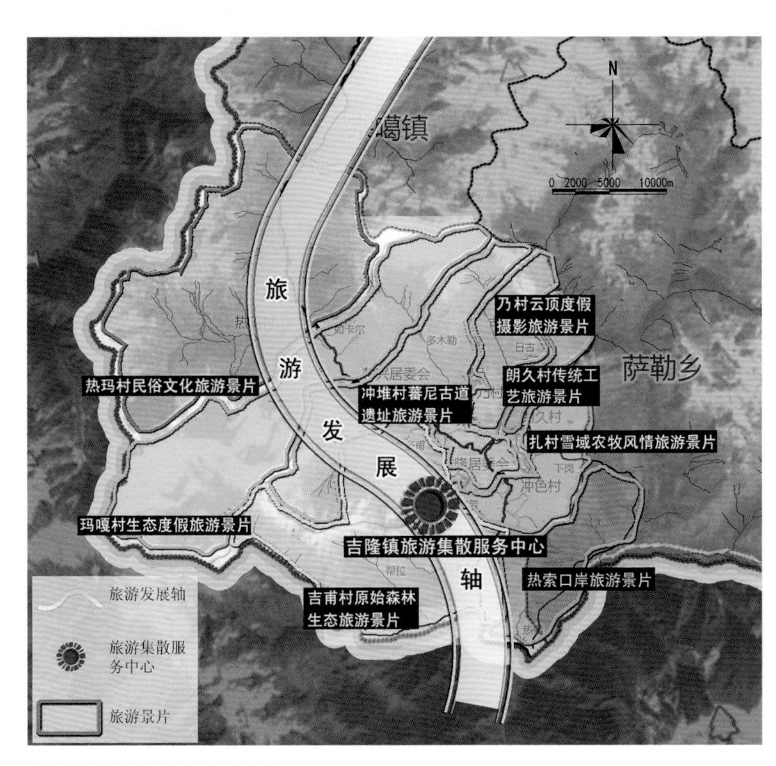

城镇旅游空间布局规划图

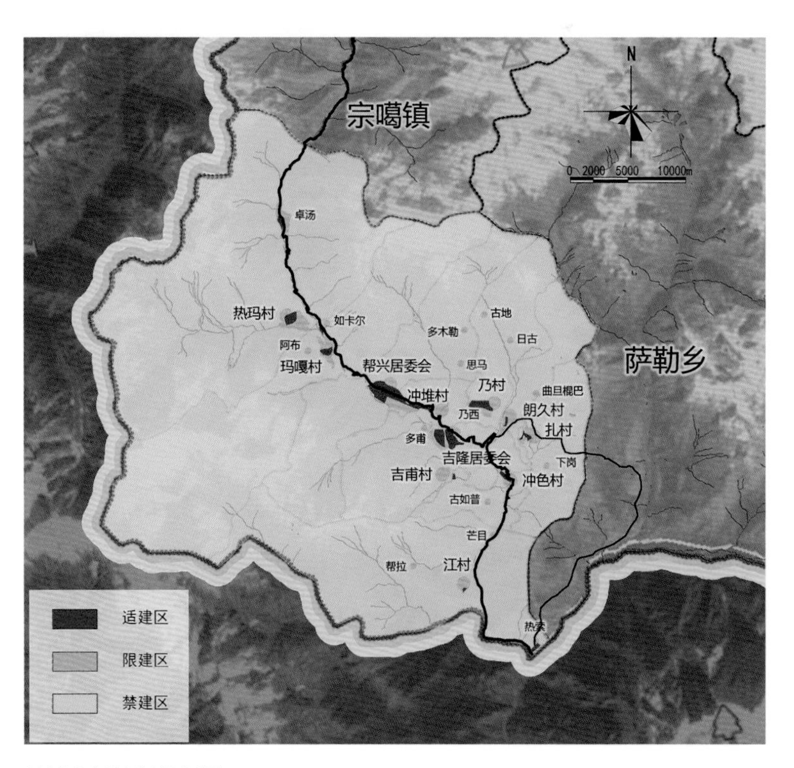

镇域空间管制规划图

托、八大旅游景区为支撑，形成以休闲度假为品牌，以文化体验、宗教朝觐、民俗风情为重点，以生态观光、运动休闲、科学考察和会务度假为特色的综合旅游产品体系。规划重点打造边境旅游特区，开发生态探险、历史人文和美丽乡村等特色游线，并与区域游线、国际游线深度结合，协调发展。在合理保护、有序开发的前提下，实现统筹长远的“永续旅游”。

5. 美丽乡村，统筹发展

镇村的一体化发展是总体规划中的重要内容，乡村规划以生态良好、环境优美、布局合理和设施完善为目标，通过中心镇带动中心村和基层村发展，明确村庄的主要职能和特色主导产业，为乡村发展注入动力，从公共环境提升、特色产业发展和文化环境改善等方面提出乡村发展的策略，形成布局美、田园美、生活美、素质美、环境美的“五美乡村”。

6. 特色引导，多元文化

规划抓住吉隆镇特有的“山、林、谷、镇”景观风貌格局，注重城镇景观和城镇形象的塑造。城镇形态上形成“一轴两片、组团布局”的模式，与自然地貌紧密结合，保持适度的开发强度，建筑高度以低层、多层为主，突出小城镇的精致细腻。居住区域则重点研究藏族居住模式，形成“新藏式”住区。同时通过划定历史文化街区、举办民俗节庆活动、建立特色工艺传习所等多种手段，将非物质文化遗产落实到相应的物质空间载体上，以实现历史和文化的传承。

本次总体规划在技术路线上重点强调了3点：

一是合理选址布局。镇区的选址综合考虑地质、生态、防灾等多种因素以确保安全。在2015年“4·25”地震后，镇区房屋虽因质量问题有所损失，但镇区所在范围基本没有受到地震、泥石流、崩塌等地质灾害的影响。

二是统筹一体谋划。在区域布局上，以跨境合作交流的视野，统筹考虑境内与境外、口岸与腹地的联动发展；在发展模式上，综合考虑口岸与城镇、边贸与旅游的融合发展；在城乡统筹上，探索西藏边境地区小城镇全域发展的模式和镇村体

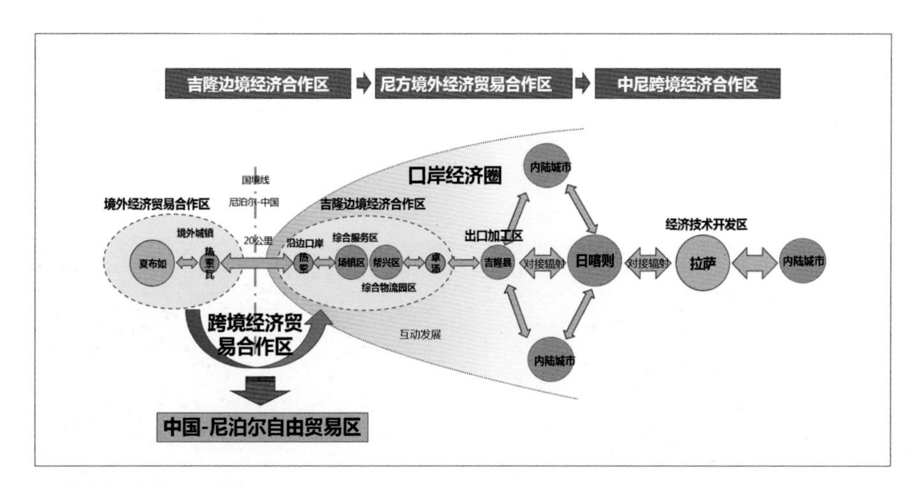

口岸发展战略

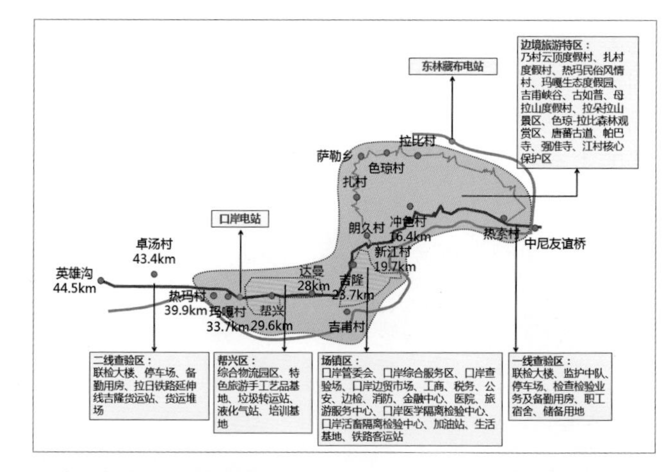

口岸空间布局及配套设施

美多当迁河滨水开放空间效果图

河西区鸟瞰图

系的建立健全。

三是城市设计引导。结合藏区小城镇发展的特点，在总体规划阶段引入了城市设计，对城镇肌理、街道界面、建筑风格等进行引导，力求突出藏、汉、尼多元文化影响下的城镇特色。

五、实施情况

规划在 2014 年 4 月通过自治区人民政府专题会议评审，2014 年底吉隆口岸正式扩大开放，在总体规划指导下，各项建设项目稳步推进，口岸联检大楼已经建成，海关监管仓库、美多当仟河大桥等项目也已开工建设。

2015年 4 月 25 日，尼泊尔境内发生 8.1 级强烈地震，波及吉隆县包括吉隆镇在内的 4 乡 2 镇。地震发生后，上海市规划和国土资源管理局组织团队，在总体规划指导下，对吉隆镇受灾村镇进行了重建规划，同时吉隆镇场镇区、帮兴区的控详编制工作也在同步开展，进一步加快总规的实施。

吉隆口岸实景照片

游客服务中心实景照片

帕巴寺步行街实景照片

浙江省景宁畲族自治县大漈乡西一、西二村历史文化村落保护与利用规划

2015 年度上海市优秀城乡规划设计奖二等奖

编制时间： 2013 年 11 月一 2014 年 12 月

编制单位： 上海上大建筑设计院有限公司、上海砼森建筑规划设计有限公司

编制人员： 刘勇、魏秦、林磊、姚正厅、蒋超亮、高思洲、汪大伟、金江波、毛华庆、谭东、李瑜、覃海轩、张伯伟、周建详、金兆奇

一、项目概要

为了配合浙江省第二批历史文化村落保护与利用规划特编制本规划。规划位于浙江省丽水市景宁畲族自治县大漈乡，规划范围包括西一村、西二村、垟心村和潘宅村4个村，面积约31.94 hm^2。大漈乡具有地理位置独特、自然环境优越、多元文化交融的特点。

依据旅游发展规划、风景名胜区规划、总体规划等上位规划要求，本规划区将以云中飞瀑、古寺古树、古村古桥为特色，体现景宁县"美丽乡村"以及历史文化古村落风貌。现状村庄为典型的带状布局，沿汱鹤溪呈南北向带状发展，形成乡政府村民服务中心和时思寺旅游中心两大节点。现状民居分布较为自由，以木结构及砖混建筑为主，风貌较为杂乱。

经过调研、编号及整理村庄内所有建筑，挖掘和分析村庄风貌、资源和历史文化，结合对当地居民、村委及游客的详细访谈，确定村庄以下特征：独特的高山盆地带来夏季清凉的气候资源；山头和平地混杂的"九仔十三垟"构造了天人合一、逐水而居的村庄聚落；时思寺、古廊桥、古民居等特色建筑体现了悠久的建筑文化；千年柳杉王、龙凤古柏、江南油杉等众多古树名木构成了大漈的自然基底；抢猪节、板龙灯、花鼓戏等融合了汉族与畲族的文化风情，是大漈重要的非物质文化遗产。

根据以上分析，规划重点解决以下问题：（1）保护村落天人合一的聚落格局；（2）保护文物建筑、历史建筑，处理好其与周边环境的关系；（3）保护汉畲两族及儒道释等多元文化交融统一的空间格局；（4）保护和修缮破败的古建筑；

时思寺文化发展区域平面图

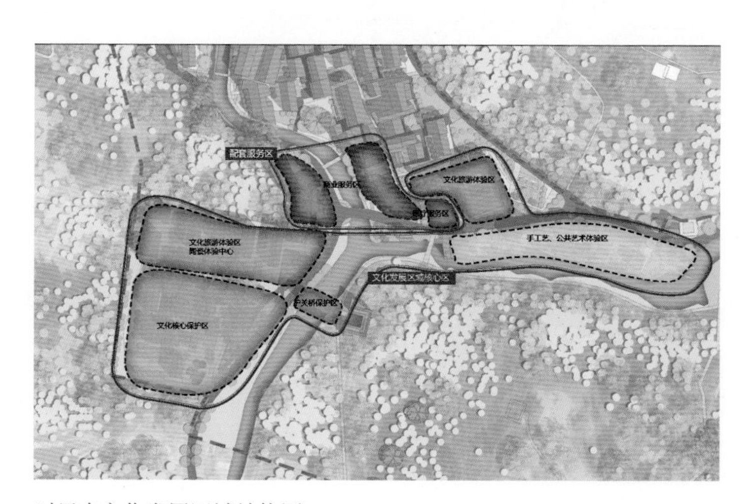

时思寺文化发展区域结构图

（5）完善缺失的基础设施；（6）整饬整体乡村环境风貌；（7）在保护自然环境的基础上，适度发展村庄度假旅游；（8）利用多元文化的交融，重点发展文化体验旅游。

二、规划思路

规划理念是：遵循天人合一，共享绿水青山；传承古宋遗风，留住大漈乡愁。以打造"自然生态优越、文化特色鲜明、生活方式悠闲"的"宜居、宜业、宜游"的美丽新大漈为规划目标。

本次规划功能定位是：以历史文化村落保护利用为契机，依托独特的自然生态条件，挖掘和利用多元的历史文化遗存，以天人合一的村落风貌、夯土木构民居群落以及多元的文化资源为核心吸引力，打造集生态居住、文化体验、休闲度假为一体的美丽新大漈。

三、规划内容

本次规划以村落空间规划为统筹，重点突出历史文化村庄的保护以及旅游规划。

1. 村庄空间规划

大漈乡的空间结构要素：激活山的文章、挖掘"羊"的文章、深化水的文章，以此形成"三核、一带、四片区"的空间结构。重点围绕沐鹤溪两侧进行用地布置，打造沿沐鹤溪的旅游服务景观轴；以溪流上的胡桥及其余桥梁，打造景观节点。合理利用现状民宿，布置公共服务设施和居住用地；结合乡政府设置综合服务中心，结合时思寺设置文化活动、手工艺展览体验等设施。

改造西一、西二村的现有民居，建设居住片区，完善居民服务；对木构建筑进行保护和整治，保留具有传统尺度和特色的巷弄及空间格局；对新建的砖混建筑分区改造，与传统建筑形成统一的村庄风格。

时思寺核心保护区鸟瞰图

2. 时思寺节点规划

时思寺处于沐鹤溪和大漈坑两河交汇处，为大漈精华汇聚之处，传承了大漈文化、建筑、精神之魂魄，是儒道释文化融合之地。规划依托时思寺打造文化发展区域，形成文化核心展示区、文化旅游体验区以及手工艺及公共艺术体验区。

文化展示区激活时思寺核心建筑，恢复其原有的历史场景及功能，文化旅游体验区拓展大漈文化传承体验，提升原有文化及民俗魅力，手工艺及公共艺术体验区运用公共艺术手法创新及推广原有手工艺。

3. 村庄保护规划

天人合一的聚落格局保护措施：规划保留现状的村庄格局，并划定村落保护分区，主要分为核心保护区、建设控制区、存有环境风貌保持区，并对各个分区的街道、建筑、色彩和高度进行分区控制。

古建筑及古道保护措施：本规划区内建筑可分为文物保护单位、保护建筑、历史建筑、保留建筑、整修建筑、改造建筑和拆除建筑。其中，文物保护单位、保护建筑和历史建筑属于保护建（构）筑物，按照文物保护单位保护导则、保护建筑修缮导则、历史建筑维修改善导则进行控制；保留建筑、整修建筑、改造建筑和拆除建筑属于一般建（构）筑物，按照一般建（构）筑物的整修导则进行控制。村庄内古道以石板、石块和砂石路面为主，规划结合现状古道，形成完善的古道系统。

多元文化交融保护措施：儒道释传统文化、宗祠文化、畲族文化等特色文化，是古村落的重要内容，通过节庆旅游、博物馆、体验馆、日常活动等载体，恢复与利用非物质文化项目。

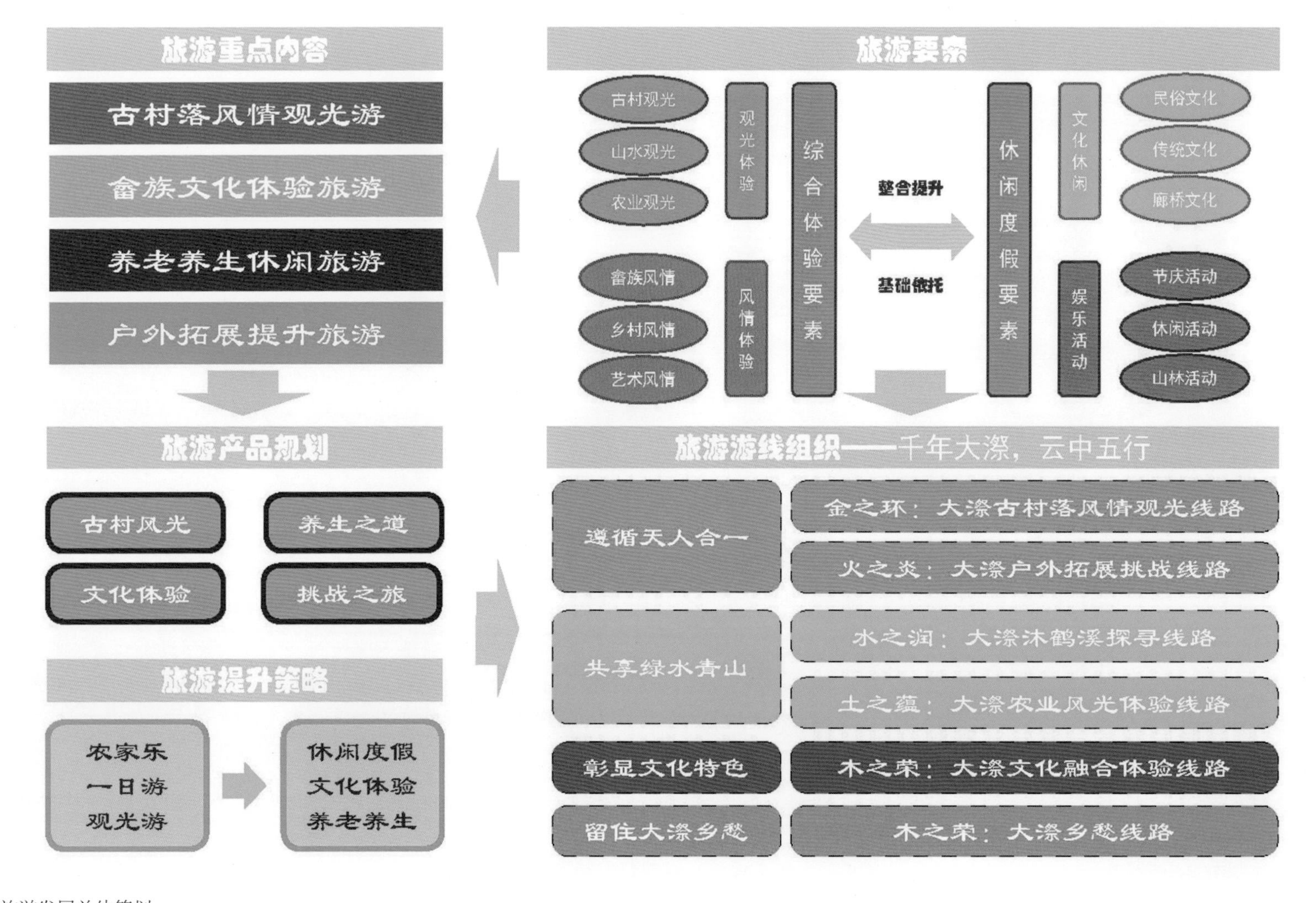

旅游发展总体策划

4. 旅游规划

大漈乡的旅游以寺、杉、瀑、洞、农家乐为基础，融合汉畲两族文化、儒道释文化，打造四大旅游重点内容和旅游产品，形成"金木水火土"五行游线，打造"千年大漈、云中五行"的旅游概念。

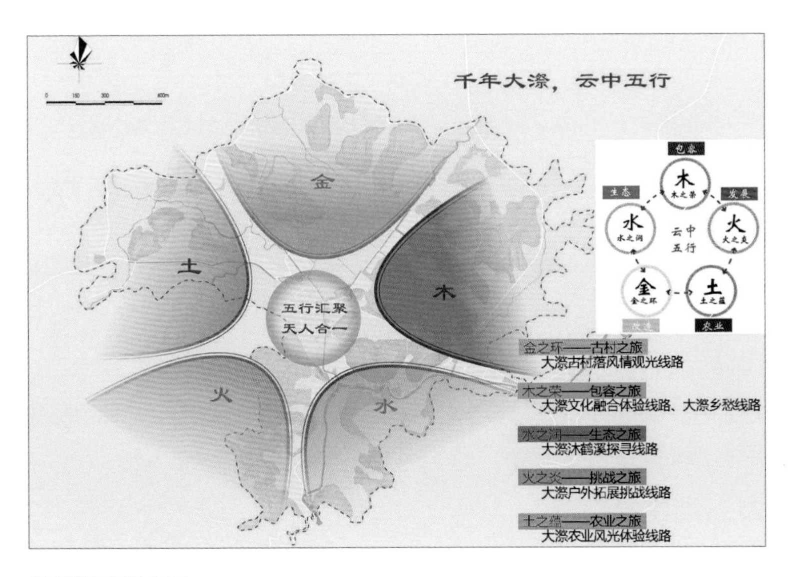

旅游游线概念图

金之环——古村之旅。金，代表改革。游线体验大漈的整体古村风貌以及"天人合一"的自然生长方式。

木之荣——融合之旅。木，代表生长融合。游线体验大漈的儒道释文化和畲族文化，以及大漈千年古迹的不舍乡愁。

水之润——生态之旅。水，代表包容。游线体验沐鹤溪改造后的生态景观。

火之炎——挑战之旅。火，代表了升腾挑战。游线主要体验大漈四周的高山美景。

土之蕴——农业之旅。土地为万物之母。游线主要观赏大漈农业种植的景观，以及农业体验。

四、实施情况

建筑及景观整治方面：2015年，根据规划对建筑的分类整治导则，本规划区内的时思寺部分区域、部分古建筑已修缮改造，其余古建筑及周边环境正在改造中。

非物质文化恢复实施情况：时思寺在修缮后已增加儒道释文化、宗祠文化的展览和体验活动；时思寺边上已建设陶瓷展览体验中心；2015年畲族"三月三"等节庆活动已经开展，其余文化活动正在策划实施。

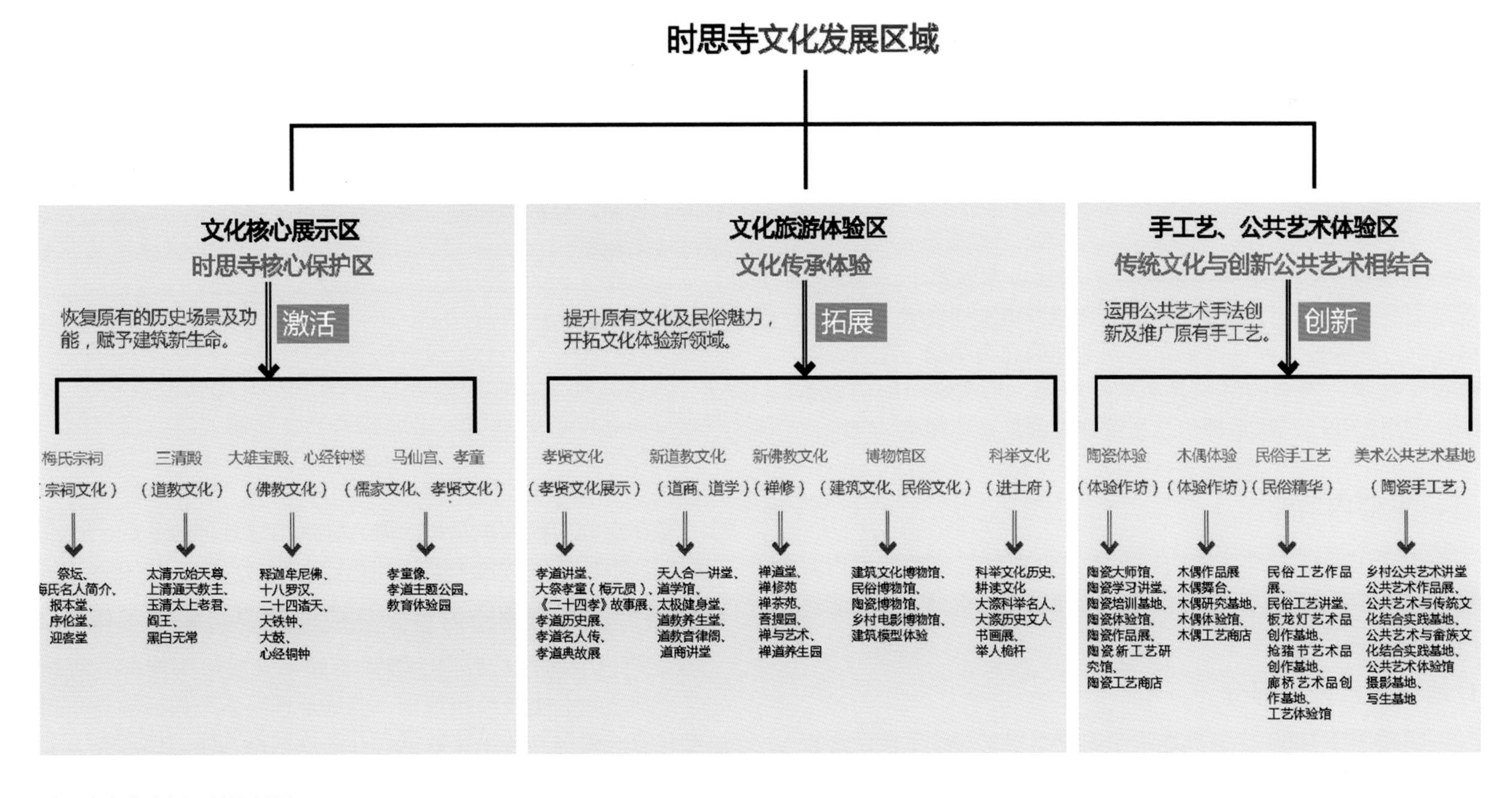

时思寺文化发展区域策划图

上海市宝山工业园三维地理信息系统建设项目

2015 年度上海市优秀城乡规划设计奖二等奖

编制时间： 2013 年 12 月—2014 年 11 月

编制单位： 上海市测绘院

编制人员： 郭容寰、张瑞卫、何伟、曹斌、陈功亮、邓雯婷、陈艳华、吴金晶、沈亚妮、姚平、谭小东、屠志明、陈伟、陆玮纲、陈嘉豪

一、项目概况

宝山工业园位于上海东北部，长江三角洲前沿，东临长江口岸，南接上海一城九镇的金罗店，西连嘉定科技城，北临渔港太仓市，规划面积约23 km^2。

宝山工业园三维地理信息系统建设项目的总体建设目标是全面梳理园区地理信息数据，建成园区空间地理数据库，完善数据更新维护机制，提供翔实可靠的可视化空间互操作平台，最终为园区内数据共享、业务集成、决策分析等方面的工作提供技术支持。

二、项目背景

为贯彻落实《上海市国民经济和社会发展第十二个五年规划纲要》提出的创建面向未来的智慧城市发展要求，结合园区实际发展需要，园区计划以空间地理信息为基础，配合三维可视化技术，整合园区内各类数据资源，形成统一的信息系统。宝山工业园三维地理信息系统建设项目应运而生。

三、主要内容

宝山工业园三维地理信息系统建设项目的主要建设内容包括地理要素采集、三维建模和系统开发 3 个部分，具体工作内容如下。

1. 地理要素采集部分

需按照 1:1000 比例尺地形图的测绘要求对整个测区进行数字化地形修测、实测，获得高精度的园区地形数据。在内业处理上，对建筑、道路、农田等一些需要进行统计汇总的地物录入所需属性。

2. 三维建模部分

主要工作内容是完成园区内所有房屋基础模型和精细场景模型的制作、烘焙、编译、发布及属性录入工作，以及DEM制作、DOM整饰和数据发布工作。

3. 系统开发部分

建立宝山工业园三维地理信息系统，围绕空间地理框架，对园区各类数据资源进行整合，实现多源地理信息数据的展示、查询、分析等功能，运用三维可视化技术，实现园区三维可视化浏览。

四、项目特色

宝山工业园三维地理信息系统建设项目是利用GIS技术协助进行工业园区管理的一个成功案例，它能为园区内数据共享、业务集成、决策分析等方面的工作提供保障，具有良好的发展前景。该项目将数据生产、入库管理、系统建设融为一体，是在常规工程测量基础上融入地理信息延伸服务的一次成功实践。本项目的特色主要体现在以下5个方面。

1. 按需扩展地形测绘内容，完成地理要素采集工作

本项目中客户对数据的要求不同于常规地形测绘，故制定了地理要素分类及编码规则，明确地理要素采集标准，采用自动化方式处理外业采集数据，并完成数据入库工作。

2. 采用协同作业方式，确保数据成果一致性

综合考虑地理要素采集、三维建模和系统开发3个部分在数据源、工作内容、工作目标等多方面存在的相关性，故在进行技术路线设计时采用协同作业方式，进一步规范数据采集与处理流程，缩短生产周期，提高数据可靠性，确保数据一致性。

3. 使用前后端分离的系统框架，便于维护和功能扩展

为提高系统的可维护性和可复用性，将系统设计为前后端分离，选用JSON作为数据交换格式，其中，后端提供数据接口和API，前端使用AJAX调用各类接口，并利用模板动态渲染数据，大大降低了系统的耦合性，提高了分工合作效率，便于系统的维护和升级。

4. 紧密结合需求，着力解决客户工作中的实际问题

项目组了解到，客户目前的一项主要工作是园区内动拆迁和征地补偿，要解决的主要问题是获取工作区域内土地现状的总量统计和分布状况，从而核算补偿金额。因此，项目组扩展了地理要素采集标准，对园区范围内客户关注的宅基地、乡村道路、大棚等全部实测并入库，大大提高了征地补偿费用的预估准确度，解决了客户的实际问题。

5. 针对系统特色，强化细部功能

为提高系统整体易用性，强化部分功能点。如：系统数据图层较多，每次查询需要遍历所有图层，为提高空间查询效率，采用并行查询模式，提高服务器响应效率；采用报表服务器的方式，为客户工作中各类表格提供方便快捷的报表工具。

五、实施情况

系统自 2014 年 11 月正式投入运行以来，各模块运转良好，各项功能均能正常使用，无错误；数据库服务器在局域网内部客户端同时访问压力下运行情况稳定，响应迅速，未出现服务器不明原因的数据阻塞，未出现CPU使用率持续过高和系统死机情况；数据备份机安全机制工作正常，能够按计划对数据进行备份，符合预期要求。

项目组根据用户实际需求在 1:1000 比例尺地形图测绘要求基础上，细化了地理要素采集标准。按照标准对测区 20 km^2 范围进行地理要素采集，为项目中三维建模、数据库建设、土地管理应用等提供了数据保障。采用空间数据库管理园区地理信息数据，建立园区立体模型展现三维现状，使得管理者能够直观、定性、定量地掌握园区全况，方便对各类地理要素进行数据浏览、查询和调阅，降低了工作时间成本，提高了工作效率。

同时，作为一个数据互通共享的平台，园区各部门均使用同一套数据，既能够避免数据重复采集，又能够确保数据的一致性。另外，在园区的征地补偿工作中，系统实现了征地补偿明细表的快速生成。相较于传统作业方式，极大地降低了征地补偿工作前期数据统计阶段的工作强度。经实践证明，项目保障了数据的正确性和准确性，为征地补偿工作的公正性与公平性提供了数据支持，获得了解放村村委会及上海宝山工业园投资管理有限公司的一致认可。

园区地理要素采集成果

园区三维展示效果

上海市嘉定区南翔镇（东部工业区 JDC2-0401 单元）控制性详细规划

2015 年度上海市优秀城乡规划设计三等奖

编制时间： 2012 年 9 月一 2014 年 4 月

编制单位： 上海广境规划设计有限公司

编制人员： 吴佳、黄旭东、李娟、蒋颖、黄劲松、林升、王晓峰、何秀秀、邱娟、魏佳逸

一、项目概要

嘉定区南翔东部工业园区位于嘉定区南翔镇东北，与宝山区接壤。规划区作为南翔重要的 104 产业板块，因其位于中心城区半小时交通圈的特殊区位。同时，受沪翔高速建设、规划轨交 17 号线等对外交通因素利好的影响，规划区内部分企业已经提出转型提升的发展诉求。2001 年编制的原规划在引导工业转型、环境改善等方面已不具备指引作用，亟需尽快开展新一轮控规编制来指导园区转型发展。

二、规划背景

本项目于 2013 年 1 月启动编制，2014 年 4 月获批。规划背景既包含了上海对于存量工业用地的功能转型探索，也反映了在镇和园区层面的不同发展诉求。

首先，上海 2013 年出台《关于增设研发总部类用地相关工作的试点意见》，为产业区块内根据转型和配套的实际需求，适度发展研发总部类产业提供了政策支持。

其次，南翔集建区已基本建成，即将进入存量盘活、转型提升的发展阶段，规划区需实践产城融合，实现与东社区、宝山工业地区的协调发展。

最后，在规划区区位类似的产业园区中，企业“自下而上”提出转型发展的需求较为普遍，有必要探索上海近郊区存量工业用地转型的控规编制新思路和新手段。

三、主要内容

1. 实现“产城融合”的发展过程

在规划结构和公共服务配套上，强调公共配套区域共享、整体配建。充分利用南部轨交站点商业商务功能节点、蕰藻浜北侧轻游戏产业园及相关配套。

在道路骨架上，强调城区化的道路交通网络，预留对外道路衔接的可能。在原有工业区大街坊的基础上，针对转型区域进行规划细分，形成偏城市型的道路网，其中主干路有浏翔公路和丰翔路，次干路有陈翔公路和蕰北公路；规划道路面积率为15.71%，规划道路网密度为 5.7km/km²。

结合水系、公共服务设施，构建“地区开放，整体串接”的慢行与公共开放空间体系。特别强调范西泾和其两岸绿地形成高品质的带状开放空间，作为产业提升集中区域的慢行主

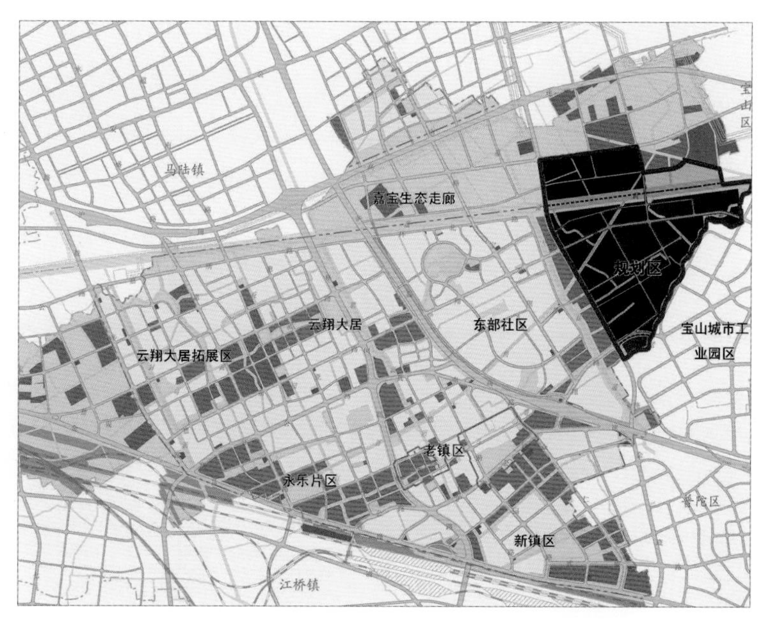

规划范围和南翔镇的区位关系图

轴，串联滨水绿地、公共服务等空间。

2. 局部的转型更新实现整体最优

落实对道路、绿地、公共配套等公共内容的框架控制。规划区面临由制造型产业向研发型产业的转型。规划通过企业需求调研，以环境品质、服务配套等公共要素为核心，落实河网水系、公共绿地、道路交通及服务配套，构建刚性控制的整体框架。

将不同的发展状况，结合现行政策，有针对性地划定用地，明确了就地转型、整理提升和控制预留3种类型。

就地转型：现状企业已提出明确转型意向的，根据相关政策，划为C65 用地，开发强度通过相关程序予以确定。

整理提升：现状企业质量较差，且尚无提升转型意向的，规划不予保留，在南翔东工业区主导下，收回土地，整理后按规划条件重新出让，进行再开发。

控制预留：位于蕰藻浜沿线、产业门类较差且尚无提升转型意向、近中期的发展存在不确定性的，通过划定备用地的方式进行规划预留，控制其发展，为后续实施留下进一步研究的空间。

3. 弹性应对转型需求的不确定性

规划强调“空间预留，弹性配套”。引导相关设施集聚，进行整体集中配套，在配套类型上，结合产业的创意研发特征进行综合配套，如结合轨交站、蕰藻浜浏翔公路交汇点等关键节点，布局商业商务配套等。同时结合创意研发类产业配套类型具有专业化、多元化、业态多变的特点，在发展空间上进行预留，便于对配套内容及时增补完善和灵活调整。

四、项目特色与实施效果

在上海近郊区产业区块转型提升诉求较为普遍的背景下，本项目对近郊产业区转型做了有针对性的研究和探索，将产业园区的转型提升作为一个持续过程而非最终状态进行考虑。项目提出“区域统筹，产城融合；二次开发，整体转型；顺应需求，循序渐进”的思路，对类似地区的控规编制具有借鉴意义。

本项目于 2013 年 1 月启动编制，2014 年 4 月获批。在控规指导下，蕰藻浜北侧的轻文化产业区已经基本建成。

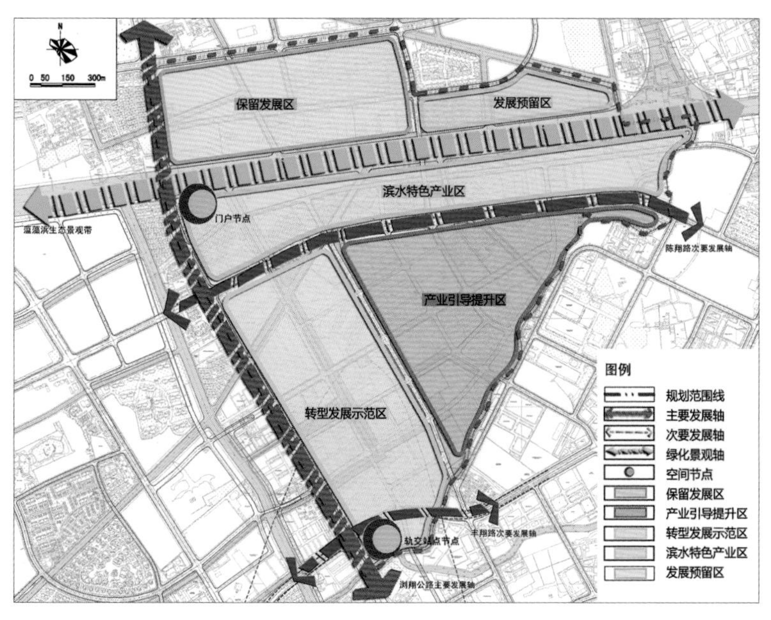

功能结构规划图

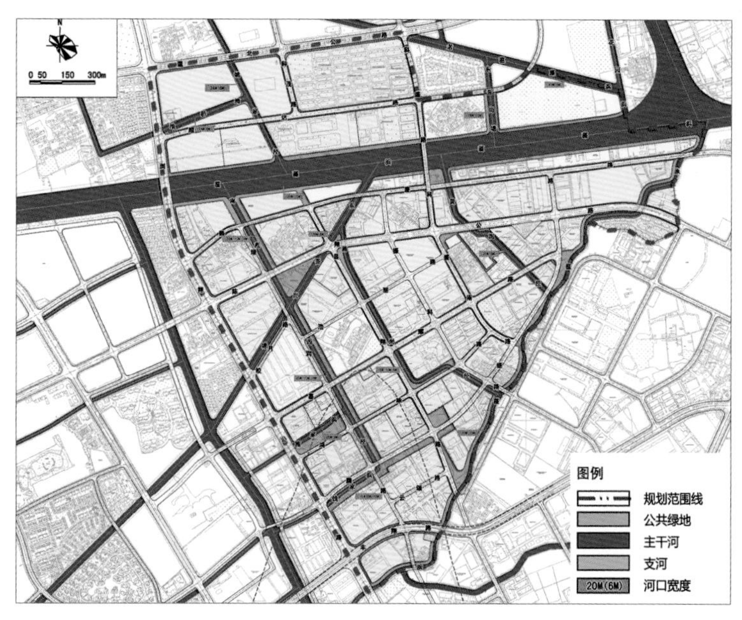

绿地水系规划图

苏州市现代有轨电车发展规划研究

2015 年度上海市优秀城乡规划设计奖三等奖

编制时间： 2012 年 6 月 — 2013 年 1 月

编制单位： 上海市城市建设设计研究总院（集团）有限公司

编制人员： 徐一峰、蒋应红、蒋纪津、黎冬平、包佳佳、王宝辉、唐淼、何利英、王松崧、张涛、陈雷进、范宇杰、杨小兵、韩慧、戴禾

一、项目摘要

本研究对苏州现代有轨电车发展进行了规划研究，在明确了有轨电车建设的必要性、有轨电车发展的需求后，分析了现代有轨电车在苏州不同区域的发展规模，以及相应规划的主要通道位置。另对苏州现代有轨电车的车辆选型，有轨电车发展时序、敷设方式、断面布置、交叉口控制以及建设实施模式等提供了有针对性的规划建议。规划成果总体创新为首个现代有轨电车顶层设计规划；4个技术创新点分别为：需求导向的论证方法、分层定位的发展思路、"总—分—总"的规划路线以及可持续的规划控制标准。

二、项目构思

本规划研究是首个系统地对现代有轨电车发展方向开展顶层设计的项目，是一个多部门协同、多专业合作、多交通网络交织的复杂问题。在苏州市现代有轨电车规划过程中，研究须解决四大规划难点。

1. 发展必要性

在苏州城市和交通发展格局下，为什么需要发展有轨电车？

2. 制式选择

类似制式很多，为什么要选用有轨电车？

苏州市区有轨电车布局规划图

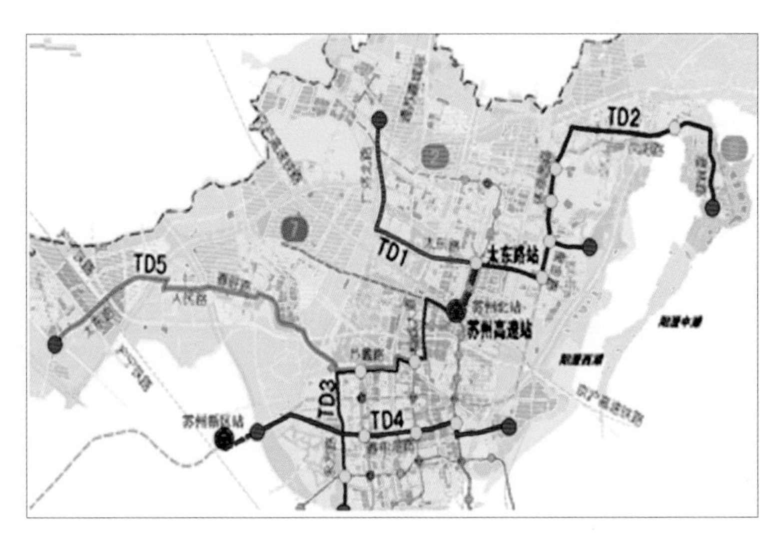

苏州各区有轨电车线网规划图

3. 网络布局

有轨电车线网的空间布局怎样适应苏州城市发展要求?

4. 控制标准

怎样保证有轨电车能够在苏州实现可持续发展?

三、主要内容

1. 苏州市区现代有轨电车布局研究

利用客流负荷强度法及线网密度法，测算现代有轨电车线网的规模需求，匡算苏州有轨电车线网的发展规模取值约为400km。综合考虑各公交模式后，提出苏州市区远景公交发展结构为400km轨道+ 400km有轨电车+ 9000km的常规公交。规划提出的现代有轨电车应用模式有3种：① 作为轨道交通的延伸和补充；② 外围各区之间的联系功能；③ 特色公交线路。

在布局思路方面提出了4点规范性建议：① 可利用公交专用道资源，布设有轨电车线路；② 有轨电车可完善轨道交通远景加密线；③ 有轨电车线位的选择应考虑客流规模条件；④ 根据不同通道定位，因地制宜地布置线路。

在确定总体规划的基础上，研究对苏州市各区进行了细致规划，包括高新区、吴中区、工业园区、相城区及吴江区。

2. 辖区各市现代有轨电车布局研究

研究分别配套了昆山市、太仓市、常熟市、张家港市有轨电车规划及初步发展建议。从各市有轨电车的发展来看，在各市中心城区范围内，有轨电车的发展规模约为249km；在各市域范围内，有轨电车的总体发展规模约为419km。

各市有轨电车规则　　表 1

区域		轨道交通规划（km）	有轨电车范围（km）	有轨电车规划（km）
昆山	规划区	76	128 ~ 180	154
	中心城区		80 ~ 110	96
太仓	规划区	28		90
	中心城区		35 ~ 47	44
常熟	规划区	60		100
	中心城区		42 ~ 60	50
张家港	规划区	69	71 ~ 100	75
	中心城区			59

3. 实施规划与示范线方案

苏州市区有轨电车的发展和建设，建议分为3个阶段，选择高新区有轨电车及滨湖新城有轨电车作为两条示范线。

四、项目特色

1. 需求导向的论证方法

综合苏州城市发展和公交出行需求，研究从中运量公交的角度综合论证了现代有轨电车发展的必要性、适用范围和发展目标，指导性强。

2. 分层定位的发展思路

研究根据现代有轨电车的技术特征，提出了适应苏州特点的“分层定位、分区成网、适度连接”的规划发展思路，针对性强。

3. “总—分—总”的规划路线

研究在线网布局规划上，根据现代有轨电车的功能定位和苏州城市空间的特征，采用“总—分—总”的技术路线，可操作性强。

4. 可持续的规划控制标准

研究基于实用、安全、经济、可靠的原则，统一车辆制式以及路权、宽度等工程建设标准，更好地发挥规模效应，可推广性强。

苏州市有轨电车建设时序　　表 2

阶段	目标	内容	发展规模
阶段一（2020年）	开拓阶段，基本开拓有轨电车在苏州的发展局面	各区结合轨道交通，以延伸线路为主，各区各建设1～2条线，与轨道交通共同形成初步骨干线路	约为150km，占总量的38%
阶段二（2030年）	成网阶段，形成骨干公交网络体系	在局域内形成网络，形成区内以及区之间的骨干网络	约为150km，占总量的38%
阶段三（远景）	完善阶段，完善骨干公交网络	形成完善的骨干公交线路，以及建设部分特色的骨干公交线	约为100km，占总量的24%

上海市公共体育设施布局规划（2012-2020 年）

2015 年度上海市优秀城乡规划设计奖三等奖

编制时间： 2010 年 6 月 — 2014 年 10 月

编制单位： 上海市城市规划设计研究院

编制人员： 邹玉、詹运洲、吴芳芳、喻珺、吴蒙凡、王家瑾、陈洪康、蔡颖、方澜、钟天朗、周卫星、祁仕奕

一、规划背景

2014 年，国务院颁布《关于加强发展体育产业促进体育消费的若干意见》，首次将全民健身上升为国家战略。改革开放以来，上海市体育事业蓬勃发展，体育设施建设有序推进。

上海市“十二五”规划明确提出了建设“体育强市”的发展目标。在此背景下，市规土局和市体育局联合牵头，组织编制了《上海市公共体育设施布局规划》。

二、主要内容

规划形成“ 1+3+5 ”的成果，包括1个总报告（文本、图集、说明），三年行动计划（2013—2015）、设施现状数据库、设施设置标准3个配套成果，自行车健身绿道、体育公园、30分钟体育生活圈、公共体育设施项目设置、公共体育设施利用5个专题研究。

1. 规划框架

坚持以人为本、集约节约用地、设施综合利用和近远期结合的原则，针对不同特征的公共体育设施进行分级分类规划布局和指标控制。明确市、区级公共体育设施的布局和建设标准，制定社区级体育设施建设标准，构建全市 30 分钟体育生活圈，梳理近期建设项目，形成近期规划和实施保障建议。

2. 分级分类体系

体育专业特点与城市规划技术体系充分结合，将全市的公共体育设施分为“三级、三类”进行规划。按照服务人口、规模等级和主要功能，分为“市级、区级、社区级”三级。重点考虑赛事体育设施对城市发展和空间的巨大影响，将公共体育设施分为群众体育设施、赛事体育设施和竞技体育训练设施三类。

3. 规划目标

强调“以人为本”的原则，以满足城乡居民多层次的体育需求、提供每位市民参与体育锻炼的机会为基本目标，建设全市“ 30 分钟体育生活圈”，建立符合《上海市城市总体规划》，层次分明、布局合理的全市体育设施布局体系。全面提升上海体育的整体实力和在国内、国际体坛的竞争力，努力把上海建设成为具有国际知名度和影响力的国际体育强市。

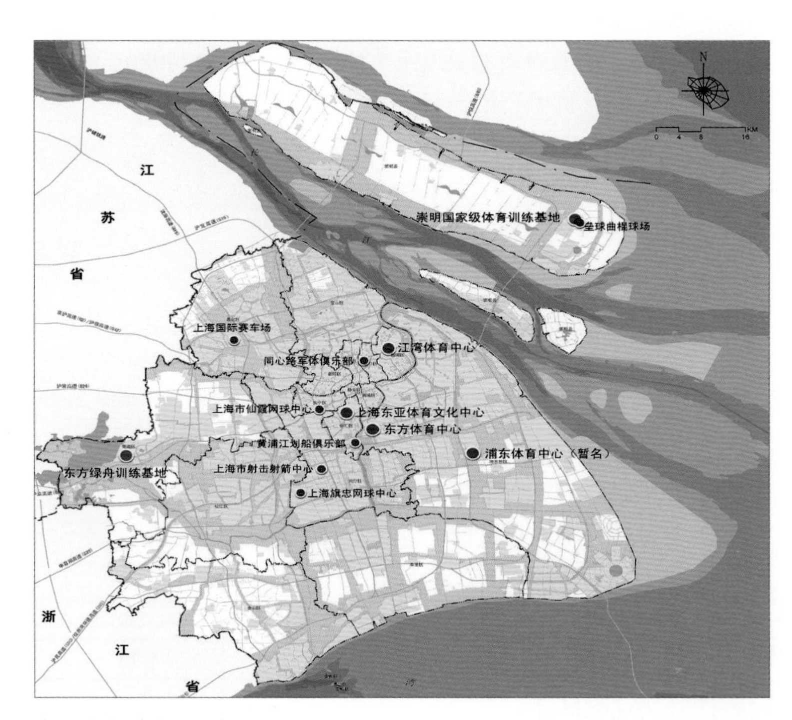

市级体育设施规划布局图

4. 规划指标

规划首次采取体育场地和体育用地双指标管控。体育用地为规划概念，侧重于独立占地的市、区级体育设施。体育场地为体育系统统计口径，统计所有可以进行体育锻炼的场所。两个指标的综合更能科学全面地反映和管控一个城市或地区的体育设施发展水平。2020 年，人均体育场地面积达到 2.5 m^2以上，人均公共体育用地面积达到 0.5m^2以上（不含康体用地）。

5. 布局结构

（1）市级公共体育设施：规划形成“ 4+2+X ”的市级体育设施布局。其中，“ 4 ”为三个结合现状完善改造的上海东亚体育文化中心、东方体育中心和江湾体育中心，及远景布局的一处浦东体育中心；“ 2 ”为上海崇明和东方绿舟两个市级体育训练基地；“ X ”为若干具有举办国际体育赛事能力的单项体育场馆。

（2）区级公共体育设施：立足服务城市各区，以满足全民健身需求为主要功能，可分担大型综合赛事或单项赛事功能的公共体育设施。主要包括区级体育中心、区级单项体育设施、区级体育主题公园、区级休闲基地和自行车健身绿道等。

（3）社区级公共体育设施：作为全市公共体育设施的主要组成部分，结合“ 30 分钟体育生活圈”，规划建设以市民健身中心为核心、健身苑点和步道等为基础的社区级公共体育设施，鼓励与文化设施、社区广场、绿地的综合设置。

三、创新与特色

1. 坚持研究先行，构筑科学的规划内容

规划前期与上海市体育学院团队合作，通过资料梳理、调研问卷、GIS分析等研究方法，研究上海市体育发展需求。全面总结现行政策和标准，研究国内外以体育公园、自行车健身绿道为代表的新兴体育设施。规划形成多项研究专题成果，为后续编制奠定了坚实的基础。

2. 坚持以人为本，重点聚焦群众体育设施

规划以为每位市民提供参与体育锻炼的机会为目标，聚焦群众体育设施，构建 30 分钟体育生活圈，方便市民参与各种体育活动。重点增加群众体育设施数量和体育运动场地面积，提高布局均衡性，致力于体育公共服务的均等化。

3. 坚持融合发展，集约节约利用土地

规划强调体育设施结合绿化、旅游、文化等社会事业的共同发展、融合发展、混合使用，促进体绿融合、体旅融合、体路融合、体文融合。同时强调充分利用现有设施潜力，提高现有体育场馆的开放率。充分利用教育系统公共体育设施，实施学校体育场地的“分隔工程”，提高学校体育场地开放时间和开放场馆数量，推动学校体育场地向社区开放。

4. 坚持面向实施和长效管理，构建现状和规划数据库

规划首次全面梳理了上海市公共体育设施现状，利用 GIS 等科学分析现状设施分布的特点与问题。通过分区以及人均体育场地、人均体育用地、体育用地比重等指标，对上海市公共体育设施发展服务水平进行分析总结。规划首次形成设施与空间相对应的现状和规划数据库，为后续规划的评估与监控提供了基础。同时梳理近期项目，形成三年行动计划。

四、实施情况

规划完成首个批准的体育专项总体层面规划，提出的建设“30 分钟体育生活圈”，已在嘉定区等试点建设。依据规划，先后出台了自行车健身绿道、全民健身中心建设补贴条例，全面促进了上海市公共体育设施发展，为特大城市土地资源紧约束下公共设施类专项规划提供了重要的规划方法借鉴。成果作为上位规划，有效指导了区体育设施规划，以及上海市专业足球场、马术比赛场等规划的编制工作。

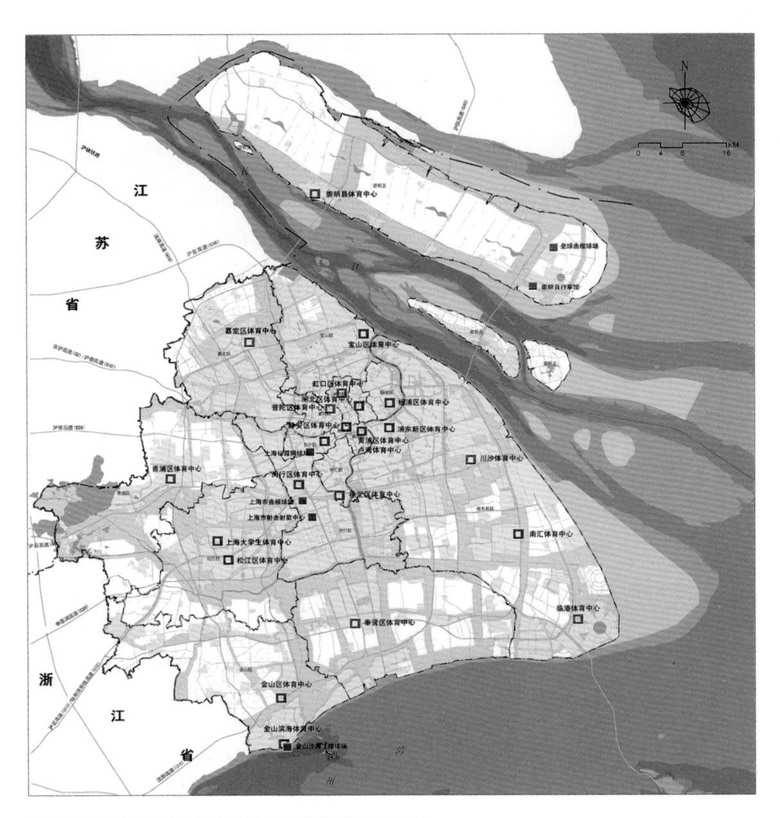

区级体育中心和单项体育场馆规划布局图

上海市商业网点布局规划（2014--2020 年）

2015 年度上海市优秀城乡规划设计奖三等奖

编制时间： 2012 年 6 月一 2013 年 1 月

编制单位： 上海市城市规划设计研究院、上海市商务发展研究中心

编制人员： 徐文杰、胡莉莉、黄宇、蔡颖、朱桦、陆远、俞玮、杨帆、滕玥、胥勤利、边文玉、欧玲、陈娟、朱丽娜

一、规划背景

近些年来，围绕建设“四个中心”的总目标，实现“四个率先”的总要求，上海加快推进现代服务业发展。在 2009 年 9 月市规土局、市商务委发布的《上海市商业网点布局规划纲要（2009-2020年）》（以下简称《规划纲要》）指导下，上海城市综合服务功能加快完善，服务能级逐步提升，商业发展规模实现稳步增长，商业网点布局体系逐步形成。

但随着上海经济社会和城市建设发展，商业发展面临着业态持续创新、消费需求结构不断变化等新要求。为了更好地引导上海市商业网点的健康有序发展，贯彻国务院《关于深化流通体制改革加快流通产业发展的意见》（39 号文）精神和市政府工作部署，市规土局和市商务委联合开展了《上海市商业网点布局规划（2014-2020 年）》编制工作。

本次规划作为 2013 年度市政府重点工作， 于 2014 年 8 月通过市政府审批。规划具有调研范围广、创新要求高、涉及部门多、社会关注度高等特点。

二、规划重点

本次规划范围为上海市域范围，用地面积约 6340km²。重点关注中心城、新城、重点发展地区。

从商业行业分，规划对象主要包括零售业网点、餐饮业网点、生活服务业网点和重点大型商品交易市场；从商业功能分，规划对象主要包括各级商业中心、特色商业街、重点发展地区、各类园区配套商业以及商业流通基础设施。

规划重点根据《上海市城市总体规划》，紧紧围绕上海国际贸易中心建设，遵循商贸产业发展规律，把握消费市场趋势，坚持繁荣繁华和便民利民，立足前瞻性、科学性和操作性。在上一轮《规划纲要》和商业发展现状的基础上，构建覆盖全市的商业网点分级体系，进一步明确发展目标和方向，确定各个层级商业网点的建设标准，重点聚焦中心城市级和地区级商业中心，加强对郊区、重点发展地区和社区商业的规划引导，落实空间布局、行业和业态导向，明确近期建设重点，强化实施保障措施。

规划期限划分为3个阶段：近期为 2014-2015 年；中期为 2016-2020 年；远期为 2020 年以后。其中，近期与“上海市国民经济和社会发展第十二个五年规划”的期限相衔接，中期与“十三五”规划期限相衔接，远期结合新一轮上海城市总体规划的编制，展望未来上海的商业发展前景。

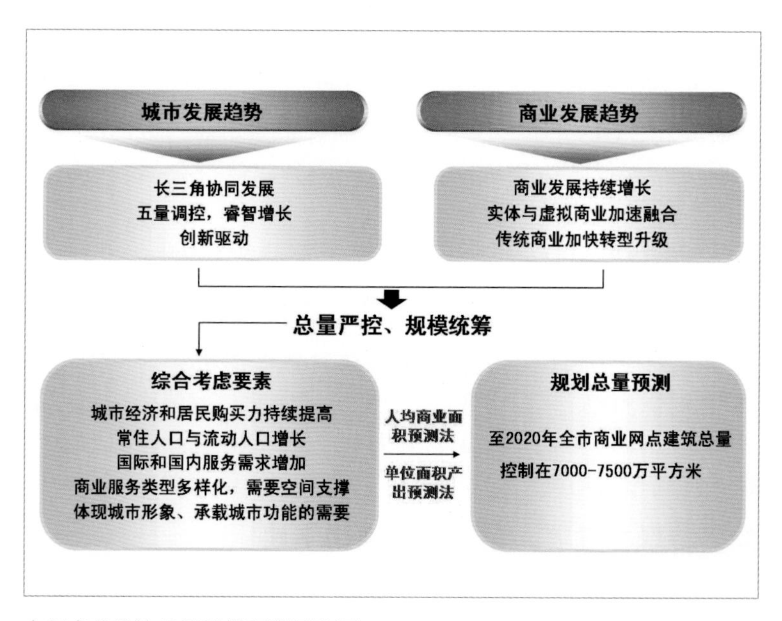

市级商业设施总量规模预测思路图

三、规划内容

1. 合理预测商业网点的总量规模

根据已批规划，未来上海商业设施仍有较大的增长空间。但基于全市商业经济发展与商业网点建筑规模的比较研究，目前全市商业网点建筑已呈现出阶段性、结构性供过于求的特点。并且由于近年新兴网络消费增速显著，对实体商业冲击较大，未来上海商业网点规模总量、空间布局及消费模式的预测均存在较大的不确定性。

本次规划结合城市发展和商业发展的趋势判断，确定了“总量严控、规模统筹”的规模指导原则，同时综合考虑“城市经济和居民购买力增长情况、常住人口与流动人口变化、国际和国内服务需求增长、商业服务类型多样化对空间支撑的需求以及未来体现城市形象的需要”等多方面的影响要素，以服务人口 3000 万为基础，综合比较人均商业面积预测法和单位面积产出预测法两种预测方面，合理确定了至 2020 年全市商业网点建筑总量应控制在 7000万m^2～7500 万m^2。

2. 完善“3+1”商业网点的格局体系，确定分级标准

针对现状商业网点空间布局失衡的情况，以“多中心、多层级、网络化”为原则，构建完善“市级商业中心、地区级商业中心、社区级商业中心、特色商业街”为核心的“3+1”商业网点格局体系，确定各级建设标准，并根据商业设施规模、集聚度、能级、市场影响力和辐射力等要素确定划分标准。

同时充分考虑网络商业等新兴消费模式的需求，以“3+1”实体商业网点格局体系为基础，构建互联网时代以消费需求为中心，由“多层级实体店、跨区域网店及高效率物流配送网络”共同构成的新型商业空间布局体系。

3. 制定分级分类的优化提升策略

根据不同类型的商业网点等级，制定分级分类的优化提升策略。中心城市级、地区级商业中心通过“引导图则加规划说明”的形式，明确规划建设引导范围，确定功能业态整体定位和空间发展格局。社区级商业中心则借鉴新加坡邻里中心经验，划分为社区级、小区级、街坊级进行分类功能业态引导。

为提升商业网点的环境品质和综合服务水平，规划分别从功能复合、交通导向、环境品质、地下空间、节能环保、风貌协调和空间布局等方面细化了环境建设引导标准，以指导各级商业网点建设与改造。

4. 完善保障措施，推进规划落实

商业发展受市场和政策影响较大，需要加强保障机制建设。规划建议将商业网点规划内容作为专项规划纳入总体规划，确保规划内容的法律效力。

同时通过明确部门分工、细化近期建设重点等措施，推进规划落实。

四、实施情况

本次规划通过大量资料收集和基本情况调研，摸清家底，形成商业网点数据基础资料库，规划编制期间多次通过意见征询会的形式，征询市局、专家、区县及相关部门的意见，获得广泛的支持与认可。

规划成果为上海市新一轮城市总体规划编制奠定坚实基础，有效指导了《上海市商务发展规划》总规专项规划的编制。规划成果于 2014 年 8 月获上海市人民政府审批通过，2014 年 9 月规划成果向媒体发布。

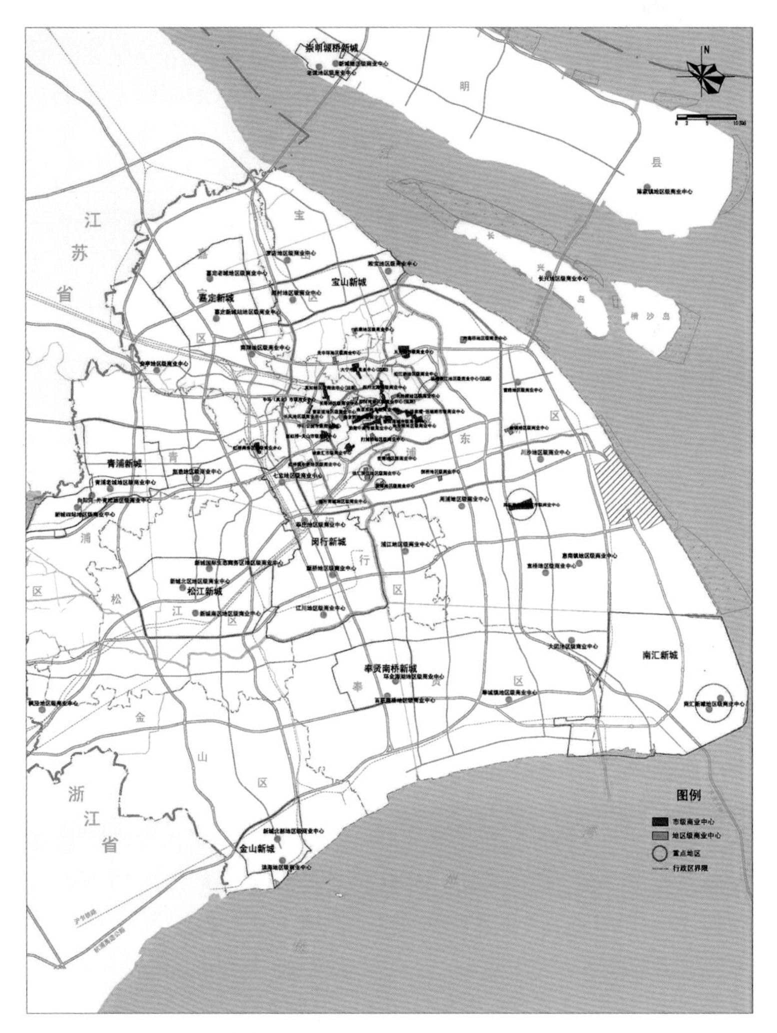

市级、地区级商业中心布局图

上海市应急避难场所建设规划（2013–2020年）

2015年度上海市优秀城乡规划设计奖三等奖

编制时间： 2012年11月一2013年11月

编制单位： 上海同济城市规划设计研究院

编制人员： 戴慎志、束昱、赫磊、刘婷婷、高晓昱、史惠飞、姚智捷、胡浩、杨军、刘晓星、张小勇、陈琦、路姗、彭俊杰、李东灿

一、项目概要

《上海市应急避难场所建设规划（2013—2020年）》从分析上海城市防灾需求现状出发，应用上海市和国家关于避难场所分级控制的相关规范，结合城市不同功能分区要求，提出三类避难场所建设标准、布局模式和规划要求，重点对上海市Ⅰ和Ⅱ类应急避难场所提出强制性要求。

规划成果指导上海市及各区Ⅰ和Ⅱ类应急避难场所选址与规划建设，是各区应急避难场所规划编制的重要依据。

规划成果在三方面有显著创新：一是探索出新的规划编制类型；二是规范了上海市应急避难场所规划编制；三是带动相关管理办法的改进。

二、规划背景

上海作为特大型城市，一旦发生重特大灾害事故，将会严重威胁人民群众生命财产的安全。为保证突发性灾害事故发生后人员快速、有序疏散安置，最大限度地减少人员伤亡和财产损失，确保城市安全和稳定，规划建设和构建城市应急避难防御保障体系极其重要。

规划旨在落实沪府办6号文的要求，在全市域规划布局应急疏散避难场所，统一应急避难场所的认识，规范应急避难场所的规划建设标准并探索应急避难场所的规划布局方法，确定应急疏散避难场所的分级、分类、时序、设施配备等标准以及建设要求，使其最大限度地满足本市常住人口的各种避难需求，同时提高公共设施、 公共资金等公共资源的使用效率和效益，切实提升本市应对突发事件的应急保障能力。

本次规划将从根本上扭转和改善城市防灾应急避难场所建设滞后于城市建设的局面，使应急保障体系基本健全，城市抵御突发公共事件的整体能力进一步提高，基本适应本市城市定位和城市社会经济发展的安全需要，对本市防灾应急保障体系建设起到极为重要的作用。

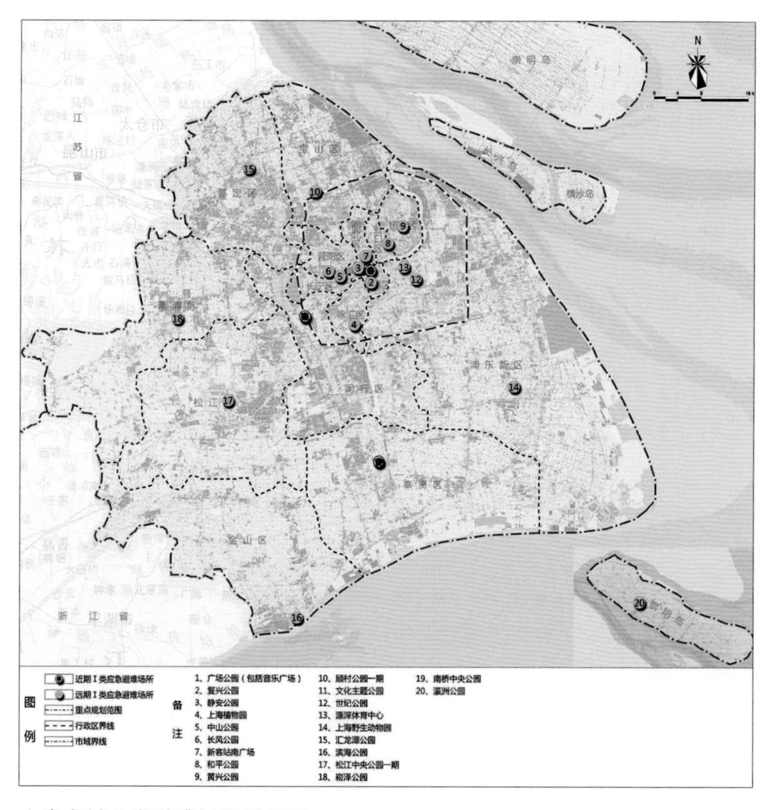

上海市域Ⅰ类避难场所规划图

三、规划内容

1. 缩短避难场所的疏散距离，提高避难服务水平

坚持“平灾结合、就近避难、综合利用”的原则，对避难场所资源供给总量充足，但疏散距离较长的地区，加强对街头游园、广场和街坊内绿地的防灾性能的提升，增加其紧急、临时避难场地的功能。从而缩短避难场地的疏散距离，提高紧急疏散效率。

2. 增设各区县中心避难场所，提高应急避难系统效能

各区县规划建设具备救灾指挥、应急物资储备、综合应急医疗救援等综合功能的中心避难场所。原则上，每个区县应至少规划布局中心避难场所1处，同时规划建设市级中心避难场所1处，提高应急避难系统整体联动效能。

3. 完善配备避难场所配套设施，提高应急避难功能

Ⅰ级应急避难场所配置完备的基本生活设施，Ⅱ级应急避难场所配置基本生活保障设施，Ⅲ级应急避难场所配置必备的生活保障设施。

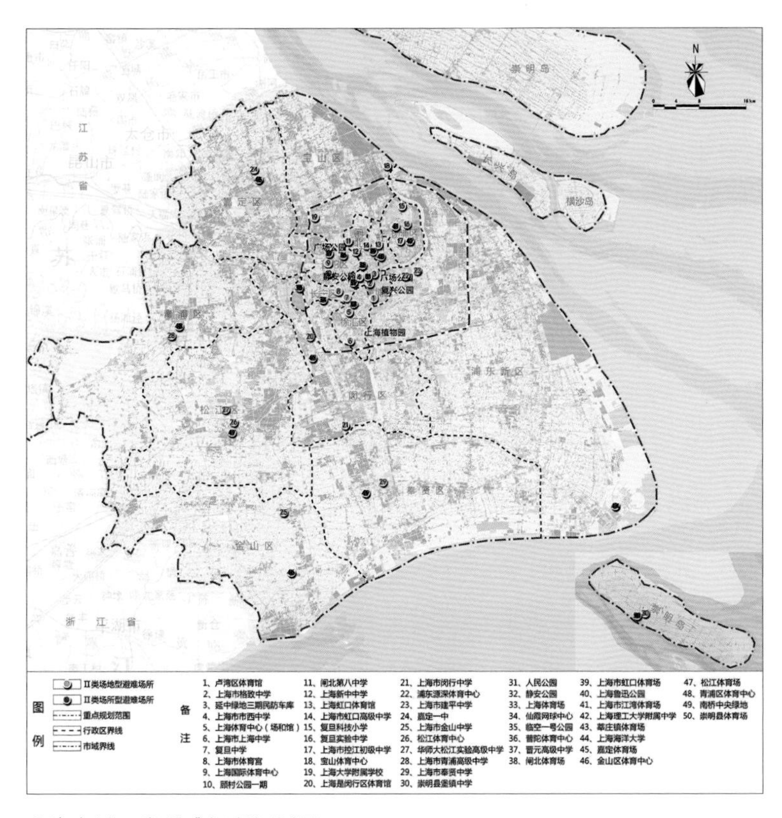

上海市域Ⅱ类避难场所规划图

中心避难场所要配备应急管理、避难宿位、应急交通、应急供水、应急医疗卫生、应急消防、应急物资、应急保障供电、应急通信、应急排污、应急垃圾、应急通风设施等，是全市和各区的应急避难中心。从而系统提高避难场所的应急避难功能。

4. 避难场所示范工程设计

项目选择延中绿地三期（兼地下民防车库、上海音乐厅），结合场地场所的现状配套设施和本市避难场所建设标准，提出分区布局模式：应急指挥区、应急功能区、应急安置区、应急交通区；提出区域和设施设备的平灾转换机制，配套建设和临灾引入规定等。

四、项目特色

1. 建立上海市应急避难场所分级建设标准

整合国家标准与上海市实际情况和既有标准，提出相互融合的一套分级建设标准。将应急避难场所等级划分为Ⅰ级、Ⅱ级和Ⅲ级三类，具体标准包括避难场所的安置时间、场地面积（或建筑面积），人均避难使用面积及工程疏散距离等。

2. 确定上海市应急避难场所类型和规模控制比例

明确应对台风暴雨气象灾害的场所型避难场所和应对地震灾害的场地型避难场所。因位于不同区位，两类避难场所的需求并不相同。都市功能优化区和都市发展新区以场地类为主，场所类为辅；新型城市化地区和综合生态发展区以场所类为主，场地类为辅；沿海地区以防台风为主，中心城人口密集区以防地震为主。

3. 建立公园、地下民防工程平灾结合的建设方式

本规划根据城市公园和民防建筑设计法规，将“平时”与“灾时”的设施配备及功能布局进行综合，构建以公共场所为主、平灾有机融合的避难场所运作体系，提出“应急指挥中心—灾民安置区—应急功能服务区—应急交通区”的防灾体系架构，通过借助原有场地设备条件采取功能附加及转换的技术措施。

五、实施情况

已按照本规划目标与规划建设要求，逐级分解建设任务。市级按照本规划认定并改建黄浦区音乐喷泉广场、新建松江中央公园一期为Ⅰ类避难场所；各区县按照本规划编制区级应急避难场所规划，落实本规划的控制指标与要求。

宝兴县县城灾后恢复重建规划（2013–2020 年）

2015 年度上海市优秀城乡规划设计奖三等奖

编制时间：2013 年 5 月—2013 年 7 月

编制单位：上海同济城市规划设计研究院

编制人员：周俭、周珂、肖达、江浩波、刘晓青、吴斐琼、黄震、付朝伟、黄燕、范江、吴伟国、吕钊、赵刚、焦小龙、顾晶

一、项目背景

2013年4月20日，雅安发生7.0级强烈地震。按照国务院、住建部和四川省统一部署，由同济规划院承担宝兴县灾后恢复重建规划任务。

宝兴县城灾后恢复重建规划是同济规划院负责的灾后重建规划的重要组成部分。规划具有特殊性：第一，灾后重建规划本身带有应急性、问题导向性、复杂性等特征；第二，与“5·12汶川大地震”相比，汶川的重建是举全国之力，投入大量国家资金实现的。而本次重建工作将更多以地方力量为主，是在资金有限条件下展开的。规划是针对常态化灾后重建工作的重要实践探索。

就灾损特征而言，此次地震震级高、余震多、持续影响大，山体滑坡、崩塌、泥石流等次生灾害严重。同时，建筑受损主体为民房，虽外观仍较完好，但实际结构损坏严重。这些问题使得灾后重建工作更为复杂。

此外，宝兴县位于世界自然遗产——四川大熊猫栖息地的核心区域，此次规划还需要兼顾对世界遗产地的环境保护与生态修复。

二、规划思路

规划本着“以居民为本，以安全为先，以保护为根，以发展为重”的原则，强调“恢复与复兴同步”的理念，全面实施“从恢复重建到跨越发展”的战略。

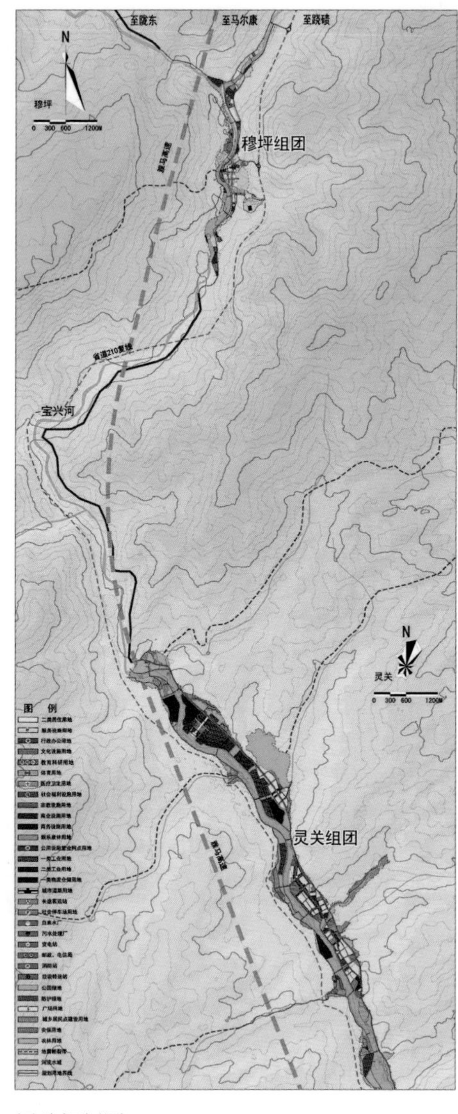

用地规划图

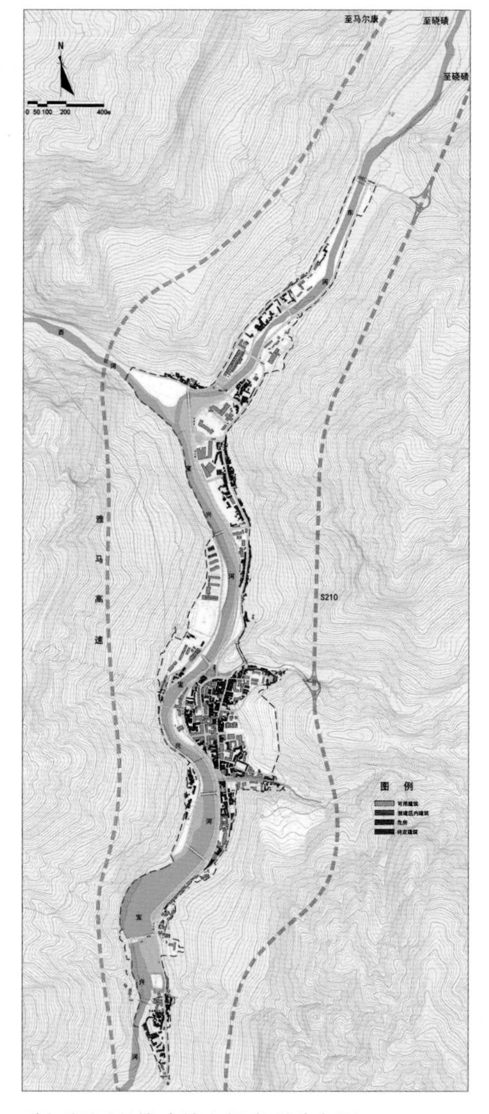

穆坪组团现状建筑灾损类型分布图

三、主要内容

本规划按照“一城两组团”的发展思路，分别对未来宝兴县城的定位分工、用地布局、公共设施配置、交通基础设施建设等方面作出统筹优化部署。

1. 确定“一城两组团”的整体县城空间布局模式

震后，县政府驻地穆坪的建设发展受到地质灾害较大的限制，而全县经济重心灵关镇也亟需增强产业恢复、振兴的动力。因此，在综合分析两镇灾损情况、建设条件等各项因素后，规划最终确定了“穆坪规模控制、优化布局，灵关重点发展、整体提升”的发展思路，形成了“一城两组团”的空间结构，并对两者进行了重新定位。

“一城两组团”、穆灵一体化的发展模式十分有助于位于宝兴河谷地带的城镇在定位分工、用地布局、公共设施配置、交通基础设施建设等方面实现统筹优化与整体提升。同时，县城功能的分解转移也十分有利于穆坪的避灾安全建设和世界遗产地的生态保护。

2. 优先恢复住房、公共设施等民生保障体系

结合灾损实际，尊重居民意愿，本规划针对穆坪与灵关的特征，分别制定了针对性的重建计划，力求尽快恢复民生保障体系。

对穆坪老城和灵关老镇区，规划在积极鼓励维修加固与原址重建、确保居民快速恢复正常生活的基础上，按照“旧城改建，塑造风貌”的重建思路，将之优化提升为灾后重建与恢复发展的典范区。

对穆坪两河口和灵关赵家坝两个新片区，规划按照“整体建设，门户展示”的重建思路，重点完善公共服务配套设施，增强区域核心综合服务功能，采用复合化和小型化的街坊模式，传承、强化地方空间特征，集中打造现代化的川西新镇示范区。

灵关组团核心区重建效果图

3. 注重产业的恢复重建与跨越提升

规划立足震前产业基础，抓住新型城镇化的机遇，充分发挥产业发展的优势，加快产业的恢复、提升。其中：

穆坪方面，规划结合老城的功能疏散和布局优化，重点完善文化休闲旅游功能，打造熊猫文化体验旅游目的地，同时结合南部小穆坪片区交通枢纽的建设，打造旅游集散中心。

灵关方面，规划紧扣“振兴汉白玉石材产业，打响品牌”和“提高就业，推动生态移民安置和新型城镇化齐头并进”两大目标，强力引导产业用地整合、转型升级、集约集聚和高效发展。

4. 建设复合城镇综合防灾避险体系

城镇公共安全是灾后重建工作的核心问题之一，规划结合用地布局、绿地系统、道路交通、市政设施等各个子系统，构建完善的、复合化的防灾避险体系。如疏解老城以满足防火及安全疏散的要求；新建穆—灵快速通道，在地质灾害集中路段增加防飞石明洞以保障救灾通道通畅；规划滨江避灾绿化带等。

四、特色与创新

1. 战略和实施相结合的规划方法

在宝兴县灾后恢复重建城乡体系规划的战略指引下，本次重建规划在宏观上重点把握县城未来的定位、功能分区和空间布局，在微观上具体拟定灾后恢复重建的重点项目库和实施要点。

2. 科学人本的重建思路和模式

本次重建规划尤为强调以居民为本、科学重建。结合规划的编制实施，各镇、村安置点都成立了由本地居民组成的自建委员会；一些村组的公共生活设施选址和产业规划都由村民自己决定。

3. 院、校支撑的专家会诊模式

本规划推动了专家会诊模式的建立，即由同济规划院牵头，同济大学建筑城规学院的专家形成顾问组，通过定期“会诊”、研讨，解答专业难题、协调专项矛盾、优化规划方案。

4. 全过程的规划实施保障模式

规划在整个编制与实施过程中，均采用驻地办公的形式，把握最新信息，及时调整规划。同时，同济规划院和建筑院积极承担了后续主要的修建性详细规划，建筑、市政与景观项目设计，以进一步保障规划的整体性、延续性与实施性。

海门经济技术开发区总体发展规划（2013–2030 年）

2015 年度上海市优秀城乡规划设计奖三等奖

编制时间： 2013 年 5 月—2014 年 3 月

编制单位： 上海市城市规划设计研究院

编制人员： 骆悰、陈琳、童志毅、周凌、欧胜兰、陆巍、张海晔、杨柳、陆金田、杨海娟

一、规划背景

海门是长江口、南通地区的经济强市，素以科技、纺织、教育、建筑业闻名。

海门经济技术开发区位于海门中心城区，包括中心商务城、謇公湖科教城、滨江工业城与江海港物流区三大分区，辖区面积近100km^2。2013年获批升级为国家级开发区，亟需一套规划来全面引领新的发展思路和布局，由此启动本次规划。

二、规划思路

本次规划以战略研究为引领，用区域的视野、政策的高度和更前瞻的理念来积极影响决策，并以更具有现实性与实施性的政策手段来落实对各项资源的统筹，着重体现创新性、政策性和实施性。并最终形成1个总报告、5个战略研究、6个总体专题研究和3个分区规划，以期实现宏观发展战略、中观策略体系和微观实施措施的有机结合。

三、规划内容

1. 战略定位

海门近百年来的每一次阶段式跨越发展都与上海具有密不可分的联系，海门经开区的升级要立足于区域的高度和广度才能找到长远的定位和支撑。本规划提出：未来海门经济技术开发区将是上海大都市区域中不可或缺的分工区域——具有综合服务功能的科教新城、产业新区和长江口休闲旅游目的地，也是海门城市新一轮发展的重要增长引擎。

2. 战略重点

发展的重心转变：从以生产需求为核心向以人的需求为核心转变。

发展的理念转变：从承接转移的上海后花园向示范转型的前沿转变。

发展的动力转变：从物质性的城市营建向以城市精神为引领转变，传承与演绎张謇先生的务实精神与创业精神。

3. 建设目标

依靠生态环境和科教文化优势，以“智慧、健康、浪漫”为特色，开发区的目标是建设成为面向上海大都市区的一片具有吸引力和综合服务能力的“环境净土、创新沃土、创业热土”。

4. 产业发展策略

提出3条产业发展目标与策略：先进制造业朝着“智造海

1个总报告		
5个战略研究	6个专题研究	3个分区规划
①区域发展环境研究 ②地区发展条件研究 ③发展经验借鉴 ④战略定位与目标研究 ⑤政策与机制研究	①产业经济研究 ②空间发展与土地利用 ③综合交通体系研究 ④公共服务体系研究 ⑤景观与文化研究 ⑥生态环境保护研究	①謇公湖科教城规划 ②滨江工业城与江海港物流区规划 ③中心商务城规划

技术路线与成果体系

门”方向发展，提高技术含量；生产性服务业朝着“智慧海门”方向发展，重点引入信息服务、教育培训以及会展业；婚庆、亲子、养老等新兴服务业及现代农业朝着“浪漫和健康海门”方向发展，成为上海大都市区浪漫旅游和健康休闲的胜地。

5. 综合交通发展策略

突出“双桥时代”城市功能与交通的耦合关系，以融入上海大都市区通勤圈、构建特色鲜明、功能复合的城市综合交通体系为目标，提出5条综合交通的发展策略及布局。

6. 公共服务发展策略

提出2个全覆盖目标和策略：一是设施配置的内容全覆盖不同人群、不同产业的需求特征；二是设施配置的体系全覆盖不同层级和地区的特征。

7. 生态环境景观与文化发展策略

将生态环境景观塑造和城市文化营造融合发展，按照建设江海文化之都、滨水花园新城、长江口重要的休闲度假目的地的总目标，提出7条具体策略。

8. 空间发展策略

按照“1个城市总体层次+3个开发区分区层次+16个单元层次（策略分区）”的空间规划体系，形成了相应的布局方案，层层落实战略与策略。总体层面，形成“一核三片，双廊多楔”的空间结构和总体风貌。分区层面，把江、河、湖、绿等环境资源编织成系统，实现“让城市融入大自然，让居民望得见江、看得见湖”。单元层面，创新运用16个“策略分区”，作为中观层次空间策略的落脚点，逐一明确各策略分区的功能定位、景观风貌和道路格局等设计要点，留给下层次规划足够弹性。

四、规划创新

1. 研究视角创新

放在区域发展的格局里，引领开放型思路。秉着“区域协同、规划先行”的出发点，本次工作就上海市新一轮城市总体规划所提出的“加强区域一体化、构建上海大都市区”的战略设想率先进行了一次实践探索与验证，通过跨区域规划的编制，探索海门与上海在产业上、交通上、文化上、生态上的互动联系。

2. 规划理念创新

放在社会变革的时期里，示范内涵式发展。本次规划紧扣新型城镇化的内涵，力求以科学的发展观来引领海门经济技术开发区的全面发展，提出“三个转变”作为转型战略的重点，贯穿始末。

3. 技术方法创新

放在公共政策的语境里，转变物质性规划。通过策略框架体系构建和多层次空间规划编制，本规划最终形成“1组战略定位和路径、24条专项发展策略、16个空间策略分区”。这组弹性的发展框架可被长期应用和不断深化，而非一张易被突破的土地使用规划图，从技术方法上实现了扩张式规划向内涵式规划的创新转型。

五、规划实施

本规划于2014年3月通过评审验收，同济大学郑时龄院士等6位专家一致认为研究成果具有创新性，达到国内领先水平。

核心内容纳入同期在编的《海门市城市总体规划（2013—2030年）》，以获得法定效力。在本规划指导下，誊公湖科教城城市设计、各单元控制性详细规划等陆续完成，环湖景观工程、大学科技城、复旦科技园等启动性项目有序推进。

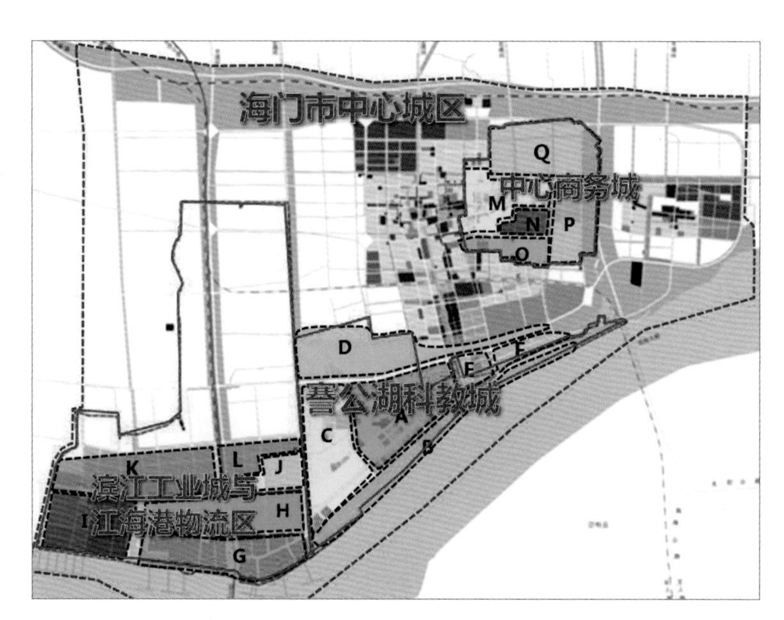

空间索引图“1 个城市总体 +3 个分区 +16 个策略分区”

保山市龙陵县发展战略规划

2015 年度上海市优秀城乡规划设计奖三等奖

编制时间： 2013 年 5 月—2014 年 3 月

编制单位： 上海建筑设计研究院有限公司

编制人员： 赵万良、顾力、崔瑶、罗鹏、朱希鹏、王立晶、耿佶鹏、毛春鸣、周旋旋

一、项目概要

云南省保山市龙陵县是云南省桥头堡通道上重要节点城镇，全国抗战文化旅游基地，云南省生物绿色产业基地，云南省温泉旅游休闲度假胜地，云南省宜居山水园林城市。

战略规划包括三项内容：第一，认知龙陵，分析发展的区域战略环境及内部发展条件，深入挖掘龙陵现状发展面临的重要问题，作为空间战略规划基础；第二，定位龙陵，基于认知层面的相关分析，提出龙陵各阶段的规划目标，确定龙陵未来的城镇定位及城镇职能；第三，重塑龙陵，从产业发展规划、区域生态保护、城镇景观风貌、城镇空间布局四大方面提出相应的规划策略，提出城镇核心发展战略，作为空间规划基础。

二、规划背景

从云南省整体发展条件与特点来看，隆腾芒（隆阳区、腾冲县、芒市）区域未来将发展成为滇西重点城市发展都市核心区之一，其未来发展目标为强化保山、芒市、腾冲的滇西边境地区中心城市地位，形成一个互为依托、功能互补、对接缅印、辐射西部的滇西边境三角城市群。

龙陵作为保山市域隆腾芒区域发展的重要节点，未来也将在区域承担重要职能。规划基于现状与基础发展优势，确定其在保山市域乃至更大范围内的区域地位与发展方向。

随着区域化进程的加快，龙陵县的规划建设将受到诸多因素的影响，主要涉及保山市乃至云南省层面区域性的整体战略部署、区域性的发展趋势与影响要素、城镇本底的资源与建设趋势特征等方面。同时，在更为开放的宏观环境下，城镇建设发展趋势影响因素的不确定性也更加明显。这都需要在龙陵县整体建设空间拓展层面进行统筹分析和策略研究。

三、项目构思

1. 全局产业发展策略

基于龙陵特色优势产业基础，推动龙陵多元产业协同合

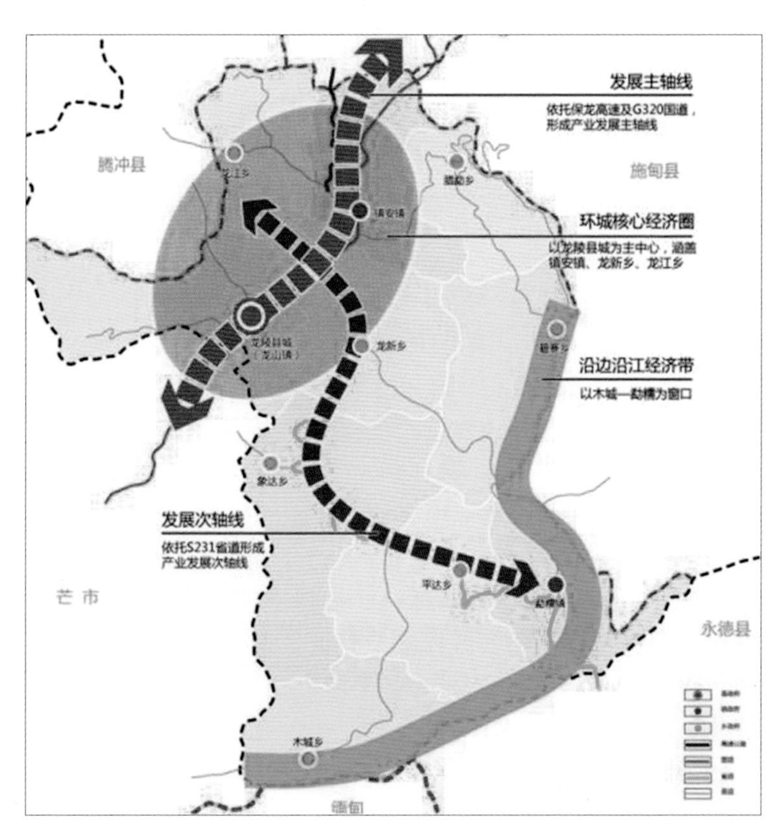

县域产业空间结构布局图

作，由工业主导转向农业、工业、服务业综合协调发展，促进由量的快速扩张转向质的全面提升。

坚持生态优先，发展绿色产业：加强生态建设和环境保护，大力发展绿色产业，增加农副产品附加值，同时将绿色产业与科技研发、商贸物流、休闲旅游等进行融合发展，整体实现由传统产业到以 1.5 产业为导向、协同生产性服务业的发展提升之路。

推进清洁生产，优化产业升级：促进产业结构升级和发展方式转型，依托科技力量延伸产业链，生产具有高附加值的工业产品，并结合研发、商贸、展示等相关功能，建设生态环保、可持续发展的新型工贸一体化产业。

调整产业结构，多元产业融合：调整产业经济结构，走深加工、精品化、高附加值化和品牌化的发展之路。

2. 社会生产的生态安全格局

龙陵现状优越的自然生态环境以及良好的矿能资源基础，要求龙陵必须坚持生态建设、环境保护与产业经济发展紧密结合、相互促进、协同共荣。

（1）建立环境友好的工业生产体系：基于生态优先的发展原则，建立环境友好的产业体系，要求企业改进技术、提高资源利用率、开展清洁生产、园区节能减排。

（2）突出山水格局，发展生态旅游：构建城镇自然生态格局，达到城镇与自然系统的和谐共融；依托现状良好的生态、旅游资源，大力发展独具龙陵特色的生态旅游产业。

（3）整治空间环境，营造宜居城镇：建设具有优良品质的生活居住环境，在县城旧区改造与新区建设过程中，追求自然景观要素与人工环境建设之间的良好结合，强化生态绿地与人工绿地的相互渗透；完善中心城区功能，增强城市服务能力和对居民的吸引力，实现城市生活形态的宜居化。

3. 特色鲜明的城镇风貌规划

打造龙陵品牌，提升旅游文化：顺应自然山水肌理，保护历史文化遗存，积极发展黄龙玉文化、温泉养生文化和抗战文化，将三大文化主题融入旅游景区景点以及民俗文化活动中，在融合、共生、互荣中形成和塑造城镇特色风貌，提升旅游文化内涵，打造龙陵特有的旅游品牌。

塑造特色风貌，注重旧城改造：遵循旧城原有总体城市格局，以原有道路骨架为依托，局部地段拓宽改造；挖掘地方文脉特色，把握地方建筑特点，保留延续传统的建筑风格。

4. 山水相间的城镇空间布局

（1）以山为基底：规划凸显龙陵县城被群山环抱的特征，将山与林视为整体，充分保护山体植被，加强景观营造，适量开发，使山林背景成为龙陵县城最具特色的景观，成为城市天际线及城市其他景观的重要背景要素。

（2）以水为脉络：以东河为核心主导，疏浚整理其他四条河道，汇集五条蜿蜒水系，串联水体两岸的公共活动，将文化、娱乐、商业、历史人文等要素在水岸两侧聚集，集合多样化的市民公共休闲娱乐活动，强化小城镇活力。

（3）多核心引领：通过多个组团核心引领整体城镇空间格局，根据城镇未来发展需求组织组团核心功能，依托老城现状设施基础重点打造老城行政服务核心功能区，带动周边多个功能组团发展，集聚提升县城公共服务能力水平，强化县城核心功能。

（4）道路网串联：依托道路网骨架串联多个组团核心，完善道路网系统，路网依山就势，形成以方格网为主、自由式为辅的空间结构，构建相对完善的空间网络及道路网络体系。

（5）空间结构：一心五区、指状延伸、五龙聚首、紫气东来。“一心”即行政办公核心区，结合现状行政办公用地，统筹布局以行政办公为主体的城市形象区。通过龙华路两侧及尽端的集中行政办公区体现整个城市的对外形象，同时串联龙华路西侧门户形象展示区。“五区”包括门户形象区、文化展示区、旅游服务区、商贸服务区、教育创智区。

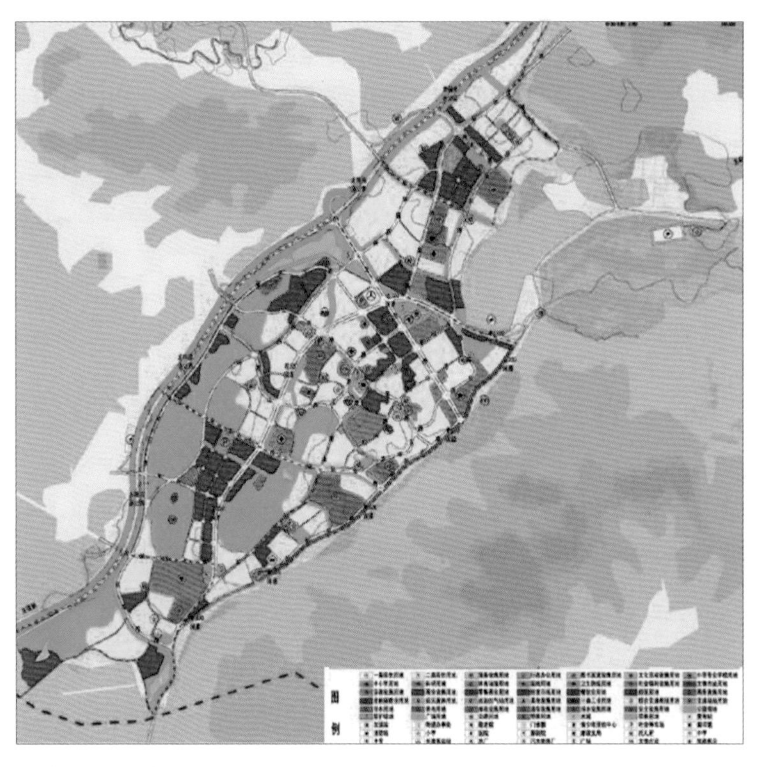

县城土地利用规划图

保山市城市总体规划修改（2013-2030 年）

2015 年度上海市优秀城乡规划设计奖三等奖

编制时间： 2010 年 12 月 — 2013 年 7 月

编制单位： 上海同济城市规划设计研究院

编制人员： 王新哲、姚凯、裴新生、罗杰、江浩波、刘振宇、李明、张乔、黄华、张怡怡、兰仔建、阮梦乔、贾旭、马强、王新华

一、项目概要

保山市位于云南省西部，处于中国面向南亚、东南亚国际大通道的门户前沿；全市辖隆阳区和施甸、腾冲、龙陵、昌宁4县，市域面积1.96万km²,现状户籍总人口258万人，中心城区位于隆阳区现状人口30万人(截止2014年底)。

二、规划背景

为落实“桥头堡”国家发展战略，解决保山城乡统筹发展中的各项矛盾，更好保护历史文化和自然景观资源，2010年12月，经云南省人民政府同意，保山市人民政府启动了新一轮城市总体规划的修编工作。《保山市城市总体规划（2013—2030）》（以下简称“规划”）于2013年7月完成上报云南省人民政府，并于2013年11月批准实施。

三、规划内容与特色

1. 融入区域，构筑沿边开放的战略格局

把握“桥头堡”战略机遇，充分发挥保山沿边的地理区位优势，依托滇缅、中印公路和中缅油气管道等战略基础设施，完善国际大通道建设，完善猴桥等口岸发展，积极推动保山建设成为中国面向南亚、东南亚的门户枢纽。依托天猴和杭瑞两大发展轴，加强保山中心城区和腾冲、德宏沿边开放示范区的联系，汇集商贸物流和旅游服务功能，建设保山—腾冲—芒市城镇群，把保山建设成为滇西城市群核心城市。

按照“双心驱动、城乡互动、设施共享”的空间发展策略，强化保山城区和腾冲城区的中心位置，打造旅游双核、交通双枢纽、双心驱动引领区域统筹发展；打破城乡传统的二元模式，通过产业互动、人口交流，形成城乡一体化建设，公共设施和基础设施共建共享，提高使用效益，加快城镇化进程，优化市域城镇体系格局。

2. 底线思维，保护耕地合理利用低丘缓坡

通过GIS技术对规划区范围内的矿产资源、水源地、山体、丘陵、植被、基本农田等要素进行综合分析，研究生态环境和水资源条件，分析环境容量与资源承载力，合理确定城市人口和建设用地规模。规划结合云南山多地少的实际情况，按照“城镇朝着缓坡走，田地留给子孙耕”的总体布局理念，改变城市向坝区蔓延，侵占耕地的传统模式，在工程地质安全的前提下，积极利用城市周边低丘缓坡地开发建设。同时划定“坝区耕地保护区”，严格保护坝区农田，留住保山坝子“山水田园一幅画，城镇村落一体化”的美丽乡愁。

3. 三规合一，建设城乡综合规划平台

规划强调与土地利用规划和林地保护利用规划的充分衔接，城市近期建设与土地利用规划实现规模指标对接和空间布局对接，城市建设避开国家级和省级公益林的保护范围，并实现林地布局与城市生态廊道的有机结合。

城市总体规划与土地利用规划和林地保护利用规划的“三规合一”实现了保山城乡统筹规划平台的建立，为保山市下一步启动的“多规合一”工作奠定了良好基础。

4. 城乡统筹，探索山地城镇规划区统筹模式

保山中心城区根据不同的资源禀赋和发展现状采取“围

湖、依山、活城、保田”等多样的指导方针。东城区围湖而聚，打造时尚休闲的现代化新城；云瑞组团、小栗园组团利用低丘缓坡依山而建，打造特色的临山生态城；老城区优化调整，挖掘潜力，唤醒城市活力。在关注城市规划的同时，关注农村整治，将规划区范围内的村庄按照撤并型、改造型、保护型、扩建型、新建型、控制型六种形式分类引导，严格控制坝区村庄无序蔓延。同时重视生态保育，对规划区范围内的农田、山林、水体等自然资源提出空间控制要求，做到规划区范围的全域统筹。

5. 总体设计，突出山水融合的城市品质

将总体城市设计理念引入城市总体规划之中。在城市整体景观框架中充分考虑保山东西山脉、田园风光、万亩荷塘、青华湖等景观要素，构建“山绕城、水融城，东西双山拥平坝，一湖一塘依田园”的山水田城的景观格局。以坝区农田、湖泊、村庄为肌理，注重生态保育、村庄新貌，打造特色田园风光带。

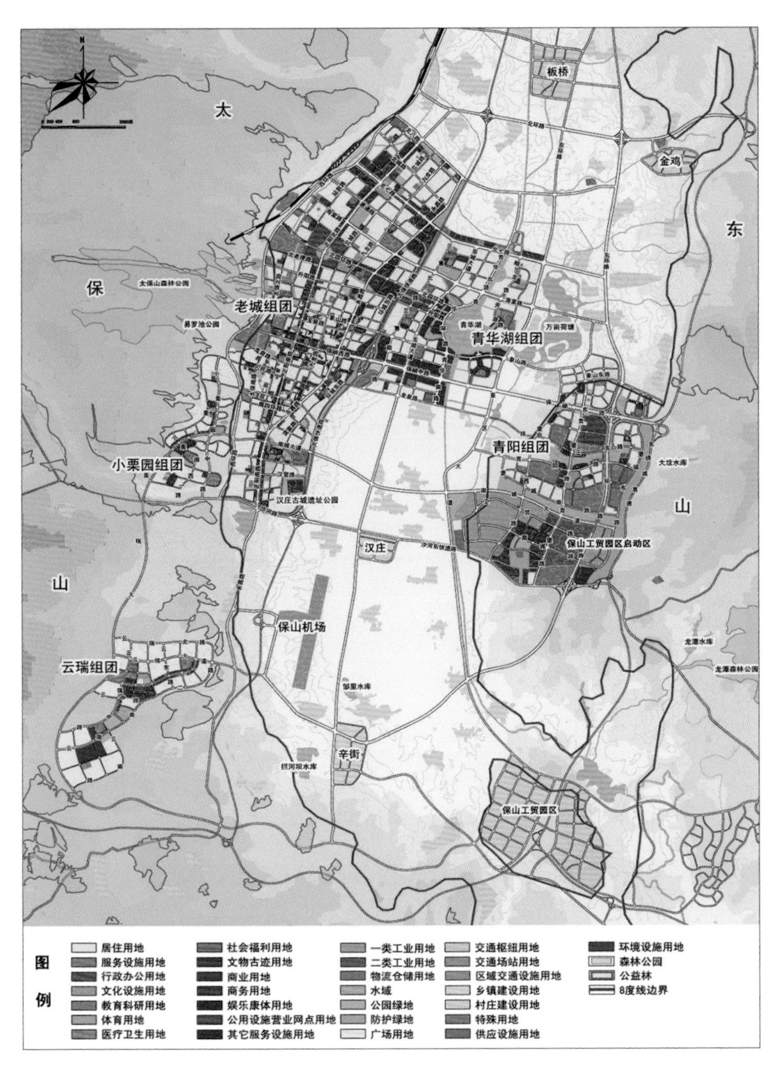

中心城区用地规划图

针对保山坝区水网肌理，规划重点梳理以青华湖和万亩荷塘为核心的城市水系，恢复保山古城“五湖、八河”的城市水网体系，强化滨水景观与滨水空间营造。恢复历史上保山的核心景观资源——青华湖，围湖而聚，为保山市民提供新的公共开放空间。依托万亩荷塘建设城市郊野公园，形成“城湖相生，城景相融”的格局，为保山的总体城市设计奠定良好的基础。

6. 文脉延续，保护与有机更新保山老城

保山是云南省历史文化名城，也是“滇西抗战”的主要历史遗迹区。在市域层面积极保护和顺、金鸡等国家级、省级历史文化名镇，水寨等历史文化名村，腾冲国殇墓园、龙陵松山遗址等抗战遗迹，形成爱国主义教育基地。在中心城区，大力保护保山古城传统街巷肌理，划定易罗池为核心的老城历史风貌保护区，对核心保护区、建设控制地带和风貌协调区提出管控要求。

7. 产城互动，探索产居游共融的契合点

规划寻找产居平衡、产学研一体化的发展模式。在青阳组团采取“北居南产”布局，生活服务位于临近青华湖、万亩荷塘等景观生态环境优越的位置，南侧临近高速公路出入口、城市快速路等交通区位较好的地段形成工业组团，产业和居住之间结合坝区特有的坡地山沟打造带型的城市公园，避免产业和居住的相互干扰。同时以园区的产业类型为依托，在居住组团开展相关的职业教育和科技研发，为园区发展育高素质的技术人才，提供持久的创新研发动力，打造产学研一体的发展模式，寻找产城融合的完美契合。

8. 工程创新，提出基于高效利用的综合管廊建设概念

规划从节约土地、保障交通、营造景观、工程安全、环境保护、城市运营等角度出发，提出保山中心城区各类工程管线应统筹建设、统一安排，从根本上解决马路“拉链”问题。

依据总体规划提出的原则，保山市人民政府组织研究编制了中心城区综合管廊实施的具体方案，同时设计了对应的复合PPP模式，与相关管线运营商签署了特许经营协议，做到了真正意义上的保障落实。

南宁市“山水城市”形态研究及规划实施控制导则

2015 年度上海市优秀城乡规划设计奖三等奖

编制时间： 2014 年 6 月—2014 年 12 月

编制单位： 上海复旦规划建筑设计研究院有限公司

编制人员： 敬东、刘群、冯一民、吴锦瑜、潘炎、邱洵、姚晓文、黄晓莉、李关笑魁、李德林、韩冬、郭维宁、林剑、荣海山、刘晓丽

一、规划背景

南宁处于邕江河谷盆地，城外众山环绕，城内丘陵散布，十八内河汇入邕江，山水环境十分优越。然而，近年来，城市空间的快速扩张使山水资源受到一定程度的破坏，城市与山水的关系脱节。《南宁市城市总体规划（2011—2020年）》中确定的中心城区建设用地范围为 300km^2。随着城市规模的进一步扩大，即将纳入城市建设区域的山体和水系亟待保护。故本次研究将在中心城区的基础上，向东拓展，将范围确定为南宁外环高速以内的区域，面积约 900km^2。

二、规划构思

对山水城市形态进行研究，构建研究体系，同时梳理相关控制要素，提出控制引导方法及要求，构建控制体系。

三、主要内容

1. 自然山水形态

（1）自然山水形态研究

总结自然山水与城市的形态关系类型，并对南宁的地形地貌进行 GIS 分析，梳理自然山水，构筑“众山环绕，丘岗融城，一江穿城，群河入江”的总体山水格局。

（2）自然山水形态控制

包括山体、坡地、廊道型水系、零散型水系等要素。

2. 城市功能结构形态

（1）城市功能结构形态研究

研究在预判未来城市空间拓展方向的基础上，结合在编的《南宁空间发展战略规划》，构筑融入山水的“一带两环、

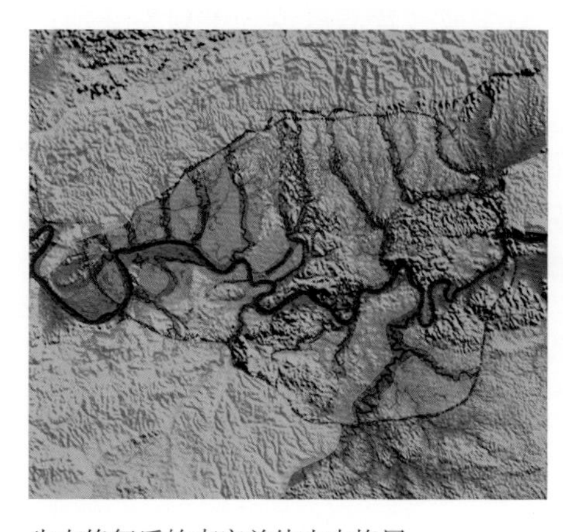

生态修复后的南宁总体山水格局

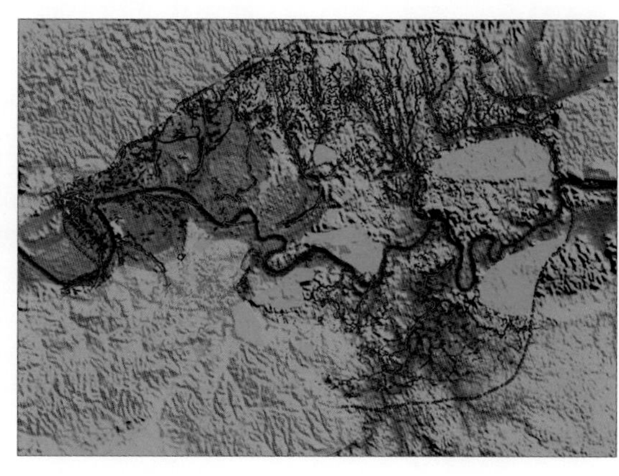

现状山水格局图

基于城市断面法的水系控制引导

四心四轴四片”的城市功能结构形态。

（2）城市功能结构形态控制

包括城市功能结构形态影响下的开发强度与建筑高度控制及山水特色引导。主要是开发强度与建筑高度控制、山水空间特色引导等。

3. 城市空间形态

（1）城市空间形态研究

重点研究人在城市中活动时的山水空间感受，包括轮廓眺望体系和特色风貌体系。轮廓眺望体系包括城看山的视线通廊、山看城的俯瞰层次以及水看城的天际轮廓线。特色风貌体系包括特色风貌分区、山水周边的空间尺度研究、文化活动和慢行体系。

（2）城市空间形态控制

城市空间形态控制包括视线景观控制、特色风貌分区控制、空间尺度控制、文化活动引导及慢行体系引导。

四、项目特色

1. 项目特色

本次对于南宁“山水城市”形态的研究及控制引导，将为丘陵地区的大城市塑造“山水城市”形态提供参考与借鉴。

2. 技术体系创新

研究从宏观到微观的三个层面，构筑了山水城市形态的研究体系：宏观层面，重点研究自然山水格局，划定保护区域；中观层面，在自然山水格局的基础上，叠加城市功能结构形态，关注城市与山水环境之间的关系；微观层面，重点研究城市空间形态，关注人在城市中活动时的山水空间感受。

3. 控制方法创新

（1）城市断面法引导下的分区控制

在传统的控制体系基础上，融入“城市断面法”，将城市分为由自然分区到城市核心分区的 6 个分区，并结合各分区特点，提出不同的控制要求。

（2）丘陵地形保护与开发控制

针对南宁特有的丘陵地形特色，提出对山体及坡地进行分类保护与开发控制。同时，制定两类地形的划分标准，分类提出相应的保护与开发控制要求。

五、实施情况

本规划已经专家评审和规委会审议通过。具体实施情况如下：

（1）自然山水形态控制中的绿线和水面率控制以及城市功能结构形态控制中的开发强度与建筑高度控制，为正在编制的城市单元层面的控制性详细规划提供了参考。

（2）城市功能结构形态中的城市中心与轴线控制，及城市空间结构形态中的视线通廊与空间尺度控制，为重点地段城市设计的编制提供依据。

（3）城市空间结构形态控制中的特色风貌分区控制、文化活动体系引导与慢行体系引导，为景观设计及各片区修建性详细规划的编制提供指导。

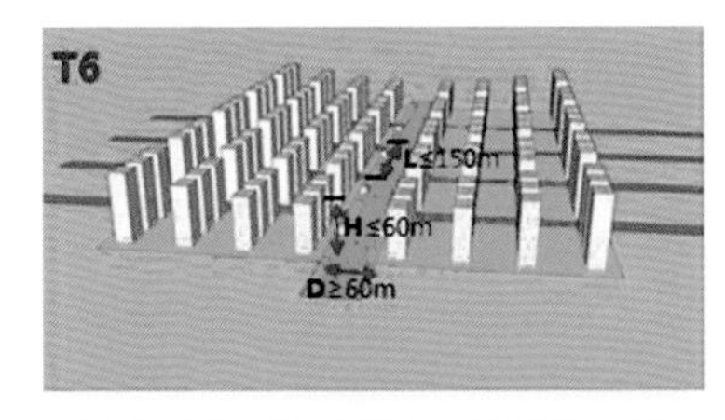

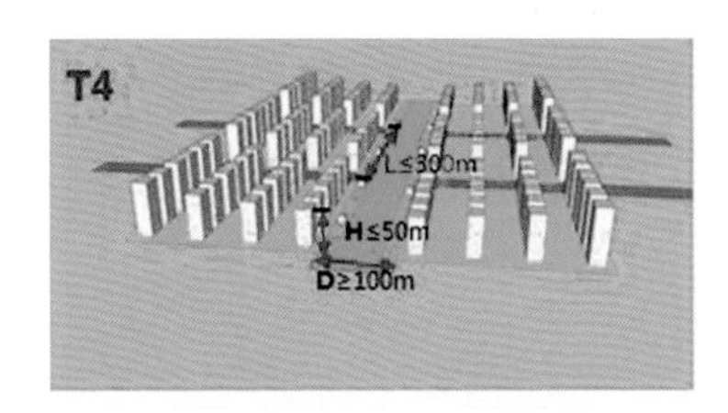

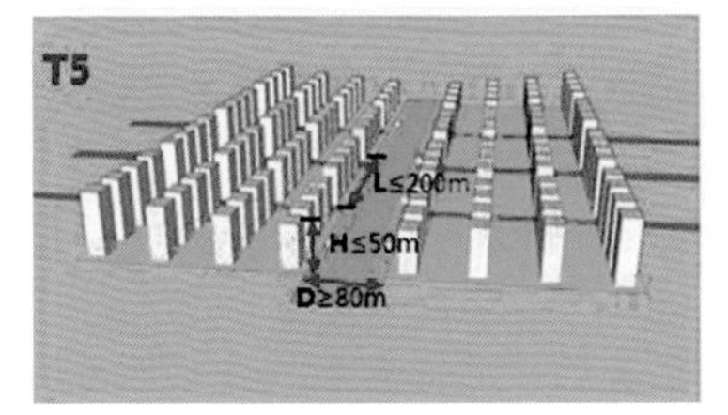

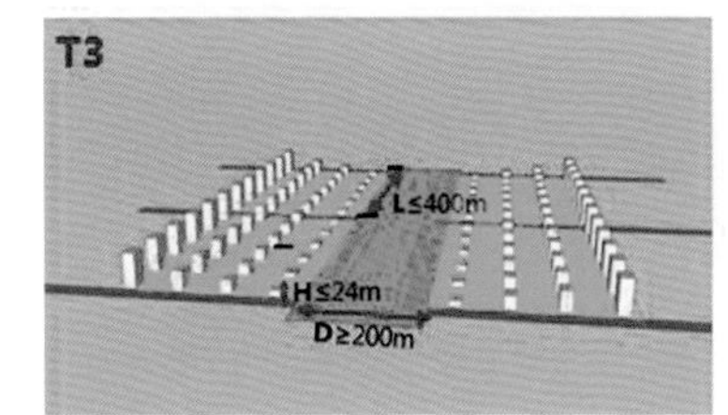

空间尺度控制引导

无锡洛社南部新区城市设计及惠山区洛社新市镇控制性详细规划

2015 年度上海市优秀城乡规划设计奖三等奖

编制时间： 2013 年 8 月—2014 年 9 月

编制单位： 上海雅思建筑规划设计有限公司

编制人员： 张锷、郑寅、李夏、张有为、滕佳君、罗清民

一、规划背景

洛社新城位于无锡锡西城镇群中，并处于以中心城区为核心的城镇西向发展联系轴线与锡西城镇群组联系轴线的交汇点上。其在城镇群组中起到了中心辐射作用，统筹引领玉祁、前洲、阳山等新市镇的发展。

洛社新城以“网络型滨水生态新城”为规划目标，以“栖水而居，低碳洛城”为城市形象定位，依托新老镇区作为核心功能区，打造集行政、办公、商业服务、商务办公、创智研发、休闲娱乐、文教体卫、生态宜居功能于一体的现代新型城镇建设示范区。本次规划区域位于洛社新城人民路城镇发展轴、特色生态休闲带贯穿的南部发展片区中。

二、项目构思

本次规划立足于上位规划的整体定位，结合规划区域中河道田园等自然环境要素，借鉴城市生态环境影响因素研究，提出“共生城市”的规划概念，力求在洛社新城中创造一处人类社会的网格空间与有机生态的自然生境网络能够互融共生的宜居城市示范区。

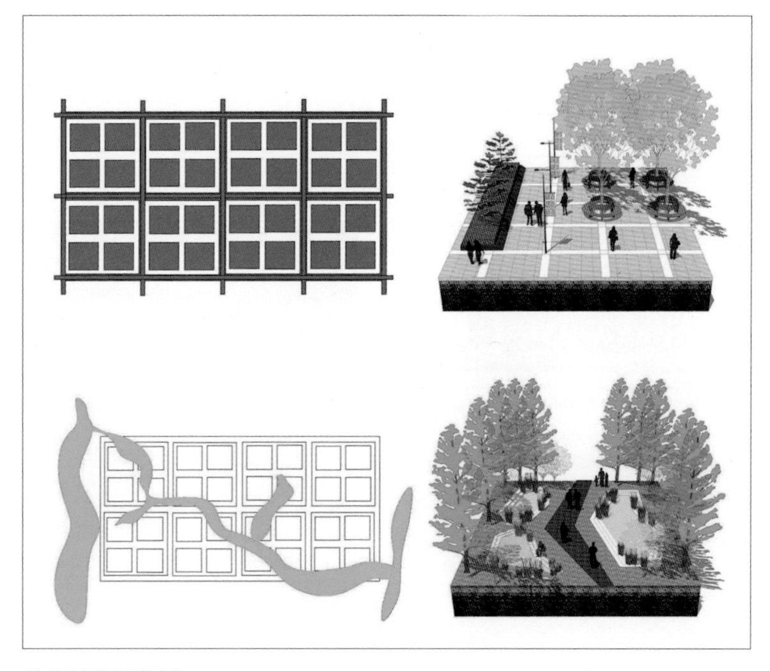

共生城市示意图

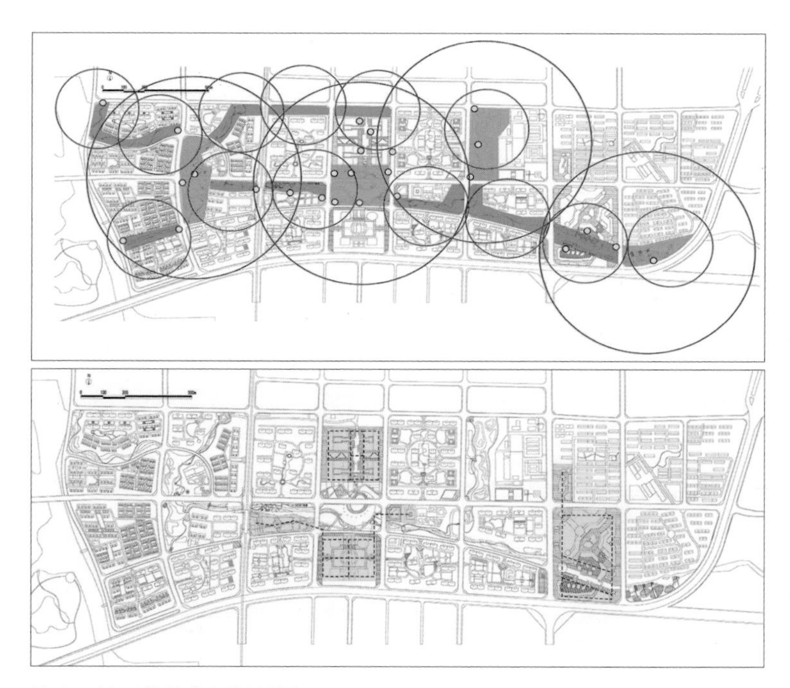

地上、地下公共空间规划图

三、项目内容与特色

1. 规划结构

尊重场地原有自然环境，提出“一轴、一带、三片、四园”的规划结构。通过中央林荫大道轴线、城市公园绿带、水乡文化康体、休闲乐活体验、自由野趣生活的主题片区及愉心园、畅心园、如意园、水草园四大城市生态公园的有机构建，将城市品质充分地融入自然中，突显“共生城市”的规划概念。

2. 依水造园，构建美丽的城市公园带

充分挖掘场地现状水系及上位水系规划，在基地中央构建连续完整的河流脉络。将自然植被、休闲娱乐、文化传播、康体健身等元素植入，创造景观美丽、活动丰富、氛围融洽、自然有趣的城市中央生态公园。通过带状布局优化公园服务范围，创建200m半径覆盖的栖水而居、绿树成林的生态空间。

3. 有机性和分布式营造生态的城市公园绿岛

依托城市生态绿地效益，立足自然条件，结合中央城市公园带、生活功能片区布局，有机布置愉心园、畅心园、如意园等4处城市绿岛型公园，在分布式绿化覆盖点线面的情况下，扩大绿化生态效应受众面积，增加公园绿带慢行可达性。

4. 优化土地布局，塑造舒适、丰富、绿色的城市生活

立足于混合用地的规划理念，优化居住用地、商住混合用地布局，提升如意湖南北商业轴线商业活动氛围。结合城市公园带合理布置公共服务设施用地，优化服务半径，为市民创造更生态自然、参与度更高的公共活动空间。基于城市宜居环境品质升级理念，适度降低居住用地建设强度，转换开发思路，塑造邻里融洽，生态安全的城市居住生活。

5. 适度划分，打造人性化的城市街区街坊

设计人性化的街区和小尺度街坊，规划适合慢行生活的城市空间，创造步行舒适、环境自然、邻里关系和谐的市民出行体验，为城市低碳生活方式营造良好的环境。

6. 多层次的交通系统组织，创造便捷的城市出行交通

交通系统规划将绿带中的慢行系统、地面车行系统、城市轨交系统有机结合，创造城市公园、商业区、公共服务设施和居住区之间交通的安全性和便利性。通过优化城市道路线形和增加城市支路，提高城市路网密度，改善区域交通的通畅性。结合公园区和商业服务综合体，布置轨道交通站点及公交车首末站区，建设便捷的慢行交通与城市快速交通换乘节点。

四、实施情况

洛社南部新区、东部水乡康体文化生活片区中的商业、居住项目已开始建设。钱洛路、洛水路、洛雅路等城市道路已铺设完成。

洛社南部新区城市鸟瞰图

吐鲁番市老城区控制性详细规划及城市设计

2015 年度上海市优秀城乡规划设计奖三等奖

编制时间： 2012 年 11 月一 2013 年 6 月

编制单位： 上海麦塔城市规划设计有限公司、中咨城建设计有限公司

编制人员： 陈荣、张秋凡、陈璐娉、魏国梅、马礼明、施忠华、顾勇、夏文琴、李砚水、吴雯静、赵玲玲、邓庆喜、陈宁仓、王炀康、施飞飞

一、规划背景

随着国家"一带一路"倡议的提出，吐鲁番迎来了全新的发展机遇。示范区、交河区、文化产业园等区域的发展拉开了吐鲁番城市发展的大格局，而地处中心的吐鲁番老城则面临着新的使命与挑战。

二、规划构思

本控规是以《吐鲁番市城市总体规划（2012-2030）》为指导，本着延续和深化落实的务实态度；以文化旅游为主线，探索一条老城区转型的新路径。规划充分考虑基地现状和可利用的现有资源，同时结合吐鲁番市当地的运作实践，借鉴国内外相关城市的发展经验，以专题研究为支撑，以城市设计为引领，打造活力葡萄城、文化旅游城、休闲地下城、阳光宜居城，以期编制一个具有前瞻性、指导性、可操作性和可实施性的规划。

三、主要内容

（1）规划目标：丝路大都会，活力葡萄城。

（2）主导功能:配套完善、功能集聚的区域中心城；文化多元、风光秀丽的文化旅游城；便利舒适、城园交融的阳光宜居城。

（3）规划布局：规划根据现状建设情况，分为城市核心

整体鸟瞰图

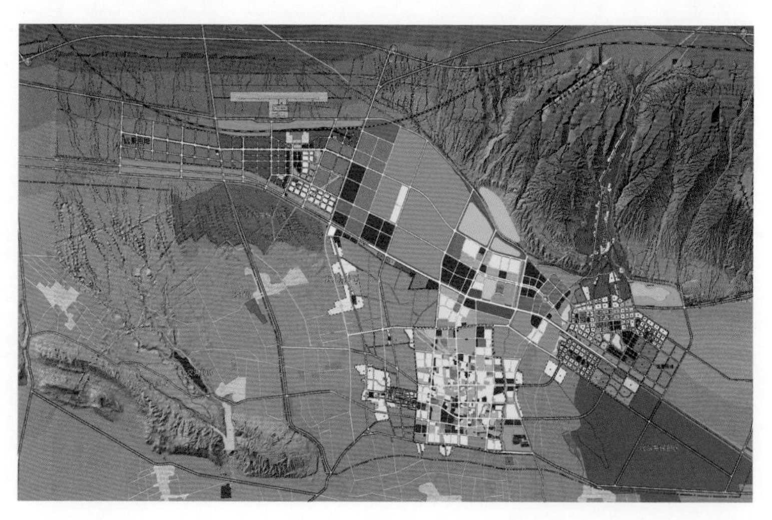

用地规划图

建设区和城市功能拓展区，并细分为8大居住组团，最终形成“一带两轴、两片八区、多核互补”的有机城市空间结构。

规划主要优化强化旅游休闲、商业服务、宾馆接待、康体娱乐、公共管理和公共服务（含文化、教育）、居住等主导功能。城市核心建设区应通过旧城改造更新来完善居住、配套服务职能，实现人口集聚；同时提升旅游服务职能，强化中心城职能；城市功能拓展区应在进行大规模富民安居工程建设的同时，注意特色环境的营造和强化文化旅游职能。

四、规划特色

（1）以总体规划为指导进行深化修正，反思总体规划。

（2）以深入翔实的现状评估报告明确规划任务。

（3）以专题研究为成果支撑确定规划重点。用地评估专题——基于科学评估体系的旧城用地更新与土地价值分析；文化旅游专题——通过主题策划焕发历史文化名城的新活力；地下空间专题——前瞻性地重点规划地下空间；特色风貌专题——彰显城市文化与特色。

（4）开发与保护。原有的吐鲁番城区严格控制高层的建设，抑制了城市的开发建设，使吐鲁番缺乏中心城区的活力与吸引力。通过规划平衡了保护与开发的关系，考虑经济与社会利益的平衡，提升了城市的吸引力，促进了老城区的改造与建设。

（5）根据不同区域进行有针对性的多图则管理，增加规划弹性。针对历史文化风貌街区保护，采用两图控制，即“控制性图则”与“风貌保护图则” 控制。针对重点核心区，采用三图控制，即“控制性图则”“城市设计导则”与 “地下空间图则”控制。针对一般地区，只进行强制性的“控制性图则”控制。

（6）公众参与、多方交流，保证规划的公正与可实施性。规划编制阶段：通过区域踏勘、各部门座谈、棚户区居民及村民走访等协调各方意见，进行多轮方案修改，力求经济社会环境的多赢。实施阶段：通过中间方案征询、成果方案公示、专家咨询等，广泛征集意见，进行答复、完善。

（7）以全面细致的规划服务保证规划实施的有序进行。

五、规划创新

（1）通过城市更新改造和农村社区化途径研究，探索吐鲁番新型城镇化方法。

（2）通过专题研究和多规无缝衔接，形成以法定规划为核心、多规结合、专题重点突破的规划编制体系。

（3）通过创新控规指标体系，实现对规划目标的法定层面控制和管理上的可操作性。

（4）通过旅游项目策划、土地价值分析等手段，实现政府公益主导、市场经济合理调控的控规公共政策属性。

六、实施情况

本规划于2013年6月30日获得吐鲁番市人民政府批复，批复至今的4年多时间，对吐鲁番老城区旧城改造和建设具有非常重要的指导意义。

一是棚户区改造、安居富民工程已全面启动，部分地块已完成建设；二是多项重点项目及民生工程已启动建设，改善了城市风貌和活力；三是明确、有效地指导了土地出让和下层次规划设计编制工作，促进了吐鲁番老城土地的开发建设。四是道路网结构已初步形成。

街景效果图

苏公塔节点效果图

上海市浦江社区 MHPO-1316 单元
轨道交通 8 号线沈杜公路站西侧街坊控制性详细规划

2015 年度上海市优秀城乡规划设计奖三等奖

编制时间： 2012 年 12 月—2013 年 5 月

编制单位： 上海广境规划设计有限公司

编制人员： 吴佳、王林林、刘宇、徐峰、吴庆楠、王瑛、黄旭东、施挺、李世忠、洪叶、孟华

一、项目背景

规划区位于轨道交通 8 号线沈杜公路站西侧，为浦江郊野公园的门户区域，也是整合浦江镇多个功能组团的关键区域，用地面积共计 112.07hm²。项目工作内容主要包括城市设计及控制性详细规划，控规包括普适图则与附加图则。

二、工作思路

项目确定了功能业态策划结合城市设计研究，最终通过控规转译落实。控制要素的总体思路将工作分为策划研究、城市设计、控规编制3个阶段。

三、项目内容

1. 城市设计包括形象定位、功能业态策划、空间形态

形象定位着重体现标志性的建筑形象，同时塑造具有差异性和过渡性的活力、生态的城市风貌。规划区整体以生态游憩、文体休闲功能为主导，设置了一条东西向景观轴线，连通轨交站点与公园。

2. 控规普适图则落实城市设计方案

通过普适图则进一步明确了规划区的功能布局和结构、发展规模、开发强度等内容。

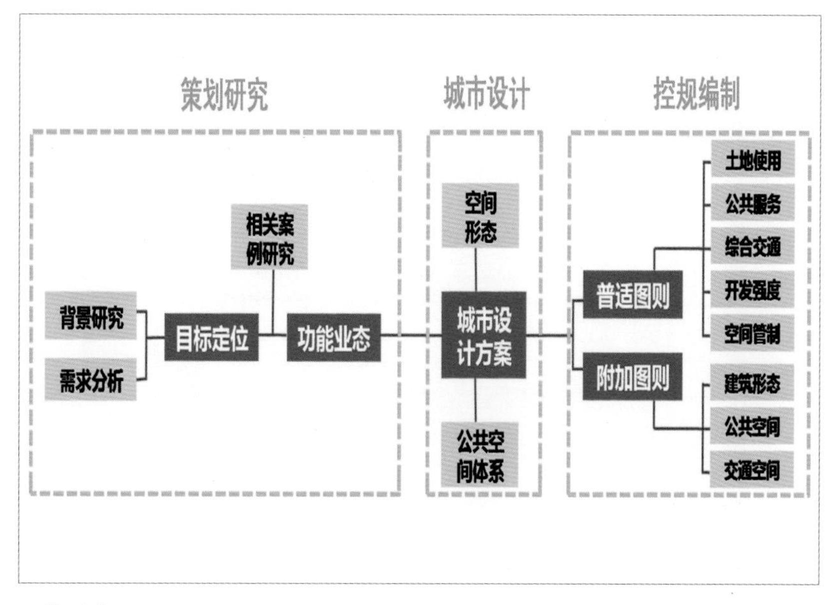

工作思路

城市设计总平面图

规划分为4个片区：商业办公综合区、滨水休闲区、花园办公区和绿地公园，形成"十字水轴、滨水开放；街区空间、景观渗透；外高内低、活力核心；界面展示、区域联系"的空间景观构架。规划区总建设用地面积101.78hm²，其中商业商务办公建筑量为 431200m²。

3. 控规附加图则明确并有效管控重点地区

通过确定姚家浜以北区域为重点地区，进一步深化设计方案，有效控制了公共通道、建筑控制线、禁止机动车开口段等要素。

四、项目特色

规划区位于浦江镇城镇建成区和郊野公园的衔接区域。本次规划一方面通过多种手段，促进生态空间渗透，实现空间形象的有序过渡和生态景观的地区共享；另一方面，注重梳理片区多样的空间使用类型，构建多选择的公共活动脉络。

1. 多手段的生态空间渗透

（1）现状林地为基底，绿化空间有效渗透

开发用地尽量保留现状林地，并通过廊道串联、景观渗透，疏通水系，形成整体的空间渗透绿化网络。

（2）鼓励渗水地面，建构地表雨洪网络

应用"海绵城市"理念，鼓励使用渗透性好的铺装材料，保证雨水自然径流。雨水就近排放，补充景观水源，高效利用水资源。

（3）体量逐渐过渡，生态景观渗透

高度布局按照东北高西南低的原则，形成丰富的空间形态，实现集建区到郊野公园的逐步过渡。

2. 多选择的公共活动脉络

（1）以人为本，慢行网络串联公共要素

设置立体步道，连接交通节点，形成地区慢行骨架。并结合功能，沿线设置换乘中心，强化公共功能沿慢行路径集聚。

（2）慢行路径网络化，适应多样需求

在慢行骨架基础上，形成网络化的慢行系统，有序组织公园游览、交通换乘、办公就业、滨水休闲等慢行流线。

（3）注重塑造多种类型的滨水空间

结合慢行系统活力塑造以及滨水沿线功能业态，注重不同类型滨水空间的塑造，形成多样的滨水活动场所。

（4）引导首层建筑功能，营造步行环境

结合网络化慢行系统沿线功能，配置相应的精品商业、餐饮和休闲娱乐等服务设施，提供最大可能激发创造力的城市空间。

五、规划实施

本规划于 2014 年 5 月底通过规委会评审，并于 2014 年 9 月，由上海市人民政府经沪府规 [2014] 135 号文批准。控规批准后，项目组与负责郊野公园景观设计的公司密切衔接，对慢行通道及公园配套设施进行具体落实。

城市设计鸟瞰图

上海市闵行区华漕镇 MHPO-1403 单元控制性详细规划

2015 年度上海市优秀城乡规划设计奖三等奖

编制时间： 2013 年 5 月—2014 年 5 月

编制单位： 中国城市规划设计研究院上海分院

编制人员： 李文彬、孙娟、方伟、郑德高、毛斌、刘璟、李维炳

一、项目背景

华漕镇MHP0-1403控规单元位于虹桥商务区拓展区，是虹桥商务区西北片区的中心。随着虹桥商务区核心区的建设，拓展区也亟需加快规划编制，明确配套功能、延伸产业和品质特色。

本项目意义：一是落实虹桥商务区规划，深化"闵北之心"的功能定位与业态策划，培育中心职能；二是探索创新性的规划管理与组织方式，成为上海市规划和国土资源管理局启动地区规划师制度的首批实验性项目。

二、规划思路与特色

1. 基于特大城市近郊空间模式研究明确问题与目标

规划首先认为特大城市近郊地区面临人口增长、用地蔓延、生态被侵蚀等问题，其空间发展不同于中心城与新城，需展开特大城市近郊空间模式的研究。通过对巴黎、东京、阿姆斯特丹等城市的研究，归纳总结出特大城市近郊地区的空间特征：具备专业化功能、均衡发展居住与就业、形成清晰的生态边界、配置高效便捷的交通设施、具备高品质的城市空间。以此作为规划基础，对比分析虹桥商务区已有规划，提出地区目前发展面临的主要问题：商办办公定位不清、就业主导型地区存在职住平衡问题、缺少镇级单元的关注、郊区大盘大湖大型绿地的模式人性化尺度不足。

2. 突出多维融合的规划编制技术路径

进行多视角的功能定位分析，细分功能业态，推敲空间形态，并落实绿化、交通、市政等支撑系统，提出开发建设的控制要素，同时在各个环节注重城市设计的全过程渗透。

通过研究综合确定功能定位：复合化、花园式综合城区。内涵包括：

（1）打造就业、居住、服务配套功能复合的综合城区；

（2）塑造多元的活力城市、宜人的城市空间、便捷的交通出行；

（3）建设成为面向华漕镇的公共服务中心。

3. 从生活体验出发构建近郊生活圈与工作圈空间模式

基于生活感受分析和调研访谈，规划总结中心城区与郊

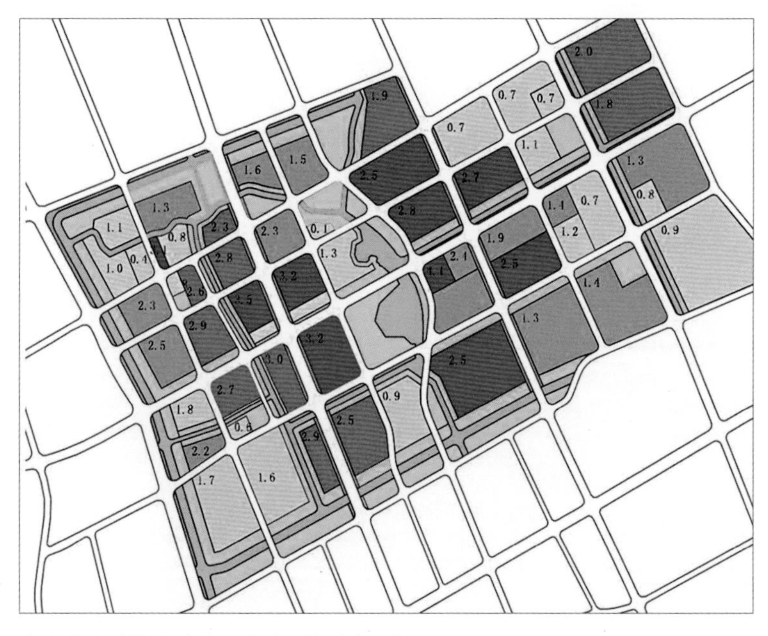

多方案比选综合确定开发容量与空间形态示意图

区办公环境差异，认为中心城区办公配套设施条件较好，环境条件具有比较优势；郊区办公环境普遍较佳，设施配套成为比较优势因素。由此提出郊区新兴综合城区的理想空间模式，工作圈与生活圈一体化布局，体现功能混合、服务核心、绿化渗透、便捷接驳的布局原则。

4. 利用城市设计方法系统优化空间形态

在单元规划阶段，通过多方案城市设计、建筑类型与平面布局研究，进一步落实“复合化、花园式”的功能定位。结合选定方案搭建体块模型，向控规反馈容积率指标，对开发容量进行校核。同时，利用城市设计方案进行系统优化。例如在控规的景观格局规划中落实了城市设计确定的T字形景观步道，并对联友路、纪宏路两条轴线的空间形态进一步优化。最后，将设计转换为控制要素。例如结合天际线、沿街界面等设计研究，进一步明确了地块建筑高度、重要景观轴线的贴线率指标。在轨交站点地区，城市设计方案结合站点开发规划了下沉广场，控规图则在保证用地完整基础上，设定后退50m的建筑控制线，确保方案落实并便于统一开发。

5. “地区规划师”组织方式保障规划质量

本次规划采取“地区规划师领衔、专家咨询、政府组织、市民公示、多技术团队合作”的组织方式，确保规划顺利推进。尤其是多领域稳定的五人专家团队的持续跟踪，在规划推进的4个重要环节进行评议并提出宝贵的建议，确保了规划成果的科学性与合理性。

三、规划实施情况

规划于2014年6月获得市政府批复。根据上海市规划编审中心2014年度控规成果质量评价报告，在多家甲级规划院的评比中，本规划在多个方面均排名第一。

规划提出的地区定位、商办与住宅规模比例的调整、空间方案的优化等内容，得到市区规土局的重视，被闵行区新一轮总体规划采纳。

目前该地区成立上海南虹桥投资开发有限公司，按照本规划展开了前期的土地储备与项目策划工作。

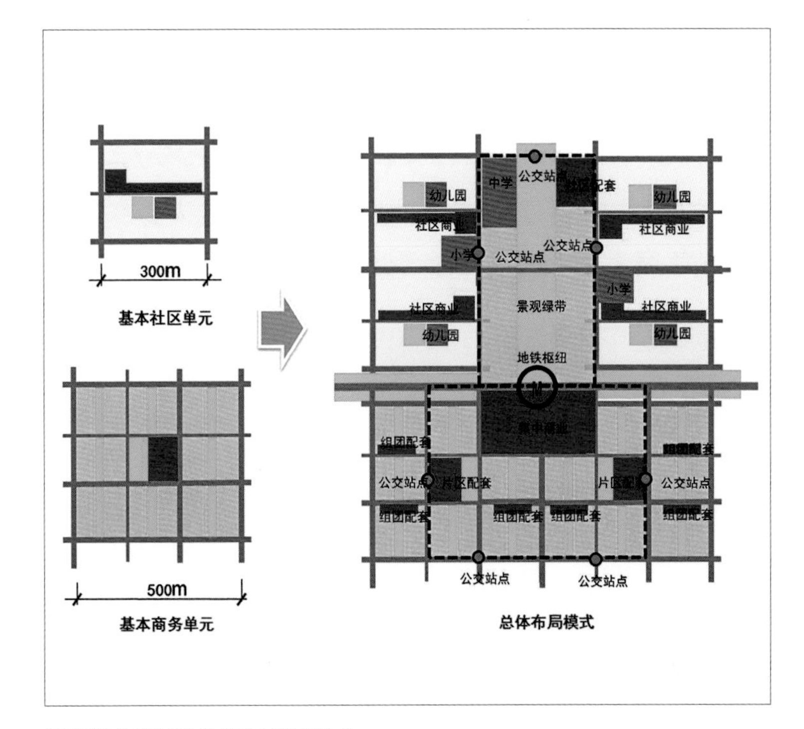

新兴综合城区总体空间布局模式

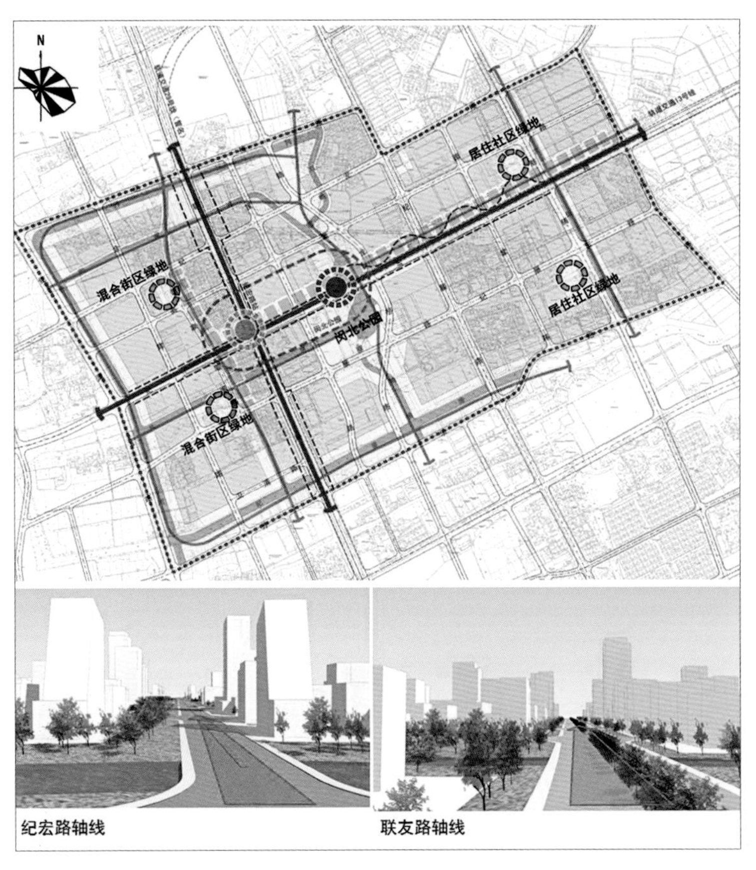

通过城市设计优化景观界面

上海市杨浦滨江（南段）公共空间和综合环境实施方案

2015 年度上海市优秀城乡规划设计奖三等奖

编制时间： 2014 年 3 月—2014 年 5 月

编制单位： 上海市园林设计研究总院有限公司

编制人员： 李轶伦、李锐、庄伟、吴逸、盛军、谭子荣、罗珩、周艺雯、徐雯韬、李肖琼、顾页川、丁荣宗、杜安、张振乾、黄思聪

一、项目背景

杨浦滨江位于上海杨浦区南面，近邻外滩，与陆家嘴隔江相望，是上海最重要的传统工业基地之一，承载了上海百年近代产业的发展历史和文化。同时，也是杨浦区深入推进“国家创新型试点城区”和知识杨浦建设的新引擎。本次规划范围为安浦路以南，西起丹东路、东至定海路桥的滨江公共空间，岸线总长度3.4公里。

结合地区特点，上位规划提出了营造“智慧型、多样性和历史感”的总体理念。本次景观规划在此基础上，提出了杨浦滨江南段公共空间的景观规划设计方案。

二、设计思路与愿景

1. 立足项目重点和难点

通过对上位规划的充分解读以及对项目自身重点、难点的梳理和分析，提出了本次景观方案中需重点解决的三个方面问题：一是滨江特色空间的塑造、二是城市基础设施的安排、三是历史文化的传承延续。

2. 明确项目设计愿景

方案进一步明确了总体设计愿景为“百年工业路、时尚杨浦湾”。旨在通过生态的景观、时尚的场所，在杨浦滨江带营

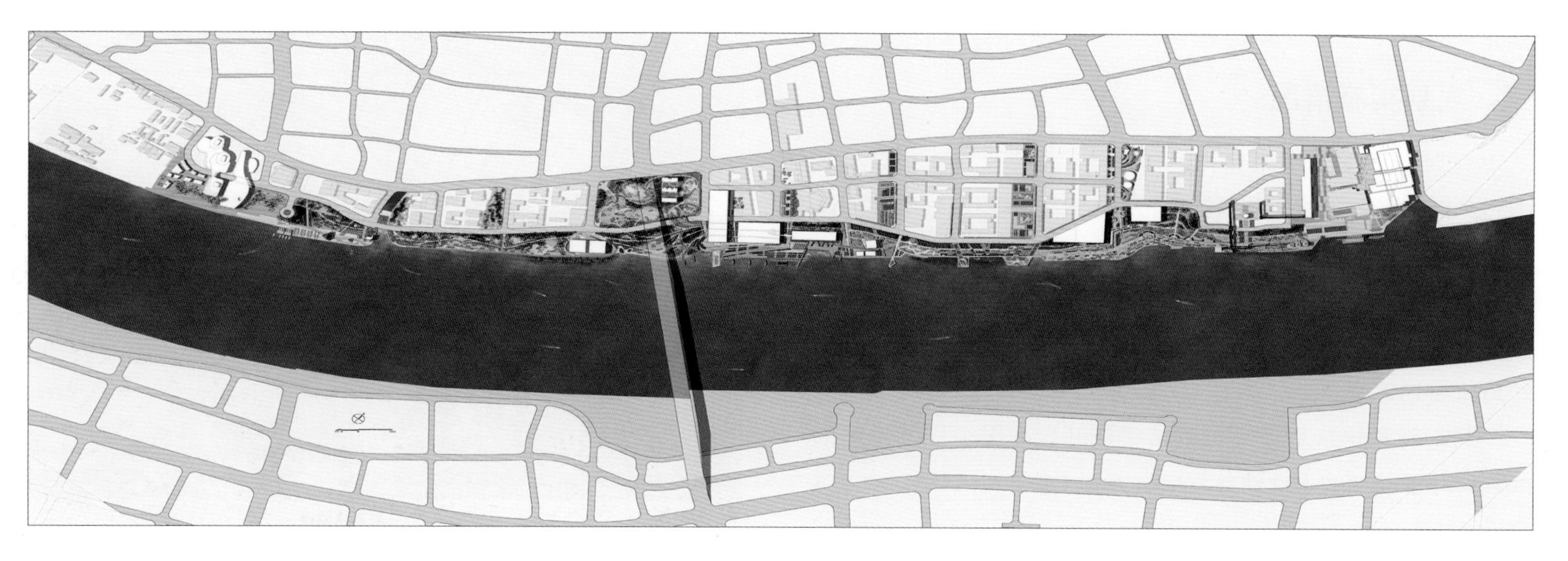

杨浦滨江（南段）公共空间总平面图

造一个绿色、生态的基底，同时赋予场所空间新的功能，打造成为一个满足老百姓需求、凸显生态时尚的“滨江花园”。

3. 整体方案设计构思

力图从绿色基底、工业之路、特色花园、露天博物馆四个方面，对项目进行整体设计构思。

三、方案主要特色

1. 立足“打造智慧水岸、塑造多样空间、延续历史记忆”三大策略，打造杨浦滨江的独特体验

（1）打造智慧水岸——“自然滨水与现代智能”相结合

方案提出了“自然的基地、镶嵌的花园和绿荫的码头”作为整体景观特色。突出杨浦“大学校区、科技园区、公共社区”联动发展和科技创新的优势，努力打造杨浦滨江的智慧型标杆。

（2）塑造多样空间——“缤纷时尚+多彩空间”相融入

从混合的空间、多彩的景观、再生的功能三个方面打造。从整体景观空间结构而言，方案设计了“一条连续的滨江生态廊道”、“三个主题功能景区”和“多条特色的景观廊道”。

（3）延续历史记忆——“创新还原+活力注入”相融合

针对滨江地区的历史功能，还原记忆、聚焦重点、注入活力。

主要内容包括：工业建筑改造、重点区域亮点、历史文件结构。

2. 特色的景观系统

包括：绿化系统、竖向设计、交通分析、艺术的防汛墙设计、活力再现的工业遗存。

四、总体设计内容

1. 一条连续的滨江生态廊道

建构和完善一条以森林景观、花园景观、台地景观为主体的、连续的生态廊道。

2. 三个主题功能景区

（1）生态智慧区:通过“工业遗存线、生态绿动线、滨江智慧线”三线交融，以生态、游憩为主题的景观空间。整个景区设置一系列森林景观及林中休闲有氧活动，改善基地环境，塑造新的滨江景观。

（2）文化展示区:以文化展示功能为主，在历史建筑风貌恢复的基础上，引入时尚活动，形成以文化景观滨江特色为主的功能节点。

（3）时尚创意区:将场地记忆融入景观，对原有码头、桁架、煤气包等进行新功能置换后而打造的新景观，诠释人们对场地上工业遗迹的记忆。

3. 多条特色的景观廊道

通过与城市廊道的有效衔接，主要包括坡地、陆地和护岸生态空间。

五、方案实施与借鉴

在方案设计中，针对工业遗迹的再生、活力的注入、景观的再造都有一个很好的探索。特别是结合黄浦江防汛要求设置的防汛墙景观、艺术化处理，及其与景观、功能融合的大胆尝试，形成了浦江沿线滨江景观新的亮点。特别是方案对于城市文脉如何延续、历史遗存如何充分利用，以及促进产业结构调整、社会经济转型等方面起到了很好的示范。

滨江局部效果图一

滨江局部效果图二

上海市崇明体育训练基地（一期）修建性详细规划

2015 年度上海市优秀城乡规划设计奖三等奖

编制时间： 2013 年 8 月—2014 年 3 月

编制单位： 上海同济城市规划设计研究院

编制人员： 周俭、俞静、陆天赞、沈永祺、顾玄渊、王瑾、汤朔宁、钱锋、丘兆达、刘斯捷、何林飞、张健、尤捷、李茁、蒋宇飞

一、项目概要

《上海崇明体育训练基地（一期）修建性详细规划》以打造训练、医疗、科研、教育、赛事、旅游六大功能于一体的国家级体育训练基地为目标，以《上海市崇明国家级体育训练基地（CMSA0002单元）控制性详细规划》为主要依据，首先进行整体方案的规划设计，并从整体出发完善一期。整体规划范围为198.76hm^2，一期修建性详细规划面积为55.89hm^2。

规划通过对现状的深入分析，确立了以崇明当地特色与场地肌理为导向的方案设计思路。同时，通过构建“丰”字形轴线集中布局模式，满足了运营管理与分期建设的要求。从低碳的角度出发，建筑风格整体要求简洁朴素，局部形成亮点，注重场地环境的生态设计。同时，规划也预留了融入城市，全面开放的可能性，希望在不久的将来成为全国、全市、全岛重要的市民公共活动与旅游休闲目的地之一。

二、规划思路

1. 顺应场地肌理，延续生态景观格局，保留场所空间特色

场地为沙壤和土壤沉积而成，地形平坦，鱼塘、农田、

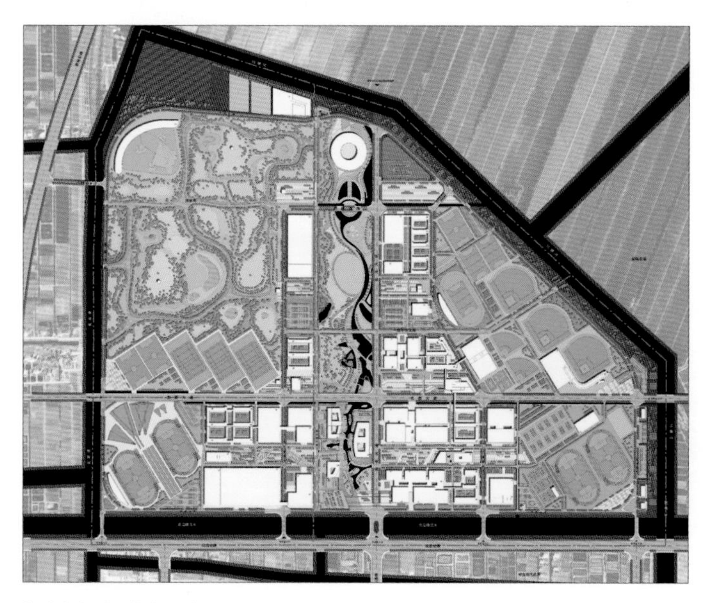

规划总平面图

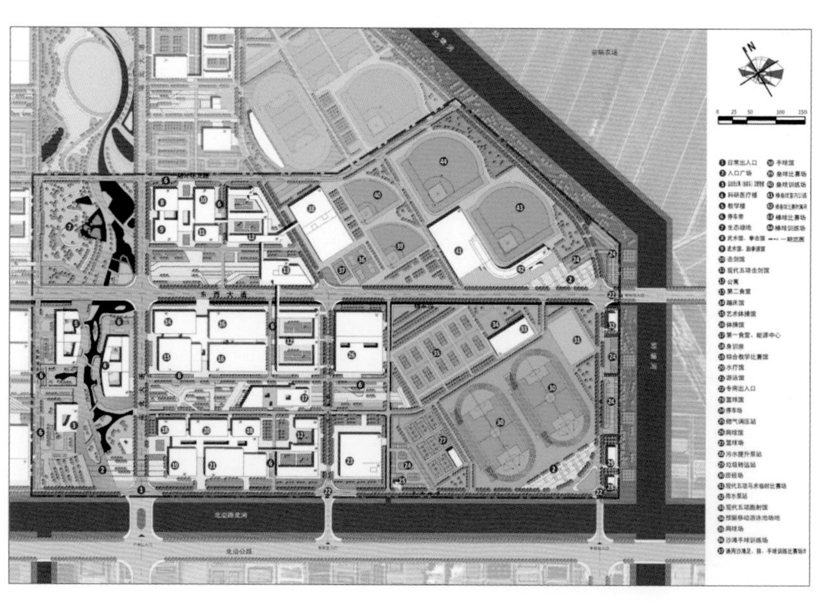

一期规划总平面图

宅院与水网相依，形成网格化的乡土景观格局。规划通过全岛雨水排放分析，在控规基础上保留了两条现状东西向河道，与外围河道联通，预留湿地绿化空间，确保水面率平衡保留水乡特色。规划道路网格与现状道路走向协调，并预留对接城市路网的可能性，场地设计与建筑布局顺应现状河道沟渠方向，并与崇明地区主导风向相适应，创造了良好的通风条件。

2. 应对运营需求，构建“大集中、小分散”模式，实现空间可生长

规划从整体出发，形成“一核心、三圈层”的空间结构。保证一期功能布局与交通组织相对完整与独立，并确保一期建设与总体控制的有序衔接与可生长性。规划形成“丰”字形总体结构，形成“大集中、小分散”布局模式。公共管理服务核心功能沿中轴线布置相对集中，体育场馆、宿舍及食堂等组团化布局，体育场地外围布局。

3. 应对复杂技术要求，协调多种体育场馆、场地的项群分布问题

规划仔细研究了体育场地和体育建筑相关设计规范，合理布局训练场馆、室外场地及相关配套，满足体育比赛与训练要求。科研、教育、医疗康复等集中布置，形成公共管理服务核心。训练、旅游、赛事等结合不同场馆场地，组团化布局，以项目群落为基本单位，规划布置24个项目，形成11个项目中心。整体上，建构公共开放—有限开放—封闭管理等多层次管理体系。

4. 突出核心区空间特色，以水绿环境营造整体可识别性

整体层面强调以水绿环境来塑造空间识别性。一期由西向东层级递进、渐次布置公共管理服务设施、体育场馆和后勤配套设施、体育场地，实现人工环境与生态环境相互融合。以当地季风、光照等为主导因素进行形态设计，最大限度引入低成本、被动式绿色理念，探索景观与建筑的生态融合。形成中央湿地公园、绿化休闲带、林荫道、滨河绿地等多种景观特色。

5. 兼顾社会服务功能与公共开放要求，扩展体育基地价值

体育基地发展定位为世界一流的体育训练基地。规划考虑提供可体验、可游憩的体育活动平台，促进全民体育参与，促进地方体育旅游功能的发展。规划路网对接区域路网，预留未来园区全面开放的可能性，预留了多层次开放性空间。合理组织体育训练与赛事，丰富旅游体验，策划社会化、节庆化活动，城市地区旅游休闲发展的特色项目。

6. 以低碳理念，创建节能环保型园区，契合崇明生态战略定位

规划全面考虑了崇明生态岛的整体发展定位，在能源供应、建筑设计、湿地保育、雨水利用与回收、土壤修复与绿化种植五大方面提出了翔实的规划设计对策。

整体效果图

一期施工现场（2017年10月）

天津武清森林公园修建性详细规划

2015 年度上海市优秀城乡规划设计奖三等奖

编制时间： 2013 年 1 月—2014 年 6 月

编制单位： 上海复旦规划建筑设计研究院有限公司

编制人员： 敬东、冯一民、刘群、宋勇、杨州、赵金、李颖、徐婕、王魏巍、景亚威、吴金晶、何辉、张强、张淑娟、杜春福

一、项目概要

公园位于天津市武清区下伍旗镇，于 2015 年 6 月建成并投入使用，公园景观总投资 1.2 亿元，建成面积为35 hm^2，通过规划指导实施，原有苗圃植被得到了有效保护，形成了山、水、林、园的生态格局，成为了华北地区最大的人工森林公园。目前公园日平均人流量达到 2000 人，节假日最高峰可达 7000 人。

二、规划背景

天津武清森林公园是20世纪 70 年代开始建设的津北防护林，也是京津冀地区防护林的重要组成部分。1987 年第十次市长办公会，确定了武清津北森林公园“应以林为主，增加树的种类，追求自然景色，使之成为津北一景，但要切忌破坏自然景观”的发展目标，经过近 40 年的建设，公园已经成为华北地区最大的人工防风林。

武清森林公园位于京津两市之间，距离北京 76 km，距离天津 70 km。京津城际高铁的开通和规划的京津第二城际将显著增强公园的可达性。

三、项目构思

本项目总体上以现状植被为基础，以现有乡土树种为基调，以植物利用规划为前提，引运河之水，营造地形，构建新型生态森林植物格局。具体的技术路线是在研究项目背景和基地现状的基础上，确立规划理念、定位及思路，制定相应规划策略，深化以植物规划为导向的规划方案，从而构建具有良好生态性的森林公园。

四、主要内容

1. 现状概况

基地优势：植被覆盖率高。基地劣势：基地内苗木过小，无法为森林公园提供树种；周边沿水生长的杨树林长势较好，无水滋养的林地长势缓慢；场地平坦无特色。

初步策略：整体植被需进行保留，并移植大量新苗木构建森林植物群落；森林公园需水系，构建完整林、水、园、林空间。

2. 目标定位

以现状植物为基础，通过植物的规划设计和再利用，同时引入功能和文化，打造具有独特游览体验的京津城郊型森林公园，同时打造成华北地区最大的人工森林公园。

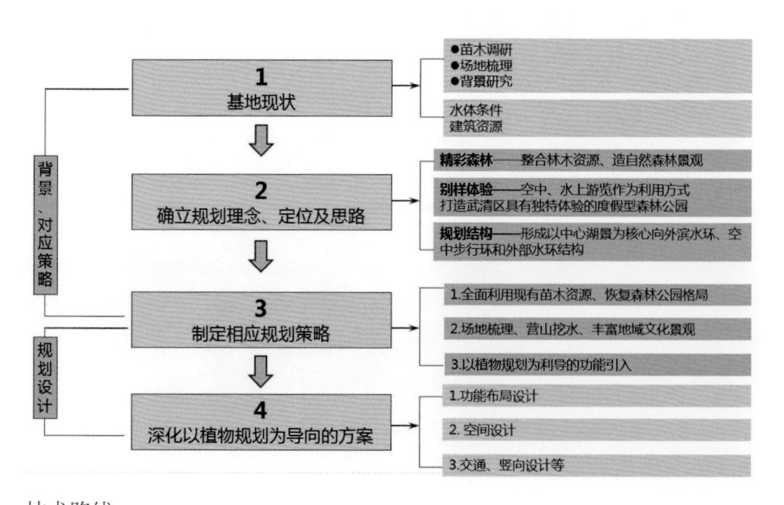

技术路线

3. 规划策略

通过以植物、植物利导功能、地域文化为主的三大策略，结合功能与文化布局，重组植物群落结构，建立森林公园新格局，具体策略如下：

植物总体设计策略：划区——划定保留植物区，确定基调树种、骨干树种区域；抽稀——降低保留植物密度，将抽出乔木移至规划区域；填虚——移出乔木就近植入规划区，形成新的植物格局。

保留树种设计策略：通过现状植被调研，确定保留树种及区域，划定基调树种和骨干树种移栽方案。通过移栽后骨干树种、基调树种形成总体圈层格局。

补植设计策略：补植完善新增乔木，以组团方式融入现状乔木林中，通过合理设计，充分应用场地内部树种的再规划营造森林景观，最终外购补植乔木所占比重仅为4%。

植物郁闭度设计策略：通过划定植物区块的郁闭度指标控制，使公园郁闭度得到有效的控制。

植物年龄结构设计策略：通过植物年龄结构完善，形成生态稳定性更好的异龄林。

植物群落结构设计策略：以森林公园植物结构指标为基础，水平结构上采用“圈层式、穿插式、混合式”布局；垂直结构上在保留补植的基础上增加连层林和复层林的数量。

植物色彩设计策略：完善森林公园春、夏、秋、冬四季景色，打造“三季有花、四季有景”的空间格局。

功能设计策略：总体功能的设计布局以植物规划为基础，形成空中、地面、水上的多维游览形式。

水系引入设计：水系通过运河引入，串联整个场地，形成湖、河、溪的水系结构；打造以水养林、以水养园的水、林、园生态格局。

空中栈道设计：由于原有大型乔木无法移植，在保存原有绿化结构基础上，加入空中栈道，形成空中游览。

地形设计策略：由于现状地形平整，故结合水系营造地形，丰富景观。

地域文化设计策略：通过地域文化的设计，把森林文化、城市文化、民俗文化、文学艺术文化等内容设计到公园中。

森林文化设计策略：通过梳理地形、营造水系，深度体验森林景观文化，同时模拟森林、仿效自然，营造景点、深化理念，形成良好的景观效果，增强生态性和可观赏性。

城市文化设计策略：通过融入城市文化，城森结合，增强森林公园的可参与性。

民俗文化设计策略：通过引入文化、注入内涵，增强森林公园的可识别性。

文学艺术设计策略：通过融入当地文学艺术文化，营造意境，增强森林公园的可读性。

4. 规划设计

空间结构：为了最大限度地尊重植物自然生长的群落形式，规划采用了“圈层式、穿插式、混合式”的水平设计结构，打破原有块状化的场地特征，突破现有网格状苗圃肌理，形成以中心湖景为核心，内层滨水环、中层森林环和外层防护林的环状公园结构。

功能分区：通过策略研究，把森林公园分为森林生活休闲区、户外运动区、度假餐饮区、入口服务区四大功能片区。

交通设计：迎合现状植物利用和规划空间结构，构建圈层的交通路网。

竖向设计：由于现状地形平整，竖向空间单一，故通过营造地形、与水呼应，形成多样的竖向空间。

五、项目特色

第一，资源利用方式创新——以现状经济林作为森林公园景观资源，恢复自然森林公园植物格局；第二，公园游赏方式创新——以空中和水上两种游览方式作为特色游赏；第三，公园规划手法创新——以森林植物格局为蓝本的公园规划结构，重点在于以植物利导规划手法创新；第四，森林地域文化融入——融入森林文化、城市文化、民俗文化、文学艺术文化等。通过规划的创新，把国有苗木基地变“林”为“园”，变“荒”为“宝”，变为一块高品质的城郊综合型森林公园，使原有的防护林植被生态结构得到有效提升。

六、实施情况

武清津北防护林“以林为主，增加树的种类，追求自然景色，使之成为津北一景，但要切忌破坏自然景观”的发展目标目前已基本实现。

整体鸟瞰图

常德经济技术开发区东风河片区控制性详细规划及重点地段城市设计

2015 年度上海市优秀城乡规划设计奖三等奖

编制时间： 2014 年 4 月—2014 年 12 月

编制单位： 上海市政工程设计研究总院（集团）有限公司、常德市规划建筑设计院、常德市规划局德山分局

编制人员： 徐闻闻、陈红缨、刘杰、王腊云、范晔霞、方宇、夏炎早、邓松青、徐俊、许俊康、周孔、苏秦、马超、王显敏、张强

一、项目背景

2010 年常德经开区升级为国家级经开区后，在产业转型升级的发展背景下，经开区亟需实现转型升级、创新发展，中部崛起国家战略和长株潭“ 3+5城镇群”区域战略，带来新的契机、动力和挑战。

2013 年 7 月，常德市开展“三改四化”工程，规划基地作为经开区门户形象亟待提升。基地存在上位规划难以有效指导建设，现状用地功能混杂、布局零散，市政交通走廊分割严重，生态环境缺乏控制等问题 。

基于上述背景，东风河片区亟需编制控制性详细规划引导与控制本地区的建设活动。

二、项目构思

（1）扩展范围：借鉴单元规划编制思路，适度扩展规划范围，保证基地空间完整性，便于用地布局和设施配置。

（2）着眼区域：研判城市和经开区发展需求和趋势，借鉴国内外开发区的建设经验，结合基地自身条件，合理确定基地定位。

（3）合并走廊：通过调整路网格局、迁并高压电线，减少铁路、高压走廊对地块的切割和影响，实现土地高效利用。

（4）设计协同：引入策划、道路、交通、景观、市政、环境等多专业，多方案深化论证，确保规划可行性。

三、主要内容

该规划包括东风河片区控制性详细规划、重点地段城市

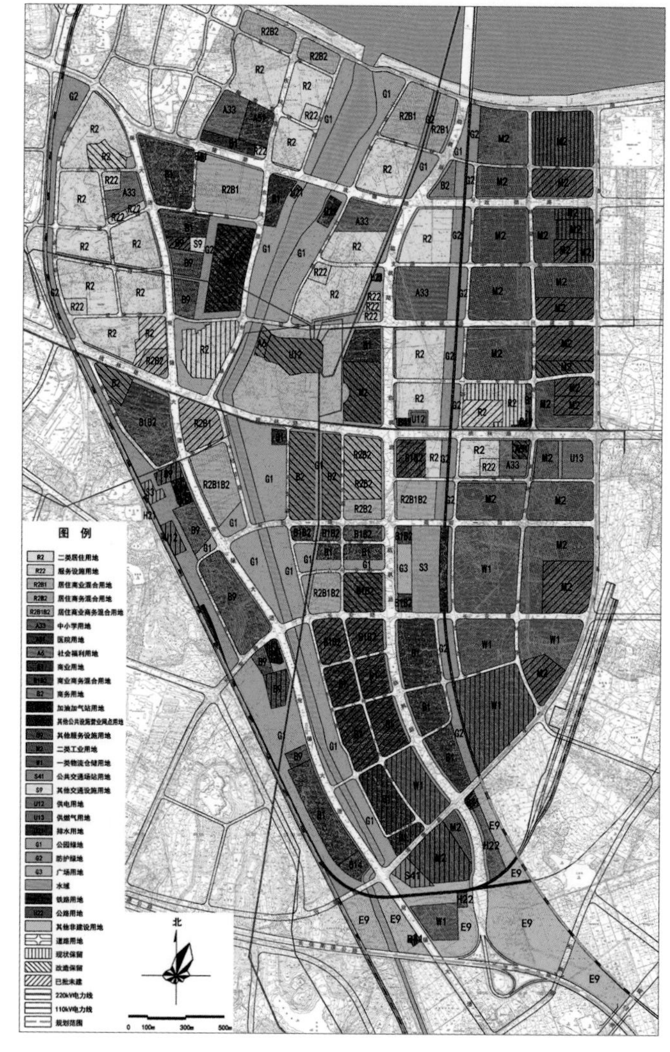

规划设计方案——东风河片区用地规划图

设计、临枫路方案研究专题3个层面：

一是规划基于经济新常态的发展背景和政策导向，对中部国家级经开区的转型发展空间模式进行了转型思考，提出了"产城融合、创新转型"的发展理念。

二是具有开阔的宏观视野，对经开区及常德中心城区提出了前瞻性和战略性的建议。

三是准确把握片区的现状特点、发展趋势和开发亮点，提出"德山门户、活力次心"片区定位、城铁站适度南移打造区级公共活动中心、临枫路作为入城大道全面提升两侧功能和形象、沿东风河打造充满活力的城市景观带、利用城际线防护绿带作为工业区与居住区和商贸区的生态隔离、减少铁路和高压走廊对地块切割和影响等规划策略，将难点和重点把握准确。

四、项目特色

规划秉承专业理想，杜绝规划编制的冒进粗放和"墙上挂挂"，坚持谨慎精细和"小心求证"，基于设计单位工程设计背景，探索了多专业协同推进、同步开展可行性论证的控规编制模式，确保了规划成果科学、严肃和可行。

1. 规划思路创新——实现空间整体性

借鉴单元规划编制思路，适度扩展规划范围，保证基地空间的完整性，为打造"德山门户、活力次心"提供了足够的发展空间，有利于用地布局和设施配置，更好地发挥城市门户的功能效应和景观价值。

2. 编制办法创新——确保方案可行性

规划探索了城市规划与工程设计的多位一体协同编制方法。由城市规划专业领衔，涉及策划、道路、交通、景观、市政、环境等多个专业。规划成果包括控制性详细规划、重点地段城市设计和道路交通专题规划与设计协同推进、相互反馈，确保方案的技术和经济可行。

3. 规划视野创新——确保规划系统性

规划立足新背景、新形势下的区域要求，结合案例研究，确定经开区向"产业新城"发展的总体方向，提出"强调产城融合—功能复合""打造开放共享的公共服务核心""形成各具特色的发展组团""构建层次清晰的交通系统""营造相连成网的生态格局"五大区域发展策略，确保了规划区与外围的系统衔接。

4. 产业策略创新——保证功能落地性

在转型升级、创新发展的背景下，结合实际需求，提出"控二增三"、大力发展商贸产业和生产性服务业的产业策略。

5. 指标体系创新——满足管理针对性

因地制宜，确定各地块的控制指标。如居住、商办用地根据地块规模、建筑高度设置容积率、建筑密度和绿地率，对工业、仓储用地的容积率和绿地率提出双向指标控制。

五、实施情况

1. 规划管理方面

本次规划已纳入常德市中心城区规划成果整合，对编制各专项规划具有指导作用。

规划成果已成为经开区规划行政管理部门的管理依据，指导土地出让和项目审批。

2. 建设实施方面

（1）城市主干道临枫路和常德大道（经开区段）道路改造工程，包括长张高速公路德山出入口改造工程已启动。

（2）海德变电站（110 kV）选址正在进行。

（3）东风河水系改造工程已纳入"十三五"计划。

（4）河家坪创意产业园、湘西北建材商贸城、明天国际酒店、三创大厦、万路达物流等一大批重大项目已开工建设，宝马、东风起亚等商业服务设施4S店已完成建设。

重点地段城市设计总平面图

新余市袁河生态新城控制性详细规划

2015 年度上海市优秀城乡规划设计奖三等奖

编制时间： 2013 年 4 月—2014 年 12 月

编制单位： 上海同异城市设计有限公司

编制人员： 疏良仁、刘超杰、李慧琳、眘丽娟、黄伟、黄辉、陈小平、黄利、闫强、余文江、袁小勇

一、编制背景

新余市，地处江西省中部，位于南昌市 1 小时经济圈内，是中国唯一的国家新能源科技城。2010 年，新余市委、市政府战略性地提出跨袁河向南发展，沿袁河两岸 11.87km^2 的范围规划建设袁河生态新城，打造新余市主城区新核心，培育新余市未来发展的新增长极，实现新余市的产业结构调整及城市发展转型。为此，新余市规划局组织编制了《新余市袁河生态新城控制性详细规划》。

2013年，新余市委、市政府对袁河生态新城发展提出了将袁河生态新城打造成国家级绿色生态示范区，同时加快袁河生态新城开发建设的指导方针。在此背景下，原控规在人口规模、空间布局结构、路网及公共交通系统、公共服务设施服务半径覆盖率、能源利用等各项生态控制指标方面均已无法满足生态城要求，对生态城的建设实施缺少控制指引。

基于此，经新余市委市政府决定，新余市城乡建设投资（集团）有限公司委托我司对上轮控规进行修编，进一步优化城市空间结构、深化国家关于生态城建设的技术要求，强化控规对生态城的建设实施控制指导作用。该项目历时一年半，先后通过了专家评审、规委会及常务会审批，顺利完成规划编制工作。

二、规划要点

本次控规基于生态理念优先原则，研究合理的城市功能结构、土地利用模式和其他专项构建模式，并从规划实施的角度，重点研究各项控制性指标，力求将生态理念转化为可以量化控制的指标体系和可实施的市政工程，从而进行有效地规划、管理与控制。

三、规划特色

1. 空间布局：建立外向型空间结构，倡导小街区空间

规划通过建设天工大桥连通经一路，形成一河两岸城市空间格局。沿经一路两侧及抱石大道，分别建立市级行政商业服务中心和社区级综合服务中心，实现“一河两岸”一体化发展，从而将原控规的内向型结构转变为外向型的城市空间结构。

规划通过加密道路网和增加混合兼容用地，形成功能复合的小尺度街区；同时对道路景观界面、建筑体量、街墙立面、建筑塔楼、建筑风格等进行控制和设计导引，营造开放、高品质的街区环境。

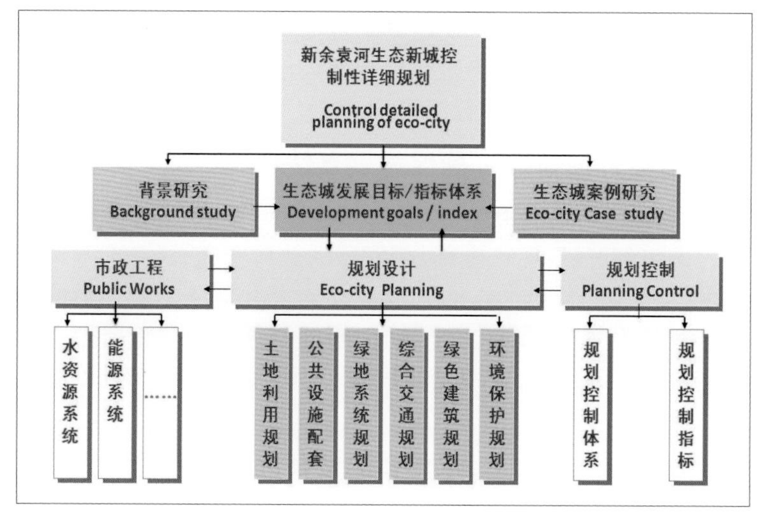

规划编制技术路线图

2. 滨水资源利用：构建多元化的滨水空间，塑造城市公共活力水岸

沿袁河和孔目江，规划打破原有单一绿化的滨水空间模式，通过建设天工湖和袁河滨水湾，注入休闲娱乐、文化旅游、生态居住等功能，将滨水空间打造为功能复合、活动多样的活力水岸。

3. 生态建设：构筑水绿生态廊道，推广绿色生态建筑

规划重视生态廊道的构建，通过引水入城，引绿入城，形成“三横四纵多点”的生态绿地体系结构，包括 1 个中央公园、2 个城市广场、3 条滨水景观带、8条生态廊道、10个社区公园。

规划结合袁河生态新城，推动绿色建筑发展，降低建筑能耗的基本要求。新建建筑全面执行《绿色建筑评价标准》中一星级及以上的评价标准，其中，二星级及以上绿色建筑达到 30% 以上。

4. 交通方式：突出公交优先原则，构建慢行交通网络

规划采用公交导向的开发模式，沿主要交通节点高密度开发，外围地区相对低密度开发，在主要交通枢纽区形成集中紧凑的商业组团。同时，强调慢行交通网络的构建，规划多种慢行交通方式，包括游艇、水上巴士、自行车及步行系统，实现公共交通和慢行交通的便捷接驳。

5. 指标体系上：构建 9 大类 57 项生态指标体系，指导生态城建设实施

基于绿色生态城的建设目标，规划主要从规划、交通、能源、水资源、生态环境、建筑、碳排放、信息化和人文等 9 个方面进行控制引导，共 57 项指标，包括控制性指标 21 项，引导性指标 36 项。新余生态城建设应满足所有控制性要求，引导性指标应不小于 12 项达标要求。

四、规划实施

2014 年 2 月，《新余市袁河生态新城控制性详细规划》顺利通过由国家建设部规划司组织召开的评审汇报。目前各项基础设施已全面开展建设。

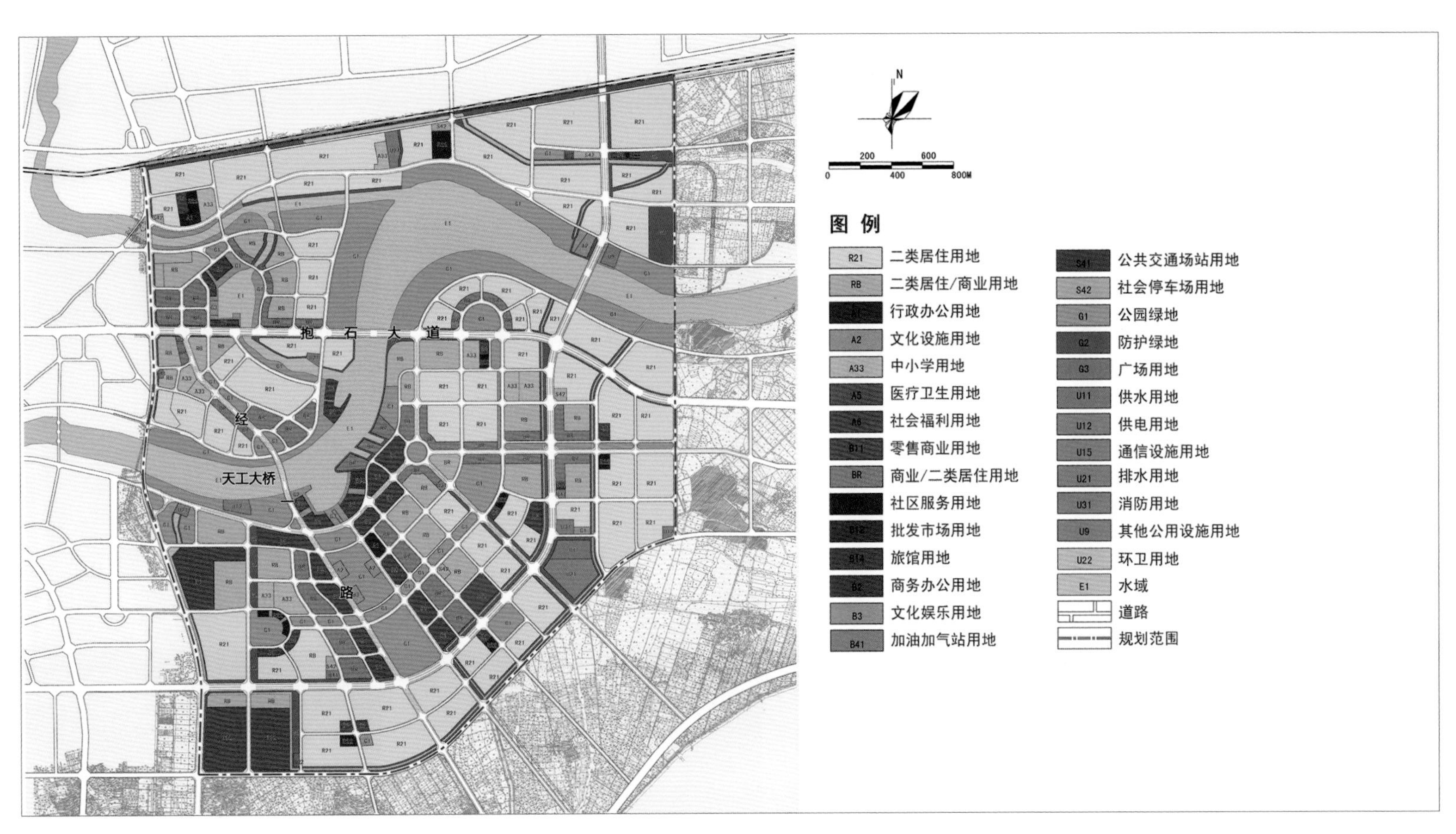

土地利用规划图

马尾造船厂旧址保护利用修建性详细规划

2015 年度上海市优秀城乡规划设计奖三等奖

编制时间： 2013 年 3 月一 2014 年 6 月

编制单位： 中船第九设计研究院工程有限公司

编制人员： 刘凌雯、陈岚、贾宇轩、吕晓、房传闽、顾文飞、李小海、沈丽君、郁佳菁、姜敬莹、全锋、吴伟、孙蓓

一、规划背景

马尾船厂是近代造船企业中唯一仍在原址继续造船生产的企业，不仅有着历史和现状的双重优势，还具有唯一性。

在此背景下，马尾中华船政文化城孕育而生。

本项目是中华船政文化城的核心部分，也是整个文化城开发的第一步，对其保护和利用工作十分关键，具有十分重要的针对性和实践性。

二、项目概要

项目位于闽江、马江、乌龙江三江口交汇处，通过滨江大道可直达市区，约18km，距长乐机场约25km，用地面积为118hm^2。

以文化为核心打造城市新的发展区是本项目的核心，规划从土地的增值、产业的转型、文化的传承、人口的增长等方面着手，打造一个以船政文化为核心，集主题旅游、会议会

现状实景照片

展、创意办公、教育科研、休闲娱乐于一体的历史文化主题公园——中华船政文化园。

三、规划策略

规划将“复兴”作为核心设计策略，从空间、文化、产业、生态多个角度复兴船政文化：

1. 空间复兴策略

恢复原有规划中的水渠，用以分隔不同功能区；改造马尾旧街为海鲜美食街、舾装码头为滨江开放空间；保留南段生产岸线；新建游艇码头结合船政老街设置餐饮娱乐；复建官街为旅游商品购物街。

2. 文化复兴策略

保留绘事院、船政轮机厂、法式钟楼三处历史文化建筑，并赋予文化展示等新功能；复建船政衙门与前后学堂，通过场景恢复引入新的文化功能，例如教育、展示、会议等，进而恢复船政文化历史风貌；总体通过船政文化轴的打造将保护和复建的历史建筑串联起来，共同形成马尾船政文化展示的主体框架。

3. 产业复兴策略

“活体”保护方面，保留1座船台（15000t）、1座舾装船坞、270m岸线，进行总装、舾装的活态展示，年产能3艘40000t船舶；新兴产业方面，引入创意产业、休闲娱乐、会议展示、教育科研等，促进船政文化园由原有单一产业向多元化产业发展，提升土地价值，创造经济收益。

4. 生态复兴策略

结合文化主轴设置大面积绿化，同时作为生态主轴；恢复官厅池、前后学堂周边的生态面貌；沿规划水渠及沿江设置多标高的立体绿化，提高滨江绿视率；规划通过对现有生态植被的保护结合规划生态结构、生态建筑，恢复生态环境，实现由工业区向生态公园的城市功能转变。

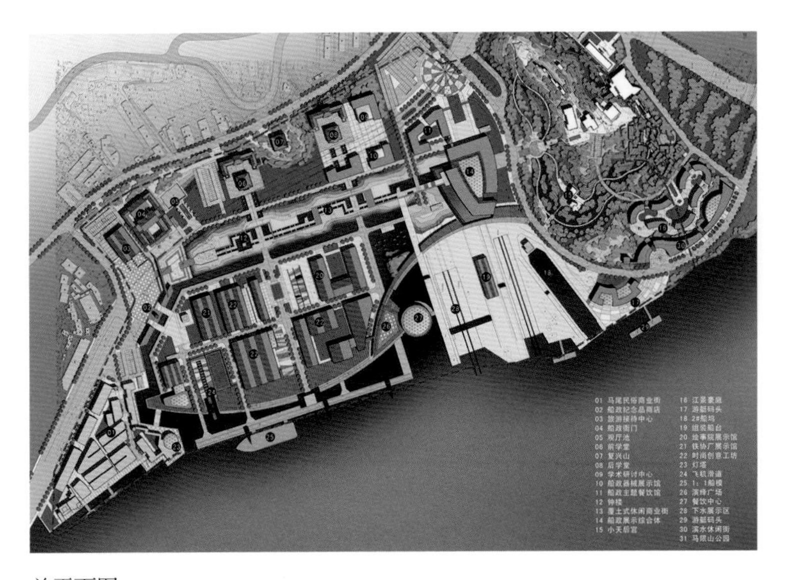

总平面图

整体鸟瞰图

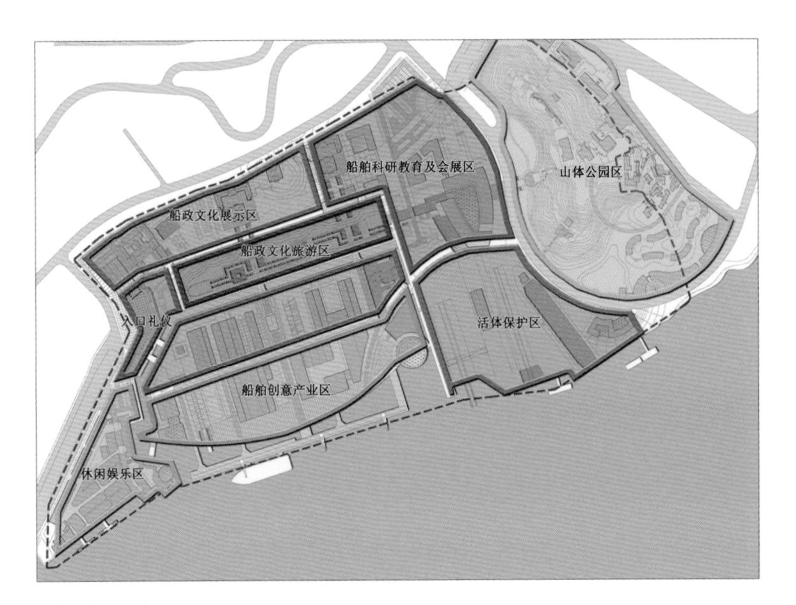

功能分区图

鹿寨县中渡镇核心区保护修建性详细规划

2015 年度上海市优秀城乡规划设计奖三等奖

编制时间： 2011 年 5 月一 2013 年 6 月

编制单位： 上海交通大学规划建筑设计有限公司

编制人员： 黄建云、张荃、涂艳、曹永康、阎利国、陈雪伟、庞科、何秋滢、张晗一、吕敬科、沈琪、胡西微、黄礼城、李大将、张帆、张泽亮

一、项目概况

中渡古镇——广西历史最悠久的古镇之一，其风貌在桂北汉族历史聚落中具有相当的典型性。对中渡古镇的保护与开发既关系到当地的历史留存与未来发展，也对广西古城镇的保护与开发有重要的探索价值!

从公元 225 年至今，中渡古镇已有近 1800 年的历史。如今，整个古镇“护城河—城墙—门楼”的结构保存完整，具有重要的历史价值和保护价值。但一些现代建筑的不当修建也正逐步破坏古镇风貌，对古镇的保护与发展进行规划刻不容缓。

1. 中渡古镇价值确认

中渡古镇的自然要素主要包括：洛江、西眉山、鹰山、千年古榕以及翠竹等要素。中渡古镇的历史建构筑物要素包含：古城墙、护城河、古码头、民国市场、洛江桥等构筑物以及十几栋具有价值的历史建筑。

中渡古镇人文要素主要有：百家宴、 庙会、传统曲艺。

以要素的总结为基础，中渡古镇物质空间和居民心灵的“异质性”局部空间，可将他们归于3个脉络中——（1）武力与防备辩证存在的历史遗构空间；（2）感受古镇千年兴衰的沿江生活空间；（3）西眉山下怡情养生的自然生态空间。

中渡古镇总体文化内涵包括：武备文化、渡口文化。

2. 中渡古镇保护控制性策略

（1）对用地布局规划的调整：防洪堤后退，留出滨江生

鸟瞰图

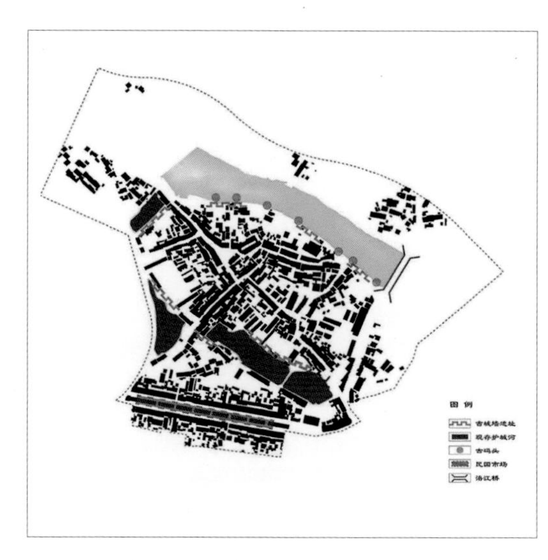

中渡古镇的历史建构筑物要素

活绿带；主要道路调整，留出宝贵生活岸线；工业用地外迁；桥梁上移，使交通成环。（2）道路交通规划：将规划区内城市道路分为4个等级，以形成“纵横有序、环网相连”的道路系统格局。（3）建筑高度及视廊控制：以西眉碉楼为视觉制高点设置通廊，以圈层结构控制高度。（4）城市设计控制：将古镇的建筑物按圈层细分为7类，从5个方面21个点加以控制，对旧建筑改造及新建建筑设计提供了设计导则。

二、项目创新

1. 摸清家底，考证复原

在基础研究中，对古镇的所有具有历史价值的建构筑物进行了详尽调研、测绘并进行模型复原，对中渡古镇的历史古迹进行了详尽考证，据此总结出桂北汉族民居具有的“五大特色”：（1）防御性的建筑平面及构造；（2）硬山搁檩式的建筑结构；（3）具有拼贴性和表现性的建筑材料；（4）装饰丰富的细部；（5）特色构件：矮门。现状调研工作不仅为古镇保护规划打下坚实基础，也是对广西汉族民居研究的有力补充。

2. 创新理念，总结提炼

在价值研究中，利用“文化地景”理论，对古镇价值进行细致研究和发掘。遵循从具体到抽象的认识论，通过对古镇要素总结、“局部空间”进行辨识，总结出了中渡古镇的“总体文化内涵”，提炼出了中渡古镇总体“性格”——“眉山洛水环抱中独具武备文化特色的边陲历史古镇”。并据此对古镇的规划定位、形象定位、宣传口号等进行了详细分析。

3. 客观审视，控制引导

在规划设计过程中，我们始终以客观的视角进行审视，任何建设行为都考虑到历史遗存的保护和利用，考虑到当地居民的价值认同，以“参与者”的态度在古镇既有历史框架下进行建构实践，而非主观创作。从城市设计的角度，将古镇的建筑物按保护分区细分圈层，从材料与构造、界面、尺度与空间形式、色彩、重要局部及细节等方面出发进行控制，对中渡古镇的未来建设提供了具体可行的设计导则。

4. 文脉修补，语境重构

在中渡古镇修建性详细规划，通过“文脉修补”的方式对古镇的历史语境进行编制，以尽量少的干预对功能进行重构。通过文脉修补，对“异质空间”的语境重构，延续古镇文脉。在这个层面主要进行了以下实践：（1）对古城墙护城河体系的文脉重构；（2）对重要空间节点的修补与诠释；（3）对重要建筑的再利用；（4）对街道景观的改善。

三、规划实施

该规划获得柳州市规划局与鹿寨县人民政府高度评价，并于 2013 年 7 月由鹿寨县人民政府正式批准通过。目前中渡护城河整治、滨江绿化空间改造工作已经有序展开，武圣宫、钟秀杰故居等重要的历史建筑物修复正在进行，道路交通整治稳步推进。鹿寨县中渡镇入选 2016 年住房和城乡建设部公布的第一批 127 个中国特色小镇名单。

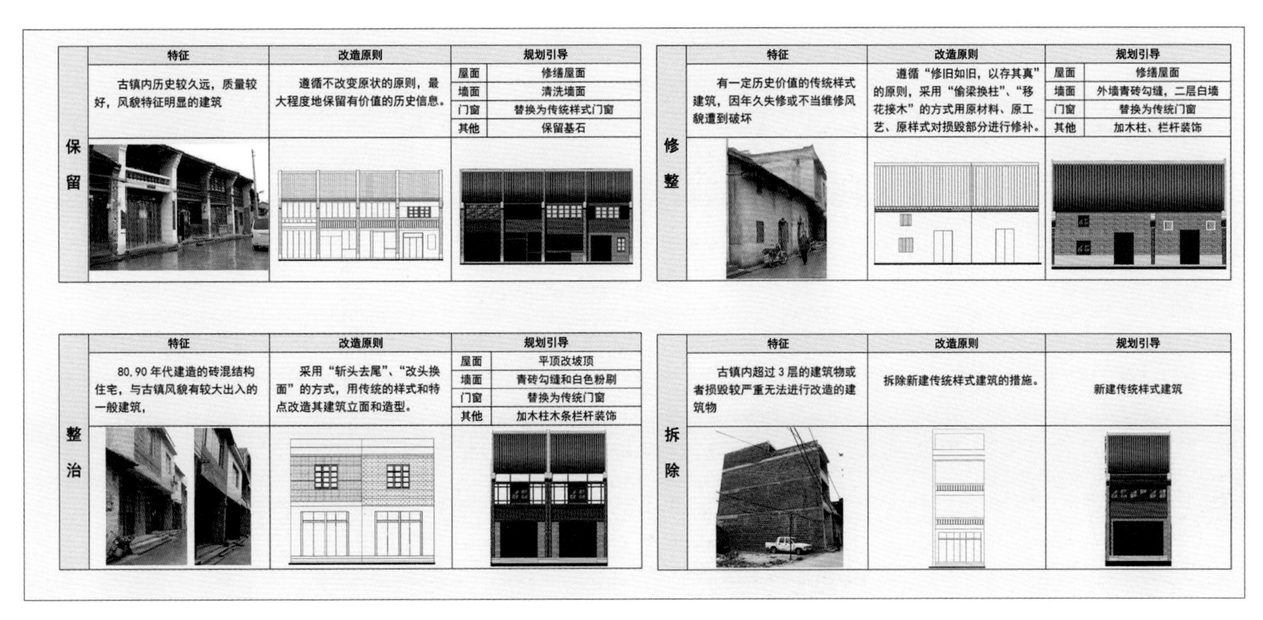

立面街景整治图

文昌市航天大道片区控制性详细规划及城市设计

2015 年度上海市优秀城乡规划设计奖三等奖

编制时间： 2012 年 4 月—2014 年 12 月

编制单位： 上海诺德建筑设计有限公司

编制人员： 鲁锐、李娓、张进、吴晨丹、刘磊、王梦丽、Laura、付小光、陈如松、王怡达

一、规划背景

规划地块位于文昌市通往航天发射基地的主要通道上，其门户位置及区域优势决定了其是展示文昌新形象和提升城市品质的重要平台。编制本控制性详细规划旨在落实和深化上位规划提出的发展目标与要求，为片区土地使用与建设管理提供法定依据，保障和推动文昌航天大道片区的有序建设和科学发展。

二、规划要点

1. 用地规模和功能定位

规划范围总面积为 17.32km²，其中城市建设用地面积 16.63km²。

以海南国际旅游岛建设、航天发射中心建设为契机，以

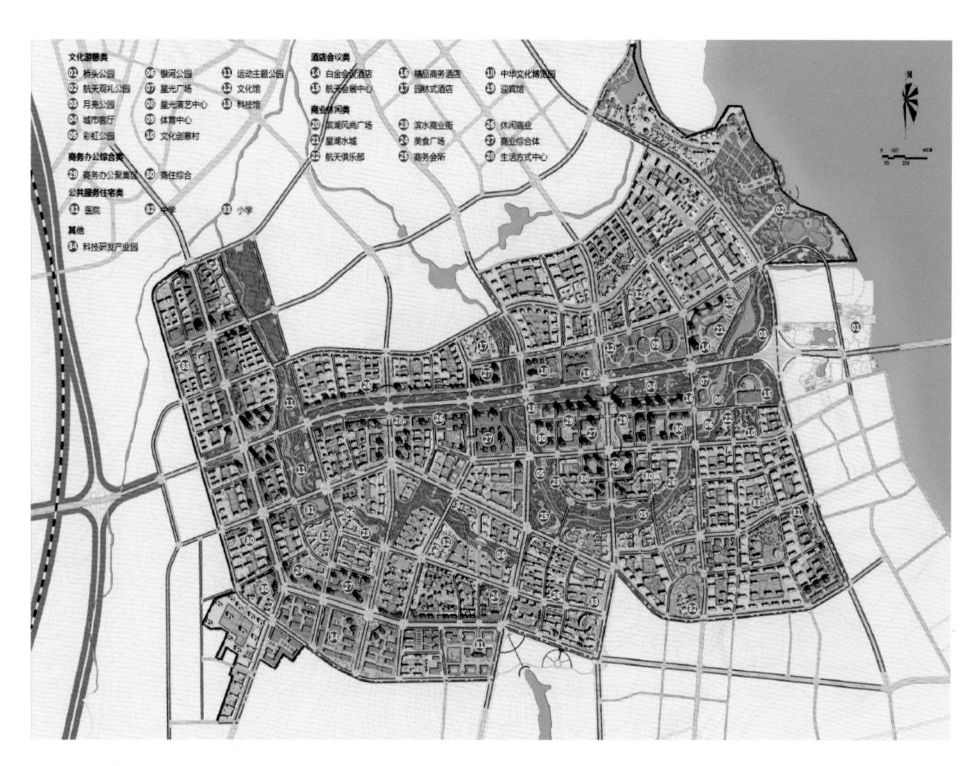

总平面图

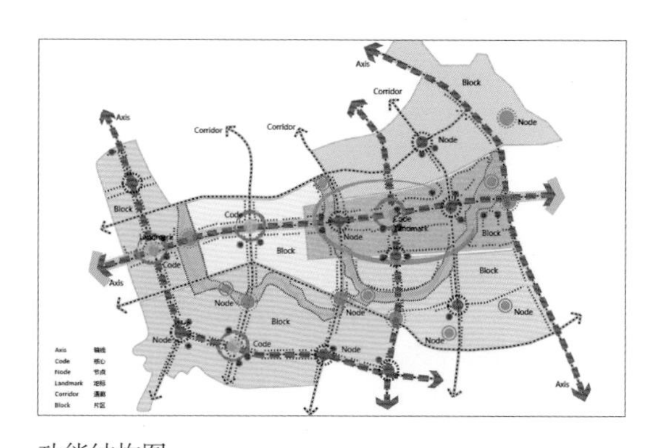

功能结构图

土地利用规划图

航天科技产业、旅游休闲产业为两大拉动引擎，以主题性论坛、会展、航天节事旅游为特色，以商务商贸、商业金融、科技研发为主导，集文化体育、教育医疗、休闲娱乐、慢活旅居于一体的城市创新型中央活力区。

2. 功能分区与规划结构

分为中央活力区、休闲度假区、生态双养区、综合服务区、门户展示区、乐活居住区六个功能分区。规划结构可概括为“三角引领，圈层推进；点轴同构，活力都心；六区协同，有机复合”。

三、规划内容

1. 时空主线——构建魅力中轴

航天大道是整个片区的门户性大道，规划沿航天大道打造一条魅力城市时空主轴。

2. 门户空间——营造特色界面

沿航天大道以建筑地标、开放空间、入口空间等组织有节奏和韵律感空间节点，多种形式塑造门户空间形象。

3. 开放空间——打造城市时尚客厅

打通核心区与八门湾湿地公园的空间对景关联，把八门湾湿地公园景色引入核心区。城市时尚客厅是航天观礼的最佳空间，同时也可以作为城市露天活动、表演的场所。

4. 历史传承——打造文化体验区

强调历史文化与航天文化的结合与延续，结合对琼北特色村落的保护开发，重现琼北特色文化风情，吸引游客前往，为片区建设增加文化内涵。

5. 水绿串城——塑就蓝绿空间

规划核心区内结合水系规划，营造水岸生活方式，打造活力滨水空间，如月亮公园、星河公园、银河公园、运动公园、湿地公园、城市峡谷公园、航天大道景观等空间节点。

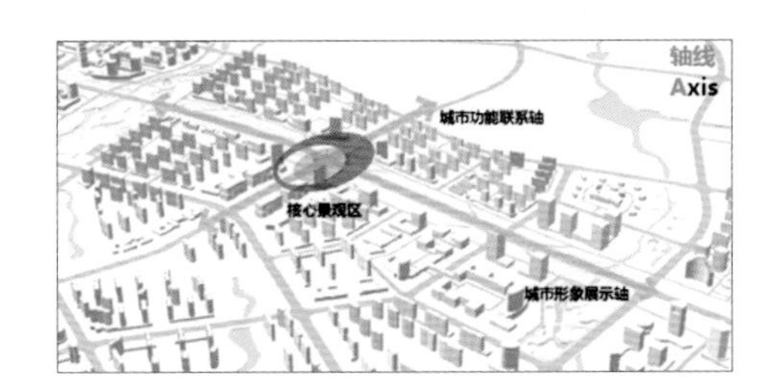

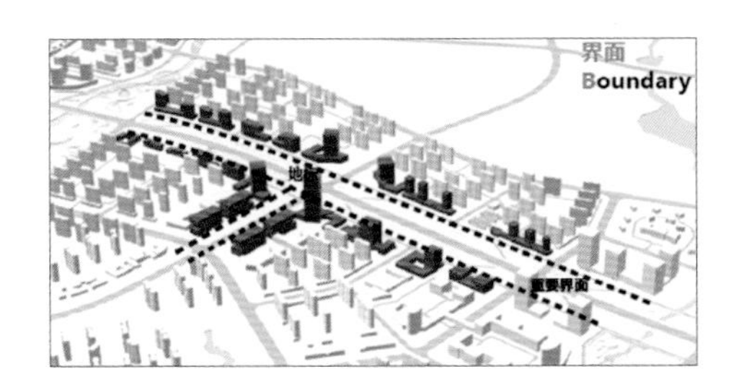

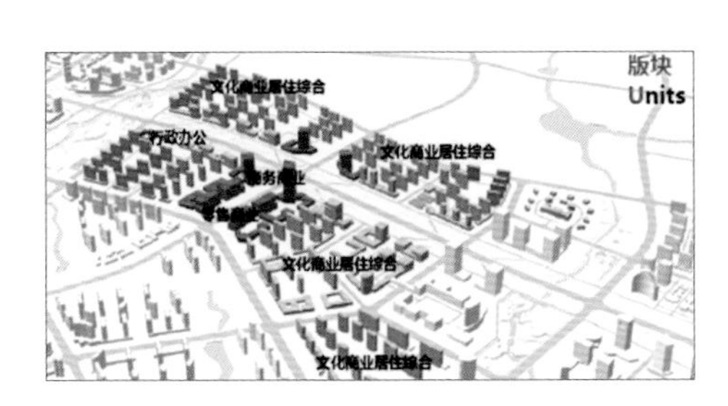

生态双养空间结构图

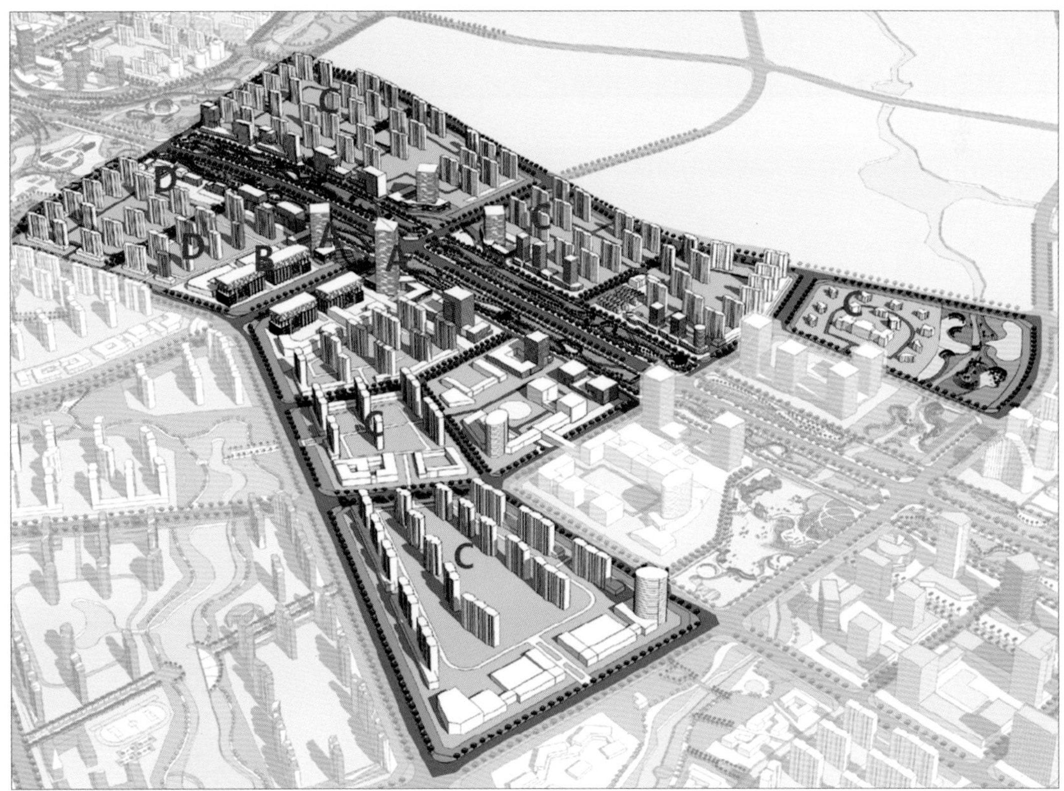

生态双养区功能构成示意图

南阳市卧龙岗文化旅游产业集聚区核心区城市设计

2015 年度上海市优秀城乡规划设计奖三等奖

编制时间： 2013 年 7 月—2014 年 7 月

编制单位： 上海合城规划建筑设计有限公司

编制人员： 范燕群、胡浩、朱亮、周韦杰、靳慧娟、周纯一、黄坤、孙锁军、王其光、梁钟慧、李欣、高丽

一、规划背景

南阳卧龙岗，北起紫山，南临白水，地不高而平坦，林不密而茂盛，水不深而澄清，岗水环绕，势若卧龙。它是三国一代名相诸葛亮“躬耕南阳”之地，是诸葛亮与刘备草庐对“三分天下”的策源地。

卧龙岗文化旅游产业集聚区是“十二五”期间河南省重点打造的全省十大文化旅游集聚区之一，是南阳城市的文化门户和旗舰。紧临卧龙岗岗体周边的核心区，东接白河国家湿地公园，西至南阳文教园区，揽国家级文物单位“武侯祠”和全国最大的汉画像石陈列馆“汉画馆”，更是引爆城市空间升级和引领文化旅游综合产业的重大战略先导区。

二、项目简介

1. 规划构思

以“一岗一人、一祠一馆”为精神内核，秉承“显岗”“渗绿”“智城”三大规划理念，通过卧龙岗生态修复工程凸显“独居高岗、俯瞰四方”的地貌特征，展现卧龙“大隐于市、三分天下”的气势；坚持生态型开发，延续文脉关系，实现核心区与城市的有机共融生长，并明确规定了以汉式风貌为主体风貌导向。

2. 规划定位

文化定位：智谋天下、传奇卧龙。

功能定位：南阳卧龙岗将成为中国汉文化旅游重要节点、河南省文化旅游产业集聚示范区、河南省知名特色商务街区，南阳市文化旅游第一品牌、大型汉式风情文化深度体验中心。

3. 功能分区

一个生态高岗——智慧之岗，城市文化门户和旅游地标，还原卧龙岗原生态气质，营造农耕文明氛围，系统性地恢复南阳龙脉，打造“智慧之岗”。

两片宜居之地——新汉风宜居区，现代生活的展示区，塑造传统与现代兼具的新汉风城市风貌形象。

三大特色片区——根据游览体验氛围分为高端大气的清幽养生区、热闹的繁华汉街区以及人文儒雅的文雅风韵区。

城市设计总平面图

三、规划特色

1. 重拾历史遗存的原汁韵味，原真保护策略的多元体现

充分尊重历史。对于现状存在的历史遗存，应当充分、严格保护，对于历史上曾经存在过的重要格局在恢复时应当严格尊重历史事实。充分尊重现状，对于现状已定事实，应该尽量尊重，新建建筑需严格进行高度控制，保护卧龙岗开敞通透的气势，形成优美的城市天际轮廓线。

2. 传统文化向“智慧文化”演绎，诠释一种可体验、具备创新活力的文化发展观

（1）三大文化与四大体系的转换

传统文化以汉文化为龙头，以玉文化、非物质文化为支撑，组成卧龙岗文化体系的三大版块。三大文化资源需要通过文化旅游产业体系的构建进行落实，分别是以科研、教育为骨架的展示体系；集文化体验、城市体验、产品体验于一体的体验体系；以街道、广场、建筑物、园林绿化等形成的城市景观体系和以服务设施和公用设施系统形成的配套体系。三大文化与四大体系相互转换。

（2）传统文化向智慧文化的升级

延续卧龙岗、汉画馆等传统文化要素的文脉关系，向创新、创意、众创的智慧文化升级，打造一系列文化创意园区、特色商务街区，汉式风情体验中心等可深度体验充满活力的创意项目，以营造具有强烈可识别性、凝聚中华智慧文化、产城联动一体的特色文化产业集聚区风貌，实现城市有机生长与更新。

3. 把握风貌内涵，建立多层级的风貌管控体系

（1）城市设计与控规互动的控制体系创新

核心区城市设计与控规同期编制，控规指标体系与城市形态设计相互指导。为确保特色风貌，需要通过在用地与空间上得以定量和定位落实，将控规确定的强制性内容在城市设计中予以落实，同时将城市设计指引的形态设计等引导性内容反馈于控规的指标体系中。两者同时管控，相辅相成，共同指导，使规划更具科学性、可操作性和创新性。

（2）引导片区特色风貌控制的规划结构创新

核心区形成独特的“独岗两核、一环两圈”的空间结构，内部环路既是内部慢行交通与外部快速交通的分界环，也是将区内主要功能类型有机联系的轴线。在风貌控制引导中，以恢复卧龙岗原生风貌、保护历史文物，统筹核心区功能开发、疏通交通组织为出发点，形成以保护生态与展示文化、严格控制建设为主的核心风貌圈层和以适度开发建设、保障景观视线通透为主的过渡风貌圈层。

（3）分类管控的建筑设计控制与指引创新

确定核心区主体风貌导向，通过对汉式风貌的文化脉络和内涵的研究、总结提取汉式建筑语汇和建筑符号，其典型特征要素主要体现为高台、青砖、鸱尾脊、飞檐、收分5个基本要素。汉式建筑风格应从形态或神韵上继承，同时汉风建筑风貌与新型文化旅游产业的空间要求做充分融合与对接，商业建筑、会馆建筑、酒店设施、居住建筑等不同功能类型与尺度的建筑采取不同的空间营造手段和装饰方法，营造整体风貌协调、层面丰富、氛围浓郁的大型汉式风情文化深度体验中心。

四、规划实施情况

从整体指导到重点深入研究，形成了完整的控制体系和有效的控制方式。有效地指导了卧龙岗周边项目的稳步推进，对改善卧龙岗文化旅游产业集聚区核心区的风貌起到了积极的指导作用，对卧龙岗原真性生态保护建设与开发利用具有重要意义，具有前瞻性、科学性和可操作性。

汉风建筑效果图

李庄古镇保护与发展整合规划

2015 年度上海市优秀城乡规划设计奖三等奖

编制时间： 2013 年 4 月—2014 年 4 月

编制单位： 上海同济城市规划设计研究院

编制人员： 张恺、于莉、周俭、许昌和、王兆聪、陈绮萍、陈婷、汤群群、房钊、曲畅、郝志祥、黄继军、吕高驸、张桂铭、李伟

一、规划背景

中国历史文化名镇李庄，背山面水、农田环绕。抗战时期，李庄古镇支援国内各大知名学术机构，接纳了国立中央研究院、同济大学等10多所教育科研机构共1.2万余人。古镇上最重要的公共建筑“九宫十八庙”，悉数腾出用作教学。傅斯年、梁思成等知名学者在此生活长达6年，使李庄成为当时全国四大文化中心之一。

本规划是在2004年《李庄历史文化名镇保护规划（第一轮）》、2006年《四川李庄古镇历史风貌保护与整治规划》（西片区）和2013年《李庄历史文化名镇保护规划》的基础上进行的。从项目近十年的发展来看，李庄从封闭内向的居住古镇，到商业氛围逐渐浓厚的场镇，直到形成了辐射周边地区的滨江古镇。本项目开展之前，古镇保护整修工作基本完成，旅游氛围也已基本形成。李庄迈入保护与发展的第二阶段，面临着持续维护、后继活力不足等问题。

二、规划构思

李庄古镇为“万里长江第一镇”，根据对其进行的调研分析，项目面临几个问题：（1）古镇需要持续维护。2006年，新旧结合的整修方式得到较高评价，但由于缺乏持续维护，造

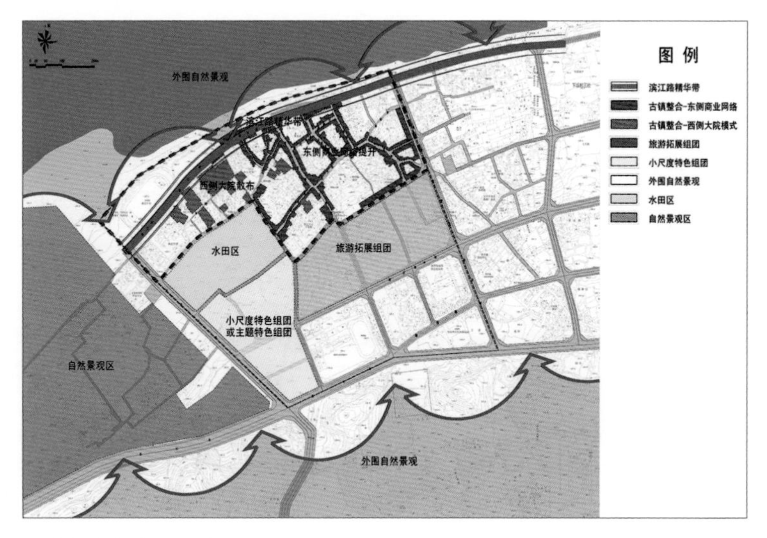

总体保护与发展整合规划图

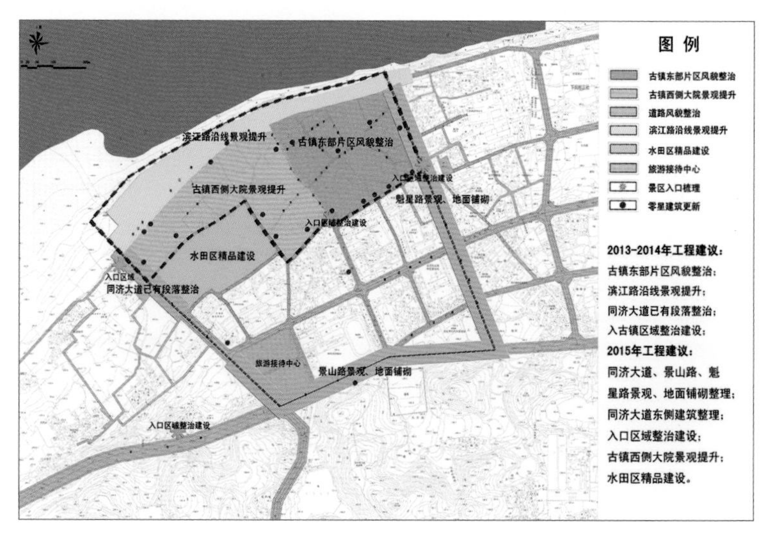

项目建设规划图

成部分工程破损严重，需要对资金投入、整修方式、维护机制等进行反思。（2）古镇的生命力和后继活力不足。以往工作过多关于古镇本身，与周边区域的联动不足。

基于对项目面临问题的判研，规划提出整体谋划、发展谋划两个层面的构思：第一，李庄古镇以川西南明清风貌为主，同时建筑特色多元包容。在单体建筑和单段街道得到整修的基础上，本项目首先关注整体风貌的提升，同时突出其独特的山水环境及人文价值；第二，对古镇进行宜居宜旅的功能整合，规划重点完善旅游基础设施建设，并进行商业网络的组织和社区配套的完善。

三、主要内容

1. 整体规划

对九宫十八庙、传统民居、后期改建建筑、外围沿路建筑等特征风貌，进行全面的总结归类、分片控制，明确主要街巷的特色定位。同时，突出"万里长江第一镇"的山水环境。其中包括塑造高低起伏、连续的滨江景观，形成自然野趣的乡间氛围；控制山体轮廓线与景观风貌，形成错落有致，若隐若现的景观特点。

另外，李庄有大量人文价值突出的文物保护单位分布在古镇外围，如中国营造学社旧址（梁林故居）、板栗坳、旋螺殿等。规划对这些文物点300m范围内进行综合考虑，形成"外围文化圈层"，整合沿江区块，组织慢行游览线路。

2. 发展策划

在早期古镇旅游的基础上，规划重点完善旅游基础设施建设，包括规划景区大门、配套旅游接待中心、旅游接待点等接待设施；客运站、停车场、码头等交通设施；滨江路界面的连通提升；园林式特色旅馆、古民居宅院的整理等。同时，从提高当地居民生活质量的角度，进行商业网络的组织和社区配套的完善。规划重点整合古镇外围用地，优化社区商业网络，古镇东、西侧发展不同的商业模式，打造小尺度特色的城镇邻里。

四、项目特色

在整体谋划的基础上形成"项目包"，与业主共同商定若干启动项目。

（1）滨江路景观带建设："万里长江第一镇"的精华地带，规划以自然岸线为主，结合现有绿地、台地、植物进行整合，形成错落有致、自然生动有趣的滨江空间。

（2）游客接待中心建设：随着古镇旅游品牌的形成，急需建设兼具游客接待、停车场、旅馆、展示等功能的游客接待中心。规划采用园林式布局的方式，形成特色片区。

（3）古镇外围道路风貌整治：对古镇周边的景山路、魁星路和同济大道等道路风貌进行综合整治，形成整体融合的城镇风貌。

（4）水田区策划：古镇周边的水田景观区，选择整体打包的方式进行操作，鼓励更多的开发模式和资金投入，协助业主进行招商。

（5）持续投入计划：制定古镇维护的年度投入计划，每年进行5%~10% 沿街建筑和建筑质量较差建筑的修复工作，有序开展主要道路的环境维护。

五、实施情况

本项目实施中涉及的沿街建筑整修量非常大，但仍然坚持了实事求是、充分听取群众意见的原则，设计和施工过程中开展了大量的群众工作，实施方案均在居住者许可的情况下执行。滨江景观设计中注意保持自然生态的岸线，现有的植被均采取能用则用的原则，并尽可能采用当地石材。在施工过程中，邀请地方工匠参与建设，弘扬传统建造工艺。

在本项目的指导下，项目组又先后完成了滨江路、景山路、滨江路、魁星路、同济大道等沿线建筑的立面改造设计。目前，已完成古镇内部的小春市街、广福街、麻柳街和文星街等600多米的传统街巷改造，古镇外围的景山路、滨江路、魁星路、同济大道等均已完成综合整治，全长共计约2600m。滨江绿地和部分节点也已实施完成，施工面积约6hm^2。因实施过程及施工效果均较切合当地实际，基本实现了"小投入、大变化"的目标。

李庄古镇实景照片

上海市虹口区甜爱路及其周边地区概念性城市空间环境设计

2015 年度上海市优秀城乡规划设计奖三等奖

编制时间： 2012 年 12 月—2014 年 12 月

编制单位： 上海同济城市规划设计研究院

编制人员： 童明、黄潇颖、陈欣、翟宇琦、尹嘉晟、周云洁、谢超

一、规划背景

甜爱路位于四川北路商业街地区北部，是四川北路商业街主路的一条重要支路，也是虹口区山阴路历史风貌保护区内的一条著名景观街道。

与大多数城市中心旧城区所面临的问题相似，甜爱路及其周边地区一方面有着悠久的城市历史，是城市文化的重要承载地区；另一方面却由于缺乏有效的更新机制而使得该地区在文化、经济、物质环境等多方面日益衰退。

近二十年来，上海在加入全球化城市等级竞争的历程中，导致了整体城市结构的不断演化：一方面是由于多个更加具有全球化特征的新兴城市发展极核的崛起（如陆家嘴、花木、未来的前滩等）；另一方面是原有的老牌商业街在上一轮城市扩张转型中抓住时机进行了有效的空间结构调整（如淮海路和南京西路商圈）。而四川北路地区由于在该历史进程中缺乏有效而快速的时空供给和功能调整而越来越被边缘化。

当下上海的城市发展迎来新的转型——由增量发展向城市更新转型。以甜爱路及周边地区为代表的城市中心旧城区将在这一转型中重新获得更新发展的机会，但同时也将应对更多的挑战。机会在于这一地区所独具的城市历史风貌和历经积累的丰富文化、商业、公共资源，挑战则在于如何以既有的空间结构去容纳功能升级的可能性？如何以现状的物质环境为基础去建立一个可操作的城市更新行动框架？

二、规划思路

甜爱路及周边地区概念性城市空间环境设计项目是上海同济城市规划设计研究院教师中心童明工作室历时两年完成的城市设计方案。该方案以该地区的机会与优势为立足点，以“城市分形理论”为基本理论依据，为该地区的发展提出了一个具有创新意义的微创城市更新模式。

本项目中，我们提出的设计思路以节点、路径和体系为基本框架。第一，在辐射圈层面建立都市网络：将四川北路地区从一条商业街，转变成为丰富的都市网络；第二，在中心区层面形成资源联动发展：从单个商业极核的扩大，转变成为整个地区的联动发展；第三，在核心区层面推动微创模式：从拆旧建新的传统规划思维，转变成为疏通联系、局部改造的微创模式。

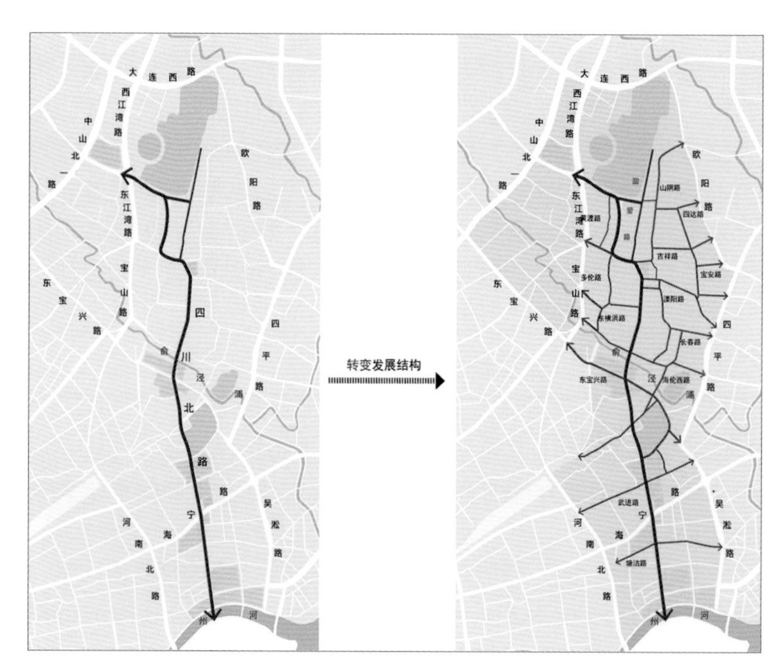

发展结构转变示意图

三、规划要点

1. 本项目在上海城市转型时期提出了一种新的微创城市更新模式

上海的城市建设已经从一种大拆大建的模式逐步转向了更具内涵的城市更新模式。其原因一方面是源于当今对降低能耗、保护环境和城市可持续发展的普遍性认同;另一方面来源于市民对更加多元的城市文化的认同。那么，问题就在于城市规划与设计如何在这一时期及时转变思路，探索出一种可操作的城市可持续更新的途径。本项目意图通过微小的局部改造来实现地区整体功能的提升。在一个整体性的操作框架之下，以甜爱路上的一段灯光墙、一个街头广场、一条巷弄的连接等微创设计点，来逐步触发和带动周边城市空间的活力提升，进而通过更新机制的建立来实现一种整体行动框架之下的散点式微创城市更新。

2. 本项目关注和研究了如何重新挖掘和建立地区城市文化

甜爱路及周边地区拥有丰富的历史文化积淀，也有大量的历史风貌建筑，但是这里正逐渐变成破旧的城市地区，也丧失了孕育多元和丰富的城市文化的可能。其根本原因是该地区缺失了一种能够容纳和激发城市文化发展的基本城市框架。本项目通过详细的现状调研，挖掘和整理了该地区的城市文化资源，从公共空间、商业、文化设施3个方面系统性地建构了一种能够吸纳多元化活动和社会生活的城市框架体系，将为地区城市文化的发展起到积极的支撑作用。

3. 本项目示范了城市分形理论的操作性应用

在本项目的方案设计中，我们引入了城市"分形理论"的概念作为操作依据，并结合城市空间肌理或活力研究，将甜爱路及其周边地区的城市更新设计带入了一个全新的视角。

根据该理论，城市是一个具有分形特征的结构体：流动的街区人群与固定的物质环境在某一尺度上的结合才能构成一个模块，并且这个模块可以随着时间而产生变化。不同的小模块可以连接组合成为更大的模块，进而形成模块组、模块群，而这种状况可以被称为分形特征。塞灵格勒斯认为，和所有生命系统一样，孕育活力的城市区域一般都具有分形特征。因此，当我们以这样的角度来分析和理解甜爱路地区的城市问题时，就能比较清晰地辨析出该地区的结构性问题并通过一种连接和整合的分形手法来进行调整。这一调整包括两方面：一是多层尺度的分形叠合，二是城市肌理的有效连接。

4. 本项目开展了结合网络公众参与的更新改造

最后，为了使得这样一种微创城市更新能够获得恰当的实施途径，我们探讨和试验了一种网络公众参与结合微创设计改造的实践模式。虽然这一实践模式在申报文件截止时仍处于一种理论探讨阶段，但是相信这一实践模式能够在不远的将来付诸实施，并为这一地区的改造更新和城市文化创新带来全新的面貌。

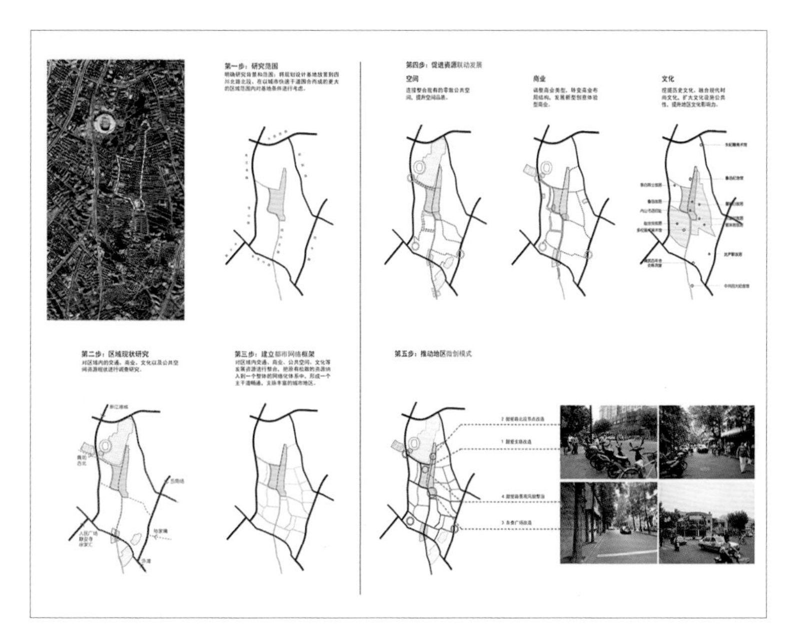

研究框架

改造效果图

鄂州经济开发区产业策划及核心区城市设计

2015 年度上海市优秀城乡规划设计奖三等奖

编制时间： 2014 年 6 月—2014 年 10 月

编制单位： 上海联创建筑设计有限公司

编制人员： 徐伟、彭镇、王雨松、崔益健、苏良涛、李博、蔡礼涛

一、规划背景

鄂州经济开发区自成立以来，发展迅速，现正处于产业转型与升级阶段。在当前“经济全球化”的大趋势下，深入分析鄂州在“长江经济带”、“武汉城市圈”中所扮演的角色与承担的职责，用好政策所带来的发展机遇，从整体层面对产业空间发展进行考量，统筹规划，统一布局。

本项目分为两个层次，开发区产业策划范围为 139km^2，核心区城市设计范围约 15km^2。

二、规划构思

对于产业策划部分，规划提出“五彩汇都”的设计构思，通过构建一体化区域联动战略、特色化产业发展平台、网络型复合交通枢纽、蓝绿网络都市及人文型智慧服务典范五大发展策略，解决开发区在空间、产业、交通、生态及公共设施等方面存在的五大问题。

对于核心区城市设计部分，规划提出“水脉都心”的设计构思，通过理水、通络、筑核三大发展策略，解决“拥名江而无利，拥名湖而无景，拥名城而无器”三大现实问题。

三、规划内容

产业策划：规划致力于建构承接武汉都市圈的现代产业高地；辐射长江中游的商贸流通基地；服务大鄂州板块的现代生态新城。“城源产而生，产因城而兴”，从全域城市化角度决策产业发展，是对产城统筹、联动、融合系统性的实现。针对产业策划提出“五城一体化”的产业发展策略。

融合之城：通过“四合”空间发展战略，结合“核心驱动、产城融合”的布局理念，形成“一核五区”的空间格局。

兴盛之城：通过“三向联动”的发展战略，将本区建设成为“三区合一”的产业集群新城。 最终形成“一核、双港、两轴、三带、两区、四片”的产业规划结构。

畅达之城：通过梳理现有骨架、强化周边联系、构建外联路网三大策略，构建外部通达、内部疏解、路权分明的网络型复合交通枢纽。

生态之城：以海绵城市为核心理念，提出“湖水互通、五水汇江”的生态发展理念。在“指状放射”的总体生态框架下，营造一座绿意盎然的生态之城。

幸福之城：规划区将以智慧城市发展策略实现未来城市运营的高效化，形成层级化的公共服务体系，满足未来产城融合的诉求。

核心区城市设计：规划提出“水脉都心”的设计构思，打造集特色生态休闲、现代产业服务、人文品质居住三大核心功能于一体的水脉都心，构筑“绿岛蓝湾、鱼跃龙门”的整体空间形象。

四、创新与特色

1. 产业模型的高效选择

通过对鄂州的经济发展及产业现状进行定性、定量分析，结合鄂州经济开发区的发展现状，借鉴并类比国家级经济开发区申报标准，研判未来十年的主导产业及重点发展产业，同时对区内关键绩效指标（KPI）进行诊断，详细分析鄂州经济开发区的经济总量、第二产业、第三产业发展的内部结构，总结出目前工业园区发展存在的链条无序、优势不明、生产粗放三大问题。

以国家相关重点产业发展规划、湖北省重点发展产业导向、重点发展产业导向、经济开发区"十二五"产业发展规划为依托，结合地区相关产业基础和发展需求，形成鄂州经开区分类型产业池。对产业吸引力、产业匹配性、产业融合度进行详细评价，确立地区发展的四大类、十八小类的产业发展体系。

2. 问题导向型的交通组织方案

目前，开发区总体路网未成体系，存在 "血脉不畅、供血不足、分工不清" 三大问题，项目针对性地提出 "外向通达、内部疏解、路权明晰" 的交通发展策略。

外向通达：依托规划区内四海大道、沿江大道、旭光大道、创业大道、吴楚大道等现有路网骨架，梳理出 "三向五线" 的外向通达道路体系，强化基地与三方五城的快速交通联系。

内部疏解：结合原有规划，在青天湖、月河岛等公共服务板块加大道路网密度，并对各功能板块提出差异化路网密度，解决未来潜在的交通拥堵问题。

路权明晰：本次规划将物流专线、功能连线、景观绿道及公交通道有序划分，通过外围输配环的隔离和内部联动线的整合，实现路网有机分工，与片区功能高效互动。

3. 项目导向型的功能空间设计

规划结合核心区功能布局，导入与片区发展高度匹配的建筑核心引领项目，构建以项目促发展、以发展推项目的良好建设循环，形成活力休闲湾、智慧信息港、生态知识岛三大片区及三大项目的空间体系。

活力休闲湾片区导入服务市民生活的一站式商业中心和商业休闲中心，服务企业发展的总部经济中心、创业服务中心，结合四大水滨公园，构筑推动片区发展的核心引擎；智慧信息港片区引入以会展商务及其拓展产业为发展核心的标志性建筑，结合自主品牌常年展示中心，树立引领港区发展的新城市天际线；生态知识岛片区中部引入智慧谷与科技湾两大科技园区，南北两端打造花园总部基地与康体养老中心，搭建片区产业发展的创新平台。

4. 实施导向型的行动方案制定

为了便于项目的实施开发，本次设计制定了一系列行动计划，以本体资源和土地条件为基础，建构分期引导策略、预留潜力板块；通过"项目引导、打包实施"的开发策略，以点带面地推进规划落地；从总体层面确立未来各大功能区优先发展的重点项目以及服务于片区整体发展的主要路段；对项目及道路的建设时序、开发优先级进行安排，切实引导片区的未来发展建设。

五、实施情况

自 2014 年 6 月 30 日提交成果以来，本项目在专家评审会上获得国际竞赛第 1 名，成果已被纳入上位总体规划、控制性详细规划及开发区"十三五"规划中。

在实施层面，土地整备、道路建设以及项目推进方面取得了突破性进展。其中，在土地整备方面，青天湖片区部分土地整备工作已经开始。

在项目推进方面，青天湖及周边水系的疏浚及拓展工作正在稳步推进，湖区内部的拆迁安置工作已基本完成。成功引进"中节能环保产业园"，占地 5 000 亩。周边社区安置工程已开工建设。

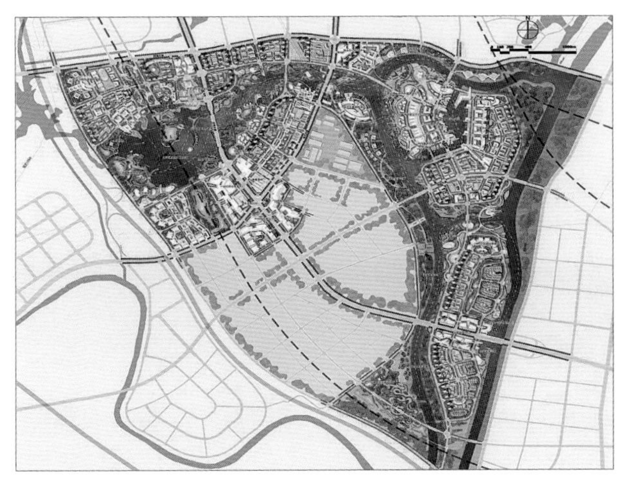

城市设计总平面图

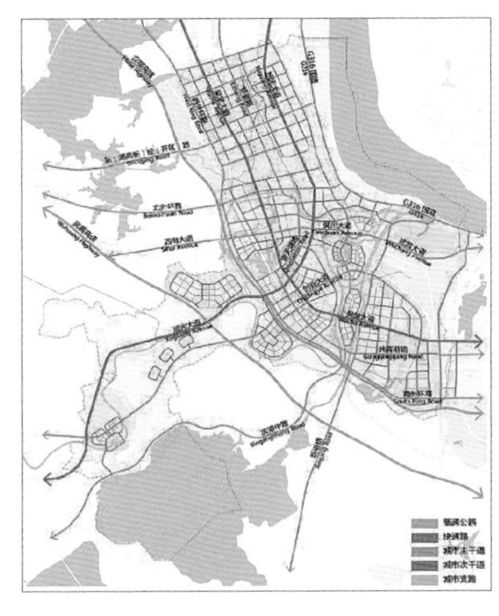

道路系统规划图

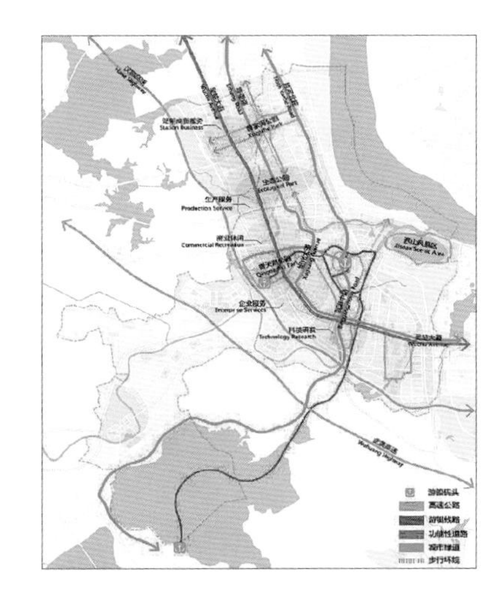

交通组织规划图

重庆安居古城景区总体策划及规划方案

2015 年度上海市优秀城乡规划设计奖三等奖

编制时间： 2014 年 5 月 — 2014 年 11 月

编制单位： 中国建筑上海设计研究院有限公司

编制人员： 刘晓戎、范志勇、赵澎涛、吴娟、姚一思、方彦、周航、周舢、孙永志

一、项目概要

本策划以安居镇为设计对象，挖掘安居古城景区优势，使之形成具有环境特色、项目特色和文化特色的情景体验型古城旅游景区，达到以旅游业为带动，促进当地第一、二、三产业发展，推动地方社会、经济、文化和环境建设的目的。在旅游资源得到充分保护的前提下，统筹考虑，合理利用安居古城景区开发建设与社会发展的联动关系，协调景区内及周边邻近地区的居民生产、生活活动和景区开发的关系，促进居民增收以及生产、生活条件改善，促进地区社会和谐发展。

二、规划思路

本案希望通过安居古城景区项目形成独具一格的“安居休闲文化”，不仅仅是古城的观光游赏，置入体验、休闲、乐活等现代旅游文化元素，从而与重庆其他传统旅游文化形成错位发展格局，成为重庆旅游开发的又一面新旗帜。

三、旅游产品策划

1. 旅游产品定位思路

在以巴渝文化为核心，以古城为载体，以龙舞文化、古城文化、宫庙文化为代表的历史人文资源作支撑，在九宫十八庙、古建筑群为特色的基础上，对现今极为热门的古城游、体验游、度假游、休闲游进行深度挖掘和延伸，即对游客基本的“吃、住、游、行、购、娱”六大要素进行扩展，遵循“眼、鼻、耳、舌、身、意”六感的参与性原则，注重游客个人的全方位体验。

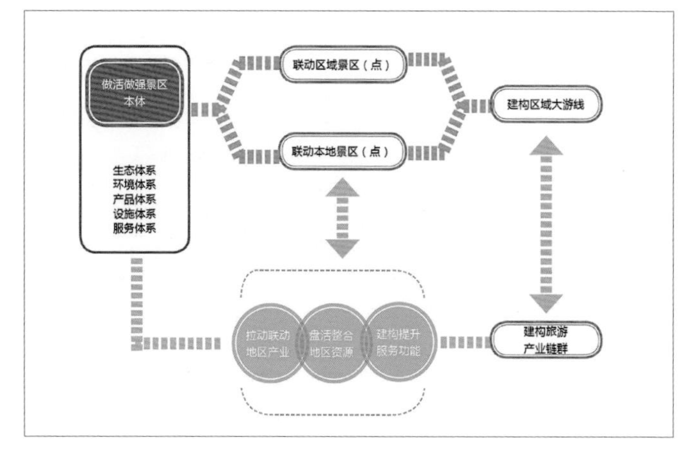

承接游线示意图

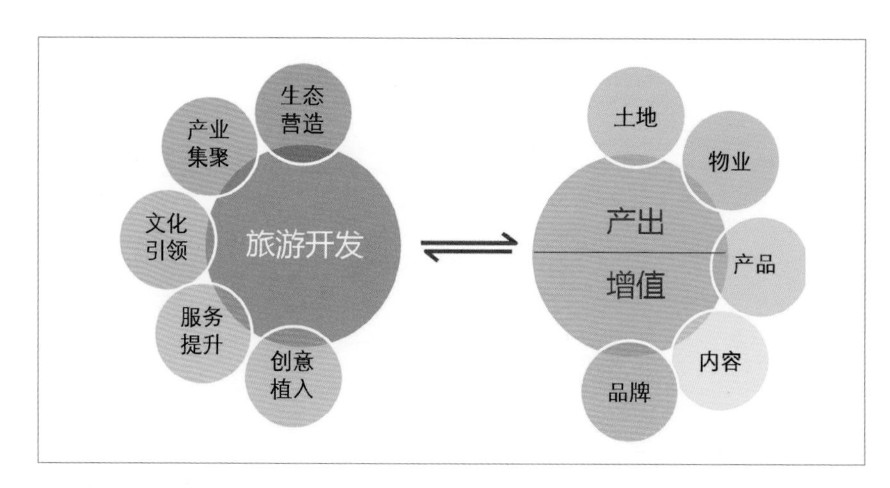

多元产业价值链示意图

2. 旅游产品定位

通过以需求为导向的产品规划方法，构建“1-3-6”活力体验产品体系，即“一个核心内涵，三种文化彰显，六重体验升华”，打造国际知名、国内一流的古城型景区。确定重点开发文化体验旅游产品、文化遗产创新旅游产品、休闲养生度假产品、夜间旅游休闲产品等。

四、方案布局

1. 设计理念

（1）塑造安居舞龙品牌形象

以安居舞龙为主线，形成表演、制作、观赏等项目活动的产业链。

（2）筑造文化旅游体验高地

以“千年安居古城”为主题，结合文化旅游产业，将安居镇打造成西南地区最具吸引力的魅力古城。

（3）打造悠然乐享的居住地

以“乐享”为核心，适应未来旅游发展趋势，全面整合安居古镇优势资源，积极融入西南旅游圈。

2. 空间结构

构建“一城、两江、四区、一园”的空间结构。

一城：活力安居古城，古城旅游度假产业。

两江：琼江，水上泛舟观光游乐及古城吊脚楼特色滨江休闲产业；涪江，水上舞龙表演及滨江农业观光体验产业。

四区：黑龙嘴生态居住区，高品质住宅、乡土农事体验、大地景观；琵琶岛养生休闲区，度假、养生及旅游休闲；波仑寺文创产业区，文化创意及产业服务；南部生活区，居住、生活服务配套。

一园：黄家坝湿地公园，生态湿地旅游、观光。

五、运营策略

1. 承接区域大游线

安居古城的发展在做活做好景区的同时，必须主动、尽早纳入区域大游线格局，以借势区域大游线的客群来源、品牌影响力和营销渠道，快速、高效地带动本景区的发展。

抢先对区域大游线进行功能、设施和服务补缺，将区域大游线作为自身的服务和产品供应对象，形成景区发展的另一支撑点。通过对本地区产业、资源的整合联动发展，以及提供现代服务功能，形成景区发展的又一支撑。

2. 实现多元产出与增值

通过多元要素的嫁接和植入，实现有形资产、无形资产的多元产出和增值，并不断延伸、拓展，形成多元产业价值链。

鸟瞰图

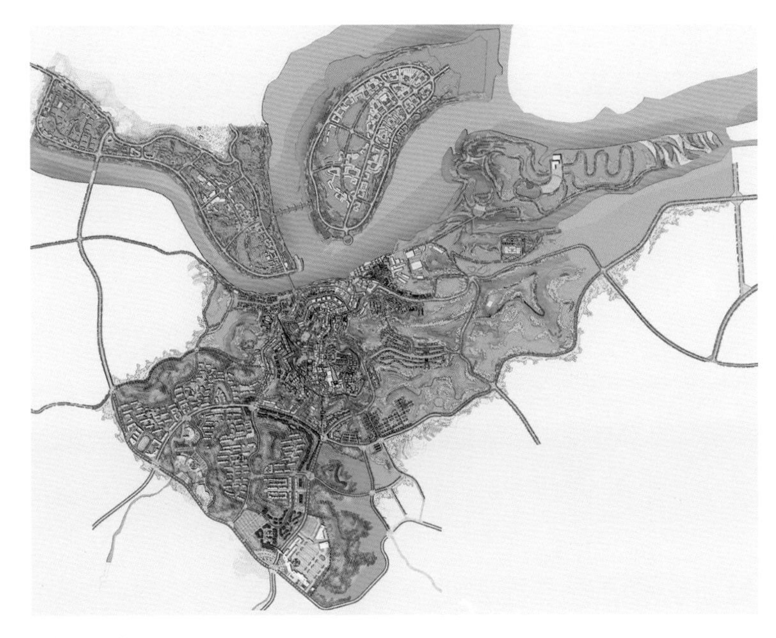
总平面图

余姚市滨海新城总体规划优化及核心区概念城市设计

2015 年度上海市优秀城乡规划设计奖三等奖

编制时间： 2012 年 9 月一 2013 年 12 月

编制单位： 上海开艺设计集团有限公司

编制人员： 胡志山、全先国、邵诏亚、刘万光、丁小安、张潋、张俊、何鹏、邱翔、阚立群、汪家明、王雯婷、黄晓峰、沈红丽、俞彬坤、林良博

一、规划背景

为加快余姚滨海新城的开发建设，统筹小曹娥镇与滨海产业园的协调发展，优化滨海新城空间布局，促进其全面可持续发展，依据《中华人民共和国城乡规划法》和相关法规、规范、上位规划，编制《余姚市滨海新城总体规划》。

滨海新城利用杭州湾跨海大桥建设的机遇，围绕浙江省发展海洋经济的部署，大力培育和发展新兴产业，并巩固和发挥传统产业的优势，致力于发展成为长江三角洲地区高新技术产业生产制造的基地、新兴产业协作和配套的产业基地，成为宁波市海洋经济发展的重要产业集聚区之一。

滨海新城是余姚新一轮经济发展的主战场和新型工业化的先导区，是余姚未来城市经济增长点的重要基地。

二、规划思路

积极发展循环经济，建设城市绿色交通，促进城市紧凑发展，合理组团分工，加强环境保护建设，建立城市生态安全网络，构建低碳节能的生态新城。

从城市管理的角度出发，在新城水系、绿地、公共设施、建筑等方面应用智慧城市理念，打造一个创新高效的智慧新城。

新城核心区透视图

以城市文化为切入点，将余姚丰厚的地域文化融于新城的发展建设中，秉承文化传统，提升新城的文化气质。

三、规划内容

规划采用产业园区与小曹娥镇一体化发展的空间发展策略，强化滨海产业园区与小曹娥镇的生产配套和生活配套服务职能，统一布局各类设施，从整体考虑城市的空间结构，创造生态、和谐、完善、优美的城市空间环境，增强新城的服务功能，促进城市高端要素的集聚。

按照产业集群理论，围绕核心项目提升整体产业，加强产业相关性和互动性，承接核心产业的下游产业延伸。优先发展高科技、高投入、低污染的项目，按照“大项目—产业链—产业集群—制造业基地”的思路，预留升级空间促进产业升级。

根据新城发展各阶段的特点，制定适宜的发展策略，合理布局，实现有机增长、弹性拓展。规划应根据基本农田保护的政策，与土地利用规划相一致，近期注重小曹娥镇与一期开发建设区域的衔接，避开基本农田，并为工业区开发配套服务。

四、规划亮点

1. 产业发展

以产业门类和层次优化促进产业效率提升，产业发展定位鼓励采用清洁能源和系统节能技术，推行清洁生产，设置企业入园门槛，从源头上控制废弃物的产生，减轻环境压力，建立完善的生态产业链，提高上下游企业的关联度。

2. 空间优化

针对滨海新城远离中心城区，将区域重大基础设施的协调和建设作为重点，结合滨海新城人口结构和消费的特点，研究好产业园区和小曹娥镇公共设施配置需求的差异，合理安排公共设施配置内容、规模和空间布局。

3. 规划管控

从前景式全息规划转向结构式管控规划，以本次城市总体规划修编为基础，通过区分公共领域强制管控和市场领域引导管理，建立健全“空间满覆盖、事权不重叠”的空间规划体系，建立城市政府领导牵头的工作机制，在统一信息平台的基础上，实现“统筹决策、协同分工”，真正做到“先布棋盘后落子、一张蓝图干到底”。

五、规划实施

余姚滨海新城已启动开发一期，构建骨架路网格局和部分基础设施建设，建设兴滨路、万圣北路、镇海北路等主要道路框架，率先启动职工宿舍、职工服务中心、学校、医院、酒店、公交首末站、普通商品房及部分商业商务等开发片区。

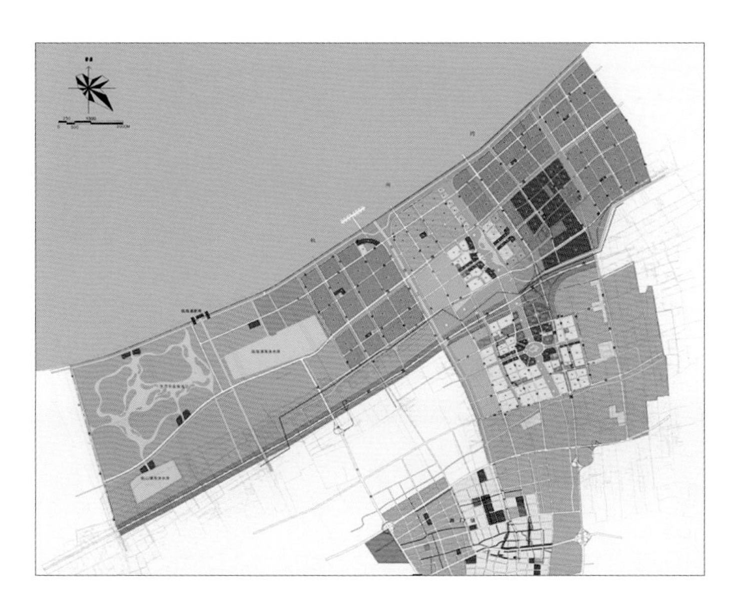

用地布局规划图

核心区鸟瞰图

上海市川沙新镇中市街保护与整治规划设计

2015 年度上海市优秀城乡规划设计奖三等奖

编制时间： 2012 年 5 月—2013 年 5 月

编制单位： 上海交通大学规划建筑设计有限公司、上海之景市政建设规划设计有限公司

编制人员： 张德良、曹永康、李宗尧、陈雪伟、王黎园、潘熙、张纹纹、杨鹏、曲向飞、胡冰玉

一、规划背景

中市街位于川沙镇古老的"牌楼桥"地区，是传统的城厢中心和商业中心，现在所处区域位置依然是川沙新镇东北部川沙历史文化风貌区的核心。

中市街东西总长 255m，宽 3.4m~6.1m，东至东城壕路，西至北市街。

二、规划内容

1. 突出历史沉淀

中市街具有悠久的历史，在川沙镇两百多年的岁月中，中市街的街区空间格局保存相对完整，单体建筑集中保留了清末民初江南传统建筑的特色，与南市街、乔家弄、场署街、北

川沙新镇市街保护与整治效果图

市街等相互交错，共同构成了川沙老城厢的商业文化中心，具有一脉相承的历史渊源与文化积淀。

2. 有效利用资源

为更好地保护与利用中市街的历史资源，延续川沙历史文化脉络，改善居民的生活条件，推动社会经济发展，设计针对中市街及其相应附属街巷实施保护与整治工程。

以重现传统街区风貌，恢复街区活力为目标，对现有街巷视线所能触及的范围进行整治。既恢复原有街巷的尺度，又不失现有空间的使用效率。

重新铺砌街巷道路，路面材质采用条石、弹石相辅铺设。在中市街东西两端设计标志其历史文化街区入口的牌楼。总体设计意境遵照古朴、方便、美观、清新的风格。

3. 注重民生保障

民生问题是本次要解决的重点问题。为方便居民生活，满足商业提升后相应配套设施的使用要求，改善街区环境，设计全面改造市政基础设施，增加绿化、小品、路灯等市政设施，重新铺设雨水、污水、供电、供水、煤气、电信通讯、有线电视、路灯景观等几类管线，管线全部入地。按照消防要求重新铺设消防管道，布置消防栓、消防箱等消防设施。

4. 展现建筑风貌

为突出中市街“历史发展痕迹显著，建筑风貌界限突出”的特征，设计后的中市街南侧建筑风貌以清末民初建筑风貌为主，重点突出浦东川沙地区传统商业民居的建筑风格，建筑风格自西向东由清末逐渐向民国过渡。

北侧建筑设计风格以统一街区整体风貌为原则，增加“可识别”设计元素，与老街互相补充。

设计修复后的街区实现了以民为本，充分考虑居民的切身利益，既保留了历史街区原貌，又解决了民生问题，受到居民的一致好评。

由于集市的形成，中市街主街的建筑空间格局都是为了适应商家“经商”而建，所以形成了这种前商后宅、下商上宅、外商内宅、商住同体的建筑空间形式，及沿街而建、沿河而居的空间格局。同时建筑的主轴多垂直于主街或者水道，空间横向布置，开间多以三间、五间为主，多者七间甚至更多，这样的布局更能扩大营业面，增加商业吸引力。

小巷弄内的建筑却不是这样，因为小巷弄内的建筑以居住为主，风水朝向更占据主导地位。

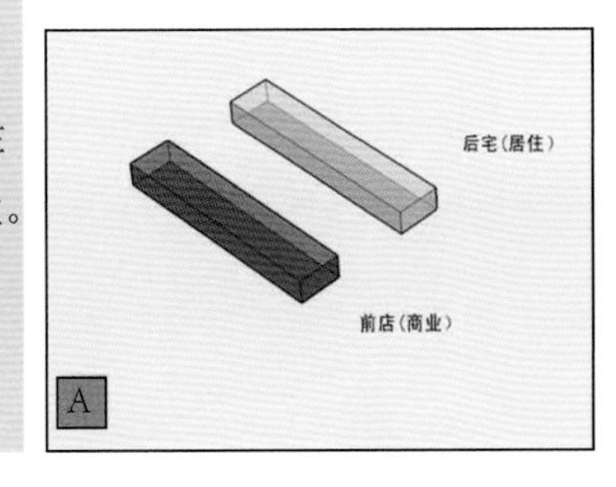

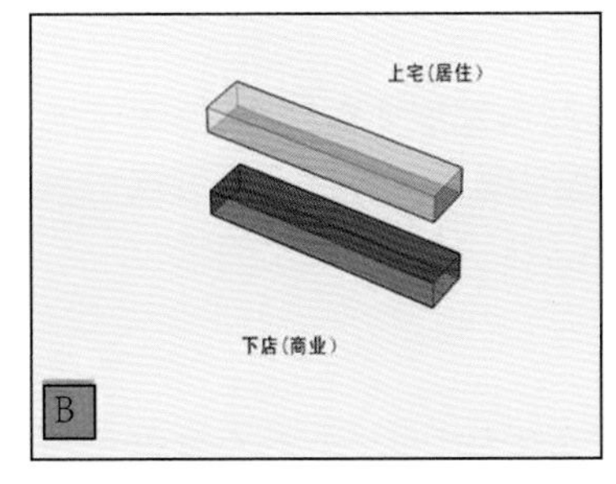

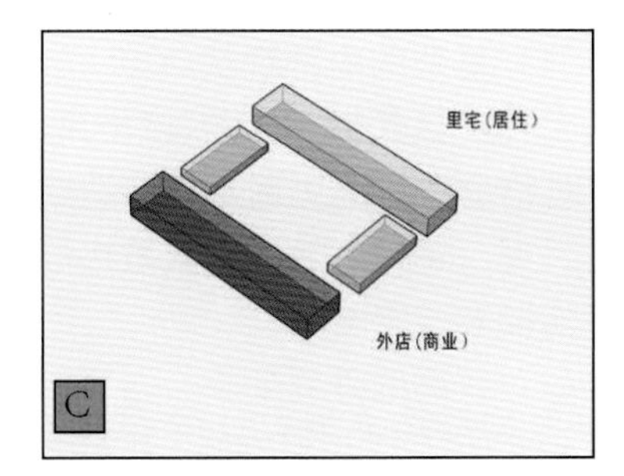

街巷建筑空间格局分析

枣庄市台儿庄区风貌控制规划

2015年度上海市优秀城乡规划设计奖三等奖

编制时间： 2011年3月—2012年7月

编制单位： 上海创霖建筑规划设计有限公司

编制人员： 张波、于晓虹、黄理辉、李天兵、曲龙飞、裴昊、黄倩、梁峻、王亚彤

一、规划背景

1. 风貌规划的必要性

长期以来，台儿庄区因缺乏统一有效的规划与控制，导致城镇的整体风貌不佳，建筑风格和质量良莠不齐，城镇内部拥有的资源优势也未能完全释放并发挥出来。同时，整个区域的对外发展与综合效益的提高与台儿庄区的城市形象密切相关，因此，台儿庄区的风貌规划与整治建设势在必行。

2. 风貌规划的紧迫性

随着中国城市品牌意识的逐渐增强，台儿庄区乃至枣庄市必须认识到“江北水乡·运河古城”称号的重要性，若要长期保持并发挥这一品牌优势，就必须立即对城镇的风貌作出有效的整治，以改善外界对台儿庄区的印象与评价。

同时，现有的城镇布局与风貌已不能满足旅游产业发展的需要与城镇形象的推广，现实要求台儿庄区必须从整个城镇未来发展的大局出发，在一定时期内排除内部困难，对城镇风貌采取行之有效的规划措施。

3. 风貌规划的挑战性

（1）复杂的内部现状

台儿庄区长期形成的“城市风貌随城市发展而多样”的特殊局面对整个规划的协调与实施造成较高的难度，并带来不可预知的因素。同时，复杂的城镇格局与风貌状况也为规划的进行与实施带来一定困难。

（2）较高的外界要求

台儿庄区因“运河古城、抗战之都”而驰名中外，在社会各界的重视下，此次风貌规划将以“具有高度的世界眼光与高水平的规划标准”来开展，指导实施台儿庄区的风貌建设。

二、规划构想

台儿庄历史悠久，明末清初航运发达，商贾云集。台儿庄大战名扬海外，为中国人扬名，为许多人所熟知。《枣庄市台儿庄风貌控制规划》在总规的基础上对台儿庄城区所有规划建设范围进行结构性规划和纲领性研究，确定整个城区的风貌特点和控制分区，规划面积约为18.2km^2。

此次规划要重点解决三个问题：一是凸显明清风貌，解决古城周边建筑风格的定位；二是老城在更新时是否要延续古城风貌；三是新区未来建设中的风貌如何定位。

根据枣庄市台儿庄区总体规划的城区职能——“国内外知名旅游目的地，国家海峡两岸交流基地，枣庄沿运经济的重要载体”，整体风貌控制定格在尺度宜人的慢行城市塑造上，充分体现“运河古城、江北水乡、大战故地、时尚生活”的城市特

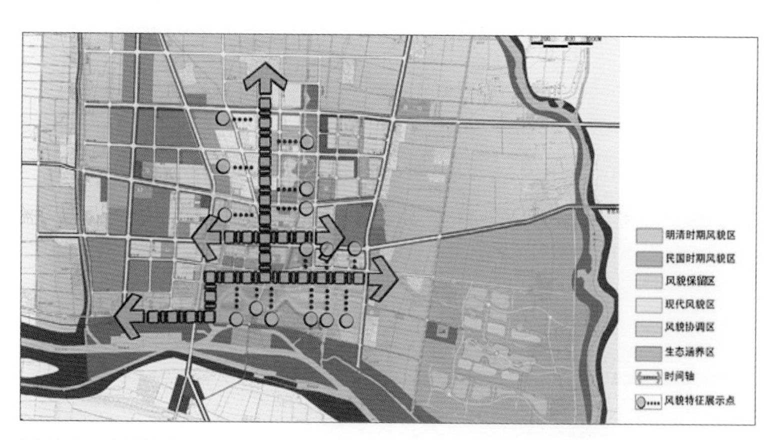

风貌分区结构图

色，将“有序、有趣、别致”作为风貌规划的理念。

规划要重点解决古城、老城、新城的协调、互补、相互促进的问题，以求得共同发展。整体风貌控制，从旅游经济的角度看，分为四大景观区域：核心景观区——古城；缓冲景观带——古运河“月河”、运河大堤及两岸一线地块；景观延伸带——古城东部的生态湿地公园；泛景区——台儿庄全区。

三、规划方法

打造中国最负盛名的“运河文化之都”，体现运河、抗战文化的载体，挖掘地域文化内涵，营造水城交融的城市形象，形成极具特色的城市风貌。

按照圈层式控制原理，通过在古城内主要的视线通廊和重要视点进行视线分析，以古城外围新建建筑高度不破坏古城墙及城门天际线为基本原则，确立规划区内的建筑高度。

在环境景观上，着重突出滨水环境的打造，强化建筑、绿化和水体的有机融合；同时通过铺地、绿化、环境小品的设计，引导、强化不同风貌区的景观特征。在道路绿化、道路亮化、道路设施等方面对台儿庄内的道路进行明确的风貌定位，尤其是重要街道的风貌特色要更加明确。

四、规划特色

1. 空间规划

空间设计首先划分区域板块，从月河到新区形成倒“T”字形的结构。根据城市演化路径，按时代特征把建筑风貌分为三类：一是明清建筑风貌，主要位于古城周边，作为风貌缓冲带；二是民国建筑风貌，位于月河北岸偏西，围绕台儿庄火车站和商业街布置，是明清建筑风貌的延续与过渡，建筑体量略有放大；三是旧城建筑风貌，主要是70、80年代的公房和红砖民居，集中于古城和新城之间，建筑体量进一步加大；四是新中式建筑风貌，提取有鲁南民居特色的符号特征与建筑形制、建筑色彩，融入现代建筑设计中，在新区体现地方特色。

其次，确定重要的线性空间。确定兰祺河水景主轴线，重点打造沿河两岸景观；华兴路规划为商业步行街。

最后，在地块中确定重要建筑的位置。

2. 视线分析

以古城内主要街道与广场为视线起点，对古城外围地块的开发高度和视线通廊进行分析，特别是正对西入口城门楼的华兴路，沿街建筑高度基本控制在人视高的透视直线内。

由于全区建筑限高30m，故建筑高度与古城视线分析的矛盾不大，反而是如何保证在今后城市开发中不出现建筑高度一致化的问题成为分析的重点，不同地块上错落的高度控制、同一地块内沿街与地块内不同的天际线设置、地块内重要景观面与一般面上的高度控制都成为研究的内容。

3. 建筑引导

建筑以文字和图片说明风格特征，做出建筑风貌引导，对建筑的细部特征归纳总结，按使用功能分类后制定建筑风貌引导导则，并对现状建筑提出改建方案和沿街立面改造。

五、规划实施

1. 点的启动——重塑形象，建立信心

实施内容：城市入口街区、台儿庄区古城街区、台兰湖、月河沿线区域。

阶段目标：重塑城市形象窗口，营造特色风貌名片塑造载体与模版。

2. 线的推进——促动旅游，扩大影响

实施内容：文化路沿线区域、兰琪河沿线区域、月河沿线区域。

阶段目标：使台儿庄区风貌建设成为社会关注的焦点，初步形成以“时间风貌之轴”为核心的城市旅游网络，使台儿庄区成为城市生活与旅游服务互补、共进的复合型城市。

3. 面的扩展——整体完善，和谐发展

实施内容：包括城镇其余区域、台兰湖公园、湿地生态公园。

阶段目标：完成台儿庄区内部功能整合及风貌整治建设，注重人与自然的和谐共存，使台儿庄区成为山东南部，乃至黄三角地区具有中国特色风貌的旅游城市。

鸟瞰效果图

上海市衡山路—复兴路历史文化风貌区零星旧房改造

2015 年度上海市优秀城乡规划设计奖三等奖

编制时间： 2013 年 4 月—2014 年 5 月

编制单位： 上海营邑城市规划设计股份有限公司

编制人员： 苏蓉蓉、李娜、林杰、黄时、曹磊、苏甦、曹晖、冯伟民、赵天佐、王建、石远、曹辉

一、规划背景

衡复风貌区位于上海市徐汇区北部，由重庆南路—太仓路—黄陂南路—合肥路—重庆南路—建国中路—建国西路—嘉善路—肇嘉浜路—天平路—广元路—华山路—江苏路—昭化东路—镇宁路—延安中路—陕西南路—长乐路所围合的区域，总面积为 775 hm^2。截止到 2013 年年底，风貌区内零星旧改地块共 64 处，主要位于湖南、天平街道，共涉及居民约 2461 户，房屋建筑面积约 8.42 万m^2，分布相对零散。

在上海城市更新转型的背景下，规划按照党的十八大报告要求，结合徐汇区城市规划建设及全区旧改工作推进情况，为进一步改善居民的居住条件，推进区域旧改工作，优化衡山路—复兴路风貌区的空间环境，启动编制风貌区零星旧房改造规划。

二、主要内容

因风貌区内零星旧改一般呈现出“两大两小”的特点，即占地面积小、人口密度大、开发价值小、改造难度大。改造涉及问题复杂，居民改造意愿及要求不一，改造协商过程困难。此外，因目前的政策条件，商业改造的土地供给方式单一，拆除后开发建设和资金自我平衡难度高，招商引资困难，因此近年来多作为解决民生的公益性项目，由政府全额“买单”，致使财政压力较大。

衡复风貌区现状照片

为有效推进零星旧改地块的更新改造，在不影响风貌区整体空间特色的情况下，规划从改造主体、改造方式、改造类型三个方面进行梳理引导，从而推动城市的发展建设。

首先，改造主体应该由单一的政府部门转变为政府、开发商、居民多方行为主体，并努力创建“三赢”的理想状态，实现利益分配的相对公平。

其次，是推进方式上，采用统一规划、逐步实施、针灸式的改造方式，有序推进零星旧改工作。

最后，针对具体地块的改造，分区域、分类型进行规划建设，采用多种改造模式相结合的方式，按照地块改造后的使用功能，划分为改造利用型、社会公益型、功能完善型三种改造类型。

改造利用型主要针对一些有条件的地块，通过改建或内部改造，以及周边景观环境的重新打造，改变原有用途，注入新的使用功能，激活区域活力。社会公益型主要是在政府资金许可的前提下，增加城市公共绿地和社区设施，以实现提升城市品质为目的。功能完善型主要针对既不具备一定的功能转换条件，拆除又存在一定难度的地块，建议通过生活设施改造，提高居民目前的生活质量。

三、创新特色

注重与社区配套设施需求的结合，完善网络化管理。结合风貌保护规划，以零星旧改地块更新为契机，通过与基层管理的对接，完善区域内的公共开放空间与服务设施，构建活力、有机的风貌区。

注重与居民改造意愿相结合、构建多部门参与协作机制。通过多部门资料核对、现场踏勘、访谈等深入调研，全面摸查、梳理零星旧改情况，结合现状实际情况与居民诉求，经多部门共同参与，形成规划改造方案。

积极推动规划实施，探索捆绑开发模式。结合目前风貌区内零星旧改地块面临的困境，考虑零星旧改地块再开发招商引资难度较大的问题，规划提出将零星旧改项目与开发地块统一开发建设，以推动旧改地块的城市更新。

匡算改造的资金需求，明确项目投资。其中，功能完善型主要为投入的改造资金，而改造利用型与社会公益型因改造前期所采用的居民动迁方式不同，改造资金存在较大差异。改造利用型一般以置换方式为主，社会公益型一般采用征收方式。

四、实施情况

风貌区内二级以下零星旧改地块已纳入“徐汇区旧改十三五规划”中，作为“十三五”期间推进完成的任务。

同时，部分零星旧改地块被纳入风貌区工作行动计划内，与历史建筑置换、修缮、道路环境整治、业态调整等项目统筹规划实施。

此外，徐汇区规土局结合捆绑开发机制，初步拟定7处零星旧改地块与徐汇滨江、宜山路建材城地块统一开发建设，共解决593户居民的住房置换问题。

现状照片

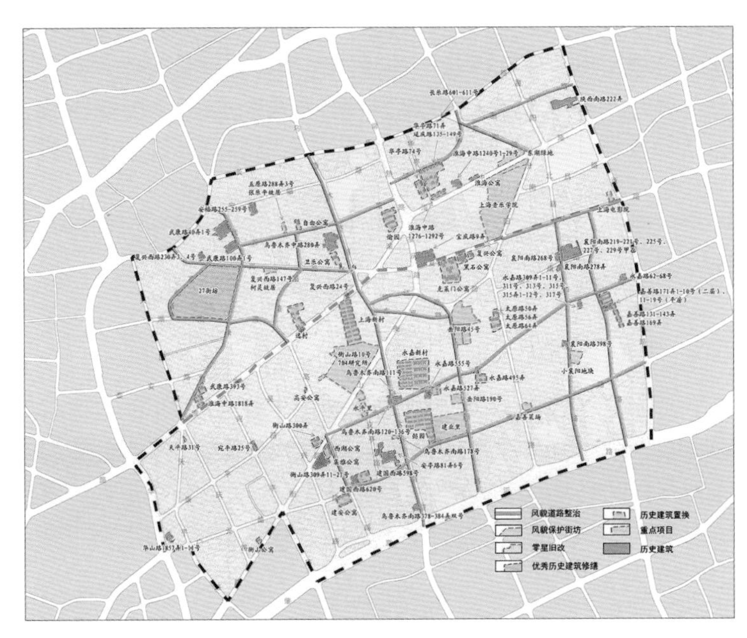

衡复风貌区三年实施计划地块位置示意图

上海市黄浦区慢行交通系统规划

2015 年度上海市优秀城乡规划设计奖三等奖

编制时间： 2014 年 2 月一 2015 年 6 月

编制单位： 上海市城市规划设计研究院、丹麦盖尔事务所、宇恒可持续交通研究中心

编制人员： 陈敏、Kristian Skovbakke Villadsen、王悦、奚文沁、陈鹏、卞硕尉、姜洋、孙苑鑫、张元龄、王江燕、郎益顺、朱伟刚、张婧卿、楚天舒、徐继荣

一、规划背景

黄浦区是上海的行政文化中心、商业金融中心、旅游中心和城市形象标志区域之一，更是上海迈向国际化大都市、体现城市先进理念的展示窗口，拥有实现“慢行优先”得天独厚的基础优势。但伴随城市发展交通矛盾的日益突出，空间品质亟待提升。

在应对气候变化与能源危机的背景下，为适应新时期发展要求，建成“世界最具影响力的国际大都市中心城区”，黄浦区紧跟众多世界级城市回归以人为本、引导绿色出行、激发城市活力的步伐，率先开展慢行交通系统规划研究和示范段实践，坚持以人为本，探索存量发展、有序更新、精细化设计的发展路径，塑造安全连续、便捷舒适的慢行空间。

该项目由上海市城市规划设计研究院联合美国能源基金会、丹麦杨·盖尔建筑设计事务所、北京宇恒可持续交通研究中心共同编制完成，是上海首个区级层面系统化、全覆盖的慢行系统规划和实践项目，树立了黄浦区在全市乃至国内慢行交通方面的示范地位。

二、规划思路

项目通过开展针对黄浦区慢行交通的现状分析、慢行专项规划、公共自行车系统专项规划、示范项目、导则制定等工作，并在2015年年底前实施形成1～2条示范段，逐步构建黄浦区安全、连续、完整、可识别的慢行空间网络，为上海市建设精致化、高品质城区开了一个好头。

三、规划内容

通过现状、规划与案例3条分析路径，确立黄浦区建设慢行系统的发展目标、重点和策略，形成包括公共生活与公共空间调研报告、慢行交通系统规划、慢行交通设计导则、示范段详细设计的4项完善的成果。

1. 构建城区慢行网络系统

围绕黄浦区慢行交通面临主要问题与系统建设的总体目标，实施“一带贯通、两大提升、三方衔接、四类步行道、五类非机动车通道、六大慢行区”六大建设举措。

第一，推动滨水一带贯通。提倡从苏州河至日晖港“3+8.3”km的公共岸线，形成步行连续、环境舒适，能体现上海独特魅力、历史传承和发展活力的贯通岸线。

第二，提升步行品质两大策略。针对慢行系统存在的重要吸引点间缺乏联系、轨道交通覆盖范围不足、步行网络不联系等问题，提出“完善步行网络、提升步行品质”两大策略。

第三，推动步行、非机动车、公交三方衔接。通过公共交通站点周边的主要街道和弄巷的环境改善，优化、扩展末端步行范围，使多种交通方式协调整合，增强城市体验。

第四，分类引导4类步行道路。根据活动密集程度与发展格局，将全区道路与街巷划分为4类，建设林荫大道、完善地区步行微网络、挖掘弄巷与公共通道，使步行网络得以延伸、补充与完善。

第五，建设非机动车5类通道。通过细化分层布局，制定用于通勤、健身、旅游等不同功能的5类非机动车通道，分类推进通道断面设计与建设。

第六，打造六大重点慢行区。根据路网密度、空间尺度、建筑形态、地域特色等方面的差异，依托主要公共空间节点，优化慢行网络、打通瓶颈与断点、设计个性化道路断面、挖潜公共空间与通道等规划策略。

2. 推进慢行示范路段详细设计

结合近期改造计划和慢行改善需求，选取南京东路、河南中路、淮海中路、旧校场路、泰康路等不同类型道路局部路段进行示范性改造方案详细设计，增加慢行优先路口、自行车专用道、街道家具、行人导示设施，改善消极界面，增加并改造公共空间等。

四、规划创新

本规划融多维度、多专业内容于一体，密切关注可操作性、可引导性，积极推进多部门的协同合作。主要创新特色有以下几点：

（1）首次运用PLPS（公共生活—公共空间）调研方法，深入研究现状问题与需求。规划先后对黄浦区进行了50余次调查，覆盖了30余条典型路段、5处典型公共活动空间，最终形成对全区慢行交通及公共空间使用状况的评估报告。

（2）首创分类引导策略包和设计库，为重点慢行区精准化定制设计方案。建立黄浦区慢行策略包，含30多条设计手段，涵盖因地制宜、安全连续、便捷舒适、提升品质、控制引导等慢行设计主要领域。不仅在黄浦区各类慢行区因地制宜地定制个性策略，还可推广应用于上海其他地区及其他城市中。

（3）首个区级层面全覆盖系统与精细化实践相结合的慢行规划。规划充分运用调查数据与国际案例对比，以人为本地指导示范段设计。以南京东路为例，重点疏通慢行脉络，多方案探讨机动车疏散、公交线路优化、沿线物业机动车进出等问题。从而实现南京东路与外滩两大世界级公共活动区域的慢行衔接。

（4）创新跟踪规划，以慢行统筹多维度、多系统、多部门协同推进改造工作。规划尝试“PLPS调查—系统—分区引导—示范段设计—导则—后续跟踪”的全新模式，以慢行系统为核心，统筹空间、绿化、交通、设施、建筑、指引等方面的内容，在编制内容、方法和管理实施机制等方面进行了开创性的探索。

（5）以我为主，大师领衔，紧密协作的国际化设计团队架构保障规划的先进性和实施力度。项目由黄浦区发改委组织编制，受美国能源基金会支持，我院联合丹麦杨·盖尔建筑事务所、北京宇恒可持续交通研究中心完成编制工作。这一团队架构使规划能够体现国际前沿的先进设计理念，同时也能够充分结合本地需求，保障和推进规划的实施。

五、规划实施

结合2014年“无车日”，《解放日报》用多个版面报道黄浦区慢行系统规划项目，受到社会各界的广泛关注。上海部分重点区域以及武汉等城市计划按照黄浦模式推进各自的慢行系统规划。

本项目切实制定示范段建设时序，从衔接世界级公共空间开始，向城市其他区域渗透，创造慢行回路，逐步增加生活性道路网络，延伸并最终形成完善的慢行网络。选取具有代表性的10条路段进行示范段概念方案设计。目前，黄浦区发改委正积极推进一期示范段的施工设计和建设。

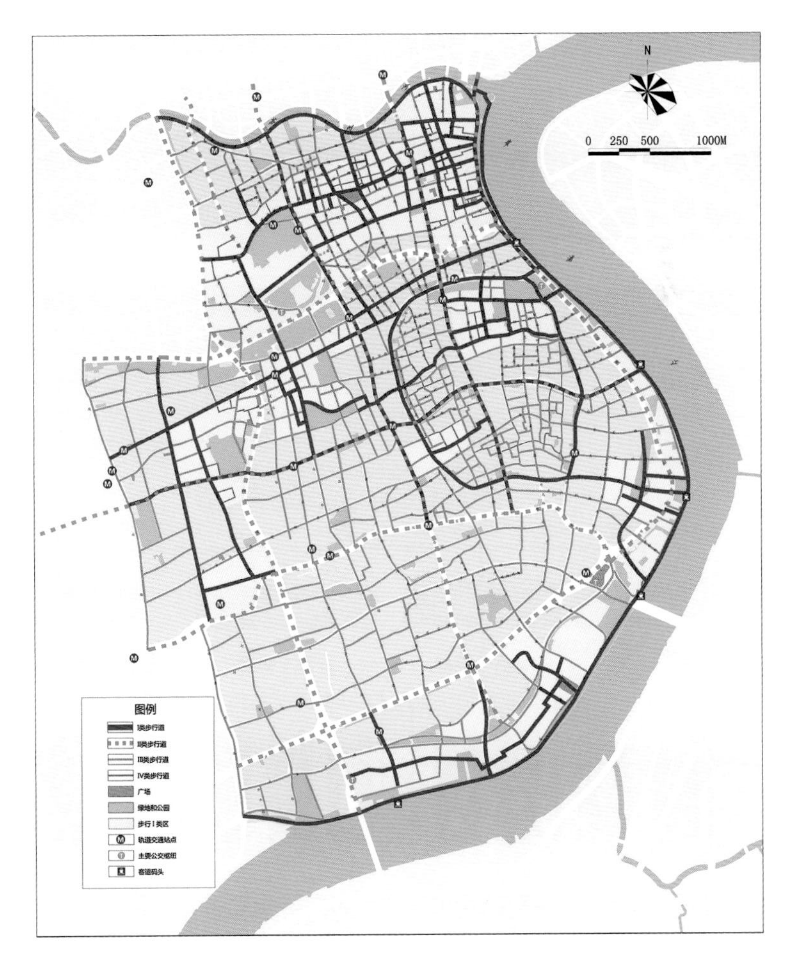

黄浦区步行系统规划图

上海市松江新城综合交通规划（2013–2020 年）

2015 年度上海市优秀城乡规划设计奖三等奖

编制时间： 2013 年 1 月一 2014 年 8 月

编制单位： 上海市城市规划设计研究院

编制人员： 马士江、高岳、郎益顺、孙伟权、易伟忠、张安锋、王波、张婧卿、朱春节

一、规划背景

1. 发展背景

加快推进新城规划建设是上海市市委、市政府的重要工作目标之一，也是促进上海和长三角区域联动发展、推进郊区新型城镇化发展的重大战略。2010年国务院批复的《长江三角洲地区区域规划》将松江新城定位为长三角区域重要节点城市，位于沪杭轴线的松江新城，需要发挥更大的战略责任，需要加强其与长三角重要节点城市的交通联系，提升松江新城对外交通系统的能级，强化松江新城在长三角区域综合交通网络中的枢纽地位。

2. 项目意义

2013年松江区人民政府委托市规划院编制《松江新城综合交通规划（2013-2020年）》，以独立节点城市为视角，对松江新城综合交通进行系统研究和优化完善，以指导松江新城交通基础设施建设，同时也为松江新城空间优化和新一轮总体规划提供重要支撑。

3. 编制过程

为支撑规划编制，编制单位自2013年2月起会同松江区规土局、各街办、镇等单位，完成了第一次松江区全区性的交通大调查。2013年8月和2014年11月主要成果两次向市政府作专题汇报，2014年5月编制单位向松江区委作专题汇报。本规划

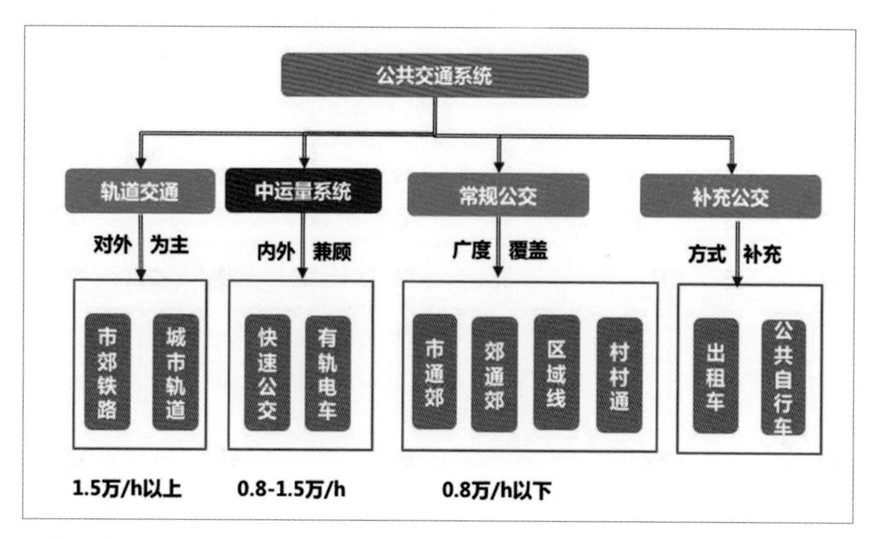

公共交通系统组织图

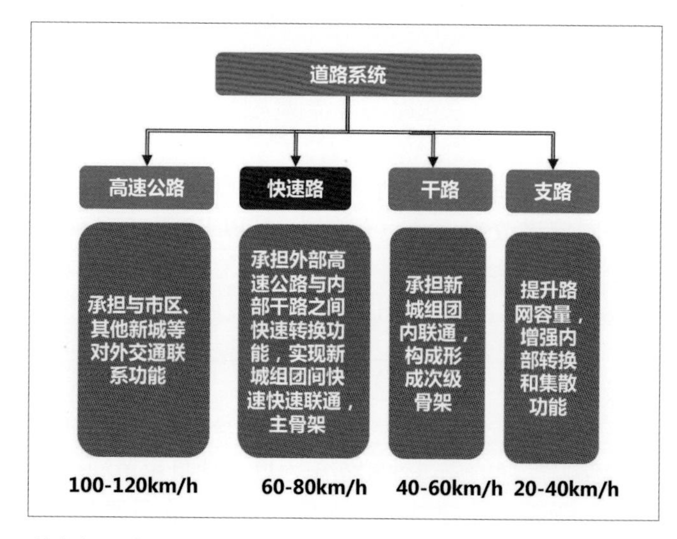

道路交通系统规划图

是松江新城综合交通发展的纲领性文件，规划成果直接指导了多项下层次专项规划编制。

二、规划思路

1. 立足独立节点城市的定位

长期以来，上海的城镇体系以中心城为核心，各郊区新城均强调与中心城的联系，并期望借助中心城的强大能级来带动其发展。松江新城定位于功能完备的节点城市，这就需要对外提升松江新城设施能级，强化松江新城在长三角区域综合交通网络中的枢纽地位，对内构建相对独立的综合交通系统。

2. 强化定量分析手段的应用

随着信息化、大数据等新型技术工具的应用，新城综合交通谋划需要以定量分析为基础，对居民交通出行特征、交通分布及方式结构等进行科学预测。

3. 优化交通—空间互动关系

综合交通系统特别是骨干道路和轨道交通是新城的骨架网络，对城市空间衍化、功能布局具有重要的引导和支撑作用。如何处理好交通与城市空间的互动关系，是本次规划的重点内容。

三、规划内容

1. 综合交通发展现状评估

对松江新城现状城市空间、土地使用、居民出行、交通运行等进行了全面分析，总结现状存在的主要问题。松江新城骨干交通体系基本形成，但离综合交通系统与未来区域发展定位的要求还存在一定差距。

2. 发展趋势和发展战略目标

根据国家、区域、省市等层面出台的一系列规划、政策等，对国家新型城镇化、沿长江发展经济带、上海大都市圈构建背景下松江新城城市和交通发展趋势进行研判，并从“对外交通能级提升、优化调整骨干通道、完善交通结构和资源配置、提升综合交通管理”等确立新城综合交通发展战略。

3. 综合交通需求预测

根据手机信令调查和居民入户大调查的双重数据校核，结合松江新城用地和空间布局，利用综合交通规划模型对松江新城人口和岗位、居民出行规模及方向、交通方式结构等进行综合预测分析。

4. 各交通系统规划方案

针对松江新城对外交通系统、道路系统、公共交通系统、货运交通系统、静态交通系统、慢行绿道系统等制定规划目标和方案，并重点关注各系统间的相互协调关系。

四、规划亮点

1. 强化各系统规划体系衔接，多个专业规划整合形成规划“一张图”

规划编制中对松江新城的多个专业规划进行了整合，而不是对既有各项规划的简单汇总拼合，目的是凝聚共识，综合平衡各种因素和相互关系，成为松江新城综合交通发展的指导纲领。

2. 创新性提出“新城独立快速交通体系”概念和标准

紧扣“独立节点城市”的功能定位，将松江新城作为独立大城市来谋划新城综合交通体系，提出了构建内部骨干公共交通（中运量轨道）、新城准快速路（环+射）的理念和方案，并重点对新城快速路标准进行了研究。同时提出了松江新城高速公路、铁路等大系统战略优化调整，重构新城综合交通骨架。

3. 首次采用 PAD 无纸化定位大调查和手机信令数据校核应用

规划前期进行了上海市首次PAD无纸化居民出行大调查，地图定位大大提高了空间精度。同时采用手机信令大数据进行职住分布、通勤距离、OD空间分布校核，全面准确地掌握居民出行特征。并利用市规划院的全市模型平台建立松江区综合交通规划模型，对不同方案进行了全面的需求分析。

五、规划实施

1. 规划成果直接指导了下层次规划编制

规划成果直接指导了松江新城现代有轨电车网络、铁路系统和高速公路优化调整、新城快速道路体系等规划编制。如松江新城现代有轨电车网络规划已获得市政府批复，有轨电车示范线启动建设；提出的沪杭高速公路改造已得到市政府批准，并启动了专项规划和项目立项工作。

2. 规划成果支撑了松江区新一轮总体规划

规划成果被松江区新一轮总体规划采纳，直接支撑了新一轮松江新城总体规划编制。

中国博览会会展综合体综合交通规划

2015 年度上海市优秀城乡规划设计三等奖

编制时间： 2010 年 4 月—2011 年 3 月

编制单位： 上海市城乡建设和交通发展研究院

编制人员： 薛美根、杨立峰、王铭艳、董志国、王媛、李娜、刘明姝、黄臻、江文平

一、项目概要

本规划以中国博览会会展综合体（以下简称“会展综合体”）规划范围 1km^{2}为研究对象，通过对会展交通特征的分析，明确会展综合体的交通需求，结合周边现状及规划交通条件，提出了针对城市轨道、道路网络、客货停车设施等的综合交通规划方案。

成果在《虹桥商务区规划》和《中国博览会会展综合体控制性详细规划》中得到充分体现，也作为指导会展综合体总体建筑设计、内部交通组织、外围市政交通配套工程设计的规划边界条件。

二、规划背景

会展综合体作为上海建设国际贸易中心的重要载体，对于加快上海现代服务业发展、促进上海“四个中心”建设具有重要意义。编制会展综合体综合交通、道路专项规划，有序组织区域会展交通、枢纽交通和地区交通，不仅可满足未来会展举行期间各种交通运输的需要，且有助于保障虹桥枢纽的平稳运转，提升虹桥商务区的交通服务品质。

三、规划构思

鉴于会展综合体选址区域现有城市交通存在诸多不足，为确保未来成功举办各类展览，借鉴上海世博会成功举办经验，需大力加强各种配套交通建设，规划完善道路、轨道线网、停车、场站、枢纽等各类交通子系统。

规划坚持4个原则：

（1）完善公共交通系统，确保会展客运交通。

（2）合理布局停车场站，控制客货停车影响。

（3）保障虹桥枢纽运营，加强商务区内外联系。

（4）构建绿色交通体系，打造低碳商务区。

四、规划内容

基于会展交通的特殊性和波动性，提出了常态和极端日两种会展的交通需求和设施需求，20 万人次/日的客流规模和 10 万人次/小时的高峰客流规模能够覆盖会展综合体的90%展会时间，将其作为设施保障供给水平的要求。大型展览撤换展期间，展馆区日吸引各类货车一般日可达 2500~3000 辆，极端高峰将达到 5000 辆。

根据会展交通的需求及所在区位的特殊，会展综合体形成以下规划方案：

（1）“三线四站”的会展轨道交通体系。“三线”是指 2 号线为直接联系中心城通道，10~20 号线为间隔联系中心城通道，23 号线可与 13 号线延伸线、20 号线、2 号线、9 号线形成衔接换乘；“四站”是指徐泾东站（2 号线）、诸光路站（17、23 号线）、徐泾中路站（23 号线）4个站点。

（2）多次层的公共交通体系。以核心区为中心，构建在商务区范围内形成“大小双环+C 型”的线网结构，兼有向外拓展的放射性。

（3）构建“东西南北”4条快速会展出入通道。东通道嘉闵高架—徐泾中路立交；西通道崧泽高架诸光路增设西向东会展专用出入匝道；北通道北青快速—诸光路地道；南通道预留控制诸光路南段地下通道。

（4）外围停车换乘的客运停车体系。展馆区设置 4000 个

停车位，满足 VIP 车辆、工作人员、小型展会等车辆停放。展馆区东侧设立1处综合停车场，提供 2000 个小车泊位和 1000 个大巴泊位；外围设置 4 个 P+R 停车场，提供小车泊位合计 7000 个。

（5）外围停车轮候的货运停车体系。商务区范围内设置 2 处专用货车轮候区，作为提前到场货车的蓄车区，1 号轮候区位于北青公路以北、G15 以东的华漕备用发展地，泊位 1500 个；2 号轮候区位于嘉闵高架以西、北青公路以北的绿地，泊位 1000 个。形成北青公路、崧泽大道、华翔路、华徐公路“口”字形货运通道结构，并预留——涞港路（规划路）会展专用通道。

五、规划特色

（1）充分总结会展交通特征，借鉴了国内外先进展馆的经验，并结合会展综合体的实际需求。

（2）会展配套交通纳入嘉青松虹区域交通发展统筹考虑。

（3）会展客货运交通体系规划理念先进。

（4）结合会展实际运营配置展馆区交通设施。

六、实施效果

课题研究历时一年，于 2011 年 10 月 9 日完成建科委组织的专家评审，专家一致认为：规划对于会展交通组织策略、虹桥商务区一体化交通进行了创新性研究，提出了外围停车换乘、多元公交、会展专用等先进理念，形成了综合交通体系规划方案，规划方案合理，具有工程可行性。

2014 年 10 月会展综合体正式投入运营，已经多次举办汽车展、医药展等大型展会，课题的研究成果也作为会展现状交通组织保障及交通后评估的重要依据。

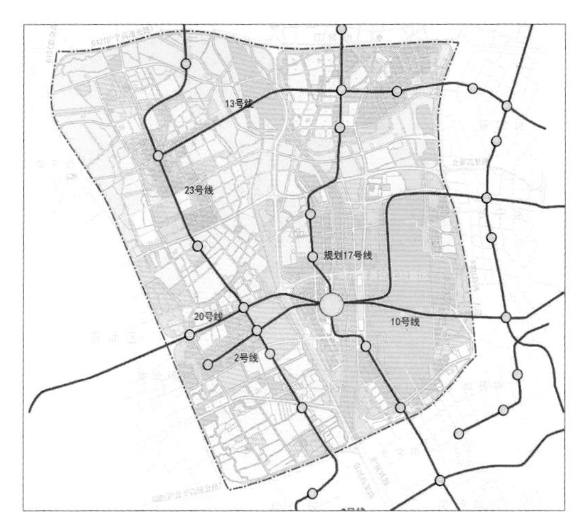

会展配套轨道路线方案图

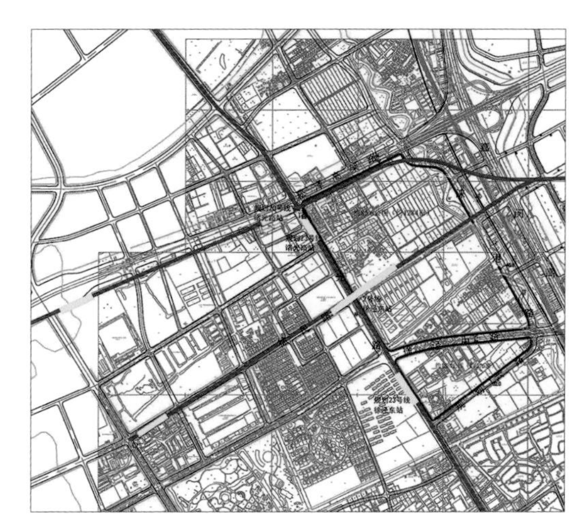
会展配套轨道站点方案图

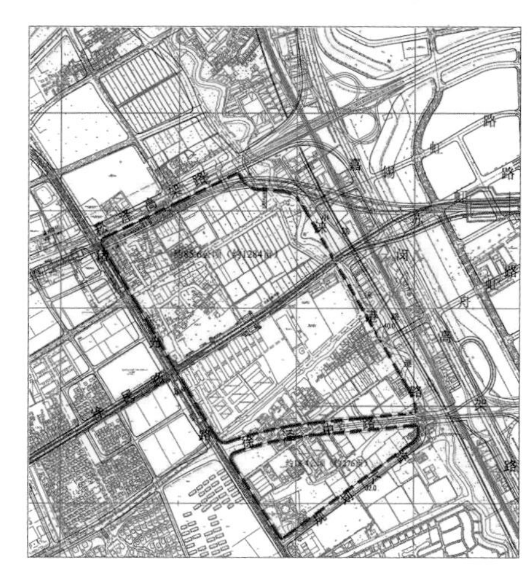
会展规划范围图

会展配套中运量方案图

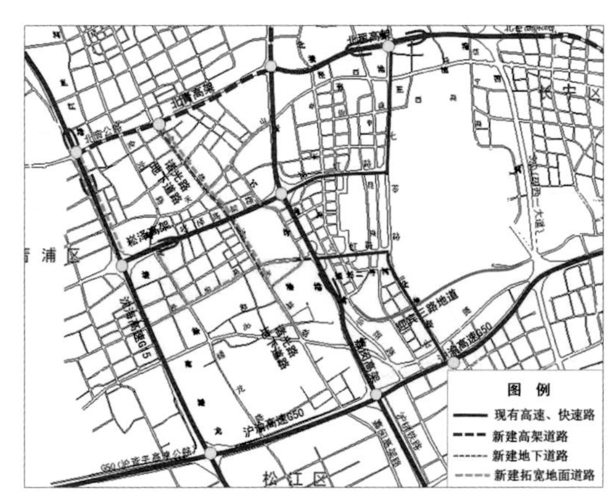

会展配套道路交通方案图

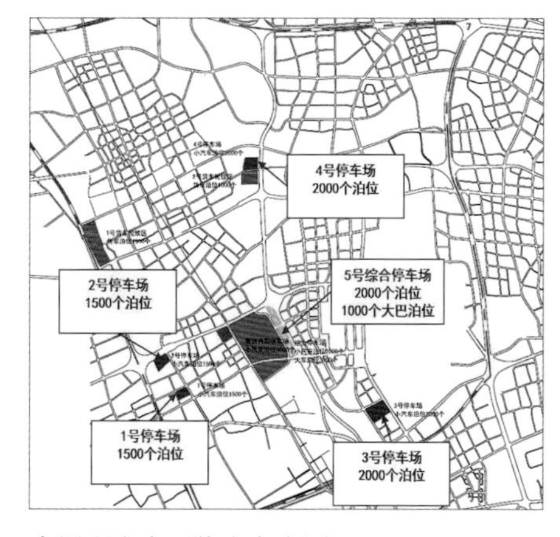

会展配套客运停车方案图

上海金桥经济技术开发区绿化专项规划

2015 年度上海市优秀城乡规划设计奖三等奖

编制时间： 2014 年 6 月—2016 年 6 月

编制单位： 上海市浦东新区规划设计研究院

编制人员： 钱爱梅、黄瑶、陈晓峰、顾琨、徐鑫赟、魏燕、后聪聪

一、规划背景

根据市政府《上海市产业项目行政审批流程优化方案》（沪府[2012]50 号）总体工作要求以及《关于转发上海市绿化和市容管理局关于推进本市 104 个产业区块绿化、环卫专项规划工作的指导意见的通知》（浦环保市容[2012]566 号）提出的责任分工，对于 104 个市产业区块全面启动控制性详细规划层面的专项规划编制。

上海金桥经济技术开发区各项配套较为成熟。但由于园区的规划是陆续编制完成的，园区的整个绿化体系系统性不强。《金桥经济技术开发区绿化专项规划》规划将对上海金桥经济技术开发区全区的绿化体系进行梳理，同时以土地集约化使用的指导思想对地块的绿化率指标进行适当调整，为产业园面临的产业地块二次开发留出余地。

二、规划构思

（1）对接市级规划，应对绿化规划体系的新形势和新挑战。

（2）加快产城融合，塑造与城市功能区相协调的绿化体系。

（3）强化特色传承，拓展绿化植被布局的多元化发展形式。

（4）尊重现状环境，通过图则的手段对各类绿地进行控制。

三、规划内容

1. 规划目标与指标

完善产业园区绿地系统建设，改善产业园区生态环境，提高产业园区的绿地质量与生态效益，引导产业园区地块绿地建设，加强产业园区土地的集约化使用。

2. 规划结构

规划在北区形成“五主轴、五次轴、六节点”的绿地系统，在南区形成“六主轴、五次轴、五节点”的绿地系统结构。

3. 树种规划

通过丰富的植物配置，构建稳定的植物群落，并将速生树种与慢生树种相结合，以常见树种为主体，积极引进外来树种，从而形成适应金桥经济技术开发区现状环境的树种配置。

4. 立体绿化规划

遵循生态优先、综合协调、系统布局和同步实施的原则，形成以垂直绿化为主，屋顶绿化、沿口绿化、棚架绿化为辅的立体绿化网络。

5. 古树名木保护规划

将对北区内的一棵古银杏、南区内的两棵广玉兰纳入保护区、控制区和影响区，对古树名木的保护进行更好的控制。

6. 绿道规划

根据在编的“上海市绿道专项规划”的要求，本规划结合金桥开发区中的绿地结构和布局，增加“绿道专项规划”的内容，形成活动丰富、提供市民多元化游憩娱乐活动的城市生态绿道系统。

7. 分期建设规划

为了更好地对金桥技术开发区的绿地建设实施进行合理布局，使产业园区内的绿地实施更为有序、合理，将南区和北区内的公共绿地、防护绿地的实施分成近期（2020年）和远期（2030年）实施建设。

四、项目特色

1. 塑造与周边城区相融合的产业园区新面貌

金桥经济技术开发区未来将通过绿化网络的渗透、慢行系统的构建，与周边城区积极联系，形成环境宜人、充满亲和力和城市功能性的产业园区。

2. 形成具有特色的树种规划

规划将速生树种与慢生树种相结合，以常见树种为主体，积极引进外来树种，并且针对开发区内工业污染的类型增加了特色树种。

3. 拓展规划维度，布局控制立体绿化

根据工业建筑特点，实施以垂直绿化为主的立体绿化建设，其中立体绿化建设面积应不少于新建建筑表面积的20%。

4. 与市级规划衔接，增加绿道及古树名木保护规划

更好地与在编的《上海市古树名木保护规划》及《上海市绿道专项规划》的内容相衔接。

5. 通过图则指标，强化绿地建设控制

为加强对产业园区内地块的绿地建设控制，本次规划选取了对附属绿地有明确定义的《城市绿地分类标准》，以增强对地块绿化率指标的控制。

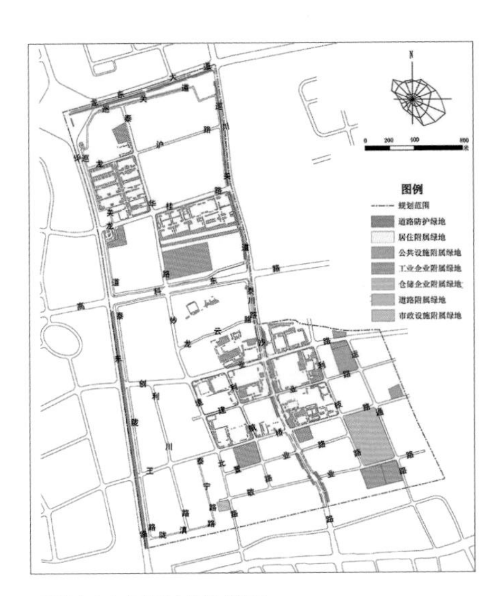

开发区南区绿地现状图

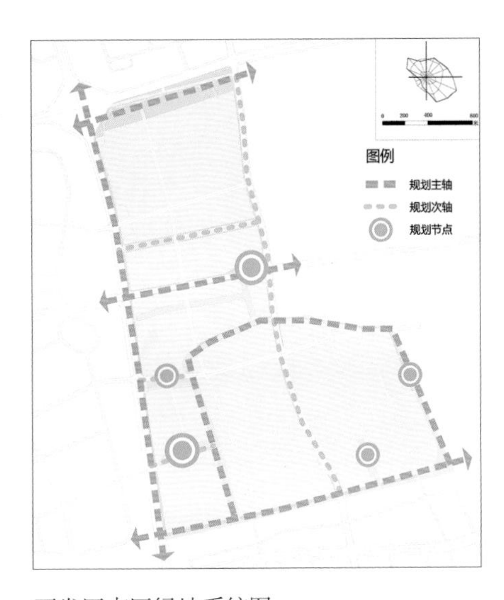

开发区南区绿地系统图

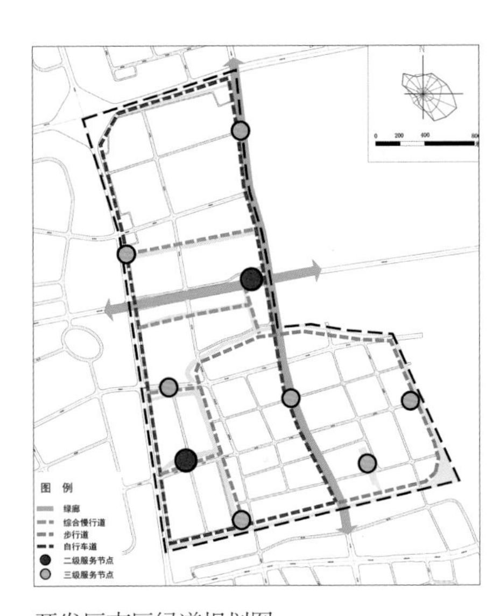

开发区南区绿道规划图

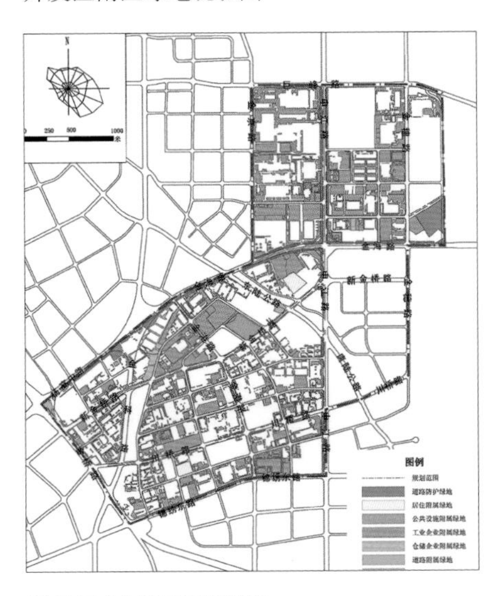

开发区北区绿地现状图

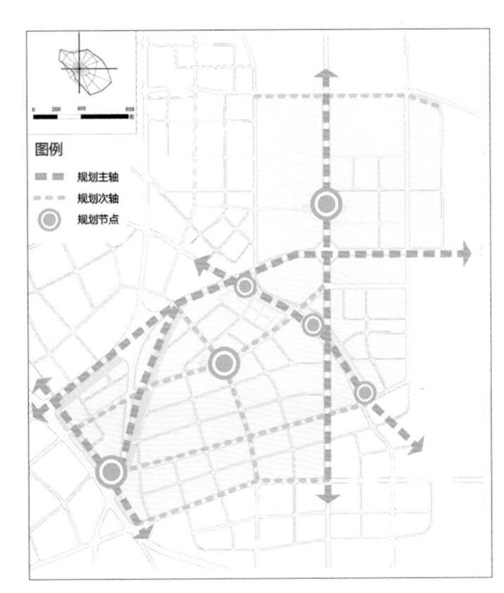

开发区北区绿地系统图

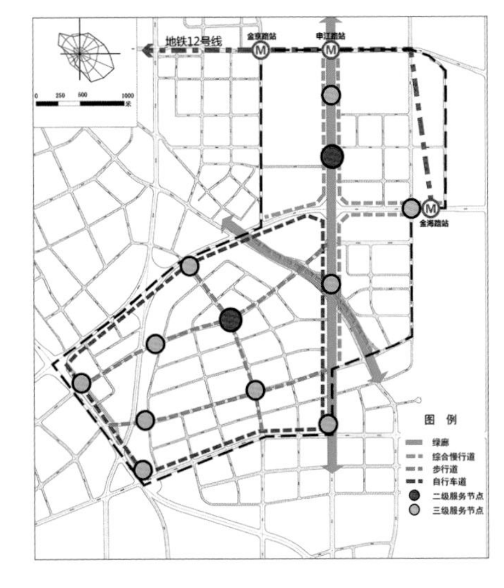

开发区北区绿道规划图

南充市城市地下空间利用规划

2015 年度上海市优秀城乡规划设计奖三等奖

编制时间： 2013 年 8 月—2014 年 8 月

编制单位： 上海市政工程设计研究总院（集团）有限公司

编制人员： 俞明健、陈红缨、俞雪雷、汪洋、高明、黄璇、陈橙、陈祥、刘莹、雷洪犇

一、项目概要

本规划是在南充市城市总体规划层面进行的地下空间专项规划，规划范围涵盖了中心城区约150km^{2}的面积。目的是在宏观层面上实现地下空间开发利用的总体控制与开发引导，同时对于关键的城市轨道交通、市政管线、地下交通与公共设施等重要专项进行深入研究，明确相应的控制范围和规划布局，预留重要地下设施用地。

在此基础上，编制适合南充市的城市地下空间开发利用管理办法，指导相关主管部门的规划管理工作。

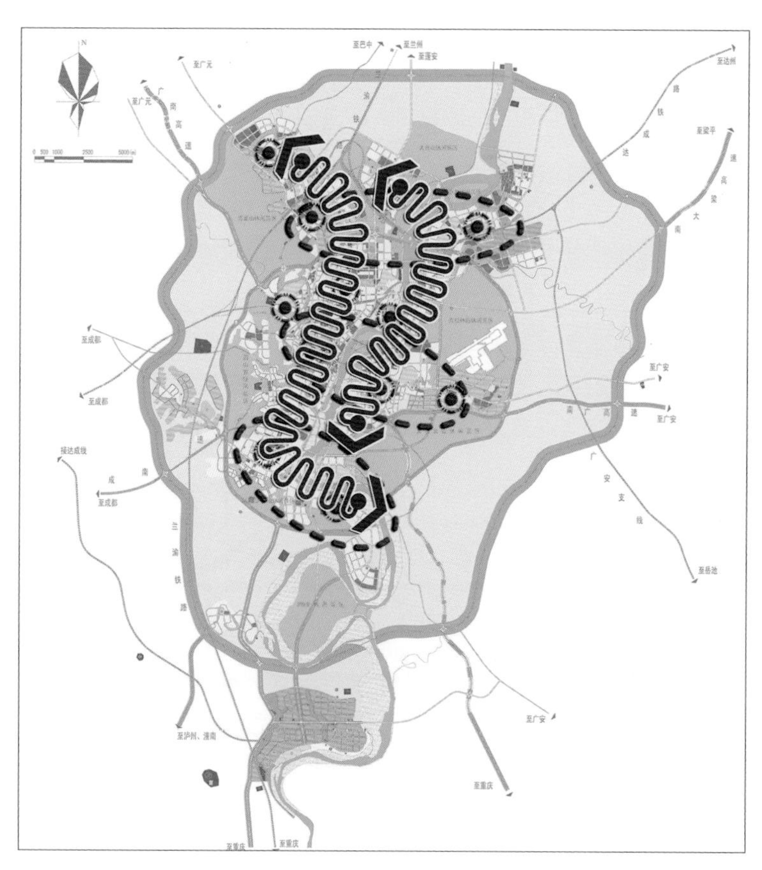

地下空间总体布局结构图

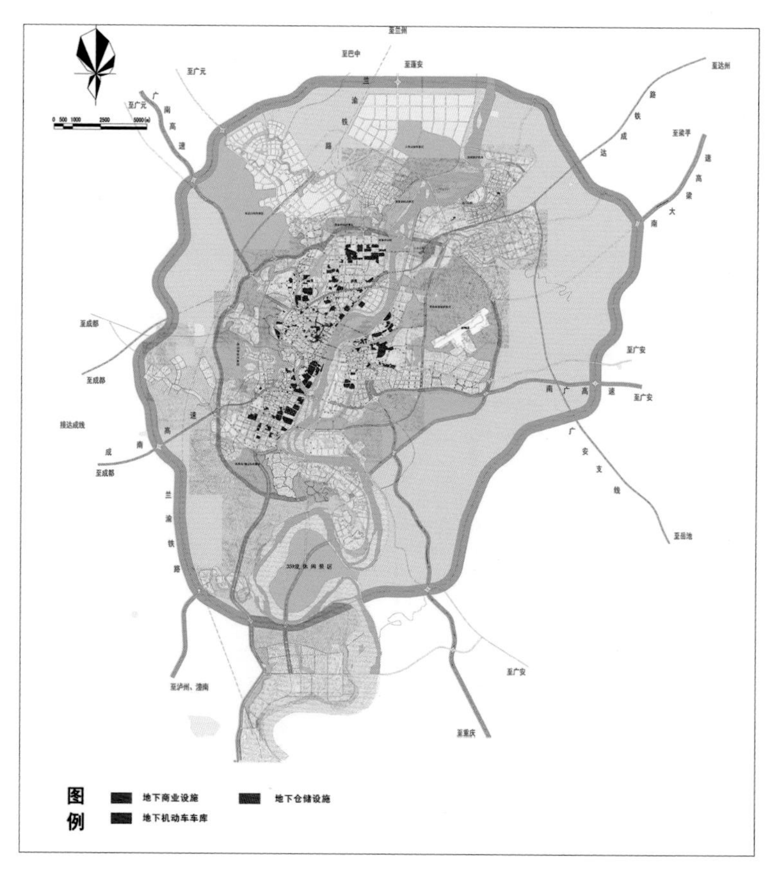

地下车库、商业及仓储布局现状图

二、规划背景

目前国内各地都在推进城市地下空间的开发利用，2013年四川省住房和城乡建设厅要求在全省范围内积极探索与开展城市地下空间规划编制工作，并明确在南充市先行试点。

南充作为川东北的中心城市，正处于城市更新与新区开发过程的关键时期，城区建设面临用地紧张、交通拥堵、市政管线设施陈旧等问题，城市建设过程中迫切需要专业的地下空间规划在总体层面进行全局的控制与指导，协调城市轨道交通、地下管线设施、地下交通设施的建设，保障城市建设有序、高效推进。

三、主要内容

规划主要分3个层面开展，包括宏观层面的总体规划、中观层面的专项控制和微观层面的节点概念规划设计。主要内容包括：地下空间现状利用评估、地下空间资源与开发价值评估、地下空间需求预测、地下空间开发利用总体布局、地下交通系统规划、地下市政系统规划、地下公共设施规划、地下综合防灾系统规划、重要节点概念规划与设计、地下空间开发利用管理机制与保障措施。

四、项目特色

1. 规划系统性强，内容全面，具有可操作性

本次规划分别从宏观的总体层面、中观的专项层面、微观的重要节点3个层面分别进行规划研究，总体层面明确城市未来地下空间开发可能的总体开发量、适合开发的重点区域、往下开发的深度等指标。中观层面分别对城市轨道交通地下空间用地、城市地下停车与道路的空间、地下市政设施空间、地下防灾等设施进行了明确的规划控制，预留未来地下用地，并对重要节点进行重点研究，确保各类设施的规划线位的可行性。微观层面针对南充市区内 4 个地下空间开发的重要区

地下空间资源综合质量评价图

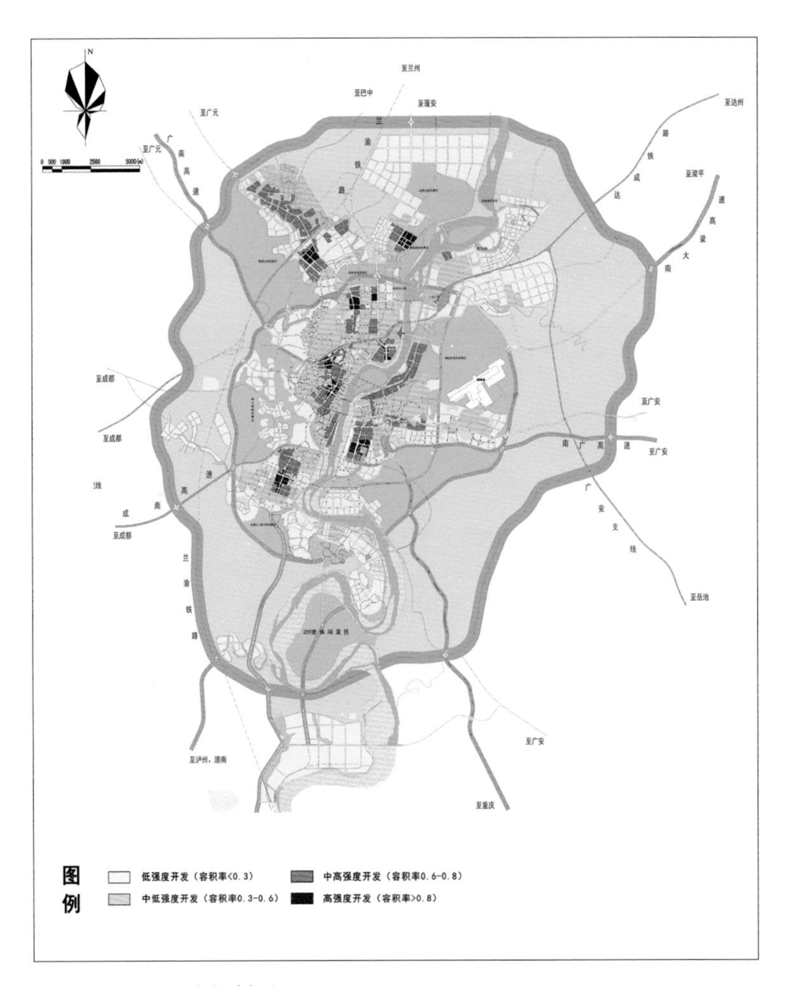

地下空间开发强度控制图

域，进行了概念性设计，通过概念设计为城区内地下空间开发的模式和方法提供了示范。

2. 充分尊重现状，实现现状与规划的协调

规划前期在全市范围内进行了现状地下设施的普查调研，调阅了几千张建设存档图纸，并通过实地走访调研，将南充市地下空间现状设施利用状况充分掌握，并数字化落在了图纸上，为南充市城市规划管理提供了可靠的依据，丰富了相关的基础数据。规划方案充分结合这些既有设施，保证了规划方案的可实施性。

3. 相关规划技术理论引领同类规划发展

地下空间规划在国内目前尚处在起步阶段，可借鉴经验少，目前国标规范尚不齐全，规划编制可利用的成熟技术十分有限。本次规划过程中探索的城市地下空间开发价值综合评估模型、地下容积率控制开发强度的方法尚属首次尝试，并取得了行之有效的效果。不仅对南充市的地下空间开发利用起到较强的指导作用，也对四川省内及国内其他城市开展地下空间规划编制起到了十分积极的示范作用。

4. 以工程建设要求对规划方案充分论证

可实施性极强。城市轨道交通是地下空间的重点，规划中以工程建设要求充分论证了城市轨道交通线路走向、深度开发的可行性，尤其是在老城区区域，充分考虑周边建筑的影响，协调城市高架桥梁与地下轨道交通穿越的合理性，规划明确了轨道交通的控制红线，为今后城市建设提供了规划依据。

五、成果创新

1. 首次提出地下容积率概念

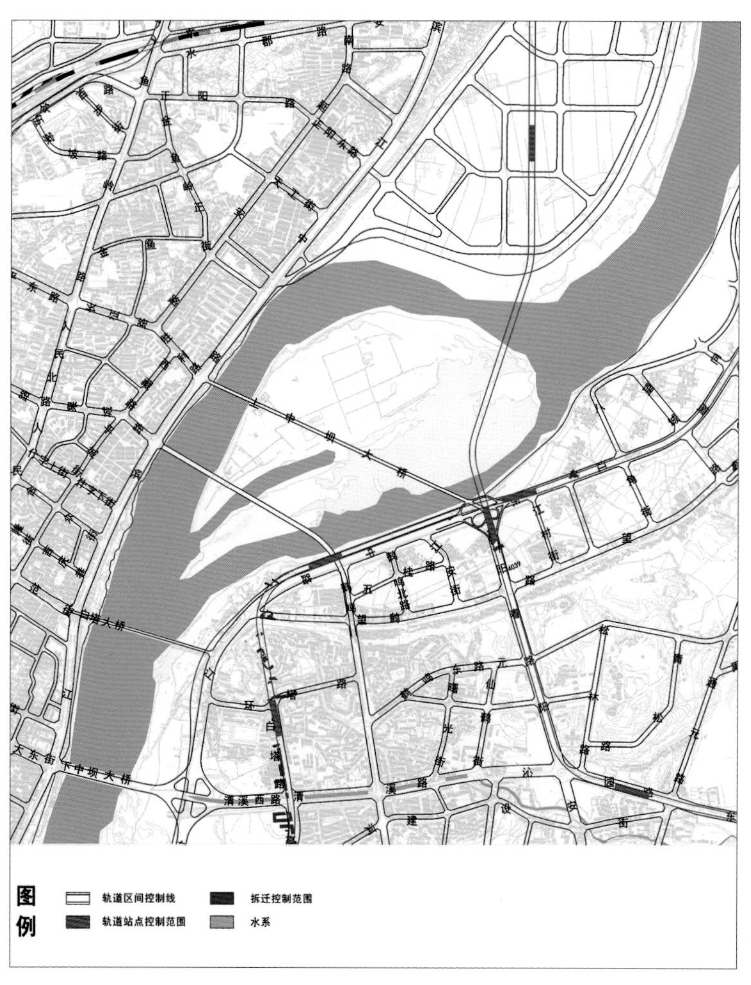

轨道交通控制示意图

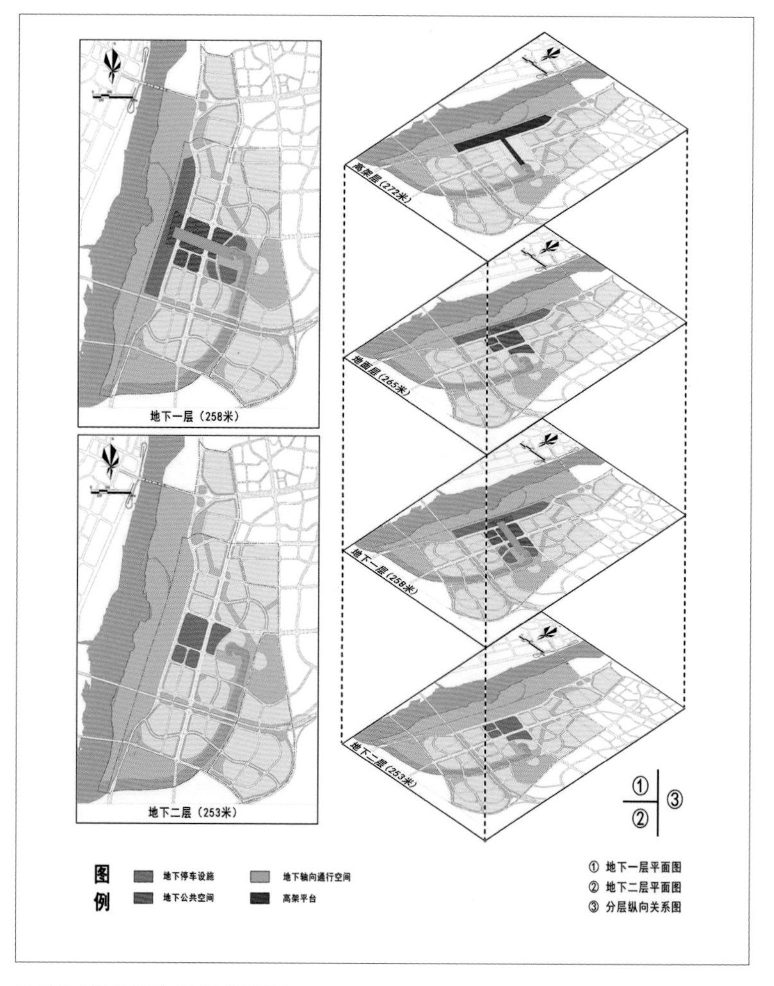

下中坝节点概念规划方案图

本次规划首次创新提出了“地下容积率”的概念，参照地上建筑容积率的计算方法，对地下空间设施的开发体量进行量化计算，作为控制要素对各个片区组团的地下空间开发进行规划控制。地下容积率的提出，不仅为本规划提供了量化的控制指标，为南充未来城市地下空间土地出让、权属管理提供了直接依据，更重要的是填补了国内在这一方面的空白，为相关规范、标准的完善提供了切实可行的实践依据，为我国在地下空间土地利用、综合开发、权属管理等方面提供了新思路。

2. 开发了地下空间综合开发价值评估模型

本次规划中首次创新开发了综合价值评估模型，模型开发的重点是科学界定各类指标之间的权重与关联关系，目的是得出不同地段、不同区域、不同用地条件下的地下空间合理开发体量与开发用途。评估模型将包含工程地质、水文地质、综合用地、交通效益、片区地价、历史文保等一系列指标通盘考虑，建立数学评估模型，并运用GIS分析系统，将模型计算与地理信息表达充分整合，最终在地图上直观地表示，为地下空间的总体规划布局提供了坚实的基础。

六、实施情况

规划成果主要实现地下空间的总体开发控制与开发引导，相关结论已在南充市各片区控制性详细规划的编制中落实，下中坝、清泉坝、火车站等区域的概念规划已经通过城市设计落实到实际建设中。地下空间开发价值模型理论已被多次引用到国内其他城市同类规划的编制中，地下容积率的概念已开展相关专项课题的深入研究。

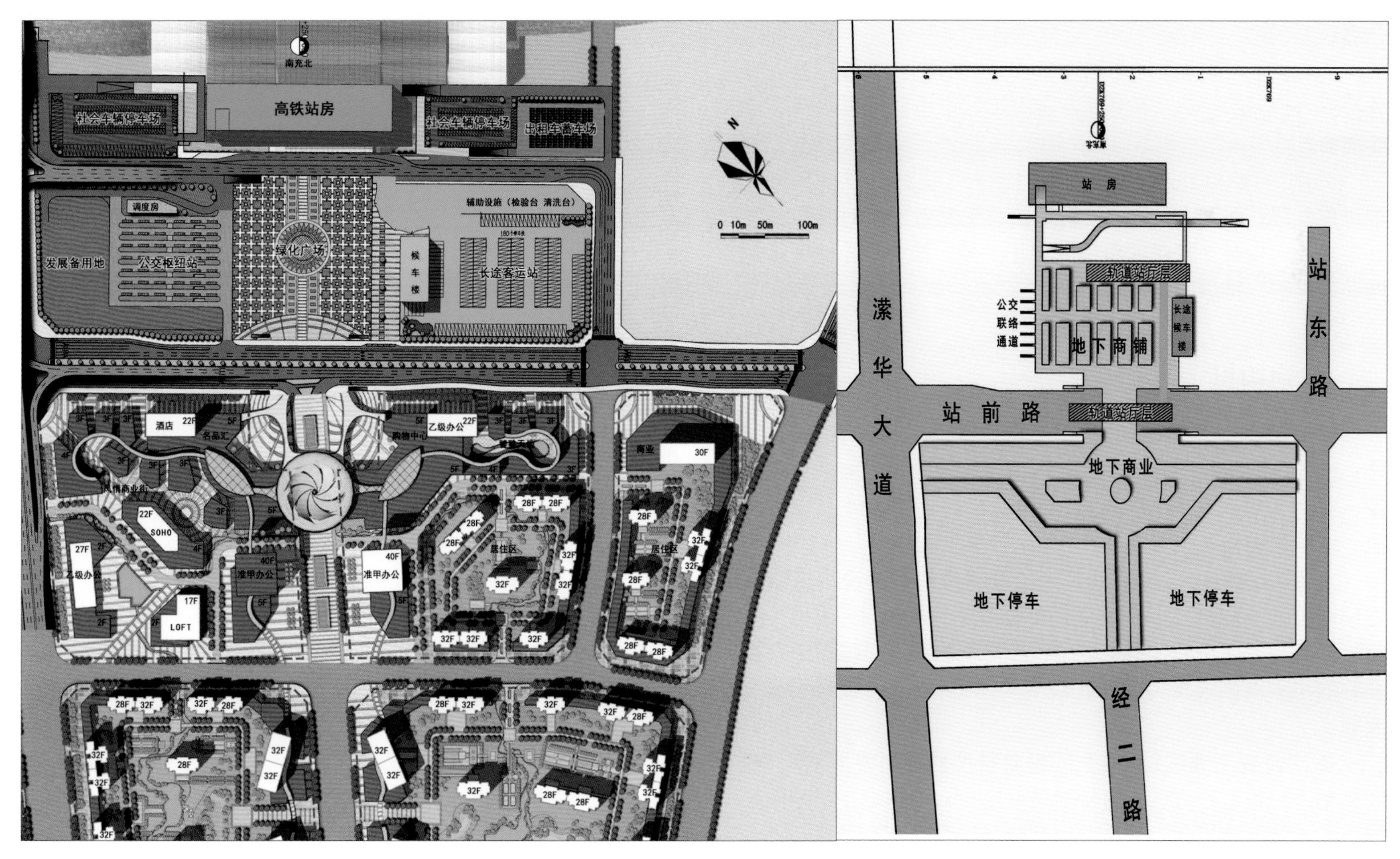

火车北站节点概念规划方案图

青岛市李哥庄镇新型城镇化研究

2016 年度上海市优秀城乡规划设计奖三等奖

编制时间： 2013 年 7 月—2014 年 12 月

编制单位： 上海麦塔城市规划设计有限公司

编制人员： 陈荣、张秋凡、施忠华、任永郑、陶臻、何春耘、彭志坚、邵其、张云云、王正宁、蒋美林、李颖、王晓博、邓庆喜、陈宁仓

一、规划背景

2013年1月，胶东国际机场选址胶东，与李哥庄镇仅一河之隔。

同年3月，青岛小城市培育试点正式启动，李哥庄镇成为首批5个试点镇之一，承担着青岛市小城市培育建设示范的重要使命。

外部区域环境的转变使李哥庄迎来了良好的发展契机，李哥庄从“镇”到“市”的跨越使新型城镇化具备了相对成熟的发展基础。为指导李哥庄的新型城镇化发展，推动青岛地区新型城镇化进程，特编制本次规划研究。

二、规划构思

“十八大”重点提出的“新型城镇化”成为新时期的国家战略，这不仅因为新型城镇化成为中国现阶段拉动内需的重要途径，更因为城镇化的平台逐渐由大城市转向中小城市及小城镇，城镇化的模式也将从“异地城镇化”转变为“本地城镇化”。

从新型城镇化来说，最基础和最困难的是解决小城镇的发展问题，一方面，小城镇是大中城市与乡村之间必不可少的跳板；另一方面小城镇的发展条件和环境最差。小城镇的发展面临的主要有发展动力、居民就业、基础设施、机制保障4个问题。

本次研究主要围绕这4个问题就新型城镇化发展的4个发展机制进行重点研究。同时针对研究结论，通过城乡统筹化发展、生态镇区建设和三规合一协调进行规划落实。

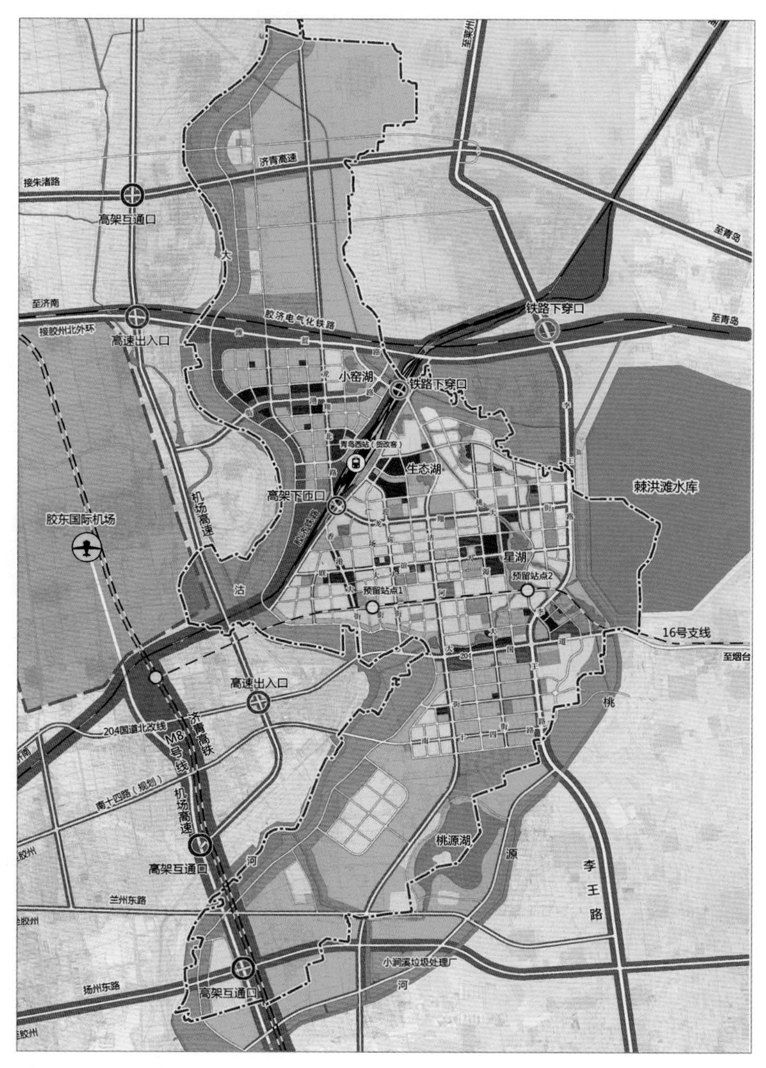

镇域规划用地图

三、主要内容

1. 发展动力

依托胶东国际机场的辐射及产业特色，确定李哥庄未来的产业发展以科技新兴制造与现代服务业为主，主要发展智能装备制造、特色制帽、商务商贸会展、生态休闲旅游产业。

2. 居民就业

提出以劳动密集型岗位作为解决本地居民就业的途径，通过对李哥庄人口规模及经济发展目标的预测，估算未来可提供的劳动密集型就业岗位数量，从经济发展、政策扶持、体系保障等多方面提出多种促进就业的措施，满足本地就业需求。

3. 基础设施

分析李哥庄社会服务设施与城市的差距，探索国外小城镇均等化公共设施配套特点，重点提升镇区社会服务设施标准和服务水平，完善农村地区专业化社会服务体系，构建层次分明、类别完善的公共生活服务设施体系及市政公用工程设施体系；并从区域协调、种类完善、质量提升、基层覆盖、特色设置、资金加大等方面提出建设实施措施。

4. 机制保障

由乡镇发展管理模式转向城市发展管理模式转变，由城市建设与管理方面的职能权责缺位向职能权责到位转型，争取与城市发展相适应的县级乃至市级经济社会管理权限，创新机构编制，创新体制机制改革，逐步承担起城市建设、社会管理等职能，实现本地城镇化。

四、项目特色

1. 提出新型城镇化发展四大机制

探索了以“镇级市”为代表的新型城镇化发展模式，提出发展动力、居民就业、基础设施、机制保障四个发展机制。

2. 生态化发展针对内涝问题开展海绵城市研究

研究成果最终落实到发展目标体系与空间布局中。

3. 研究与规划衔接好，可实施性强

本研究与李哥庄镇总体规划同步编制，与城市运营商百悦集团多轮沟通调整。提出近期新型城镇化建设基础设施工作。

五、研究实施

研究已纳入李哥庄镇总规成果，总规正在报批中。

李哥庄小城市建设项目于2013年12月25日在正大集团正式签约。一系列新型城镇化重点项目正在推进：百悦集团新城规划方案基本完成；空港首期安置区详细规划方案基本完成；双窑、河荣新型农村社区规划方案基本完成。

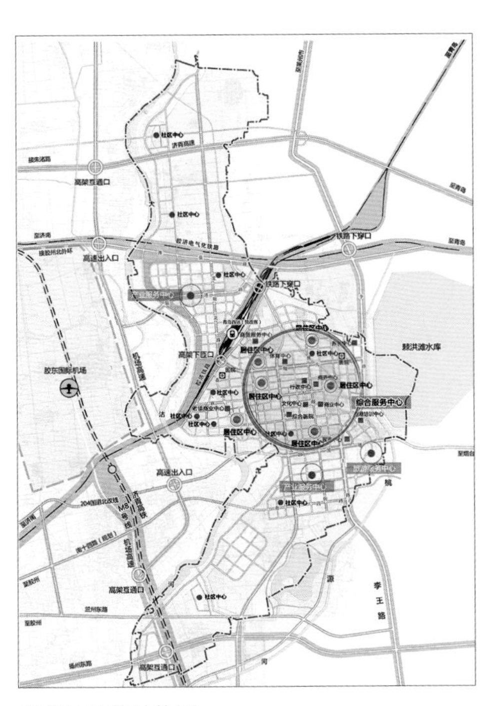

规划区功能结构图

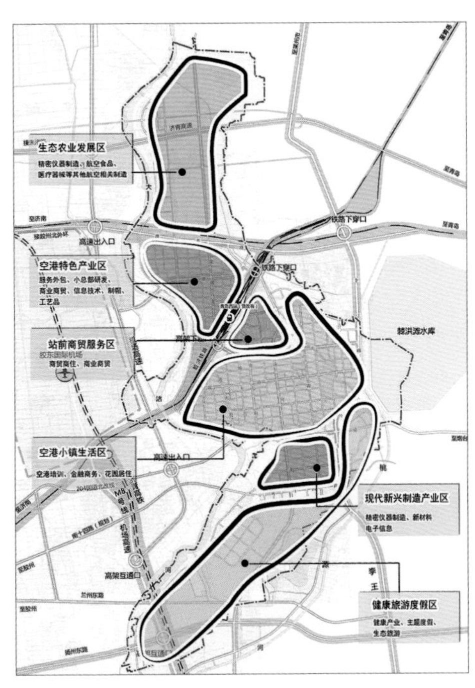

规划区产业布局规划图

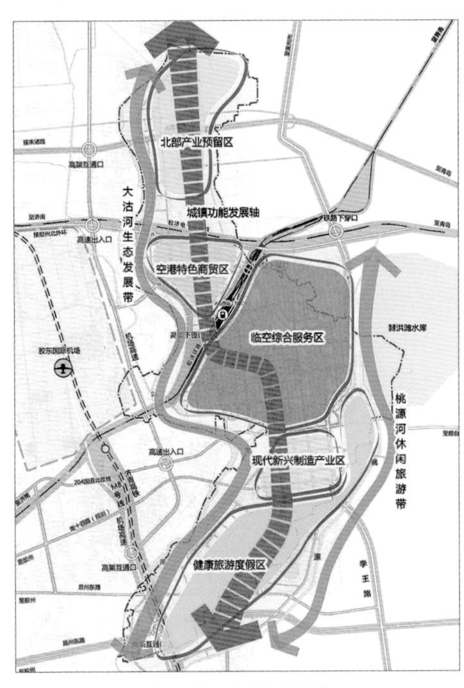

规划区公共服务设施系统规划图

上海嘉定村庄规划（试点）
——嘉定区徐行镇曹王村村庄规划

2015 年度上海市优秀城乡规划设计奖三等奖

编制时间： 2013 年 12 月—2014 年 11 月

编制单位： 深圳市城市空间规划建筑设计有限公司、上海市嘉定规划咨询服务中心

编制人员： 唐曦文、周宇、陈晓勤、郭艳、庞静珠、朱雪峰、董先、郑德福、俞秉懿、王雷、辜桂英、王蒙、王晨辉、姚科迪、尹启超

一、规划背景

为加快推进上海市城乡一体化建设，促进乡村地区经济社会发展，根据上海市村庄规划试点工作和美丽乡村建设要求，嘉定区选择徐行镇代表性较强的曹王村编制村庄规划，引导村庄合理发展，指导村庄具体建设。

曹王村是曹王老集镇所在地，包括部分徐行工业区，是上海郊区的工业、集镇居民点村庄。以曹王村为试点编制村庄规划，可以以点带面，进行对上海市郊工业、集镇居民点村庄整体转型发展的有益探索 。

二、规划构思

规划通过整建结合，打造嘉定美丽乡村建设示范标杆，突出具有现代水乡特色的宜居新乡村，为都市人提供优质农产品和休闲旅游等特色服务的都市农业示范区，及为徐行工业区配套的综合服务基地三大主要功能，并提出五大核心策略的重点内容。

（1）引导工业进园，农村住宅改造和适度有机布局，农业规模化、特色化发展，优化村域总体空间。

（2）市政基础设施先行，综合整治村域环境，美化村域整体景观。

（3）进行美丽乡居改造和新乡村居住模式探索。

（4）完善公共服务设施配套体系，提升公共服务质量。

（5）培育新乡村特色经济，打造田园风情和城镇化功能的宜居新乡村、乐活新社区。

三、创新与特色

1. 曹王村复杂性和特殊性的多方案比选

曹王村规划综合考虑村民意愿、可实施性及国内外美丽乡村（或新农村）建设的经验，进行发展目标和空间模式的方案比选——城镇化新农村，平移集中新建的现代新乡村，以保留整治为主的恢复性美丽乡村，以增强规划的研究探索和示范性。

曹王村总平面图

2. 探索新乡村居住模式

规划采用保留整治农村居住点与平移新建农村居住点相结合的方式，既促进传统村庄自发更新，又探索新乡村居住模式，并整治村域综合环境，恢复水乡田园生态系统，打造环境优美、绿色健康、居住舒适的现代宜居新乡村。

3. 策划“1+3”产业发展模式

规划在曹王村农业用地基本实现村集体流转的基础上，结合现代农业经营模式的创新，提出“1+3”循环产业发展模式，形成“1”产有机粮田，“1+3”产农业乐园（包括休闲菜园和特色果园）、“3”产乐活小镇的都市农业发展格局。

4. 打造美丽乡村特色空间

规划注重路、水、田、镇、居等要素关系的梳理及传统风貌的追寻和挖掘，加强绿化系统建设、滨水及道路景观设计等，形成“五网绿化系统”“三条核心景观轴”及若干“文化传承风貌节点”，引导特色村庄风貌保护与建设。

5. 示范“三划合一”

规划注重项目策划、用地规划和资金计划的统筹考虑，以资源和区位特征定主题，以主题定功能，以功能定项目，以项目定用地和资金，从而增加村庄规划的可实施性。

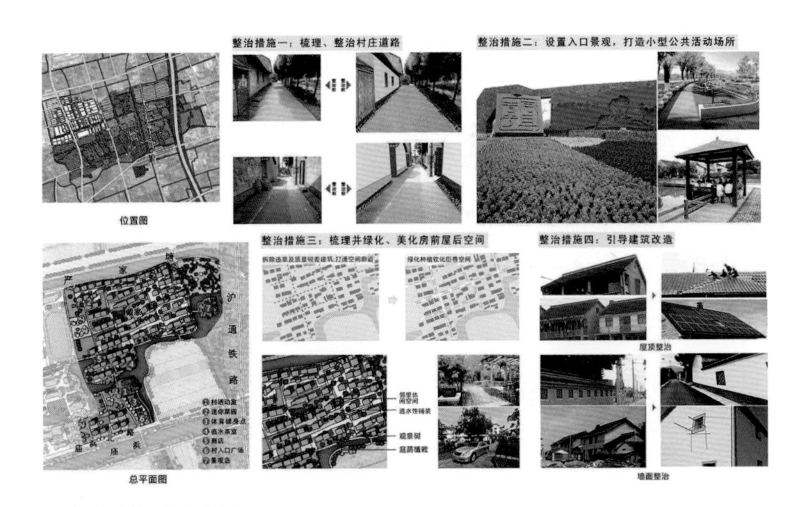

戴家村庄整治意向图

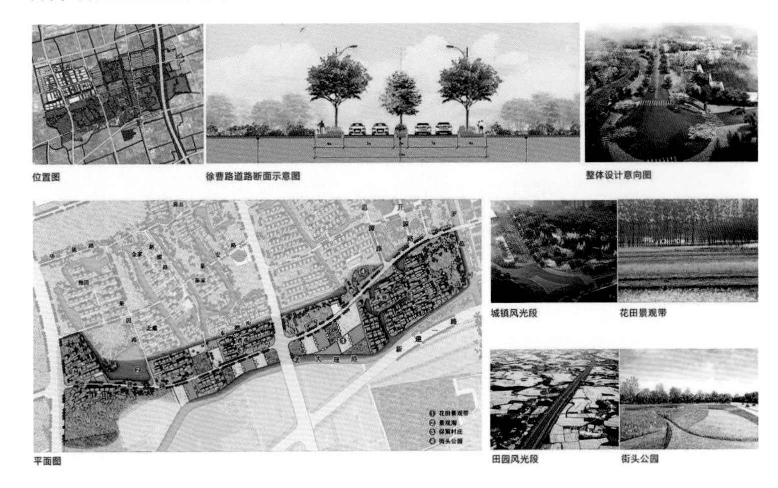

徐曹路乡村大道设计意向图

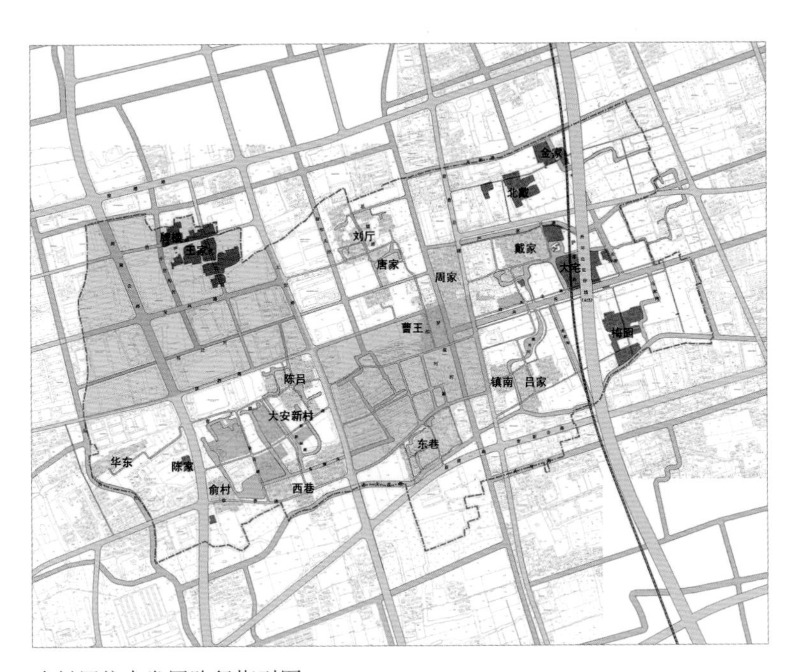

农村居住点发展路径指引图

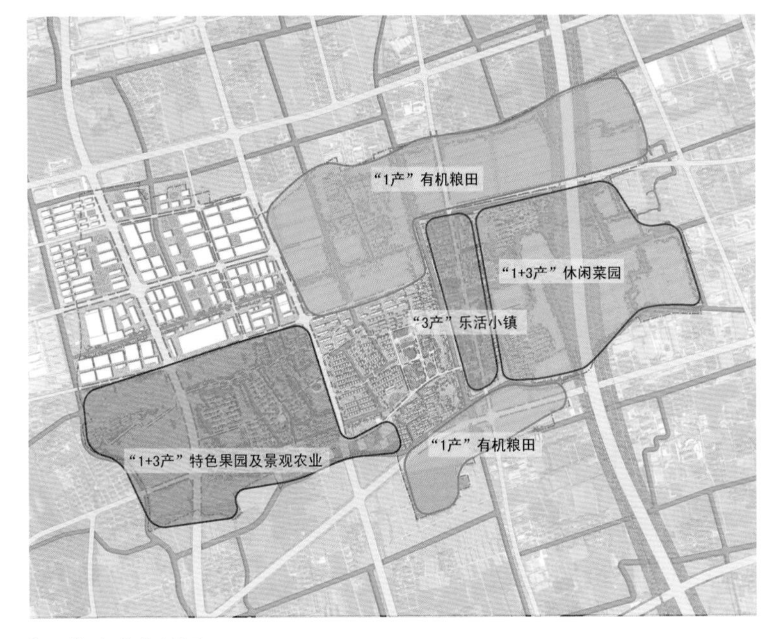

“1+3” 产业布局图

十堰郧县茶店镇镇域规划（2013-2030 年）

2015 年度上海市优秀城乡规划设计奖三等奖

编制时间： 2013 年 10 月 — 2014 年 5 月

编制单位： 上海同济城市规划设计研究院、湖北大学、十堰市郧阳区城乡规划设计院

编制人员： 王新哲、贾晓韡、付志伟、邓文胜、杞俊洪、彭灼、张逸平、周青、康晓娟、刘振宇、肖勤、金荻、裴新生、刘海、赵亮

一、项目概要

茶店镇地处汉江中上游南岸，属南水北调中线工程核心水源区，南与十堰中心城区紧密对接，北隔汉江同郧县县城相望。镇域面积 99 km²，辖 10 个村，有1 个居委会，126 个村民小组，总计约3.7 万人。

本规划由3家单位联合研究编制，根据湖北省“四化同步”试点要求和茶店镇实际情况，形成了 5 部分 12 个规划的成果体系。规划重点关注了“生态环境保护”“三农问题”“老镇区活力重塑”“新农村建设”等方面的问题。

二、规划背景

2013 年，湖北省选取 21 个乡镇，作为第一批“四化同步”示范试点乡镇，其中茶店镇是郧县唯一的试点镇。

茶店镇身兼多重角色，它既是十堰市滨江新区核心区的组成部分，同时与郧县经济开发区“镇区合一”。滨江新区和经开区均在镇域范围内寻求发展，现有各类建设用地面积已经很大。在此背景下，本次规划的关注重点不再是城镇建设用地的扩张，而更多在于存量用地、产业布局、生态建设等方面的优化提升。

三、规划内容与特色

1. 全域统筹，本底出发，关注生态安全

通过集成 RS、GIS 技术对镇域生态敏感性进行评估分析。综合上位生态功能定位和既有建设诉求，划定生态功能分区，提出发展要求。划定镇域生态斑块和生态廊道，提出控制要求。确定资源、环境等影响生态安全的约束体系及制约因子，构建“一城两源”“一江一河两廊”的全域生态安全格局。

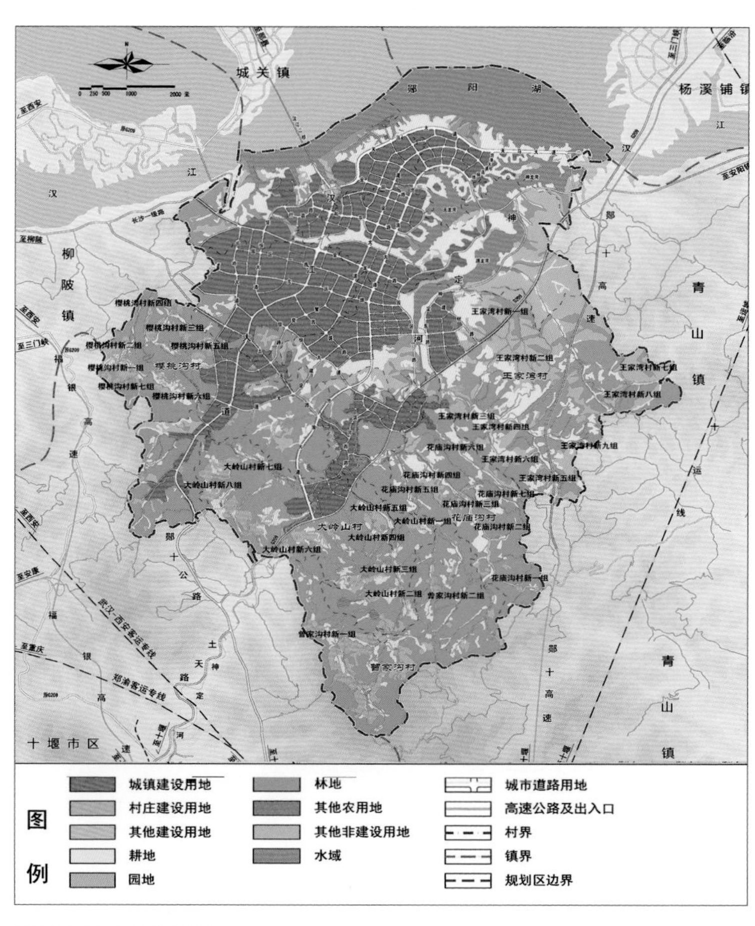

镇域土地利用规划图

2. 规土合一，多规融合，关注非建设用地

城乡规划与土地利用总体规划同步编制，充分对接。对接《秦巴山片区区域发展与扶贫攻坚规划》，对非建设用地提出全面的规划指引，对耕地、林地、园地、水域等重要非建设用地进行严格管控，要求不得擅自转变用途，并制定相应的空间管制措施。

3. 贴近农民，深度访谈，关注人的城镇化

通过实地踏勘、问卷调查和深度访谈的方式，重点了解茶店镇失地农民安置和市民化的现状、问题及挑战。

规划从"人的城镇化"核心目标出发，提出渐进的失地农民市民化路径。分近期、中期、远期3个阶段，从"补偿与权益保障""身份转换""职业转化""角色转型与再造"4个层面，提出失地农民市民化制度创新与对策建议。

4. 城乡融合，因地制宜，关注农村产业

通过"十堰城市新区"和"示范镇"两个角度进行茶店镇的产业选择，提出"现代生态农业、先进制造业、服务业"三大方向，并对现代生态农业、农产品加工业、休闲养生和生态旅游业的发展提出深入的指引。

在空间上合理布局，形成"农旅特色发展区"和"生态农业发展区"两个农业发展区，并根据各村特征提出差异化的产业发展引导，实现协同发展。

5. 错位发展，复兴老镇，关注农村服务

老镇组团的发展方向充分考虑与滨江新区核心区和经开区的错位发展、功能互补。定位为以生态居住、休闲养老、商业商贸功能为主，以川谷生态景观为特色的滨水风情小镇，同时承担为农村地区服务的职能。植入新功能，以"风情小镇"为主题，重点打造3个特色风情板块：北部——健康主题板块；中部——古镇特色板块；南部——商贸主题板块。

同时，以老镇区为纽带构建辐射周边农村地区的公共服务体系，通过控规落实的公共服务设施位置、面积。在各村完善覆盖城乡的公共服务设施和基础设施。

6. 一村一品，荆楚风貌，关注农村整治

关注农村人居环境建设，确定村庄整治、建设的分类引导和管理策略，

根据城镇化发展的策略推进农村村庄建设与环境整治，实现公共财政投入的合理引导，并对居民点分类引导。

根据三个特色村庄现状自然禀赋，选择不同的发展模式，分别规划为"曾家沟村：农旅联动示范村""樱桃沟村：民俗体验旅游村""大岭山村：农林保育生态村"，实现"一村一品"的村庄规划。

在村居空间布局模式方面凸显本地特色，根据不同村庄特色提出不同的空间布局模式；在建筑风格引导方面延续传统荆楚风貌，对荆楚风格民居风貌提出了详细的指引。

7. 分类指引，行动规划，关注规划实施

建立"一图一表一文"的全域四化同步项目库，专项资金，专款专用，保证项目实施落地。

对项目进行分类指引，明确项目库中 233 个项目的规模、行业、投资资金预算核算、投资主体和渠道、实现效益等，为项目落地提供指导。

四、规划实施

规划由县、市、省三级层层审查，并由十堰市人民政府批复，确保各级政府认可，明确各级政府事权，保证规划的可实施性。在《规划》的指导下，茶店镇"四化同步"建设工作有序推进。目前失地农民安置工程基本完工，樱桃沟村美丽乡村已建设完成、投入使用，其他各项工程也已相继启动。

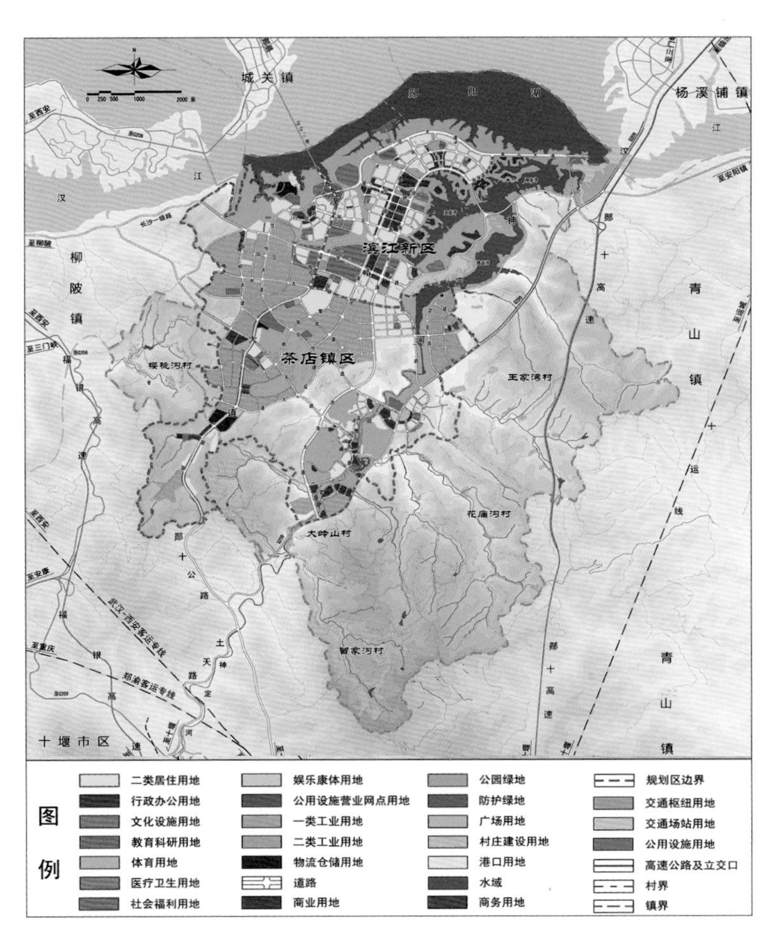

镇域建设用地规划图

珠海市斗门区莲洲镇幸福村居建设规划

2015 年度上海市优秀城乡规划设计奖三等奖

编制时间： 2014 年 4 月—2014 年 12 月

编制单位： 上海天华建筑设计有限公司

编制人员： 郑科、忻隽、谢维维、林姣、汤立、姚凤君、黄嘉浩、王欣、董明利、程雪萍、何瑶、章鹏、蒙涯、赵淼、张博洋、李卓璇、栗阳、胡雯瑜、魏薇、龚雪薇、詹晓洁、陈鑫芸、陈明敏

一、项目概要

本次规划范围为珠海市莲洲镇所辖11个村居，总面积33km²。方案以镇为单位，在产业发展、土地权属、生态保育三个关乎农民切身利益的领域分别进行了专题性研究。在发展目标、产业特色、设施配套、空间布局等方面形成协调、特色、一体化发展的规划方案，并同步调整各村居发展定位和建设目标，确定建设时序，形成六大工程行动计划。

二、规划背景

根据珠海市委、市政府文件要求，为统筹全市城乡一体化空间格局，全面推进幸福村居建设工作，2012 至2014年，完成了《珠海市幸福村居城乡（空间）统筹发展总体规划》、《珠海市村居规划建设指引》。同期，为确保总规落地、可操作，陆续对全市122个行政村和87个涉农社区展开幸福村居建设规划的编制工作，本次规划涉及其中11个行政村。

三、项目构思

通过对乡村资源的挖掘梳理，提升市场吸引力，推动政府由财政支持到政策支持，由土地供应到物业供应的转变，从而使地方政府长期解套。其次，建立长期有效的发展机制，创造种养殖以外的多样就业形式，为青年提供发展机遇。此外，通过调整建设用地，适当增加宅基地，解决村民分户需求；通过提升公共服务设施，增加生活保障；通过产业发展，让村民获得财产、工资、收成等多渠道的收入体系。

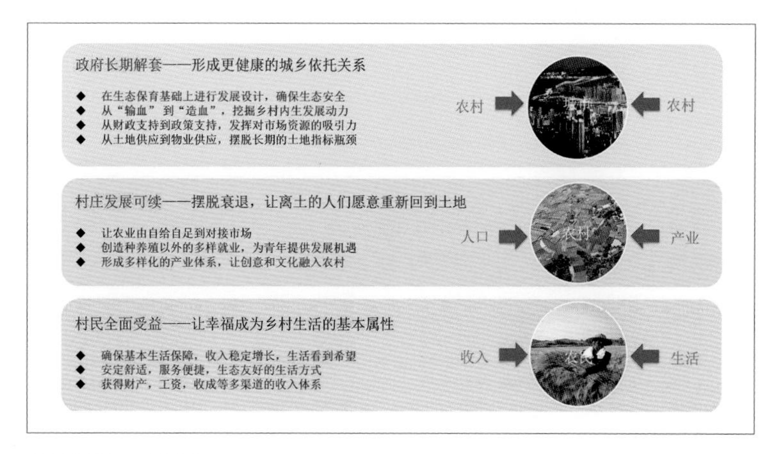

村民发展三大诉求

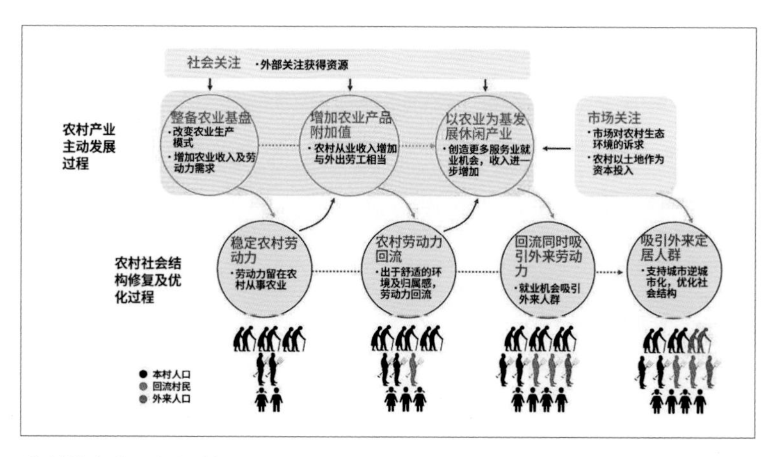

莲洲镇产业运行机制图

四、主要内容

（1）发展模式与产业路径选择

规划方案通过村庄农业产业整备，消化剩余劳动力，产业发展刺激外出劳动力回流，以促进农村社会架构修复。从农业基盘整备做起，逐步引入创意、文化等软性的发展要素。

（2）宅基地集约利用

规划方案首先不再增加建设用地指标；其次对于现有指标最大限度的集约使用；最后完善超标部分退出机制。

（3）区域生态统筹

方案制定了优化城乡生态空间分区管制格局、打造水资源的持续利用的良性水生态系统、应用及推广可持续发展的生态技术三大策略。

五、项目特色

1. 从宏观到微观，确保规划能落地

立足踏勘调研，规划方案重点对产业发展、区域生态、土地利用三个方面进行专题研究，并以此作为村庄规划的主导原则。有针对性的专题研究直指痛点，成为区域发展的重要突破口；而后形成各村发展建设方案及六大工程行动计划。

2. 将发展模式与路径演绎放在首位

技术思路上，本次莲洲镇村居规划放弃了传统自上而下的定位方法，而是从市场角度出发，寻求改变当地发展格局的有效路径。定路径而非定目标，是规划方案市场能接受，愿景能落地的重要思路转变。

3. 通过模拟分户模型表达设计思路

方案通过对现状的详细排摸分析，在对上海、浙江宅基地相关先进政策及推进办法充分研究的基础上，设计了针对性强、操作性高的宅基地“减量规划”策略及模式。通过情景模拟代替传统文字说明，以讲故事的形式表达操作策略，做到村民听得懂、村委能理解，让规划更接地气。

六、实施情况

该规划已成为莲洲西部村庄产业发展的重要参考。本次规划范围内的耕管村已按规划中产业发展建议，进行村庄旅游项目的开发。2015年，耕管村进一步增加了花田种植面积，同时引进薰衣草、紫云英等观赏作物。据规划后回访，耕管村已与有关公司达成开发意向，合力投资建设“耕管·悠水乡”等旅游项目。莲洲镇西部村居已成为斗门旅游的重要组成部分。

基础设施配套方面，以旅游开发为主要产业方向的村庄已着手开展道路改造、停车场、游客服务中心等项目建设。同时，根据“六大工程”项目建设计划与空间布局，各村已开展污水集中处理设施、村文化活动中心、建筑风貌整治等工作。

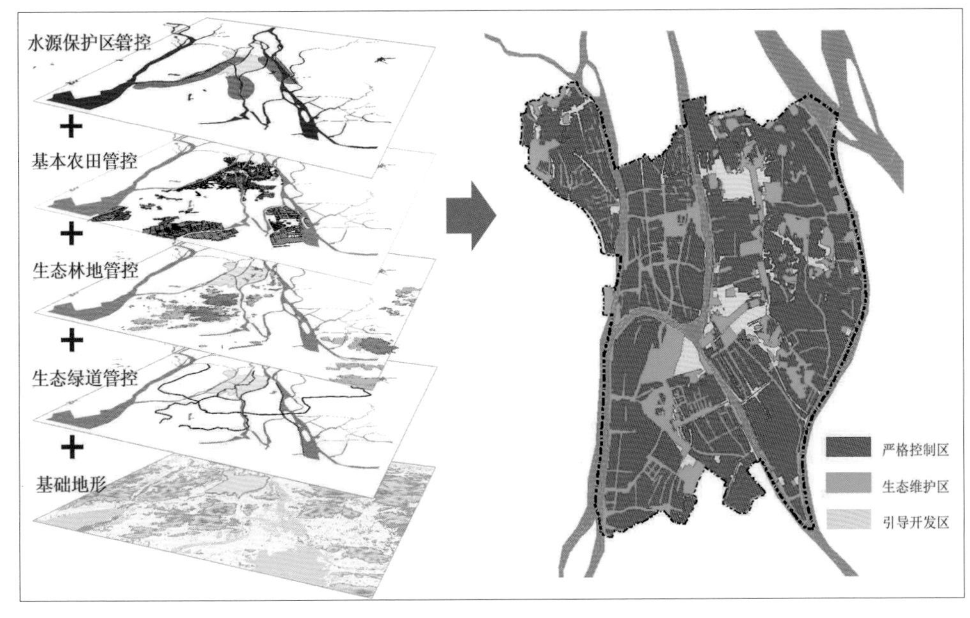

区域空间管控格局图

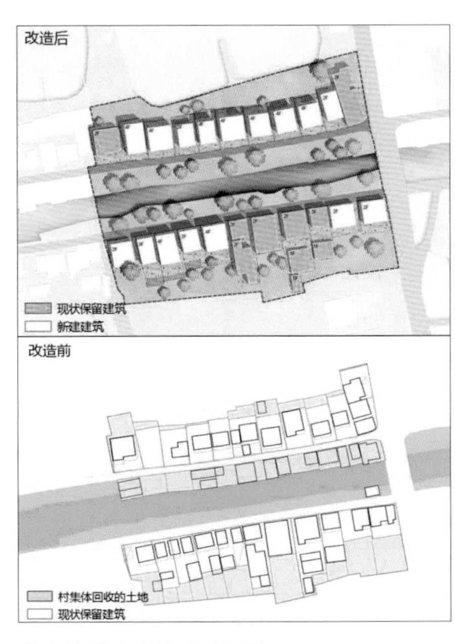

分户模拟改造前后对比图

安徽大庄镇总体规划（2012–2030 年）

2015 年度上海市优秀城乡规划设计奖三等奖

编制时间： 2012 年 6 月 — 2013 年 6 月

编制单位： 上海交通大学规划建筑设计有限公司

编制人员： 陈雪伟、黄建云、朱哲、张荃、阎利国、汪伟强、徐向丽、胡光辉、杨晓、谈超、肖丽平、周尚

一、项目概要

随着淮海经济圈、沿淮城市群等区域战略的发展提升，大庄镇所处区域交通条件进一步完善，尤其是皖北与苏北区域的联动，提升了大庄镇的交通区位优势，因此大庄镇应在新的区域背景下审视自身的城镇定位和发展模式，按照县域总体规划的要求，结合镇域实际，进一步明确城镇发展方向、所处阶段和发展重点等，推动城乡统筹发展。规划提出，作为省级重点中心镇的大庄镇将发展成皖北一流、省内先进的工业强镇，具有生态田园特色的精致小城镇，同时发挥江苏睢宁和安徽泗县两极辐射的边际城镇效应，建设皖北商贸重镇。

二、规划背景

新型城镇化是党的十八大确定的重大国家战略，2014年安徽省被列为国家新型城镇化综合试点省。大庄素有皖北第一镇之称，被确定为省级综合改革试点镇。

大庄镇总面积约94.7km²，辖13个行政村，2012年总人口约7万。其中，镇区规划范围约9 km²，建设用地6.7 km²。

在新型城镇化、新型工业化、农业现代化的语境下，本次规划直面当前小城镇发展的动力不足、人口流失严重等核心问题，充分发掘优势、突破难点、统筹城乡、以人文本，塑造小城镇特色。

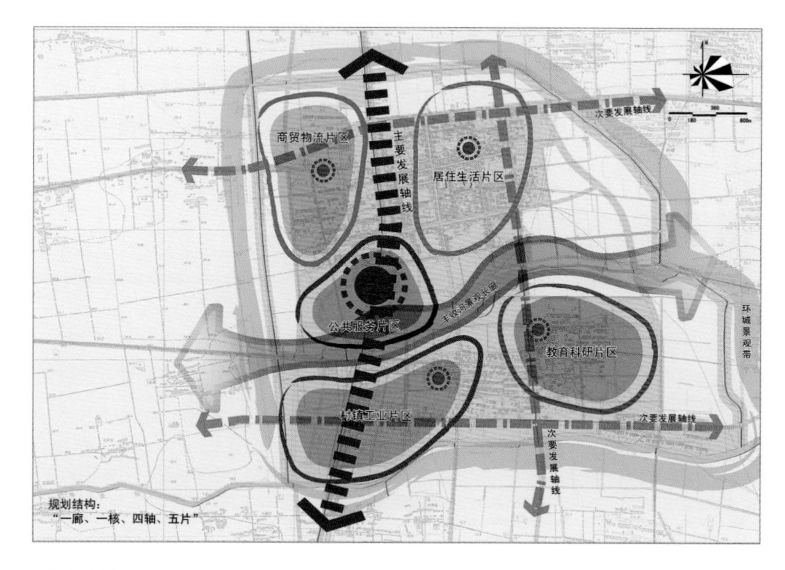

镇区功能结构图

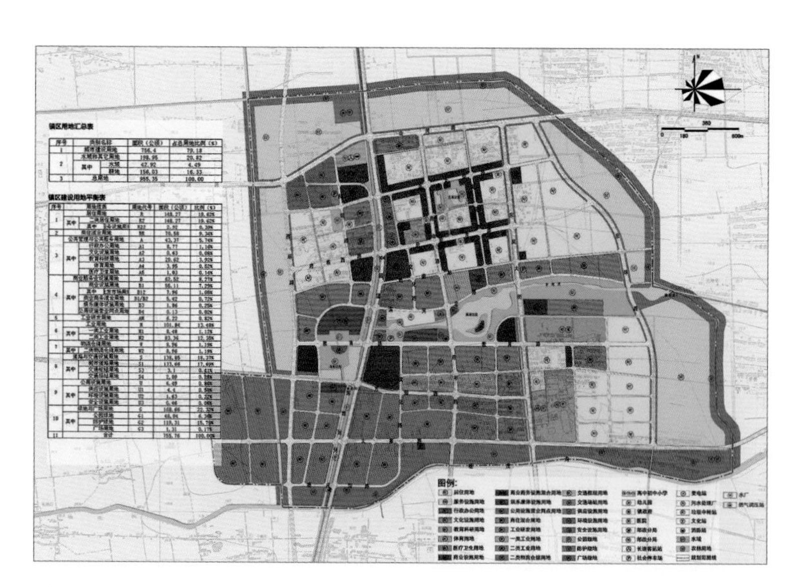

镇区土地使用规划图

三、项目构思

规划定位为省级重点中心镇；皖北一流、省内先进的工业强镇和商贸重镇；具有生态田园特色的精致小城镇。

镇域城乡空间规划结构为“一核两心九节点，一轴两带四片区”。

镇区规划形成“一心一廊、四轴五片”的功能结构。重点整治老泗睢运河与丰收河，构建中心镇区的“十字景观轴带”，并利用两河交汇处的砖窑厂，打造景观核心节点。规划提出，在丰收河的中间位置选址作为城镇建设的土方集中掘取点，以便逐渐形成“中心湖公园”。

规划形成的“一条环城景观带、两条滨河风情走廊、三个水景生态公园”，将大庄镇打造成为“百米见绿·千米见水”的生态型特色小镇。

四、创新特色

第一，规划创造性地提出“千年古镇·百年规划”的构思本规划巧妙地将环绕镇区周边的“杨庄沟”以及“东干渠”、“西干渠”进行疏浚沟通，形成护城水系，明确为镇区开发边界。也有助于打造大庄独具特色的环镇生态廊。

第二，巧妙吸收当地传统“林盘”特点，建设皖北田园特色的“社会生态格局”。镇区林地约1.8km^2，规划巧妙吸收这些现有“林盘模式”的优势特征，借试点土地流转发展现代农业的契机，引入产业发展，建立城乡生活生产新方式，将传统的“林盘”模式发展为现代“新林盘”，建设皖北地区田园特色的“社会生态格局”。

第三，注重产业规划，突破对一、二、三产的简单分类，引入现代农业的经济运行模式。通过“土地流转”与“资本下乡”策略，实现土地节约集约利用，农业规模经营，农民多元就业，以推进“三化”协调发展，建设省级示范镇。

第四，统筹城乡、推进城镇建设与美丽乡村相结合建设。规划提出将城镇建设与美丽乡村相结合建设策略，并将近郊的农田实施“土地流转”试点，发展现代农业。同时鼓励有能力和有条件的农户进行农庄扩建改造和环境整治，发展农家乐等乡村旅游。

五、实施情况

本次规划紧密联系实际，充分发挥优势，敢于创新实践，获得市局与县人民政府的高度评价，大庄镇人民政府特别隆重举办镇域经济发展论坛，广泛吸引在外务工人士回乡投资或创业，重点推介本次规划意图，成果显著。

本次规划对下一层次的规划具有较积极的指导意义，相关实施情况也较为理想。

第一，环镇河道与丰收河已疏浚沟通，近期规划的路网框架基本成型。

第二，镇南新区的工业平台初成规模。

本次总体规划是一次全程参与的“下乡实践”规划，不仅在于规划成果的编制；同时项目组还广泛参与规划实施进展中的讲解与咨询，效果较为理想。

大庄镇总体鸟瞰图

上海市申嘉湖高速公路特大型桥梁——闵浦大桥检测项目

2015 年度上海市优秀城乡规划设计奖三等奖

编制时间： 2011 年 4 月一 2013 年 12 月

编制单位： 上海市测绘院

编制人员： 姚磊、吴广荣、陈建峰、李华、董治方、杨铭、邵东华、崔华、朱鸣、王传江、臧巍、盛成、蒋晓俊、顾正军、赵雯

一、项目概要

上海申嘉湖高速公路特大型桥梁——闵浦大桥检测项目是2011年1月上海市测绘院通过邀请招标获得的，委托方是上海市政养护管理有限公司，招标编号为SZYH2011-001。

上海申嘉湖高速公路原名A15公路，现简称S32，东起浦东机场、接南进场路，西至枫泾镇北市界、通浙江申嘉湖（杭）高速公路，横贯上海中南部市域，途经浦东新区、闵行区、松江区、青浦区和金山区，全长83.5km，其中高架桥梁长度63km。闵浦大桥工程为S32高速公路在闵行区跨越黄浦江的重要节点工程，是目前世界上同类型桥梁中跨度最大、桥面最宽、车道数最多的双层双塔双索面公路斜拉桥。

第三次检测工作开始按照甲方要求增加了边辅墩8个沉降检测点。按照该项目的检测内容，我院重大工程科承担了该项目的检测任务，每季度大概花10天时间进行数据采集，每季度提供一次平面位移和沉降检测的成果报告，每半年向业主汇报一次施测情况和变形情况分析。

闵浦大桥总体鸟瞰图

闵浦大桥检测的工作内容

序号	检测项目	工作量	检测频率	测点位置
1	主塔塔顶纵横向偏位	全桥2个主塔（单个H型主塔，分上下行两侧），共4个测点	4次/年	塔顶
2	边辅墩墩顶偏位	全桥16个墩柱，共16个测点	4次/年	墩顶
3	主塔基础沉降	全桥2个主塔，单个主塔6个测点，共12个测点	1次/季	主塔塔座
4	边辅墩基础沉降	全桥16个墩柱，共16个测点	1次/季	墩底部侧面
5	主塔基座施工点沉降联测	浦西5个，浦东3个	1次/季	主塔塔座
第三次检测工作开始按照甲方要求增加了边辅墩8个沉降检测点				

二、技术方法

本项目涉及的测量内容主要包括五部分：平面控制网测量、水准控制测量、跨江水准联测、平面检测点测量、高程检测点测量。本次平面测量采用上海平面坐标系，高程测量采用吴淞高程系统。

闵浦大桥的平面控制网由5个点组成，采用5台双频GPS接收机静态观测4小时，与SHCORS系统基站控制点进行联测，为检验平面控制网精度，同时采用Leica TCA2003全站仪对相互通视的控制点进行角度和边长测量，通过精度分析，确定5个平面控制成果。

平面位移点检测以平面控制网为基准，采用LEICA TCA2003测量机器人的ATR功能获取坐标数据，结合计算机自动检测软件对检测点进行自动观测，在观测过程中联测已知控制点，实时解算测量数据与理论数据的差分改正参数，对平面检测点测量数据进行实时改正。

对于同一主塔塔顶上的两个检测点（棱镜）或者同一边辅墩墩顶的两个检测点，采取同步观测，以得到同一刚性结构上两个点在同一时间上的空间位置，以判断主塔或边辅墩的偏移的准确性。数据采集过程采取长时间、多时段、不间断检测，各测点数据剔除粗差点后取均值，避免人工照准误差和气温环境变化对于测量结果的干扰，做到检测数据最全面客观准确地反映桥梁在检测时间段中的变化情况。

水准控制测量采用DINI12电子水准仪进行二等几何水准测量，采用LEICA TCA2003进行对向三角高程跨江水准测量。水准路线联测基岩点以及工程范围内的黄浦江两岸深桩点，平差时采用水准闭合测量和往返观测。采用对向三角高程进行跨黄浦江水准测量，三角高程跨江测量避免了桥梁振动对于水准路线的影响，缩短了水准路线长度，减少累积误差，联测基岩点与工程深桩点保证了水准控制路线的绝对精度和工作基点的可靠性。水准观测过程中做到固定人员、固定仪器、固定测站、固定路线，以尽量减少人工和系统误差。

沉降检测点也按二等精密水准测量要求，穿在水准线路中，或按散点方式测量。

三、实施效果

项目实施3年以来，按时测量，按期提供成果报告，定期向业主汇报实施情况和遇到的问题，不断改进优化作业方法。3年中，垂直于大桥方向点位位移变化较小，最大点位累计位移接近7cm。平行于大桥方向点位位移变化较大，最大点位累计位移接近20cm。由平面检测点位位移可见，在2011年至2013年期间，在平行桥梁方向上，随着温度的升高与降低，桥梁上的检测点间距呈现膨胀至收缩的变化趋势。固定刚性结构间相对关系基本稳定。沉降变化呈趋势明显，由主桥墩向两边减少，中间靠近主塔附近最大累计沉降接近3cm，远离主塔位置最大累计沉降接近1cm。

3年的检测工作准确且真实地反映了桥梁的变化情况、变化规律与趋势明显，为闵浦大桥以及S32申嘉湖高速公路的顺利运营提供了有力的测绘保障。

四、主要成效

项目组成员凭借认真细致的工作态度、先进的仪器设备、优化的测量方案、自动化的采集方法、准确的测量数据，受到了委托方的充分肯定，并始终主动与上海申嘉湖高速公路市政养护公司保持联系，满足委托方不断提出的各种要求（如增加桥体三维扫描、倾斜测量、挠度测量等），按期提交成果报告，定期汇报和分析检测数据，保证闵浦大桥检测的可持续性、准确性，并续签了2014年至今的健康检测服务合同。

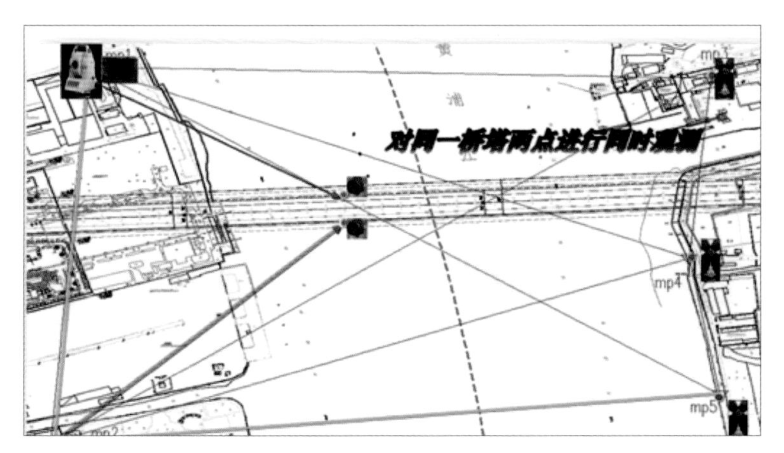

闵浦大桥平面测量示意图

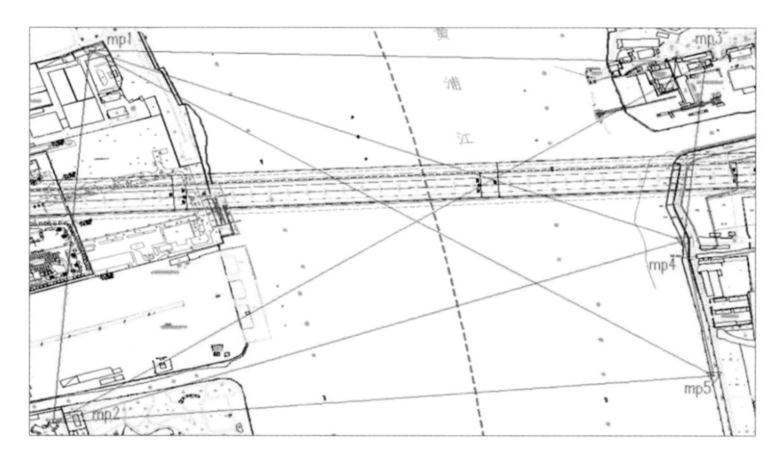

闵浦大桥平面控制网图

上海市浦江镇友谊河、浦星公路口 G1-10 地块商办工程勘察

2015 年度上海市优秀城乡规划设计奖三等奖

编制时间： 2013 年 11 月—2014 年 3 月

编制单位： 上海地矿工程勘察有限公司

编制人员： 李全章、周学明、王荣彪、候新杰、潘子安、张丹萍、蔡坚强、陈兵、忻斐迈

一、项目概况

本工程位于闵行区浦江镇友谊河以南、浦星公路以东、浦顺路以西，占地面积约18924.8m²，建筑物总建筑面积约45114.64m²。主要由12层、10层LOFT，2层售楼处，2层商业，1层变电站，门卫及外扩地下车库等组成，地下室埋深为4.50m。

二、地形地貌及周边环境

1. 地形地貌

该勘察场地位于长江三角洲东南前缘，其地貌属于上海地区五大地貌单元中的滨海平原类型。勘察期间，拟建场地内大部分为空地，地势基本平坦。实测本次详勘期间各勘察点的

拟建建筑物效果图

地面标高在5.42m～5.03m之间，高差0.39m。

2. 周边环境

拟建场地北侧为友谊河河道，两岸为自然岸坡，西侧约20m处为轨道交通8号线高架段，约50m处为已建浦星公路，南侧约15m处为已建建筑物，东侧为空地，已建道路及建筑物地段有地下管线分布。周边环境除东侧外，其余三侧对工程施工要求较严格。

三、技术难点及解决方法

本项目拟建物主要由小高层组成，既有10层、12层建筑，又有1层、2层建筑，结构类型多，既有框剪、框架结构又有砖混结构，主楼建筑基础类型采用桩基础，附属建筑基础类型采用天然地基基础，外扩地下车库地段采用抗拔桩。

1. 对桩基施工及沉降量要求均较严格

拟建场地虽地处市郊，但其西侧距轨道交通8号线距离约20m，南侧距已建建筑物距离约15m，北侧亦有友谊河河道，对桩基施工和沉降要求均较严格。

充分考虑设计可能采用的桩基持力层，根据不同的拟建物的性质，场地工程地质条件，并结合已有的建筑工程经验，针对不同的拟建建筑推荐相应的桩基持力层，如10层、12层建筑推荐采用7桩， 1层，2层商业和售楼处推荐采用6桩。桩型的选择应充分考虑周边环境的限制，若采用预制桩应采取必要的保护措施，并控制沉桩速率，合理安排打桩顺序，若采用灌注桩方案，应保证桩身质量和不污染环境。

2. 基坑占地面积大，对基坑施工过程中提供的参数准确性要求高。

对于基坑工程，我单位除采用常规勘察手段外，还进行了特殊试验，如渗透试验，并根据收集的工程经验，为基坑围护设计提供了可靠的地质参数。

四、社会及经济效益

本项目勘察报告中提供了合理的结论和建议，为设计和施工提供了可靠的地质依据，对设计和施工具有良好的指导意义，设计充分采用了勘察报告推荐的桩基方案，目前该工程已经竣工并通过验收，单桩承载力和桩基沉降量等各项指标均符合规范要求。本工程建筑已经投入使用，产生了良好的社会和经济效益。

轨道交通 8 号线江月路实景图

浦星公路实景图

主楼实景图

乌鲁木齐水磨沟风景名胜区总体规划（2012–2030 年）

2015 年度上海市优秀城乡规划设计奖三等奖

编制时间： 2011 年 12 月 — 2012 年 11 月

编制单位： 上海同济城市规划设计研究院

编制人员： 严国泰、谢伟民、张杨、袁婷婷、高一菲、朱依达、徐佳芳

一、背景构思

乌鲁木齐水磨沟风景名胜区位于新疆维吾尔自治区乌鲁木齐市水磨沟区东部，毗邻乌鲁木齐市中心城区。早在清朝乾隆年间，水磨沟就因其独特的自然风光、人文景观和民族风情而成为游览胜地。2002 年被列为自治区级风景名胜区。

《新疆乌鲁木齐水磨沟风景名胜区总体规划》（以下简称“《规划》”）从构建乌鲁木齐城市生态安全格局和休闲游憩职能的背景要求出发，突出水磨沟风景区在历史文化传承和民族特色融合上的规划特色，从“保护文化景观遗产资源，构建文化景观游赏体系，配套文化景观游览设施”等多维角度，全局性地提出以文化景观统领风景区规划的理念构思，指导风景区规划在总体布局、特色发展、项目与设施建设等各方面的内容编制和实施。

二、创新特色

1. 基于文化景观保护利用的风景区规划过程全覆盖

《规划》基于水磨沟风景区鲜明的文化景观资源特征，不仅将文化景观作为一种特殊遗产类型加以研究，更突出历史、宗教、聚落、产业等要素对风景区资源特征和价值的可识别性，建立基于文化景观认知的资源评价体系。

《规划》顺应自然、传承文脉，在三维空间布局上突出对风景资源和生态环境的保护，在游憩活动、产业引导等方面注入风景区独特的、因人类活动而保存和展现的时间、文化等要素，在时空结合的规划编制技术方法上更加强调人地关系、人地形态与人地实践的应用。

《规划》强调基于文化景观特征与价值的风景区游赏规划的深入研究和具体实践，解决如何在风景区筛选游赏项目、组织游赏方式与时空和安排游人活动，展示风景区独特文化景观特质的规划构思方法。

2. 和谐处理风景区与城市之间的发展关系

《规划》积极探索城市与风景区互动融合的发展道路，重点从城镇空间发展布局、城市用地协调两个层面进行控制协调，深入研究景城过渡地带空间管制、业态规划和风貌引导等问题；建立城市与风景区兼容的规划管控内容与指标体系；优先考虑风景区服务设施建设与社区发展的对接落实。满足城市型风景区服务城市居民休闲游憩的需求，优化职能配套，以适应不断变化的城市与风景区发展所带来的机遇和挑战。

三、主要内容

《规划》内容体现了人与自然和谐相处、区域协调发展和经济社会全面进步的要求，坚持保护优先、开发服从保护

石人沟景点秋景照片

的原则，突出风景名胜资源的自然特性、文化内涵和地方特色。

《规划》结合水磨沟风景区资源特点与规划理念，围绕处理好“保护与传承、控制与协调、利用与管理、实施与保障”四方关系，重点编写了基于生态安全和文化景观格局下的风景区可持续发展、保持景源环境完整性与历史文化社会发展连续性、建立多样化体验的文化景观游赏体系等主要规划内容。

基于文化景观保护利用的水磨沟风景区规划内容体系

关键问题	文化景观规划理念与方法	风景区规划内容构成
保护与传承	•文化景观资源特征识别 •文化景观特征要素提取 •敏感性与强度分析	•风景资源评价 •保护培育规划 •分区与核心景区规划 •典型景观规划
控制与协调	•风景区历史发展与沿革 •景—城发展关系与演变	•风景区范围调整 •风貌控制与引导 •土地利用规划
利用与管理	•景源的保护与利用 •自然文化相融的游览体验 •社区聚落自我完善与发展	•风景游赏规划 •游览设施规划 •居民社会调控与经济发展引导
实施与保障	•游憩项目与游览设施建设 •民族村落与生产生活方式研究	•水磨文化景观专项规划 •国家步道项目规划 •管理体制社区参与规划

同时，在考虑风景区资源环境的科学利用，惠及当地少数民族群众，改善风景区运营管理机能及落实风景资源的保护利用和设施建设等方面，也增加了规划篇幅。最终规划成果由一个调查报告、三个专题研究与规划文本图件等共同组成。

四、实施效果

2012 年 12 月，《规划》通过乌鲁木齐市城市规划管理委员会工作会议审议。《规划》批准实施以来，水磨沟风景区相关管理部门率先启动了风景区内国家步道建设，并在 2013 年内完成一期工程实施。水墨天山国家登山健身步道全长 33km，是西部第一条国家级健身步道，免费向市民开放。步道根据规划设计，配有服务中心、露营地、停车场、休息点、环保公厕及垃圾集中处理点。同时，步道沿途配有导视牌、太阳能救援灯杆等设施。自建成开放以来，周末人流量可达 5000人以上。一些哈萨克族牧民在步道休息点开起了哈萨克风味的奶茶馆，游客在品尝哈萨克族牧民提供的食品的同时，也为哈萨克族牧民增加了收入。

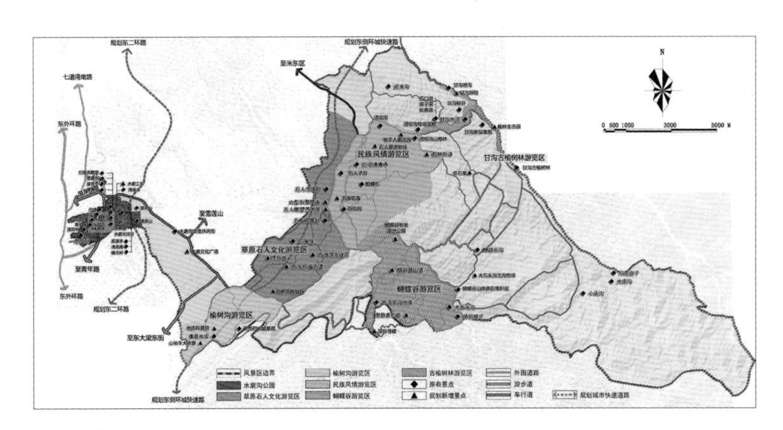
规划图

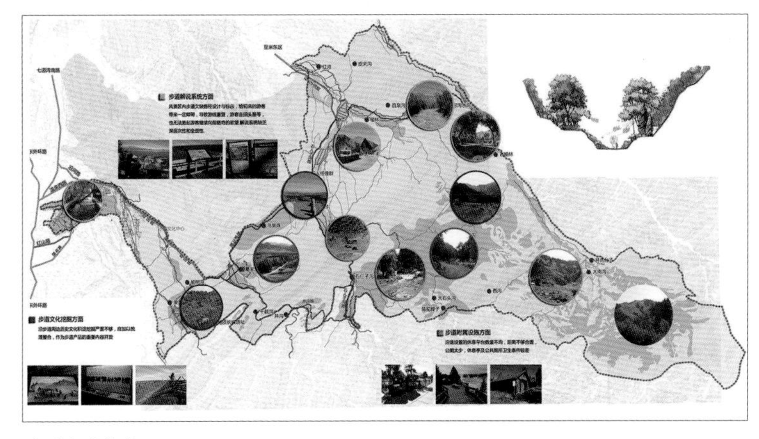
步道规划图

国家健身步道规划及实施照片

六盘水市中心城区大气环境改善及通风廊道规划

2015 年度上海市优秀城乡规划设计奖三等奖

编制时间： 2014 年 7 月—2014 年 9 月

编制单位： 上海禾木城市规划设计有限公司

编制人员： 陈河江、孙玉、秦怀鹏、谭功意、董贞志、王炜、罗霞、唐绍峰

一、规划背景

自十八大以来，“中国梦、美丽中国、五位一体、产业转型、新型城镇化、三个一亿人”等热词进入我们视野，“新型城镇化”“产业转型”和“生态文明建设”一直是国家比较重视的话题，也是当前及未来国家发展急需解决的重点难题。

2014年6月9日，贵州召开全省生态文明建设大会，强调要守住发展和生态两条底线，突出“加强生态文明建设、调整产业结构、发展循环经济、全面深化改革”四个重点，加快建设生态文明先行示范区，奋力走向生态文明新时代。

二、工作构思

首先，基于在编《六盘水市城市总体规划》（2012—2030年）的土地使用规划方案进行城区通风廊道CFD模拟。其次，在以上模拟的基础上对局部道路线型、宽度，河道通廊以及用地性质等方面提出优化建议。再次，根据模拟情况对总规用布局方案进行一定的调整。

三、主要内容

1. 规划目标

山水交融，宜居宜业的精品城市、六盘水市的副中心城市（东大门）。

2. 城乡统筹规划

（1）城乡空间发展框架

一个中心：是指六枝特区城区。

四个重点：是指4个中心镇，分别是岩脚镇、堕却镇、郎

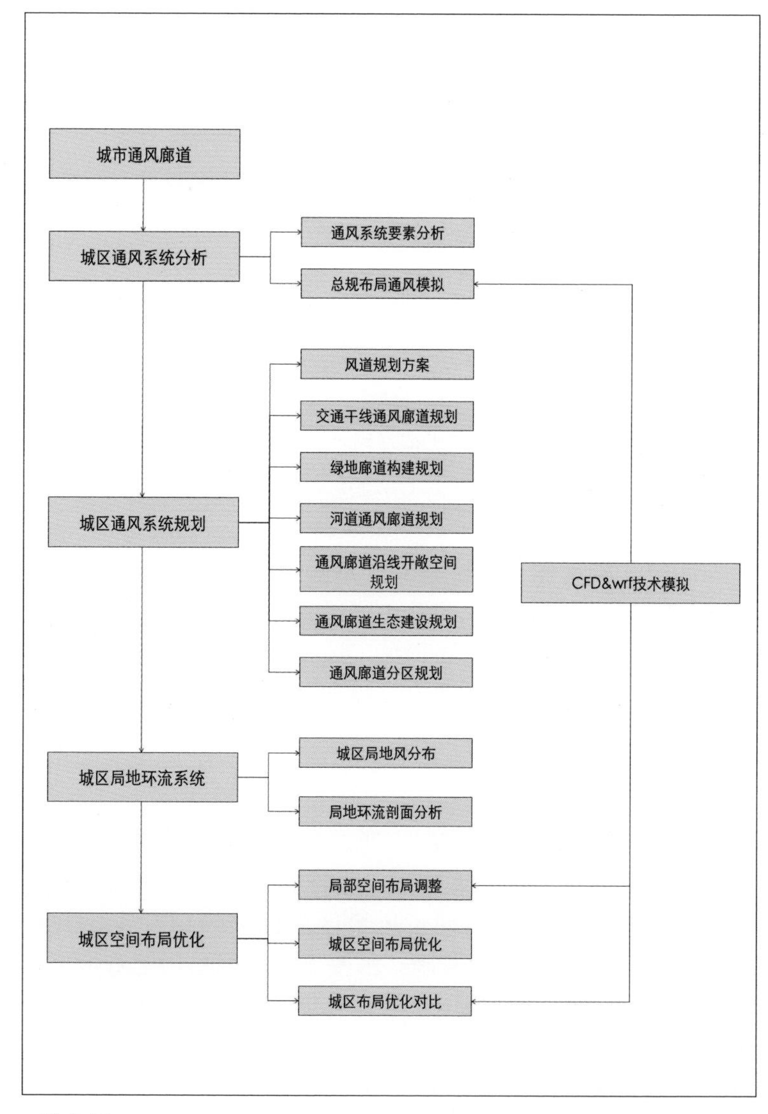

工作构思

岱镇、落别乡。

两条发展轴：是指以水镇高速、株六复线、六安城际高铁为依托的东西向复合经济发展轴，新场乡—堕却镇—城区—落别乡；以及由毕兴高速为依托的南北向经济发展轴，梭戛乡—岩脚镇—城区—新窑乡—郎岱镇。

（2）生态环境

形成一核、两心、两廊、两轴、两带、多点的生态空间格局。对斑块—廊道—基质的生态格局进行生态建设指引。

3. 城区规划

（1）城区规划功能布局

三中心、七片区。三个功能中心是中心城区综合服务中心、城铁综合服务中心、木岗综合服务中心；七个功能片区居住片区、商住片区、商业片区、工业片区、物流业片区、公园绿地、生态功能片区。

（2）城区空间发展模式

组团跨越式发展。规划绿地分隔组团，契状插入城市功能区，呈组团跨越式发展。

四、规划特色

特色一：充分利用现有自然、人文、社会旅游资源，积极申报提升资源等级，形成资源品牌，争取纳入黄果树旅游圈辐射范围，以黄果树5A级名牌效应，带动六枝旅游目的地的打造。

特色二：技术先进，论证严谨。与同济合作，运用先进的模型、气流、数据等规划技术进行分析，具有较强的科学性与可实施性

特色三：正确处理好生态环境保护和发展的问题，坚持节约优先、保护优先和自然恢复为主，突出加强生态建设、调整产业结构、发展循环经济、全面深化改革四个重点，守住发展和生态两条主线。围绕生态文明大会指导精神，加快建设生态文明先行示范区，奋力走向生态文明时代。

特色四：落地性、可实施性强。

五、规划实施

指导总体规划和各类专项规划的编制。

对各部门的职责进行合理分配，保证规划顺利实施。

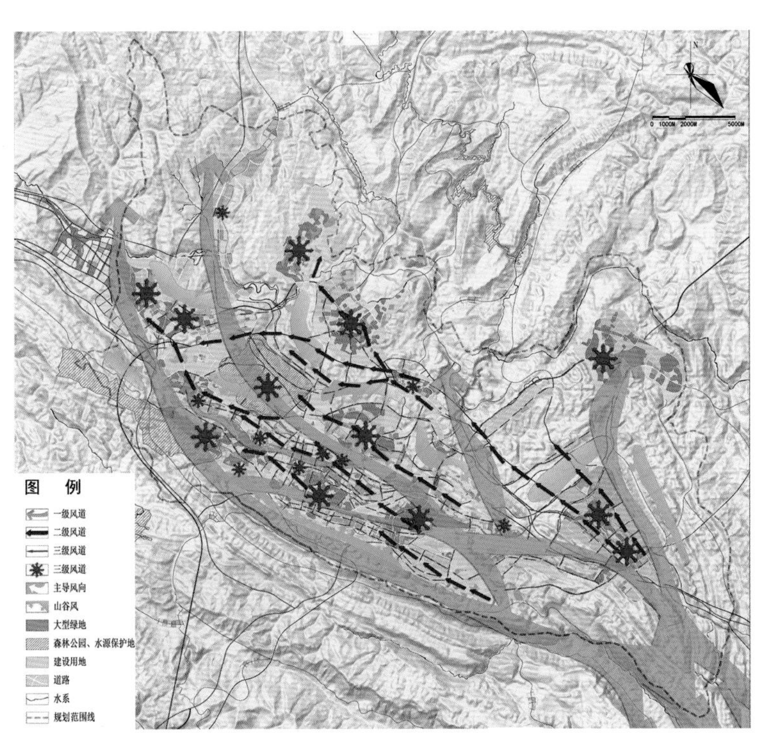

中心城区风道规划图

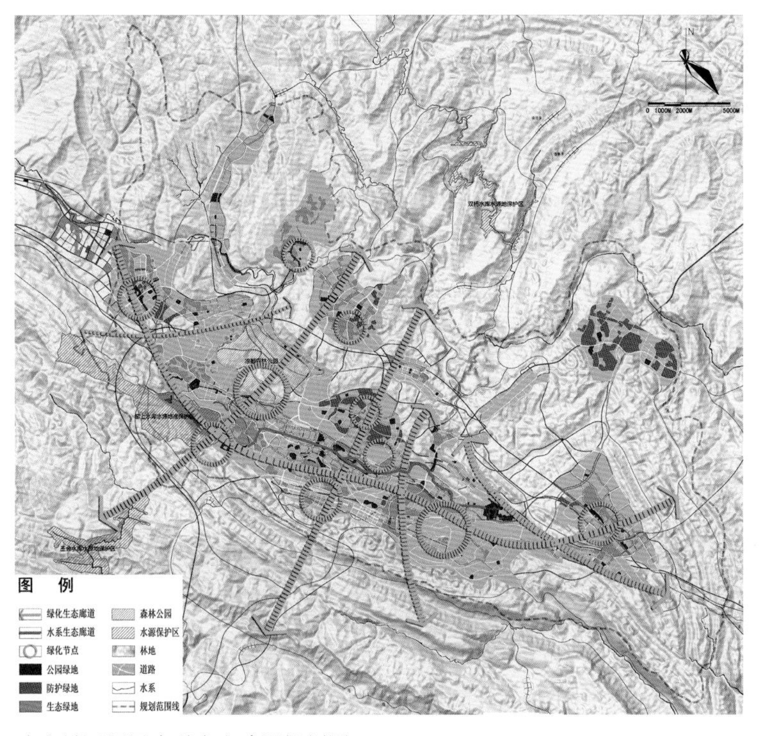

中心城区通风廊道生态建设规划图

鄂尔多斯江苏工业园区启动区控制性详细规划

2015 年度上海市优秀城乡规划设计奖表扬奖

编制时间：2012 年 9 月一 2014 年 12 月

编制单位：匠人规划建筑设计股份有限公司

编制人员：张目、孙康、刘振宇、鄢玲俐、陈友杰、邹俊、黄晶晶、杨丽丽

一、规划背景

为加强和规范鄂尔多斯江苏工业园区的城市规划和建设管理，有效利用城市环境资源，更好地指导鄂尔多斯江苏工业园区启动区的城市规划和建设。在《鄂尔多斯江苏工业园区总体规划（2012—2030）》的指导下，制定江苏工业园区启动区控制性详细规划。启动区位于鄂尔多斯江苏工业园的北片区中部以东的位置，北起纬十一路，南至纬二十一路，东起经一路，西至经十三路。启动区总用地面积 20.13 km^2。

二、规划原则

1. 整体化原则

本规划以总体规划为依据，加强控制性详细规划的严谨性、科学性和公平性，保障园区合理、有序发展。同时，需要从园区整体发展的角度出发，注重与其他片区的衔接，寻求共同发展。

2. 三效益统一原则

充分考虑规划范围内的自然环境特征，周边用地的要求，以及规划区内产业以及公共服务设施发展的需求，力求使规划能够充分有效地保护和利用环境，并有力促进启动区的发展，做到社会、经济和环境效益三结合。

3. 可操作性原则

充分利用土地资源，结合地形特点合理布置各项用地，并保持一定的弹性和较强的可操作性，优化启动区的环境质量和配套设施水平，促进启动区的健康高效运作。

三、规划定位

城市总体规划及要点解析：鄂尔多斯江苏工业园区总体规划提出园区产业板块为高端制造产业、电子信息产业、生物制药产业、光伏光电产业，以及配套的产学研、会议、会展、文化创意、旅游、物流等，是集鄂尔多斯地区国际国内产业转移承接、我国西部重要的高新技术产业基地、国家级循环低碳经济示范区以及鄂尔多斯地区高新产业孵化基地等诸多功能为一体的现代大型新工业社区。

四、规划内容

根据园区总体规划，规划期末人口规模为 85.68 万人，园

园区整体鸟瞰图

区规划建设用地为 189.43km^2。园区用地布局采用"田园城市、极核发展"等理论，运用磁场共振原理构筑园区空间结构。园区用地空间布局结构是"两片、两心、三轴、八区"的空间发展格局。

两片：即将园区划分为南片通用航空产业区和北片高新产业区。

两心：即南北两片区的综合服务中心。

三轴：即南北片功能区内部的横向经济发展轴线和联系两大片区纵向经济发展轴线。

八区：指分布在南北两大主体功能片区内的相对独立的八大功能区。

其中北片的现代科技都市区、产业创新突破区、产业主导特征区，南片的飞机零件加工区、飞机部件加工区、飞机组装区等六大功能区；此外，还包括融于两大片区中的具有商贸服务、生活居住等功能的居住区和中心服务区。发展高端制造业、生物制药产业、电子信息产业、光伏光电产业等战略性新兴产业，以及配套的产学研、会议、会展、文化创意、旅游、物流等现代服务业补充协调发展的产业体系。

高端制造业：飞机、汽车、火车、电动自卸车、动车、轻轨、煤仓救生舱等。

生物制药产业：IC卡芯片、自动化流水生产线、铁路信号等。

电子信息产业：基因工程、细胞工程等，不含原料药。

光伏光电产业：节能型灯具、LED、太阳能板等。

控制性详细规划是对总体规划的延伸、细化和优化，应具有延续性和可操作性，故本次规划基本遵循总体规划的主要规划理念，并在其基础上，进一步体现科学性和前瞻性。

此次规划关于启动区的发展定位、功能布局、城市结构，基本上与园区是一致的。

本规划保留了总体规划大的路网结构，并对局部区域道路进行了调整。

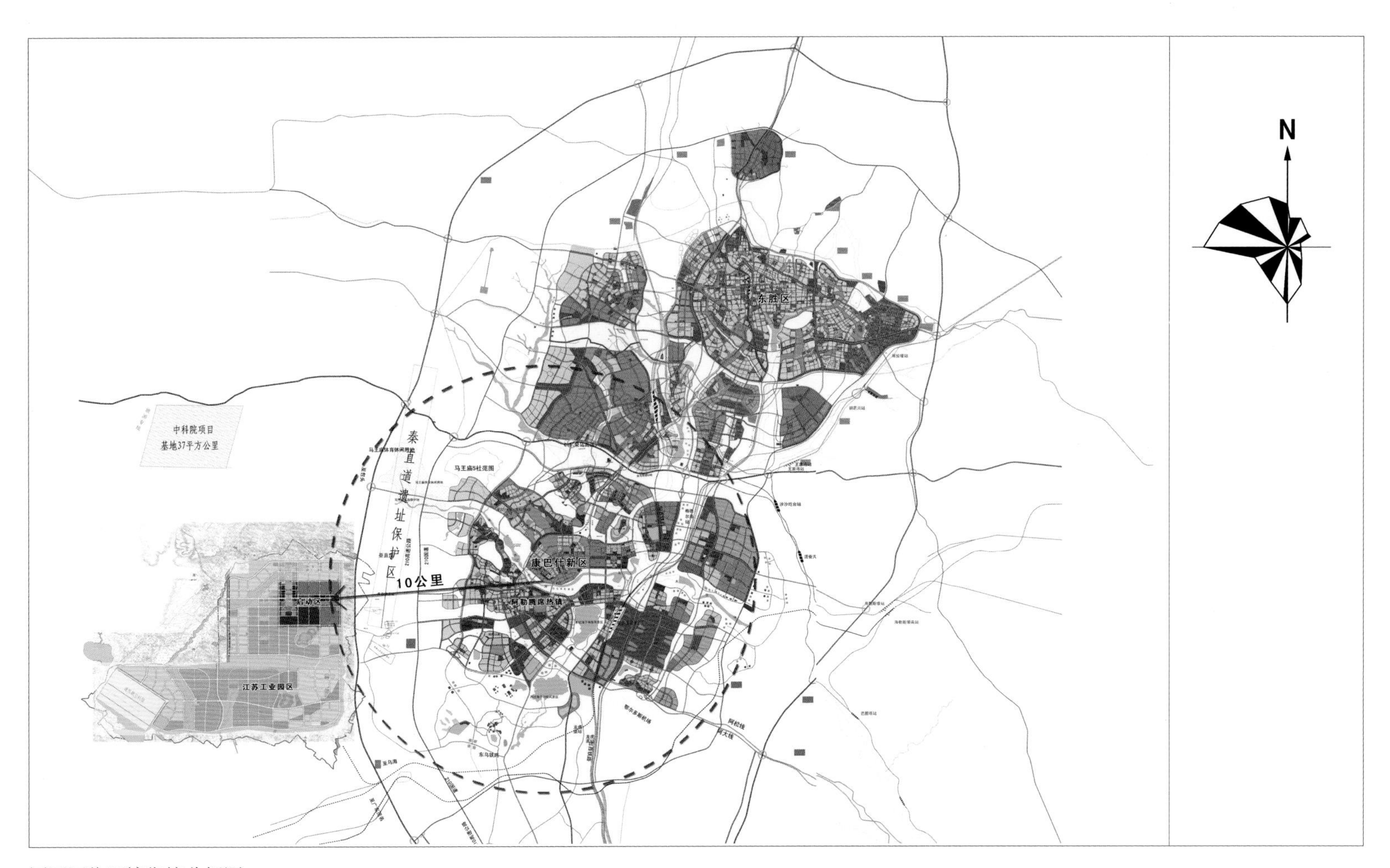

园区区位环境衔接分析图

鸡西穆棱河风光带核心区城市设计

2015 年度上海市优秀城乡规划设计奖表扬奖

编制时间： 2012 年 3 月—2013 年 6 月

编制单位： 上海千年城市规划工程设计股份有限公司

编制人员： 汤雷、王艇、陈军石、王珣、陈晓蓉、杜淼、顾奔奔、朱震、周瑜、汤杰、黄思源、张长涛、马京辉、刁世龙、史金虎

一、项目概要

鸡西穆棱河风光带位于黑龙江省鸡西市鸡冠城区西北部穆棱河南岸，规划范围西起鸡城铁路桥，东至鸡冠山脚下，南起穆棱河鸡冠堤防，北至穆棱河城子河堤防。风光带东西长约12km，南北宽约1.35km，总用地面积约12.3km²。

该城市设计成果用于相关层次法定规划编制及沿河项目实施的设计参考，并成为相关管理部门协同管理的技术支撑文件。成果主要涵盖了穆棱河风光带总体研究、核心区详细设计。

二、规划背景

穆棱河是黑龙江支流乌苏里江左岸最大支流，位于黑龙江省东部，作为鸡西市的母亲河，人们对于它的特殊地位、功能构成、生态环境以及景观形象有着极高的期盼。

如何焕发穆棱河这条鸡西市的母亲河的风采？如何使穆棱河的开发与保护和谐共生？如何使工业遗存的利用、历史元素的挖掘、特色文化的传承相得益彰？城市设计编制围绕这3个问题展开。

三、项目构思

项目以“可达”“宜留”“亲游”“乐居”为主要设计构思，从多个维度解决基地的实际问题，通过城市设计手法，将规划的五大功能区——水岸名居、金港商城、琴海广场、水上公园和河流湿地公园所涉及的空间形态、功能布局、交通组织、景观环境、建筑形态、桥梁形式以及市政设施等内容，进行一体化考虑，实施一体化设计风格，实现城市设计的可落地性，凸显城市设计的价值和地位。

四、主要内容

（1） 可达——合理交通联系。外畅内通的设计思路，从根本上解决对外交通、内部交通、公共交通、人行交通以及静态交通之间的联系。

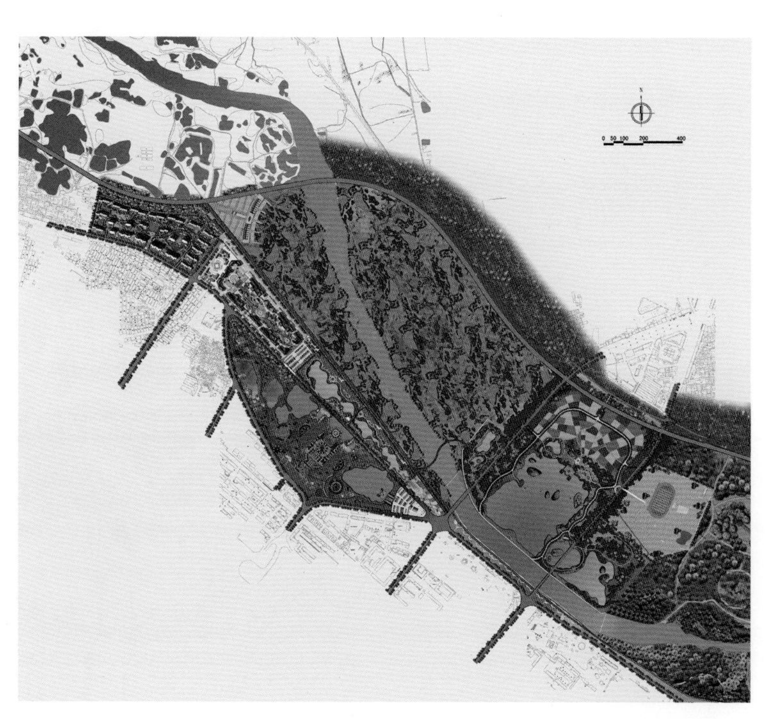

总平面图

（2）宜留——风情商业中心。位于整个规划区域中心地带的商业区，依托南面西华园的自然景观资源以及文化广场的人文景观资源，打造集购物、餐饮、休闲于一体的欧式风情商业街，成为鸡西市最具特色和吸引力的高尚旅游购物休闲中心。

（3）亲游——美好环境体验。打造生活休闲区，也是基地开发建设的启动区，基于历史、文化、经济以及生态的理念，形成“一心、二带、三区、四轴”的空间结构。

（4）乐居——亲水居住生活。打造亲水的高品质住宅小区，让居民共享穆棱河的发展，运用现代的设计手法，通过人工与自然的和谐统一，营造居住生活的典范。

（5）可持续——完善的设施。一桥一景的桥梁设计，完备的市政管网配置以及环卫等相关设施的布局，打造配套设施完善的城市发展片区。

五、项目特色

（1）宏观考虑。基于更大的规划范围、更广阔的视角来考虑本基地的未来发展方向、功能定位、空间形态、用地布局以及交通联系，确定片区整体风貌以及地块建设的相关要素的刚性与弹性控制。

（2）突出重点。在设计中一方面重点做好水的文章，因水而美、因水而秀、因水而洁、因水而净；另一方面解决好新老防汛堤与基地室外地坪6m落差问题，东侧建议以半地下建筑同地面衔接，西侧则以地下建筑的地下空间作为商业空间，屋顶可用来停车。通过精心的设计安排，将洼地劣势转变为景观亮点。同时，在景观环境塑造时，以生态为主基调，适度进行建筑及构筑物设计，力求天人合一、山水交融。

（3）文化为轴。启动区设计以符合鸡西城市特点为主导方向，以城市文明发展为创新轴线。北大荒、地形广场等区域，体现当地本土矿山文化，结合当地不同季节气候特点，形成生态型市民休闲活动广场。广场北联湿地公园、南通文化广场、西靠金港商城、东接水上公园，成为城市文化景观的中心枢纽。

（4）强化操作。城市设计中统筹了建筑、道路、桥梁、水利、市政、景观等多个专业，以一体化设计思路来完成设计，使得项目能够落地。

六、实施情况

本设计启动区穆林河广场已建成使用，游人络绎不绝，得到市民的广泛认可，产生了良好的社会效应、经济效益和环境效益，中央电视二台也进行了特别采访，反响热烈。

穆棱河的城市设计将水利、生态、旅游、文化、历史等要素相互融合，推进民生水利，促进人水和谐，赋予城市灵性和韵致，提高人民群众幸福指数，为鸡西市建设绿色矿区、生态城市、宜居家园作出了积极努力。

总体效果图

凌源市杨杖子镇城镇总体规划及控制性详细规划

2015 年度上海市优秀城乡规划设计奖表扬奖

编制时间： 2013 年 11 月一 2014 年 7 月

编制单位： 上海同砚建筑规划设计有限公司

编制人员： 金荣华、王艳红、孙亮、王树春、谭龙、晏超华、陈雪娇、许珂、顾慧、徐盛华、张乐

一、编制背景

杨杖子镇位于辽宁省凌源市西南部，凌源市建制镇，国家重点镇之一。1970年至2006年，因向东化工厂建设，从一般乡镇发展成为化工工业重镇。2007年至2015年，因向东化工厂搬迁，从化工工业重镇转型为玻璃产业城，建设建材产业园。“十三五”期间，杨杖子镇具备从玻璃建材园向产业新市镇发展潜力。

杨杖子镇域总面积33km^2，距凌源市区70km。省级公路315、北杨线及魏塔铁路穿境而过，区位及交通优越。属辽西典型的低山丘陵区，镇区中心呈狭长形，地势相对平坦。境内有青龙河及其支流清水河流经，区内森林覆盖率达55%，生态环境优良。三次产业比例为10.20:87.35:2.45，处于工业化中期，呈现过度依赖工业经济而第三产业配套相对滞后的发展特征。

新时期，新型城镇化战略是我国现代化建设的历史任务，是我国未来发展和扩大内需的最大潜力所在。杨杖子镇依托区位及交通、建材产业基础等优势，将承载“资源型城镇的转型与复兴”使命和承担“凌源市重点产业园区建设”重任，迎来了新的发展机遇，杨杖子镇人民政府组织编制《凌源杨杖子镇城镇总体规划及控制性详细规划》，以期成为产城融合型新型城镇化的建设典范。

本次城镇总体规划面积为10.77km^2，控制性详细规划面积为5.75km^2。该项目先后通过了专家评审、规委会及常委会审批，顺利完成本次规划编制工作。

二、编制路线

从人口、土地、空间要素协调互动，探索产城新市镇的新型城镇化发展路径。运用GIS技术进行综合分析，明确土地承载、城镇空间需求与供给、空间管制分区及措施。促进城镇结构转型与合理布局，从产业集聚、城镇形象、吸引人气、基础设施等4个方面强调产城新市镇特色营造。

三、规划特色

规划体现六大特色：

（1）功能性质定位上：凌南产业新市镇

定位为凌源市南部核心城镇，以新型建材、旅游服务、

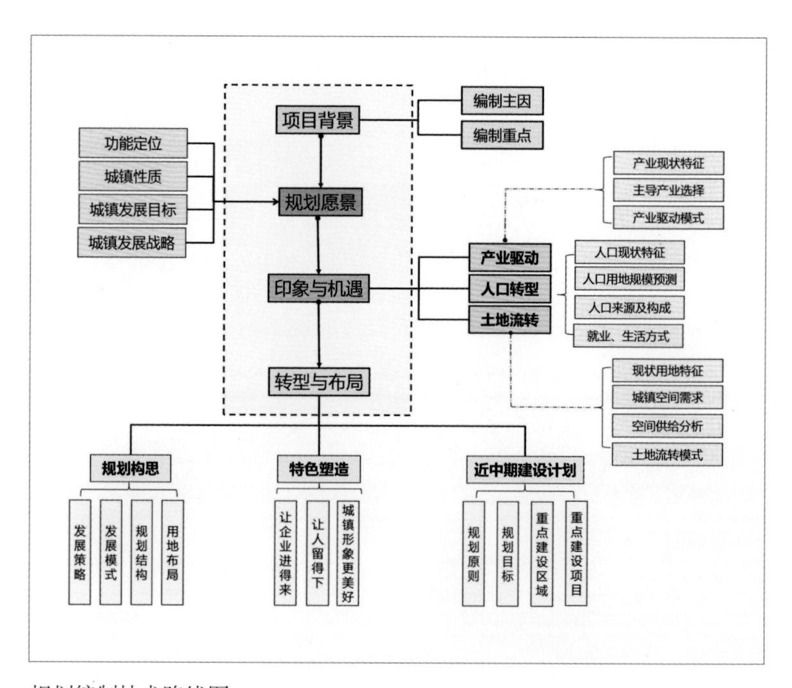

规划编制技术路线图

商贸物流、滨水居住等功能为一体的凌南产业新市镇。

（2）产业驱动上：一个平台、两大支撑更新产业驱动模式。

一个平台指工业园区平台，两大支撑即城镇功能配套服务和旅游功能配套服务。通过对产业基础、相关规划导向、周边产业组团联动、市场需求导向等分析确定主导产业，提出以建材工业园区为带动，两大服务配套为支撑的产业新市镇驱动模式，强调产业发展与城镇建设的互动、互融。

（3）人口转型上：多维度优化人口构成，强调市民化的生活方式转型。

通过研究人口来源、构成、规模、居民生活方式、聚集模式及用地需求等，强调不仅在居住环境、生活配套等方面转型，更强调人的职业和市民化的身份转型。

（4）土地利流转上：梳理流转方式，构建更高效、集约的土地利用。

从城镇空间发展需求、城镇空间供给能力、城镇空间利用、城镇新兴增长区域选择等角度分析，提高土地资源利用率，节约土地资源，实现城镇空间、产业与服务功能的拓展与融合。解决现状用地布局散乱、建设用地多处闲置、道路交通薄弱、城镇特色风貌缺失等城镇发展问题。

（5）空间策略上：居枕水、业沿轴、服居中。

以新型城镇化、新型工业化同步推进为思路，通过功能与交通疏解，区域联动，实现城镇空间、产业与服务功能的拓展。制定城镇空间发展策略为“三叶草”肌理，即沿青龙河和清水河布置居住用地，形成组团式滨水居住区；沿315省道、北杨线组团式布置工业、物流用地，形成工业园区；沿315省道与北杨线交汇区集中布置服务设施，形成配套服务中心。

（6）产业新市镇特色塑造上：让企业进的来，让人留得下，城镇形象更美好，基础设施配套更完善。

构建“3+1”产业聚集布局模式，地块大小控制在3～6 hm^2，地块更好用；花更少的钱为企业打造利好交通，提升交通可达性，让企业进的来。

构建5个滨水宜居社区—杨杖子（站前）职工社区、白牛群中心宜居社区、清水河滨水宜居社区、青龙河滨水职工社区、大北庄新型宜居社区；打造特色的商业服务、较好的医疗教育设施，丰富的业余生活；旅游服务中心带来更多的复兴可能性，让人留得下。

通过公园与绿地的完善；新市镇的新建筑风貌塑造、“一心、二带、多区、多节点”的城镇景观系统结构，让城镇形象更美好。

市政基础设施规划、空间管制规划、环境保护规划、环境卫生规划、综合防灾规划、水系规划等专项规划保证基础设施配套更完善。

四、规划实施

杨杖子镇人民政府按照规划提出的策略与方法，积极推进镇区中心的建设，主要表现在：

实施了东方红广场的改造，建设了标识性建筑——东方红大厦。拓宽了北杨线、美化了清水河沿路一侧景观。引入多家建材企业，促进建材工业园区快速发展。建设美丽乡村示范点，实施房屋立面改造、配套健身器材、改造乡村道路绿化景观，使镇区面貌焕然一新。

核心区效果示意图

土地利用规划图

湛江市中央商务区发展策划和规划设计

2015 年度上海市优秀城乡规划设计奖表扬奖

编制时间： 2011 年 11 月－2013 年 6 月

编制单位： 悉地国际设计顾问（深圳）有限公司

编制人员： 张勇、张仕云、李丽重、徐淑英、陈家宝、卢萌华、印莉敏、袁颖

一、规划背景

湛江中央商务区选址位于湛江经济技术开发区，湛江港湾西岸沿海的霞海港区附近，东至湛江湾，南至乐山大道，西至龙平北路、永平北路，北至体育南路，与坡头未来城市副中心隔湾相望。总规划范围约 3.42km^2，其中核心区面积约 1.86km^2。

城市区位：湛江港口作为大西南地区最短的出海通道、临海门户，珠三角与北部湾合作的桥头堡，区域门户地位逐渐凸显。

城市格局：湛江市虽有大城市规模，城乡人口达 780 万人，但两大老城中心盘踞南北、布局松散，对湛江典型的带状结构城市发展不利，缺少核心引领。

城市经济：虽作为港口城市，但金融贸易、现代服务业等与国际对接机会少，发展能级与城市地位亟需提升。

随着中科炼化、宝钢千万吨钢铁基地、中纺粮油等重大项目相继落户，以钢铁、石化为支柱的临港产业基地逐渐成型。

二、规划构思

1. 主题定位

湛江CBD要打造国内一流、世界超前的南国第一商务港湾。以绿色生态型港湾、休闲乐活型港湾、服务高效型港湾、信息智慧型港湾为四大发展目标，成为“智联港湾—活力都心”。

2. 功能定位

重点打造总部经济、金融商务、旅游服务三大核心功能，成为湛江提升服务能级、展现产业创新、凝聚文化活力、展现滨海魅力的城市门户及形象地标。将湛江打造成为立足粤西、辐射北部湾，乃至中国—东盟自由贸易区的区域中心城市。

3. 愿景与目标

延展城市风华，塑造现代城市新形象；

构建紧凑城市，创造多样化的城市空间；

塑造生态城市，自然与城市和谐共生。

总平面图

三、空间布局

规划结构概括为“一带一心、三轴七片、多点”，其中：

一带——为滨海景观带。

一心——为 CBD 功能中心。

三轴——分别为海滨大道城市发展轴、龙潮路空间魅力轴、CBD 核心金融轴。

七大城市功能片区——分别为商业商务服务区、金融总部办公区、滨海文娱休憩区、水上运动休闲区、两大居住配套服务区以及酒店办公综合区。

多点——为分布在CBD内若干重要功能景观节点。

四、创新与特色

1. 滨水特色——拥湾傍海，零距水都

规划将 CBD 的核心功能金融总部办公空间亲水布置，打造海滨生态型、亲水型 CBD，与海湾零距接触。

2. 空间特色——魅力中轴，一脉三境

打造龙潮路“一”字通廊，打开东西向城市功能空间主轴，串接商贸都心（物境）、金融核心（情境）、休闲绿心（意境）三大特色节点。

3. 文化特色——续存历史，延展文化

保存工业历史岸线形态，创造滨海公共空间带，以此为载体融入湛江精神与文化展现，设置若干文化游览体验节点，复合城市的传统文化、都市文化与特色文化，形成独特的地方魅力。

4. 交通特色——效率优先，灵活发展

借鉴国际经验，推行交通密路网，精细地块划分，创造高效便捷的通行网络与灵活弹性的土地开发。

5. 形态特色——紫气东来，中央崛起

规划正气的十字贯穿通廊，成为 CBD 核心汇聚人流、车流的主动脉，地标制高点坐镇中心，形成财聚四方之势。将中轴朝东扩展，接连大海，迎入紫气东来。

五、规划实施

开发建设湛江市中央商务区是市委市政府的重要工作部署，关系到湛江市城市经济、文化、发展的战略定位。市委市政府要求相关部门加快工作进度，高标准规划、高质量招商，又好又快建设，努力将中央商务区打造成城市新名片。

目前，中央商务区规划建设情况都比较顺利，吸引了一批有实力、有资金的大型企业前来投资置业，现已实施项目有万达广场、荣盛中央广场、保利广场等综合性项目。

万达广场：76 万m^2旗舰综合体，集购物、休闲、娱乐、办公、文化、居住于一体，打造湛江休闲娱乐新领地。

荣盛中央广场：用地16.9hm^2，建筑面积为114万m^2，包括 6 栋 28~50 层办公楼、2 栋 28 层公寓、9 栋高层住宅。

鸟瞰效果图

上海市奉贤区奉城镇盐行村村庄规划

2015 年度上海市优秀城乡规划设计奖表扬奖

编制时间：2012 年 5 月 — 2013 年 3 月

编制单位：上海沪闵建筑设计院有限公司

编制人员：李慧、丁成祥、龚卫燕、王双、王丽凤、袁军、梁冰、凌巨刚 、李凌

一、项目概要

农村集体建设用地是农村资源的重要组成部分和村级集体经济的重要支撑。目前，奉贤区农村集体建设用地节约集约利用和流转的潜力很大。一方面，集体建设用地总量较大；另一方面，由于土地所有权和土地使用上的双轨制，集体建设用地粗放低效、闲置浪费现象比较普遍。

奉城镇盐行村作为奉贤区首批正式编制的村庄规划，将农村集体建设用地的盘活作为重要切入口，对宅基地进行归并，进一步发展农村集体建设用地；以行政建制村为编制单元，通过集体建设用地增减挂钩、流转，综合部署生产、生活等各项建设；确定对基本农田的保护和防灾减灾等安排，对于改善农村居住环境品质，促进城乡经济、社会、环境的和谐发展具有十分重要的意义。

二、规划背景

2010 年 10 月召开的中共十七届五次会议提出："要推进农业现代化、加快社会主义新农村建设，统筹城乡发展，加快发展现代化农业，加强农村基础设施建设和公共服务，拓宽农民增收渠道，完善农村发展体制机制，建设农民幸福生活的美好家园"。充分体现了"十二五"期间国家加快新农村建设的决心，预示着"三农"问题的解决将在"十二五"期间取得重要进展。

历届上海市委、市政府一直高度关注"三农问题"，重视城乡协调发展。奉贤区结合自身发展实际，围绕"十二五"规划中提出的"三化两建设"目标，扎实推进《社会主义新农村建设 2010 — 2012 年三年行动计划纲要》，有序推进村庄规划，并将其作为重要内容之一。2011 年，奉贤区被市委、市政府列入城乡统筹发展试点区，将强镇强村作为实现"三化两建设"的重要抓手，村级经济发展被提上重要议事日程。

三、项目构思

奉城镇盐行村村庄规划秉持国家新农村发展理念，与上位规划相衔接，坚持长期发展的"三个集中"方针，正确处理好村庄建设中农民的主体地位与政府引导作用的关系，促进城乡和谐发展。结合当地自然条件、经济社会发展水平、产业特点等，切合实际布置村庄各项建设，注重实效、量力而行、合理安排建设时序。

充分利用盐行村的现状基础条件，通过整合资源，改善居住环境，把盐行村建设成为布局合理、村貌整洁、设施完善、环境优美的奉贤现代新农村。大力发展盐行村村级集体经

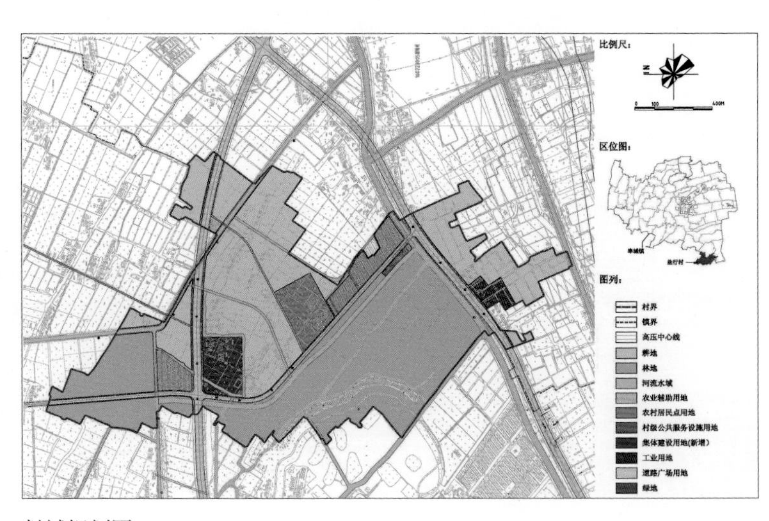

村域规划图

济，在改善农民的基础生活环境的同时为其考虑经济收入的增长方向。发展现代都市农业，提高农业集约经营水平和规模效应；促进第二产业转型发展，提升产业能级；协调发展第三产业，建设一个综合均衡的产业体系。

结合村庄近远期人口发展目标，优化集中居住点布局，统筹集中居住点内各类用地的空间布局，不断完善道路系统、市政公用系统、配套服务系统等。

四、主要内容

1. 村庄用地规划

村庄用地分为农用地、建设用地、水域和未利用地。建设用地主要包括：

（1）农村居民点用地：通过保留改造、归并集中梳理原有居民点，新增居民点，实现农村居民点的集中化布局，集约式管理。

规划对现状有一定规模、建筑质量较好、交通便利、配套设施基本完善的村民居住点进行保留改造；对现状规模较小、交通联系不便、建筑质量较差、布局散乱、公共服务设施缺乏且难以进行有效配置的居住点进行归并集中；并根据发展规模适当新增部分居民点。

（2）工业用地：整合现状工业用地，对工业仓储用地进行归并，使其形成一定规模的集中工业园区。保留原村内企业，促使企业升级，加大企业能效，提高工业用地产值，提升产品能级。

（3）村级公共服务设施用地：配套建设生产性服务设施和生活性服务设施，满足生产、生活要求，公共服务设施既集中又分散，提供不同的服务半径。

（4）集体建设用地：作为盐行村村级经济发展的重点，合理布置村级集体建设用地。

2. 开发强度控制

（1）新建集中居民点的容积率控制在 0.6~0.8。

（2）村级公共服务设施用地的容积率不宜超过 1.0。

（3）与环境相容的工业产业用地，容积率一般控制在 0.8~2.0。

3. 道路交通规划

尊重现有的路网格局，完善乡村道路系统，保留和延续农村道路景观风貌，规划道路系统由城市道路、村级主干道、村级次干道、农村基耕路组成，布置公交站点，方便村民出行。

4. 住宅建筑

根据当地农村特点，新建住宅以二层和三层为主，规划充分考虑村民经济水平的差异及家庭对户型的不同要求。新建住宅力求做到建筑合理、造型美观、设施齐全、环境优美。

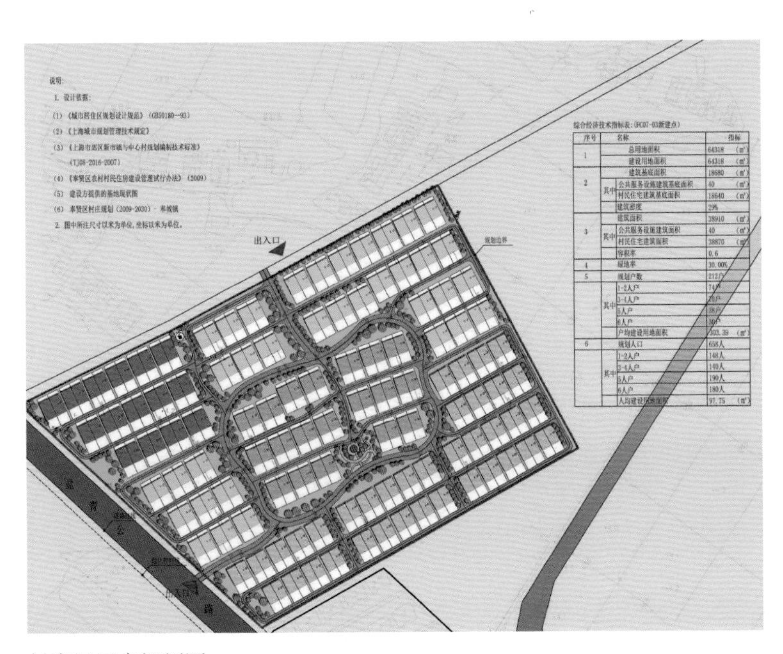

村庄居民点规划图

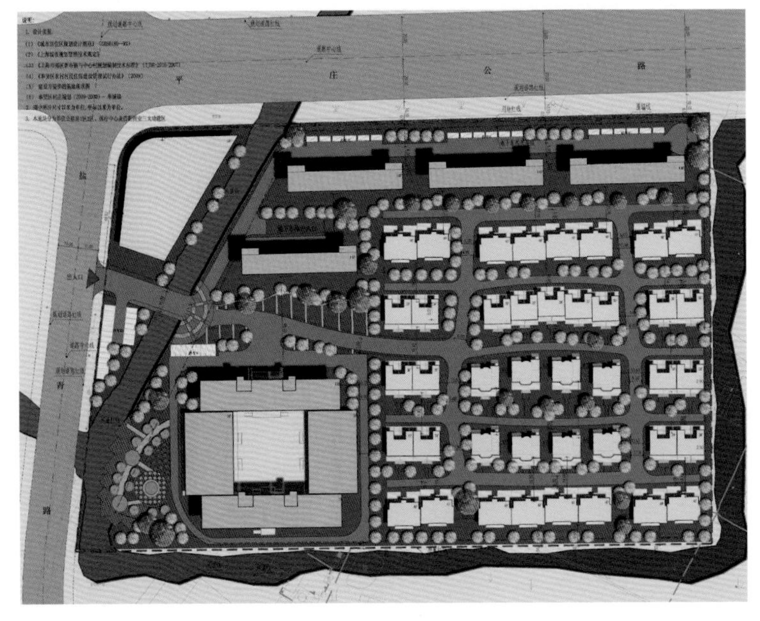

村庄集中建设用地规划图

大连花园口经济区 滨海景观带规划及西部滨海地区城市设计

2015 年度上海市优秀城乡规划设计奖表扬奖

编制时间： 2014 年 5 月—2014 年 9 月

编制单位： 上海江南建筑设计院有限公司

编制人员： 丁春梅、吴宁、王超、范晓兰、华进、王大猛、彭昌斌、宫森林、史林侠、董莲华、姜静雅、杨虎、王然

一、项目概要

滨海景观带长 15km，占地 9.84km^2，贯穿城市南部。现有海岸线资源丰富，但缺乏利用；沿线自然人文要素众多，但布局分散。如何科学规划、合理建设，提升花园口风貌与城市形象，成为地区发展的重要课题。

二、规划背景

大连花园口经济区是辽宁省参与东北亚经济圈合作发展

整体鸟瞰日景图

的重要引擎之一，是辽宁沿海经济带"五点一线"的重要节点，也是大连"金三角"格局的重要组成部分，通过新兴产业引领大连未来产业发展的第三极。

三、支撑系统

建设以滨海景观、历史文化为依托，低碳环保、健康生活为理念，国际水平的创新性、高品质，"文化、休闲、度假"为一体的滨海风情港湾。

交通/服务设施——通过贯通全域的新滨海景观大道完善滨海交通系统，服务设施开放共享，激发城市活力。

雨洪设施——结合地域生态安全格局，在滨海区域形成核心区、缓冲区、活动区的生态雨洪调蓄系统三级体系。营造具有多种生态服务的城市生态基础设施，成为城市的"绿色海绵"。

生态岛链——保证城市内部水体的稳定，实现内部水系蓄水、自净、排洪过程的可控，丰富景观层次。

四、规划特色

承接性与适应性——优化填海工程，以生态理念引领滨海区开发，合理布局岸线，尽可能减少对生态环境的扰动，为城市总体规划、土地利用规划提出深化建议。

创新性与探索性——针对北黄海滩涂型海岸的特征，因地制宜，对自然地形创新利用，将海岸线生态性、景观性和工程性要求相互衔接，进行有效探索。

整体性与融合性——滨江景观带贯穿新城东西各片区，将景观设计与城市设计、新城各片区控详规划设计相融合，形成花园口滨海发展的活力纽带。

多样性与传承性——滨海地区自然要素和人文要素众多，在景观设计中探索文化和自然要素的多样性和传承性，打造四大载体。

整体鸟瞰黄昏图

整体鸟瞰夜景图

规划区效果图

山东省临沂市义堂镇总体规划（2012–2030 年）

2015 年度上海市优秀城乡规划设计奖表扬奖

编制时间：2012 年 7 月－2013 年 6 月

编制单位：中国能源工程有限公司

编制人员：钟小毛、陈智杰、戚闻洁、张节节、马新海、虞群、李文辉、陈顺生、柯淑瑾

一、规划背景

义堂镇位于临沂市兰山区西部，是临沂城区的西大门，是全国重点镇之一。祊河、涑河、泉河、蔡河流经境内，镇域总面积 101.5km^2。义堂镇于 2008 年被国家发改委确定为全国发展改革小城镇试点镇；同年 10 月被山东省委省政府确定为山东省综合改革试点镇；2011 年 4 月被市委市政府确定为临沂市优先发展重点镇，是临沂西部新城的重要组成部分。

义堂镇以板材业和商贸物流业而闻名，工贸业发达。其中第二产业占产业比重达 90% 以上，配套和服务业发展远远滞后于其经济发展。2011 年原义堂镇与朱保镇合并，成为新的义堂镇。因此原有的两个镇各自编制的总体规划已经不能指导现有城镇建设，新的总体规划编制势在必行。

二、项目构思

规划坚持以问题为导向，主要从区域、产业、定位和配套几个方面进行思考：

（1）区域上，如何协调好与临沂大市区的关系，特别是与临沂西部新城的关系；考虑到义堂镇交通便利，有火车货运站，又有京沪高速出口在此，提出物流枢纽概念，对接西部新城。

（2）产业上，在原有产业上如何进行转型升级？义堂镇板材行业发达，以粗加工为主，缺乏产业的纵深性和关联性。规划提出延伸产业链，发展高附加值产业，制造业逐步整合入园，主要发展贸易、展示、营销等，打造全国一流的板材贸易中心。

（3）定位上，义堂镇作为区域枢纽，全国重点镇。其功能已经远远超出了一个镇本身所承担的功能。因此，规划定位需要从临沂乃至山东或者全国的视角来分析其发展定位。

（4）配套上，义堂镇原有工业较为发达，但是存在第三产业发展不足，配套跟不上的问题。但同时，由于离临沂城区较近，有些配套需要与城区进行共享和衔接。

三、规划目标

1. 全国环保板材产业之都

规划致力改变原有“全国级产业、镇级配套”的窘境，提出打造全国环保板材产业之都的定位，引导城镇的产业升级和配套提升。

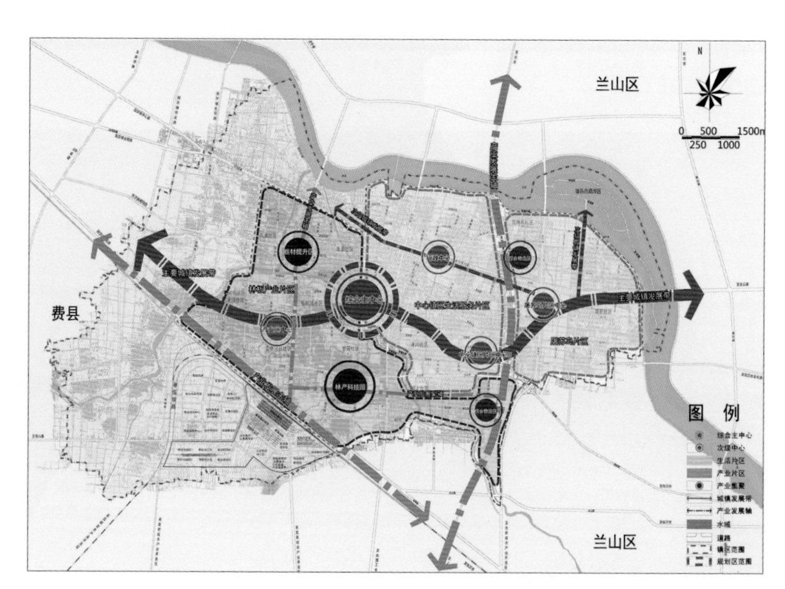

镇区规划结构图

2. 临沂市西部综合枢纽

规划不仅仅从一个镇着手，更是从大区域的角度来定位城镇，把城镇纳入到大临沂的发展框架中。

3. 自然山水田园城镇

规划致力于保护自然山水格局，将原有村镇企业散布不均，形象脏乱差的格局转变为自然生态、环境优美、配套齐全的自然山水产城融合新型城镇。

四、主要内容

规划理念：区域协调是基础，能级提升是必然，生态持续是根本，融入融合是关键。

城镇性质：环保板材产业之都，区域综合物流枢纽，临沂西部生态新城。

城镇规模：规划期末规划区内总人口约为45万人，其中镇区人口规模为42万人，农村社区人口为3万人，规划区城镇化水平达到93.3%。

镇区人口规模：近期2015年，镇区人口规模为21万人；中期2020年，镇区人口规模为28.8万人；远期2030年，镇区人口规模为42万人。

镇区用地规模：近期2015年镇区建设用地规模控制在38.96km^2，人均建设用地面积为185.55m^2/人；中期2020年镇区建设用地规模为43km^2，人均建设用地为150m^2/人；远期2030年镇区建设用地为52km^2，人均用地指标为123.9m^2/人。

镇域空间结构：一轴四片、两带多点。

一轴：以幸福大街（老327国道）为城镇发展主轴，串联屠苏岛片区、中心镇区、综合物流片区和西部生态农业生产区；两带：沿涑河和京沪高速形成的两条生态带；多点：各功能片区的服务中心。

镇区空间结构：“一体两翼，多组团”的布局结构。

一体：由义堂镇特色小镇、综合服务中心、板材专业市场及生态板材产业园共同构建的义堂中心镇区，是义堂镇的商业中心和行政商务核心；两翼：分别指东部的屠苏岛片区和西部的综合物流及板材机械化工园片区；多组团：由道路、水系、生态带等隔离构成的多个相对独立的功能组团。

产业选择：一产重点发展现代农业、农业服务业；二产大力发展生态板材制造业、板材相关机械制造业、板材相关加工业；三产重点发展旅游业、物流配送、运输业、商贸服务业。

五、实施情况

1. 有效指导下一层次规划

该规划在审批后，该镇政府便委托我司对城镇核心区进行控制性详细规划的编制。由于总规和控规都由我公司编制，规划从总规到控规得到很好的执行和继承。

2. 有效指导城镇产业升级

规划提出的“产业入园、服务升级”的总体策略，在规划中得到很好的执行。特别是城镇核心区，当时提出的板材展示中心等项目在后续的建设中得到实施并建成，极大提高城镇的整体形象。

3. 有效指导城镇建设

总规确定下来的主次干道、主要的商贸物流中心以及各项基础设施配套，在后续建设中逐步实施。

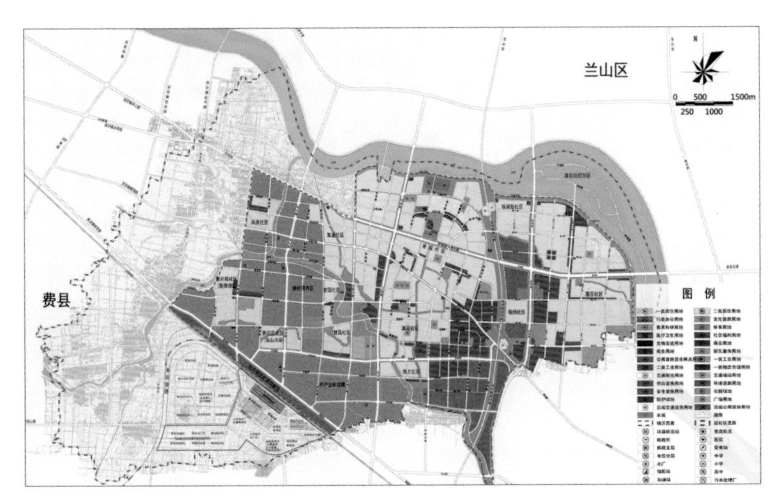

镇区土地使用规划图

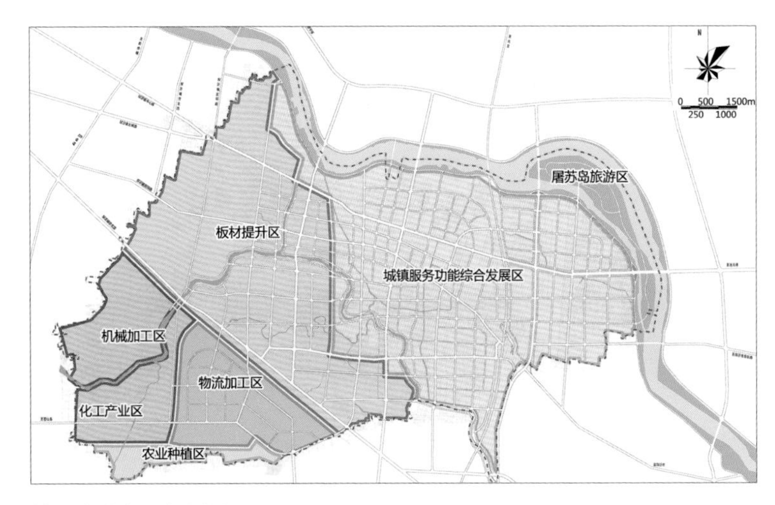

镇区产业布局规划图

珠峰 79 公里综合游客服务中心概念设计

2015 年度上海市优秀城乡规划设计奖表扬奖

编制时间： 2013 年 11 月—2015 年 11 月

编制单位： 松江区规划设计所

编制人员： 朱根新、翟伟琴、谢玲玲、董晓培、金英、郑璇

一、项目概要

珠峰综合游客服务中心除了是一个游客中心，同时承担应急救援和科考观测等外延任务。《珠峰 79公里综合游客服务中心概念设计》根据定日县旅游局提供的基础资料数据，在适当的位置上，形成规模合理、形态合适、交通可控、安全方便的规划方案。建筑风格充分考虑基地的地域特殊性和国际性，借鉴国内外优秀的游客中心设计理念，形成生态环保、与当地环境相融合的概念方案，以实现珠峰景区旅游服务、应急救援与科学考察顺利中转的目标。

二、规划背景

随着进入珠峰大本营旅游和登山活动的国内外游客的增多，景区的资源、生态环境和服务设施承载负荷过重，救援医疗设施缺乏，逐年增加的越野车辆致使通往营区的道路破坏严重。

为了给景区减负，并解决高山探险应急救援和医疗救助的需求，也为了在保证环境保护的前提下，更好地服务于越来越多的前往珠峰大本营区域旅游和登山活动的国内外游客，拟在珠峰国家自然保护区核心区和缓冲区边界位置，即登珠峰碎石路79km路程碑附近，规划设计综合游客服务中心。

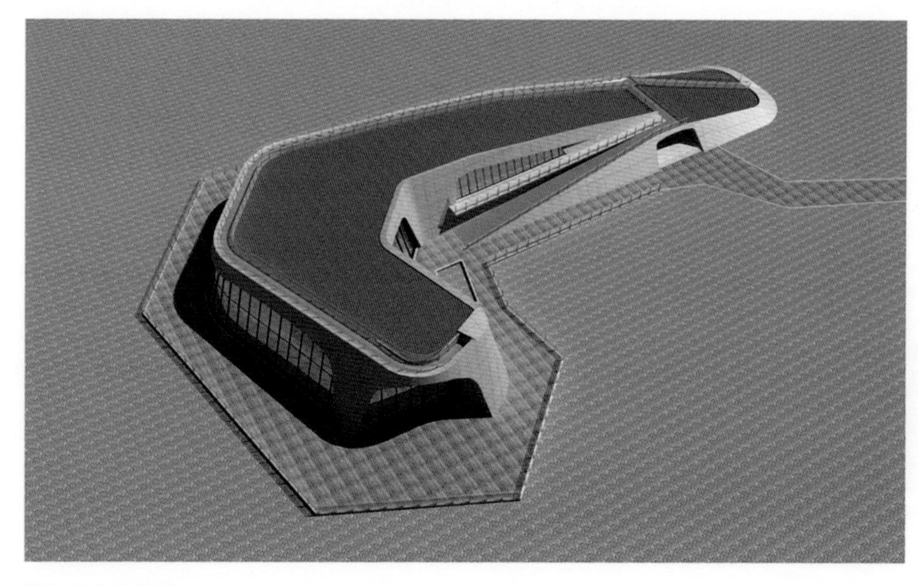

服务中心效果图

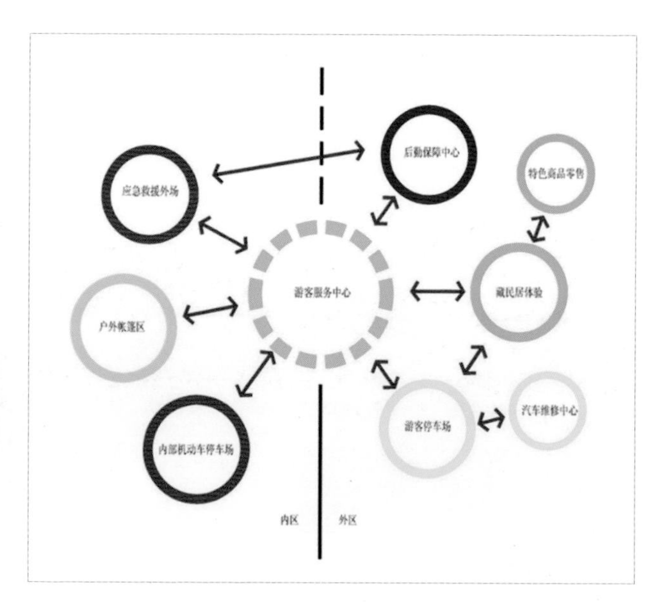

服务中心整体功能示意图

三、主要内容

1. 珠峰旅游综合体设计思路

珠峰旅游综合体具有复杂的功能需求，其整体规划和建筑设计不仅需要适应当地气候、地质、地理条件的要求，还应当充分尊重周边环境，做到建筑与环境的充分融合。

首先，根据定日县旅游局提出的初步要求，并结合国内外游客服务中心的实际案例，归纳出珠峰旅游综合体的主要功能，包含游客服务中心、应急救援中心、换乘中心和科学信息观测中心。

其次，建筑单体方面，鉴于当地风力影响较大，建筑风格宜趋向简洁化、体量化，外轮廓宜曲不宜直，整体形态注重与周边环境结合，突出原生态的建筑生长理念。建筑高度以一层或两层为主，局部可挑高为观景台，建筑材质可选用当地资源或者现代高科技环保材料。至于建筑地域性的体现则不应当仅仅是文化符号在建筑局部的表现，而更应该是整体形态的概念化，将特色的文化符号重组扩展为具有空间性的环境因子，外部景观（基地原生植被和远处的雪山）的引入可以加强空间概念化的效果。

2. 珠峰旅游综合体方案

（1）功能布局

根据综合功能需求，在整体空间层面，本旅游综合体可以分为外区和内区。内区为游客中心和配套服务区（管理与边检人员的居住饮食区域、应急救援直升机停机坪和换乘交通工具停放管理区），外区为游客停车区、当地百姓旅游产品自销区和藏民居生活体验区等。

珠峰旅游综合体项目建筑整体形态根据内外功能分析，结合周边戈壁、山脉的走向，设计形态如起伏的山丘的核心建筑。建筑长轴为东西向，南侧利用建筑的造型形成半围合的室外空间，与室外停车场通过架空木栈道（架空木栈道能减少建筑对当地高原植被的破坏）连接，形成主要的入口空间。通过安检的游客可在建筑西南侧换乘等候区由环保车辆载入景区。由于基地的主要景观面位于场地西侧，因此除了在建筑外部西侧布置连续的室外景观平台以外，屋顶也布置为观景平台，可供进入旅游综合体的游客驻足观赏独特的高原风光，远眺壮丽的雪山美景。

（2）效果分析

方案在建筑内外设计双重的观景体验区，内侧由落地大玻璃观景墙对应主要周边景观区，外侧设计坡道从建筑东侧和南侧徒步到达建筑屋顶观景区，乘风观赏四周多变的高原风貌。整体建筑立面造型结合功能和当地气候风力，设计大面积的虚实对比，形成明确的空间导向，既有山丘般屹立的大气，又有航船舷舱般细腻的空间，可给予游客身体与心灵的双重享受。

四、实施效果

珠峰旅游综合体是高海拔地区的游客中心，特殊的地理位置和复杂脆弱的生态环境赋予其特别的文化和自然意义，除了满足游客接待等功能外，还肩负着传承地域文化的责任，既是地域意义上的物质中转站，也是文化意义上的精神传播站。珠峰旅游综合体的建设实施将对珠峰地区的旅游业起到积极的推动作用，也为西藏地区的旅游规划与开发工作提供了现实的推广基础，将带动地区旅游业的繁荣和经济的发展。

服务中心北侧透视效果图

服务中心南侧透视效果图

上海罗森宝工业研发中心设计

2015 年度上海市优秀城乡规划设计奖表扬奖

编制时间： 2009 年 4 月—2012 年 12 月

编制单位： 上海同建强华建筑设计有限公司

编制人员： 曾朝杰、罗义昇、沈波、黄英杰、董永胜、王军、包勇、杜旭、王芳南、田洪东、刘文丽

一、规划设计

上海罗森宝工业研发中心位于宝山区罗店镇，西靠潘泾路，北依金石路，东临枫叶路，南傍花园路，一期规划用地 100085m^2，总建筑面积 105096m^2，其中地下面积 8088m^2；容积率 0.98，建筑密度 23.2%，绿化率 53.8%，集中绿地率 16.2%，机动车停车位 491 辆，非机动车停车位 1165 辆。主要建筑形式为低层研发楼和高层研发楼。基地位于工业园区中心，位置优越。在总体设计中，充分考虑到研发中心在园区景观体系中的角色，将本项目塑造成一个建筑风貌和谐统一，外部空间丰富怡人，内部功能合理，具有环境、社会综合效益和现代化功能的现代建筑群。

建筑与环境实景效果图

二、建筑单体设计

“低碳、环保、节能、可持续发展”理念始终贯穿于建筑设计的灵魂中，力求以最少、最基本的建筑元素和材料来建造现代化的工业建筑。以混凝土、钢、玻璃这三个建筑上普遍使用的材料作为建筑用材。罗森宝工业研发中心不仅是宝山工业园区一个重要的组成部分，更是一处景观，具有其独特的标志性。研发中心内的所有建筑贯彻同一设计原则，力求达到设计语言的连续性和一致性。

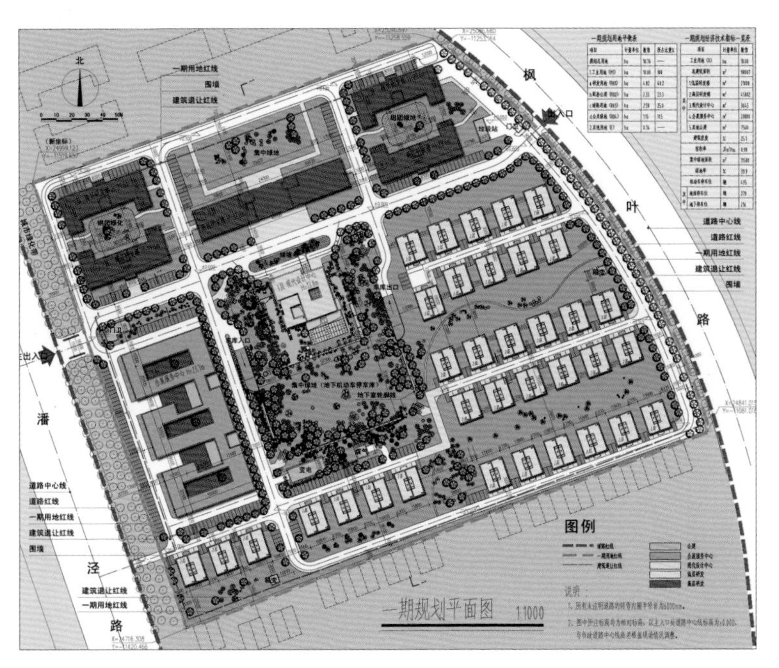

研发中心总平面图

三、半地下景观车库设计

1. 设计原则

在功能合理的前提下尽量降低投资；在有限的资金投入下，力求设计、建设一个使用方便、环境舒适、性价比高的停车场所。

2. 设计特点

规划上结合地形在基地中央布置了一处半地下车库；与设计中心整体考虑，通过下沉式庭院，空间互为渗透；配置景观绿化；顺应地势，使得中央景观与周边地形自然过渡。车库周边设置采光、通风口，省去了机械通风设备，白天几乎无需人工照明，大大降低了日常使用成本。车库边沿采光口处设置带形绿化，落下的雨水浇灌花草。四周的采光口同时兼有通风和景观作用。本车库项目授权获得多项国家专利。该车库已列入上海市规划和国土资源管理局 2013 年节能型地下车库实践和推广科研课题。

项目凸显了实践低碳设计、低碳建设、低碳排放的理念。规划引领建设的前瞻性、科学性和规范性，具有创新性。该项目经过精心的设计和良好的施工、实施，已初现整体建筑风貌，发挥了规划引导工业研发项目建设的作用。

研发中心整体鸟瞰实景照片

南阳市齿轮厂项目（兰乔圣菲小区）规划及建筑设计

2015 年度上海市优秀城乡规划设计奖表扬奖

编制时间： 2010 年 12 月—2012 年 4 月

编制单位： 上海尚方规划建筑设计有限公司

编制人员： 熊馗、冯超、蔡翠辉、龚晓锋、黄彬、李智、黄祥允、吴鹏、王寿松、颜孟

一、项目概要

南阳兰乔圣菲小区位于河南省南阳市宛城区，项目原址为南阳齿轮厂。根据规划设计条件，基地占地约 7.75hm^2，规划为居住用地，容积率小于 3.0，项目定位为南阳市区中高端居住小区。

二、总体布局

受东南侧保留住宅的影响，基地呈不规则的倒“凹”字形，对规划布局造成一定的制约。基地东侧梅溪河，根据上位规划将进行综合整治，沿岸建设滨水绿带。

避免场地内的压抑，规划将住宅沿基地外侧布置，在地

鸟瞰效果图

总平面图

块北部中央形成较大空间，作为小区中心绿地。主体建筑形成南低北高两个梯次，东南侧布置18层住宅，西北侧布置30层左右住宅。地块北侧结合天山路布置配套商业，东南狭长地块布置一个幼儿园和滨水休闲商业，以发挥梅溪河沿岸的潜在价值。

三、交通组织

规划车行道路沿基地外沿布置形成环路，地下车库出入口串接在环路上，同时沿路外侧设置地面停车位，使环路以内成为纯步行区域，保证小区的安全性和环境品质。小区主入口设在北侧天山路，南侧和东侧设置两个次入口。

四、空间景观

结合整体的空间布局，重点塑造北部中心景观区，引入近4000m^{2}的水面，并与梅溪河相连，构建小区标志性的景观空间。

重点刻画两条轴线，一是由北侧天山路引入的主入口轴线，直达中央水景；另一轴线由南侧次入口引入，并向北延伸，成为南部区域景观的核心。

五、建筑设计

住宅房型的设计满足各项设计规范，充分考虑南阳地区的气候特征及居民的使用习惯，结合住宅场地的不同位置进行针对性设计，使住宅的主要居室获得良好的景观视野，规避道路噪音的影响。

建筑单体的外立面设计采用新古典主义风格，通过丰富的立面细节，塑造建筑端庄典雅的形象。

六、实施情况

本项目分三期建设，一期、二期已建设完成并交付使用，三期也已进入施工建设阶段。

小区整体的建设基本按照规划和建筑设计方案进行，方案所设想的一个空间错落有致、建筑端庄典雅、环境宁静舒适的温馨住区已然显现。

小区入口透视图

小区中心景观鸟瞰图

附录
Appendix

2015 年度上海优秀城乡规划设计奖获奖项目名单

城市规划类

一等奖（10 项）

序号	项目名称	编制单位
1	世界文化遗产平遥古城保护规划——保护性详细规划、管理规划及导则	上海同济城市规划设计研究院
2	转型背景下特大城市总体规划编制技术和方法研究	上海市城市规划设计研究院
3	上海市历史文化风貌区保护规划实施评估——以衡复风貌区实践为例	上海同济城市规划设计研究院 上海市城市规划设计研究院
4	上海市养老设施布局（专项）规划	上海市城市规划设计研究院
5	中国（上海）自由贸易试验区控制性详细规划编制办法创新研究	上海市城市规划设计研究院 上海市规划编审中心 上海市规划和国土资源管理局 中国（上海）自由贸易试验区管理委员会保税区管理局
6	上海市地下空间规划编制规范	上海市城市规划设计研究院 上海同济联合地下空间规划设计研究院
7	蚌埠市城市总体规划（2012-2030 年）	上海同济城市规划设计研究院 蚌埠市规划设计研究院
8	上海市新场历史文化风貌区保护规划	上海同济城市规划设计研究院
9	虹桥商务区机场东片区控制性详细规划	上海市城市规划设计研究院 中国城市规划设计研究院 上海虹桥商务区东片区综合改造指挥部
10	上海市苏河湾东部地区城市设计	上海广境规划设计有限公司 上海联创建筑设计有限公司

二等奖（17项）

序号	项目名称	编制单位
1	都江堰市西街历史文化街区保护与整治修建性详细规划（规划与实施）	上海同济城市规划设计研究院
2	上海市优秀历史建筑保护技术规定（修订）	上海市城市规划设计研究院
3	统筹城乡规划，优化完善郊区城镇结构体系和功能布局研究	上海市城市规划设计研究院
4	元阳哈尼梯田旅游发展规划（2013-2030年）	上海同济城市规划设计研究院
5	黄石市沿江地区城市设计研究	上海复旦规划建筑设计研究院有限公司
6	上海市有轨电车线网规划研究	上海城市交通设计院有限公司 上海市城市建设设计研究总院（集团）有限公司
7	上海市杨浦滨江核心段城市设计及控制性详细规划	上海市城市规划设计研究院
8	上海南外滩滨水区城市设计	上海市城市规划设计研究院 上海市黄浦区规划和土地管理局
9	钦州市城市交通综合网络规划	上海市政工程设计研究总院（集团）有限公司
10	环滇池生态建设控制性详细规划指标体系研究	华东建筑设计研究院有限公司 中国科学院上海高等研究院
11	上海市徐家汇中心地块控制性日照专项规划	上海营邑城市规划设计股份有限公司
12	昆明巫家坝新中心概念性城市设计与控制性详细规划	上海同济城市规划设计研究院

续表

序号	项目名称	编制单位
13	上海浦东软件园川沙分园修建性详细规划	上海市浦东新区规划设计研究院
14	巨化工业遗产保护与开发规划	上海红东规划建筑设计有限公司
15	上海市中山南路地下通道工程市政管线综合规划	上海营邑城市规划设计股份有限公司
16	上海国际旅游度假区绿化专项规（2011-2030年）	上海市园林设计研究总院有限公司 上海市园林科学规划研究院
17	上海市浦东新区夜景照明建设管理专项规划	上海市浦东新区规划设计研究院 上海同济城市规划设计研究院

三等奖（38项）

序号	项目名称	编制单位
1	上海市嘉定区南翔镇（东部工业区JDC2-0401单元）控制性详细规划	上海广境规划设计有限公司
2	苏州市现代有轨电车发展规划研究	上海市城市建设设计研究总院（集团）有限公司
3	上海市公共体育设施布局规划（2012-2020年）	上海市城市规划设计研究院
4	上海市商业网点布局规划（2014-2020年）	上海市城市规划设计研究院 上海市商务发展研究中心
5	上海市应急避难场所建设规划（2013-2020年）	上海同济城市规划设计研究院
6	宝兴县县城灾后恢复重建规划（2013-2020年）	上海同济城市规划设计研究院

续表

序号	项目名称	编制单位
7	海门经济技术开发区总体发展规划（2013-2030 年）	上海市城市规划设计研究院
8	保山市龙陵县发展战略规划	上海建筑设计研究院有限公司
9	保山市城市总体规划修改（2013-2030 年）	上海同济城市规划设计研究院
10	南宁市“山水城市”形态研究与规划实施控制导则	上海复旦规划建筑设计研究院有限公司
11	无锡洛社南部新区城市设计及惠山区洛社新市镇控制性详细规划	上海雅思建筑规划设计有限公司
12	吐鲁番市老城区控制性详细规划及城市设计	上海麦塔城市规划设计有限公司 中咨城建设计有限公司
13	上海市浦江社区 MPHO-1316 单元轨道交通 8 号线沈杜公路站西侧街坊控制性详细规划	上海广境规划设计有限公司
14	上海市闵行区华漕镇 MHP0-1403 单元控制性详细规划	中国城市规划设计研究院上海分院
15	上海市杨浦滨江（南段）公共空间和综合环境实施方案	上海市园林设计研究总院有限公司
16	上海市崇明体育训练基地（一期）修建性详细规划	上海同济城市规划设计研究院
17	天津武清森林公园修建性详细规划	上海复旦规划建筑设计研究院有限公司

续表

序号	项目名称	编制单位
18	常德经济技术开发区东风河片区控制性详细规划及重点地段城市设计	上海市政工程设计研究总院（集团）有限公司 常德市规划建筑设计院 常德市规划局德山分局
19	新余市袁河生态新城控制性详细规划	上海同异城市设计有限公司
20	马尾造船厂旧址保护利用修建性详细规划	中船第九设计研究院工程有限公司
21	鹿寨县中渡镇核心区保护修建性详细规划	上海交通大学规划建筑设计有限公司
22	文昌市航天大道片区控制性详细规划及城市设计	上海诺德建筑设计有限公司
23	南阳市卧龙岗文化旅游产业集聚区核心区城市设计	上海合城规划建筑设计有限公司
24	李庄古镇保护与发展整合规划	上海同济城市规划设计研究院
25	上海市虹口区甜爱路及其周边地区概念性城市空间环境设计	上海同济城市规划设计研究院
26	鄂州经济开发区产业策划及核心区城市设计	上海联创建筑设计有限公司
27	重庆安居古城景区总体策划及规划方案	中国建筑上海设计研究院有限公司
28	余姚市滨海新城总体规划优化及核心区概念城市设计	上海开艺设计集团有限公司
29	上海市川沙新镇中市街保护与整治规划设计	上海交通大学规划建筑设计有限公司 上海之景市政建设规划设计有限公司

续表

序号	项目名称	编制单位
30	枣庄市台儿庄区风貌控制规划	上海创霖建筑规划设计有限公司
31	上海市衡山路 – 复兴路历史文化风貌区零星旧房改造	上海营邑城市规划设计股份有限公司
32	上海市黄浦区慢行交通系统规划	上海市城市规划设计研究院 丹麦盖尔事务所 宇恒可持续交通研究中心
33	上海市松江新城综合交通规划（2013-2020 年）	上海市城市规划设计研究院
34	中国博览会会展综合体综合交通规划	上海市城乡建设和交通发展研究院
35	上海金桥经济技术开发区绿化专项规划	上海市浦东新区规划设计研究院
36	世博园区后续利用低碳生态专项规划研究	上海市建筑科学研究院
37	南充市城市地下空间利用规划	上海市政工程设计研究总院（集团）有限公司
38	六盘水市中心城区大气环境改善及通风廊道规划	上海禾木城市规划设计有限公司

表扬奖（10 项）

序号	项目名称	编制单位
1	鄂尔多斯江苏工业园区启动区控制性详细规划	匠人规划建筑设计股份有限公司

续表

序号	项目名称	编制单位
2	鸡西穆棱河风光带核心区城市设计	上海千年城市规划工程设计股份有限公司
3	凌源市杨杖子镇城镇总体规划及控制性详细规划	上海同砚建筑规划设计有限公司
4	湛江市中央商务区发展策划和规划设计	悉地国际设计顾问（深圳）有限公司
5	上海市奉贤区奉城镇盐行村村庄规划	上海沪闵建筑设计院有限公司
6	大连花园口经济区滨海景观带及西部滨海地区城市设计	上海江南建筑设计院有限公司
7	山东省临沂市义堂镇总体规划（2012-2030年）	中国能源工程有限公司
8	珠峰79公里综合游客服务中心概念设计	松江区规划设计所
9	上海罗森宝工业研发中心设计	上海同建强华建筑设计有限公司
10	南阳市齿轮厂项目（兰乔圣菲小区）规划及建筑设计	上海尚方规划建筑设计有限公司

村镇规划类

一等奖（2项）

序号	项目名称	编制单位
1	上海市金山区廊下镇郊野公园规划	上海广境规划设计有限公司

续表

序号	项目名称	编制单位
2	宝兴县大溪乡曹家村修建性详细规划	上海同济城市规划设计研究院

二等奖（4 项）

序号	项目名称	编制单位
1	西藏日喀则市吉隆县吉隆镇总体规划	上海营邑城市规划设计股份有限公司 上海同济城市规划设计研究院
2	浙江省景宁畲族自治县大漈乡西一、西二村历史文化村落保护与利用规划	上海上大建筑设计院有限公司 上海砼森建筑规划设计有限公司
3	安徽芜湖县东篁中心村村庄规划（2014-2020 年）	上海经纬建筑规划设计研究院有限公司
4	上海市青浦区朱家角镇张马村村庄规划	上海市城市规划设计研究院

三等奖（5 项）

序号	项目名称	编制单位
1	青岛市李哥庄镇新型城镇化研究	上海麦塔城市规划设计有限公司
2	上海嘉定村庄规划（试点）—— 嘉定区徐行镇曹王村村庄规划	深圳市城市空间规划建筑设计有限公司 上海市嘉定规划咨询服务中心
3	十堰郧县茶店镇镇域规划	上海同济城市规划设计研究院 湖北大学 十堰市郧阳区规划设计院

续表

序号	项目名称	编制单位
4	珠海市斗门区莲洲镇幸福村居建设规划	上海天华建筑设计有限公司
5	安徽大庄镇总体规划（2012-2030年）	上海交通大学规划建筑设计有限公司

城市勘测和城市信息类

一等奖（1项）

序号	项目名称	编制单位
1	特大城市消防地理信息服务平台建设	上海市测绘院

二等奖（1项）

序号	项目名称	编制单位
1	上海市宝山工业园三维地理信息系统建设项目	上海市测绘院

三等奖（2项）

序号	项目名称	编制单位
1	上海申嘉湖高速公路特大型桥梁——闵浦大桥检测项目	上海市测绘院

续表

序号	项目名称	编制单位
2	上海市浦江镇友谊河、浦星公路口G1-10地块商办工程勘察	上海地矿工程勘察有限公司

风景名胜区规划类

一等奖（1项）

序号	项目名称	编制单位
1	武当山风景名胜区总体规划（修编）（2012-2025年）	上海同济城市规划设计研究院

三等奖（1项）

序号	项目名称	编制单位
1	乌鲁木齐水磨沟风景名胜区总体规划（2012-2030年）	上海同济城市规划设计研究院

后记

根据中国城市规划协会《关于开展2015年度全国优秀城乡规划设计奖评选活动的通知》，上海市城市规划行业协会于2015年8月至12月，组织开展了2015年度上海市优秀城乡规划设计奖评选活动。评选共收到46家规划设计单位、勘测信息单位申报的240个项目，经专家审阅、专家组集中评审、专家组组长会议复评、组委会审定以及获奖名单社会公示，共评选出获奖项目92项，包括一等奖14项、二等奖22项、三等奖46项和表扬奖10项。其中，有34个项目符合全国评选的申报条件，经协会推荐参加了2015年度全国优秀城乡规划设计奖的评选；经过角逐，共有24个项目榜上有名，获得全国一等奖3项、二等奖10项、三等奖9项和表扬奖2项。另外，还有14个由本市规划设计单位参与编制的项目，通过外省市规划协会申报、并获全国奖。

在2015年度评优中，涌现出不少优秀作品，涵盖城市规划类、村镇规划类、风景名胜区规划类等，编制技术手段具有创新性，这些成果集中代表了上海规划编制单位一定时期的水平。本次《作品集》共汇编103个项目，是众多规划设计师的先进理念与项目实践紧密结合的创作成果，是规划设计和勘测信息单位近两年来优秀编制成果的一次集中检阅和展示。协会将每届评优活动获奖项目进行汇编成册，目的是为了及时保存和展示本市城乡规划行业发展的阶段性成果，反映了城乡规划发展的历史脉络和轨迹，有助于进一步做好行业档案梳理、作品成果宣传，并扩大社会和行业的影响力。

本次作品集作为系列丛书的组成部分，继续延续以“S”型写意笔触为主体的封面设计，取意“上海”拼音首字母和黄浦江之形，展现丛书的系统性、系列性；进一步做好专家点评栏目，特邀夏丽卿、耿毓修、阮仪三、简逢敏、蒋宗健、赵民、叶贵勋、叶梅唐、沈人德、严国泰、李俊豪、熊鲁霞、苏功洲、张帆、彭震伟、杨贵庆、童明、刘锦屏、孙珊、韦冬、王林、杨晰峰等行业专家，为全国一、二等奖和上海一等奖项目进行点评；定制包含作品集全部内容的电子优盘，旨在方便携带和项目查阅，更好地向关心城乡规划工作的社会各界和专业人士介绍优秀作品，充分展现行业发展的阶段性成果。

《作品集》的整理、汇编和出版工作，得到了获奖设计单位的大力支持和积极配合，协会秘书处陈华峰、马俊、王甫华、吴贵平等同志为《作品集》的出版做了大量事务工作。在此，谨向各获奖单位、各位专家和参编人员，以及为《作品集》付出辛劳的各位朋友表示衷心感谢！

经过改革开放以来四十年的快速发展，我国特色社会主义建设取得了显著成就，城乡面貌日新月异，人民生活水平不断提高，正处于重要战略机遇期。中央城镇化工作会议、中央城市工作会议，为我们今后的城市规划工作指明了方向；十九大报告对城镇化发展、城乡规划建设工作提出了更高要求。因此，在新的形势下，我们要进一步发挥城乡规划战略引领和刚性控制的作用，更好地推进城乡可持续发展。希望《作品集》的出版，能对广大规划工作者和规划设计单位有所帮助和启迪。

《作品集》难免存在疏漏或欠妥之处，敬请各位批评指正。

编者

2017年12月

Afterword

According to the "Notice on Selection of Nationwide Excellent Urban-Rural Planning Designs for 2015" of China Urban Planning Association, in the period of August-December, 2015, Shanghai Urban Planning Trade Association organized a campaign for selection of excellent urban-rural planning designs in Shanghai for the year of 2015. A total of 240 works were received from 46 planning design institutes and survey information organizations. Finally, 92 items were selected after expert examination, review by expert group, reevaluation at the expert group leaders' meeting, approval by the organizing committee, and public notice of winner list. Among these items were: 14 first prizes, 22 second prizes, 46 third prizes and 10 honorable mentions. 34 items which satisfied the requirements for national appraisal and selection, after recommendation by the association, were sent for 2015 national appraisal and selection of excellent urban-rural planning design. After competition, 24 of them were among the winners, including 3 first prizes, 10 second prizes, 9 third prizes and 2 honorable mentions. In addition, 14 items co-compiled by planning design organizations in Shanghai won national awards after applications were sent by planning associations in other provinces and cities.

In the 2015 appraisal, there appeared a lot of excellent works, covering urban planning, rural planning, and landscape and scenery. Innovative technical means were adopted in the compilation. These achievements represented the technical level of planning compilation institutes in Shanghai for a certain period. This collection contains 103 items which are creative achievements made by many planning designers by combining their advanced concept with project practice, and are a review and demonstration of excellent compilation results achieved by planning design and survey information organizations in the past two years. The association has compiled award-winning items of each appraisal activity in books so as to keep and display achievements of urban-rural planning of the city. These books reflect historical contexts and tracks of the development of urban-rural planning, and help to improve archives work and achievements publicity and expand their influence in the society and in the planning sector.

As part of a book series, this collection continues to use the cover design featuring the freehand S shape, which stands for the first phonetic letter of Shanghai and the shape of Huangpu River, thus echoing the previous books of this series. In the column of "Experts' Comments", planning experts were invited to remark on national first and second prizes as well as first prizes in Shanghai. Among them were Xia Liqing, Geng Yuxiu, Ruan Yisan, Jian Fengmin, Jiang Zongjian, Zhao Min, Ye Guixun, Ye Meitang, Shen

Rende, Yan Guotai, Li Junhao, Xiong Luxia, Su Gongzhou, Zhang Fan, Peng Zhenwei, Yang Guiqing, Tong Ming, Liu Jinping, Sun Shan, Wei Dong, Wang Lin and Yang Xifeng. Attached are USB drires containing all contents of the collection, making it easy to carry and inquire ,so as to better introduce high-quality works to all sectors of society and professionals concerned about urban-rural planning, and to show phased achievements made in the planning sector.

This Collection of works was prepared, compiled and published under the great support and active cooperation from prize-winning organizations. Comrades Chen Hua-feng, Ma Jun, Wang Fu-hua and Wu Gui-ping from the secretariat of the association did a lot of clerical work for the publication of the Collection. We would like to extend our sincere gratitude to prize-winning organizations, experts, co-editors, as well as those friends who have made great efforts for the collection.

After almost 40 years of rapid development since the reform and opening-up, remarkable achievements have been made in the socialist construction with Chinese characteristics, urban and rural aspect has changed with each passing day, and people's living standard has kept rising. We are now in an important period of strategic opportunity. The central urbanization work meeting and central urban work meeting have pointed out the direction for our future urban planning work. The report adopted at the Party's 19th Congress placed even higher requirements on urbanization and urban-rural planning and construction. Confronted with the new situation, we have to bring the guiding role and rigid control of urban-rural planning strategy into full play to push forward sustainable urban-rural development. It is hoped that the publication of the Collection will provide help and enlightenment to a large number of planners and planning design institutes.

Careless omissions and deficiencies are inevitable in the Collection, and your criticism and corrections are deeply appreciated.

Editor

December, 2017